电气装置安装工程
施工及验收规范合编

DIANQI ZHUANGZHI ANZHUANG GONGCHENG
SHIGONG JI YANSHOU GUIFAN HEBIAN

（2022年版）

中国计划出版社　编

中国计划出版社

北　京

图书在版编目（CIP）数据

电气装置安装工程施工及验收规范合编 ：2022年版 / 中国计划出版社编. -- 北京 ：中国计划出版社, 2022.11

ISBN 978-7-5182-1473-0

Ⅰ. ①电… Ⅱ. ①中… Ⅲ. ①电气设备－设备安装－工程验收－规范－中国 Ⅳ. ①TM05-65

中国版本图书馆CIP数据核字(2022)第126761号

责任编辑：沈　建　陈　杰　　封面设计：韩可斌

责任校对：杨奇志　谭佳艺　　责任印制：李　晨　王亚军

中国计划出版社出版发行

网址：www.jhpress.com

地址：北京市西城区木樨地北里甲 11 号国宏大厦 C 座 3 层

邮政编码：100038　电话：(010)63906433(发行部)

三河富华印刷包装有限公司印刷

850mm×1168mm　1/32　30 印张　773 千字

2022 年 11 月第 1 版　2022 年 11 月第 1 次印刷

定价：110.00 元

出版说明

近几年，住房和城乡建设部重新批准发布实施和废止了部分电气装置安装工程方面的标准规范，我社出版的《电气装置安装工程施工及验收规范合编（2014 年版）》中部分标准规范已经废止，不能满足相关单位和读者使用的需要，为保证电气装置安装工程的施工及验收质量，我们在 2014 年版汇编的基础上做了《电气装置安装工程施工及验收规范合编（2022 年版）》。

本次修订，共收录 16 个标准规范及其条文说明，其中收录新替代标准 9 个，增加 2 个，其他标准保持不变。如有不妥之处，敬请广大读者提出意见，以便再版时修订。

目　　录

中华人民共和国国家标准

电气装置安装工程
高压电器施工及验收规范

Code for construction and acceptance of high-voltage electric equipment installation engineering

GB 50147—2010

主编部门：中 国 电 力 企 业 联 合 会

批准部门：中华人民共和国住房和城乡建设部

施行日期：2 0 1 0 年 1 2 月 1 日

1

中华人民共和国住房和城乡建设部公告

第630号

关于发布国家标准《电气装置安装工程 高压电器施工及验收规范》的公告

现批准《电气装置安装工程 高压电器施工及验收规范》为国家标准，编号为GB 50147-2010，自2010年12月1日起实施。其中，第4.4.1(4、5、6)、5.2.7(6)、5.6.1(4、5、6)、6.4.1(3、6)条(款)为强制性条文，必须严格执行。原《电气装置安装工程 高压电器施工及验收规范》GBJ 147-90同时废止。

本规范由我部标准定额研究所组织中国计划出版社出版发行。

中华人民共和国住房和城乡建设部

二〇一〇年五月三十一日

前　　言

根据原建设部《关于印发〈2006年工程建设标准规范制定、修订计划(第二批)〉的通知》(建标〔2006〕136号)的要求,由中国电力科学研究院会同有关单位在《电气装置安装工程　高压电器施工及验收规范》GBJ 147—90的基础上修订完成的。

本规范共分11章,主要内容包括:总则,术语,基本规定,六氟化硫断路器,气体绝缘金属封闭开关设备,真空断路器和高压开关柜,断路器的操动机构,隔离开关、负荷开关及高压熔断器,避雷器和中性点放电间隙,干式电抗器和阻波器,电容器等。

与原规范相比较,本次修订的主要内容有:

1. 将本规范的适用范围由500kV电压等级扩大到750kV级。电压等级提高了,对安装各个环节施工技术、指标等要求的提高,在条文中都作了明确规定。

2. 在相应章节中增加了罐式断路器内检、高压开关柜和串联电容补偿装置安装的内容。

3. 删除了原规范中的如下内容:

1)空气断路器、油断路器安装的全部章节;

2)避雷器章节中有关普通阀式、磁吹阀式、排气式避雷器的安装;

3)电抗器章节中有关混凝土电抗器的安装。

本规范中以黑体字标志的条文为强制性条文,必须严格执行。

本规范由住房和城乡建设部负责管理和对强制性条文的解释,中国电力企业联合会负责日常管理,中国电力科学研究院负责具体技术内容的解释。本规范在执行过程中,请各单位结合工程实践,认真总结经验,如发现需要修改或补充之处,请将意见和建议寄中国电力科学研究院，地址：北京市西城区南滨河路33号，邮政编码：100055，电话：010—63424285。

本规范主编单位、参编单位、主要起草人及主要审查人：

主编单位： 中国电力科学研究院（原国电电力建设研究所）
广东省输变电工程公司

参编单位： 华北电网北京超高压公司
国网直流工程建设有限公司
山东送变电工程公司

主要起草人： 吕志瑞　张　诚　王进弘　何冠恒　荆　津
陈懿夫　刘冬根　李　波　马学军

主要审查人： 陈发宇　蔡新华　孙关福　吴克芬　项玉华
简翰成　李贵生　罗喜群　谭昌友　姜　峰
周翌中　廖　薇　李文学　陈宏强

1 总　　则

1.0.1　为保证高压电器的安装质量，促进安装技术进步，确保设备安全运行，制定本规范。

1.0.2　本规范适用于交流 3kV～750kV 电压等级的六氟化硫断路器、气体绝缘金属封闭开关设备(GIS)、复合电器(HGIS)、真空断路器、高压开关柜、隔离开关、负荷开关、高压熔断器、避雷器和中性点放电间隙、干式电抗器和阻波器、电容器等高压电器安装工程的施工及质量验收。

1.0.3　高压电器的施工及验收除应符合本规范外，尚应符合国家现行有关标准的规定。

2 术　　语

2.0.1　高压断路器　　high-voltage breaker

它不仅可以切断或闭合高压电路中的空载电流和负荷电流，而且当系统发生故障时，通过继电保护装置的作用，切断过负荷电流和短路电流。它具有相当完善的灭弧结构和足够的断流能力。又称高压开关。

2.0.2　高压开关柜　　high-voltage switchgear panel

由高压断路器、负荷开关、接触器、高压熔断器、隔离开关、接地开关、互感器及站用电变压器，以及控制、测量、保护、调节装置，内部连接件、辅件、外壳和支持件等不同电气装置组成的成套配电装置，其内的空间以空气或复合绝缘材料作为介质，用作接受和分配电网的三相电能。

本标准中，高压开关柜系指“金属封闭开关设备和控制设备（除外部连接外，全部装配完成并封闭在接地金属外壳内的开关设备和控制设备）。”

2.0.3 金属封闭开关设备 metal-enclosed switchgear

除进出线外，完全被接地的金属封闭的开关设备。

2.0.4 气体绝缘金属封闭开关设备 gas-insulated metal-enclosed switchgear

全部或部分采用气体而不采用处于大气压下的空气作绝缘介质的金属封闭开关设备，简称GIS。

2.0.5 复合电器 HGIS，hybrid GIS

复合电器（HGIS）是简化的GIS，不含敞开式汇流母线等。

2.0.6 伸缩节 flex section

用于GIS、HGIS相邻两个外壳间相接部分的连接，用来吸收热伸缩及不均匀下沉等引起的位移，且具有波纹管等型式的弹性接头。

2.0.7 运输单元 transportation unit

不需拆开而适合运输的GIS、HGIS的一部分。

2.0.8 元件 component

在GIS、HGIS的主回路和与主回路连接的回路中担负某一特定功能的基本部件，例如断路器、隔离开关、负荷开关、接地开关、避雷器、互感器、套管和母线等。

2.0.9 套管 bushing

供一个或几个导体穿过诸如墙壁或箱体等隔断，起绝缘或支撑作用的器件。

2.0.10 隔离开关 disconnecting switch

在分位置时，触头间有符合规定要求的绝缘距离和明显的断开标识；在合位置时，能承载正常回路条件下的电流及在规定时间内异常条件下的电流的开关设备。

2.0.11 接地开关 earthing switch

用于将回路接地的一种机械式开关装置。在异常条件(如短路)下,可在规定时间内承载规定的电流;但在正常回路条件下,不要求承载电流。接地开关可与隔离开关组合安装在一起。

2.0.12 操动机构 operating device

操作开关设备合、分的装置。

2.0.13 避雷器 arrester

是一种过电压限制器。当过电压出现时,避雷器两端子间的电压不超过规定值,使电气设备免受过电压损坏;过电压作用后,又能使系统迅速恢复正常状态。又称过电压限制器。

2.0.14 金属氧化物避雷器 metal-oxide surge arrester

由金属氧化物电阻片相串联和(或)并联有或无放电间隙所组成的避雷器,包括无间隙和有串联、并联间隙的金属氧化物避雷器。

2.0.15 复合外套 compound shell

分别由有机合成材料和高分子绝缘材料制成的绝缘套。

2.0.16 放电计数器 discharge counter

记录避雷器的动作(放电)次数的一种装置。

2.0.17 电容器 capacitor

用来提供电容的器件。

2.0.18 电力电容器 power capacitor

用于电力网的电容器。

2.0.19 耦合电容器 coupling capacitor

用在电力系统中借以传递信号的电容器。

2.0.20 干式电抗器 dry-type reactor

绕组和铁芯(如果有)不浸于液体绝缘介质中的电抗器。包括:无铁芯的电抗器即空心电抗器、干式铁芯电抗器。

2.0.21 产品技术文件 technical documentation of product

产品技术文件是指所签订的设备合同的技术部分以及制造厂

提供的产品说明书、试验记录、合格证明文件及安装图纸等。

2.0.22 器材 equipment and material

是指器械和材料的总称。

3 基本规定

3.0.1 高压电器安装应按已批准的设计图纸和产品技术文件进行施工。

3.0.2 设备和器材的运输、保管，应符合本规范和产品技术文件要求。

3.0.3 设备及器材在安装前的保管，其保管期限应符合产品技术文件要求，在产品技术文件没有规定时应不超过1年。当需长期保管时，应通知设备制造厂并征求其意见。

3.0.4 设备及器材应符合国家现行技术标准的规定，同时应满足所签订的订货技术条件的要求，并应有合格证明文件。设备应有铭牌，GIS、HGIS设备汇控柜上应有一次接线模拟图，GIS、HGIS设备气室分隔点应在设备上标出。

3.0.5 设备及器材到达现场后应及时作下列检查：

1 包装及密封应良好。

2 开箱检查清点，规格应符合设计要求，附件、备件应齐全。

3 产品的技术资料应齐全。

4 按本规范要求检查设备外观。

3.0.6 施工前应编制施工方案。所编制的施工方案应符合本规范和其他相关国家现行标准的规定及产品技术文件的要求。

3.0.7 与高压电器安装有关的建筑工程施工应符合下列规定：

1 应符合设计及设备的要求。

2 与高压电器安装有关的建筑工程质量，应符合现行国家标准《建筑工程施工质量验收统一标准》GB/T 50300 的有关规定。

3 设备安装前，建筑工程应具备下列条件：

1)屋顶、楼板应已施工完毕，不得渗漏。

2)配电室的门、窗应安装完毕；室内地面基层应施工完毕，并应在墙上标出地面标高；设备底座及母线构架安装后其周围地面应抹光；室内接地应按照设计施工完毕。

3)预埋件及预留孔应符合设计要求，预埋件应牢固。

4)进行室内装饰时有可能损坏已安装设备或设备安装后不能再进行装饰的工作应全部结束。

5)混凝土基础及构支架应达到允许安装的强度和刚度，设备支架焊接质量应符合现行国家标准《现场设备、工业管道焊接工程施工及验收规范》GB 50236 的有关规定。

6)施工设施及杂物应清除干净，并应有足够的安装场地，施工道路应通畅。

7)高层构架的走道板、栏杆、平台及梯子等应齐全、牢固。

8)基坑应已回填夯实。

9)建筑物、混凝土基础及构支架等建筑工程应通过初步验收合格，并已办理交付安装的中间交接手续。

4 设备投入运行前，应符合下列规定：

1)装饰工程应结束，地面、墙面、构架应无污染。

2)二次灌浆和抹面工作应已完成。

3)保护性网门、栏杆及梯子等应齐全、接地可靠。

4)室外配电装置的场地应平整。

5)室内、外接地应按设计施工完毕，并已验收合格。

6)室内通风设备应运行良好。

7)受电后无法进行或影响运行安全的工作应施工完毕。

3.0.8 设备安装前，相应配电装置区的主接地网应完成施工。

3.0.9 设备安装用的紧固件应采用镀锌或不锈钢制品，户外用的紧固件采用镀锌制品时应采用热镀锌工艺；外露地脚螺栓应采用热镀锌制品；电气接线端子用的紧固件应符合现行国家标准《变压器、高压电器和套管的接线端子》GB 5273 的有关规定。

3.0.10 高压电器的接地应符合现行国家标准《电气装置安装工程 接地装置施工及验收规范》GB 50169 及设计、产品技术文件的有关规定。

3.0.11 高压电器的瓷件质量应符合现行国家标准《高压绝缘子瓷件 技术条件》GB/T 772、《标称电压高于 1000V 系统用户内和户外支柱绝缘子 第 1 部分：瓷或玻璃绝缘子的试验》GB/T 8287.1、《标称电压高于 1000V 系统用户内和户外支柱绝缘子 第2 部分：尺寸与特性》GB/T 8287.2、《交流电压高于 1000V 的绝缘套管》GB/T 4109 及所签订技术条件的有关规定。

3.0.12 高压电器设备的交接试验应按照现行国家标准《电气装置安装工程 电气设备交接试验标准》GB 50150 的有关规定执行。

3.0.13 复合电器（HGIS）的施工及验收应按照本规范第 5 章气体绝缘金属封闭开关设备（GIS）的规定执行。

4 六氟化硫断路器

4.1 一般规定

4.1.1 本章适用于额定电压为 3kV～750kV 的支柱式和罐式六氟化硫断路器。

4.1.2 六氟化硫断路器在运输和装卸过程中，不得倒置、碰撞或受到剧烈振动。制造厂有特殊规定时，应按制造厂的规定装运。

4.1.3 现场卸车应符合下列规定：

1 按产品包装的重量选择起重机。

2 仔细阅读并执行说明书的注意事项及包装上的指示要求，

应避免包装及产品受到损伤。

4.1.4 六氟化硫断路器到达现场后的检查，应符合下列规定：

1 开箱前检查包装应无残损。

2 设备的零件、备件及专用工器具齐全，符合订货合同约定，无锈蚀、损伤和变形。

3 绝缘件应无变形、受潮、裂纹和剥落。

4 瓷件表面应光滑、无裂纹和缺损，铸件应无砂眼。

5 充有六氟化硫等气体(或氮气、干燥空气)的部件，其压力值应符合产品技术文件要求。

6 按产品技术文件要求应安装冲击记录仪的元件，其冲击加速度不应大于产品技术文件的要求，冲击记录应随安装技术文件一并归档。

7 制造厂所带支架应无变形、损伤、锈蚀和锌层脱落；制造厂提供的地脚螺栓应满足设计及产品技术文件要求，地脚螺栓底部应加装锚固。

8 出厂证件及技术资料应齐全，且应符合订货合同的约定。

4.1.5 六氟化硫断路器到达现场后的保管应符合产品技术文件要求，且应符合下列规定：

1 设备应按原包装置于平整、无积水、无腐蚀性气体的场地，并按编号分组保管，对有防雨要求的设备应有相应的防雨措施。

2 充有六氟化硫等气体的灭弧室和罐体及绝缘支柱，应按产品技术文件要求定期检查其预充压力值，并做好记录，有异常情况时应及时采取措施。

3 绝缘部件、专用材料、专用小型工器具及备品、备件等应置于干燥的室内保管。

4 罐式断路器的套管应水平放置。

5 瓷件应妥善安置，不得倾倒、互相碰撞或遭受外界的危害。

6 对于非充气元件的保管应结合安装进度以及保管时间、环境做好防护措施。

4.2 六氟化硫断路器的安装与调整

4.2.1 六氟化硫断路器的基础或支架的安装，应符合产品技术文件要求，并应符合下列规定：

1 混凝土强度应达到设备安装要求。

2 基础的中心距离及高度的偏差不应大于10mm。

3 预留孔或预埋件中心线偏差不应大于10mm；基础预埋件上端应高出混凝土表面1mm～10mm。

4 预埋螺栓中心线的偏差不应大于2mm。

4.2.2 六氟化硫断路器安装前应进行下列检查：

1 断路器零部件应齐全、清洁、完好。

2 灭弧室或罐体和绝缘支柱内预充的六氟化硫等气体的压力值和六氟化硫气体的含水量应符合产品技术文件要求。

3 均压电容、合闸电阻应经现场试验，技术数值应符合产品技术文件的要求，均压电容器的检查应符合本规范第11章的有关规定。

4 绝缘部件表面应无裂缝、无剥落或破损，绝缘应良好，绝缘拉杆端部连接部件应牢固可靠。

5 瓷套表面应光滑无裂纹、缺损，外观检查有疑问时应探伤检验。套管采用瓷外套时，瓷套与金属法兰胶装部位应牢固密实并涂有性能良好的防水胶；套管采用硅橡胶外套时，外观不得有裂纹、损伤、变形；套管的金属法兰结合面应平整、无外伤或铸造砂眼。

6 操动机构零件应齐全，轴承应光滑无卡涩，铸件应无裂纹或焊接不良。

7 组装用的螺栓、密封垫、密封脂、清洁剂和润滑脂等，应符合产品技术文件要求。

8 密度继电器和压力表应经检验，并应有产品合格证明和检验报告。密度继电器与设备本体六氟化硫气体管道的连接，应满足可与设备本体管路系统隔离，以便于对密度继电器进行现场校验。

9 罐式断路器安装前，应核对电流互感器二次绕组排列次序及变比、极性、级次等是否符合设计要求。电流互感器的变比、极性等常规试验应合格。

4.2.3 六氟化硫断路器的安装，应在无风沙、无雨雪的天气下进行；灭弧室检查组装时，空气相对湿度应小于80%，并应采取防尘、防潮措施。

4.2.4 六氟化硫断路器不应在现场解体检查，当有缺陷必须在现场解体时，应经制造厂同意，并在厂方人员指导下进行，或由制造厂负责处理。

4.2.5 六氟化硫断路器的安装应在制造厂技术人员指导下进行，安装应符合产品技术文件要求，且应符合下列规定：

1 应按制造厂的部件编号和规定顺序进行组装，不得混装。

2 断路器的固定应符合产品技术文件要求且牢固可靠。支架或底架与基础的垫片不宜超过3片，其总厚度不应大于10mm，各垫片尺寸应与基座相符且连接牢固。

3 同相各支柱瓷套的法兰面宜在同一水平面上，各支柱中心线间距离的偏差不应大于5mm，相间中心距离的偏差不应大于5mm。

4 所有部件的安装位置正确，并按产品技术文件要求保持其应有的水平或垂直位置。

5 密封槽面应清洁，无划伤痕迹；已用过的密封垫(圈)不得重复使用，对新密封(垫)圈应检查无损伤；涂密封脂时，不得使其流入密封垫(圈)内侧而与六氟化硫气体接触。

6 应按产品技术文件要求更换吸附剂。

7 应按产品技术文件要求选用吊装器具、吊点及吊装程序。

8 所有安装螺栓必须用力矩扳手紧固，力矩值应符合产品技术文件要求。

9 应按产品技术文件要求涂抹防水胶。

4.2.6 六氟化硫罐式断路器的安装，除应符合本章第4.2.5条规定外，尚应符合下列规定：

1 35kV～110kV罐式断路器，充六氟化硫气体整体运输的，现场检测水分含量合格时可直接补充六氟化硫气体至额定压力，否则，应进行抽真空处理；分体运输的应按照产品技术文件要求或参照本条的要求进行组装。

2 罐体在安装面上的水平允许偏差应为0.5%，且最大允许值应为10mm；相间中心距离允许偏差应为5mm。

3 220kV及以上电压等级的罐式断路器在现场内检时，应征得制造厂同意，并在制造厂技术人员指导下进行。内检应符合产品技术文件要求，且符合下列规定：

1) 内检应在无风沙、无雨雪且空气相对湿度应小于80%的天气下进行，并应采取防尘、防潮措施；产品技术文件要求需要搭建防尘室时，所搭建的防尘室应符合产品技术文件要求。

2) 产品允许露空安装时，露空时间应符合产品技术文件要求。

3) 内检人员的着装应符合产品技术文件要求。

4) 内检用工器具、材料使用前应登记，内检完成后应清点。

5) 内检应结合套管安装工作进行，套管的安装应按照产品技术文件要求进行。

6) 内检项目包括：罐体漆层完好、不得有异物和尖刺；屏蔽罩清洁、无损伤、变形；灭弧室压气缸内表面、导电杆等电气连接部分的镀银层应无起皮、脱落现象；套管内的导电杆与罐体内导电回路连接位置正确、接触可靠，导电杆表面光洁无毛刺；套管内部清洁无异物，检查导电杆的插入深度应符合产品技术文件要求。

7) 内检完成后应清理干净。

4.2.7 六氟化硫断路器和操动机构的联合动作，应按照产品技术文件要求进行，并应符合下列规定：

1 在联合动作前，断路器内应充有额定压力的六氟化硫气体；首次联合动作宜在制造厂技术人员指导下进行。

2 位置指示器动作正确可靠，其分、合位置应符合断路器实际分、合状态。

3 具有慢分、慢合装置者，在进行快速分、合闸前，应先进行慢分、慢合操作。

4.2.8 断路器安装调整后的各项动作参数，应符合产品技术文件要求。

4.2.9 设备载流部分检查以及引下线连接应符合下列规定：

1 设备载流部分的可挠连接不得有折损、表面凹陷及锈蚀。

2 设备接线端子的接触表面应平整、清洁、无氧化膜，镀银部分不得挫磨。

3 设备接线端子连接面应涂以薄层电力复合脂。

4 连接螺栓应齐全、紧固，紧固力矩符合现行国家标准《电气装置安装工程　母线装置施工及验收规范》GB 50149 的有关规定。

5 引下线的连接不应使设备接线端子受到超过允许的承受应力。

4.2.10 均压环应无划痕、毛刺，安装应牢固、平整、无变形；均压环宜在最低处打排水孔。

4.2.11 设备接地线连接应符合设计和产品技术文件要求，且应无锈蚀、损伤，连接牢靠。

4.3 六氟化硫气体管理及充注

4.3.1 六氟化硫气体的管理及充注，应符合本规范第 5.5 节的规定。

4.4 工程交接验收

4.4.1 在验收时，应进行下列检查：

1 断路器应固定牢靠，外表应清洁完整；动作性能应符合产品技术文件的要求。

2 螺栓紧固力矩应达到产品技术文件的要求。

3 电气连接应可靠且接触良好。

4 断路器及其操动机构的联动应正常，无卡阻现象；分、合闸指示应正确；辅助开关动作应正确可靠。

5 密度继电器的报警、闭锁值应符合产品技术文件的要求，电气回路传动应正确。

6 六氟化硫气体压力、泄漏率和含水量应符合现行国家标准《电气装置安装工程　电气设备交接试验标准》GB 50150 及产品技术文件的规定。

7 瓷套应完整无损，表面应清洁。

8 所有柜、箱防雨防潮性能应良好，本体电缆防护应良好。

9 接地应良好，接地标识清楚。

10 交接试验应合格。

11 设备引下线连接应可靠且不应使设备接线端子承受超过允许的应力。

12 油漆应完整，相色标志应正确。

4.4.2 在验收时应提交下列技术文件：

1 设计变更的证明文件。

2 制造厂提供的产品说明书、装箱单、试验记录、合格证明文件及安装图纸等技术文件。

3 检验及质量验收资料。

4 试验报告。

5 备品、备件、专用工具及测试仪器清单。

5 气体绝缘金属封闭开关设备

5.1 一般规定

5.1.1 本章适用于额定电压为3kV～750kV的气体绝缘金属封闭开关设备。

5.1.2 GIS在运输和装卸过程中不得倒置、倾翻、碰撞和受到剧烈的振动。

5.1.3 现场卸车应符合下列规定：

1 按产品包装的重量选择起重机。

2 仔细阅读并执行说明书的注意事项及包装上的指示要求，避免包装及产品受到损伤。

3 卸车应符合设备安装的方向和顺序。

5.1.4 GIS运到现场后的检查应符合下列规定：

1 包装应无残损。

2 所有元件、附件、备件及专用工器具应齐全，符合订货合同约定，且应无损伤变形及锈蚀。

3 瓷件及绝缘件应无裂纹及破损。

4 充有干燥气体的运输单元或部件，其压力值应符合产品技术文件要求。

5 按产品技术文件要求应安装冲击记录仪的元件，其冲击加速度应不大于满足产品技术文件的要求，且冲击记录应随安装技术文件一并归档。

6 制造厂所带支架应无变形、损伤、锈蚀和锌层脱落；制造厂提供的地脚螺栓应满足设计及产品技术文件要求，地角螺栓底部应加锚固。

7 出厂证件及技术资料应齐全，且应符合设备订货合同的约定。

5.1.5 GIS运到现场后的保管应符合产品技术文件要求，且应符合下列规定：

1 GIS应按原包装置于平整、无积水、无腐蚀性气体的场所，对有防雨要求的设备应采取相应的防雨措施。

2 对于有防潮要求的附件、备件、专用工器具及设备专用材料应置于干燥的室内，特别是组装用"○"形圈、吸附剂等。

3 充有干燥气体的运输单元，应按产品技术文件要求定期检查压力值，并做好记录，有异常情况时，应按产品技术文件要求及时采取措施。

4 套管应水平放置。

5 所有运输用临时防护罩在安装前应保持完好，不得取下。

6 对于非充气元件的保管应结合安装进度、保管时间、环境做好防护措施。

5.1.6 采用气体绝缘的金属封闭式高压开关柜应符合本章以及产品技术文件的规定，其柜体安装和检查还应符合本规范第6.3节的规定。

5.2 安装与调整

5.2.1 GIS元件安装前及安装过程中的试验工作应满足安装需要。

5.2.2 GIS设备基础混凝土强度应达到设备安装要求，预埋件接地应良好，符合设计要求。GIS设备基础及预埋件的允许偏差，除应符合产品技术文件要求，尚应符合表5.2.2的规定：

表5.2.2 GIS设备基础及预埋件的允许偏差(mm)

项目	基础标高允许偏差			预埋件允许偏差				轴线	
	基础标高	同相	相间	相邻埋件	全部埋件	高于基础表面	中心线	与其他设备 x、y	y轴线
三相共一基础	≤2	—	—	—	—	—	—	—	—
每相独立基础时	—	≤2	≤2	—	—	—	—	—	—

续表 5.2.2

项　　目	基础标高允许偏差			预埋件允许偏差				轴线	
	基础标高	同相	相间	相邻埋件	全部埋件	高于基础表面	中心线	与其他设备 x、y	y 轴线
相邻间隔基础	≤5	—	—	—	—	—	—	—	—
同组间	—	—	—	—	—	—	≤1	—	—
预埋件表面标高	—	—	—	≤2	—	≤1～10	—	—	—
预埋螺栓	—	—	—	—	—	—	≤2	—	—
室内安装时									
断路器各组中相	—	—	—	—	—	—	—	≤5	—
220kV 以下室内外设备基础	≤5	—	—	—	—	—	—	—	—
220kV 及以上室内外设备基础	≤10	—	—	—	—	—	—	—	—
室、内外设备基础	—	—	—	—	—	—	—	—	≤5

5.2.3 GIS 元件装配前，应进行下列检查：

1 GIS 元件的所有部件应完整无损。

2 各分隔气室气体的压力值和含水量应符合产品技术文件要求。

3 GIS 元件的接线端子、插接件及载流部分应光洁，无锈蚀现象。

4 各元件的紧固螺栓应齐全、无松动。

5 瓷件应无裂纹，绝缘件应无受潮、变形、剥落及破损。套管采用瓷外套时，瓷套与金属法兰胶装部位应牢固密实并涂有性能良好的防水胶；套管采用硅橡胶外套时，外观不得有裂纹、损伤、变形；套管的金属法兰结合面应平整、无外伤或铸造砂眼。

6 各连接件、附件的材质、规格及数量应符合产品技术文件要求。

7 组装用的螺栓、密封垫、清洁剂、润滑脂、密封脂和擦拭材料应符合产品技术文件要求。

8 密度继电器和压力表应经检验，并应有产品合格证和检验报告。密度继电器与设备本体六氟化硫气体管道的连接，应满足可与设备本体管路系统隔离，以便于对密度继电器进行现场校验。

9 电流互感器二次绕组排列次序及变比、极性、级次等应符合设计要求。

10 母线和母线筒内壁应平整无毛刺；各单元母线的长度应符合产品技术文件要求。

11 防爆膜或其他防爆装置应完好，配置应符合产品技术文件要求，相关出厂证明资料应齐全。

12 支架及其接地引线应无锈蚀或损伤。

5.2.4 安装场地应符合下列规定：

1 室内安装的GIS：GIS室的土建工程宜全部完成，室内应清洁，通风良好，门窗、孔洞应封堵完成；室内所安装的起重设备应经专业部门检查验收合格。

2 室外安装的GIS：不应有扬尘及产生扬尘的环境，否则，应采取防尘措施；起重机停靠的地基应坚固。

3 产品和设计所要求的均压接地网施工应已完成。

5.2.5 制造厂已装配好的各电器元件在现场组装时，如需在现场解体，应经制造厂同意，并在制造厂技术人员指导下进行，或由制造厂负责处理。

5.2.6 基座、支架的安装应符合设计和产品技术文件要求。

5.2.7 GIS元件的安装应在制造厂技术人员指导下按产品技术文件要求进行，并应符合下列要求：

1 装配工作应在无风沙、无雨雪、空气相对湿度小于80%的条件下进行，并应采取防尘、防潮措施。

2 产品技术文件要求搭建防尘室时，所搭建的防尘室应符合产品技术文件要求。

3 应按产品技术文件要求进行内检，参加现场内检的人员着装应符合产品技术文件要求。

4 应按产品技术文件要求选用吊装器具及吊点。

5 应按制造厂的编号和规定程序进行装配，不得混装。

6 预充氮气的箱体应先经排氮，然后充干燥空气，箱体内空气中的氧气含量必须达到18%以上时，安装人员才允许进入内部进行检查或安装。

7 产品技术文件允许露空安装的单元，装配过程中应严格控制每一单元的露空时间，工作间歇应采取防尘、防潮措施。

8 产品技术文件要求所有单元的开盖、内检及连接工作应在防尘室内进行时，防尘室内及安装单元应按产品技术文件要求充入经过滤尘的干燥空气；工作间断时，安装单元应及时封闭并充入经过滤尘的干燥空气，保持微正压。

9 盆式绝缘子应完好，表面应清洁。

10 检查气室内运输用临时支撑应无位移、无磨损，并应拆除。

11 检查制造厂已装配好的母线、母线筒内壁及其他附件表面应平整无毛刺，涂漆的漆层应完好。

12 检查导电部件镀银层应良好、表面光滑、无脱落。

13 连接插件的触头中心应对准插口，不得卡阻，插入深度应符合产品技术文件要求；接触电阻应符合产品技术文件要求，不宜超过产品技术文件规定值的1.1倍。

14 应按产品技术文件要求更换吸附剂。

15 应按产品技术文件要求进行除尘。

16 密封槽面应清洁、无划伤痕迹；已用过的密封垫(圈)不得重复使用；新密封垫应无损伤；涂密封脂时，不得使其流入密封垫(圈)内侧而与六氟化硫气体接触。

17 螺栓连接和紧固应对称均匀用力，其力矩值应符合产品技术文件要求。

18 伸缩节的安装长度应符合产品技术文件要求。

19 套管的安装、套管的导体插入深度均应符合产品技术文件要求。

20 气体配管安装前内部应清洁,气管的现场加工工艺、曲率半径及支架布置,应符合产品技术文件要求。气管之间的连接接头应设置在易于观察维护的地方。

21 在每次内检、安装和试验工作结束后,应清点用具、用品,检查确认无遗留物后方可封盖。

22 产品的安装、检测及试验工作全部完成后,应按产品技术文件要求对产品进行密封防水处理。

5.2.8 GIS中的避雷器、电压互感器单元与主回路的连接程序应考虑设备交流耐压试验的影响。

5.2.9 设备载流部分检查以及引下线的检查和安装,应按本规范第4.2.9条的规定进行。

5.2.10 均压环的检查和安装,应按本规范第4.2.10条的规定进行。

5.2.11 GIS中汇控柜、机构箱、二次接线箱等的安装,应符合本规范第7.2.2条的规定。

5.2.12 GIS辅助开关的安装,应符合本规范第7.2.6条的规定。

5.2.13 设备接地线连接,应符合设计和产品技术文件要求,并应无锈蚀和损伤,连接应紧固牢靠。

5.3 GIS中的六氟化硫断路器的安装

5.3.1 所有部件的安装位置正确,符合产品技术文件的要求。

5.3.2 GIS中断路器操动机构的检查、保管、安装和调整,应按照本规范第7章的规定进行。

5.3.3 GIS中断路器和操动机构的联合动作,应符合下列规定:

1 在联合动作前,断路器内应充有额定压力的六氟化硫气体。

2 位置指示器动作正确可靠,应与断路器的实际分、合位置一致。

5.3.4 GIS中断路器调整后的各项动作参数，应符合产品技术文件的要求。

5.4 GIS中的隔离开关和接地开关的安装

5.4.1 隔离开关和接地开关的操动机构零部件应齐全，所有固定连接部件应紧固，转动部分应涂以符合产品技术文件要求和适合当地气候的润滑脂。

5.4.2 隔离开关和接地开关中的传动装置的安装和调整，应符合产品技术文件要求；定位螺钉应按产品技术文件要求调整并加以固定。

5.4.3 操动机构的检查和调整，除应符合产品技术文件要求外，尚应符合下列规定：

1 在电动操作前，气室内六氟化硫气体压力应符合产品技术文件要求。

2 电动操作前，应先进行多次手动分、合闸，机构动作应正常。

3 电动机转向应正确，机构的分、合闸指示与设备的实际分、合闸位置应相符。

4 机构动作应平稳，无卡阻、冲击等异常现象。

5 限位装置应准确可靠，到达分、合极限位置时，应可靠切除电源。

6 操动机构在进行手动操作时，应闭锁电动操作。

5.4.4 采用弹簧机构时，弹簧机构的检查和调整应符合下列要求：

1 分、合闸闭锁装置动作应灵活，复位应准确而迅速，并应扣合可靠。

2 弹簧机构缓冲器的行程，应符合产品技术文件要求。

5.4.5 接地开关及外壳的接地连接应符合产品技术文件要求，且应连接牢固、可靠。

5.4.6 隔离开关、接地开关、断路器的电气闭锁回路应动作正确可靠。

5.5 六氟化硫气体管理及充注

5.5.1 六氟化硫气体的技术条件应符合表5.5.1的规定。

表5.5.1 六氟化硫气体的技术条件

指标项目			指标
六氟化硫(SF_6)的质量分数(%)		≥	99.9
空气的质量分数(%)		≤	0.04
四氟化碳(CF_4)的质量分数(%)		≤	0.04
水分	水的质量分数(%)	≤	0.0005
	露点(℃)	≤	−49.7
酸度(以HF计)的质量分数(%)		≤	0.00002
可水解氟化物(以HF计)(%)		≤	0.0001
矿物油的质量分数(%)		≤	0.0004
毒性			生物试验无毒

5.5.2 新六氟化硫气体应有出厂检验报告及合格证明文件。运到现场后，每瓶均应作含水量检验；现场应进行抽样做全分析，抽样比例应按表5.5.2的规定执行。检验结果有一项不符合本规范表5.5.1要求时，应以两倍量气瓶数重新抽样进行复验。复验结果即使有一项不符合，整批产品不应验收。

表5.5.2 新六氟化硫气体抽样比例

每批气瓶数	选取的最少气瓶数
1	1
2～40	2
41～70	3
71以上	4

5.5.3 六氟化硫气瓶的搬运和保管，应符合下列要求：

1　六氟化硫气瓶的安全帽、防震圈应齐全，安全帽应拧紧；搬运时应轻装轻卸，严禁抛掷溜放。

2　气瓶应存放在防晒、防潮和通风良好的场所；不得靠近热源和油污的地方，严禁水分和油污粘在阀门上。

3　六氟化硫气瓶与其他气瓶不得混放。

5.5.4　六氟化硫气体的充注应符合下列要求：

1　六氟化硫气体的充注应设专人负责抽真空和充注。

2　充注前，充气设备及管路应洁净、无水分、无油污；管路连接部分应无渗漏。

3　气体充入前应按产品技术文件要求对设备内部进行真空处理，真空度及保持时间应符合产品技术文件要求；真空泵或真空机组应有防止突然停止或因误操作而引起真空泵油倒灌的措施。

4　当气室已充有六氟化硫气体，且含水量检验合格时，可直接补气。

5　对柱式断路器进行充注时，应对六氟化硫气体进行称重，充入六氟化硫气体重量应符合产品技术文件要求。

6　充注时应排除管路中的空气。

5.5.5　设备内六氟化硫气体的含水量和漏气率应符合现行国家标准《电气装置安装工程　电气设备交接试验标准》GB 50150 的规定。

5.6　工程交接验收

5.6.1　在验收时，应进行下列检查：

1　GIS 应安装牢靠、外观清洁，动作性能应符合产品技术文件要求。

2　螺栓紧固力矩应达到产品技术文件的要求。

3　电气连接应可靠、接触良好。

4　GIS 中的断路器、隔离开关、接地开关及其操动机构的联动应正常、无卡阻现象；分、合闸指示应正确；辅助开关及电气闭锁

应动作正确、可靠。

5　密度继电器的报警、闭锁值应符合规定，电气回路传动应正确。

6　六氟化硫气体漏气率和含水量，应符合现行国家标准《电气装置安装工程　电气设备交接试验标准》GB 50150及产品技术文件的规定。

7　瓷套应完整无损、表面清洁。

8　所有柜、箱防雨防潮性能应良好，本体电缆防护应良好。

9　接地应良好，接地标识应清楚。

10　交接试验应合格。

11　带电显示装置显示应正确。

12　GIS室内通风、报警系统应完好。

13　油漆应完好，相色标志应正确。

5.6.2　在验收时，应按本规范第4.4.2条的规定提交技术文件。

6　真空断路器和高压开关柜

6.1　一般规定

6.1.1　本章适用于额定电压为3kV～35kV的户内式真空断路器和户内式高压开关柜。

6.1.2　真空断路器和高压开关柜应按制造厂和设备包装箱要求运输、装卸，其过程中不得倒置、强烈振动和碰撞。真空灭弧室的运输应按易碎品的有关规定进行。

6.1.3　真空断路器和高压开关柜运到现场后，包装应完好，设备运输单所有部件应齐全。

6.1.4　真空断路器和高压开关柜的开箱检查，应符合下列要求：

1　设备装箱单设备部件和备件应齐全、无锈蚀和机械损伤。

2　灭弧室、瓷套与铁件间应粘合牢固、无裂纹及破损。

3　绝缘部件应无变形、受潮。

4　断路器支架焊接应良好，外部防腐层应完整。

5　产品技术文件应齐全。

6　高压开关柜检查应符合下列要求：

1)开关柜的间隔排列顺序应与设计相符。

2)每个间隔柜内高压断路器、负荷开关、接触器、高压熔断器、隔离开关、接地开关、互感器等元件应符合设计和产品技术文件要求。

3)柜体应无变形、损伤，防腐应良好。

4)柜内各元件的合格证明文件应齐全。

6.1.5　真空断路器和高压开关柜到达现场后的保管应符合产品技术文件的要求，并应符合下列要求：

1　应存放在通风、干燥及没有腐蚀性气体的室内，存放时不得倒置。

2　真空断路器在开箱保管时不得重叠放置。

3　真空断路器若长期保存，应每6个月检查1次，在金属零件表面及导电接触面应涂防锈油脂，用清洁的油纸包好绝缘件。

4　保存期限如超过真空灭弧室室上注明的允许储存期，应重新检查真空灭弧室的内部气体压强。

6.1.6　高压开关柜内采用六氟化硫断路器时，对六氟化硫断路器的安装，应按本规范第3章的相关规定执行。

6.1.7　采用气体绝缘金属封闭式高压开关柜的安装，应按本规范第5章的相关规定执行。

6.2　真空断路器的安装与调整

6.2.1　真空断路器的安装与调整，应符合产品技术文件的要求，并应符合下列规定：

1　安装应垂直，固定应牢固，相间支持瓷套应在同一水平面上。

2 三相联动连杆的拐臂应在同一水平面上，拐臂角度应一致。

3 具备慢分、慢合功能的，在安装完毕后，应先进行手动缓慢分、合闸操作，手动操作正常，方可进行电动分、合闸操作。

4 真空断路器的行程、压缩行程在现场能够测量时，其测量值应符合产品技术文件要求；三相同期应符合产品技术文件要求。

5 安装有并联电阻、电容的，并联电阻、电容值应符合产品技术文件要求。

6.2.2 真空断路器的导电部分，应符合下列要求：

1 导电回路接触电阻值，应符合产品技术文件要求。

2 设备接线端子的搭接面和螺栓紧固力矩，应符合现行国家标准《电气装置安装工程　母线装置施工及验收规范》GB 50149的规定。

6.3 高压开关柜的安装与调整

6.3.1 基础型钢的检查，应符合产品技术文件要求，当产品技术文件没作要求时，应符合下列规定：

1 允许偏差应符合表 6.3.1 的规定。

2 基础型钢安装后，其顶部标高在产品技术文件没有要求时，宜高出抹平地面 10mm。基础型钢应有明显的可靠接地。

表 6.3.1 基础型钢安装的允许偏差

项目	允许偏差	
	mm/m	mm/全长
不直度	<1	<5
水平度	<1	<5
位置偏差及不平行度	—	<5

6.3.2 开关柜按照设计图纸和制造厂编号顺序安装，柜及柜内设备与各构件间连接应牢固。

6.3.3 开关柜单独或成列安装时，其垂直度、水平偏差以及柜面偏差和柜间接缝的允许偏差，应符合表6.3.3的规定。

表6.3.3 开关柜安装的允许偏差

项目		允许偏差
垂直度		<1.5mm/m
水平偏差	相邻两盘顶部	<2mm
	成列盘顶部	<2mm
盘间偏差	相邻两盘边	<1mm
	成列盘面	<1mm
盘间接缝		<2mm

6.3.4 成列开关柜的接地母线，应有两处明显的与接地网可靠连接点。金属柜门应以铜软线与接地的金属构架可靠连接。成套柜应装有供检修用的接地装置。

6.3.5 开关柜的安装应符合产品技术文件要求，并应符合下列规定：

1 手车或抽屉单元的推拉应灵活轻便、无卡阻、碰撞现象；具有相同额定值和结构的组件，应检验具有互换性。

2 机械闭锁、电气闭锁应动作准确、可靠和灵活，具备防止电气误操作的“五防”功能，即防止误分、合断路器，防止带负荷分、合隔离开关，防止接地开关合上时（或带接地线）送电，防止带电合接地开关（挂接地线），防止误入带电间隔等功能。

3 安全隔离板开启应灵活，并应随手车或抽屉的进出而相应动作。

4 手车推入工作位置后，动触头顶部与静触头底部的间隙，应符合产品技术文件要求。

5 动触头与静触头的中心线应一致，触头接触应紧密。

6 手车与柜体间的接地触头应接触紧密，当手车推入柜内时，其接地触头应比主触头先接触，拉出时接地触头应比主触头后断开。

7 手车或抽屉的二次回路连接插件（插头与插座）应接触良好，并应有锁紧措施；插头与开关设备应有可靠的机械连锁，当开关设备在工作位置时，插头应拔不出来；其同一功能单元、同一种型式的高压电器组件插头的接线应相同、能互换使用。

8 仪表、继电器等二次元件的防震措施应可靠。控制和信号回路应正确，并应符合现行国家标准《电气装置安装工程 盘、柜及二次回路接线施工及验收规范》GB 50171 的有关规定。

9 螺栓应紧固，并应具有防松措施。

6.3.6 高压开关柜内的六氟化硫断路器、隔离开关、接地开关以及熔断器、负荷开关、避雷器应按照本规范相关章节的规定执行。

6.4 工程交接验收

6.4.1 验收时，应进行下列检查：

1 真空断路器应固定牢靠，外观应清洁。

2 电气连接应可靠且接触良好。

3 真空断路器与操动机构联动应正常、无卡阻；分、合闸指示应正确；辅助开关动作应准确、可靠。

4 并联电阻的电阻值、电容器的电容值，应符合产品技术文件要求。

5 绝缘部件、瓷件应完好无损。

6 高压开关柜应具备防止电气误操作的“五防”功能。

7 手车或抽屉式高压开关柜在推入或拉出时应灵活，机械闭锁应可靠。

8 高压开关柜所安装的带电显示装置应显示、动作正确。

9 交接试验应合格。

10 油漆应完整、相色标志应正确，接地应良好、标识清楚。

6.4.2 在验收时，应按照本规范第 4.4.2 条的规定，提交技术文件。

7 断路器的操动机构

7.1 一般规定

7.1.1 本章适用于额定电压为3kV～750kV的断路器配合使用的气动机构、液压机构、电磁机构和弹簧机构。

7.1.2 操动机构在运输和装卸过程中，不得倒置、碰撞或受到剧烈的震动。

7.1.3 操动机构运到现场后，检查包装应完好，按照设备运输单清点部件应齐全。

7.1.4 操动机构的开箱检查，应符合下列要求：

1 操动机构的所有零部件、附件及备件应齐全。

2 操动机构的零部件、附件应无锈蚀、受损及受潮等现象。

3 充油、充气部件应无渗漏。

7.1.5 操动机构运到现场后的保管，应符合下列要求：

1 操动机构应按其用途置于室内或室外干燥场所保管。

2 空气压缩机、阀门等应置于室内保管。

3 控制箱或机构箱应妥善保管，不得受潮。

4 保管时，应对操动机构的金属转动摩擦部件进行检查，并采取防锈措施。

5 长期保管的操动机构应有防止受潮的措施。

7.2 操动机构的安装及调整

7.2.1 操动机构的安装及调整，应按产品技术文件要求进行，并应符合下列规定：

1 操动机构固定应牢靠，并与断路器底座标高相配合，底座或支架与基础间的垫片不宜超过3片，总厚度不应超过10mm，各垫片尺寸与基座相符且连接牢固。

2 操动机构的零部件应齐全，各转动部分应涂以适合当地气候条件的润滑脂。

3 电动机固定应牢固，转向应正确。

4 各种接触器、继电器、微动开关、压力开关、压力表、加热装置和辅助开关的动作应准确、可靠，接点应接触良好、无烧损或锈蚀。

5 分、合闸线圈的铁芯应动作灵活、无卡阻。

6 压力表应经出厂检验合格，并有检验报告，压力表的电接点动作正确可靠。

7 操动机构的缓冲器应经过调整；采用油缓冲器时，油位应正常，所采用的液压油应适合当地气候条件。

8 加热、驱潮装置及控制元件的绝缘应良好，加热器与各元件、电缆及电线的距离应大于50mm。

7.2.2 控制柜、分相控制箱、操动机构箱的安装，应符合下列要求：

1 箱、柜门关闭应严密，内部应干燥清洁，并应有通风和防潮措施，接地应良好；液压机构箱还应有隔热防寒措施。

2 控制和信号回路应正确，并符合现行国家标准《电气装置安装工程　盘、柜及二次回路接线施工及验收规范》GB 50171 的有关规定。

7.2.3 操动机构应具有可靠的防止跳跃的功能；采用分相操动机构的，应具有可靠的防止非全相运行的功能。

7.2.4 断路器应能远方和就地操作，远方和就地操作之间应有闭锁。

7.2.5 断路器装设的动作计数器动作应正确。

7.2.6 辅助开关应满足以下要求：

1 辅助开关应安装牢固，应能防止因多次操作松动变位。

2 辅助开关接点应转换灵活、切换可靠、性能稳定。

3 辅助开关与机构间的连接应松紧适当、转换灵活，并应能满足通电时间的要求；连接锁紧螺帽应拧紧，并应采取防松措施。

7.3 气动机构

7.3.1 气动机构的安装及调整除符合本节的规定外，尚应符合本规范第7.2节的规定。

7.3.2 气动机构应采用制造厂已组装好的空气压缩机或空气压缩机组产品，空气压缩机或空气压缩机组不应在现场进行解体检查。

7.3.3 空气压缩机安装时，应经检查并应符合下列要求：

1 空气过滤器应清洁无堵塞，吸气阀和排气阀应完好、动作可靠。

2 冷却器、风扇叶片和电动机、皮带轮等所有附件应清洁并安装牢固、运转正常。

3 气缸用的润滑油应符合产品技术文件要求；气缸内油面应在标线位置；气缸油的加热装置应完好。

4 自动排污装置应动作正确，污物应通过管路引至集污池（盒）内。

5 空气压缩机组的安装应符合现行国家标准《机械设备安装工程施工及验收通用规范》GB 50231的有关规定；空气压缩机组电动机的安装，应符合现行国家标准《电气装置安装工程　旋转电机施工及验收规范》GB 50170的有关规定。

7.3.4 空气压缩机的连续运行时间与最高运行温度不得超过产品技术文件要求。

7.3.5 空气压缩机组的控制柜及保护柜内的配气管应清洁、通畅无堵塞，其布置不应妨碍表计、继电器及其他部件的检修和调试。

7.3.6 储气罐、气水分离器及截止阀、安全阀和排污阀等，应清洁、无锈蚀；减压阀、安全阀应经校验合格；阀门动作灵活、准确可靠；其安装位置应便于操作。

7.3.7 储气罐等压力容器应符合国家现行有关压力容器承压试

验标准；配气管安装后，应进行压力试验，试验压力应为1.25倍额定压力，试验时间应为5min。

7.3.8 空气管路的材料性能、管径、壁厚应符合产品技术文件要求，并具有材质检验证明。

7.3.9 空气管道的敷设，应符合下列规定：

1 管子内部应清洁、无锈蚀；并应用干净的布对现场配制的管道内部进行清洁。

2 敷管路径宜短，接头宜少，排管的接头应错开，空气管道接口应设置在易于观察和维护的地方。

3 管道的连接宜采用焊接，焊口应牢固严密；采用法兰螺栓连接时，法兰端面应与管子中心线垂直，法兰的接触面应平整不得有砂眼、毛刺、裂纹等缺陷；管道与设备间应用法兰或连接器连接，不得采用焊接。管道之间采用法兰或连接器连接时，管路的切割、制作应用专门工具，不得使用会产生金属屑的工具。

4 空气管道应固定牢固，其固定卡子间的距离不应大于2m；空气管道在穿过墙壁或地板时，应通过明孔或另加金属保护管。

5 设计无规定时，管道应在顺排水方向具有不小于3‰的排水坡度；在最低点宜设两级排水截门，第一级排水截门为球阀；管子的弯曲半径应符合选用管材的要求。

6 管道的伸缩弯宜平放或稍高于管道敷设平面，以免积水。

7 气动系统管道安装完成后，应采用干燥的压缩空气进行吹扫。

8 使用环境温度低于0℃的，应在空气管路及相应的截门、阀门上采取保温或加热措施。

7.3.10 全部空气管道系统应以额定气压进行漏气量的检查，在24h内压降不得超过10%，或符合产品技术文件要求。

7.3.11 空气压缩机、储气罐及阀门等部件应分别加以编号。阀门的操作手柄应标以开、闭方向。连接阀门的管子上，应标以正常的气流方向。

7.4 液压机构

7.4.1 液压机构的安装及调整，除应符合本章第7.2节的规定外，尚应符合下列规定：

1 油箱内部应洁净，液压油的标号符合产品技术文件要求，液压油应洁净无杂质、油位指示正常。

2 连接管路应清洁，连接处应密封良好、牢固可靠。

3 液压回路在额定油压时，外观检查应无渗漏。

4 具备慢分、慢合操作条件的机构，在进行慢分、慢合操作时，工作缸活塞杆的运动应无卡阻现象，其行程应符合产品技术文件要求。

5 微动开关、接触器的动作应准确可靠、接触良好；电接点压力表、安全阀、压力释放器应经检验合格，动作应可靠，关闭应严密；联动闭锁压力值应按产品技术文件要求予以整定。

6 防失压慢分装置应可靠。

7 液压机构的24h压力泄漏量，应符合产品技术文件要求。

8 采用氮气储能的机构，储压筒的预充压力和补充氮气，应符合产品技术文件要求，测量时应记录周围空气温度；补充的氮气应采用微水含量小于5μL/L的高纯氮作为气源。

9 采用弹簧储能的机构，机构的弹簧位置应符合产品技术文件要求。

7.5 弹簧机构

7.5.1 弹簧机构的安装及调整，除应符合本章第7.2节的规定外，尚应符合下列规定：

1 不得将机构“空合闸”。

2 合闸弹簧储能时，牵引杆的位置应符合产品技术文件要求。

3 合闸弹簧储能完毕后，行程开关应能立即将电动机电源切除;合闸完毕,行程开关应将电动机电源接通。

4 合闸弹簧储能后,牵引杆的下端或凸轮应与合闸锁扣可靠地联锁。

5 分、合闸闭锁装置动作应灵活,复位应准确而迅速,并应开合可靠。

6 弹簧机构缓冲器的行程,应符合产品技术文件要求。

7.6 电磁机构

7.6.1 电磁机构的安装及调整,除应符合本章第7.2节的规定外,尚应符合下列规定:

1 机构合闸至顶点时,支持板与合闸滚轮间应保持一定间隙,且符合产品技术文件要求。

2 分闸制动板应可靠地扣入,脱扣锁钩与底板轴间应保持一定的间隙,且符合产品技术文件要求。

7.7 工程交接验收

7.7.1 在验收时,应进行下列检查:

1 操动机构应固定牢靠、外表清洁。

2 电气连接应可靠且接触良好。

3 液压系统应无渗漏、油位正常;空气系统应无漏气;安全阀、减压阀等应动作可靠;压力表应指示正确。

4 操动机构与断路器的联动应正常、无卡阻现象;开关防跳跃功能应正确、可靠;具有非全相保护功能的动作应正确、可靠;分、合闸指示正确;压力开关、辅助开关动作应准确、可靠。

5 控制柜、分相控制箱、操动机构箱、接线箱等的防雨防潮应良好,电缆管口、孔洞应封堵严密。

6 交接试验应合格。

7 油漆应完整;接地应良好、标识清晰。

7.7.2 在验收时,应按照本规范第4.4.2条的要求提交技术文件。

8　隔离开关、负荷开关及高压熔断器

8.1　一般规定

8.1.1　本章适用于额定电压为3kV～750kV的交流高压隔离开关(包括接地开关)、负荷开关及高压熔断器的安装。

8.1.2　高压隔离开关、负荷开关及高压熔断器的运输、装卸，应符合设备箱的标注及产品技术文件的要求。

8.1.3　隔离开关、负荷开关及高压熔断器运到现场后的检查，应符合下列要求：

1　按照运输单清点，检查运输箱外观应无损伤和碰撞变形痕迹。

2　瓷件应无裂纹和破损。

8.1.4　隔离开关、负荷开关及高压熔断器运到现场后的保管，应符合下列要求：

1　设备运输箱应按其不同保管要求置于室内或室外平整、无积水且坚硬的场地。

2　设备运输箱应按箱体标注安置；瓷件应安置稳妥；装有触头及操动机构金属传动部件的箱子应有防潮措施。

8.1.5　隔离开关、负荷开关及高压熔断器的开箱检查，应符合下列要求：

1　产品技术文件应齐全；到货设备、附件、备品备件应与装箱单一致；核对设备型号、规格应与设计图纸相符。

2　设备应无损伤变形和锈蚀、漆层完好。

3　镀锌设备支架应无变形、镀锌层完好、无锈蚀、无脱落、色泽一致。

4　瓷件应无裂纹、破损；瓷瓶与金属法兰胶装部位应牢固密实，并应涂有性能良好的防水胶；法兰结合面应平整、无外伤或铸造砂眼；支柱瓷瓶外观不得有裂纹、损伤；瓷瓶垂直度符合现行国家标准《标称电压高于1000V系统用户内和户外支柱绝缘子 第1部分：瓷或玻璃绝缘子的试验》GB/T 8287.1的规定。

5 导电部分可挠连接应无折损，接线端子(或触头)镀银层应完好。

8.2 安装与调整

8.2.1 安装前的基础检查，应符合产品技术文件要求，并应符合本规范第4.2.1条的规定。

8.2.2 设备支架的检查及安装，应符合产品技术文件要求，且应符合下列规定：

1 设备支架外形尺寸符合要求。封顶板及铁件无变形、扭曲，水平偏差符合产品技术文件要求。

2 设备支架安装后，检查支架柱轴线，行、列的定位轴线允许偏差为5mm，支架顶部标高允许偏差为5mm，同相根开允许偏差为10mm。

8.2.3 在室内间隔墙的两面，以共同的双头螺栓安装隔离开关时，应保证其中一组隔离开关拆除时，不影响另一侧隔离开关的固定。

8.2.4 隔离开关、负荷开关及高压熔断器安装时的检查，应符合下列要求：

1 隔离开关相间距离允许偏差：220kV及以下10mm。相间连杆应在同一水平线上。

2 接线端子及载流部分应清洁，且应接触良好，接线端子(或触头)镀银层无脱落。

3 绝缘子表面应清洁、无裂纹、破损、焊接残留斑点等缺陷，瓷瓶与金属法兰胶装部位应牢固密实。

4 支柱绝缘子不得有裂纹、损伤，并不得修补。外观检查有疑问时，应作探伤试验。

5 支柱绝缘子应垂直于底座平面（V形隔离开关除外），且连接牢固；同一绝缘子柱的各绝缘子中心线应在同一垂直线上；同相各绝缘子柱的中心线应在同一垂直平面内。

6 隔离开关的各支柱绝缘子间应连接牢固；安装时可用金属垫片校正其水平或垂直偏差，使触头相互对准、接触良好。

7 均压环和屏蔽环应安装牢固、平正，检查均压环和屏蔽环无划痕、毛刺；均压环和屏蔽环宜在最低处打排水孔。

8 安装螺栓宜由下向上穿入，隔离开关组装完毕，应用力矩扳手检查所有安装部位的螺栓，其力矩值应符合产品技术文件要求。

9 隔离开关的底座传动部分应灵活，并涂以适合当地气候条件的润滑脂。

10 操动机构的零部件应齐全，所有固定连接部件应紧固，转动部分应涂以适合当地气候条件的润滑脂。

8.2.5 传动装置的安装调整应符合下列要求：

1 拉杆与带电部分的距离应符合现行国家标准《电气装置安装工程 母线装置施工及验收规范》GB 50149的有关规定。

2 拉杆的内径应与操动机构轴的直径相配合，两者间的间隙不应大于1mm；连接部分的销子不应松动。

3 当拉杆损坏或折断可能接触带电部分而引起事故时，应加装保护环。

4 延长轴、轴承、连轴器、中间轴承及拐臂等传动部件，其安装位置应正确，固定应牢靠；传动齿轮啮合应准确，操作应轻便灵活。

5 定位螺钉应按产品技术文件要求进行调整并加以固定。

6 所有传动摩擦部位，应涂以适合当地气候条件的润滑脂。

7 隔离开关、接地开关平衡弹簧应调整到操作力矩最小并加以固定；接地开关垂直连杆上应涂以黑色油漆标识。

8.2.6 操动机构的安装调整，应符合下列要求：

1 操动机构应安装牢固，同一轴线上的操动机构安装位置应一致。

2 电动操作前，应先进行多次手动分、合闸，机构动作应正确。

3 电动机的转向应正确，机构的分、合闸指示应与设备的实际分、合闸位置相符。

4 机构动作应平稳、无卡阻、冲击等异常情况。

5 限位装置应准确可靠，到达规定分、合极限位置时，应可靠地切除电源；辅助开关动作应与隔离开关动作一致、接触准确可靠。

6 隔离开关过死点、动静触头间相对位置、备用行程及动触头状态，应符合产品技术文件要求。

7 隔离开关分合闸定位螺钉，应按产品技术文件要求进行调整并加以固定。

8 操动机构在进行手动操作时，应闭锁电动操作。

9 机构箱应密闭良好、防雨防潮性能良好，箱内安装有防潮装置时，加热装置应完好，加热器与各元件、电缆及电线的距离应大于50mm；机构箱内控制和信号回路应正确并应符合现行国家标准《电气装置安装工程　盘、柜及二次回路接线施工及验收规范》GB 50171的有关规定。

8.2.7 当拉杆式手动操动机构的手柄位于上部或左端的极限位置，或涡轮蜗杆式机构的手柄位于顺时针方向旋转的极限位置时，应是隔离开关或负荷开关的合闸位置；反之，应是分闸位置。

8.2.8 隔离开关、负荷开关合闸状态时触头间的相对位置、备用行程，分闸状态时触头间的净距或拉开角度，应符合产品技术文件要求。

8.2.9 具有引弧触头的隔离开关由分到合时，在主动触头接触前，引弧触头应先接触；从合到分时，触头的断开顺序相反。

8.2.10 三相联动的隔离开关，触头接触时，不同期数值应符合产品技术文件要求。当无规定时，最大值不得超过20mm。

8.2.11 隔离开关、负荷开关的导电部分，应符合下列规定：

1 触头表面应平整、清洁，并应涂以薄层中性凡士林；载流部分的可挠连接不得有折损；连接应牢固，接触应良好；载流部分表面应无严重的凹陷及锈蚀。

2 触头间应接触紧密，两侧的接触压力应均匀且符合产品技术文件要求，当采用插入连接时，导体插入深度应符合产品技术文件要求。

3 设备连接端子应涂以薄层电力复合脂。连接螺栓应齐全、紧固，紧固力矩符合现行国家标准《电气装置安装工程　母线装置施工及验收规范》GB 50149的规定。引下线的连接不应使设备接线端子受到超过允许的承受应力。

4 合闸直流电阻测试应符合产品技术文件要求。

8.2.12 隔离开关的闭锁装置应动作灵活、准确可靠；带有接地刀的隔离开关，接地刀与主触头间的机械或电气闭锁应准确可靠。

8.2.13 隔离开关及负荷开关的辅助开关应安装牢固、动作准确、接触良好，其安装位置便于检查；装于室外时，应有防雨措施。

8.2.14 负荷开关的安装及调整，除应符合上述有关规定外，尚应符合下列规定：

1 在负荷开关合闸时，主固定触头应与主刀可靠接触；分闸时，三相的灭弧刀片应同时跳离固定灭弧触头。

2 灭弧筒内产生气体的有机绝缘物应完整无裂纹，灭弧触头与灭弧筒的间隙应符合要求。

3 负荷开关三相触头接触的同期性和分闸状态时触头间净距及拉开角度，应符合产品技术文件要求。

4 带油的负荷开关的外露部分及油箱应清理干净，油箱内应注以合格油并应无渗漏。

8.2.15 人工接地开关的安装及调整，除应符合上述有关规定外，尚应符合下列要求：

1 人工接地开关的动作应灵活可靠，其合闸时间应符合产品技术文件和继电保护规定。

2 人工接地开关的缓冲器应经详细检查，其压缩行程应符合产品技术文件要求。

8.2.16 高压熔断器的安装，应符合下列要求：

1 带钳口的熔断器，其熔丝管应紧密地插入钳口内。

2 装有动作指示器的熔断器，应便于检查指示器的动作情况。

3 跌落式熔断器熔管的有机绝缘物应无裂纹、变形；熔管轴线与铅垂线的夹角应为15°～30°，其转动部分应灵活；跌落时不应碰及其他物体而损坏熔管。

4 熔丝的规格应符合设计要求，且无弯曲、压扁或损伤，熔体与尾线应压接紧密牢固。

8.3 工程交接验收

8.3.1 在验收时，应进行下列检查：

1 操动机构、传动装置、辅助开关及闭锁装置应安装牢固、动作灵活可靠、位置指示正确。

2 合闸时三相不同期值，应符合产品技术文件要求。

3 相间距离及分闸时触头打开角度和距离，应符合产品技术文件要求。

4 触头接触应紧密良好，接触尺寸应符合产品技术文件要求。

5 隔离开关分合闸限位应正确。

6 垂直连杆应无扭曲变形。

7 螺栓紧固力矩应达到产品技术文件和相关标准要求。

8 合闸直流电阻测试应符合产品技术文件要求。

9 交接试验应合格。

10 隔离开关、接地开关底座及垂直连杆、接地端子及操动机构箱应接地可靠。

11 油漆应完整、相色标识正确，设备应清洁。

8.3.2 在验收时，应按照本规范第4.4.2条的规定提交技术文件。

9 避雷器和中性点放电间隙

9.1 一般规定

9.1.1 本章适用于中性点放电间隙和额定电压为3kV～750kV的金属氧化物避雷器。

9.1.2 避雷器在运输存放过程中应正置立放，不得倒置和受到冲击与碰撞，复合外套的避雷器，不得与酸碱等腐蚀性物品放在同一车厢内运输。

9.1.3 避雷器不得任意拆开、破坏密封。

9.1.4 复合外套金属氧化物避雷器应存放在环境温度为－40℃～＋40℃的无强酸碱及其他有害物质的库房中，产品水平放置时，需避免让伞裙受力。

制造厂有具体存放要求时，应按产品技术文件要求执行。

9.2 避雷器的安装

9.2.1 避雷器安装前，应进行下列检查：

1 采用瓷外套时，瓷件与金属法兰胶装部位应结合牢固、密实，并应涂有性能良好的防水胶；瓷套外观不得有裂纹、损伤；采用硅橡胶外套时，外观不得有裂纹、损伤和变形。金属法兰结合面应平整，无外伤或铸造砂眼，法兰泄水孔应通畅。

2 各节组合单元应经试验合格，底座绝缘应良好。

3 应取下运输时用以保护避雷器防爆膜的防护罩，或按产品技术文件要求执行;防爆膜应完好、无损。

4 避雷器的安全装置应完整、无损。

5 带自闭阀的避雷器宜进行压力检查,压力值应符合产品技术文件要求。

9.2.2 避雷器组装时,其各节位置应符合产品出厂标志的编号。

9.2.3 避雷器吊装,应符合产品技术文件要求。

9.2.4 避雷器的绝缘底座安装应水平。

9.2.5 避雷器各连接处的金属接触表面应洁净、没有氧化膜和油漆、导通良好。

9.2.6 并列安装的避雷器三相中心应在同一直线上,相间中心距离允许偏差为10mm;铭牌应位于易于观察的同一侧。

9.2.7 避雷器安装应垂直,其垂直度应符合制造厂的要求。

9.2.8 避雷器的排气通道应通畅,排气通道口不得朝向巡检通道,排出的气体不致引起相间或对地闪络,并不得喷及其他电气设备。

9.2.9 均压环应无划痕、毛刺,安装应牢固、平整、无变形;在最低处宜打排水孔。

9.2.10 监测仪应密封良好、动作可靠,并应按产品技术文件要求连接;安装位置应一致、便于观察;接地应可靠;监测仪计数器应调至同一值。

9.2.11 所有安装部位螺栓应紧固,力矩值应符合产品技术文件要求。

9.2.12 避雷器的接地应符合设计要求,接地引下线应连接、固定牢靠。

9.2.13 设备接线端子的接触表面应平整、清洁、无氧化膜、无凹陷及毛刺,并应涂以薄层电力复合脂;连接螺栓应齐全、紧固,紧固力矩应符合现行国家标准《电气装置安装工程 母线装置施工及验收规范》GB 50149的要求。避雷器引线的连接不应使设备端子受到超过允许的承受应力。

9.3 中性点放电间隙的安装

9.3.1 放电间隙电极的制作应符合设计要求,钢制材料制作的电极应镀锌。

9.3.2 放电间隙宜水平安装。

9.3.3 放电间隙必须安装牢固,其间隙距离应符合设计要求。

9.3.4 接地应符合设计要求,并应采用双根接地引下线与接地网不同接地干线连接。

9.4 工程交接验收

9.4.1 在验收时,应进行下列检查:

1 现场制作件应符合设计要求。

2 避雷器密封应良好,外表应完整无缺损。

3 避雷器应安装牢固,其垂直度应符合产品技术文件要求,均压环应水平。

4 放电记数器和在线监测仪密封应良好,绝缘垫及接地应良好、牢固。

5 中性点放电间隙应固定牢固、间隙距离符合设计要求,接地应可靠。

6 油漆应完整、相色正确。

7 交接试验应合格。

8 产品有压力检测要求时,压力检测应合格。

9.4.2 在验收时,应按照本规范第4.4.2条的规定提交技术文件。

10 干式电抗器和阻波器

10.0.1 本章适用于额定电压为3kV～66kV的干式电抗器和额

定电压为3kV～750kV的阻波器。

10.0.2 设备运到现场后，应进行下列外观检查：

支柱及线圈绝缘等应无损伤和裂纹；线圈无变形；支柱绝缘子及其附件应齐全。

10.0.3 设备运到现场后，应按其用途放在室内或室外平整、无积水的场地保管。运输或吊装过程中，支柱或线圈不应遭受损伤和变形。

10.0.4 安装前基础检查，应符合产品技术文件要求。干式空心电抗器基础内部的钢筋制作应符合设计要求，自身没有且不应通过接地线构成闭合回路。

10.0.5 干式空心电抗器采用金属围栏时，金属围栏应设明显断开点，并不应通过接地线构成闭合回路。

10.0.6 干式空心电抗器线圈绝缘损伤及导体裸露时，应按产品技术文件的要求进行处理。

10.0.7 干式空心电抗器应按其编号进行安装，并应符合下列要求：

1 三相垂直排列时，中间一相线圈的绕向应与上、下两相相反，各相中心线应一致。

2 两相重叠一相并列时，重叠的两相绕向应相反，另一相应与上面的一相绕向相同。

3 三相水平排列时，三相绕向应相同。

10.0.8 干式空心电抗器间隔内，所有磁性材料的部件，应可靠固定。

10.0.9 干式空心电抗器附近安装的二次电缆和二次设备应考虑电磁干扰的影响，二次电缆的接地线不应构成闭合回路。

10.0.10 干式铁芯电抗器的各部位固定应牢靠、螺栓紧固，铁芯应一点接地。

10.0.11 干式空心电抗器和支承式安装的阻波器线圈，其重量应均匀地分配于所有支柱绝缘子上。找平时，允许在支柱绝缘子底座下放置钢垫片，但应牢固可靠。干式电抗器上、下重叠时，应在其绝缘子顶帽上，放置与顶帽同样大小且厚度不超过 4mm 的绝缘纸垫片或橡胶垫片；在户外安装时，应用橡胶垫片。

10.0.12 阻波器安装前，应进行频带特性及内部避雷器相应的试验。

10.0.13 悬式阻波器主线圈吊装时，其轴线宜对地垂直。

10.0.14 设备接线端子与母线的连接，应符合现行国家标准《电气装置安装工程 母线装置施工及验收规范》GB 50149 的有关规定。当其额定电流为 1500A 及以上时，应采用非磁性金属材料制成的螺栓。

10.0.15 干式空心电抗器和阻波器主线圈的支柱绝缘子的接地，应符合下列要求：

1 上、下重叠安装时，底层的所有支柱绝缘子均应接地，其余的支柱绝缘子不接地。

2 每相单独安装时，每相支柱绝缘子均应接地。

3 支柱绝缘子的接地线不应构成闭合环路。

10.0.16 在验收时，应进行下列检查：

1 支柱应完整、无裂纹，线圈应无变形。

2 线圈外部的绝缘漆应完好。

3 支柱绝缘子的接地应良好。

4 各部油漆应完整。

5 干式空心电抗器的基础内钢筋、底层绝缘子的接地线以及所采用的金属围栏，不应通过自身和接地线构成闭合回路。

6 干式铁芯电抗器的铁芯应一点接地。

7 交接试验应合格。

8 阻波器内部的电容器和避雷器外观应完整，连接应良好、固定可靠。

10.0.17 在验收时，应按照本规范第 4.4.2 条的规定提交技术文件。

11 电 容 器

11.1 一 般 规 定

11.1.1 本章适用于额定电压为3kV～750kV的电力电容器、耦合电容器以及串联电容补偿装置(简称为串补)的安装。串联电容补偿装置附属设备的安装应符合本规范的规定。

11.1.2 设备到货检查:产品应包装完好,规格符合设计要求,数量与运输清单一致。

11.1.3 设备的现场保管,应符合产品技术文件要求。室内安装的设备应在室内存放。串联电容补偿装置的光缆套管、光CT等易受损的设备也应在室内单独存放保管。

11.2 电容器的安装

11.2.1 电容器(组)安装前的检查,应符合下列要求:

1 套管芯棒应无弯曲、滑扣。

2 电容器引出线端连接用的螺母、垫圈应齐全。

3 电容器外壳应无显著变形、外表无锈蚀,所有接缝不应有裂缝或渗油。

4 支持瓷瓶应完好、无破损。倒装时应选用倒装支持瓷瓶。

5 电容器(组)支架应无变形,加工工艺、防腐应良好;各种紧固件齐全,全部采用热镀锌制品。

6 集合式并联电容器的油箱、贮油柜(或扩张器)、瓷套、出线导杆、压力释放阀、温度计等应完好无损,油箱及充油部件不得有渗漏油现象。

11.2.2 电容器安装前试验应合格;成组安装的电容器的电容量,应按本章第11.2.4条第1款的要求经试验调配。

11.2.3 电容器支架安装，应符合下列规定：

1 金属构件无明显变形、锈蚀，油漆应完整，户外安装的应采用热镀锌支架。

2 瓷瓶无破损，金属法兰无锈蚀。

3 支架安装水平允许偏差为3mm/m。

4 支架立柱间距离允许偏差为5mm。

5 支架连接螺栓的紧固，应符合产品技术文件要求。构件间垫片不得多于1片，厚度应不大于3mm。

11.2.4 电容器组的安装，应符合下列要求：

1 三相电容量的差值宜调配到最小，其最大与最小的差值，不应超过三相平均电容值的5%；设计有要求时，应符合设计的规定。

2 电容器组支架应保持其应有的水平及垂直位置，无明显变形，固定应牢靠，防腐应完好。

3 电容器的配置应使其铭牌面向通道一侧，并有顺序编号。

4 电容器一次接线应正确、符合设计，接线应对称一致、整齐美观，母线及分支线应标以相色。

5 凡不与地绝缘的每个电容器的外壳及电容器的支架均应接地；凡与地绝缘的电容器的外壳均应与支架一起可靠连接到规定的电位上；与电容器围栏之间的安全距离应符合现行国家标准《电气装置安装工程　母线装置施工及验收规范》GB 50149的规定。

6 电容器的接线端子与连接线采用不同材料的金属时，应采取增加过渡接头的措施。

7 采用外熔断器时，外熔断器的安装应排列整齐，倾斜角度应符合设计，指示器位置应正确。

8 放电线圈瓷套应无损伤、相色正确、接线牢固美观。

9 接地刀闸操作应灵活。

10 避雷器在线监测仪接线应正确。

11.2.5 对于储油柜结构的集合式并联电容器，油位应正常，其绝缘油的耐压值，应符合现行国家标准《电气装置安装工程　电气设备交接试验标准》GB 50150 的规定。

11.3 耦合电容器的安装

11.3.1 瓷件及法兰的检查按本章第 11.4.4 条第 1 款的规定进行。

11.3.2 耦合电容器安装时，不应松动其顶盖上的紧固螺栓；接至电容器的引线不应使其端子受到过大的横向拉力。

11.3.3 两节或多节耦合电容器叠装时，应按制造厂的编号安装。

11.4 串联电容补偿装置的安装

11.4.1 串联电容补偿装置的安装应在制造厂专业技术人员指导下进行，施工单位应编制详细的施工方案。

11.4.2 串联电容补偿装置平台基础强度应符合产品技术文件要求，回填土应夯实。

11.4.3 基础复测应符合产品技术文件要求，产品技术文件没有规定时，应符合下列规定：

1 基础中心线对定位轴线位置的允许偏差应为 5mm，支柱绝缘子的基准点标高允许偏差应为 ±3mm，基础水平度允许偏差应为 $L/1000$mm。

2 地脚螺栓中心允许偏差应为 2mm，地脚螺栓露出长度允许偏差应为 0～+20mm，地脚螺栓螺纹长度允许偏差应为 0～+20mm。

11.4.4 支柱瓷瓶安装前的检查，应符合下列要求：

1 瓷瓶与金属法兰胶装部位应密实牢固、涂有性能良好的防水胶；法兰结合面应平整、无外伤或铸造砂眼；支柱瓷瓶外观不得有裂纹、损伤；有怀疑时应经探伤试验。

2 测量每节瓷瓶的长度并根据基础实测标高进行选配。

11.4.5 串补平台金属构件安装前检查，应无变形、锈蚀、热镀锌质量良好。

11.4.6 串补平台安装，应符合下列要求：

1 所有部件应齐全、完整。

2 安装螺栓应齐全、紧固，紧固力矩应符合产品技术文件要求。

3 在平台上设备安装前、安装后，应调整串补平台斜拉绝缘子，使平台支持绝缘子保持垂直，并检查斜拉绝缘子的预拉力，应符合产品技术文件要求。

11.4.7 串联电容补偿装置中的设备安装，应符合下列规定：

1 平台上电容器的组装和安装，过电压限制器(MOV)、火花间隙、阻尼电抗、电阻以及管母和设备联线等，应在平台稳定后进行。

2 平台上设备的安装，应符合设计图纸、产品技术文件的要求。

3 旁路断路器、隔离开关的安装，应按本规范中相关章节的规定执行。

4 光缆通道复合绝缘子的安装，应符合图纸和规范要求；光缆的敷设固定符合产品技术文件要求；光缆接线盒内光纤连接应可靠，接线盒应封堵严密。

11.5 工程交接验收

11.5.1 在验收时，应进行下列检查：

1 电容器组的布置与接线应正确，电容器组的保护回路应完整，检验一次接线同具有极性的二次保护回路关系正确。

2 三相电容量偏差值应符合设计要求。

3 外壳应无凹凸或渗油现象，引出线端子连接应牢固，垫圈、螺母应齐全。

4 熔断器的安装应排列整齐、倾斜角度符合设计、指示器正确；熔体的额定电流应符合设计要求。

5　放电线圈瓷套应无损伤、相色正确、接线牢固美观；放电回路应完整，接地刀闸操作应灵活。

6　电容器支架应无明显变形。

7　电容器外壳及支架的接地应可靠、防腐完好。

8　支持瓷瓶外表清洁，完好无破损。

9　串联补偿装置平台稳定性应良好，斜拉绝缘子的预拉力应合格，平台上设备连接应正确、可靠。

10　交接试验应合格。

11　电容器室内的通风装置应良好。

11.5.2　在验收时，应按照本规范第4.4.2条的规定提交技术文件。

本规范用词说明

1　为便于在执行本规范条文时区别对待，对要求严格程度不同的用词说明如下：

1）表示很严格，非这样做不可的：
正面词采用“必须”，反面词采用“严禁”；

2）表示严格，在正常情况下均应这样做的：
正面词采用“应”，反面词采用“不应”或“不得”；

3）表示允许稍有选择，在条件许可时首先应这样做的：
正面词采用“宜”，反面词采用“不宜”；

4）表示有选择，在一定条件下可以这样做的，采用“可”。

2　条文中指明应按其他有关标准执行的写法为：“应符合……的规定”或“应按……执行”。

引用标准名录

《电气装置安装工程　母线装置施工及验收规范》GB 50149

《电气装置安装工程　电气设备交接试验标准》GB 50150

《电气装置安装工程　接地装置施工及验收规范》GB 50169

《电气装置安装工程　旋转电机施工及验收规范》GB 50170

《电气装置安装工程　盘、柜及二次回路接线施工及验收规范》GB 50171

《机械设备安装工程施工及验收通用规范》GB 50231

《现场设备、工业管道焊接工程施工及验收规范》GB 50236

《建筑工程施工质量验收统一标准》GB/T 50300

《高压绝缘子瓷件　技术条件》GB/T 772

《交流电压高于 1000V 的绝缘套管》GB/T 4109

《变压器、高压电器和套管的接线端子》GB 5273

《标称电压高于 1000V 系统用户内和户外支柱绝缘子　第 1 部分:瓷或玻璃绝缘子的试验》GB/T 8287.1

《标称电压高于 1000V 系统用户内和户外支柱绝缘子　第 2 部分:尺寸与特性》GB/T 8287.2

中华人民共和国国家标准

电气装置安装工程
高压电器施工及验收规范

GB 50147—2010

条 文 说 明

制定说明

本规范是根据原建设部《关于印发〈2006年工程建设标准规范制定、修订计划(第二批)〉的通知》(建标〔2006〕136号)由中国电力企业联合会负责,中国电力科学研究院(原国电电力建设研究所)会同有关单位在《电气装置安装工程　高压电器施工及验收规范》GBJ 147—90的基础上修订的。

本规范修订编写组于2005年2月成立,经对本标准实施调研、小范围专家讨论,初步计划将本规范的适用范围扩大到1000kV特高压电气装置安装工程。

2005年3月7日～8日,编写组在北京电力培训中心召开第一次工作会议,编写组用两天时间对本标准的修订大纲进行了认真讨论、修改、并拟定了修订计划及起草分工。

在修订起草过程中,编写组成员就所起草的内容进行过多次网上交流、内部征求意见后,于2005年10月完成了修订初稿。

按修订大纲计划安排,应将适用范围扩大到1000kV特高压设备,以满足我国1000kV特高压输变电工程项目建设的需要,但此时1000kV输变电设备及设计尚处于研发、试制阶段,工程将于2007年开工,所有设备及设计安装资料尚未出来,完整的标准征求意见稿无法形成,在征求了上级主管部门的意见后,决定等1000kV特高压输变工程施工技术部分的内容补充进去后,一起征求意见。

因成立了“特高压标准化技术委员会”,将特高压标准纳入其制、修订及管理范围。编写组于2008年7月30日～8月1日在大连召开编写组第二次工作会议,决定将规范适用范围由1000kV特高压调整到750kV;对已形成的规范初稿进行了再次讨论。确定本规范的内容共分10章，主要内容包括：六氟化硫断路器、气体绝缘金属封闭开关设备、真空断路器和高压开关柜、断路器的操动机构、隔离开关及负荷开关和高压熔断器、电抗器、避雷器、电容器的施工及验收等。

2008年9月10日，按本次会议讨论意见修改后形成的征求意见稿，发全国各有关设计、制造、施工、监理、生产运行等企业征求意见。

截止到2008年11月20日，经整理汇总处理后的返回意见共30条，其中采纳19条，因对规范条文理解有误而未采纳的意见10条，条文内容修改部分采纳1条。经修改后形成了《电气装置安装工程　高压电器施工及验收规范》GBJ 147—90修订送审稿。2008年12月19日，中电联标准化中心邀请了14名专家组成审查委员会，在建设部标准定额司的指导下，审查通过了本规范送审稿。

与原规范GBJ 147—90相比较，本规范作了如下修订：

1.将规范的适用范围由500kV电压等级扩大到750kV。电压等级提高了，对各个环节的施工技术、指标等要求提高了，在条文中都作了明确规定。

2.在相应章节中增加了罐式断路器内检、高压开关柜和串联电容补偿装置安装的内容。

3.同时规定了直接涉及人民生命财产安全、人体健康、环境保护和公众利益的为强制性条文，以黑体字标志，要求必须严格执行。

4.删除了原规范中的如下内容：

1)空气断路器、油断路器安装的全部章节；

2)避雷器章节中普通阀式、磁吹阀式、排气式避雷器安装的内容；

3)电抗器章节中有关混凝土电抗器安装的内容。

为了广大设计、施工、科研、学校等单位有关人员在使用本规范时能正确理解和执行条文规定，《电气装置安装工程　高压电器施工及验收规范》编制组按章、节、条顺序编制了本规范的条文说明，对条文规定的目的、依据以及执行中需注意的有关事项进行了说明，还着重对强制性条文的强制性理由做了解释。但是，本条文说明不具备与标准正文同等的法律效力，仅供使用者作为理解和把握标准规定的参考。

1 总　　则

1.0.2 本规范750kV高压电器安装的内容，是在总结我国西北部地区750kV输变电示范工程施工、验收及运行经验的基础上编制的。

本规范中所明确高压电器的电压等级范围，参考了现行国家标准《高压交流断路器》GB 1984所规定的电压等级范围，最低电压为交流3kV，最高为交流750kV，具体的高压电器设备的电压等级在相应章节中进行了规定。

2 术　　语

本章术语主要依据现行国家标准《电工术语　基本术语》GB/T 2900.1、《电工术语　高压开关设备》GB/T 2900.20、《电工术语　避雷器、低压电涌保护器及元件》GB/T 2900.12、《电工术语　高电压试验技术和绝缘配合》GB/T 2900.19、《额定电压72.5kV及以上气体绝缘金属封闭开关设备》GB/T 7674、《3.6kV～40.5kV交流金属封闭开关设备和控制设备》GB/T 3906等。

2.0.2 考虑到目前高压开关柜仍是一种通常叫法，在本标准中依然沿用，同时考虑技术进步，明确本标准中高压开关柜系指现行国家标准《3.6kV～40.5kV交流金属封闭开关设备和控制设备》GB/T 3906中的“金属封闭开关设备和控制设备”。

2.0.5 复合电器(HGIS)

(Hybrid GIS)在行业标准《气体绝缘金属封闭开关设备技术条

件》DL/T 617—1997 中的定义为：复合电器是指气体绝缘金属封闭开关设备(GIS)与敞开式高压电器的组合，例如汇流母线采用敞开式，而其他电器采用 GIS。在本规范中明确为“复合电器(HGIS)是简化的 GIS，不含敞开式汇流母线等”，也不含其他敞开式避雷器、电压互感器等。

3 基本规定

3.0.1 按设计及产品技术文件进行施工是现场施工的基本要求。

3.0.2 由于高压电器设备的特殊性，运输和保管按产品技术文件(制造厂)进行是必要的。

3.0.3 设备及器材保管是安装前的一个重要前期工作，施工前做好设备及器材的保管有利于以后的施工。设备及器材保管的要求和措施，因其保管时间的长短而有所不同，故本规范明确为设备到达现场后安装前的保管，其保管期限不超过 1 年。通常情况下，产品技术文件对设备及器材保管的要求和措施都有具体规定。

本条所指的长期保管是指下列两种情况：

(1)制造厂未规定时，保管期限超过 1 年。

(2)保管期限超过制造厂所规定的保管时间。

3.0.4 GIS 设备汇控柜上有一次接线模拟图以及在设备上标出气室分隔点等要求，便于运行、检修人员清楚一次设备的位置情况。

3.0.5 出厂的每台设备应附有产品合格证明书、装箱单和安装使用说明书、安装图纸等。断路器所附的产品合格证明还应包括出厂试验数据。出厂资料的份数应符合合同要求，厂家技术资料、备品备件宜单独装箱。

进口设备按相关商检要求进行。

3.0.6 高压电器设备安装前应编制施工方案是基本要求，尤其是对于 500kV 和 750kV 电压等级高压电器设备的安装，如 750kV GIS 中的断路器部分达 30t～40t，施工难度大，应根据现场具体条件，施工前必须制定包括安全技术措施的施工方案，安全技术措施在会审通过后才能执行。

3.0.7 与高压电器安装有关的建筑工程施工。

3 为了减少现场施工时电气设备安装和建筑工程之间的交叉作业，同时高压电器设备本身尤其是 GIS、HGIS 安装，对作业现场的环境有严格要求，本条规定了设备安装前建筑工程应具备的一些具体要求，以便给安装工程创造必要的施工条件。

强调混凝土基础及构支架等建筑工程应经初步验收，建筑与安装单位办理交付安装的中间交接手续，以便明确职责及做好成品保护工作。

4 为了避免工程结尾工作拖延而影响运行维护，特别是针对受电后无法进行的或影响运行安全的工作，本款明确了设备投入运行前建筑工程应完成的工作。

3.0.9 设备安装用的紧固件在综合考虑加工精度以及材料性能情况下，对于小规格紧固件，无镀锌制品时，采用了不锈钢制品。有些制造厂提出一般 M12 规格以下紧固件采用不锈钢材料，M12 规格以上采用热镀锌制品。

3.0.13 复合电器(HGIS)作为简化 GIS，其所包括的元件较同电压等级的 GIS 要少，因此复合电器(HGIS)施工及验收应按照本规范第 5 章气体绝缘金属封闭开关设备(GIS)的相关规定执行。

此外，近年来国外已研制成功、并已投入运行的插接式开关设备——简称 PASS(Plug And Switch System)，其主要特点是：将断路器、隔离开关、接地开关、电流/电压传感器组合在一个产品中，同时利用现代成熟的 GIS 技术与先进的电力电子技术相结合。除所涉及的电力电子技术外，PASS 的安装要求同复合电器(HGIS)基本相同。

4 六氟化硫断路器

4.1 一般规定

4.1.1 现行国家标准《高压交流断路器》GB 1984 适用范围定为电压 3kV 及以上的高压交流断路器，本章规定的适用范围定为 3kV～750kV。

有关文件和资料对 SF_6 断路器各部件的称呼不一，如对灭弧室，有的叫开断单元。本规范对支柱式断路器的灭弧室统称为灭弧室；对罐式断路器的灭弧室统称为罐体。

4.1.2、4.1.3 对断路器的运输和装卸，国家相关标准中规定了其包装箱或柜上应有在运输、保管过程中必须注意事项的明显标志和符号，如上部位置、防潮、防雨、防震及起吊位置等，因此应注意按规定的标志进行装运。现行国家标准《高压开关设备和控制设备标准的共用技术要求》GB/T 11022 的第 10 章对运输、储存有专门的规定，按照制造厂的说明书对开关设备和控制设备进行运输、储存和安装以及在使用中的运行和维修，是十分重要的。因此，制造厂应提供开关设备和控制设备的运输、储存、安装、运行和维修说明书，运输、储存说明书应在交货前的适当时间提供，而安装、运行和维修说明书最迟应在交货时提供。为了在运输、储存和安装中以及在带电前保护绝缘，以防由于雨、雪或凝露等原因而吸潮，采取特殊的预防措施可能是必要的。运输中的振动也应予以考虑。说明书中对此应给予适当的说明。

针对 500kV、750kV 断路器重量重、体积大的特点，本条专门对于现场卸车提出了要求。

4.1.4 设备到达现场后，应及时进行验收检查，发现问题及时处理。

5 为避免潮气侵入 SF_6 断路器的灭弧室或罐体，应特别注意充有六氟化硫等气体的部件的气体压力是否符合要求。

6 对于750kV电压等级的产品在制造厂或订货合同规定需要安装冲击记录仪时，应记录运输全过程冲击加速度，现场应对冲击记录进行检查签证，而且冲击记录应随安装技术文件一并归档。

7 对于制造厂提供的支架、地角螺栓等制品应按本条进行检查。"|"形地角螺栓埋设前在下部焊接"U"形钢筋作为锚固措施。

4.1.5 六氟化硫断路器到达现场后的保管。

1 设备运到现场的保管，通常采用原包装保管，在底部有受潮或进水的可能时，可采用底部垫枕木等抬高措施。

2 现场尤其要注意定期检查有关部件的预充气体的压力值，并做好记录。如低于允许值时，应立即补充气体；泄漏严重时，应及时通知制造厂协商处理。

4 由于罐式断路器的套管较长，为避免受损，应水平存放保管。

6 非充气元件如套管、机构箱、汇控箱等应结合保管环境、保管时间的长短做好防雨、防潮等措施，防止由于存放时间较长、防护措施不当引起受潮事件的发生。控制箱、机构箱的保管时间超出产品规定时，按规定采取如给驱潮器接临时电源等防潮措施。

4.2 六氟化硫断路器的安装与调整

4.2.1 为满足电气设备安装的要求与建筑工程质量实际能达到的可能性，提出了基础中心距离偏差不大于10mm的规定。预埋螺栓一般均由安装部门自行埋设，在二次灌浆时可仔细调整到2mm偏差范围内，以利于设备的安装。

4.2.2 六氟化硫断路器安装前的检查。

5 瓷套有隐伤，法兰结合面不平整或不严密，会引起严重漏气甚至瓷套爆炸，在进行外表检查时应特别重视。SF_6断路器的支柱瓷套属高强度瓷套，在外观检查有疑问时可考虑经探伤试验。

根据反事故措施的要求增加了对于金属法兰与瓷瓶胶装部位

涂有性能良好的防水胶的要求，这是因为一般采用混凝土粘接，防水胶能够起到隔绝空气和水分的作用，有利于避免或减缓混凝土的老化。

7 SF_6 断路器的密封是否良好，是考核其可靠性的主要指标之一。为防止水分渗入到断路器内，对密封材料有严格的要求，故强调了组装用的密封材料必须符合产品的技术规定。

8 六氟化硫压力表、密度继电器为断路器制造厂外购产品，往往忽略对其进行相应的检验，而只提供原厂的合格证明文件，本条明确规定设备出厂应对六氟化硫压力表、密度继电器进行检验并提供检验报告。

对于制造厂已安装完好的液压机构压力表和六氟化硫压力表、密度继电器，现场不宜进行拆卸校验。现场校验一般采用温度、压力校正法，该方法是目前现场校验使用最多的方法。它是利用 SF_6 气体的放气过程对其进行检验，但不是利用 SF_6 设备本体的气体，而是采用一种专用装置在现场进行。检验时，设备本体的专用阀门将 SF_6 密度继电器与本体隔离，然后与 SF_6 气体密度继电器检验设备连接，进行检验。在精确测量 SF_6 气体密度继电器动作时的压力并同时记录环境温度，通过换算到 20℃时的动作压力作为检验结论的。

制造厂对六氟化硫压力表、密度继电器一般单独装箱，以利于现场的校验；同时，为了给今后运行维护（校验和更换）提供方便，密度继电器的连接宜满足不拆卸校验的要求。

9 罐式断路器安装前应对电流互感器进行本条所要求的核对和试验，以避免返工。

4.2.3 本条是针对 SF_6 断路器的安装环境，强调灭弧室检查组装应在空气相对湿度小于 80%的条件下进行。至于不受空气相对湿度影响的部件，只要求在无风沙、无雨雪的条件下进行组装。对灭弧室进行检查组装时，以及对在户外安装的罐式断路器更换吸附剂、对罐体进行内检、端盖密封面的处理等工作，要求细致而费时,一般规定在120min内处理好,且采取符合产品技术文件的规定的防尘防潮措施,这是因为即使在无风沙的天气下作业,空气中悬浮的尘埃也难免侵入罐体内。

某高压开关厂与日本三菱公司的合作产品330kV罐式断路器安装时所采取的防尘防潮措施,可供参考:

(1)在作业现场铺上草帘,并用水喷洒。

(2)利用周围的设备支架和构架,用帆布搭设成4m高的围栅,以高出罐体上的套管型电流互感器法兰孔为宜。

(3)在处理罐体两侧端盖密封面时,用塑料罩嵌入端盖面的内侧,这样最大限度地防止尘埃及潮气侵入罐体。

4.2.4 本条明确了不应在现场解体的规定。因为现场条件差,解体时需要进行气体回收、抽真空、充气等一连串复杂的工序,而且易受水分、尘埃的影响,所以非万不得已,不应在现场解体检查。

4.2.5 制造厂提供的产品应是包含现场正确安装、试验合格的完整产品,因此六氟化硫断路器的组装明确应在制造厂技术人员的指导下进行。

SF_6 气体中的水分对开关性能的不利影响表现在对产品绝缘性能、开断性能的影响和对零部件的腐蚀作用三个方面。在现场组装时,必须严格控制水分含量,注意设备的密封工艺或采用吸附剂来吸收水分。

SF_6 气体中的水分对开关性能的不利影响表现在对产品绝缘性能、开断性能的影响和对零部件的腐蚀作用三个方面。在现场组装时,必须严格控制水分含量,注意设备的密封工艺或采用吸附剂来吸收水分。

断路器在开断过程中,SF_6 气体在电弧作用下,还会分解成 SF_4,并与潮气中的水分产生以下化学反应:

$$SF_4 + H_2O \rightarrow SOF_2 + 2HF$$

$$SOF_2 + H_2O \rightarrow SO_2 + 2HF$$

HF(即氢氟酸)会对含有大量 SiO_6 的绝缘材料起腐蚀作用。

因此组装时，必须更换新的密封垫，并使用符合产品技术规定的清洁剂、润滑剂、密封脂等材料，为的是使各密封部位处于良好的密封状态，防止水分渗入断路器内。

因为有的密封脂含有 SiO_6 的成分，HF 对它的腐蚀将会造成断路器内杂质含量的增加，这对设备的安全运行是很不利的。故要求涂密封脂时应避免流入密封圈内侧与 SF_6 气体接触。

密封脂种类、规格以及使用方法每个的制造厂都有严格的规定，如安装时对需涂脂的密封圈进行涂脂操作以及组装完成后对注脂法兰的注脂操作等，现场应在厂家指导下严格参照执行。

6 吸附剂的更换过程一般是：在开关组装完后，更换为活化后的重新开箱的吸附剂并立即封入开关内，然后进行抽真空作业，以去除水分。

7 有的制造厂对起吊使用的器具及吊点有严格的规定。如吊绳要用干净的尼龙绳或有保护层的钢丝绳，以防止损伤设备和由于污染影响法兰面的密封性能。

8 规定所有安装用、电气连接用螺栓均应用力矩扳手紧固，以便确保紧固时受力均匀且紧固到位。

4.2.6 在本规范中增加了对罐式断路器的内检要求，主要原因是罐式断路器较柱式断路器在现场的安装工序较多，露空时间也较长，安装质量较难控制。如近年来 500kV 罐式断路器多次在新品投运以及运行中发生内闪故障，虽然主要原因是制造厂产品质量存在问题，但是在现场安装过程中加强内检工作管理也是很有必要的。

1 35kV～110kV 罐式断路器由于整体高度符合公路运输的规定，一般为充六氟化硫气体整体运输，现场可以直接就位。

2 罐式断路器的罐体只按 0.5％罐体长度来控制罐体在安装面上的偏差，可能导致偏差太大。例如，750kV 罐式断路器的罐体长度为 6300mm，按 0.5％罐体长度计算的罐体在安装面上的水平偏差可高达 31.5mm。因此增加“最大允许值应为 10mm”的规定作为限制。

3 220kV及以上的罐式断路器一般采用套管、罐体分体运输,内检应结合套管安装工作进行。

4.2.7 本条对断路器和操动机构的在现场的联合动作进行了要求。

1 六氟化硫断路器在未充足气体时就进行分合闸,可能会损坏断口内的一些部件,故要求在联合动作前,断路器内必须充有额定压力的六氟化硫气体。在条件许可时,现场的首次操作应在制造厂技术人员指导下进行。

3 采用液压操动机构的 SF_6 断路器,有可能产生慢速分、合闸,这种慢速分、合闸在带电操作时,将会造成断路器严重事故。故条文中规定,有慢分、合装置的条件时,在进行快速分、合闸操作前,先进行慢分、合操作,以检查断路器有无这方面的防卫功能。目前出厂的配有液压操动机构的断路器都具备防止失压慢分或失压后重新打压慢分的功能,这是对产品的基本要求。

采用气动机构或弹簧机构的 SF_6 断路器不存在慢分、慢合的问题。

4.2.9 设备载流部分检查以及引下线连接。

3 设备接线端子的接触面涂了薄层电力复合脂后,没有必要在搭接处周围再涂密封脂。理由是我国目前已生产的电力复合脂的滴点可高达180℃～220℃,在运行中不会流淌。它既有导电性能,又有防腐性能,故没有必要再涂密封脂。另外,电力复合脂与中性凡士林相比,在相同的接触压力下,用电力复合脂的接触电阻小得多,所以对设备接线端子都规定用电力复合脂。

现场应注意电力复合脂的涂抹工艺,均匀且满足薄层要求。

4 设备引线与接线端子连接的紧固力矩应符合现行国家标准《电气装置安装工程　母线装置施工及验收规范》GB 50149“母线与母线或母线与电器接线端子的螺栓搭接面的安装”中“钢制螺栓的紧固力矩值”的要求。见表1:

表1 钢制螺栓的紧固力矩值

螺栓规格(mm)	力矩值(N·m)
M8	8.8～10.8
M10	17.7～22.6
M12	31.4～39.2
M14	51.0～60.8
M16	78.5～98.1
M18	98.0～127.4
M20	156.9～196.2
M24	274.6～343.2

5 结合环境温度检查引下线松紧适当,引下线设备线夹应考虑设备端子的角度、方向和材质,不应使设备接线端子受到超过允许的承受应力。

4.2.10 均压环作为防止电晕的主要措施,要确保表面光滑、无划痕、毛刺。在北方地区,发生过均压环进水结冰后将均压环胀裂的事件,故要求宜在均压环最低处钻直径6mm～8mm的排水孔。

4.4 工程交接验收

4.4.1 本条规定了工程竣工后,在交接时进行检查的项目及要求,把与设备安装紧密相关的交接试验项目列入其中,并把交接试验合格作为设备交接验收的前提条件。

本条第4款、第5款、第6款中,操动机构的联动,分、合闸指示,辅助开关动作,密度继电器的报警、闭锁值,电气回路传动,六氟化硫气体压力、泄漏率和含水量等,都直接涉及设备运行安全可靠性及人员生命安全,因此,将其列为强制性条文。

12 油漆应完整,主要是对设备的补漆应注意美观,色泽协调,不一定要重新喷漆。

4.4.2 出厂的每台断路器应附有产品合格证明文件,包括出厂试验报告、装箱单和安装使用说明书,技术文件的份数,要符合设备订货合同的约定。

施工单位在进行交接验收时，应按本条规定提交技术文件，这是新设备的原始档案资料和运行及检修时的依据，移交的技术文件应齐全正确，其中在订货合同中明确的备品、备件、专用工具或仪器仪表，应移交给运行单位，以便于运行维护检修。

5 气体绝缘金属封闭开关设备

5.1 一般规定

5.1.1 现行国家标准《额定电压72.5kV及以上气体绝缘金属封闭开关设备》GB/T 7674规定适用的额定电压等级范围为“72.5kV及以上”。现行国家标准《3.6kV～40.5kV交流金属封闭开关设备和控制设备》GB/T 3906规定“本标准适用于额定电压等级范围为3.6kV～40.5kV，频率为50Hz户内或户外的金属封闭开关设备和控制设备。对于具有充气隔室的金属封闭开关设备和控制设备，设计压力不超过0.3MPa(相对压力)时也适用；设计压力超过0.3MPa(相对压力)的充气隔室应按照现行国家标准《额定电压72.5kV及以上气体绝缘金属封闭开关设备》GB/T 7674的规定进行设计和试验。额定压力40.5 kV以上的金属封闭开关设备和控制设备，如果满足现行国家标准《高压开关设备和控制设备标准的共用技术要求》GB/T 11022规定的绝缘水平，本标准也适用。”

考虑到在我国72.5kV以下的气体绝缘金属封闭开关设备的应用日益广泛，不同电压等级气体绝缘金属封闭开关设备的主要差异在于其产品的设计及制造标准不同，而现场的施工工艺及其质量检验方法相同，相比较而言，72.5kV以下的气体绝缘金属封闭开关设备外形尺寸较小，设备可以做到充气整体运输或相对整体运输，现场的安装调整工作量更小。因此，本章的适用范围定义为额定电压3kV～750kV的气体绝缘金属封闭开关设备产品。

5.1.2 按照现行国家标准《额定电压72.5kV及以上气体绝缘金属封闭开关设备》GB/T 7674、《高压开关设备和控制设备标准的共用技术要求》GB/T 11022的要求:"按照制造厂给出的说明书对开关设备和控制设备进行运输、储存和安装以及在使用中的运行和维修,是十分重要的。因此,制造厂应提供开关设备和控制设备的运输、储存、安装、运行和维修说明书。运输和储存说明书应在交货前的适当时间提供,而安装、运行和维修说明书最迟应在交货时提供。"

5.1.3 GIS的运输单元较多GIS的断路器运输单元较重,本条规定了对现场装卸的要求。卸车时应按设备包装的要求进行,同时应方便现场安装。通常情况下,设备制造厂应与施工单位就GIS单元的交付顺序提前协商。

5.1.4 参见本规范第4.1.4条条文说明。

在运输和保管过程中充有的干燥气体是指六氟化硫气体、干燥空气或氮气几种情况,干燥气体的露点应在－40℃以下。某公司750kV GIS产品运输中充有氮气压力为0.02MPa～0.05MPa。

由于某些750kV GIS产品元件内部结构的原因,产品技术文件可能对某些GIS元件(如断路器和避雷器单元)装运有特殊要求,需装设冲击记录仪,以便记录GIS元件内部结构受到冲击的情况,通常对于断路器单元其冲击加速度应小于3g。

5.1.5 参见本规范第4.1.5条条文说明。

GIS在现场的保管是根据现行国家标准《额定电压72.5kV及以上气体绝缘金属封闭开关设备》GB/T 7674中第13.1条"运输、贮存和安装时的条件"的规定而制定的。保管时,对充气运输单元的气体压力值应定期检查和记录,当压力值低于制造厂运输规定时,可补充气体至要求值。如漏气严重时,应及时采取措施并与制造厂联系。

5.1.6 采用气体绝缘的金属封闭式高压开关柜可以看作是GIS与高压开关柜的组合,因此,本条规定其现场的安装调整除应符合产品技术文件的要求外，还应按照本章和第6章中相应的规定执行。

5.2 安装与调整

5.2.2 GIS的安装分为室内、室外安装，还有三相共一个基础、单相一个基础安装等多种形式，而且基础上采用预埋件或预埋螺栓的方式，对于预埋件或预埋螺栓的检查尤为重要，每个GIS设备制造厂根据安装的不同形式对于基础或者埋件、预埋螺栓有专门的要求。如：某公司750kV GIS产品要求“所埋设的H型钢架的标高偏差不大于2mm。”

同时，GIS制造厂一般随产品均配置钢支架作为GIS设备的底座，制造厂对钢支架的正确安装也有严格要求，现场应严格执行。

5.2.3 参见本规范第4.2.2条条文说明。

10 实际发生过由于制造厂提供的各单元母线的长度超差，在安装以后造成母线和支柱绝缘子变形而引发事故，因此现场应进行测量。

11 由于产品所装设的防爆装置现场无法检验，其出厂证明文件尤为重要。

5.2.4 安装场地（环境）的检查是确保安装质量、施工安全的重要内容。

由于SF_6气体是已知的质量最重的气体之一，在通风条件不良的情况下可能造成窒息事故，因此，应检查GIS室内通风良好。

检查室外工地附近是否有沙尘、泥土等及产生沙尘、泥土的裸露地面，如有，应采取喷水等防尘措施；检查场地及其地基的承载应满足所选择起重机的作业要求。

5.2.5 参见本规范第4.2.4条条文说明。

5.2.6 GIS均由若干气室组成，一些部件如母线筒等，固定在支架上，支架固定在基础或预埋件上，因此支架水平度（包括基础及预埋件的水平偏差）是保证GIS各元件组装质量的基本条件，各制造厂对其偏差值以及调整方式均有明确规定。现场组装通常从断路器主体开始进行。

5.2.7 制造厂提供的产品应是包含现场正确安装、试验合格的完整产品，GIS元件的安装应在制造厂技术人员的指导下进行。

2 某制造厂750kV GIS产品要求所采取的防尘、防潮措施为搭建防尘室。防尘室尺寸应满足GIS设备最大不解体单元体积或设备技术文件要求，其内部应配备测尘装置、除湿装置、空气调节器、干湿度计等装置，地面铺设防尘垫，防尘室应能移动，防尘室内应保持微正压，测量粉尘度满足产品技术文件要求。

6 对于制造厂预充氮气的箱体进行内部检查或安装时，必须先经排氮，然后充干燥空气，箱体内空气中的氧气含量必须达到18%以上时，安装人员才允许进入内部进行检查或安装是确保人身安全的需要。因此，将此条作为强制性条文。

10 发生过临时支撑由于运输原因造成磨损的事件，此时需要认真清理磨损遗留物。

12 运行设备发生过由于导电部件镀银层脱落造成事故，因此有必要对导电部件镀银层进行检查。

13 为了减小导体接触面的接触电阻，避免接头发热，在各元件安装时，应检查导电回路的各接触面，当不符合要求时，应与制造厂联系，采取必要措施。

现行国家标准《电气装置安装工程　电气设备交接试验标准》GB 50150的要求是：接触电阻不超过产品技术条件规定值的1.2倍。有的制造厂说明书中：接触电阻测量值与制造厂测量值比不超过1.1倍，与产品技术文件要求比不超过1.2倍。接触电阻超过产品技术文件规定值的1.1倍时，就应引起现场重视，分析原因。

5.2.8 GIS中的电压互感器单元为电磁型，主设备交流耐压试验时必须将该单元与主回路隔离。在没有装设隔离开关时，该单元应在主设备交流耐压完成后连接；避雷器单元的连接应根据制造厂意见确定。电压互感器单元、避雷器单元的试验按照现行国家标准《电气装置安装工程　电气设备交接试验标准》GB 50150 中的相关规定进行。

5.3　GIS 中的六氟化硫断路器的安装

5.3.2　GIS 中断路器的操动机构随断路器整间隔运输，制造厂在出厂前已调整好，现场的检查及可调整的项目较少。运到现场后的保管要求，应注意汇控柜及零部件的防潮防锈。

5.3.3　六氟化硫断路器在未充足气体时就进行分合闸，可能会损坏断口内的一些部件，故要求在联合动作前，断路器内必须充有额定压力的六氟化硫气体。

5.4　GIS 中的隔离开关和接地开关的安装

5.4.3　不同 GIS 制造厂对于 GIS 中的隔离开关在电动操作时是否需要充满六氟化硫气体要求不同，制造厂明确在六氟化硫气体起缓冲作用时气室内必须充满额定压力的六氟化硫气体，本条中规定“在电动操作前，气室内六氟化硫气体压力应符合产品技术文件要求”。

5.4.5　接地开关与 GIS 外壳绝缘，绝缘水平符合产品技术文件要求，接地连接按产品技术文件要求进行，宜采用软连接，运行时必须与外壳连接牢固可靠。

5.5　六氟化硫气体管理及充注

5.5.1　规范表 5.5.1 中的水分含量指标为重量比值，如换算为体积比，可按下式换算：

$$体积比=重量比/0.123 \tag{1}$$

5.5.2　按照现行国家标准《六氟化硫电气设备中气体管理和检测导则》GB/T 8905 第 7.6.1 条规定“六氟化硫制造厂应提供出厂产品的化学分析报告。报告中要包括 8 项指标：四氟化碳（CF_4）、空气（Air）、水（H_2O）、酸度、可水解氟化物、矿物油、纯度（SF_6）和生物试验无毒合格证。”出厂报告应与每一批气瓶对应。

新气取样的瓶数(规范表5.5.2)取自现行国家标准《工业六氟化硫》GB 12022中第5.4.2条的规定。

5.5.3 SF_6气体是无色、无味、无毒、不燃烧也不助燃的非金属化合物,在常温(20℃)、常压(直至2.1MPa)下呈气态。SF_6气体属惰性气体,是已知的质量最重的气体之一,密度约为空气的5倍,在通风条件不良的情况下可能造成窒息事故。为此,运输、储存、验收检验的场所必须通风良好。在管理过程中,应注意分制造厂、分批次保存,将检验与未经检验的气瓶分开保管,经常检查气瓶的密封以防泄漏,还应注意防晒和防潮。严禁气瓶阀门上粘有油污或水分。

SF_6气体临界温度为45.64℃,所以盛装SF_6气体的气瓶不允许在高于45℃的温度下运输、储存和使用,以防止气瓶爆炸。

5.5.4 本条SF_6气体充注规定,依据为现行国家标准《六氟化硫电气设备中气体管理和检测导则》GB/T 8905中第7.2节"六氟化硫气体的充装"的下列相关规定,现列出供参考:

(1)第7.2.1条:在充装作业时,为防止引入外来杂质,充气前所有管路、连接部件均需根据其可能残存的污物和材质情况用稀盐酸或稀碱浸洗,冲净后加热干燥备用。连接管路时操作人员应配戴清洁、干燥的手套。接口处擦净吹干,管内用六氟化硫新气缓慢冲洗即可正式充气。

(2)第7.2.2条:对设备抽真空是净化和检漏的重要手段。充气前设备应抽真空至规定指标,真空度为133×10^{-6}MPa,再继续抽气30min,停泵30min,记录真空度(A),再隔5h,读真空度(B),若(B)-(A)值$<133\times10^{-6}$MPa,则可认为合格,否则应进行处理并重新抽真空至合格为止。

(3)第7.2.3条:设备充入六氟化硫新气前,应复检其湿度,当确认合格后,方可缓慢地充入。当六氟化硫气瓶压力降至0.1MPa表压时应停止充气。

(4)第7.2.4条:充装完毕后,对设备密封外,焊缝以及管路接头进行全面检漏,确认无泄漏则可认为充装完毕。

(5)第 7.2.5 条:充装完毕 24h 后,对设备中气体进行湿度测量,若超过标准,必须进行处理,直到合格。

3 对设备可采用充高纯氮气(纯度为 99.999%)或抽真空来进行内部的净化和检漏。在采用普通真空泵时,为防止抽真空时因停电或误操作而引起真空泵油或麦式真空计的水银倒灌事故,可在管路的一侧加装逆止阀或电磁阀的措施;针对 GIS 设备,由于其容量大,应采用专用的大功率带有逆止阀或电磁阀的抽真空机组或六氟化硫回收装置。

5 柱式六氟化硫断路器由于其内部结构紧凑,为避免发生六氟化硫气体没有到达并充满所有气室的事件,充入的六氟化硫气体应进行计量。

5.6 工程交接验收

5.6.1 本条第 4 款～第 6 款:GIS 中的断路器、隔离开关、接地开关及其操动机构的联动,分、合闸指示,辅助开关及电气闭锁,密度继电器的报警、闭锁值及六氟化硫气体漏气率和含水量等都是直接涉及设备运行安全可靠及人身安全、健康的重要内容,列为强制性条文。

11 在产品技术文件要求安装带电显示装置时,带电显示装置应结合交流耐压试验进行检验,显示和动作应正确。

12 由于正常运行或事故状态下可能发生 SF_6 气体泄漏,为避免对运行维护人员造成伤害,室内安装的 GIS 设备在交接验收时,应检查并确认室内通风系统和 SF_6 气体报警系统完整齐备、运行良好。

6 真空断路器和高压开关柜

6.1 一般规定

目前,真空断路器主要标准依据为:《3.6kV～40.5kV 户内交流高压真空断路器》JB/T 3855、《12kV～40.5kV 高压真空断路器订货技术条件》DL/T 403。

随着配电网自动化的迅速发展和供电可靠性的日益提高，特别是变电所在逐步实现综合自动化进而为无人值守时，高压开关柜得到极快的发展。因此，本章增加了高压开关柜的内容。目前国内主要依据标准为：《3.6kV～40.5kV 交流金属封闭开关设备和控制设备》DL/T 404、《3.6kV～40.5kV 交流金属封闭开关设备和控制设备》GB/T 3906。

6.1.1 真空断路器在我国近十年来得到了蓬勃发展。产品从过去的 ZN1～ZN5 几个品种发展到现在数十个型号、品种，额定电流达到 3150A、开断电流达到 50kA 的较好水平，并已发展到电压达 35kV 等级。

高压开关柜有固定式和手车式两大类，固定式相对经济，手车式检修方便。目前，高压开关柜中的断路器大多选用真空断路器，但选用六氟化硫断路器的用户比例呈逐年增多趋势。目前常用的固定式开关柜有：GG-1A 高压固定柜；XGN-12 型箱式封闭固定柜；HXGN 负荷开关柜；箱式变电站式。手车式主要型号有 KYN28A、KYN44 等。近些年来相继推出了高压中置柜和恺装式开关柜。

本规范将真空断路器和高压开关柜的适用范围规定为 3kV～35kV。

6.1.2 真空断路器的主要部件灭弧室，其外壳多采用玻璃、陶瓷材质，在现行行业标准《12kV～40.5kV 高压真空断路器订货技术条件》DL/T 403 第 8.2.1 条中规定：真空断路器和真空灭弧室应有包装规范，各零部件在运输过程中不应损伤、破裂、变形、丢失及受潮。所有运输措施应经过验证。在运输过程中不得倒置，不得遭受强烈振动和碰撞。第 8.2.3 条规定：产品采用防潮、防振的包装，在包装箱上标以“玻璃制品”“小心轻放”“不准倒置”以及“防雨防潮”等明显标志，真空灭弧室的运输应按易碎品的有关规定进行。

6.1.4 真空断路器、手车式开关柜运到现场后,应及时检查,尤其对灭弧室、绝缘部件以及开关柜的手车等应重点检查。

现行行业标准《12kV～40.5kV 高压真空断路器订货技术条件》DL/T 403 第 8.2.2 条规定:每台真空断路器及其真空灭弧室产品合格证(包括出厂检验数据)及安装使用说明书均应随箱运送。

高压开关柜的间隔顺序和设计相一致,柜内一次、二次设备各元件的合格证明文件应齐全。

6.1.5 现行行业标准《12kV～40.5kV 高压真空断路器订货技术条件》DL/T 403 中第 8.2.4 条规定:产品应贮存在－40℃～＋50℃、通风且无腐蚀性气体的保管场所中;第 8.2.5 条规定:保管期限如超过真空灭弧室上注明的有效期,应检查真空灭弧室的内部气体压强。

6.2 真空断路器的安装与调整

6.2.1 目前真空断路器已做到本体和机构一体化设计制造,真空断路器安装与调整比其他断路器容易,主要是就位安装、传动检查、试验工作,现场安装检查调整内容较少,如原规范中所规定的对触头开距、超行程、合闸时外触头弹簧高度及油缓冲器手动慢合等进行调整的项目已经不能在现场进行,现场主要是通过交接试验来对产品的性能进行验证。

6.3 高压开关柜的安装与调整

本节主要参考了国家现行标准《电气装置安装工程　盘、柜及二次回路接线施工及验收规范》GB 50171 中的盘、柜安装部分和《3.6kV～40.5kV 交流金属封闭开关设备和控制设备》DL/T 404、《3.6kV～40.5kV 交流金属封闭开关设备和控制设备》GB/T 3906 以及生产制造厂的技术说明书。

由于高压开关柜均为组合式,现场安装、调整工作量较少,安装工作的重点是柜体就位和主要功能、性能的验证。

6.3.6 高压开关柜的内部元件较多、结构紧凑，带电部位采用包裹绝缘护套、增加绝缘隔板等措施，检验难度较大，各元件电气接线容易发生错误，因此，在安装阶段对开关柜内各元件电气接线符合设计要求进行核对和确认很有必要。

6.4 工程交接验收

6.4.1 高压开关柜内安装元件具有集成、结构紧凑且不易观察的特点，容易留下因制造厂或现场原因引起的电气接线不符合设计要求的事故隐患，高压开关柜具备“五防”功能是防止电气误操作的基本要求，都直接涉及高压开关柜设备的运行安全、可靠及人身安全的内容，因此，本条第 6 款列为了强制性条文。

7 断路器的操动机构

7.1 一般规定

7.1.1 操动机构是配合断路器使用，故其适用范围亦应与断路器的适用范围一致。

断路器的操动机构是断路器完成分、合闸操作的动力源，是断路器的重要组成部分。目前国内外许多制造厂生产的 3kV～750kV 电压等级的 SF_6 断路器和 GIS 所配置的操动机构，分为三种类型，即：液压机构、气动机构、弹簧机构。真空断路器多采用弹簧机构，10kV 及以下电压等级的真空断路器个别产品采用电磁机构。

7.1.2 操动机构在出厂前已调整好，因此在运输和装卸时不得倒置和受到强烈的振动及碰撞。

7.1.4 操动机构运到现场后应进行检查，如气动机构的空气压缩机是否受损，液压机构的油路、油箱本体是否渗漏，电磁机构的分、合闸线圈是否受潮、受损，弹簧机构的传动部分是否受损。

7.1.5 操动机构运到现场后的保管要求，应注意空气压缩机、控制箱及零部件的防锈防潮。

7.2 操动机构的安装及调整

7.2.1 操动机构的安装与调整严格按照产品技术要求进行，各项数据的测量方法应正确。

除第3款外，本条的规定为气动机构、液压机构、电磁机构、弹簧机构应共同遵守的。操动机构的底架或支架与基础间的垫片不宜超过3片，原规范中规定其厚度为不超过20mm，根据现在的基础高度偏差允许值以及安装技术水平，修改为不应超过10mm。

由于现场不具备压力表校验的条件，随设备配置的压力表应由制造厂提供检验报告，现场只比对检验电接点的动作值及正确可靠性。

操动机构的缓冲器应调整适当，注意油缓冲器所采用的液压油应与当地的气候条件相适应。一般选用国产黏度—温度特性较好的10号航空液压油（红颜色透明液体），50℃时运动黏度不小于$10mm^2/s$，其使用环境温度范围是－30℃～55℃。

操动机构对于环境条件的要求较高，需要装设加热、驱潮装置。加热器装置采用交流电源，其回路绝缘应良好，并且安装的加热器与二次电缆等要保持一定的距离。

7.2.3、7.2.4 操动机构所具有的防止跳跃功能、远方和就地操作、防止非全相运行（采用分相操动机构时）的功能，是对操动机构的基本要求，这些功能大多通过二次回路来实现，要求选用的继电器等二次元件具有标准、稳定可靠、精度高、长寿命的特点；有些操动机构在机械方面也具有防止跳跃功能。

7.3 气动机构

7.3.2 目前制造厂均提供空气压缩机或空气压缩机组成品，现场环境、技术力量等条件不支持现场解体检查。

7.3.4 当空气压缩机的连续运行时间与最高运行温差超过产品的技术规定值时，会缩短空气压缩机的使用寿命，甚至损坏。

7.3.5 空气压缩机的控制柜和保护柜的安装，主要检查压力表、配气管及控制信号回路等，均应符合产品技术规定。

7.3.6 储气罐、气水分离器及配合使用的各种阀门均应经检验合格才能使用。据了解，一些如弹簧式减压阀这种老产品，动作不灵敏、不稳定，在运行中常发生不动作或动作后不能自动关闭的情况，应特别引起注意。

7.3.7 主空气管路安装后，以1.25倍额定压力的气压进行严密性检查时，应注意在充气过程中采取逐步递升加压的步骤，以防发生爆炸危险。

7.3.9 为了减少漏气，空气管道的接头一般采用焊接。当管道通过孔洞、沟道、转弯、扩建预留处时，考虑安装及检修的方便，可采用法兰连接；管道应尽量减少接头；管道的敷设应考虑排水坡度。

7.4 液压机构

7.4.1 液压机构的安装除应符合本章第7.2节的规定外，还根据其特点提出几点要求。以往液压机构渗漏现象较多，大多系液压系统有杂物所致，故应重点检查油及油箱内的清洁，必要时应将液压油过滤；液压机构在慢分、合闸时，应观察工作缸活塞杆的运动有无卡阻现象。目前，液压机构有两种储能方式：氮气储能和弹簧储能。

高纯氮应符合现行国家标准《纯氮、高纯氮和超纯氮》GB/T 8979中对高纯氮的技术要求规定，主要指标：纯度≥99.999%，水分≤3μL/L。

7.5 弹簧机构

弹簧操动机构成套性强，有涡卷式、凸轮盘式等多种形式，其工作原理是利用电动机对合闸弹簧储能，并分别由合闸掣子、分闸掣子在相对应状态下保持。

8 隔离开关、负荷开关及高压熔断器

8.1 一般规定

由于目前没有采用气动机构的隔离开关产品，在本规范中去掉了原规范中对于隔离开关、负荷开关采用气动机构的相关规定。在制造厂提供该种产品时，应按照产品技术文件要求以及本规范第7章的相关要求执行。

8.1.1 现行国家标准《高压交流隔离开关和接地开关》GB 1985的适用范围规定为“3.6 kV及以上”，本规范与断路器的适用范围相一致，规定为适用于额定电压为3kV～750kV电压等级的产品。

8.1.4 设备及瓷件的保管，尤其是110kV以上三相隔离开关的瓷件包装体积较大，应放置在土质较硬、平整无积水的场地上，防止因地质松软下陷而碰撞损伤。

8.1.5 隔离开关、负荷开关、高压熔断器运到现场后，由于保管需要等各种原因往往不能及时开箱检查。开箱检查宜结合安装进度进行，但要充分考虑可能存在的问题，为了确认制造厂没有少发或错发货，可以对装有出厂技术资料等先开箱。

8.2 安装与调整

8.2.3 在室内同一隔墙的两面安装两组隔离开关时，往往共同使用一组双头螺栓固定，如其中一组隔离开关拆除时，安装人员应注意不得使隔墙另一组隔离开关松动。

8.2.4 由于220kV及以下电压等级的隔离开关一般采用三相联动的机构，因此本规范只对220kV及以下电压等级的隔离开关的相间距离偏差值作了规定；另外，在本规范第8.2.1条、第8.2.2

条中对基础、设备支架的轴线已有规定，能够实现对安装质量的控制。

隔离开关、负荷开关、高压熔断器安装时，应检查绝缘子是否有破损。以往发现有的隔离开关底座由于装配过紧和轴承缺少润滑脂而造成转动不灵，因此应对转动部分进行检查。

8.2.5 拉杆的内径与操动机构轴的直径间的间隙应不大于1mm，以防由于松动而影响操作；连接部分的销子不应松动，是否焊死不作规定。

8.2.7 拉杆式手动操动机构在安装时，应注意隔离开关、负荷开关在合闸时机构手柄应处在正确的操作位置上。

8.2.8 当使用拉杆式操动机构时，因手动操作合闸时往往用力过大或过小，故应注意调整定位装置与备用行程。

8.2.9 由于引弧触头耐温较高，为保护主动触头不被电弧烧损特作此规定。

8.2.10 三相联动的隔离开关触头接触时的不同期值应符合产品技术文件的规定，并给出产品技术文件无规定时的参考值。

8.2.11 据运行单位反映，在隔离开关触头表面涂以复合脂后，因转动会在触头表面产生堆积，而复合脂具有导电性能，曾发生过放电烧损事故。因此隔离开关的触头表面应涂以薄层中性凡士林。

取消了用塞尺检查的规定，端子面平整、螺栓达到紧固力矩值就能够保证导电回路良好。

合闸回路直流电阻测试是一个检验电器连接质量的最重要手段，因此，要求对所有隔离开关、负荷开关均应测试。

8.2.12 隔离开关应有防误操作的闭锁装置，不论是电气、电磁或机械闭锁装置均应动作灵活，正确可靠；安装在户外的闭锁装置应有防潮措施，以免影响电气回路的绝缘。

8.2.13 隔离开关及负荷开关的辅助开关应调整合适，以确保开关操作时动作可靠。

可参照本规范第7.2.6条的规定执行。

8.2.14 根据负荷开关的特点，另提出几项安装及调整时的要求。

8.2.16 高压熔断器在安装时，应注意检查熔管、熔丝质量及规格是否符合要求，并应按规定进行安装。

9 避雷器和中性点放电间隙

9.1 一般规定

9.1.1 根据国内实际情况，将避雷器的适用范围规定为3kV～750kV电压等级的金属氧化物避雷器。避雷器有排气式和阀式两大类。阀式避雷器分为碳化硅避雷器和金属氧化物避雷器（又称氧化锌避雷器）。氧化锌避雷器由于保护性能优异，目前处于市场主导地位，本规范只对氧化锌避雷器的施工及验收作了规定，其他类型的避雷器可参照本规范以及产品技术文件要求执行。

9.1.2 根据制造厂要求，金属氧化物避雷器在运输及保管过程中必须垂直立放。

9.1.3 避雷器出厂时均经密封处理，部分型号产品（所有500kV及以上电压等级、部分220kV电压等级）的避雷器已充干燥氮气，现场拆卸后，充氮密封处理很困难，故规定不得任意拆开。

9.2 避雷器的安装

9.2.1 避雷器防爆片损坏后，将使潮气或水分侵入避雷器内部，若损坏过大，则此避雷器不能投入运行，故对防爆片应认真检查。

大多数金属氧化物避雷器产品为防止防爆片在运输过程中损坏，加装了临时保护盖子，安装前应将其取下，否则防爆片将起不到防爆作用，也有个别制造厂的产品保护盖不用取下，具体应按产品技术文件要求执行。

已充干燥氮气的避雷器应按照制造厂的要求进行压力检查，保证内部不受潮。

9.2.2 目前金属氧化物避雷器产品出厂前均经配装试验合格，若现场安装时互换，将使特性改变，故应严格按照制造厂编号组装。

9.2.5 原规范中规定“避雷器各连接处的金属接触表面，应除去氧化膜和油漆，并涂一层电力复合脂”，经与制造厂联系，避雷器产品已经充分考虑每节的电气连接可靠，在按照产品技术文件要求对螺栓紧固后，能够保证导通良好，因此，不需要对每节的接触面涂抹电力复合脂。同时，考虑到避雷器的泄流作用，检查所有连接处的金属接触面还是很有必要的。对于避雷器的设备和接地引下线接触表面应涂一层电力复合脂的规定在本章其他条款中已有规定。

9.2.8 金属氧化物避雷器的排气方向，应避免排气时造成电气设备相间短路和接地事故的发生。

9.2.10 为了便于运行维护，监测仪计数器应调至同一个值。

9.2.12 避雷器的接地必须良好，符合设计及产品要求。

9.2.13 避雷器引线横向拉力过大会损坏避雷器，为此要求其拉力不超过产品的技术规定。

10 干式电抗器和阻波器

10.0.1 3kV～66kV电压等级中使用的干式电抗器以及在3kV～750kV电压等级的阻波器主线圈的安装工程施工及验收应符合本章的规定。阻波器的调谐元件的安装应按有关的国家现行标准的规定进行。

由于目前已没有混凝土电抗器产品，本章取消了对其的相关规定。

干式电抗器包括干式空心电抗器和干式铁芯电抗器两种型式，干式空心电抗器应用较广泛，干式铁芯电抗器用于10kV及以下电压等级的室内安装。

10.0.2 设备到达现场后应及时进行检查，以便发现设备可能存在的缺陷和问题，并加以及时处理，为安装得以顺利进行创造条件。检查时，干式空心电抗器、阻波器主线圈和支柱应该无严重损伤和裂纹。轻微的裂纹或损伤可按本章第10.0.6条的规定进行修补。

10.0.3 设备的保管是安装前的一个重要前期工作。对不同使用环境下的设备，应按其要求进行保管。设备在吊装或运输过程中，应特别注意，防止支柱或线圈遭到损伤和造成变形。

10.0.4、10.0.5 为避免干式空心电抗器的强磁场对周围铁构件的影响，周围的铁构件不应构成闭合回路，以免产生涡流引起发热。

10.0.6 干式空心电抗器线圈绝缘受损及导体裸露时，应按制造厂的技术规定，使用与原绝缘材料相同的绝缘材料进行局部处理。

10.0.7 为了减少故障时垂直安装的电抗器相间支持瓷座的拉伸力，干式空心电抗器安装组合时应按本条规定配置。垂直安装时，三相中心线应在同一垂直线上，避免歪斜。

10.0.8 为防短路时电动力的影响而作此规定。

10.0.9 干式空心电抗器周围的强磁场对二次设备及二次电缆会产生很大影响，尤其是室内安装时注意安装距离，附近的二次电缆应单侧接地。

10.0.10 干式铁芯电抗器铁芯及夹件的接地应符合设备技术文件的要求，避免由于多点接地而产生涡流。

10.0.11 为使支柱绝缘子受力均匀，安装时应注意设备的重心处于所有支柱绝缘子的几何中心处；为了缓冲短路时干式空心电抗器之间所受到的冲击，上下重叠安装的干式空心电抗器，应在其绝缘子顶帽上放置绝缘垫圈。户内安装时，垫圈可为绝缘纸板或橡胶垫片；户外安装时，应用橡胶垫片，因为绝缘纸板垫片受潮或雨淋后将失去其作用。

10.0.13 由于阻波器悬吊时，受引下线拉力的影响，故要求其轴线宜对地垂直。

10.0.14 当工作电流大于1500A时，为避免对周围铁构件因涡流引起发热，故其连接螺栓应采用非磁性金属材质。

11 电 容 器

11.1 一 般 规 定

11.1.1 本章中所述电力电容器包括移相电容器，增加了对串联电容补偿装置的规定。其附属设备的安装应符合本规范有关章节及现行的有关国家标准的规定。串联电容补偿装置目前主要应用在电压等级为500kV的超高压系统，简称为串补。

11.1.2 设备在安装前应进行认真的检查，以便发现可能存在的缺陷和问题，及时处理，确保安装质量。

11.1.3 应特别注意串联电容补偿装置的光缆套管、光CT等易受损设备的保管，光缆套管、光CT要在其他设备安装完成后才能安装。

11.2 电容器的安装

11.2.1 由于支持瓷瓶伞裙的朝向不同，支持瓷瓶在倒装时应选择倒装支持瓷瓶。

3kV～35kV电压等级的集合式并联电容器都有成熟的产品，其使用越来越广泛，一般采用全密封结构，安装简便。

11.2.2 对于制造厂已经分好组运输的电容器，现场应进行试验并复核分组电容量。

11.2.3 电容器支架一般由电容器制造厂提供，对现场安装的检验也是对产品加工质量的检验。

11.2.4 三相电容量的差值，其最大与最小的差值不应超过三相平均电容值的5%；静止补偿电容器三相平均电容值及偏差值，应能满足继电保护的要求。

发生过制造厂为节省材料造成支架强度不够的问题，因此要求支架应在电容器安装后保持其原有状态、无明显变形。

电容器端子的连接线，设计有规定时应按设计要求，若设计未作规定时，考虑到硬母线将会由于温度的变化而胀缩使端子套管受力造成渗油，宜采用软导线连接。

依据现行国家标准《电工成套装置中的导线颜色》GB/T 2681中规定：4.1交流三相电路的A相：黄色；B相：绿色；C相：红色；零线或中性线：淡蓝色；安全用的接地线：黄和绿双色（每种色宽约15mm～100mm交替贴接）。

电容器的交流中性汇流母线：不接地者为淡蓝色。

凡与地绝缘的电容器组，若一端电容器由于绝缘损坏而对外壳击穿后，另一端电容器之一极与外壳间将产生过高电压而招致损坏，故应将其外壳接至固定电位，以保护其不承受过高电压，并应注意此电位应与电容器围栏等保持符合规定的安全距离。

11.3 耦合电容器的安装

11.3.2 耦合电容器顶盖螺栓松动或接线端子受力过大，均将造成电容器进水而引起损坏或发生运行事故，故作出此项规定。

11.3.3 两节或多节耦合电容器叠装时，制造厂均已选配好。其最大与最小电容值之差不超过其额定的5%，所以安装时应按制造厂的编号安装。

11.4 串联电容补偿装置的安装

11.4.1 串联电容补偿装置由制造厂成套提供，由于串补平台重量重、尺寸大，安装工作难度大，应编制施工方案。如某产品重量达15.0t（含扶梯、格栅、光缆通道等附件），长×宽为14.4m×8.6m。制造厂专业技术人员到现场指导非常必要。

11.4.3 仔细测量并选配瓷瓶，以减少串补平台支持绝缘子安装后的高度偏差，确保平台的安装质量。支柱瓷瓶外防护包装宜保留至平台设备安装完成。

11.4.6 受施工现场场地限制以及支持绝缘子基础高出地面和串补平台重量重、尺寸大的影响，串补平台的组装、吊装是串补工程的最大难点，应充分考虑组装、吊装顺序。

11.5 工程交接验收

11.5.1 电容器组采用差压保护时，差压保护的二次接线应与电容器组一次接线方式相一致。

中华人民共和国国家标准

电气装置安装工程　电力变压器、油浸电抗器、互感器施工及验收规范

2

Code for construction and acceptance of power transformers oil reactor and mutual inductor

GB 50148—2010

主编部门：中　国　电　力　企　业　联　合　会

批准部门：中华人民共和国住房和城乡建设部

施行日期：2　0　1　0　年　1　2　月　1　日

中华人民共和国住房和城乡建设部公告

第 629 号

关于发布国家标准《电气装置安装工程　电力变压器、油浸电抗器、互感器施工及验收规范》的公告

现批准《电气装置安装工程　电力变压器、油浸电抗器、互感器施工及验收规范》为国家标准，编号为GB 50148-2010，自 2010 年 12 月 1 日起实施。其中，第 4.1.3、4.1.7、4.4.3、4.5.3(2)、4.5.5、4.9.1、4.9.2、4.9.6、4.12.1(3、5、6)、4.12.2(1)、5.3.1(5)、5.3.6 条(款)为强制性条文，必须严格执行。原《电气装置安装工程　电力变压器、油浸电抗器、互感器施工及验收规范》GBJ 148-90 同时废止。

本规范由我部标准定额研究所组织中国计划出版社出版发行。

中华人民共和国住房和城乡建设部

二〇一〇年五月三十一日

前　　言

根据原建设部《关于印发〈2006年工程建设标准规范制订、修订计划〉(第二批)的通知》(建标〔2006〕136号)的要求,由中国电力科学研究院会同有关单位在《电气装置安装工程　电力变压器、油浸电抗器、互感器施工及验收规范》GBJ 148—90的基础上修订完成的。

本规范共分5章和1个附录,主要内容包括:总则,术语,基本规定,电力变压器、油浸电抗器,互感器等内容。

与原规范相比较,本次修订将适用范围由原来的500kV及以下电力变压器、油浸电抗器、互感器的施工及验收,扩大到750kV。电压等级高了,对施工各个环节的技术要求、技术指标等要求提高了,并作了明确规定。

本规范中以黑体字标志的条文为强制性条文,必须严格执行。

本规范由住房和城乡建设部负责管理和对强制性条文的解释,中国电力企业联合会负责日常管理,中国电力科学研究院负责具体技术内容的解释。

本规范在执行过程中,请各单位结合工程实践,认真总结经验,如发现需要修改或补充之处,请将意见和建议寄交中国电力科学研究院(地址:北京市西城区南滨河路33号,邮编:100055,电话:010-63424285)。

本规范主编单位、参编单位、主要起草人和主要审查人:

主 编 单 位: 中国电力科学研究院(原国电电力建设研究所)
广东省输变电工程公司

参 编 单 位: 北京送变电公司
江苏送变电公司

吉林协合电力工程有限公司
南通信达电器有限公司

主要起草人： 蔡新华　项玉华　陈懿夫　李庆江　荆　津
李　波　徐　斌　赵汉祥　韩　刚

主要审查人： 陈发宇　王进弘　孙关福　吴克芬　吕志瑞
简翰成　张　诚　何冠恒　李贵生　罗喜群
谭昌友　姜　峰　邬建辉　刘海涛　王俊刚
周翌中　廖　薇　李文学

1 总 则

1.0.1 为保证电力变压器、油浸电抗器及互感器的施工安装质量，促进安装技术进步，确保设备安全运行，制定本规范。

1.0.2 本规范适用于交流3kV～750kV电压等级电力变压器(以下简称变压器)、油浸电抗器(以下简称电抗器)、电压互感器及电流互感器(以下简称互感器)施工及验收；消弧线圈的安装可按本规范的有关规定执行。

1.0.3 特殊用途的变压器、电抗器、互感器的安装，应符合产品技术文件的有关规定。

1.0.4 本规范规定了电气装置安装工程电力变压器、油浸电抗器、互感器施工及验收的基本要求，当本规范与国家法律、行政法规的规定相抵触时，应按国家法律、行政法规的规定执行。

1.0.5 变压器、电抗器、互感器的施工及验收，除应符合本规范外，尚应符合国家现行有关标准的规定。

2 术 语

2.0.1 电力变压器 power transformer

具有两个或多个绕组的静止设备，为了传输电能，在同一频率下，通过电磁感应将一个系统的交流电压和电流转换为另一系统的电压和电流。

2.0.2 油浸式变压器 oil-immersed type transformer

铁芯和绕组都浸入油中的变压器。

2.0.3 干式变压器　dry-type transformer

铁芯和绕组都不浸入绝缘液体中的变压器。

2.0.4 绕组　winding

构成与变压器标注的某一电压值相对应的电气线路的一组线匝。

2.0.5 密封　sealing

指变压器内部线圈、铁芯等与大气隔离。

2.0.6 真空处理　vacuumize

指利用真空泵将变压器内部气体抽出，达到并保持真空状态。

2.0.7 热油循环　hot oil circulation

在变压器油满油的情况下，采取低出高进的方法，将变压器油通过真空滤油机加热进行循环。

2.0.8 静放　resting

在变压器油满油的情况下，变压器不进行任何涉及油路的工作，使绝缘油内的气体自然到达油的最上层。

2.0.9 密封试验　sealing test

在变压器全部安装完毕后，通过变压器内部增加压力的方法，检验变压器有无渗漏。

2.0.10 电抗器　reactor

由于其电感而在电路或电力系统中使用的电器。

2.0.11 并联电抗器　shunt inductor

并联连接在系统上的电抗器，主要用于补偿电容电流。

2.0.12 互感器　mutual inductor

用来将信息传递给测量仪器、仪表和保护或控制装置的变压器。

2.0.13 电流互感器　current transformer

在正常使用情况下，其二次电流与一次电流实质上成正比，而其相位差在联结方法正确时接近零的互感器。

2.0.14 电容式电压互感器　capacitance potential transformer

一种由电容分压器和电磁单元组成的电压互感器。

3 基本规定

3.0.1 变压器、电抗器、互感器的安装应按已批准的设计文件进行施工。

3.0.2 设备和器材应有铭牌、安装使用说明书、出厂试验报告及合格证件等资料，并应符合合同技术协议的规定。

3.0.3 变压器、电抗器在运输过程中，当改变运输方式时，应及时检查设备受冲击等情况，并应做好记录。

3.0.4 设备和器材到达现场后应及时按下列规定验收检查：

1 包装及密封应良好。

2 应开箱检查并清点，规格应符合设计要求，附件、备件应齐全。

3 产品的技术文件应齐全。

4 按本规范第4.2.1条的规定作外观检查。

3.0.5 对变压器、电抗器、互感器的装卸、运输、就位及安装，应制定施工及安全技术措施，经批准后方可实施。

3.0.6 与变压器、电抗器、互感器安装有关的建筑工程施工应符合下列规定：

1 设备基础混凝土浇筑前，电气专业应对基础中心线、标高等进行核查；基础施工完毕后，应对标高、中心进行复核。

2 建(构)筑物的建筑工程质量，应符合现行国家标准《建筑工程施工质量验收统一标准》GB 50300的有关规定。当设备及设计有特殊要求时，尚应符合其要求。

3 设备安装前，建筑工程应具备下列条件：

1)屋顶、楼板施工应完毕，不得渗漏；

2)室内地面的基层施工应完毕，并应在墙上标出地面标高；

3)混凝土基础及构架应达到允许安装的强度，焊接构件的质量应符合现行国家标准《现场设备、工业管道焊接工程施工及验收规范》GB 50236 的有关规定；

4)预埋件及预留孔应符合设计要求，预埋件应牢固；

5)模板及施工设施应拆除，场地应清理干净；

6)应具有满足施工用的场地，道路应通畅。

4 设备安装完毕，投入运行前，建筑工程应符合下列规定：

1)门窗安装应完毕；

2)室内地坪抹面工作结束，强度达到要求，室外场地应平整；

3)保护性围栏、网门、栏杆等安全设施应齐全，接地应符合现行国家标准《电气装置安装工程 接地装置施工及验收规范》GB 50169 的规定；

4)变压器、电抗器的蓄油坑应清理干净，排油管路应通畅，卵石填充应完毕；

5)通风及消防装置安装验收应完毕；

6)室内装饰及相关配套设施施工验收应完毕。

3.0.7 设备安装用的紧固件，应采用镀锌制品或不锈钢制品，用于户外的紧固件应采用热镀锌制品；电气接线端子用的紧固件应符合现行国家标准《变压器、高压电器和套管的接线端子》GB 5273 的有关规定。

3.0.8 变压器、电抗器、互感器的瓷件质量，应符合现行国家标准《高压绝缘子瓷件技术条件》GB/T 772、《标称电压高于 1000V 系统用户内和户外支柱绝缘子 第 1 部分：瓷或玻璃绝缘子的试验》GB/T 8287.1、《标称电压高于 1000V 系统用户内和户外支柱绝缘子 第 2 部分：尺寸与特性》GB/T 8287.2、《高压套管技术条件》GB/T 4109 及所签订技术条件的规定。

4 电力变压器、油浸电抗器

4.1 装卸、运输与就位

4.1.1 31.5MV・A 及以上变压器和 40MVar 及以上的电抗器的装卸及运输，应对运输路径及两端装卸条件作充分调查，制定施工安全技术措施，并应符合下列规定：

1 水路运输时，应做好下列工作：

1) 选择航道，了解吃水深度、水上及水下障碍物分布、潮汛情况以及沿途桥梁尺寸、承重能力；

2) 选择船舶，了解船舶运载能力与结构，验算载重时船舶的稳定性；

3) 调查码头承重能力及起重能力，必要时应进行验算或荷重试验。

2 陆路运输采用机械直接拖运时，应对运输路线沿途及两端装卸条件认真调查，并编制相应的安全技术措施。调查的内容及安全技术措施，应包括下列内容：

1) 道路桥梁、涵洞、沟道等的高度、宽度、坡度、倾斜度、转角、承重情况及应采取的措施；

2) 沿途架空电力、通信线路等高空障碍物高度情况；

3) 公路运输时的车速应符合制造厂的规定。当制造厂无规定时，应将车速控制在高等级路面上不得超过 20km/h，一级路面上不得超过 15km/h，二级路面上不得超过 10km/h，其余路面上不得超过 5km/h 范围内。

4.1.2 变压器或电抗器的装卸应符合下列规定：

1 装卸站台、码头等地点的地面应坚实。

2 装卸时应设专人观测车辆、平台的升降或船只的沉浮情况，防止超过允许范围的倾斜。

4.1.3 变压器、电抗器在装卸和运输过程中，不应有严重冲击和振动。电压在220kV及以上且容量在150MV·A及以上的变压器和电压为330kV及以上的电抗器均应装设三维冲击记录仪。冲击允许值应符合制造厂及合同的规定。

4.1.4 当利用机械牵引变压器、电抗器时，牵引着力点应在设备重心以下并符合制造厂规定。运输倾斜角不得超过15°。变压器、电抗器装卸及就位应使用产品设计的专用受力点，并应采取防滑、防溜措施，牵引速度不应超过2m/min。

4.1.5 钟罩式变压器整体起吊时，应将钢丝绳系在专供整体起吊的吊耳上。

4.1.6 用千斤顶顶升大型变压器时，应将千斤顶放置在油箱千斤顶支架部位，升降操作应使各点受力均匀，并及时垫好垫块。

4.1.7 充干燥气体运输的变压器、电抗器油箱内的气体压力应保持在0.01MPa～0.03MPa；干燥气体露点必须低于－40℃；每台变压器、电抗器必须配有可以随时补气的纯净、干燥气体瓶，始终保持变压器、电抗器内为正压力，并设有压力表进行监视。

4.1.8 干式变压器在运输途中，应采取防雨及防潮措施。

4.1.9 本体就位应符合下列规定：

1 装有气体继电器的变压器、电抗器，除制造厂规定不需要设置安装坡度者外，应使其顶盖沿气体继电器气流方向有1%～1.5%的升高坡度。当与封闭母线连接时，其套管中心线应与封闭母线中心线的尺寸相符。

2 变压器、电抗器基础的轨道应水平，轨距与轮距应相符；装有滚轮的变压器、电抗器，其滚轮应能灵活转动，设备就位后，应将滚轮用可拆卸的制动装置加以固定。

3 变压器、电抗器本体直接就位于基础上时，应符合设计、制造厂的要求。

4.2 交接与保管

4.2.1 设备到达现场后，应及时按下列规定进行外观检查：

1 油箱及所有附件应齐全，无锈蚀及机械损伤，密封应良好。

2 油箱箱盖或钟罩法兰及封板的连接螺栓应齐全，紧固良好，无渗漏；充油或充干燥气体运输的附件应密封无渗漏并装有监视压力表。

3 套管包装应完好，无渗油、瓷体无损伤；运输方式应符合产品技术要求。

4 充干燥气体运输的变压器、电抗器，油箱内应为正压，其压力为0.01MPa～0.03MPa，现场应办理交接签证并移交压力监视记录。

5 检查运输和装卸过程中设备受冲击情况，并应记录冲击值、办理交接签证手续。

4.2.2 设备到达现场后的保管应符合下列规定：

1 充干燥气体的变压器、电抗器，油箱内压力应为0.01MPa～0.03MPa，现场保管应每天记录压力值。

2 散热器(冷却器)、连通管、安全气道等应密封。

3 表计、风扇、潜油泵、气体继电器、气道隔板、测温装置以及绝缘材料等，应放置于干燥的室内。

4 存放充油或充干燥气体的套管式电流互感器应采取防护措施，防止内部绝缘件受潮。套管式电流互感器不得倾斜或倒置存放。

5 本体、冷却装置等，其底部应垫高、垫平，不得水浸。

6 干式变压器应置于干燥的室内；室外放置时底部应垫高，并采取可靠的防雨、防潮措施。

7 浸油运输的附件应保持浸油保管，密封良好。

8 套管装卸和保管期间的存放应符合产品技术文件要求；短尾式套管应置于干燥的室内。

4.2.3 变压器、电抗器到达现场后，当3个月内不能安装时，应在1个月内进行下列工作：

1 带油运输的变压器、电抗器应符合下列规定：

1)检查油箱密封情况；

2)绝缘油的试验；

3)运输时安装了套管的变压器，应对绕组进行绝缘电阻测量；

4)安装储油柜及吸湿器，注以合格油至储油柜规定油位，或在未装储油柜的情况下，上部抽真空后，充以0.01MPa～0.03MPa、露点低于－40℃的干燥气体，或按厂家要求执行。

2 充气运输的变压器、电抗器应符合下列规定：

1)应安装储油柜及吸湿器，注以合格油至储油柜规定油位；

2)当不能及时注油时，应继续充与原充气体相同的气体保管，并应有压力监视装置，压力应保持为0.01MPa～0.03MPa，气体的露点应低于－40℃，或按厂家要求执行；

3)应取残油作电气强度、含水量试验，并应按本规范附录A的规定判断是否受潮。

4.2.4 设备在保管期间，应经常检查。充油保管时应每隔10天对变压器外观进行一次检查，包括检查有无渗油、油位是否正常、外表有无锈蚀。每隔30天应从变压器内抽取油样进行试验，其变压器内油样性能应符合表4.2.4的规定。

表4.2.4 变压器内油样性能

试验项目	电压等级	标准值	备注
电气强度	750kV	≥70kV	平板电极间隙
	500kV	≥60kV	
含水量	750kV	≤10μL/L	—
	500kV	≤10μL/L	—

4.3 绝缘油处理

4.3.1 绝缘油的验收与保管应符合下列规定：

1 绝缘油应储藏在密封清洁的专用容器内。

2 每批到达现场的绝缘油均应有试验记录，并应按下列规定取样进行简化分析，必要时进行全分析：

1）大罐油应每罐取样，小桶油应按表 4.3.1 的规定进行取样。

表 4.3.1 绝缘油取样数量

每批油的桶数	取样桶数	每批油的桶数	取样桶数
1	1	51～100	7
2～5	2	101～200	10
6～20	3	201～400	15
21～50	4	401 及以上	20

2）取样试验应按现行国家标准《电力用油（变压器油、汽轮机油）取样方法》GB/T 7597 的规定执行。试验标准应符合现行国家标准《电气装置安装工程　电气设备交接试验标准》GB 50150 的规定。

3 不同牌号的绝缘油应分别储存，并应有明显牌号标志。

4 放油时应目测，用油罐车运输的绝缘油，油的上部和底部不应有异样；用小桶运输的绝缘油，应对每桶进行目测，辨别其气味，各桶的商标应一致。

5 到达现场的绝缘油首次抽取，宜使用压力式滤油机进行粗过滤。

4.3.2 绝缘油现场过滤应符合下列规定：

1 储油罐应符合下列规定：

1）储油罐总容积应大于单台最大设备容积的 120％；

2）储油罐顶部应设置进出气阀，用于呼吸的进气口应安装干燥过滤装置；

3）储油罐应设置进油阀、出油阀、油样阀和残油阀，出油阀位于罐的下部、距罐底约100mm，进油阀位于罐上部，油样阀位于罐的中下部，残油阀位于罐底部；

4）储油罐顶部应设置人孔盖并能可靠密封；

5）储油罐应设置油位指示装置；

6）储油罐应设置专用起吊挂环和专用接地连接点并在存放点与接地网可靠连接。

2 经过粗过滤的绝缘油应采用真空滤油机进行处理。对500kV及以上的变压器油过滤，其真空滤油机主要指标应符合下列规定：

1）真空滤油机标称流量应达到6000L/h～12000L/h；

2）真空滤油机具有两级真空功能，真空泵能力宜大于1500L/min，机械增压泵能力宜大于280m^3/h，运行真空不宜大于67Pa，加热器应分2组～3组；

3）真空滤油机运行油温应为20℃～70℃；

4）真空滤油机的处理能力，应满足在滤油机出口油样阀取油样试验，击穿电压不得低于75kV/2.5mm，含水量不得大于5μL/L，含气量不得大于0.1％，杂质颗粒不得大于0.5μm的标准。

3 现场油务系统中所采用的储油罐及管道均应清洗干净，检查合格。

4 现场应配备废油存放罐，避免对正式储油罐内的油产生污染。

5 现场油处理过程中所有油处理设备、变压器本体、电源箱均应与接地网可靠连接。

6 每批油处理结束后，应对每个储油罐的绝缘油取样进行试验，其电气强度应达到本规范表4.2.4的要求。

4.4 排　　氮

4.4.1 采用注油排氮时，应符合下列规定：

1　绝缘油应经净化处理，注入变压器、电抗器的油应符合表4.4.1的规定。

表4.4.1　注入变压器、电抗器的油质标准

试验项目	电压等级	标准值	备　注
电气强度	750kV	≥70kV	平板电极间隙
	500kV	≥60kV	
	330kV	≥50kV	
	63kV～220kV	≥40kV	
	35kV及以下	≥35kV	
含水量	750kV	≤8μL/L	—
	500kV	≤10μL/L	
	220kV～330kV	≤15μL/L	
	110kV	≤20μL/L	
介质损耗因数tgδ(90℃)	—	≤0.5%	—
颗粒度	750kV	≤1000/100mL(5μm～100μm颗粒)	无100μm以上颗粒

2　注油排氮前应将油箱内的残油排尽。

3　油管宜采用钢管或其他耐油管，油管内部应彻底清洗干净。当采用耐油胶管时，应确保胶管不污染绝缘油。

4　应装上临时油位表。

5　绝缘油应经脱气净油设备从变压器下部阀门注入变压器内，氮气应经顶部排出；油应注至油箱顶部将氮气排尽。最终油位应高出铁芯上沿200mm以上。750kV的绝缘油的静置时间不应小于24h，500kV及以下的绝缘油的静置时间不应小于12h。

6　注油排氮时，任何人不得在排气孔处停留。

4.4.2　采用抽真空排氮时，排氮口应装设在空气流通处。破坏真空时应注入干燥空气。

4.4.3　充氮的变压器、电抗器需吊罩检查时，必须让器身在空气

中暴露 15min 以上，待氮气充分扩散后进行。

4.5 器身检查

4.5.1 变压器、电抗器到达现场后，当满足下列条件之一时，可不进行器身检查：

1 制造厂说明可不进行器身检查者。

2 容量为 1000kV・A 及以下，运输过程中无异常情况者。

3 就地生产仅作短途运输的变压器、电抗器，当事先参加了制造厂的器身总装，质量符合要求，且在运输过程中进行了有效的监督，无紧急制动、剧烈振动、冲撞或严重颠簸等异常情况者。

4.5.2 器身检查可吊罩或吊器身，或直接进入油箱内进行。

4.5.3 有下列情况之一时，应对变压器、电抗器进行器身检查：

1 制造厂或建设单位认为应进行器身检查。

2 变压器、电抗器运输和装卸过程中冲撞加速度出现大于 3*g* 或冲撞加速度监视装置出现异常情况时，应由建设、监理、施工、运输和制造厂等单位代表共同分析原因并出具正式报告。必须进行运输和装卸过程分析，明确相关责任，并确定进行现场器身检查或返厂进行检查和处理。

4.5.4 进行器身检查时进入油箱内部检查应以制造厂服务人员为主，现场施工人员配合；进行内检的人员不宜超过 3 人，内检人员应明确内检的内容、要求及注意事项。

4.5.5 进行器身检查时必须符合以下规定：

1 凡雨、雪天，风力达 4 级以上，相对湿度 75%以上的天气，不得进行器身检查。

2 在没有排氮前，任何人不得进入油箱。当油箱内的含氧量未达到 18% 以上时，人员不得进入。

3 在内检过程中，必须向箱体内持续补充露点低于 －40℃ 的干燥空气，以保持含氧量不得低于 18%，相对湿度不应大于 20%；补充干燥空气的速率，应符合产品技术文件要求。

4.5.6 器身检查准备工作应符合下列规定：

1 进入变压器内部进行器身检查，应符合下列规定：

1）应将干燥、清洁、过筛后的硅胶装入变压器油罐硅胶罐中，确保硅胶罐的完好。

2）应将放油管路与油箱下部的阀门连接，并打开阀门将油全部放入储油罐中。

3）周围空气温度不宜低于0℃，器身温度不宜低于周围空气温度；当器身温度低于周围空气温度时，应将器身加热，宜使其温度高于周围空气温度10℃，或采取制造厂要求的其他措施。

4）当空气相对湿度小于75％时，器身暴露在空气中的时间不得超过16h。内检前带油的变压器、电抗器，应由开始放油时算起；内检前不带油的变压器、电抗器，应由揭开顶盖或打开任一堵塞算起，到开始抽真空或注油为止；当空气相对湿度或露空时间超过规定时，应采取可靠的防止变压器受潮的措施。

5）调压切换装置吊出检查、调整时，暴露在空气中的时间应符合表4.5.6的规定。

表4.5.6 调压切换装置露空时间

环境温度（℃）	>0	>0	>0	<0
空气相对湿度（％）	65以下	65～75	75～85	不控制
持续时间不大于（h）	24	16	10	8

6）器身检查时，场地四周应清洁并设有防尘措施。

2 吊罩、吊芯进行器身检查时，应符合下列规定：

1）钟罩起吊前，应拆除所有运输用固定件及与本体内部相连的部件。

2）器身或钟罩起吊时，吊索与铅垂线的夹角不宜大于30°，必要时可采用控制吊梁。起吊过程中，器身不得与箱壁有接触。

4.5.7 器身检查的主要项目和要求应符合下列规定：

1 运输支撑和器身各部位应无移动，运输用的临时防护装置及临时支撑应拆除，并应清点做好记录。

2 所有螺栓应紧固，并有防松措施；绝缘螺栓应无损坏，防松绑扎完好。

3 铁芯检查应符合下列规定：

1)铁芯应无变形，铁轭与夹件间的绝缘垫应完好；

2)铁芯应无多点接地；

3)铁芯外引接地的变压器，拆开接地线后铁芯对地绝缘应符合产品技术文件的要求；

4)打开夹件与铁轭接地片后，铁轭螺杆与铁芯、铁轭与夹件、螺杆与夹件间的绝缘应符合产品技术文件的要求；

5)当铁轭采用钢带绑扎时，钢带对铁轭的绝缘应符合产品技术文件的要求；

6)打开铁芯屏蔽接地引线，检查屏蔽绝缘应符合产品技术文件的要求；

7)打开夹件与线圈压板的连线，检查压钉绝缘应符合产品技术文件的要求；

8)铁芯拉板及铁轭拉带应紧固，绝缘符合产品技术文件的要求。

4 绕组检查应符合下列规定：

1)绕组绝缘层应完整，无缺损、变位现象；

2)各绕组应排列整齐，间隙均匀，油路无堵塞；

3)绕组的压钉应紧固，防松螺母应锁紧。

5 绝缘围屏绑扎应牢固，围屏上所有线圈引出处的封闭应符合产品技术文件的要求。

6 引出线绝缘包扎应牢固，无破损、拧弯现象；引出线绝缘距离应合格，固定牢靠，其固定支架应紧固；引出线的裸露部分应无毛刺或尖角，焊接质量应良好；引出线与套管的连接应牢靠，接线正确。

7 无励磁调压切换装置各分接头与线圈的连接应紧固正确；各分接头应清洁，且接触紧密，弹性良好；转动接点应正确地停留在各个位置上，且与指示器所指位置一致；切换装置的拉杆、分接头凸轮、小轴、销子等应完整无损；转动盘应动作灵活，密封严密。

8 有载调压切换装置的选择开关、切换开关接触应符合产品技术文件的要求，位置显示一致；分接引线应连接正确、牢固，切换开关部分密封严密。必要时抽出切换开关芯子进行检查。

9 绝缘屏障应完好，且固定牢固，无松动现象。

10 检查强油循环管路与下轭绝缘接口部位的密封应完好。

11 检查各部位应无油泥、水滴和金属屑等杂物。

注：1 变压器有围屏者，可不必解除围屏，本条中由于围屏遮蔽而不能检查的项目，可不予检查。

2 铁芯检查时，其中的 3）、4）、5）、6）、7）项无法拆开的可不测量。

4.5.8 器身检查时应检查箱壁上阀门开闭是否灵活，指示是否正确，导向冷却的变压器尚应检查和清理进油管接头和联箱。器身检查完毕后，应用合格的变压器油对器身进行冲洗、清洁油箱底部，不得有遗留杂物及残油。冲洗器身时，不得触及引出线端头裸露部分。

4.6 内部安装、连接

4.6.1 变压器的内部安装、连接，应按照产品说明书及合同约定执行。

4.6.2 内部安装、连接记录签证应完整。

4.7 干　　燥

4.7.1 变压器、电抗器是否需要进行干燥，应根据本规范附录 A“新装电力变压器及油浸电抗器不需干燥的条件”进行综合分析判断后确定。

4.7.2 设备进行干燥时，宜采用真空热油循环干燥法。带油干燥时，上层油温不得超过85℃。

干式变压器进行干燥时，其绕组温度应根据其绝缘等级确定。

4.7.3 在保持温度不变的情况下，绕组的绝缘电阻下降后再回升，110kV及以下的变压器、电抗器持续6h，220kV及以上的变压器、电抗器持续12h保持稳定，且真空滤油机中无凝结水产生时，可认为干燥完毕。

4.8 本体及附件安装

4.8.1 220kV及以上变压器本体露空安装附件应符合下列规定：

1 环境相对湿度应小于80%，在安装过程中应向箱体内持续补充露点低于－40℃的干燥空气，补充干燥空气速率应符合产品技术文件要求。

2 每次宜只打开一处，并用塑料薄膜覆盖，连续露空时间不宜超过8h，累计露空时间不宜超过24h；油箱内空气的相对湿度不大于20%。每天工作结束应抽真空补充干燥空气直到压力达到0.01MPa～0.03MPa。

4.8.2 密封处理应符合下列规定：

1 所有法兰连接处应用耐油密封垫圈密封；密封垫圈应无扭曲、变形、裂纹和毛刺，密封垫圈应与法兰面的尺寸相配合。

2 法兰连接面应平整、清洁；密封垫圈应使用产品技术文件要求的清洁剂擦拭干净，其安装位置应准确；其搭接处的厚度应与其原厚度相同，橡胶密封垫的压缩量不宜超过其厚度的1/3。

3 法兰螺栓应按对角线位置依次均匀紧固，紧固后的法兰间隙应均匀，紧固力矩值应符合产品技术文件要求。

4.8.3 有载调压切换装置的安装应符合下列规定：

1 传动机构中的操作机构、电动机、传动齿轮和杠杆应固定牢靠，连接位置正确，且操作灵活，无卡阻现象；传动机构的摩擦部分应涂以适合当地气候条件的润滑脂，并应符合产品技术文件的规定。

2 切换开关的触头及其连接线应完整无损,且接触可靠;其限流电阻应完好,无断裂现象。

3 切换装置的工作顺序应符合产品技术要求;切换装置在极限位置时,其机械联锁与极限开关的电气联锁动作应正确。

4 位置指示器应动作正常,指示正确。

5 切换开关油箱内应清洁,油箱应做密封试验,且密封良好;注入油箱中的绝缘油,其绝缘强度应符合产品技术文件要求。

4.8.4 冷却装置的安装应符合下列规定:

1 冷却装置在安装前应按制造厂规定的压力值用气压或油压进行密封试验,并应符合下列要求:

1)冷却器、强迫油循环风冷却器,持续 30min 应无渗漏;

2)强迫油循环水冷却器,持续 1h 应无渗漏,水、油系统应分别检查渗漏。

2 冷却装置安装前应用合格的绝缘油经净油机循环冲洗干净,并将残油排尽。

3 风扇电动机及叶片安装应牢固,转动应灵活,转向应正确,并无卡阻。

4 管路中的阀门应操作灵活,开闭位置应正确;阀门及法兰连接处应密封良好。

5 外接油管路在安装前,应进行彻底除锈并清洗干净;水冷却装置管道安装后,油管应涂黄漆,水管应涂黑漆,并应有流向标志。

6 油泵密封良好,无渗油或进气现象;转向正确,无异常噪声、振动或过热现象。

7 油流继电器、水冷变压器的差压继电器应密封严密,动作可靠。

8 水冷却装置停用时,应将水放尽。

4.8.5 储油柜的安装应符合下列规定:

1 储油柜应按照产品技术文件要求进行检查、安装。

2 油位表动作应灵活，指示应与储油柜的真实油位相符。油位表的信号接点位置正确，绝缘良好。

3 储油柜安装方向正确并进行位置复核。

4.8.6 所有导气管应清拭干净，其连接处应密封严密。

4.8.7 升高座的安装应符合下列规定：

1 升高座安装前，应先完成电流互感器的交接试验，二次线圈排列顺序检查正确；电流互感器出线端子板绝缘应符合产品技术文件的要求，其接线螺栓和固定件的垫块应紧固，端子板密封严密，无渗油现象。

2 升高座安装时应使绝缘筒的缺口与引出线方向一致，并不得相碰。

3 电流互感器和升高座的中心应基本一致。

4 升高座法兰面必须与本体法兰面平行就位。放气塞位置应在升高座最高处。

4.8.8 套管的安装应符合下列规定：

1 电容式套管应经试验合格，套管采用瓷外套时，瓷套管与金属法兰胶装部位应牢固密实并涂有性能良好的防水胶，瓷套管外观不得有裂纹、损伤；套管采用硅橡胶外套时，外观不得有裂纹、损伤、变形；套管的金属法兰结合面应平整、无外伤或铸造砂眼；充油套管无渗油现象，油位指示正常。

2 套管竖立和吊装应符合产品技术文件要求。

3 套管顶部结构的密封垫应安装正确，密封良好，连接引线时，不应使顶部连接松扣。

4 充油套管的油位指示应面向外侧，末屏连接符合产品技术文件要求。

5 均压环表面应光滑无划痕，安装牢固且方向正确；均压环易积水部位最低点应有排水孔。

4.8.9 气体继电器的安装应符合下列规定：

1 气体继电器安装前应经检验合格，动作整定值符合定值要求，并解除运输用的固定措施。

2 气体继电器应水平安装，顶盖上箭头标志应指向储油柜，连接密封严密。

3 集气盒内应充满绝缘油、且密封严密。

4 气体继电器应具备防潮和防进水的功能并加装防雨罩。

5 电缆引线在接入气体继电器处应有滴水弯，进线孔封堵应严密。

6 观察窗的挡板应处于打开位置。

4.8.10 压力释放装置的安装方向应正确，阀盖和升高座内部应清洁，密封严密，电接点动作准确，绝缘性能、动作压力值应符合产品技术文件要求。

4.8.11 吸湿器与储油柜间连接管的密封应严密，吸湿剂应干燥，油封油位应在油面线上。

4.8.12 测温装置的安装应符合下列规定：

1 温度计安装前应进行校验，信号接点动作应正确，导通应良好；当制造厂已提供有温度计出厂检验报告时可不进行现场送验，但应进行温度现场比对检查。

2 温度计应根据制造厂的规定进行整定。

3 顶盖上的温度计座应严密无渗油现象，温度计座内应注以绝缘油；闲置的温度计座也应密封。

4 膨胀式信号温度计的细金属软管不得压扁和急剧扭曲，其弯曲半径不得小于50mm。

4.8.13 变压器、电抗器本体电缆，应有保护措施；排列应整齐，接线盒应密封。

4.8.14 控制箱的检查安装应符合下列规定：

1 冷却系统控制箱应有两路交流电源，自动互投传动应正确、可靠。

2 控制回路接线应排列整齐、清晰、美观，绝缘无损伤；接线应采用铜质或有电镀金属防锈层的螺栓紧固，且应有防松装置；连接导线截面应符合设计要求、标志清晰。

3 控制箱接地应牢固、可靠。

4 内部断路器、接触器动作灵活无卡涩，触头接触紧密、可靠，无异常声响。

5 保护电动机用的热继电器的整定值应为电动机额定电流的1.0倍～1.15倍。

6 内部元件及转换开关各位置的命名应正确并符合设计要求。

7 控制箱应密封，控制箱内外应清洁无锈蚀，驱潮装置工作应正常。

8 控制和信号回路应正确，并应符合现行国家标准《电气装置安装工程　盘、柜及二次回路接线施工及验收规范》GB 50171的有关规定。

4.9 注　油

4.9.1 绝缘油必须按现行国家标准《电气装置安装工程　电气设备交接试验标准》GB 50150的规定试验合格后，方可注入变压器、电抗器中。

4.9.2 不同牌号的绝缘油或同牌号的新油与运行过的油混合使用前，必须做混油试验。

4.9.3 新安装的变压器不宜使用混合油。

4.9.4 变压器真空注油工作不宜在雨天或雾天进行。注油和真空处理应按产品技术文件要求，并应符合下列规定：

1 220kV及以上的变压器、电抗器应进行真空处理，当油箱内真空度达到200Pa以下时，应关闭真空机组出口阀门，测量系统泄漏率，测量时间应为30min，泄漏率应符合产品技术文件的要求。

2 抽真空时，应监视并记录油箱的变形，其最大值不得超过壁厚最大值的两倍。

3 220kV～500kV 变压器的真空度不应大于 133Pa，750kV 变压器的真空度不应大于 13Pa。

4 用真空计测量油箱内真空度，当真空度小于规定值时开始记时，真空保持时间应符合：220kV～330kV 变压器的真空保持时间不得少于 8h；500kV 变压器的真空保持时间不得少于 24h；750kV 变压器的真空保持时间不得少于 48h 时方可注油。

4.9.5 220kV 及以上的变压器、电抗器应真空注油；110kV 的变压器、电抗器宜采用真空注油。注油全过程应保持真空。注入油的油温应高于器身温度。注油速度不宜大于 100L/min。

4.9.6 在抽真空时，必须将不能承受真空下机械强度的附件与油箱隔离；对允许抽同样真空度的部件，应同时抽真空；真空泵或真空机组应有防止突然停止或因误操作而引起真空泵油倒灌的措施。

4.9.7 变压器、电抗器注油时，宜从下部油阀进油。对导向强油循环的变压器，注油应按产品技术文件的要求执行。

4.9.8 变压器本体及各侧绕组，滤油机及油管道应可靠接地。

4.10 热油循环

4.10.1 330kV 及以上变压器、电抗器真空注油后应进行热油循环，并应符合下列规定：

1 热油循环前，应对油管抽真空，将油管中空气抽干净。

2 冷却器内的油应与油箱主体的油同时进行热油循环。

3 热油循环过程中，滤油机加热脱水缸中的温度，应控制在 65℃±5℃范围内，油箱内温度不应低于 40℃。当环境温度全天平均低于 15℃时，应对油箱采取保温措施。

4 热油循环可在真空注油到储油柜的额定油位后的满油状态下进行，此时变压器或电抗器不应抽真空；当注油到离器身顶盖 200mm 处时，应进行抽真空。

4.10.2 热油循环应符合下列条件，方可结束：

1 热油循环持续时间不应少于48h。

2 热油循环不应少于3×变压器总油重/通过滤油机每小时的油量。

3 经过热油循环后的变压器油，应符合表4.10.2的规定。

表4.10.2 热油循环后施加电压前变压器油标准

变压器电压等级(kV)	330	500	750
变压器油电气强度(kV)	≥50	≥60	≥70
变压器油含水量(μL/L)	≤15	≤10	≤8
变压器油含气量(%)	—	≤1	≤0.5
颗粒度(1/100mL)	—	—	≤1000(5μm～100μm颗粒，无100μm以上颗粒)
tgδ(90℃时)	≤0.5	≤0.5	≤0.5

4.11 补油、整体密封检查和静放

4.11.1 向变压器、电抗器内加注补充油时，应通过储油柜上专用的添油阀，并经净油机注入，注油至储油柜额定油位。注油时应排放本体及附件内的空气。

4.11.2 具有胶囊或隔膜的储油柜的变压器、电抗器，应按照产品技术文件要求的顺序进行注油、排气及油位计加油。

4.11.3 对变压器连同气体继电器及储油柜进行密封性试验，可采用油柱或氮气，在油箱顶部加压0.03MPa，110kV～750kV变压器进行密封试验持续时间应为24h，并无渗漏。当产品技术文件有要求时，应按其要求进行。整体运输的变压器、电抗器可不进行整体密封试验。

4.11.4 注油完毕后，在施加电压前，其静置时间应符合表4.11.4的规定。

表 4.11.4 变压器注油完毕施加电压前静置时间(h)

电压等级	静置时间
110kV 及以下	24
220kV 及 330kV	48
500kV 及 750kV	72

4.11.5 静置完毕后，应从变压器、电抗器的套管、升高座、冷却装置、气体继电器及压力释放装置等有关部位进行多次放气，并启动潜油泵，直至残余气体排尽，调整油位至相应环境温度时的位置。

4.12 工程交接验收

4.12.1 变压器、电抗器在试运行前，应进行全面检查，确认其符合运行条件时，方可投入试运行。检查项目应包含以下内容和要求：

1 本体、冷却装置及所有附件应无缺陷，且不渗油。

2 设备上应无遗留杂物。

3 **事故排油设施应完好，消防设施齐全。**

4 本体与附件上的所有阀门位置核对正确。

5 **变压器本体应两点接地。中性点接地引出后，应有两根接地引线与主接地网的不同干线连接，其规格应满足设计要求。**

6 **铁芯和夹件的接地引出套管、套管的末屏接地应符合产品技术文件的要求；电流互感器备用二次线圈端子应短接接地；套管顶部结构的接触及密封应符合产品技术文件的要求。**

7 储油柜和充油套管的油位应正常。

8 分接头的位置应符合运行要求，且指示位置正确。

9 变压器的相位及绕组的接线组别应符合并列运行要求。

10 测温装置指示应正确，整定值符合要求。

11 冷却装置应试运行正常，联动正确；强迫油循环的变压器、电抗器应启动全部冷却装置，循环 4h 以上，并应排完残留空气。

12 变压器、电抗器的全部电气试验应合格；保护装置整定值应符合规定;操作及联动试验应正确。

13 局部放电测量前、后本体绝缘油色谱试验比对结果应合格。

4.12.2 变压器、电抗器试运行时应按下列规定项目进行检查:

1 中性点接地系统的变压器,在进行冲击合闸时,其中性点必须接地。

2 变压器、电抗器第一次投入时,可全电压冲击合闸。冲击合闸时,变压器宜由高压侧投入;对发电机变压器组结线的变压器,当发电机与变压器间无操作断开点时,可不作全电压冲击合闸,只作零起升压。

3 变压器、电抗器应进行5次空载全电压冲击合闸,应无异常情况;第一次受电后持续时间不应少于10min;全电压冲击合闸时,其励磁涌流不应引起保护装置动作。

4 变压器并列前,应核对相位。

5 带电后,检查本体及附件所有焊缝和连接面,不应有渗油现象。

4.12.3 在验收时,应移交下列资料和文件:

1 安装技术记录、器身检查记录、干燥记录、质量检验及评定资料、电气交接试验报告等。

2 施工图纸及设计变更说明文件。

3 制造厂的产品说明书、试验记录、合格证件及安装图纸等技术文件。

4 备品、备件、专用工具及测试仪器清单。

5 互 感 器

5.1 一 般 规 定

5.1.1 互感器在运输、保管期间应防止受潮、倾倒或遭受机械损伤;互感器的运输和放置应按产品技术文件要求执行。

5.1.2 互感器整体起吊时,吊索应固定在规定的吊环上,并不得碰伤伞裙。

5.1.3 互感器到达现场后安装前的保管,除应符合产品技术文件要求外,尚应作下列外观检查:

1 互感器外观应完整,附件应齐全,无锈蚀或机械损伤。

2 油浸式互感器油位应正常,密封应严密,无渗油现象。

3 电容式电压互感器的电磁装置和谐振阻尼器的铅封应完好。

4 气体绝缘互感器内的气体压力,应符合产品技术文件的要求。

5 气体绝缘互感器所配置的密度继电器、压力表等,应经校验合格,并有检定证书。

5.2 器身检查

5.2.1 互感器可不进行器身检查,但在发现有异常情况时,应在厂家技术人员指导下按产品技术文件要求进行下列检查:

1 螺栓应无松动,附件完整。

2 铁芯应无变形,且清洁紧密,无锈蚀。

3 绕阻绝缘应完好,连接正确、紧固。

4 绝缘夹件及支持物应牢固,无损伤,无分层开裂。

5 内部应清洁,无污垢杂物。

6 穿心螺栓的绝缘应符合产品技术文件的要求。

7 制造厂有其他特殊要求时,尚应符合产品技术文件的要求。

5.2.2 互感器器身检查时,尚应符合本规范第4.5节的有关规定。

5.2.3 110kV及以上互感器应真空注油。

5.3 安　　装

5.3.1 互感器安装时应进行下列检查:

1　互感器的变比分接头的位置和极性应符合规定。

2　二次接线板应完整，引线端子应连接牢固，标志清晰，绝缘应符合产品技术文件的要求。

3　油位指示器、瓷套与法兰连接处、放油阀均应无渗油现象。

4　隔膜式储油柜的隔膜和金属膨胀器应完好无损，顶盖螺栓紧固。

5　气体绝缘的互感器应检查气体压力或密度符合产品技术文件的要求，密封检查合格后方可对互感器充 SF_6 气体至额定压力，静置24h后进行 SF_6 气体含水量测量并合格。气体密度表、继电器必须经核对性检查合格。

5.3.2　互感器支架封顶板安装面应水平；并列安装的应排列整齐，同一组互感器的极性方向应一致。

5.3.3　电容式电压互感器应根据产品成套供应的组件编号进行安装，不得互换。组件连接处的接触面，应除去氧化层，并涂以电力复合脂。

5.3.4　具有均压环的互感器，均压环应安装水平、牢固，且方向正确。安装在环境温度0℃及以下地区的均压环应在最低处打放水孔。具有保护间隙的，应按产品技术文件的要求调好距离。

5.3.5　零序电流互感器的安装，不应使构架或其他导磁体与互感器铁芯直接接触，或与其构成磁回路分支。

5.3.6　互感器的下列各部位应可靠接地：

1　分级绝缘的电压互感器，其一次绕组的接地引出端子；电容式电压互感器的接地应符合产品技术文件的要求。

2　电容型绝缘的电流互感器，其一次绕组末屏的引出端子、铁芯引出接地端子。

3　互感器的外壳。

4　电流互感器的备用二次绕组端子应先短路后接地。

5　倒装式电流互感器二次绕组的金属导管。

6　应保证工作接地点有两根与主接地网不同地点连接的接

地引下线。

5.3.7 互感器需补油时，应按产品技术文件要求进行。

5.3.8 运输中附加的防爆膜临时保护措施应予拆除。

5.4 工程交接验收

5.4.1 在验收时，应进行下列检查：

1 设备外观应完整无缺损。

2 互感器应无渗漏，油位、气压、密度应符合产品技术文件的要求。

3 保护间隙的距离应符合设计要求。

4 油漆应完整，相色应正确。

5 接地应可靠。

5.4.2 在验收时，应移交下列资料和文件：

1 安装技术记录、质量检验及评定资料、电气交接试验报告等。

2 施工图纸及设计变更说明文件。

3 制造厂产品说明书、试验记录、合格证件及安装图纸等产品技术文件。

4 备品、备件、专用工具及测试仪器清单。

附录A 新装电力变压器及油浸电抗器不需干燥的条件

A.0.1 带油运输的变压器及电抗器应符合现行国家标准《电气装置安装工程　电气设备交接试验标准》GB 50150 的规定，并应符合下列规定：

1 绝缘油电气强度及含水量试验应合格。

2 绝缘电阻及吸收比(或极化指数)应合格。

3 介质损耗角正切值 tgδ 合格,电压等级在 35kV 以下或容量在 4000kV·A 以下者不作要求。

A.0.2 充气运输的变压器及电抗器应符合现行国家标准《电气装置安装工程 电气设备交接试验标准》GB 50150的规定,并应符合下列规定:

1 器身内压力在出厂至安装前均应保持正压。

2 残油中含水量不应大于 30ppm;残油电气强度试验在电压等级为 330kV 及以下者不应低于 30kV,500kV 及以上者不应低于 40kV。

3 变压器及电抗器注入合格绝缘油后应符合下列规定:

1)绝缘油电气强度及含水量应合格;

2)绝缘电阻及吸收比(或极化指数)应合格;

3)介质损耗角正切值 tgδ 应合格。

4 当器身未能保持正压,而密封无明显破坏时,应根据安装及试验记录全面分析,按照现行国家标准《电气装置安装工程 电气设备交接试验标准》GB 50150 的规定作综合判断,决定是否需要干燥。

本规范用词说明

1 为便于在执行本规范条文时区别对待,对要求严格程度不同的用词说明如下:

1)表示很严格,非这样做不可的:

正面词采用"必须",反面词采用"严禁";

2)表示严格,在正常情况下均应这样做的:

正面词采用"应",反面词采用"不应"或"不得";

3)表示允许稍有选择,在条件许可时首先应这样做的:

正面词采用“宜”,反面词采用“不宜”;

4)表示有选择,在一定条件下可以这样做的,采用“可”。

2 条文中指明应按其他有关标准执行的写法为:“应符合……的规定”或“应按……执行”。

引用标准名录

《电气装置安装工程　电气设备交接试验标准》GB 50150

《电气装置安装工程　接地装置施工及验收规范》GB 50169

《电气装置安装工程　盘、柜及二次回路接线施工及验收规范》GB 50171

《现场设备、工业管道焊接工程施工及验收规范》GB 50236

《建筑工程施工质量验收统一标准》GB 50300

《高压绝缘子瓷件技术条件》GB/T 772

《变压器、高压电器和套管的接线端子》GB 5273

《电力用油(变压器油、汽轮机油)取样方法》GB/T 7597

《高压套管技术条件》GB/T 4109

《标称电压高于1000V系统用户内和户外支柱绝缘子　第1部分:瓷或玻璃绝缘子的试验》GB/T 8287.1

《标称电压高于1000V系统用户内和户外支柱绝缘子　第2部分:尺寸与特性》GB/T 8287.2

中华人民共和国国家标准

电气装置安装工程　电力变压器、油浸电抗器、互感器施工及验收规范

GB 50148—2010

条文说明

修 订 说 明

本规范是根据原建设部《关于印发〈2006 年工程建设标准规范制订、修订计划〉(第二批)的通知》(建标〔2006〕136 号)的要求，由中国电力企业联合会负责，中国电力科学研究院(原国电电力建设研究所)会同有关单位在《电气装置安装工程　电力变压器、油浸电抗器、互感器施工及验收规范》GBJ 148—90 的基础上修订的。

按修订大纲计划安排，应将适用范围扩大到 1000kV 特高压设备，以满足我国 1000kV 特高压输变电工程项目建设的需要，但此时 1000kV 输变电设备及设计尚处于研发、试制及课题研究阶段，而工程于 2007 年开工，所有设备及设计安装资料尚未出来，完整的标准征求意见稿无法形成，在征求了上级主管部门的意见后，决定等 1000kV 特高压输变工程施工技术部分的内容补充进去后，一起征求意见。

后因成立了“特高压标准化技术委员会”，将特高压标准纳入其制订、修订及管理范围。为此，编写组于 2008 年 7 月 30 日～8 月 1 日在大连召开编写组第二次工作会议，决定将规范适用范围由原计划 1000kV 特高压调整到 750kV 超高压；对已形成的规范初稿进行了再次讨论。确定本规范的内容共分 5 章和 1 个附录，主要内容包括：电力变压器、油浸电抗器的运输、保管，本体检查、安装，附件安装，整体密封检查、绝缘油处理、交接验收及互感器的施工及交接验收等。

截止到 2008 年 11 月 20 日，经整理汇总后的返回意见共 68 条，其中采纳 47 条，因对规范条文理解有误而未采纳的意见 18 条，条文内容修改部分采纳 2 条，需提交审查会讨论确定的 1 条。

经修改后形成了《电气装置安装工程　电力变压器、油浸电抗器、互感器施工及验收规范》GBJ 148—90 修订送审稿，报审查委员会审查。

与原规范相比较，本次修订将适用范围由原来的 500kV 及以下电力变压器、油浸电抗器、互感器的施工及验收，扩大到 750kV。电压等级高了，对施工各个环节的技术要求、技术指标等要求也提高了，并作了明确规定。同时确定了直接涉及人民生命财产安全、人体健康、环境保护和公众利益的为强制性条文，以黑体字标志，要求必须严格执行。

为了广大设计、施工、科研、学校等单位有关人员在使用本规范时能理解和执行条文规定，《电气装置安装工程　电力变压器、油浸电抗器、互感器施工及验收规范》编制组按章、节、条顺序编制了本规范的条文说明，对条文规定的目的、依据以及执行中需注意的有关事项进行了说明，还着重对强制性条文的强制性理由做了解释。但是，本条文说明不具备与标准正文同等的法律效力，仅供使用者作为理解和把握标准规定的参考。

2 术　　语

本规范的术语和定义依据现行国家标准《电力变压器》GB 1094.1、《电工术语　变压器、互感器、调压器和电抗器》GB/T 2900.15 和《电力工程基本术语》GB/T 50279 等标准。

4 电力变压器、油浸电抗器

4.1 装卸、运输与就位

4.1.3 为确保运输安全此条规定为强制性条文。现行国家标准《油浸式电力变压器技术参数和要求》GB 6451.1～5 中规定"电压在 220kV,容量为 150MV·A 及以上变压器运输中应装冲击记录仪"。所以本条规定大型变压器和油浸电抗器在运输时应装设冲击监测装置,以记录在运输和装卸过程中受冲击和振动情况。设备受冲击的轻重程度以重力加速度 g 表示。基于下列国内外的资料和产品技术协议规定,认为取三维冲击加速度均不大于 $3g$ 较适宜。

日本电气协会大型变压器现场安装规范专题研究委员会提出的"大型变压器现场安装规范"中规定其冲击允许值为 $3g$。

联邦德国 TU 公司的变压器,其冲击值规定为 $3g$。

美国国家标准规定:垂直方向为 $1g$;前后方向为 $4g$。

现场检查如果三维冲击加速度均不大于 $3g$,可以认为正常。

4.1.4 为防止变压器在运行过程中由于倾斜过大而引起结构变形,正常情况下,制造厂规定变压器倾斜角仅允许为 15°,特殊运输方式其倾斜角需要超过15°时，应在订货时特别提出，以便做好加固措施。

4.1.7 为确保运输安全此条规定为强制性条文。随着变压器、电抗器的电压等级升高，容量不断增加，本体重量相应增加，为了适应运输机具对重量的限制，大型变压器、电抗器常采用充氮气或充干燥空气运输的方式。为了使设备在运输过程中不致因氮气或干燥空气渗漏而进入潮气，使器身受潮，油箱内必须保持一定的正压，所以要求装设压力表用以监视油箱内气体的压力，并应备有气体补充装置，以便当油箱内气压下降时及时补充气体。

4.2 交接与保管

4.2.1 设备到达现场后应及时检查，以便发现设备存在的缺陷和问题并及时处理，为安装得以顺利进行创造条件。本条规定了进行外观检查的内容及要求。检查连接螺栓时，应注意紧固良好，因为油箱顶部一般未充满油，密封不好检查，只有要求每个螺栓都应紧固良好，否则顶盖螺栓松动容易进水；充气运输的设备，检查压力可以作为油箱是否密封良好的参考，即使在最冷的气候条件下，气体压力必须是正值，故规定油箱内应保持不小于0.01MPa的正压；装有冲击记录仪的设备，应检查并记录设备在运输和装卸过程中受冲击的情况，以判断内部是否有可能受损伤。

4.2.4 含水量以前标准单位采用ppm，等同于本规范的μL/L。保管期间的油样试验耐压和含水量能够反映保管状态，选取击穿电压≥60kV和含水量≤10μL/L标准是能满足变压器、电抗器的保管要求的。

4.3 绝缘油处理

4.3.1 绝缘油管理工作的好坏，是保证设备质量的关键，应引起充分注意。因此，本条作了下列规定：

1 绝缘油到达现扬，都应存放在密封清洁的专用油罐或容器内，不应使用储放过其他油类或不清洁的容器，以免影响绝缘油的性能。绝缘油到达现场后，应进行目测验收，以免混入非绝缘油。

2 绝缘油取样的数量是根据现行国家标准《电力用油（变压器油、汽轮机油）取样方法》GB/T 7597 中第 2.1.1.4 款规定“每次试验应按上表 2.2.3 规定取数个单一油样，并再用它们均匀混合成一个混合油样作的规定：

1）单一油样就是从某一个容器底部取的油样。

2）混合油样就是取有代表性的数个容器底部的油样再混合均匀的油样”。

现在国内各地取样试验的方法不尽相同，有的是每桶取样油都作简化分析，而有的地区则将取样油混合后作简化分析。本条文是按现行国家标准《电力用油（变压器油、汽轮机油）取样方法》GB/T 7597 作的规定。

下面附新来油的《变压器油》GB 2536 标准及《运行中变压器油质量标准》GB/T 7595 供参考（见表 1、表 2）。两者不同之处是新油的击穿电压不低于 35kV，且没有含气量、含水量的要求。

表 1 《变压器油》GB 2536（新油）

项目		质量指标			试验方法
牌号		10	25	45	
外观		透明，无悬浮物和机械杂质			目测[1]
密度（20℃）（kg/m^3）	不大于	895			GB 1984 GB 1985
运动黏度（mm^2/s）					GB 265
40℃	不大于	13	13	11	
−10℃	不大于	—	200	—	
−30℃	不大于	—	—	1800	
倾点（℃）	不高于	−7	−22	报告	GB 3535[2]
凝点（℃）	不高于	—		−45	GB 510
闪点（闭口）（℃）	不低于	140		135	GB 261
酸值（mgKOH/g）	不大于	0.03			GB 264

续表 1

项目		质量指标			试验方法
牌号		10	25	45	
外观		透明,无悬浮物和机械杂质			目测[1]
腐蚀性硫		非腐蚀性			SY 2689
氧化安定性[3] 氧化后酸值(mgKOH/g) 氧化后沉淀(%)	 不大于 不大于	 0.2 0.05			ZB E38 003
水溶性酸或碱		无			GB 259
击穿电压(间距 2.5mm 交货时)[4](kV)	不小于	35			GB 507[5]
介质损耗因数(90℃)	不大于	0.005			GB 5654
界面张力(mN/m)	不小于	40		38	GB 6541
水分(mg/kg)		报告			ZB E38 004

注:1)把产品注入 100mL 量筒中,在 20±5℃下目测,如有争议时,按《石油产品和添加剂机械杂质测定法(重量法)》GB/T 511 测定机械杂质含量为无。

2)以新疆原油和大港原油生产的变压器油测定倾点时,允许用定性滤纸过滤。倾点指标,根据生产和使用实际经与用户协商,可不受本标准限制。

3)氧化安定性为保证项目,每年至少测定一次。

4)击穿电压为保证项目,每年至少测定一次。用户使用前必须进行过滤并重新测定。

5)测定击穿电压允许用定性滤纸过滤。

表 2 《运行中变压器油质量标准》GB/T 7595

序号	项目	设备电压等级(kV)	质量指标		检验方法
			投入运行前的油	运行油	
1	外观		透明、无杂质或悬浮物		外观目视
2	水溶性酸(pH 值)		>5.4	≥4.2	GB/T 7598
3	酸值(mgKOH/g)		≤0.03	≤0.1	GB/T 7599 或 GB/T 264
4	闪点(闭口)(℃)		≥140(10 号、25 号油) ≥135(45 号油)	与新油原测定值相比不低于 10	GB/T 261
5	水分[1](mg/L)	330~500 220≤110 及以下	≤10 ≤15 ≤20	≤15 ≤25 ≤35	GB/T 7600 或 GB/T 7601

续表 2

序号	项　　目	设备电压等级（kV）	质量指标		检验方法
			投入运行前的油	运行油	
6	界面张力(25℃) (mN/m)		≥35	≥19	GB/T 6541
7	介质损耗因数(90℃)	500 ≤330	≤0.007 ≤0.010	≤0.020 ≤0.040	GB/T 5654
8	击穿电压[2](kV)	500 330 66～220 35及以下	≥60 ≥50 ≥40 ≥35	≥50 ≥45 ≥35 ≥30	GB/T 507 或 DL/T 429.7
9	体积电阻率(90℃) (Ω·m)	500 ≤330	$\geq 6\times 10^{10}$	$\geq 1\times 10^{10}$ $\geq 5\times 10^{9}$	GB/T 5654 或 DL/T 421
10	油中含气量(%) (体积分数)	330～500	≤1	≤3	DL/T 423 或 DL/T 450
11	油泥与沉淀物(%) (质量分数)		<0.02(以下可忽略不计)		GB/T 511
12	油中溶解气体组分含量色谱分析		按 DL/T 596—1996 中第 6、7、9 章见附录 A (标准的附录)		GB/T 17623 GB/T 7252

注：1　取样油温为 40℃～60℃。

2　《电力系统油质试验方法　绝缘油介电强度测定法》DL/T 429.9 是采用平板电极，《绝缘油　击穿电压测定法》GB/T 507 是采用圆球、球盖形两种形状电极。三种电极所测的击穿电压值不同其影响情况，见附录 B(提示的附录)。其质量指标为平板电极测定值。

4.4　排　　氮

4.4.1　变压器、电抗器在充氮状态下经运输和较长期的保管，原浸入绝缘件中的绝缘油逐渐渗出，绝缘件表面变得干燥，若器身一旦暴露在空气中，绝缘件就极易吸收空气中的湿气而受潮，因此，为防止绝缘件受潮，在人员进入内部作业之前，应使器身再浸一次油，并静置一定时间。日本电气协会的《大型变压器现场安装规范》中规定:“变压器安装在基础之后，要注入事先过滤好的油，将运输时充入的氮气置换出来，然后静置 12h 以上，待绝缘件浸透油后，再用干燥空气置换油”。

本条规定的绝缘油电气强度指标为平板电极测定值，其他电极可按现行国家标准《运行中变压器油质量标准》GB/T 7595 及《绝缘油 击穿电压测定法》GB/T 507 中的有关要求进行试验。

4.4.2、4.4.3 排氮采用抽真空的方法较为简单，但如何判断氮气排尽，人能进入内部，国外以油箱内含氧浓度来判断。如日本《防止缺氧症规则》规定，含氧量未达到 18% 以上时，人员不得进入；而美国“职业安全与健康委员会”的要求为 19.5% 及以上。

为保证工作人员的安全与健康，将本规范第 4.4.3 条列为强制性条文。

4.5 器身检查

4.5.3 本条规定:由于冲击监视装置记录等原因，不能确定运输、装卸过程中冲击加速度是否符合产品技术要求时，应通知制造厂，与制造厂共同进行分析，确定内部检查方案并最终得出检查分析结论。

关系到变压器是否能确保安全运行，应强制执行。

4.5.5 为确保变压器的安装质量和工作人员的安全、健康而列为强制性条文。

4.5.6 本条对器身检查准备工作作了如下技术规定:

1 进入变压器内部进行器身检查，应符合下列规定:

3)目前已有真空净油设备可进行热油循环加温，为保证器身不受潮，故强调器身温度不应低于周围空气温度，当器身温度低于周围空气温度时，应将器身加热。考虑到加温高于周围空气温度 10℃ 有困难，故只作有选择性的“宜”的规定，不作硬性规定，只要求器身温度不低于周围空气温度即可。

4.5.7 本条对器身检查的项目及要求作了如下规定：

1 大型变压器在运输中都加有支撑，在顶部或两端装有压钉，以避免运输装卸过程中器身移动，故规定首先应检查运输支撑及运输用的临时防护装置是否有移动，并规定检查后应将其拆除、清点、做好记录、将顶部压钉翻转，以防止引起多点接地。

3 检查铁芯时，应注意铁芯有无多点接地，铁芯多点接地后在接地点之间可能形成闭合回路，导致循环电流引起局部过热，甚至将铁芯烧损。

近几年来，一些变压器铁芯增加了屏蔽，铁芯的固定由穿芯螺丝改为夹件、压钉等方式，所以在进行铁芯检查时，应注意这些地方的绝缘检查。

6 检查引出线时，应校核其绝缘距离是否合格，曾发生过由于引出线的绝缘距离过小，而在局部放电试验时出现故障；引出线的裸露部分应无毛刺和尖角，以防运行中发生放电击穿。

4.5.8 器身检查的同时亦应检查箱壁上阀门开闭是否灵活，指示是否正确，否则以后不易检查和处理。器身检查完毕后，用合格的变压器油对铁芯和线圈冲洗，以清除制造过程中可能遗留于线圈间、铁芯间和箱底的杂物，并冲洗器身露空时可能污染的灰尘等。冲洗器身时往往会产生静电，故要求冲洗时不得触及引出线端头裸露部分，以免触电。

4.7 干　　燥

4.7.2 为了防止变压器，电抗器在干燥时绝缘老化或破坏，本条规定对温度进行监控。电力工业管理法规中规定：变压器油温不得超过 85℃；美国国家标准“关于油浸变压器的安装导则”中提出：线圈温度不得超过 95℃，油温不得超过 85℃。

干式变压器干燥时，其温度必须低于其最高允许温度，根据现行国家标准《干式电力变压器》GB 6450 的规定：干式变压器线圈

的最高允许温度见表3(按电阻法测量):

表3 干式变压器线圈的最高允许温度

绝缘等级	允许温度(℃)	最高允许温升(K)
A级	105	60
E级	120	75
B级	130	80
F级	155	100
H级	180	125
C级	220	150

4.7.3 绝缘受潮后进行干燥,由于温度的增加,潮气将排出,绝缘电阻将下降,继续干燥则潮气降低,绝缘电阻将上升,干燥完毕时,绝缘电阻值渐趋稳定,可认为干燥完毕。为保证干燥质量,规定绝缘电阻必须上升后并保持稳定一段时间,且无凝结水产生时,才可认为干燥完毕。绝缘电阻稳定持续时间,本条规定为110kV及以下者为6h,220kV及以上的变压器、电抗器持续12h保持稳定,且真空滤油机中无凝结水产生时,可认为干燥完毕。

4.8 本体及附件安装

4.8.4 对冷却装置的安装作了下列要求:

1 冷却装置安装前应按制造厂规定的压力值进行密封试验。

1)散热器应按制造厂规定的压力值,持续30min应无渗油现象。强迫油循环风冷却器的密封试验标准,制造厂一般规定为0.25MPa压力,持续30min,应无渗漏。

2)强迫油循环水冷却器的密封试验标准,制造厂一般规定为:先将冷却器注油250kg后在下部放油塞处取油样试验,如2h后油的绝缘耐压值不低于注油时数值,则冷却器不需另外清洗,否则须冲洗。然后再从水室入口处通入清洁水,使水从出口缓缓流出,水中应无油星。将出水口封闭,加水压至0.25MPa,维持12h,再测油压。正常运行情况下,水冷却器一般水压在0.05MPa左右。

5 油冷却器现场配制的外接管路，其内壁除锈清理工作非常重要，以往曾发生过变压器因现场配制的油管中砂子、杂物未清干净而造成烧毁事故。内部除锈不彻底，清洗不干净，造成的后果是严重的。

有的单位在清理干净后，将管内部涂以绝缘漆。据介绍，外接油管可先喷砂，再用压缩空气吹，然后用蒸汽冲洗效果较好，内部则不必喷漆；关键在于必须彻底除锈并清洗干净，若除锈不尽，内壁所涂漆膜容易起皮冲进变压器内部，有堵塞油路的可能。故本条强调了彻底除锈，对油管内壁涂漆则不作硬性规定。

8 水冷却装置停用时，应将水放尽，以免天寒冻裂。

4.8.5 关于胶囊的漏气检查，其检漏压力目前尚无统一标准，有的变压器制造厂规定为 0.002MPa，而有的变压器制造厂则无规定。某水电站规定胶囊检漏压力不得超过 0.02MPa。胶囊的检漏很有必要，某发电厂就曾发生过胶囊破裂后即失去其应有的作用。检漏充气时务必缓慢，曾因充气过急而发生胶囊破裂的情况。

胶囊安装时，应沿其长度方向与储油柜的长轴保持平行，否则运行时将可能在胶囊口密封处附近产生扭转或皱皮而使之损坏。

油位表很容易出现假油位，应特别引起注意。

4.8.7 升高座安装时应特别注意绝缘筒的缺口方向，应使之与引出线方向一致，不使相碰，否则会由于振动等原因易擦破引出线绝缘。升高座放气塞的位置应在最高点，为了便于套管安装，电流互感器和升高座的中心线应一致。

4.8.8 对套管的安装作了下列规定：

3 套管顶部结构的密封至关重要，由于顶部结构密封不良而导致潮气沿引线渗入变压器线圈造成烧坏事故者不少。部分原因是因安装不当所致，例如密封垫未放正确，或因单纯要求三相连接引线位置一致而将帽顶松扣。故应特别强调顶部结构的密封。

4 为便于观察套管的油位，油位指示应面向外侧。现在一些电容芯套管为了试验方便将末屏引出，在正常时，末屏应良好接地。

4.8.9 气体继电器安装前应根据专业规程的要求检验其严密性、绝缘性能并作流速整定。根据《QJ-25、50、80 型气体继电器检验规程》DL/T 540 的规定，气体继电器油速整定范围如下：

管路通径 80mm 者为 0.7m/s～1.5m/s；管路通径 50mm 者为0.6m/s～1.2m/s。

4.8.10 目前，大型变压器、电抗器都改为密封结构。采用压力释放装置，以使与外部空气隔离。当变压器、电抗器发生故障时，内部压力达到 0.05MPa 时，压力释放装置动作。

规定安装压力释放装置时，应注意方向，是为了使喷油口不要朝向邻近的设备。

压力释放装置在产品使用说明书中明确规定："压力释放阀门出厂时已经过严格试验和检查，而各紧固件和接合缝隙，均涂有固封胶，阀门的各零件不得自行拆动，以免影响阀门的密封和灵敏度，凡是拆动过的阀门必须重新试验，合格后方能使用。凡经用户拆动过的阀门，制造厂不再保证原有的性能"。如制造厂技术文件中已有要求时，则现场不必进行校验。

4.8.12 温度计安装前按规定应进行检验，但个别制造厂不同意现场送检，或者送出检验有困难，可以进行协商，但温度计的出厂检验报告必须提供；对于不送出检验的温度计，现场必须进行温度的比对检查和信号接点的动作和导通检查。温度计应根据制造厂的规定进行整定并报运行单位认可(或按照运行单位定值整定)。

4.9 注　　油

4.9.1 为了确保变压器油的质量，将本条列为强制性条文。

4.9.2 为了确保变压器油的质量，将本条列为强制性条文。

本条根据"电力用油运行指标和方法研究"中有关混油问题而制定。主要是对国家标准《运行中变压器油质量标准》GB/T 7595 的制订过程的全面分析和研究。这些内容解决了混油中各单位所提的问题，并对混油有一个全面了解，以便在现场掌握。现将有关内容摘录于下供有关单位参考：

在正常情况下，混油应要求满足以下五点：

(1)最好使用同一牌号的油品，以保证原来运行油的质量和明确的牌号特点。我国变压器油的牌号按凝固点分为 10 号(凝固点 −10℃)、25 号(−25℃)和 45 号(−45℃)三种，一般是根据设备种类和使用环境温度条件选用的。混油选用同一牌号，就保证了其运行特性基本不变，且维持设备技术档案中用油的统一性。

(2)被混油双方都添加了同一种抗氧化剂，或一方不含抗氧化剂，或双方都不含。因为油中添加剂种类不同混合后会有可能发生化学变化而产生杂质，所以要予以注意。只要油的牌号和添加剂相同，则属于相容性油品，可以任何比例混合使用。国产变压器油皆用 2.6-二叔丁基对甲酚作抗氧化剂，所以只要未加其他添加剂，即无此问题。

(3)被混油双方油质都应良好，各项特性指标应满足运行油质量标准。如果补充油是新油，则应符合该新油的质量标准。这样混合后的油品质量可以更好地得到保证，一般不会低于原来运行油。

(4)如果被混的运行油有一项或多项指标接近运行油质量标准允许极限值，尤其是酸值、水溶性酸(pH 值)等反映油品老化的指标已接近上限时，则混油必须慎重对待。此时必须进行试验室试验以确定混合油的特性是否仍是合乎要求的。

(5)如运行油质已有一项与数项指标不合格，则应考虑如何处理问题，不允许利用混油手段来提高运行油质量。

4.9.4 雨、雾天真空注油容易受潮，真空度越高，越应予以重视。故规定不宜在雨天或雾天进行真空注油。

1 在对变压器抽真空的过程中，应随时检查有无泄漏。为便于听到泄漏响声，必要时可以暂停真空泵，发现渗漏，及时修理。当真空度小于 200Pa 时，关闭变压器本体抽真空阀门和真空机组，静放 5min，记录此时的残压 P_1。30min 后，记录此时的残压 P_2。然后按照下式计算泄漏率：

$$\eta=\frac{(P_2-P_1)\times L}{1800} \tag{1}$$

式中：η——泄漏率 (Pa·L/s)；

L——油箱容积＝主体油重(kg)/0.9；

P_1、P_2——残压值 (Pa)。

油箱及管路的泄漏率 η 应小于 1000Pa·L/s，如果泄漏率 η 不符合此要求，则应检查渗漏处并修理，才可以继续抽真空。

4.9.5 本条强调了真空注油，并规定了真空度、注油速度等要求。

(1)真空注油能有效地驱除器身及油中气泡，提高变压器的绝缘水平，特别对纠结式线圈匝间电位差较大的情况下，防止存在气泡引起匝间击穿事故，具有重要意义。

条文规定“110kV 者宜采用真空注油”。有单位提出 110kV 也必须真空注油，考虑到 110kV 电压不高，牵涉面广，容量不大的都带油运输，不需强调必须真空注油，若容量较大，又充气运输，可以采用真空注油，故条文仍用“宜”即有条件者首先采用。

(2)注油应按油速来控制较科学。如 220kV 变压器的油量由十多吨到五十多吨，若以时间控制，则油速相差三倍多。而静电发生量大致按油流速三次方比例增加。故注油应以油流速度来决定注油时间较合适。有些制造厂规定为 10t/h，现有的净油机出力大都为 6000L/h，美国国家标准亦建议以此值。故规定注油速度不宜大于 100L/min。

(3)为了驱除器身表面的潮气，提高器身绝缘，也可使器身加温，故规定注入的油温应高于器身温度，国外也有要求将油加热至 30℃ 左右然后注入的情况，本条对油温不作具体规定，可根据施工现场的条件而定。

(4)为了抽真空需要，油面距箱顶应有一定距离，有的制造厂提出为 200mm。同时油必须淹过线圈绝缘以防受潮。

(5)220kV～750kV 变压器真空注油和破真空有两种方法，现提供参考：

1)真空注油至离箱顶 100mm～200mm，持续抽真空 2h～4h，采用高纯氮气解除真空，关闭各个抽真空平衡阀门，补充油到储油柜油位计指示当前油温所要求的油位并进行各分离隔室注油。

2)真空注油至储油柜接近当前油温所要求的油位，停止抽真空，继续补充油到储油柜油位计指示当前油温所要求的油位，采用高纯氮气通过储油柜呼吸器接口解除真空，关闭各个抽真空平衡阀门，进行各分离隔室注油。

4.9.6 为了确保变压器的安装质量，将本条列为强制性条文。

4.9.7 本条规定：注油时，宜从下部油阀进油。对导向强油循环的变压器，注油应按产品技术文件的要求执行。

(1)为排除油箱内及附于器身上的残余气体，从油箱下部油阀进油较为有利。有的单位提出："若在高真空下，变压器中的气体是很少的，如果油从上部进入，油在喷洒过程中，油表面增大，油内未脱尽的气体、水分，可以被真空泵抽出，此情况相当于真空滤油机的脱水脱气过程，油从上部进入，可以提高油质"。问题是抽真空一定从上面抽，进油也从上面进，容易将油或油雾抽入真空泵；另外考虑到注入的油已经经过脱气、脱水，并已达到标准，在注油时，主要是排除油箱内及附于器身上的残余气体，并不是解决油中的含水量和含气量，故仍规定从下部进油。

(2)强调"对导向强油循环的变压器，注油应按制造厂的规定"，因为导向强油循环的变压器，制造厂规定进油门和放油门同时注油和放油，以保持围屏以外油压一致，但在工程施工中却往往忽视此点，故在此条中特别提出以加强重视。

4.9.8 本条为了人身和设备的安全，要求可靠接地。通过滤油纸的油可能形成一种静电电荷，当变压器充油时，这种电荷将传导到变压器绕组上。在这种情况下，绕组上的静电电压可能影响人身及设备安全。为避免这种可能性发生，在充油过程中，要求把所有外露的可接近的部件及变压器外壳和滤油设备可靠接地。

4.10 热油循环

4.10.1 330kV及以上变压器、电抗器必须进行真空干燥处理，注完油后又进行热油循环，质量有所保证。因为330kV及以上设备的器身作业时间较长，为彻底清除潮气和残留气体，要求注油后进行热油循环。

现有一些500kV变压器在施工中一次注满油，减少了注油后保持真空这道工序，故规定500kV者在注满油后可不继续保持真空。

4.11 补油、整体密封检查和静放

4.11.3 密封检查主要是考核油箱及附件是否会渗漏油，故规定“应在储油柜上用气压或油压进行整体密封试验”。现在，现场作密封检查时基本上都是在储油柜上进行。

近年来制造厂的密封结构都采用压力释放装置，而压力释放装置的动作压力为0.05MPa，作密封试验时，不应超过释放装置的动作压力，否则应装临时闭锁压板，增加油和空气接触时间。现行国家标准《油浸式电力变压器技术参数和要求》GB/T 6451中规定“变压器油箱应承受住真空度为133Pa和正压力98kPa的机械强度试验，油箱不得有损伤和不允许的永久变形。”故压力应从箱盖算起，若在储油柜加压，应减去储油柜油面到油箱顶盖的油压，才是真正作试验的压力。

日本各厂规定的试验压力一般为0.02MPa～0.035MPa。

试验持续时间均按24h即经过一昼夜温度变化检查其渗漏情况。

一些单位反映，密封试验效果不大，对1600kV·A容量以下整体到货的变压器可不作试验，据了解对小型变压器现场也未作密封试验。故本条文增加“对整体运输的变压器可不进行此

项试验”。

4.11.4 对于高压电力变压器、电抗器，在现场检查安装后，虽经真空脱气注油，但在变压器绝缘油中还可能残留极少量能使油中产生电晕的气泡。这种气泡主要有两种：残留在油浸纸内的气泡；残留在部分油中的气泡。这两种气泡均可在油中溶解而消失，但前者较后者难于溶解，气泡消失的时间较长。

一般浸过油的变压器，即使将油抽出去，由于毛细管现象，已浸入绝缘物中的油仍可保存在绝缘物中，以后再注油时不会再出现此类气泡。但充气运输的变压器、电抗器，由于安装注油前有较长时间未浸油，且在运输过程中由于振动而会把原浸入绝缘物中的油离析出来；或经过干燥处理的变压器、电抗器，在最初浸油时，都容易出现残留在绝缘物中的气泡。而残留在绝缘油中的气泡在每次注油时其概率都大体相同，且这种气泡在油中较容易溶解。因此，为了溶解这些残留气泡就需要有一定静置时间。

要准确地确定静置时间是比较困难。首先，要知道气泡残留在什么部位，气泡的体积及形状；其次要知道气泡周围的境膜厚度，以便确定气泡的溶解速度。实际上各国都是根据各制造厂多年的生产经验来确定。

如美国国家标准规定：电压在 287kV 及以下者至少静置 12h；电压在 345kV 及以上者，至少静置 24h。

日本规定：120kV 及以下，24h 以上；140kV，36h 以上；170kV，42h 以上；220kV，48h 以上；500kV，72h 以上。

本条参照日本的标准，结合我国已安装的 500kV 变压器、电抗器的经验作了：500kV 及 750kV 不少于 72h，220kV、330kV 不少于 48h，110kV 及以下不少于 24h 的规定。

4.11.5 变压器、电抗器注油静放后，油箱内残留气体以及绝缘油中的气泡不能立即全部逸出，往往逐渐积聚于各附件的高处，所以须进行多次放气，并应启动潜油泵以便加速将冷却装置中的残留空气驱出。

4.12 工程交接验收

4.12.1 本条规定了变压器、电抗器投入试运行前应检查的项目：

3、5、6 款是为了保证变压器能安全投入运行，不发生损坏变压器的事故，作为强制性条文。

变压器、电抗器试运行，是指其开始带电后，并带一定的负荷(即系统当时可能提供的最大负荷)连续运行 24h。

变压器、电抗器在试运行期间应带额定负荷，但变电站的变压器初投入时，一般都无带额定负荷的条件，一般只能带一定负荷，即系统当时可能提供的最大负荷。连续运行 24h 后，即可认为试运行结束。

4.12.2 本条规定：

1 中性点接地的变压器，在进行冲击合闸时，中性点必须接地。在以往工程中由于中性点未接地而进行冲击合闸，造成变压器损坏，因此将该项作为强制性条文。

2 为了避免发电机承受冲击电流，以从高压侧冲击合闸为宜。变压器中如三绕组 500/220/35～60kV 的中压侧过电压较高，也不强行非从高压侧冲击合闸，故规定冲击合闸时宜由高压侧投入，进行 5 次冲击试验是原规范规定，经代表讨论确定的，并已执行多年；当发电机与变压器间无操作断开点时，可以不作全电压冲击合闸。

对此问题，有的认为所有变压器均应从高压侧作五次全电压冲击合闸，以考核变压器是否能经受得住冲击，因曾有过冲击时变压器被损坏的情况；另外多数单位认为，发电机变压器单元接线的变压器，不需要从高压侧进行五次全电压冲击合闸试验，因为这种单元结线一般都是大型发电机组，运行中无变压器高压侧空载合闸的运行方式，而变压器与发电机之间为封闭母线连接，无操作断开点，为了进行冲击合闸试验，须对分相封闭母线进行几次拆装，将浪费机组投产前的宝贵时间。变压器冲击合闸，主要是考验冲击合闸时变压器产生的励磁涌流对继电保护的影响，并不是为了考核变压器的绝缘性能。经多次会议讨论后规定可不作全电压冲击合闸试验。

3 由于变压器、电抗器第一次全电压带电后必须对各部进行检查，如：声音是否正常、各联接处有无放电等异常情况，故规定第一次受电后持续时间应不少于10min。

5 互 感 器

5.1 一般规定

5.1.1 35kV及以上互感器目前多数采用油浸瓷套式结构，体型较高，因此制造厂对其搬运、保管提出了具体要求。例如：制造厂规定瓷套式互感器的运输倾斜度不得大于15°，互感器的结构一般都按直立安装考虑，运输时应直立运输，否则将造成内部损坏、渗漏。但330kV及以上电流互感器由于器身太高，无法直立运输，现都卧倒运输，故规定互感器的运输和放置应按产品技术文件要求进行。

5.1.2 互感器整体起吊时，由于重量较重，利用瓷套管或瓷套管顶帽起吊，将使其受损伤，故须规定起吊时不得碰伤瓷套管。

5.2 器身检查

5.2.2 互感器在现场进行器身检查时，为防止绝缘受潮，对周围空气的相对湿度及在其相对湿度下器身的露空时间应遵守本规范第4.5.6条中的有关规定。

5.2.3 为了提高互感器的绝缘水平，110kV及以上的互感器应采用真空注油，有关真空注油的工艺，应按产品规定进行。

5.3 安 装

5.3.1 本条对互感器安装时应进行的检查作了规定。

5 气体绝缘的互感器安装的要求，是制造厂规定的现场安装方法，必须严格执行才能保证互感器安全投入运行。因此将该项作为强制性条文。

5.3.2 由于互感器的型式、规格不同，布置也不全相同，所以对安装水平误差不能做出具体规定，但其安装面应水平；对于同一种型式，同一种电压等级的互感器，当并列安装时，本条要求：应排列整齐，极性方向一致，做到整齐美观。

5.3.3 电容式电压互感器由于现场调试困难，制造厂出厂时均已成套调试好后编号发运，故安装时须仔细核对成套设备的编号，按套组装不得错装。

各组件连接处的接触面，除去氧化层之后应涂以电力复合脂。因为电力复合脂与中性凡士林相比较，具有滴点高(200℃以上)、不流淌、耐潮湿、抗氧化、理化性能稳定、能长期稳定地保持低接触电阻等优点，故规定用电力复合脂。

5.3.4 为使电压分布均匀，均压环安装方向有规定，须予以注意。结冰区曾发生因均压环存水而冻裂，故规定均压环易积水部位最低点钻排水孔。

5.3.6 为确保互感器安全投入运行，规定为强制性条文。

本条对各种型式不同的互感器应接地之处都作了规定。

1 对电容式电压互感器，制造厂根据不同的情况有些特殊规定，故应按产品技术文件要求进行接地。

2 110kV及以上的电流互感器当为“U”型线圈时，为了提高其主绝缘强度，采用电容型结构，即在一次线圈绝缘中放置一定数量的同心圆筒形电容屏，使绝缘中的电场强度分布较为均匀，其最内层电容屏与芯线连接，而最外层电容屏制造厂往往通过绝缘小套管引出，所以安装后应予以可靠接地，避免在带电后，外屏有较高的悬浮电位而放电，以往曾发生过末屏未接地而带电后放电的情况。

中华人民共和国国家标准

电气装置安装工程
母线装置施工及验收规范

Code for construction and acceptance of busbar installation of electric equipment installation engineering

GB 50149—2010

主编部门：中 国 电 力 企 业 联 合 会
批准部门：中华人民共和国住房和城乡建设部
施行日期：2 0 1 1 年 1 0 月 1 日

3

中华人民共和国住房和城乡建设部公告

第 827 号

关于发布国家标准《电气装置安装工程 母线装置施工及验收规范》的公告

现批准《电气装置安装工程　母线装置施工及验收规范》为国家标准，编号为 GB 50149-2010，自 2011 年 10 月 1 日起实施。其中，第3.5.7条为强制性条文，必须严格执行。原《电气装置安装工程　母线装置施工及验收规范》GBJ 149-90 同时废止。

本规范由我部标准定额研究所组织中国计划出版社出版发行。

中华人民共和国住房和城乡建设部

二〇一〇年十一月三日

前　言

本规范是根据建设部《关于印发〈2006 年工程建设标准规范制订、修订计划(第二批)〉的通知》(建标〔2006〕136 号)的要求,由中国电力科学研究院(原国电电力建设研究所)和江苏电力建设第一工程公司会同有关单位在《电气装置安装工程　母线装置施工及验收规范》GBJ 149—90 的基础上修订的。

本规范共分 5 章,主要内容包括:总则、术语、母线安装、绝缘子与穿墙套管安装、工程交接验收。

与原规范相比较,本规范作了如下修订:

1.将适用范围由 500kV 及以下扩展到 750kV;

2.增加了术语一章;

3.对硬母线焊接规定得更加严格、具体;

4.增加了金属封闭母线施工的规定;

5.增加了气体绝缘金属封闭母线施工的规定;

6.对软母线的检查、敷设、施工、验收规定得更明确、具体。

本规范中以黑体字标志的条文为强制性条文,必须严格执行。

本规范由住房和城乡建设部负责管理和对强制性条文的解释,由中国电力企业联合会负责日常管理,由中国电力科学研究院负责具体技术内容的解释。本规范在执行过程中,请各单位结合工程实践,认真总结经验,如有意见或建议请寄送中国电力科学研究院(地址:北京市西城区南滨河路 33 号,邮政编码:100055),以供今后修订时参考。

本规范主编单位、参编单位、主要起草人和主要审查人:

主 编 单 位: 中国电力科学研究院

江苏电力建设第一工程公司

参 编 单 位： 四川电力建设三公司
北京电力建设总厂
北京送变电公司
上海电力建设总公司
主要起草人： 刘爱民　李真强　王　强　张　烈　荆　津
邹云博　李　杰　陆永华
主要审查人： 陈发宇　蔡新华　孙　湧　李　波　甘焕春
刘长根　葛占雨　马全胜　朱永志　王益民
梅秀峰

1 总　　则

1.0.1 为保证硬母线、软母线、金属封闭母线、气体绝缘金属封闭母线、绝缘子、金具、穿墙套管等母线装置的安装质量，促进安装技术进步，确保设备安全运行，制定本规范。

1.0.2 本规范适用于750kV及以下母线装置安装工程的施工及验收。

1.0.3 母线装置的安装应按已批准的设计文件进行施工。

1.0.4 设备和器材的运输、保管，应符合本规范的规定。当产品有特殊要求时，尚应符合产品技术文件的要求。

1.0.5 设备和器材在安装前的保管期限应为一年。当需长期保管时，应符合产品技术文件中设备和器材保管的有关要求。

1.0.6 采用的设备和器材均应符合国家现行有关标准的规定，并应有合格证件。设备应有铭牌。

1.0.7 设备和器材到达现场后应及时检查，并应符合下列规定：

1 包装及密封应良好。

2 开箱检查清点，规格应符合设计要求，附件、备件应齐全。

3 产品的技术文件应齐全。

4 产品的外观检查应完好。

1.0.8 施工方案应符合本规范和国家现行有关安全技术标准的规定及产品技术文件的要求。

1.0.9 与母线装置安装有关的建筑工程施工，应符合下列规定：

1 与母线装置安装有关的建筑物、构筑物的工程质量，应符合现行国家标准《建筑工程施工与质量验收统一标准》GB 50300的有关规定；当设计及设备有特殊要求时，尚应符合设计及设备的要求。

2 母线装置安装前,建筑工程应具备下列条件:

1)基础、构架符合电气设备的设计要求;

2)屋顶、楼板施工完毕,不得渗漏;

3)室内地面基层施工完毕,并在墙上标出抹平标高;

4)基础、构架达到允许安装设备的强度,高层构架的走道板、栏杆、爬梯、平台齐全牢固;

5)施工中有可能损坏已安装的母线装置或母线装置安装后不能再进行的装饰工程全部结束;

6)门窗安装完毕,施工用道路通畅;

7)安装母线装置的预留孔、预埋件符合设计要求。

3 母线装置安装完毕投入运行前,建筑工程应符合下列规定:

1)预埋件、开孔、扩孔等修饰工程完毕;

2)保护性网门、栏杆及所有与受电部分隔离的设施齐全;

3)受电后无法进行的和影响运行安全的项目已施工完毕;

4)施工设施已拆除,场地已清理干净。

1.0.10 母线装置安装用的紧固件,应采用符合现行国家标准的镀锌制品或不锈钢制品,户外使用的紧固件应采用热镀锌制品。

1.0.11 绝缘子及穿墙套管的瓷件,应符合现行国家标准《高压绝缘子瓷件 技术条件》GB/T 772和有关电瓷产品技术条件的规定。

1.0.12 固定单相交流母线的金属构件及金具不得形成闭合磁路。

1.0.13 母线装置安装工程的施工及验收,除应符合本规范外,尚应符合国家现行有关标准的规定。

2 术 语

2.0.1 金属封闭母线 metal-enclosed bus

用金属外壳将导体连同绝缘等封闭起来的组合体。

2.0.2 离相封闭母线 isolated-phase bus

每相具有单独金属外壳且各相外壳间有空隙隔离的金属封闭母线。

2.0.3 不连式(分段绝缘)离相封闭母线 noncontinuous enclosure type isolated-phase bus

每相外壳分为若干段,段间绝缘,每段只有一点接地的离相封闭母线。

2.0.4 全连式离相封闭母线 continuous enclosure type isolated-phase bus

每相外壳电气上连通,分别在三相外壳首末端处短路并接地的离相封闭母线。

2.0.5 微正压离相封闭母线 micro-pressure air-charge isolated-phase bus

在母线外壳内充以微正压气体的离相封闭母线。

2.0.6 共箱封闭母线 common enclosure bus

三相母线导体封闭在同一个金属外壳中的金属封闭母线。

2.0.7 不隔相共箱封闭母线 nonsegregated-phase common enclosure bus

各相母线导体间不用隔板隔开的共箱封闭母线。

2.0.8 隔相共箱封闭母线 segregated-phase common enclosure bus

各相母线导体间用隔板隔开的共箱封闭母线。

2.0.9 外壳 enclosure

金属封闭母线及气体绝缘金属封闭母线的一部分,在规定的防护等级下,能保护内部设备不受外界的影响,防止人体和外物接近带电部分。

2.0.10 隔室 compartment

为便于检修、维护及避免电气事故范围扩大,将气体绝缘封闭母线进行隔离而形成的封闭单元。

2.0.11 伸缩节 flex section

母线相邻两段间连接的弹性接头,具有补偿因安装尺寸偏差、温度变化、基础不均匀沉降等引起尺寸变化的功能。

2.0.12 运输单元 transportation unit

不需拆开而适合运输的金属封闭母线的一部分。

2.0.13 产品技术文件 technical documentation of product

制造厂按设备合同技术部分提供的产品说明书、安装使用维护说明书、试验报告、合格证明文件及安装图纸等。

2.0.14 母线槽 busways

母线在线槽中由绝缘材料支撑或隔离的导电设备。

2.0.15 气体绝缘金属封闭母线 gas-insulated metal-enclosed bus

以六氟化硫等气体为绝缘介质的金属封闭母线。

3 母线安装

3.1 一般规定

3.1.1 母线装置采用的设备和器材,在运输与保管中应采用防腐蚀性气体侵蚀及机械损伤的包装。

3.1.2 母线表面应光洁平整,不应有裂纹、折皱、夹杂物及变形和扭曲现象。

3.1.3 成套供应的金属封闭母线、母线槽的各段应标志清晰、附件齐全,外壳应无变形,内部应无损伤。

螺栓连接的母线搭接面应平整,其镀层应均匀,不应有麻面、起皮及未覆盖部分。

3.1.4 各种金属构件的安装螺孔,不得采用气焊或电焊割孔。

3.1.5 金属构件及母线的防腐处理,应符合下列规定:

1 金属构件除锈应彻底，防腐漆涂刷应均匀，粘合应牢固，不得有起层、皱皮等缺陷。

2 母线涂漆应均匀，不得有起层、皱皮等缺陷。

3 室外金属构件应采用热镀锌制品。

4 在有盐雾及含有腐蚀性气体的场所，母线应涂防腐层。

3.1.6 支柱绝缘子底座、套管的法兰、保护网（罩）等不带电的金属构件，应按现行国家标准《电气装置安装工程 接地装置施工及验收规范》GB 50169 的有关规定进行接地。接地线应排列整齐、连接可靠。

3.1.7 母线与设备接线端子连接时，不应使接线端子承受过大的侧向应力。

3.1.8 母线与母线、母线与分支线、母线与电器接线端子搭接，其搭接面的处理应符合下列规定：

1 经镀银处理的搭接面可直接连接。

2 铜与铜的搭接面，室外、高温且潮湿或对母线有腐蚀性气体的室内应搪锡；在干燥的室内可直接连接。

3 铝与铝的搭接面可直接连接。

4 钢与钢的搭接面不得直接连接，应搪锡或镀锌后连接。

5 铜与铝的搭接面，在干燥的室内，铜导体应搪锡；室外或空气相对湿度接近100％的室内，应采用铜铝过渡板，铜端应搪锡。

6 铜搭接面应搪锡，钢搭接面应采用热镀锌。

7 钢搭接面应采用热镀锌。

8 金属封闭母线螺栓固定搭接面应镀银。

3.1.9 母线的相序排列，当设计无要求时应符合下列规定：

1 上、下布置时，交流母线应由上到下排列为A、B、C相，直流母线应正极在上、负极在下。

2 水平布置时，交流母线应由盘后向盘面排列为A、B、C相，直流母线应由盘后向盘面排列为正极、负极。

3 由盘后向盘面看，交流母线的引下线应从左至右排列为A、B、C相，直流母线应正极在左、负极在右。

3.1.10 母线标识颜色应符合下列规定：

1 三相交流母线，A相应为黄色，B相应为绿色，C相应为红色；单相交流母线应与引出相的颜色相同。

2 直流母线，正极应为棕色，负极应为蓝色。

3 三相电路的零线或中性线及直流电路的接地中线均应为淡蓝色。

4 金属封闭母线，母线外表面及外壳内表面应为无光泽黑色，外壳外表面应为浅色。

3.1.11 涂刷母线相色标识应符合下列规定：

1 室外软母线、金属封闭母线外壳、管形母线应在两端做相色标识。

2 单片、多片母线及槽形母线的可见面应涂相色。

3 钢母线应镀锌，可见面应涂相色。

4 相色涂刷应均匀，不易脱落，不得有起层、皱皮等缺陷，并应整齐一致。

3.1.12 母线在下列各处不应涂刷相色：

1 母线的螺栓连接处及支撑点处、母线与电器的连接处，以及距所有连接处10mm以内的地方。

2 供携带式接地线连接用的接触面上，以及距接触面长度为母线的宽度或直径的地方，且不应小于50mm。

3.1.13 盘柜内交、直流小母线安装应穿绝缘管。

3.1.14 母线安装，室内配电装置的安全净距离应符合表3.1.14-1的规定，室外配电装置的安全净距离应符合表3.1.14-2的规定；当实际电压值超过表3.1.14-1、表3.1.14-2中本级额定电压时，室内、室外配电装置安全净距离应采用高一级额定电压对应的安全净距离值。

表 3.1.14-1 室内配电装置的安全净距离(mm)

符号	适用范围	图号	额定电压(kV)										
			0.4	1～3	6	10	15	20	35	60	110J	110	220J
A_1	1.带电部分至接地部分之间；2.网状和板状遮栏向上延伸线距地2.3m处与遮栏上方带电部分之间	图3.1.14-1	20	75	100	125	150	180	300	550	850	950	1800
A_2	1.不同相的带电部分之间；2.断路器和隔离开关的断口两侧带电部分之间	图3.1.14-1	20	75	100	125	150	180	300	550	900	1000	2000
B_1	1.栅状遮栏至带电部分之间；2.交叉的不同时停电检修的无遮栏带电部分之间	图3.1.14-1、图3.1.14-2	800	825	850	875	900	930	1050	1300	1600	1700	2550
B_2	网状遮栏至带电部分之间	图3.1.14-1、图3.1.14-2	100	175	200	225	250	280	400	650	950	1050	1900
C	无遮栏裸导体至地(楼)面之间	图3.1.14-1	2300	2375	2400	2425	2450	2480	2600	2850	3150	3250	4100

续表 3.1.14-1

符号	适用范围	图号	额定电压(kV)										
			0.4	1~3	6	10	15	20	35	60	110J	110	220J
D	平行的不同时停电检修的无遮栏裸导体之间	图 3.1.14-1	1875	1875	1900	1925	1950	1980	2100	2350	2650	2750	3600
E	通向室外的出线套管至室外通道的路面	图 3.1.14-2	3650	4000	4000	4000	4000	4000	4000	4500	5000	5000	5500

注:1　110J、220J 指中性点直接接地电网。

2　网状遮栏至带电部分之间为板状遮栏时,其 B_2 值可取 A_1+30mm。

3　通向室外的出线套管至室外通道的路面,当出线套管外侧为室外配电装置时,其至室外地面的距离不应小于表 3.1.14-2 中所列室外部分的 C 值。

4　海拔超过 1000m 时,A 值应按图 3.1.14-6 进行修正。

5　本表不适用于制造厂生产的成套配电装置。

表 3.1.14-2　室外配电装置的安全净距离(mm)

符号	适用范围	图号	额定电压(kV)										
			0.4	1~10	15~20	35	60	110J	110	220J	330J	500J	750J
A_1	1. 带电部分至接地部分之间; 2. 网状遮栏向上延伸距地面 2.5m 处遮栏上方带电部分之间	图 3.1.14-3、图 3.1.14-4、图 3.1.14-5	75	200	300	400	650	900	1000	1800	2500	3800	5600/5950
A_2	1. 不同相的带电部分之间; 2. 断路器和隔离开关的断口两侧引线带电部分之间	图 3.1.14-3	75	200	300	400	650	1000	1100	2000	2800	4300	7200/8000

续表 3.1.14-2

符号	适用范围	图号	额定电压(kV)										
			0.4	1～10	15～20	35	60	110J	110	220J	330J	500J	750J
B_1	1. 设备运输时，其外廓至无遮栏带电部分之间； 2. 交叉的不同时停电检修的无遮栏带电部分之间； 3. 栅状遮栏至绝缘体和带电部分之间； 4. 带电作业时的带电部分至接地部分之间	图 3.1.14-3、图 3.1.14-4、图 3.1.14-5	825	950	1050	1150	1400	1650	1750	2550	3250	4550	6250/6700
B_2	网状遮栏至带电部分之间	图 3.1.14-4	175	300	400	500	750	1000	1100	1900	2600	3900	5600/6050
C	1. 无遮栏裸导体至地面之间； 2. 无遮栏裸导体至建筑物、构筑物顶部之间	图 3.1.14-4、图 3.1.14-5	2500	2700	2800	2900	3100	3400	3500	4300	5000	7500	12000/12000

续表 3.1.14-2

符号	适用范围	图号	额定电压(kV)										
			0.4	1～10	15～20	35	60	110J	110	220J	330J	500J	750J
D	1. 平行的不同时停电检修的无遮栏带电部分之间； 2. 带电部分与建筑物、构筑物的边沿部分之间	图 3.1.14-3、图 3.1.14-4	2000	2200	2300	2400	2600	2900	3000	3800	4500	5800	7500/7950

注：1 110J、220J、330J、500J、750J 指中性点直接接地电网。

2 栅状遮栏至绝缘体和带电部分之间，对于 220kV 及以上电压，可按绝缘体电位的实际分布，采用相应的 B 值检验，此时可允许栅状遮栏与绝缘体的距离小于 B_1 值。当无给定的分布电位时，可按线性分布计算。500kV 及以上相间通道的安全净距，可按绝缘体电位的实际分布检验；当无给定的分布电位时，可按线性分布计算。

3 带电作业时的带电部分至接地部分之间(110J～500J)，带电作业时，不同相或交叉的不同回路带电部分之间，其 B_1 值可取 A_2+750mm。

4 500kV 的 A_1 值，双分裂软导线至接地部分之间可取 3500mm。

5 除额定电压 750J 外，海拔超过 1000m 时，A 值应按图 3.1.14-6 进行修正；750J 栏内“/”前为海拔 1000m 的安全净距，“/”后为海拔 2000m 的安全净距。

6 本表不适用于制造厂生产的成套配电装置。

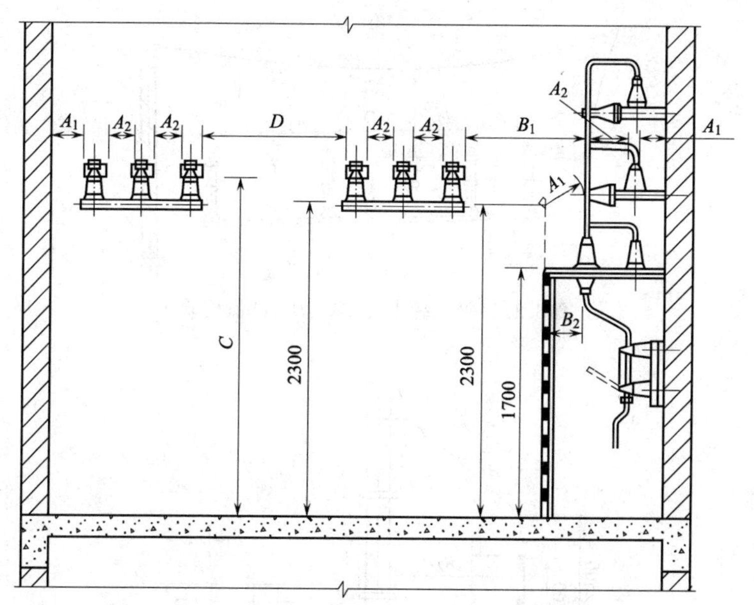

图 3.1.14-1　室内 A_1、A_2、B_1、B_2、C、D 值校验

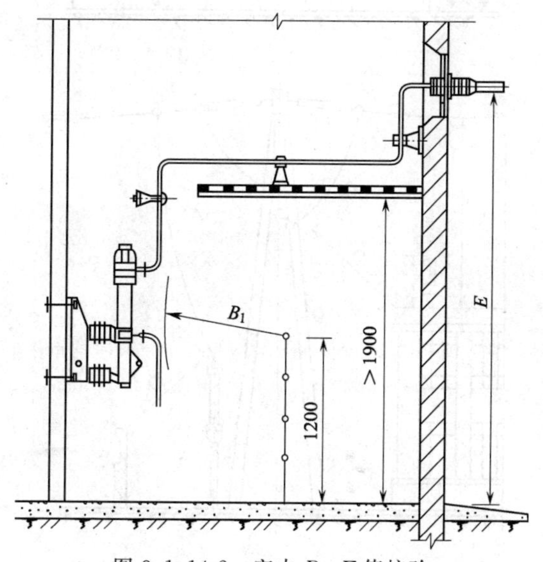

图 3.1.14-2　室内 B_1、E 值校验

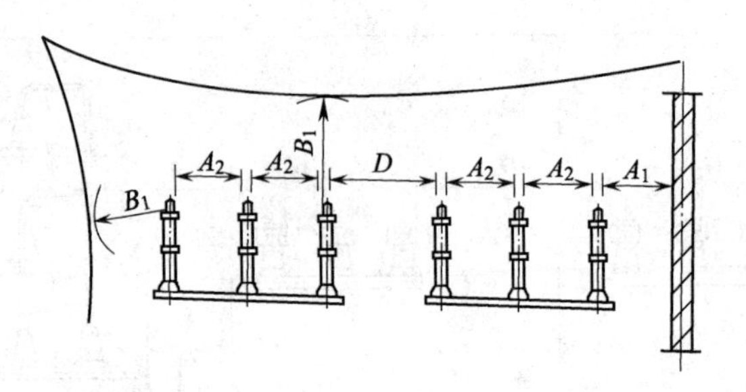

图 3.1.14-3　室外 A_1、A_2、B_1、D 值校验

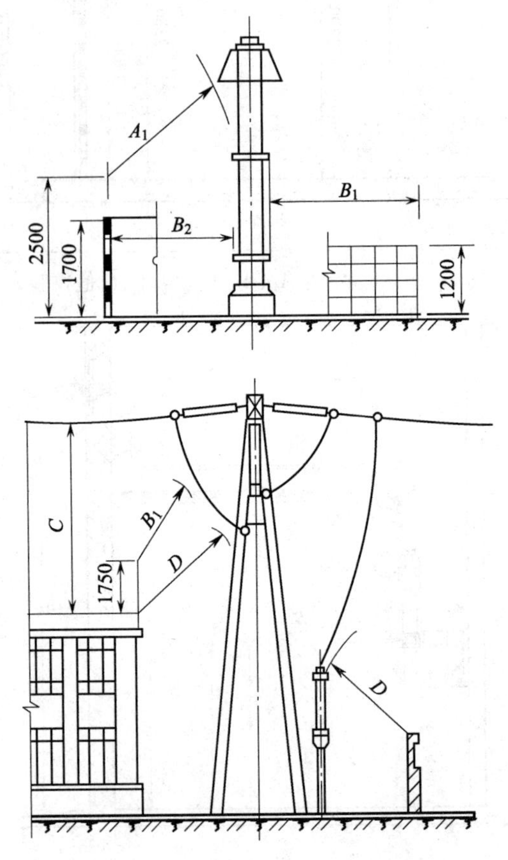

图 3.1.14-4　室外 A_1、B_1、B_2、C、D 值校验

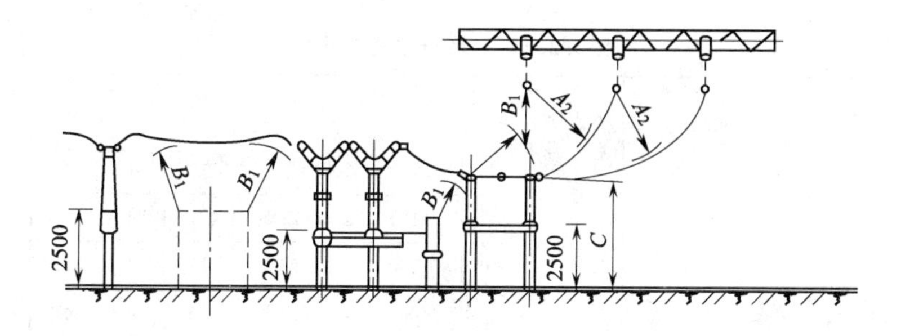

图 3.1.14-5　室外 A_2、B_1、C 值校验

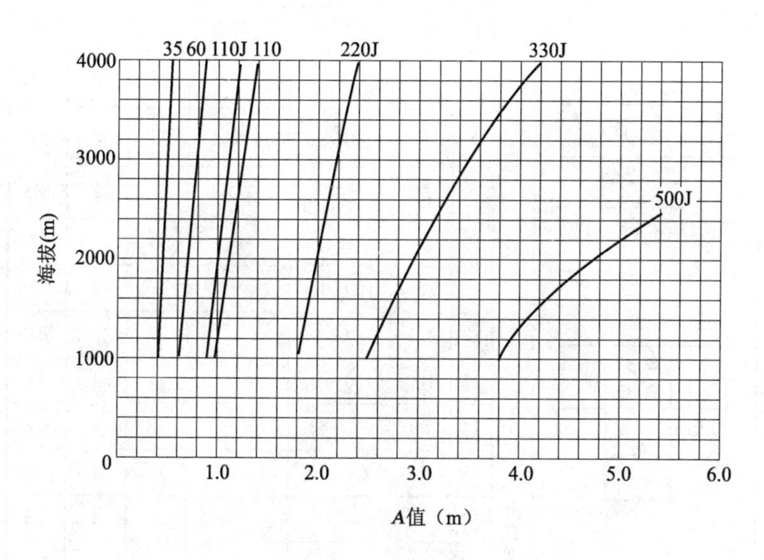

图 3.1.14-6　海拔大于 1000m 时，A 值的修正

3.2　硬母线加工

3.2.1　母线应矫正平直，切断面应平整。

3.2.2　矩形母线搭接应符合表 3.2.2 的规定；当母线与设备接线端子连接时，应符合现行国家标准《变压器、高压电器和套管的接线端子》GB/T 5273 的有关规定。

表 3.2.2 矩形母线搭接规定

搭接形式	类别	序号	连接尺寸(mm)			钻孔要求		螺栓规格
			b_1	b_2	a	ϕ(mm)	个数（个）	
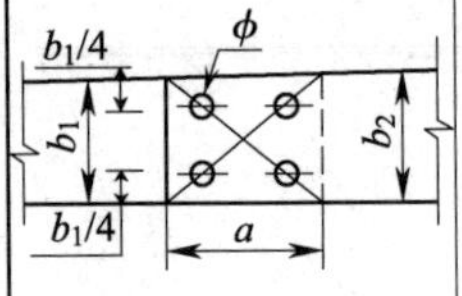	直线连接	1	125	125	b_1 或 b_2	21	4	M20
		2	100	100	b_1 或 b_2	17	4	M16
		3	80	80	b_1 或 b_2	13	4	M12
		4	63	63	b_1 或 b_2	11	4	M10
		5	50	50	b_1 或 b_2	9	4	M8
		6	45	45	b_1 或 b_2	9	4	M8
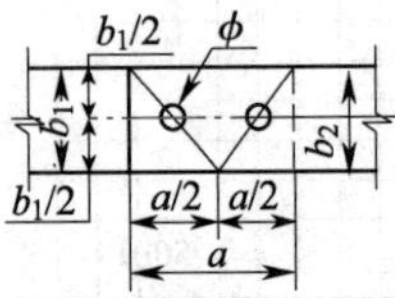	直线连接	7	40	40	80	13	2	M12
		8	31.5	31.5	63	11	2	M10
		9	25	25	50	9	2	M8
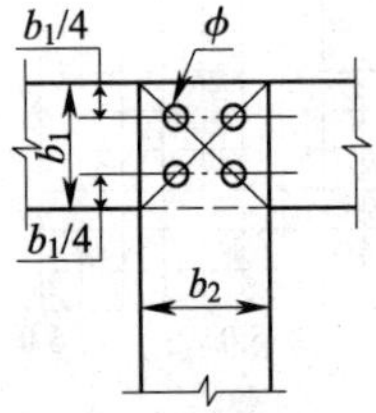	垂直连接	10	125	125	—	21	4	M20
		11	125	100～80	—	17	4	M16
		12	125	63	—	13	4	M12
		13	100	100～80	—	17	4	M16
		14	80	80～63	—	13	4	M12
		15	63	63～50	—	11	4	M10
		16	50	50	—	9	4	M8
		17	45	45	—	9	4	M8
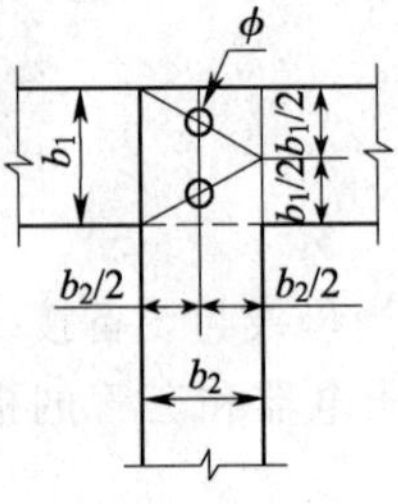		18	125	50～40	—	17	2	M16
		19	100	63～40	—	17	2	M16
		20	80	63～40	—	15	2	M14
		21	63	50～40	—	13	2	M12
		22	50	45～40	—	11	2	M10
		23	63	31.5～25	—	11	2	M10
		24	50	31.5～25	—	9	2	M8

续表 3.2.2

搭接形式	类别	序号	连接尺寸(mm)			钻孔要求		螺栓规格
			b_1	b_2	a	ϕ(mm)	个数(个)	
	垂直连接	25	125	31.5～25	60	11	2	M10
		26	100	31.5～25	50	9	2	M8
		27	80	31.5～25	50	9	2	M8
		28	40	40～31.5	—	13	1	M12
		29	40	25	—	11	1	M10
		30	31.5	31.5～25	—	11	1	M10
		31	25	22	—	9	1	M8

3.2.3 相同布置的主母线、分支母线、引下线及设备连接线应对称一致、横平竖直、整齐美观。

3.2.4 矩形母线应进行冷弯，不得进行热弯。

3.2.5 母线弯制应符合下列规定(图 3.2.5)：

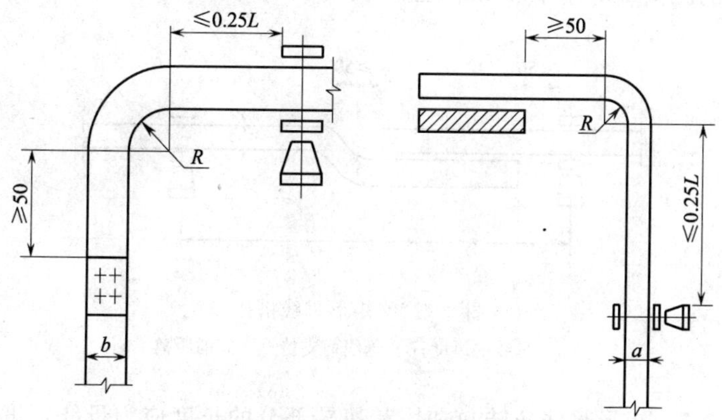

图 3.2.5 硬母线的立弯与平弯

a—母线厚度；b—母线宽度；L—母线两支持点间的距离；R—母线最小弯曲半径

1 母线开始弯曲处与最近绝缘子的母线支持夹板边缘的距离不应大于 0.25L,但不得小于 50mm。

2 母线开始弯曲处距母线连接位置不应小于 50mm。

3 矩形母线应减少直角弯,弯曲处不得有裂纹及显著的折皱,母线的最小弯曲半径应符合表 3.2.5 的规定。

4 多片母线的弯曲度、间距应一致。

表 3.2.5 母线最小弯曲半径

母线种类	弯曲方式	母线断面尺寸(mm)	最小弯曲半径(mm)		
			铜	铝	钢
矩形母线	平弯	50×5 及其以下	$2a$	$2a$	$2a$
		125×10 及其以下	$2a$	$2.5a$	$2a$
	立弯	50×5 及其以下	$1b$	$1.5b$	$0.5b$
		125×10 及其以下	$1.5b$	$2b$	$1b$
棒形母线	—	直径为 16 及其以下	50	7	50
		直径为 30 及其以下	150	150	150

3.2.6 矩形母线采用螺栓固定搭接时,连接处距支柱绝缘子的支持夹板边缘不应小于 50mm;上片母线端头与下片母线平弯开始处的距离不应小于 50mm(图 3.2.6)。

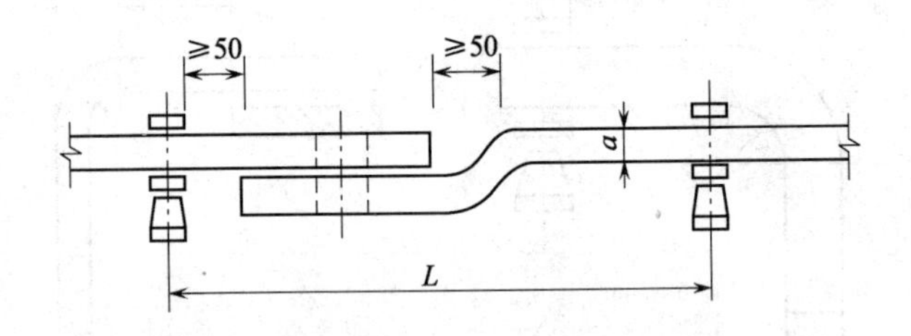

图 3.2.6 矩形母线搭接

a—母线的厚度;L—母线两支持点之间的距离

3.2.7 矩形母线扭转 90°时,其扭转部分的长度应为母线宽度的 2.5 倍~5 倍(图 3.2.7)。

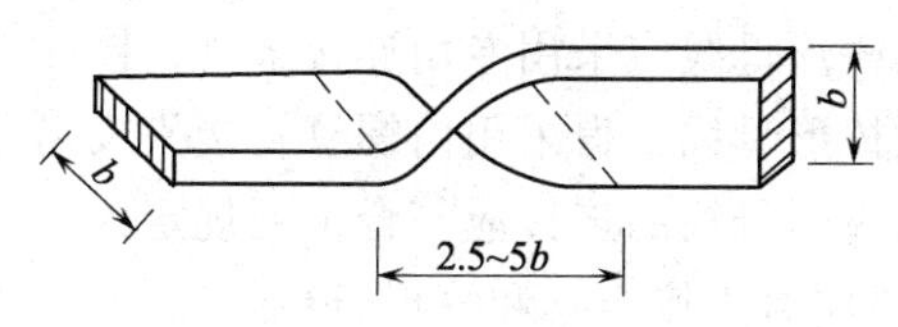

图 3.2.7　母线扭转 90°

b—母线的宽度

3.2.8　母线连接处螺孔的直径不应大于螺栓直径 1mm；螺孔应垂直、不歪斜，中心距离允许偏差为±0.5mm。

3.2.9　母线的接触面应平整、无氧化膜。经加工后其截面减少值，铜母线不应超过原截面的 3%；铝母线不应超过原截面的 5%。

具有镀银层的母线搭接面，不得进行锉磨。

3.2.10　铝合金管形母线的加工制作应符合下列规定：

1　切断的管口应平整，且与轴线应垂直。

2　管形母线的坡口应用机械加工，坡口应光滑、均匀、无毛刺。

3　母线对接焊口距母线支持器夹板边缘距离不应小于 50mm。

4　按制造长度供应的铝合金管，其弯曲度不应超过本规范表 3.2.10 的规定。

表 3.2.10　铝合金管允许弯曲度

管形母线规格(mm)	单位长度(m)内的弯度(mm)	全长内的弯度(mm)
直径为 150 以下冷拔管	<2.0	<2.0*L*
直径为 150 以下热挤压管	<3.0	<3.0*L*
直径为 150～250 冷拔管	<4.0	<4.0*L*
直径为 150～250 热挤压管	<4.0	<4.0*L*

注：*L* 为管子的制造长度(m)。

3.3　硬母线安装

3.3.1　硬母线的连接应符合下列规定：

1　硬母线的连接应采用焊接、贯穿螺栓连接或夹板及夹持螺栓搭接。

2 管形、棒形母线应采用专用连接金具连接。

3 管形、棒形母线不得采用内螺纹管接头或锡焊连接。

3.3.2 管形、棒形母线的连接应符合下列规定：

1 安装前应对连接金具和管形、棒形母线导体接触部位的尺寸进行测量，其误差值应符合产品技术文件要求。

2 与管母线连接金具配套使用的衬管应符合设计和产品技术文件要求。

3 管形、棒形母线连接金具螺栓紧固力矩应符合产品技术文件要求。

3.3.3 母线与母线或母线与设备接线端子的连接应符合下列要求：

1 母线连接接触面间应保持清洁，并应涂以电力复合脂。

2 母线平置时，螺栓应由下往上穿，螺母应在上方，其余情况下，螺母应置于维护侧，螺栓长度宜露出螺母 2 扣～3 扣。

3 螺栓与母线紧固面间均应有平垫圈，母线多颗螺栓连接时，相邻螺栓垫圈间应有 3mm 以上的净距，螺母侧应装有弹簧垫圈或锁紧螺母。

4 母线接触面应连接紧密，连接螺栓应用力矩扳手紧固，钢制螺栓紧固力矩值应符合表 3.3.3 的规定，非钢制螺栓紧固力矩值应符合产品技术文件要求。

表 3.3.3 钢制螺栓的紧固力矩值

螺栓规格(mm)	力矩值(N·m)
M8	8.8～10.8
M10	17.7～22.6
M12	31.4～39.2
M14	51.0～60.8
M16	78.5～98.1
M18	98.0～127.4
M20	156.9～196.2
M24	274.6～343.2

3.3.4 母线与螺杆形接线端子连接时，母线的孔径不应大于螺杆形接线端子直径1mm。丝扣的氧化膜应除净，螺母接触面应平整，螺母与母线间应加铜质搪锡平垫圈，并应有锁紧螺母，但不得加弹簧垫。

3.3.5 母线在支柱绝缘子上固定时应符合下列要求：

1 母线固定金具与支柱绝缘子间的固定应平整牢固，不应使其所支持的母线受到额外应力。

2 交流母线的固定金具或其他支持金具不应成闭合铁磁回路。

3 当母线平置时，母线支持夹板的上部压板应与母线保持1mm～1.5mm的间隙；当母线立置时，上部压板应与母线保持1.5mm～2mm的间隙。

4 母线在支柱绝缘子上的固定死点，每一段应设置1个，并宜位于全长或两母线伸缩节中点。

5 管形母线安装在滑动式支持器上时，支持器的轴座与管母线之间应有1mm～2mm的间隙。

6 母线固定装置应无棱角和毛刺。

3.3.6 多片矩形母线间，应保持不小于母线厚度的间隙；相邻的间隔垫边缘间距离应大于5mm。

3.3.7 母线伸缩节不得有裂纹、断股和折皱现象；母线伸缩节的总截面不应小于母线截面的1.2倍。

3.3.8 终端或中间采用拉紧装置的车间低压母线的安装，当设计无要求时，应符合下列规定：

1 终端或中间拉紧固定支架宜装有调节螺栓的拉线，拉线的固定点应能承受拉线张力。

2 同一档距内，母线的各相弛度最大偏差应小于10%。

3.3.9 母线长度超过300m～400m而需换位时，换位不应小于1个循环。槽形母线换位段处可用矩形母线连接，换位段内各相母线的弯曲程度应对称一致。

3.3.10 插接母线槽的安装应符合下列要求：

1 悬挂式母线槽的吊钩应有调整螺栓，固定点间距离不得大于3m。

2 母线槽的端头应装封闭罩，引出线孔的盖子应完整。

3 各段母线槽外壳的连接应可拆，外壳之间应有跨接线，并应接地可靠。

3.3.11 重型母线的安装应符合下列规定：

1 母线与设备连接处宜采用软连接，连接线的截面不应小于母线截面。

2 母线的紧固螺栓，铝母线宜用铝合金螺栓，铜母线宜用铜螺栓；紧固螺栓时应用力矩扳手。

3 在运行温度高的场所，母线不应有铜铝过渡接头。

4 母线在固定点的活动滚杆应无卡阻，部件的机械强度及绝缘电阻值应符合设计要求。

3.3.12 铝合金管形母线的安装应符合下列规定：

1 管形母线应采用多点吊装，不得伤及母线。

2 母线终端应安装防电晕装置，其表面应光滑、无毛刺或凹凸不平。

3 同相管段轴线应处于一个垂直面上，三相母线管段轴线应互相平行。

4 水平安装的管形母线，宜在安装前采取预拱措施。

3.4 硬母线焊接

3.4.1 母线焊接应由经培训考试合格取得相应资质证书的焊工进行，焊接质量应符合现行行业标准《铝母线焊接技术规程》DL/T 754的有关规定。

3.4.2 正式焊接前，应首先进行焊接工艺试验，焊接接头性能应符合下列规定：

1 表面及断口不应有气孔、夹渣、裂纹、未熔合、未焊透等缺陷。

2 无损检测的质量等级应符合现行行业标准《铝母线焊接技术规程》DL/T 754 中无损探伤检验的规定。

3 铝及铝合金焊接接头抗拉强度不应低于原材料抗拉强度标准值的下限。经热处理强化的铝合金，其焊接接头的抗拉强度不得低于原材料标准值的60%。

4 焊接接头直流电阻值不应大于规格尺寸均相同的原材料直流电阻值的1.05倍。

3.4.3 焊接场所应采取可靠的防风、防雨、防雪、防冻、防火等措施。

3.4.4 焊接前应确认母材的牌号，并应正确选定焊接材料和制定合理的焊接工艺。

3.4.5 母线焊接所用的焊条、焊丝应符合现行国家标准《铝及铝合金焊条》GB/T 3669、《铝及铝合金焊丝》GB/T 10858、《铜及铜合金焊条》GB/T 3670 和《铜及铜合金焊丝》GB/T 9460 的有关规定。焊接前，焊条应按规定烘焙，焊丝应去除表面氧化膜、水分和油污等杂物。

3.4.6 铝及铝合金材质的管形母线、槽形母线、金属封闭母线及重型母线应采用氩弧焊。

3.4.7 直径大于300mm的对接接头宜采取对称焊。

3.4.8 焊接前应将母线坡口两侧表面各30mm～50mm范围内清刷干净，不得有氧化膜、水分和油污；坡口加工面应无毛刺和飞边。

3.4.9 焊接前对口应平直，其弯折偏移不应大于0.2%（图3.4.9-1）；对接接头对口时，根部表面偏移不应大于0.5mm（图3.4.9-2）。

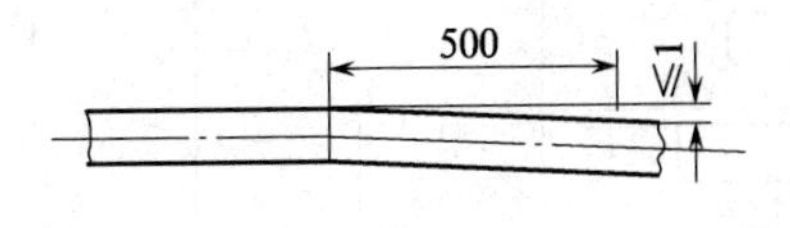

图3.4.9-1 对口允许弯折偏移

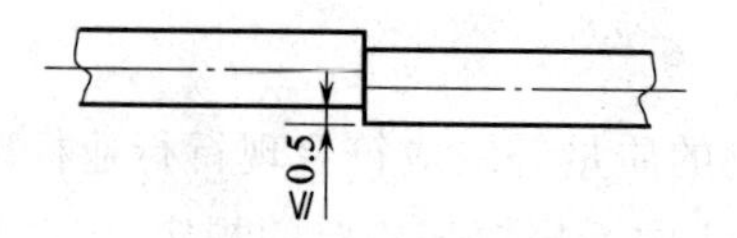

图 3.4.9-2 对口中心线允许偏差

3.4.10 每道焊缝应连续施焊;焊缝未完全冷却前,母线不得移动或受力。

3.4.11 铝及铝合金硬母线对焊时,焊口尺寸应符合表 3.4.11 的规定。

表 3.4.11 对口焊焊口尺寸(mm)

接头类型	图形	焊件厚度 δ	焊接结构尺寸			适用范围
			α(°)	b	p	
对接接头		<5	—	0.5~2	—	板件
		5~12	35~40	2~3	1~2	板件或管件
		>10	30~35	2~3	1.5~3	板件
		>5	25~30	6~8 5~6	1~2	板件或管件
角接接头		3~12	—	—	—	板件
		>10	35~40	1~2	2~3	板件

续表 3.4.11

接头类型	图形	焊件厚度 δ	焊接结构尺寸			适用范围
			α(°)	b	p	
角接接头		>15	35～40	1～2	2～3	板件
搭接接头		>5	搭接长度 $L \geqslant 2\delta$			板件或管件

3.4.12 管形母线补强衬管的纵向轴线应位于焊口中央，衬管与管母线的间隙应小于 0.5mm（图 3.4.12）。

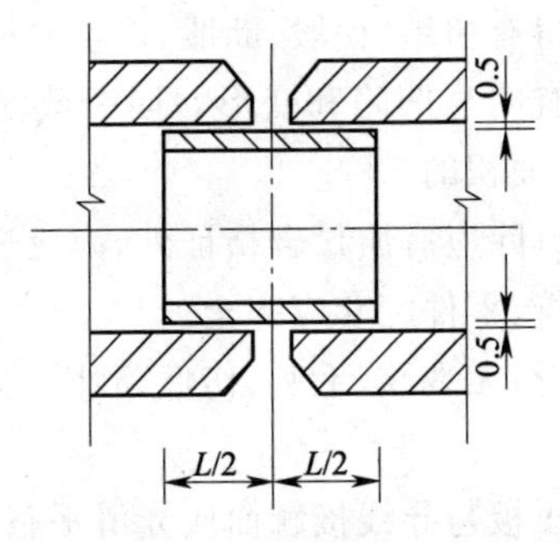

图 3.4.12 衬管位置

L—衬管长度

3.4.13 母线对接焊缝的部位应符合下列规定：

1 焊缝离支持绝缘子母线夹板边缘不应小于 100mm。

2 母线宜减少对接焊缝。

3 同相母线不同片上的对接焊缝，其错开位置不应小于 50mm。

3.4.14 母线焊接后的检验标准应符合下列规定：

1 母线对接焊缝应有 2mm～4mm 的余高，角焊缝的焊脚尺寸应大于薄壁侧母材的壁厚 2mm～4mm。330kV 及以上电压的硬母线焊缝应呈圆弧形，不应有毛刺、凹凸不平等缺陷；引下线母线采用搭接焊时，焊缝的长度不应小于母线宽度的 2 倍。

2 焊接接头表面应无可见的裂纹、未熔合、气孔、夹渣等缺陷。

3 咬边深度不得超过母线厚度（管形母线为壁厚）的 10%，且不得大于 1mm，其总长度不得超过焊缝总长度的 20%。

4 在重要的导电部位或主要受力部位，对接焊接接头应经射线抽检合格。

3.5 软母线架设

3.5.1 首次使用的导线应经试放，并应在确定安装方法和制定措施后再全面施工。

3.5.2 软母线不得有扭结、松股、断股、严重腐蚀或其他明显的损伤；扩径导线不得有明显凹陷和变形。同一截面处损伤面积不得超过导电部分总截面积的 5%。

3.5.3 采用的金具除应有质量合格证外，尚应进行下列检查：

1 规格应相符，零件配套应齐全。

2 表面应光滑，无裂纹、毛刺、伤痕、砂眼、锈蚀、滑扣等缺陷，锌层不应剥落。

3 线夹船形压板与导线接触面应光滑平整，悬垂线夹的转动部分应灵活。

3.5.4 导线盘的摆放方向应使导线自盘的上部抽出。放线过程中，导线不得与地面摩擦，并应按本规范第 3.5.2 条的规定对导线外观进行检查。

3.5.5 导线测量宜采用小张力将导线拉直测量；切断导线前，端头应加绑扎；端面应整齐、无毛刺，并应与线股轴线垂直。压接导线前需要切割铝线时，不得伤及钢芯。

3.5.6 软母线与线夹连接应采用液压压接或螺栓连接。

3.5.7 耐张线夹压接前应对每种规格的导线取试件两件进行试压，并应在试压合格后再施工。

3.5.8 采用液压压接导线时，应符合下列规定：

1 压接用的钢模应与被压管配套，液压钳应与钢模匹配。

2 扩径导线与耐张线夹压接时，应用相应的衬料将扩径导线中心的空隙填满。

3 导线的端头伸入耐张线夹或设备线夹的长度应达到规定的长度。

4 压接时应保持线夹的正确位置，不得歪斜，相邻两模间重叠不应小于 5mm。

5 压接时应以压力值达到规定值为判断压力合格的标准。

6 压接后六角形对边尺寸应为压接管外径的 0.866 倍，当任何一个对边尺寸超过压接管外径的 0.866 倍加 0.2mm 时，应更换钢模。

7 压接管口应刷防锈漆。

3.5.9 螺栓连接线夹应用力矩扳手紧固。螺栓应均匀拧紧，紧固U形螺栓时，应使两端均衡，不得歪斜；螺栓长度除可调金具外，宜露出螺母 2 扣～3 扣。

3.5.10 当软母线采用钢制螺栓型耐张线夹或悬垂线夹连接时，应缠绕铝包带，其绕向应与外层铝股的绕向一致，两端露出线夹口不应超过 10mm，且端口应回到线夹内压紧。

3.5.11 软导线和连接线夹连接时，应符合下列规定：

1 导线及线夹接触面均应清除氧化膜，并应用金属清洗剂清洗，清洗长度不应少于连接长度的 1.2 倍，导电接触面应涂以电力复合脂。

2 软导线线夹与电器接线端子或硬母线连接时，应按本规范第 3.1.8 条、第 3.2.2 条和第 3.3.3 条的有关规定执行。

3 室外易积水的线夹应设置排水孔。

3.5.12 软母线和组合导线在档距内不得有连接接头，在跳线上连接应采用专用线夹;软母线经螺栓耐张线夹引至设备时不得切断,应成为一个整体。

3.5.13 扩径导线的弯曲度不应小于导线外径的30倍。

3.5.14 母线跳线和引下线安装后,与构架及线间的距离不得小于本规范表3.1.14-2的规定。

3.5.15 具有可调金具的母线,在导线安装调整完毕之后,应将可调金具的调节螺母锁紧。

3.5.16 母线弛度应符合设计要求,其允许偏差为+5%~-2.5%,同一档距内三相母线的弛度应一致;相同布置的分支线,宜有同样的弯曲度和弛度。

3.5.17 安装组合导线时,尚应符合下列规定:

1 组合导线的间隔金具、固定用线夹,以及所使用的各种金具应齐全;间隔金具及固定线夹在导线上的固定位置应符合设计要求,其距离偏差允许范围为±3%;安装应牢固,并应与导线垂直。

2 载流导线与承重钢索组合后,其弛度应一致;导线与终端固定金具的连接应符合本规范第3.3节的有关规定。

3.6 金属封闭母线

3.6.1 封闭母线的检查及保管应符合下列规定:

1 封闭母线运输单元运抵现场后,应会同有关部门开箱清点,应对规格、数量及完好情况进行外观检查,并应做好记录。

2 封闭母线运抵现场后若不能及时安装,应存放在干燥、通风、没有腐蚀性物质的场所,并应对存放、保管情况每月进行一次检查。

3 封闭母线现场存放应符合产品技术文件的要求。封闭母线段两端的封罩应完好无损。

4 母线零部件应储存在仓库的货架上,并应保持包装完好、分类清晰、标识明确。

3.6.2 安装前应检查并核对母线及其他连接设备的安装位置及尺寸。

3.6.3 金属封闭母线的安装与调整应符合下列规定：

1 在各段母线就位前，应对外壳内部、母线表面、绝缘支撑件及金具表面进行检查和清理，并应进行相关试验。

2 吊装母线应使用尼龙绳或套有橡胶管的钢丝绳，并不得碰撞和擦伤外壳。

3 各段封闭母线布置就位后，应按下列顺序进行调整：

1) 离相封闭母线相邻两相母线外壳的中心距离应符合设计要求，尺寸允许偏差为±5mm；

2) 母线与设备端子的连接距离应符合设计要求；采用伸缩节连接时，尺寸允许偏差为±10mm；

3) 外壳与设备端子罩法兰间的连接距离应符合设计要求；当采用橡胶伸缩套连接时，尺寸允许偏差为±10mm；

4) 母线导体或外壳采用对接焊口连接方式时，纵向尺寸允许偏差为±5mm；

5) 母线导体或外壳采用搭接焊接连接方式时，纵向尺寸允许偏差为±15mm；

6) 离相封闭母线中的导体与外壳的同心度允许偏差为±5mm，不满足时，应通过导体支撑结构进行调整。

4 外壳短路板应按产品技术文件的要求进行安装、焊接。

5 穿墙板与封闭母线外壳间应用橡胶条密封，并应保持穿墙板与封闭母线外壳间绝缘。

6 当金属封闭母线设计有伴热装置时，伴热电缆的固定应保证与母线及外壳的电气安全距离，并应密封伴热装置在封闭母线上的孔洞。

7 调整过程中，应仔细核查支承处的标高与其他设备的安装位置，应避免对母线进行切割加工。

8 应在调整完毕后，再进行外壳的固定和母线的连接。

9　外壳封闭前，应对母线进行清理、检查、验收。

3.6.4　金属封闭母线的焊接应符合本规范第3.4节的有关规定。

3.6.5　金属封闭母线的螺栓连接除应符合本规范第3.3节的有关规定外，尚应符合下列规定：

1　电流大于3000A的导体其紧固件应采用非磁性材料。

2　封闭母线与设备的螺栓连接，应在封闭母线绝缘电阻测量和工频耐压试验合格后进行。

3.6.6　金属封闭母线的外壳及支持结构的金属部分应可靠接地，并应符合下列规定：

1　全连式离相封闭母线的外壳应采用一点或多点通过短路板接地；一点接地时，应在其中一处短路板上设置一个可靠的接地点；多点接地时，可在每处但至少在其中一处短路板上设置一个可靠的接地点。

2　不连式离相封闭母线的每一分段外壳应有一点接地，并应只允许有一点接地。

3　共箱封闭母线的外壳各段间应有可靠的电气连接，其中至少有一段外壳应可靠接地。

3.6.7　微正压金属封闭母线安装完毕后，检查其密封性应良好。

3.7　气体绝缘金属封闭母线

3.7.1　气体绝缘金属封闭母线的运输、检查及保管应符合下列规定：

1　母线运抵现场后，应会同有关部门对运输单元的规格、型号、数量及完好情况进行外观检查，并应做好记录。

2　母线应堆放在坚实地面上，下方应有支撑件。

3　母线附件应按产品技术文件要求的存储级别及编号进行存储，并应做到包装完好，分类、标识应清晰。

4　充气运输的母线，验收时应检查内部气体压力是否符合产品技术文件的要求。如母线需较长时间保管，应每月检查一次气体压力；当气压低至允许值时，应查找泄漏原因、进行维修，并应按产品技术文件的要求补充同类气体。

5 母线在运输、保管时，应按产品技术文件的要求保持顶部朝上。

3.7.2 母线安装前应核对母线固定基础、支架、孔洞等的位置及尺寸，安装环境应符合产品技术文件的要求，并应采取防尘措施。

3.7.3 任何情况下不得挤压、碰撞外壳。

3.7.4 母线安装应符合下列规定：

1 母线就位前，应对外壳内壁、导体表面、绝缘支撑件进行检查和清理，法兰结合面应平整、无划伤。

2 吊装母线应使用尼龙绳或有保护外套的吊索。

3 导体表面和母线外壳内壁应光滑无毛刺，各母线段的长度应符合产品技术文件要求。

4 母线隔室打开后，在空气中的暴露时间应符合产品技术文件的要求。

5 清洁母线导体部件时，应使用产品技术文件要求的清洁剂。

6 以插接方式连接的导体，在两段母线连接时，不得损伤插接结构及插接接触面。

7 母线导体连接后，应对连接部位的接触电阻进行测试，测试值应符合产品技术文件要求。

8 密封垫（圈）不得重复使用；密封脂不可涂抹到密封垫（圈）内侧。

9 母线外壳螺栓连接，应用力矩扳手对角紧固。

10 安装调整型伸缩节时，固定伸缩节两端的连接螺杆应按产品技术文件的要求预留胀缩移动间隙；固定型伸缩节其波纹管两端的连接螺杆，则应按产品技术文件的要求将螺母拧紧。

11 外壳接地母线的安装应符合设计和产品技术文件要求，并应无锈蚀和损伤，连接应牢靠；不同材质的接触面应涂电力复合脂;伸缩节间的接地母线跨接,不得影响伸缩节的膨胀收缩功能。

3.7.5 母线隔室的处理应符合下列规定:

1 封闭母线安装完成后,隔室抽真空前,应完成下列工作:

1)密度继电器应经检验合格,并有检验报告;

2)六氟化硫气体检验合格,应符合现行国家标准《工业六氟化硫》GB/T 12022 的有关规定;

3)固定伸缩节;

4)采取措施不得使真空泵在运行时中途停止。

2 对隔室抽真空及真空度保持时间应符合产品技术文件要求。

3 对隔室充六氟化硫气体过程中,当接近标称压力时,应缓慢充气直至标称压力时停止。

4 充气完成后隔室应进行检漏,其单个隔室年漏气率不应大于0.5%。

5 隔室内六氟化硫气体的含水量,应符合现行国家标准《电气装置安装工程 电气设备交接试验标准》GB 50150 的有关规定。

3.7.6 母线安装完成后,应按现行国家标准《电气装置安装工程 电气设备交接试验标准》GB 50150 和产品技术文件要求进行现场试验。

4 绝缘子与穿墙套管安装

4.0.1 绝缘子与穿墙套管安装前应进行检查,瓷件、法兰应完整无裂纹,胶合处填料应完整,结合应牢固。

4.0.2 绝缘子与穿墙套管安装前应按现行国家标准《电气装置安装工程 电气设备交接试验标准》GB 50150 的有关规定试验合格。

4.0.3 安装在同一平面或垂直面上的支柱绝缘子或穿墙套管的顶面，应位于同一平面上；其中心线位置应符合设计要求。

母线直线段的支柱绝缘子的安装中心线应在同一直线上。

4.0.4 支柱绝缘子和穿墙套管安装时，其底座或法兰盘不得埋入混凝土或抹灰层内，且紧固件应齐全，固定应牢固。

支柱绝缘子叠装时，中心线应一致。

4.0.5 三角锥形组合支柱绝缘子的安装，除应符合本规范的有关规定外，并应符合产品技术要求。

4.0.6 无底座和顶帽的内胶装式低压支柱绝缘子与金属固定件固定时，接触面间应垫以厚度不小于 1.5mm 的缓冲垫圈。

4.0.7 绝缘子串的安装应符合下列要求：

1 绝缘子串组合时，连接金具的螺栓、销钉及锁紧销等应完整，且其穿向应一致，耐张绝缘子串的碗口应向下，绝缘子串的球头挂环、碗头挂板及锁紧销等应互相匹配。

2 弹簧销应有足够弹性，闭口销应分开，并不得有折断或裂纹，不得用线材代替。

3 均压环、屏蔽环等保护金具应安装牢固，位置应正确。

4 多串绝缘子并联时，每串所受的张力应均匀。

5 绝缘子串吊装前应擦拭干净。

4.0.8 穿墙套管的安装应符合下列要求：

1 安装穿墙套管的孔径应比嵌入部分大 5mm 以上，混凝土安装板的最大厚度不得超过 50mm。

2 穿墙套管直接固定在钢板上时，套管周围不得形成闭合磁路。

3 穿墙套管垂直安装时，其法兰应在上方，水平安装时，法兰应在外侧。

4 600A 及以上母线穿墙套管端部的金属夹板（紧固件除外）应采用非磁性材料，其与母线之间应有金属相连，接触应稳固；金属夹板厚度不应小于 3mm；当母线为两片及以上时，母线与母线间应予固定。

5 充油套管水平安装时，储油柜及取油样管路应采用铜或不锈钢材质，且不得渗漏；油位指示应清晰；注油和取样阀位置应装设于巡视侧；注入套管内的油应合格。

6 套管接地端子及不用的电压抽取端子应可靠接地。

5 工程交接验收

5.0.1 在验收时，应进行下列检查：

1 金属构件加工、配制、螺栓连接、焊接等应符合本规范的规定，并应符合设计和产品技术文件的要求。

2 所有螺栓、垫圈、闭口销、锁紧销、弹簧垫圈、锁紧螺母等应齐全、可靠。

3 母线配制及安装架设应符合设计要求，且连接应正确；螺栓应紧固，接触应可靠；相间及对地电气距离应符合规定。

4 瓷件应完整、清洁，铁件和瓷件胶合处均应完整无损，充油套管应无渗油，油位应正常。

5 油漆应完好，相色应正确，接地应良好。

5.0.2 在验收时，应提交下列资料和文件：

1 设计变更部分的实际施工图。

2 设计变更的证明文件。

3 制造厂提供的产品说明书、试验记录、合格证件、安装图纸等技术文件。

4 安装技术记录。

5 质量验收记录及签证。

6 电气试验记录。

7 备品备件清单。

本规范用词说明

1 为便于在执行本规范条文时区别对待，对要求严格程度不同的用词说明如下：

1) 表示很严格，非这样做不可的：

正面词采用“必须”，反面词采用“严禁”；

2) 表示严格，在正常情况下均应这样做的：

正面词采用“应”，反面词采用“不应”或“不得”；

3) 表示允许稍有选择，在条件许可时首先应这样做的：

正面词采用“宜”，反面词采用“不宜”；

4) 表示有选择，在一定条件下可以这样做的，采用“可”。

2 条文中指明应按其他有关标准执行的写法为：“应符合……的规定”或“应按……执行”。

引用标准名录

《电气装置安装工程　电气设备交接试验标准》GB 50150

《电气装置安装工程　接地装置施工及验收规范》GB 50169

《建筑工程施工与质量验收统一标准》GB 50300

《高压绝缘子瓷件　技术条件》GB/T 772

《铝及铝合金焊条》GB/T 3669

《铜及铜合金焊条》GB/T 3670

《变压器、高压电器和套管的接线端子》GB/T 5273

《铜及铜合金焊丝》GB/T 9460

《铝及铝合金焊丝》GB/T 10858
《工业六氟化硫》GB/T 12022
《铝母线焊接技术规程》DL/T 754

中华人民共和国国家标准

电气装置安装工程
母线装置施工及验收规范

GB 50149—2010

条 文 说 明

修 订 说 明

《电气装置安装工程　母线装置施工及验收规范》GB 50149—2010，经住房和城乡建设部2010年11月3日以第827号公告批准发布。

本规范是在《电气装置安装工程　母线装置施工及验收规范》GBJ 149—90的基础上修订而成，上一版的主编单位是能源部电力建设研究所(现中国电力科学研究院)，参编单位是广东省输变电工程公司、东北电力建设第一工程公司、东北电业管理局、上海电力建设局调整试验所等，主要起草人是罗学琛、聂光辉、曾等厚。

本次修订的主要技术内容是：①将适用范围由500kV及以下扩展到750kV；②增加了术语一章；③对硬母线焊接规定得更加严格、具体；④增加了金属封闭母线施工的规定；⑤增加了气体绝缘金属封闭母线施工的规定；⑥对软母线的检查、敷设、施工、验收规定的更明确、具体。

2005年2月成立了规范修订编写组。经对本规范实施调研、小范围专家讨论，初步计划将本规范的适用范围扩大到1000kV特高压电气装置安装工程。

2005年3月7日～8日，编写组在北京电力培训中心召开第一次工作会议，对本规范的修订大纲进行了认真讨论、修改，并拟订了修订计划及起草分工。

在修订起草过程中，编写组成员就所起草的内容进行过多次网上交流、内部征求意见后，于2005年8月形成了规范修订初稿。

按修订大纲计划安排，本次修订将适用范围扩大到1000kV特高压输变电工程及1000MW级发电工程，以满足我国特高压项目建设的需要，但此时1000kV输变电设备及设计尚处于研发、试制及课题研究阶段，而工程于2007年才能开工，所有设备及设计安装资料尚未出来，完整的规范征求意见稿无法形成，在征求了上级主管部门的意见后，决定等1000kV特高压输变电工程施工技术部分的内容补充进去后，一起征求意见。

后因国家电网公司成立了"特高压交流输电标准化技术工作委员会"，将特高压标准纳入其制、修订及管理范围。为此，编写组于2008年7月30日～8月1日在大连召开编写组第二次工作会议，决定将标准适用范围由1000kV特高压调整到750kV超高压；对已形成的规范初稿进行了再次讨论。确定本规范的内容共分5章，主要内容包括：总则、术语、母线安装，绝缘子与穿墙套管安装，工程交接验收等。与原规范《电气装置安装工程 母线装置施工及验收规范》GBJ 149—90相比较，本次修订将适用范围由原来的500kV及以下母线装置的施工及验收扩大到750kV，发电工程扩大到1000MW级机组工程，并在母线安装一章里增加了金属封闭母线及气体绝缘金属封闭母线两节。电压等级提高了，对施工各个环节的技术要求、技术指标等要求也提高了，并作了明确规定。同时规定了直接涉及人民生命财产安全、人体健康、环境保护和公众利益的条款为强制性条文，以黑体字标志，要求必须严格执行。

2009年2月10日，按大连会议讨论意见修改后形成的征求意见稿，发全国各有关设计、制造、施工、监理、生产运行等企业征求意见。

截止到2009年4月15日，经整理汇总后的返回意见共53条，其中采纳32条，对条文理解有误的20条意见未采纳，需提交审查会讨论确定的1条。经修改后形成了《电气装置安装工程 母线装置施工及验收规范》GBJ 149—90修订送审稿，报审查委员会审查。

2009年7月10日，中电联标准化中心在南京组织召开了本规范送审稿审查会，邀请了11名专家组成审查委员会。经审查委员对本规范逐字逐条讨论后，一致同意本规范通过审查，并提出了审查修改意见。

为了方便广大设计、生产、施工、科研、学校等单位有关人员在使用本规范时能正确理解和执行条文规定，《电气装置安装工程 母线装置施工及验收规范》编制组按章、节、条顺序编制了本规范的条文说明，对条文规定的目的、依据以及执行中需注意的有关事项进行了说明，还对强制性条文的强制性理由做了解释。但是，本条文说明不具备与规范正文同等的法律效力，仅供使用者作为理解和把握规范规定的参考。

1 总　　则

1.0.1 本条阐明了制立本规范的目的。本条还明确了本规范所指母线装置的范围包括硬母线、软母线、金属封闭母线、绝缘子、金具、穿墙套管等。

1.0.2 本规范的适用范围为750kV及以下的所有母线装置。

1.0.3 按设计进行施工是现场施工的基本要求。

1.0.4 有些特殊用途的母线或设备的运输和保管，产品技术文件会有说明，应按产品技术文件的要求进行运输和保管。

1.0.5 设备及器材的保管是安装前的一个重要前期工作。施工前搞好设备及器材的保管有利于以后的施工。

设备及器材的保管要求和措施，因其保管时间的长短而有所不同，本规范规定的是设备到达现场后安装前的保管要求，以不超过一年为限。对于需长期保管的设备及器材，应按产品技术文件中有关保管要求进行保管。

1.0.6 凡不符合国家现行有关标准、没有合格证件的设备及器材，质量无保证，均不得在工程中使用；要特别注意一些粗制滥造的次劣产品，虽有合格证件，但实质上是不合格产品，故应加强质量验收。国家现行有关标准包括国家标准及行业标准。

1.0.7 事先做好检验工作，为顺利施工提供条件。首先应检查包装及密封，应良好。对有防潮要求的包装应及时检查，发现问题，采取措施，以防受潮。

1.0.8 本规范以施工质量标准及工艺要求为主，有关安全技术措施应遵守国家现行的安全技术标准的规定。同时对一些重要的施工工序，因各施工现场的情况不同，现有的安全技术标准不一定能够适合每个现场的实际，故应根据施工现场的具体情况制定切实可行的安全技术措施,以确保人身及设备的安全。

1.0.9 本条说明如下:

1 有些建筑工程施工及验收规范中的规定,不完全满足电气设备安装的要求,如建筑工程施工误差以厘米计,而电气设备安装误差以毫米计,例如:封闭母线基础允许误差为±3mm/m。这些电气设备的特殊要求应在电气设计图中标出。但建筑工程中的其他质量标准,在电气设计中不可能全部标出,则要求应符合国家现行的建筑工程施工及验收规范的有关规定。

2 为避免现场施工混乱,并为母线装置安装工作安全、顺利进行创造条件,提出了在母线装置安装前,建筑工程应具备的具体条件。尤其强调高层构架的焊接件、走道板、栏杆、平台等的检查,以确保母线装置安装时高空作业的安全。

设备安装的预留孔和预埋螺栓尺寸往往因不符合设计要求,而在设备安装前要返工处理,造成浪费,影响工程进度,因此,特别强调预留孔、预埋铁件应符合设计要求。

3 母线装置安装完毕后,除应结束全部的修饰工作外,并应做好现场清理工作和所有安全设施,以保证母线装置的安全投运。

1.0.10 母线的紧固件要防止生锈和其他有害气体的侵蚀,故规定应采用镀锌制品或不锈钢制品。由于室外的环境条件比室内恶劣,一般电镀制品因防腐能力较差,短期内就开始生锈。热镀锌由于镀层厚可达 43μm,抗腐能力较强,故强调户外使用的紧固件应采用热镀锌制品。由于地脚螺栓普遍采用镀锌制品,故本次修订取消了“除地脚螺栓外”应采用符合国家标准的镀锌制品的规定。

1.0.12 单相交流母线周围若形成闭合磁路,会产生环流,导致发热,引发故障或事故。

2 术 语

2.0.1～2.0.8 该部分术语依据现行国家标准《金属封闭母线》GB/T 8349。

2.0.9、2.0.10 该部分术语依据现行行业标准《3.6kV～40.5kV交流金属封闭开关设备和控制设备》DL/T 404。

2.0.11～2.0.13 该部分术语依据现行国家标准《电气装置安装工程 高压电器施工及验收规范》GB 50147。

2.0.14 本条术语参考《低压母线槽选用、安装及验收规程》CECS 170：2004。

2.0.15 “气体绝缘金属封闭母线”的定义，是根据美国压缩气体绝缘输电系统公司(CGIT Systems. lnc)相关技术文件命名的。

3 母线安装

3.1 一般规定

3.1.1 母线装置所采用的材料，一般是易损的瓷件或易遭受腐蚀的有色金属材料，有的制造厂和供应部门往往对包装不重视，以致在运输和保管期间使母线弯曲变形损伤，瓷件破裂，故作此规定。

3.1.2 本条规定了母线表面质量检查标准。

3.1.3 封闭母线和母线槽，现在都是定型产品。母线在运输过程中易受损伤、变形，所以到达现场后，应及时进行外观检查，尤其是接头搭接面的质量应满足要求，否则当通过大电流时，由于接触电阻增大而使接头严重发热。

3.1.4 无论是金属构件连接用的或母线安装用的螺孔均应使用机械进行钻孔，以防止孔眼不规则、减少有效连接面而影响安装质量。

3.1.5 本条说明如下：

1 金属构件的防腐处理，若采用涂防腐漆，则金属构件应彻底除锈，否则，涂在未除净的金属氧化物上的防腐漆，会因氧化物脱落而脱落，金属又会重新暴露在空气中继续氧化，所涂防腐漆起不到应有的防腐作用。

2 室外环境中的金属构件，涂防腐漆不易防护外界环境的侵蚀，为此，规定应采用热镀锌；在这种环境下的母线也应涂相应的防腐涂料。

3.1.6 为防止当电气设备绝缘损坏，原不带电的金属构件带电而危及设备和人身安全，故作此规定。

3.1.7 母线装置的设备端子一般与瓷质绝缘材料结合在一起，若设备端子受到超过允许值的额外应力，会造成设备、特别是瓷质绝缘材料损坏，因此，要求不应使接线端子受到超过允许的应力。

3.1.8 考虑到钢及铝容易被腐蚀，钢、铜、铝电导率不同，在潮湿的环境下直接连接在一起，会在接触面间产生电腐蚀，严重影响电气设备或系统的运行安全，因此本条对母线及导体的搭接连接，根据不同材质和使用环境对其搭接面的处理作出了规定，以确保母线连接的可靠性。

3.1.9 本条规定了母线相序的统一排列方式。人对红色反应最为敏感，规定涂为红色的C相排在最易接近的一侧，容易引起人的警觉，有利于运行及检修人员的安全。

3.1.10 封闭母线的涂漆是根据现行国家标准《金属封闭母线》GB/T 8349制定的。

3.1.11 本条对各类母线刷相色漆的部位及刷漆质量作出规定。母线刷相色漆不但可以方便运行，维护人员识别相位，母线表面刷漆后，还能起到散热作用。刷漆后的铜、铝母线与裸露的母线相比较，其在相同条件下，温升可下降20%～35%。

室外软母线和封闭母线在两端适当部位涂相色漆以标明相序，刷漆的具体部件不作硬性规定，但位置确定后，全厂（站）应一致。

3.1.12 凡是母线接头处或母线与其他电器有电气连接处，都不应刷漆，以免增大接触面的接触电阻，引起连接处过热。

3.2 硬母线加工

3.2.1 母线矫正平直和切断面平整是母线加工工艺的基本要求，也是保证安装后的母线达到横平竖直、整齐美观的必要条件。

3.2.2 本条说明如下：

(1)根据现行国家标准《电工用铜、铝及其合金母线　第1部分：铜和铜合金母线》GB/T 5585.1 中列出的母线规格，结合多年来设计、运行的经验，在表3.2.2中列出了常用的母线规格及其螺栓连接时的接头搭接型式供参考。

(2)关于本规范表3.2.2中母线连接螺栓个数及规格，是根据表1中螺栓拧紧力矩值计算出螺栓施于母线接触面的压强应在6.86MPa～17.65MPa的范围内获得的，表1中所列螺栓规格选用强度为4.6级的钢制螺栓，故在安装母线接头时，螺栓规格、数量不得任意改动，以免造成接头连接不良温升过高。

表1　螺栓连接接头压强计算值

接头尺寸(mm)	螺栓规格	螺栓紧固力矩(N·m)	螺栓个数(个)	母线接头压强(MPa)
125×125	M20	156.91～196.13	4	11.01～13.96
125×100	M16	78.45～98.07	4	8.46～10.50
125×80	M16	78.45～98.07	4	10.79～13.47
125×63	M12	31.38～39.23	4	7.12～8.90

续表 1

接头尺寸(mm)	螺栓规格	螺栓紧固力矩(N·m)	螺栓个数(个)	母线接头压强(MPa)
125×50	M16	78.45～98.07	2	8.46～10.50
125×45	M16	78.45～98.07	2	9.48～11.85
125×40	M16	78.45～98.07	2	10.79～13.47
100×100	M16	78.45～98.07	4	10.79～13.48
100×80	M16	78.45～98.07	4	13.83～17.28
100×63	M16	78.45～98.07	2	8.39～10.48
100×50	M16	78.45～98.07	2	10.79～13.48
100×45	M16	78.45～98.07	2	12.19～15.15
100×40	M16	78.45～98.07	2	13.83～17.28
80×80	M12	31.38～39.23	4	8.91～11.14
80×63	M12	31.38～39.23	4	11.60～14.50
80×63	M14	50.99～61.78	2	7.77～9.42
80×50	M14	50.99～61.78	2	9.99～12.10
80×45	M14	50.99～61.78	2	11.22～13.59
80×40	M14	50.99～61.78	2	12.80～15.50
63×63	M10	17.65～22.56	4	9.84～12.57
63×50	M10	17.65～22.56	4	12.74～16.28
63×50	M12	31.38～39.23	2	9.07～11.33
63×45	M12	31.38～39.23	2	10.17～12.72
63×40	M12	31.38～39.23	2	11.11～14.50
63×31.5	M10	17.65～22.56	2	9.84～12.57
50×50	M8	8.83～10.79	4	9.83～12.01
50×45	M10	17.65～22.56	2	8.57～10.95
50×40	M10	17.65～22.56	2	9.75～12.46

续表 1

接头尺寸(mm)	螺栓规格	螺栓紧固力矩(N·m)	螺栓个数(个)	母线接头压强(MPa)
50×31.5	M8	8.83～10.79	2	7.62～9.31
50×25	M8	8.83～10.79	2	9.83～12.01
45×45	M8	8.83～10.79	4	12.46～15.23
40×40	M12	31.38～39.23	1	8.91～11.14
40×31.5	M12	31.38～39.23	1	11.60～14.50
40×25	M10	17.65～22.56	1	9.75～12.46
31.5×60	M10	17.65～22.56	2	10.38～13.27
31.5×31.5	M10	17.65～22.56	1	9.84～12.27
31.5×25	M10	17.65～22.56	1	12.74～16.28
25×25	M8	8.83～10.79	1	9.83～12.01
25×20	M8	8.83～10.79	1	12.64～15.45
20×20	M8	8.83～10.79	1	16.40

3.2.4 矩形母线热煨弯，影响母线原来的质量。目前国内已能生产各种规格母线的冷弯机，故不得进行热弯。

3.2.5 矩形母线因弯曲的角度大小不同，其弯曲处发热温升也不同，直角弯曲处的温升可比45°弯曲处高10℃左右，故应减少直角弯曲。为了避免弯曲处出现裂纹及显著的折皱，其弯曲半径应尽可能大于规定的弯曲半径值。

3.2.7 母线扭转90°时，若每相由多片母线组成，为使扭转程度一致，扭转部分的长度就将随片数的增加而需加长，故规定其扭转部分的长度在2.5倍～5倍母线宽度之间选取。

3.2.8 考虑到母线螺孔直径过大，会过多地减少母线连接处的有效接触面，可能造成母线连接处发热，规定螺孔的直径不应大于螺栓直径1mm。

3.2.9 母线接触面是否平整、是否有氧化膜，是母线能否紧密接触和不过热的关键。铝的氧化物其电阻率可高达$1\times10^{16}\Omega mm^2/m$,而纯铝的电阻率只有$2.9\times10^{-2}\Omega mm^2/m$,两者相差甚大。因此,为了防止加工好的接触面表面再次氧化形成新的氧化膜,可及时涂电力复合脂;为保证接触面平整,有条件时母线接触面可采用机加工。

3.2.10 条文中表3.2.10是根据现行国家标准《铝及铝合金管材外形尺寸及允许偏差》GB/T 4436—1995制定的。

3.3 硬母线安装

3.3.1 一般设计采用管形及棒形母线的,载流量都比较大,内螺纹管连接其接触面处的有效接触面积无法控制,满足不了电气连接的要求,焊锡的熔点太低,采用锡焊的接头当通过大电流时会因温度升高而将焊锡熔化,连接不可靠,故不得采用。

3.3.4 运行单位反映,接头发热最为严重的地方往往是母线与设备连接端子,尤其是圆杆式和螺纹式的接线端子。为此,施工安装时应特别注意,螺母接触面应平整,丝扣的氧化膜应除净,以改善接头发热状况。

另外,现有一类新型特殊的螺纹式端子过渡线夹,其一端的螺纹与端子紧密配合,螺纹长度比现用螺母长许多,另一端则为平板型钻有螺孔与母线连接。此种特殊过渡线夹应由制造厂随设备配套供应。

3.3.5 母线在运行中通过的电流是变化的,发热状况也是变化的,所以母线在支柱绝缘子上的固定既要牢固,又要能使母线自由伸缩。为避免交流母线因产生涡流而发热,金具之间不能形成闭合磁路。金具有棱角、毛刺会产生电晕放电,造成损耗和对弱电的信号干扰。

3.3.6 为保证母线的散热和避免形成闭合磁路,作此规定。

3.3.8~3.3.11 根据工矿企业一些特殊用途母线,参照有关规定制定的,以使本规范更具通用性。

(1)重型母线与瓷套管的接线端子连接时，为避免设备因受应力影响而损坏，应采用软连接。在一些特殊地方，重型母线与设备之间的连接亦有不用软连接的。

(2)重型母线的连接宜使用与母线相同材质制成的紧固件，因为重型母线通过的电流高达几万、十几万安培，且环境温度高，磁场强，使用钢制螺栓极易发热。且钢与铝、铜的膨胀系数不同，母线接头运行一定时间后会松动，从而增大接头的接触电阻，所以作此规定。本来凡是母线接头都应这样，但目前国内普遍规定使用铝合金螺栓或铜螺栓还有困难，故在非重型母线接头连接时没有要求使用铝合金螺栓或铜螺栓，但有条件的地方可以使用。

使用铝合金螺栓或铜螺栓，亦应用力矩扳手紧固，当螺栓强度级别相当于钢制螺栓 4.6 级时，其紧固力矩值可参照本规范表 3.3.3或按设计提出的力矩值进行紧固。

(3)在冶炼炉、电解槽前的重型母线，运行温度高，若母线一侧使用铜母线，一侧使用铝母线，在接头处如不使用铜铝过渡接头，则电化腐蚀严重；而采用铜铝过渡接头又会由于运行温度高致使铜铝接头过渡的闪光焊接处脱落。所以规定不应有铜铝过渡接头，即不应在这种高温场所采用两种材质过渡母线，而应用同一种材质的母线引到运行温度较低的地方再与另一种材质的母线或设备端子连接。

3.3.12 根据铝合金管形母线的结构特点提出几点特殊要求。为防止管形母线起吊时弯曲变形，规定应采用多点吊装。为了减少电晕损耗和对弱电信号的干扰，管形母线的表面应光滑平整，终端应有防晕装置。预拱的目的是为了保证管形母线水平安装后平直。

3.4 硬母线焊接

3.4.1 本条规定了焊工应按有关规定进行考试取得相应的资质证书，铝母线的焊接质量应符合现行行业标准《铝母线焊接技术规程》DL/T 754 的规定。取消了原规范中对焊工考核的具体要求，因为现行行业标准《铝母线焊接技术规程》DL/T 754 中有详细规定。

3.4.2 本条规定了硬母线在正式焊接前,应首先进行焊接工艺试验,确认焊接接头性能符合相关要求。气孔、夹渣、裂纹、未熔合、未焊透缺陷会严重影响接头的强度和电阻值,故不允许存在。

原规范只规定了对接接头采用X光探伤方法,实际工程中还有搭接接头和角接接头,因此还有可能采用液体渗透检测方法。射线检测标准执行现行国家标准《金属熔化焊焊接接头射线照相》GB/T 3323 的规定,满足焊接接头质量Ⅲ级标准。液体渗透检测标准执行现行国家标准《无损检测　渗透检测》GB/T 18851.1～GB/T 18851.5 的规定。

铝及铝合金焊接接头抗拉强度一般不应低于原材料抗拉强度标准值的下限,是参照现行《金属材料焊接工艺规范及资格评定　焊接工艺性试验　第2部分:铝和铝合金的弧焊》ISO 15614—2 作出的规定。热处理强化型铝合金焊接后,热影响区软化比较严重,其接头强度只有基体金属的55%～70%,因此,规定经热处理强化的铝合金,其焊接接头的抗拉强度不得低于原材料标准值的60%。

3.4.3 本条规定了硬母线焊接的环境要求和安全要求。

3.4.4 本条强调了焊接前应确认母材牌号,这是正确选定焊材和制定合理的焊接工艺的前提,以保证焊接接头性能。

3.4.5 因为焊条(丝)上有水或氧化膜,焊接时焊缝会产生气孔、夹渣,严重的会产生裂纹,故应按焊接工艺文件的规定在焊接前除去其表面的氧化膜、水分和油污等杂物。

3.4.6 本条规定槽形、管形、封闭、重型母线都应用氩弧焊。因为手工钨极氩弧焊可以进行全方位焊接,在施焊时,氩气将空气与焊件隔开,因此焊缝不易产生氧化膜和气孔;氩弧焊加热时间短,热影响区较小,母线退火不严重,焊接后母材强度降低不多,焊缝产生裂纹的可能性较气焊和碳弧焊为少。目前国内已生产出钨铈电极,彻底消除了钨钍电极放射性对焊接人员的危害。

气焊和碳弧焊在施焊时，空气和焊件接触，极易产生氧化膜，且焊接加温时间长，引起母线退火、变形或起皱；焊缝易产生气孔、夹渣和裂纹等缺陷，使焊缝直流电阻增加；此外，在母线长期运行中，由于盐雾、水分的侵蚀，引起电解和电化腐蚀，使母线接头的电阻进一步增加，导致在通过额定负载电流时，接头温升将超过设计允许值，因此这几种母线焊接规定采用氩弧焊。

矩形母线，由于采用螺栓连接比用气焊和碳弧焊焊接接头的质量好，通常不采用焊接。

3.4.8 为保证焊缝的焊接质量，应用钢丝刷清刷坡口两侧焊件表面，使焊口清洁；坡口加工最好使用坡口机以减少毛刺、飞边，且能保证坡口均匀。

3.4.9 规定母线对口焊接时的弯折偏移和中心偏移的允许值，是为了保证焊缝的接触面积和保证母线的平直美观。

3.4.10 为避免焊缝产生气孔、夹渣和裂纹，焊接时不得停焊，应一次焊完。焊完之后在焊缝未冷却前，若移动焊件将会使焊接处产生变形或裂纹。

3.4.11 对大直径管对接接头，推荐采用两人对称焊接，可有效减小焊接变形。同时，大直径管的散热速度快，两人对称焊接可以保证焊件的层间温度，对防止产生焊接缺陷有利。

原规范只规定了对接接头组对尺寸要求，本次增加了角接接头和搭接接头的组对尺寸要求。角接接头的坡口要求参照现行国家标准《铝及铝合金气体保护焊的推荐坡口》GB/T 985.3 制定。

3.4.12 至于衬管的长短，应根据母线的管径、厚度及跨度和受力情况由设计决定。

3.4.13 本条与原规范中的相关条文基本一致，考虑到有色金属的焊缝热影响区较宽，把原条文中的焊缝离支持绝缘子母线夹板边缘距离“不应小于 50mm”改为“不应小于 100mm”。

3.4.14 原规范只规定了硬母线焊接后的表面检查验收标准，未要求做无损检测。考虑到工艺试验与实际焊接有一定的区别，为了确保重要导电部位或主要受力部位的接头质量，本条增加了射线抽检合格的要求。

3.5 软母线架设

3.5.2 本条规定了软母线外观检验的要求。

3.5.3 本条规定了金具的检查要求。

3.5.5 采用小张力法测量是为了保证导线测量的准确；软导线在切断时，若不加绑扎，导线将松股，插入线夹时较困难，且容易弄脏导线线股；若使用螺栓式线夹，导线端头松股时，在拧紧U形螺栓压舌板时容易压伤导线线股；在压接导线前需切割铝线时，若伤及钢芯，将降低导线的抗拉强度，故应特别注意。

3.5.7 为了确保母线施工质量，要求在正式进行液压前应进行试压，同时对耐张线夹连接的导线取样数量作了规定，以检验液压工器具及钢模等是否良好，压接后的导线握着力是否满足要求，接触是否良好。软导线的压接质量直接关系着设备带电后能否安全可靠运行，而正式压接前，进行试压尤为重要，因此，将本条列为强制性条文要求严格执行。

3.5.8 本条是参照现行行业标准《架空送电线路导线及避雷线液压施工工艺规程》SDJ 226 有关规定提出的几项确保液压质量的要求。在进行软导线液压压接时要严格按照工艺规程执行。

1 钢模与被压管，液压钳与钢模之间必须匹配。

2 扩径导线与耐张线夹压接时，对于LGJK型新型扩径导线应用铝线作衬料，导线中心空隙要加衬棒，防止握着力减小。扩径导线与T形线夹连接时，以用螺栓型线夹为好。

3 为确保压接后的握着力符合要求，并避免因伸入长度不够而将没有导线部分的接续管压扁，故要求导线应按规定长度伸入线夹内。

6 液压过程中，应注意随时检查六角形对边的尺寸是否符合要求，发现误差超过允许值时，应及时更换钢模，以确保压接质量。

将压接后形成的六个棱角上的尖角、毛刺打磨光滑，可以避免或减少电晕及噪声。

3.5.9 为了保证软导线与线夹接触良好，减少接触电阻，金具的紧固螺栓应受力均匀，故规定金具螺栓的紧固应用力矩扳手；母线金具紧固螺丝外露不宜过长，以免产生电晕现象。在系统电压愈来愈高的情况下，尤应予以重视。

3.5.10 当导线与钢制螺栓型耐张线夹或悬垂线夹连接时，为防止损伤铝导线，应按规定缠绕铝包带。若是铝制线夹，则导线可以不缠绕铝包带而直接与线夹接触。

3.5.11 本条规定软导线与线夹连接时，要除去接触面的氧化膜，并涂以电力复合脂，以降低接触电阻和防止氧化，减少接头发热；室外易积水的线夹设置滴水孔是防止在冬季雨水进入线夹结冰胀裂线夹。

3.5.12 为了尽量减少母线的故障率，减少母线停电的影响，确保运行安全和维护检修方便，特作出本条规定。

3.5.13 本条规定的数据，系根据有关研究所对该型导线试验结果确定的。无论是LGKK型或LGJK型扩径导线，其弯曲半径均不应小于其导线外径30倍。

3.5.15 可调金具系作为母线弛度调整之用，在母线弛度调整好之后应加以锁紧，防止由于导线随风舞动而自然松动。

3.5.16 软母线的弛度大小是设计时根据导线的承受应力及对地安全距离等因素决定的，施工时误差超过规定值，将会使导线或构架、金具等承受额外增大的应力或减少对地安全距离；三相弛度不一致会影响整齐美观。

3.5.17 针对组合导线的特点，提出了除按软母线架设一般规定外的几点特殊要求。

3.6 金属封闭母线

3.6.1 本条规定了金属封闭母线运输单元运抵现场后的清点、检查和保管要求，避免安装时零部件的缺失和损坏。

3.6.2 由于封闭母线连接的设备较多，事先检查封闭母线与设备的连接有助于避免出现事后返工。

3.6.3 由于封闭母线内绝缘子数量多，在安装前测量绝缘电阻和进行工频耐压试验，有助于排查出损坏的绝缘子。除了封闭母线与设备的连接一般采用螺栓连接外，封闭母线段间的连接多采用搭接焊接的连接方式，因此在安装封闭母线时首先应保证封闭母线与设备的连接在允许范围之内，而将制造误差和土建误差通过合理的调整分配到各个搭接焊接的位置。

3.6.4 本条对金属封闭母线的焊接作出了一般的规定，一些特殊的焊接形式按照设计要求进行。

3.6.6 本条对金属封闭母线的接地作出了规定。

金属封闭母线是指用金属外壳将导体连同绝缘等封闭起来的组合体。

全连式离相封闭母线是指每相外壳电气上连通，分别在三相外壳首末端处短路并接地的离相封闭母线。

不连式(分段绝缘)离相封闭母线是指每相外壳分为若干段，段间绝缘，每段只有一点接地的离相封闭母线。

共箱封闭母线是指三相母线导线封闭在同一个金属外壳中的金属封闭母线。

3.6.7 微正压的金属封闭母线，在安装前应对一些主要密封部件进行检查和处理，可以有效减少安装后发现漏气点的后期处理工作量。

3.7 气体绝缘金属封闭母线

3.7.1 本条规定了气体绝缘金属封闭母线运输单元运抵现场以后的清点、检查、验收及存储条件的要求，有特殊存储要求的应按产品技术文件执行。对存储时间超过一个月的，需定期检查，并形成记录。当发现有泄漏时，应加大检查密度。

3.7.2 本条主要对母线安装前的先决条件进行落实，包括现场条件、安装用工具和材料。母线安装时，现场的湿度和清洁度一定要满足产品安装技术文件的要求。

3.7.3 对母线外壳的碰撞、挤压可能造成外壳变形和内部原件的损坏。外壳变形还会使投入运行中的封闭母线变形部位的电场发生畸变，降低其运行可靠性。

3.7.4 本条规定了母线安装时对母线本身的检查和处理，这是控制母线安装质量的关键。气体绝缘封闭母线对密封性要求比较高，制造缺陷、外壳划伤、强力对口、使用旧的密封垫（圈）都是造成泄漏的隐患。内部的毛刺、清洁不彻底等原因会影响母线内部绝缘水平。密封脂与六氟化硫接触可能产生反应，因此规定密封圈内侧不应涂密封胶，避免其与六氟化硫气体接触。

对连接好的插接母线进行接触电阻测试，可以采用直流（不小于100A）压降法。连接部位接触电阻测试结果不应超过产品技术条件规定值。

关于伸缩节（波纹管状）的伸缩量、调节螺杆紧固预留间隙及接地母线跨接，应符合产品技术文件要求。以图1为例进行说明：伸缩节用于调节母线段的安装长度及补偿随环境温度变化所产生的尺寸变化。出厂时对所有伸缩节组装件都用4根定位连接杆将波纹管的长度进行固定。安装调整型伸缩节时，其波纹管两端的

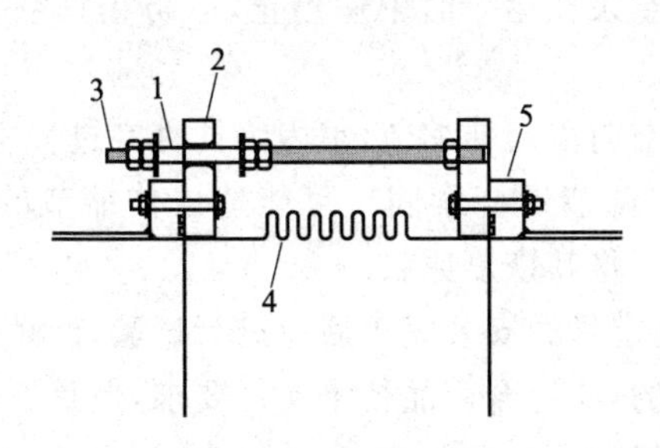

图1 典型波纹管组件示意

1—导向套筒；2—轴承；3—连接杆；4—波纹管；5—母线段

连接螺杆，应按产品技术文件的要求预留胀缩移动间隙，以补偿环境温度变化所产生的母线尺寸变化。固定型伸缩节其波纹管两端的连接螺杆则应按产品技术文件的要求将螺母拧紧。

伸缩节间如安装有跨接接地母线，其接地母线的跨接，不得影响伸缩节的膨胀收缩功能。

3.7.5 本条规定了隔室处理的相关要求。气体绝缘封闭母线内气体含水量的增加是造成其绝缘性能降低的主要因素，所以要严格控制绝缘气体的含水量。真空泵油一旦进入母线隔室内，将无法清除，所以要做好防范措施。母线隔室的真空度一般要求比较高，为防止伸缩节受力变形，抽真空前必须将其固定；充气是一个由液态变为气态的过程，期间气体的温度要降低，当接近标称填充等级时应减慢填充速度，或者在达到标称压力前停止。这样就可以为系统内的气体留出足够的时间来升温，在气体温度达到环境温度的过程中压力会持续上升。再往系统内充入更多的气体，使其达到正确的填充压力。气体绝缘强度主要取决于气体的密度而不是压力，所以通常用密度而不是压力来监测系统绝缘性能的完整性。由于气体系统是密封的，当温度变化时压力会随之变化而密度将保持不变。密度继电器可以对隔室中的气体密度状态给出一个直观的指示，密度继电器装置必须经过有资质的单位校验合格。

不得使真空泵在运行时中途停止，以防止真空泵油倒灌入母线隔室内。

关于抽真空前固定伸缩节，是因为抽真空过程中，如果不进行伸缩节固定（将调节螺杆紧固），可能造成伸缩节的移动或损伤。充气完成后应再将其恢复原状。

3.7.6 本条规定母线安装完工后应进行试验，产品技术文件对试验有特殊要求的，应符合产品技术文件要求，但是不应低于国家相关标准规范的规定。

4 绝缘子与穿墙套管安装

4.0.1 本条规定了绝缘子及穿墙套管外观检查的要求。因为绝缘子分为支柱绝缘子和悬式绝缘子，没有母线绝缘子的专用名称，故本章所称绝缘子是指母线装置用的支柱绝缘子或悬式绝缘子；本规范所指套管是不包括设备套管在内的穿墙套管。

4.0.2 以往有的工程中，绝缘子和穿墙套管在安装前未按规定做耐压试验，待竣工前一起做试验，结果有的试验不合格，造成返工浪费。有的届时找不到备品，以致影响工期，故要求安装前应按规定进行试验，合格后方可安装使用。

4.0.3 为保证母线的安全净距和不使母线受到额外机械应力，并且使母线整齐美观，特作出此规定。

4.0.4 为便于检修时更换绝缘子和穿墙套管，其底座或法兰盘不得埋入混凝土或抹灰层内；支柱绝缘子叠装时，中心线不一致将造成倾斜。

4.0.5 现在有的电厂使用这种三角锥形组合支柱绝缘子，主要用于户外母线，对这种结构型式的绝缘子，产品技术文件都对安装作了要求。

4.0.6 为防止螺栓紧固时损伤绝缘子，故作出此规定。

4.0.7 本条对绝缘子串的安装作了如下规定：

1～3 绝缘子串组合时，为防止绝缘子串脱落，造成导线接地短路故障或设备人身事故，对组合所用的连接件、紧固件及组合时应注意的事项提出了明确要求。

4 多串绝缘子并联时，每串绝缘子所受的张力不均，则受力大的一串容易因张力太大而损坏。

5 为防止绝缘子运行时污闪和减少高空作业，绝缘子吊装前应擦拭干净。

4.0.8 本条对穿墙套管的安装提出了几点要求，以保证安装质量。

2 为防止涡流造成严重发热，其固定钢板应采用开槽或铜焊，使之不构成闭合磁路。

3 为便于运行时巡视检查，监视套管固定螺栓松动情况，规定了套管法兰的安装方向。

5 本款明确规定了储油柜及取油样管路材质的要求，禁止使用可能对油造成污染的材质。有的工程使用了镀锌钢管，镀锌层溶解导致油绝缘不合格。

6 为保证人身及设备的安全，规定套管接地端子及不用的电压抽取端子应可靠接地。

5 工程交接验收

5.0.1 本条规定了在工程竣工交接时，应对工程进行的检查项目及要求。

5.0.2 进行交接验收时，应同时移交技术文件，这是新设备的原始档案资料和运行及检修时依据，移交的资料应正确齐全。

中华人民共和国国家标准

电气装置安装工程
电气设备交接试验标准

Electric equipment installation engineering-
standard for hand-over test of electric equipment

GB 50150—2016

主编部门：中 国 电 力 企 业 联 合 会
批准部门：中华人民共和国住房和城乡建设部
施行日期：2 0 1 6 年 1 2 月 1 日

4

中华人民共和国住房和城乡建设部公告

第 1093 号

住房城乡建设部关于发布国家标准《电气装置安装工程电气设备交接试验标准》的公告

现批准《电气装置安装工程　电气设备交接试验标准》为国家标准，编号为 GB 50150-2016，自 2016 年 12 月 1 日起实施。其中，第 4.0.5(3)、4.0.6(3)条(款)为强制性条文，必须严格执行。原国家标准《电气装置安装工程　电气设备交接试验标准》GB 50150-2006 同时废止。

本标准由我部标准定额研究所组织中国计划出版社出版发行。

中华人民共和国住房和城乡建设部

2016 年 4 月 15 日

前 言

本标准是根据住房和城乡建设部《关于印发〈2009年工程建设标准规范制订、修订计划〉的通知》（建标〔2009〕88号）的要求，由中国电力科学研究院会同有关单位，在《电气装置安装工程 电气设备交接试验标准》GB 50150—2006的基础上修订的。

本标准在修订过程中，认真总结了原标准执行以来对电气装置安装工程电气设备交接试验的新要求以及相关科研和现场实践经验，广泛征求了全国有关单位的意见。在认真处理征求意见稿反馈意见后提出送审稿，最后经审查定稿。

本标准共分26章和7个附录，主要内容包括：总则，术语，基本规定，同步发电机及调相机，直流电机，中频发电机，交流电动机，电力变压器，电抗器及消弧线圈，互感器，真空断路器，六氟化硫断路器，六氟化硫封闭式组合电器，隔离开关、负荷开关及高压熔断器，套管，悬式绝缘子和支柱绝缘子，电力电缆线路，电容器，绝缘油和SF_6气体，避雷器，电除尘器，二次回路，1kV及以下电压等级配电装置和馈电线路，1kV以上架空电力线路，接地装置，低压电器等。

本标准本次修订的主要内容包括：

1. 本标准适用范围从500kV及以下交流电压等级提高到750kV及以下交流电压等级的电气设备交接试验；

2. 修改了原标准中的术语；

3. 增加了“基本规定”章节；

4. 删除了原标准中的油断路器和空气及磁吹断路器的章节；

5. 修改了同步发电机及调相机、电力变压器、电抗器及消弧线圈、互感器、真空断路器、六氟化硫断路器、六氟化硫封闭组合电器、电力电缆线路、电容器部分试验项目及试验标准；

6. 增加了变压器油中颗粒度限值试验项目及标准；

7. 增加了接地装置的场区地表电位梯度、接触电位差、跨步电压和转移电位测量试验项目及标准；

8. 删除了原标准中的附录D油浸式电力变压器绕组直流泄漏电流参考值；

9. 增加了附录C绕组连同套管的介质损耗因数$\tan\delta$(%)温度换算、附录D电力变压器和电抗器交流耐压试验电压和附录E断路器操动机构的试验。

本标准中以黑体字标志的条文为强制性条文，必须严格执行。

本标准由住房和城乡建设部负责管理和对强制性条文的解释，由中国电力企业联合会负责日常管理，由中国电力科学研究院负责具体技术内容的解释。在本标准执行过程中，请各单位结合工程实践，认真总结经验，积累资料，将意见和建议反馈给中国电力科学研究院（地址：北京市西城区南滨河路33号，邮政编码：100055），以供今后修订时参考。

本标准主编单位、参编单位、参加单位、主要起草人和主要审查人：

主 编 单 位：中国电力科学研究院

参 编 单 位：国网电力科学研究院

东北电力科学研究院有限公司

华北电力科学研究院有限责任公司

河北省电力公司电力科学研究院

上海市电力公司电力科学研究院

安徽省电力公司电力科学研究院

湖北省电力公司电力科学研究院

北京电力工程公司

中国能源建设集团天津电力建设有限公司

山东电力建设第一工程公司

东北电业管理局第二工程公司
深圳供电局有限公司深圳电力技术研究中心
广东省输变电工程公司
山东达驰电气有限公司

参加单位：山东泰开变压有限公司

主要起草人：高克利　王晓琪　李金忠　荆　津　刘雪丽
孙　倩　张书琦　高　飞　范　辉　白亚民
田　晓　杨荣凯　阮　羚　葛占雨　刘志良
姚森敬　刘文松　辜　超　陈自年　邓　春
李海生　陈学民

主要审查人：韩洪刚　陈发宇　于晓燕　朱　春　王进瑶
单银忠　李跃进　郑　旭　黄国强　刘世华
贾逸豹　张　诚　杨俊海

1 总　　则

1.0.1 为适应电气装置安装工程电气设备交接试验的需要，促进电气设备交接试验新技术的推广和应用，制定本标准。

1.0.2 本标准适用于750kV及以下交流电压等级新安装的、按照国家相关出厂试验标准试验合格的电气设备交接试验。

1.0.3 继电保护、自动、远动、通信、测量、整流装置、直流场设备以及电气设备的机械部分等的交接试验，应按国家现行相关标准的规定执行。

1.0.4 电气装置安装工程电气设备交接试验，除应符合本标准外，尚应符合国家现行有关标准的规定。

2 术　　语

2.0.1 自动灭磁装置　automatic field suppression equipment

用来消灭发电机磁场和励磁机磁场的自动装置。

2.0.2 电磁式电压互感器　inductive voltage transformer

一种通过电磁感应将一次电压按比例变换成二次电压的电压互感器。这种互感器不附加其他改变一次电压的电气元件。

2.0.3 电容式电压互感器　capacitor voltage transformer

一种由电容分压器和电磁单元组成的电压互感器。其设计和内部接线使电磁单元的二次电压实质上与施加到电容分压器上的一次电压成正比，且在连接方法正确时其相位差接近于零。

2.0.4 倒立式电流互感器　inverted current transformer

一种结构形式的电流互感器，其二次绕组及铁心均置于整个结构的顶部。

2.0.5 自容式充油电缆 self-contained oil-filled cable

利用补充浸渍原理消除绝缘层中形成的气隙以提高工作场强的一种电力电缆。

2.0.6 耦合电容器 coupling capacitor

一种用来在电力系统中传输信息的电容器。

2.0.7 电除尘器 electrostatic precipitator

利用高压电场对荷电粉尘的吸附作用，把粉尘从含尘气体中分离出来的除尘器。

2.0.8 二次回路 secondary circuit

指电气设备的操作、保护、测量、信号等回路及其回路中的操动机构的线圈、接触器继电器、仪表、互感器二次绕组等。

2.0.9 馈电线路 feeder line

电源端向负载设备供电的输电线路。

2.0.10 大型接地装置 large-scale grounding connection

110(66)kV及以上电压等级变电站、装机容量在200MW及以上火电厂和水电厂或者等效平面面积在5000m^2及以上的接地装置。

3 基本规定

3.0.1 电气设备应按本标准进行交流耐压试验，且应符合下列规定：

1 交流耐压试验时加至试验标准电压后的持续时间，无特殊说明时应为1min。

2 耐压试验电压值以额定电压的倍数计算时，发电机和电动机应按铭牌额定电压计算，电缆可按本标准第 17 章规定的方法计算。

3 非标准电压等级的电气设备，其交流耐压试验电压值当没有规定时，可根据本标准规定的相邻电压等级按比例采用插入法计算。

3.0.2 进行绝缘试验时，除制造厂装配的成套设备外，宜将连接在一起的各种设备分离，单独试验。同一试验标准的设备可连在一起试验。无法单独试验时，已有出厂试验报告的同一电压等级不同试验标准的电气设备，也可连在一起进行试验。试验标准应采用连接的各种设备中的最低标准。

3.0.3 油浸式变压器及电抗器的绝缘试验应在充满合格油，静置一定时间，待气泡消除后方可进行。静置时间应按制造厂规定执行，当制造厂无规定时，油浸式变压器及电抗器电压等级与充油后静置时间关系应按表 3.0.3 确定。

表 3.0.3 油浸式变压器及电抗器电压等级与充油后静置时间关系

电压等级(kV)	110(66)及以下	220～330	500	750
静置时间(h)	≥24	≥48	≥72	≥96

3.0.4 进行电气绝缘的测量和试验时，当只有个别项目达不到本标准规定时，则应根据全面的试验记录进行综合判断，方可投入运行。

3.0.5 当电气设备的额定电压与实际使用的额定工作电压不同时，应按下列规定确定试验电压的标准：

1 采用额定电压较高的电气设备在于加强绝缘时，应按照设备额定电压的试验标准进行。

2 采用较高电压等级的电气设备在于满足产品通用性及机械强度的要求时，可按照设备实际使用的额定工作电压的试验标准进行。

3 采用较高电压等级的电气设备在满足高海拔地区要求时，应在安装地点按实际使用的额定工作电压的试验标准进行。

3.0.6 在进行与温度及湿度有关的各种试验时，应同时测量被试物周围的温度及湿度。绝缘试验应在良好天气且被试物及仪器周围温度不低于5℃，空气相对湿度不高于80%的条件下进行。对不满足上述温度、湿度条件情况下测得的试验数据，应进行综合分析，以判断电气设备是否可以投入运行。试验时，应考虑环境温度的影响，对油浸式变压器、电抗器及消弧线圈，应以被试物上层油温作为测试温度。

3.0.7 本标准中所列的绝缘电阻测量，应使用60s的绝缘电阻值（R_{60}）；吸收比的测量应使用R_{60}与15s绝缘电阻值（R_{15}）的比值；极化指数应使用10min与1min的绝缘电阻值的比值。

3.0.8 多绕组设备进行绝缘试验时，非被试绕组应予短路接地。

3.0.9 测量绝缘电阻时，采用兆欧表的电压等级，设备电压等级与兆欧表的选用关系应符合表3.0.9的规定；用于极化指数测量时，兆欧表短路电流不应低于2mA。

表3.0.9 设备电压等级与兆欧表的选用关系

序号	设备电压等级（V）	兆欧表电压等级（V）	兆欧表最小量程（MΩ）
1	＜100	250	50
2	＜500	500	100
3	＜3000	1000	2000
4	＜10000	2500	10000
5	≥10000	2500或5000	10000

3.0.10 本标准的高压试验方法应按国家现行标准《高电压试验技术 第1部分：一般定义及试验要求》GB/T 16927.1、《高电压试验技术 第2部分：测量系统》GB/T 16927.2和《现场绝缘试验实施导则》DL/T 474.1～DL/T 474.5及相关设备标准的规定执行。

3.0.11 对进口设备的交接试验，应按合同规定的标准执行；其相同试验项目的试验标准，不得低于本标准的规定。

3.0.12 承受运行电压的在线监测装置，其耐压试验标准应等同于所连接电气设备的耐压水平。

3.0.13 特殊进线设备的交接试验宜在与周边设备连接前单独进行，当无法单独进行试验或需与电缆、GIS等通过油气、油油套管等连接后方可进行试验时，应考虑相互间的影响。

3.0.14 技术难度大、需要特殊的试验设备进行的试验项目，应列为特殊试验项目，并应由具备相应试验能力的单位进行。特殊试验项目应符合本标准附录A的有关规定。

4 同步发电机及调相机

4.0.1 容量6000kW及以上的同步发电机及调相机的试验项目，应包括下列内容：

1 测量定子绕组的绝缘电阻和吸收比或极化指数。

2 测量定子绕组的直流电阻。

3 定子绕组直流耐压试验和泄漏电流测量。

4 定子绕组交流耐压试验。

5 测量转子绕组的绝缘电阻。

6 测量转子绕组的直流电阻。

7 转子绕组交流耐压试验。

8 测量发电机或励磁机的励磁回路连同所连接设备的绝缘电阻。

9 发电机或励磁机的励磁回路连同所连接设备的交流耐压试验。

10 测量发电机、励磁机的绝缘轴承和转子进水支座的绝缘电阻。

11 测量埋入式测温计的绝缘电阻并检查是否完好。

12 发电机励磁回路的自动灭磁装置试验。

13 测量转子绕组的交流阻抗和功率损耗。

14 测录三相短路特性曲线。

15 测录空载特性曲线。

16 测量发电机空载额定电压下的灭磁时间常数和转子过电压倍数。

17 测量发电机定子残压。

18 测量相序。

19 测量轴电压。

20 定子绕组端部动态特性测试。

21 定子绕组端部手包绝缘施加直流电压测量。

22 转子通风试验。

23 水流量试验。

4.0.2 各类同步发电机及调相机的交接试验项目应符合下列规定：

1 容量6000kW以下、1kV以上电压等级的同步发电机，应按本标准第4.0.1条第1款～第9款、第11款～第19款进行试验。

2 1kV及以下电压等级的任何容量的同步发电机，应按本标准第4.0.1条第1、2、4、5、6、7、8、9、11、12、13、18和19款进行试验。

3 无启动电动机或启动电动机只允许短时运行的同步调相机，可不进行本标准第4.0.1条第14款和第15款试验。

4.0.3 测量定子绕组的绝缘电阻和吸收比或极化指数，应符合下列规定：

1 各相绝缘电阻的不平衡系数不应大于2。

2 对环氧粉云母绝缘吸收比不应小于1.6。容量200MW及以上机组应测量极化指数，极化指数不应小于2.0。

3 进行交流耐压试验前，电机绕组的绝缘应满足本条第1

款、第 2 款的要求。

4 测量水内冷发电机定子绕组绝缘电阻，应在消除剩水影响的情况下进行。

5 对于汇水管死接地的电机应在无水情况下进行；对汇水管非死接地的电机，应分别测量绕组及汇水管绝缘电阻，测量绕组绝缘电阻时应采用屏蔽法消除水的影响，测量结果应符合制造厂的规定。

6 交流耐压试验合格的电机，当其绝缘电阻按本标准附录 B 的规定折算至运行温度后（环氧粉云母绝缘的电机在常温下），不低于其额定电压 1MΩ/kV 时，可不经干燥投入运行。但在投运前不应再拆开端盖进行内部作业。

4.0.4 测量定子绕组的直流电阻，应符合下列规定：

1 直流电阻应在冷状态下测量，测量时绕组表面温度与周围空气温度的允许偏差应为±3℃。

2 各相或各分支绕组的直流电阻，在校正了引线长度不同而引起的误差后，相互间差别不应超过其最小值的 2%；与产品出厂时测得的数值换算至同温度下的数值比较，其相对变化不应大于 2%。

3 对于现场组装的对拼接头部位，应在紧固螺栓力矩后检查接触面的连接情况，并应在对拼接头部位现场组装后测量定子绕组的直流电阻。

4.0.5 定子绕组直流耐压试验和泄漏电流测量，应符合下列规定：

1 试验电压应为电机额定电压的 3 倍。

2 试验电压应按每级 0.5 倍额定电压分阶段升高，每阶段应停留 1min，并应记录泄漏电流；在规定的试验电压下，泄漏电流应符合下列规定：

1) 各相泄漏电流的差别不应大于最小值的 100%，当最大泄漏电流在 20μA 以下，根据绝缘电阻值和交流耐压试验结果综合判断为良好时，可不考虑各相间差值；

2）泄漏电流不应随时间延长而增大；

3）泄漏电流随电压不成比例地显著增长时，应及时分析；

4）当不符合本款第1）项、第2）项规定之一时，应找出原因，并将其消除。

3 氢冷电机应在充氢前进行试验，严禁在置换氢过程中进行试验。

4 水内冷电机试验时，宜采用低压屏蔽法；对于汇水管死接地的电机，现场可不进行该项试验。

4.0.6 定子绕组交流耐压试验应符合下列规定：

1 定子绕组交流耐压试验所采用的电压，应符合表4.0.6的规定。

2 现场组装的水轮发电机定子绕组工艺过程中的绝缘交流耐压试验，应按现行国家标准《水轮发电机组安装技术规范》GB/T 8564的有关规定执行。

3 水内冷电机在通水情况下进行试验，水质应合格；氢冷电机应在充氢前进行试验，严禁在置换氢过程中进行。

4 大容量发电机交流耐压试验，当工频交流耐压试验设备不能满足要求时，可采用谐振耐压代替。

表4.0.6 定子绕组交流耐压试验电压

容量(kW)	额定电压(V)	试验电压(V)
10000以下	36以上	$(1000+2U_n)\times0.8$，最低为1200
10000及以上	24000以下	$(1000+2U_n)\times0.8$
10000及以上	24000及以上	与厂家协商

注：U_n为发电机额定电压。

4.0.7 测量转子绕组的绝缘电阻应符合下列规定：

1 转子绕组的绝缘电阻值不宜低于0.5MΩ。

2 水内冷转子绕组使用500V及以下兆欧表或其他仪器测量，绝缘电阻值不应低于5000Ω。

3 当发电机定子绕组绝缘电阻已符合启动要求，而转子绕组的绝缘电阻值不低于2000Ω时，可允许投入运行。

4 应在超速试验前后测量额定转速下转子绕组的绝缘电阻。

5 测量绝缘电阻时采用兆欧表的电压等级应符合下列规定：

1)当转子绕组额定电压为200V以上时，应采用2500V兆欧表；

2)当转子绕组额定电压为200V及以下时，应采用1000V兆欧表。

4.0.8 测量转子绕组的直流电阻应符合下列规定：

1 应在冷状态下测量转子绕组的直流电阻，测量时绕组表面温度与周围空气温度之差不应大于3℃。测量数值与换算至同温度下的产品出厂数值的差值不应超过2%。

2 显极式转子绕组，应对各磁极绕组进行测量；当误差超过规定时，还应对各磁极绕组间的连接点电阻进行测量。

4.0.9 转子绕组交流耐压试验应符合下列规定：

1 整体到货的显极式转子，试验电压应为额定电压的7.5倍，且不应低于1200V。

2 工地组装的显极式转子，其单个磁极耐压试验应按制造厂规定执行。组装后的交流耐压试验，应符合下列规定：

1)额定励磁电压为500V及以下电压等级，耐压值应为额定励磁电压的10倍，并不应低于1500V；

2)额定励磁电压为500V以上，耐压值应为额定励磁电压的2倍加4000V。

3 隐极式转子绕组可不进行交流耐压试验，可用2500V兆欧表测量绝缘电阻代替交流耐压。

4.0.10 测量发电机和励磁机的励磁回路连同所连接设备的绝缘电阻值，应符合下列规定：

1 绝缘电阻值不应低于0.5MΩ。

2 测量绝缘电阻不应包括发电机转子和励磁机电枢。

3 回路中有电子元器件设备的，试验时应将插件拔出或将其两端短接。

4.0.11 发电机和励磁机的励磁回路连同所连接设备的交流耐压试验，应符合下列规定：

1 试验电压值应为1000V或用2500V兆欧表测量绝缘电阻代替交流耐压试验。

2 交流耐压试验不应包括发电机转子和励磁机电枢。

3 水轮发电机的静止可控硅励磁的试验电压，应按本标准第4.0.9条第2款的规定执行。

4 回路中有电子元器件设备的，试验时应将插件拔出或将其两端短接。

4.0.12 测量发电机、励磁机的绝缘轴承和转子进水支座的绝缘电阻，应符合下列规定：

1 应在装好油管后采用1000V兆欧表测量，绝缘电阻值不应低于0.5MΩ。

2 对氢冷发电机应测量内外挡油盖的绝缘电阻，其值应符合制造厂的规定。

4.0.13 测量埋入式测温计的绝缘电阻并检查是否完好，应符合下列规定：

1 应采用250V兆欧表测量测温计绝缘电阻。

2 应对测温计指示值进行核对性检查，且应无异常。

4.0.14 发电机励磁回路的自动灭磁装置试验，应符合下列规定：

1 自动灭磁开关的主回路常开和常闭触头或主触头和灭弧触头的动作配合顺序应符合制造厂设计的动作配合顺序。

2 在同步发电机空载额定电压下进行灭磁试验，观察灭磁开关灭弧应正常。

3 灭磁开关合分闸电压应符合产品技术文件规定，灭磁开关在额定电压80%以上时，应可靠合闸；在30%～65%额定电压时，应可靠分闸；低于30%额定电压时，不应动作。

4.0.15 测量转子绕组的交流阻抗和功率损耗，应符合下列规定：

1 应在定子膛内、膛外的静止状态下和在超速试验前后的额定转速下分别测量。

2 对于显极式电机，可在膛外对每一磁极绕组进行测量，测量数值相互比较应无明显差别。

3 试验时施加电压的峰值不应超过额定励磁电压值。

4 对于无刷励磁机组，当无测量条件时，可不测。

4.0.16 测量三相短路特性曲线应符合下列规定：

1 测量数值与产品出厂试验数值比较，应在测量误差范围以内。

2 对于发电机变压器组，当有发电机本身的短路特性出厂试验报告时，可只录取发电机变压器组的短路特性，其短路点应设在变压器高压侧。

4.0.17 测量空载特性曲线应符合下列规定：

1 测量数值与产品出厂试验数值比较，应在测量误差范围以内。

2 在额定转速下试验电压的最高值，对于汽轮发电机及调相机应为定子额定电压值的120%，对于水轮发电机应为定子额定电压值的130%，但均不应超过额定励磁电流。

3 当电机有匝间绝缘时，应进行匝间耐压试验，在定子额定电压值的130%且不超过定子最高电压下持续5min。

4 对于发电机变压器组，当有发电机本身的空载特性出厂试验报告时，可只录取发电机变压器组的空载特性，电压应加至定子额定电压值的110%。

4.0.18 测量发电机空载额定电压下灭磁时间常数和转子过电压倍数，应符合下列规定：

1 在发电机空载额定电压下测录发电机定子开路时的灭磁时间常数。

2 对发电机变压器组，可带空载变压器同时进行。应同时检查转子过电压倍数，并应保证在励磁电流小于1.1倍额定电流时，转子过电压值不大于励磁绕组出厂试验电压值的30%。

4.0.19 测量发电机定子残压应符合下列规定：

1 应在发电机空载额定电压下灭磁装置分闸后测试定子残压。

2 定子残压值较大时，测试时应注意安全。

4.0.20 测量发电机的相序应与电网相序一致。

4.0.21 测量轴电压应符合下列规定：

1 应分别在空载额定电压时及带负荷后测定。

2 汽轮发电机的轴承油膜被短路时，轴承与机座间的电压值，应接近于转子两端轴上的电压值。

3 应测量水轮发电机轴对机座的电压。

4.0.22 定子绕组端部动态特性测试应符合下列规定：

1 应对200MW及以上汽轮发电机测试，200MW以下的汽轮发电机可根据具体情况而定。

2 汽轮发电机和燃气轮发电机冷态下线棒、引线固有频率和端部整体椭圆固有频率避开范围应符合表4.0.22的规定，并应符合现行国家标准《透平型发电机定子绕组端部动态特性和振动试验方法及评定》GB/T 20140的规定。

表4.0.22 汽轮发电机和燃气轮发电机定子绕组端部局部及整体椭圆固有频率避开范围

额定转速	支撑型式	线棒固有频率(Hz)	引线固有频率(Hz)	整体椭圆固有频率(Hz)
3000	刚性支撑	≤95,≥106	≤95,≥108	≤95,≥110
	柔性支撑	≤95,≥106	≤95,≥108	≤95,≥112
3600	刚性支撑	≤114,≥127	≤114,≥130	≤114,≥132
	柔性支撑	≤114,≥127	≤114,≥130	≤114,≥134

4.0.23 定子绕组端部手包绝缘施加直流电压测量，应符合下列

规定：

1　现场进行发电机端部引线组装的，应在绝缘包扎材料干燥后施加直流电压测量。

2　定子绕组施加直流电压值应为发电机额定电压 U_n。

3　所测表面直流电位不应大于制造厂的规定值。

4　厂家已对某些部位进行过试验且有试验记录者，可不进行该部位的试验。

4.0.24　转子通风试验方法和限值应按现行行业标准《透平发电机转子气体内冷通风道　检验方法及限值》JB/T 6229 的有关规定执行。

4.0.25　水流量试验方法和限值应按现行行业标准《汽轮发电机绕组内部水系统检验方法及评定》JB/T 6228 中的有关规定执行。

5　直流电机

5.0.1　直流电机的试验项目应包括下列内容：

1　测量励磁绕组和电枢的绝缘电阻。

2　测量励磁绕组的直流电阻。

3　励磁绕组和电枢的交流耐压试验。

4　测量励磁可变电阻器的直流电阻。

5　测量励磁回路连同所有连接设备的绝缘电阻。

6　励磁回路连同所有连接设备的交流耐压试验。

7　检查电机绕组的极性及其连接的正确性。

8　电机电刷磁场中性位置检查。

9　测录直流发电机的空载特性和以转子绕组为负载的励磁机负载特性曲线。

10　直流电动机的空转检查和空载电流测量。

5.0.2 各类直流电机的交接试验项目应符合下列规定：

1 6000kW 以上同步发电机及调相机的励磁机，应按本标准第 5.0.1 条全部项目进行试验。

2 其余直流电机应按本标准第 5.0.1 条第 1、2、4、5、7、8 和 10 款进行试验。

5.0.3 测量励磁绕组和电枢的绝缘电阻值不应低于 0.5MΩ。

5.0.4 测量励磁绕组的直流电阻值与出厂数值比较，其差值不应大于 2%。

5.0.5 励磁绕组对外壳和电枢绕组对轴的交流耐压试验，应符合下列规定：

1 励磁绕组对外壳间应进行交流耐压试验，电枢绕组对轴间应进行交流耐压试验。

2 试验电压应为额定电压的 1.5 倍加 750V，且不应小于 1200V。

5.0.6 测量励磁可变电阻器的直流电阻值，应符合下列规定：

1 测得的直流电阻值与产品出厂数值比较，其差值不应超过 10%。

2 调节过程中励磁可变电阻器应接触良好，无开路现象，电阻值变化应有规律性。

5.0.7 测量励磁回路连同所有连接设备的绝缘电阻值，应符合下列规定：

1 励磁回路连同所有连接设备的绝缘电阻值不应低于 0.5MΩ。

2 测量绝缘电阻不应包括励磁调节装置回路。

5.0.8 励磁回路连同所有连接设备的交流耐压试验，应符合下列规定：

1 试验电压值应为 1000V 或用 2500V 兆欧表测量绝缘电阻代替交流耐压试验。

2 交流耐压试验不应包括励磁调节装置回路。

5.0.9 检查电机绕组的极性及其连接，应正确。

5.0.10 电机电刷磁场中性位置检查，应符合下列规定：

1 应调整电机电刷的中性位置，且应正确。

2 应满足良好换向要求。

5.0.11 测录直流发电机的空载特性和以转子绕组为负载的励磁机负载特性曲线，应符合下列规定：

1 测录曲线与产品的出厂试验资料比较，应无明显差别。

2 励磁机负载特性宜与同步发电机空载和短路试验同时测录。

5.0.12 直流电动机的空转检查和空载电流测量，应符合下列规定：

1 空载运转时间不宜小于30min，电刷与换向器接触面应无明显火花。

2 记录直流电机的空载电流。

6 中频发电机

6.0.1 中频发电机的试验项目应包括下列内容：

1 测量绕组的绝缘电阻。

2 测量绕组的直流电阻。

3 绕组的交流耐压试验。

4 测录空载特性曲线。

5 测量相序。

6 测量检温计绝缘电阻，并检查是否完好。

6.0.2 测量绕组的绝缘电阻值不应低于0.5MΩ。

6.0.3 测量绕组的直流电阻应符合下列规定：

1 各相或各分支的绕组直流电阻值与出厂数值比较，相互差别不应超过2%。

2 励磁绕组直流电阻值与出厂数值比较，应无明显差别。

6.0.4 绕组的交流耐压试验电压值，应为出厂试验电压值的75%。

6.0.5 测录空载特性曲线应符合下列规定：

1 试验电压最高应升至产品出厂试验数值为止，所测得的数值与出厂数值比较，应无明显差别。

2 永磁式中频发电机应测录发电机电压与转速的关系曲线，所测得的曲线与出厂数值比较，应无明显差别。

6.0.6 测量相序，电机出线端子标号应与相序一致。

6.0.7 测量检温计绝缘电阻并检查是否完好，应符合下列规定：

1 采用250V兆欧表测量检温计绝缘电阻应良好。

2 核对检温计指示值，应无异常。

7 交流电动机

7.0.1 交流电动机的试验项目应包括下列内容：

1 测量绕组的绝缘电阻和吸收比。

2 测量绕组的直流电阻。

3 定子绕组的直流耐压试验和泄漏电流测量。

4 定子绕组的交流耐压试验。

5 绕线式电动机转子绕组的交流耐压试验。

6 同步电动机转子绕组的交流耐压试验。

7 测量可变电阻器、启动电阻器、灭磁电阻器的绝缘电阻。

8 测量可变电阻器、启动电阻器、灭磁电阻器的直流电阻。

9 测量电动机轴承的绝缘电阻。

10 检查定子绕组极性及其连接的正确性。

11 电动机空载转动检查和空载电流测量。

7.0.2 电压1000V以下且容量为100kW以下的电动机，可按本标准第7.0.1条第1、7、10和11款进行试验。

7.0.3 测量绕组的绝缘电阻和吸收比，应符合下列规定：

1 额定电压为1000V以下，常温下绝缘电阻值不应低于0.5MΩ；额定电压为1000V及以上，折算至运行温度时的绝缘电阻值，定子绕组不应低于1MΩ/kV，转子绕组不应低于0.5MΩ/kV。绝缘电阻温度换算可按本标准附录B的规定进行。

2 1000V及以上的电动机应测量吸收比，吸收比不应低于1.2，中性点可拆开的应分相测量。

3 进行交流耐压试验时，绕组的绝缘应满足本条第1款和第2款的要求。

4 交流耐压试验合格的电动机，当其绝缘电阻折算至运行温度后（环氧粉云母绝缘的电动机在常温下）不低于其额定电压1MΩ/kV时，可不经干燥投入运行，但投运前不应再拆开端盖进行内部作业。

7.0.4 测量绕组的直流电阻应符合下列规定：

1 1000V以上或容量100kW以上的电动机各相绕组直流电阻值相互差别，不应超过其最小值的2%。

2 中性点未引出的电动机可测量线间直流电阻，其相互差别不应超过其最小值的1%。

3 特殊结构的电动机各相绕组直流电阻值与出厂试验值差别不应超过2%。

7.0.5 定子绕组直流耐压试验和泄漏电流测量，应符合下列规定：

1 1000V以上及1000kW以上、中性点连线已引出至出线端子板的定子绕组应分相进行直流耐压试验。

2 试验电压应为定子绕组额定电压的3倍。在规定的试验电压下，各相泄漏电流的差值不应大于最小值的100%；当最大泄漏电流在20μA以下，根据绝缘电阻值和交流耐压试验结果综合判断为良好时，可不考虑各相间差值。

3 试验应符合本标准第4.0.5条的有关规定；中性点连线未引出的可不进行此项试验。

7.0.6 电动机定子绕组的交流耐压试验电压应符合表7.0.6的规定。

表7.0.6 电动机定子绕组交流耐压试验电压

额定电压(kV)	3	6	10
试验电压(kV)	5	10	16

7.0.7 绕线式电动机的转子绕组交流耐压试验电压，应符合表7.0.7的规定。

表7.0.7 绕线式电动机转子绕组交流耐压试验电压

转子工况	试验电压(V)
不可逆的	$1.5U_k+750$
可逆的	$3.0U_k+750$

注：U_k为转子静止时，在定子绕组上施加额定电压，转子绕组开路时测得的电压。

7.0.8 同步电动机转子绕组的交流耐压试验，应符合下列规定：

1 试验电压值应为额定励磁电压的7.5倍，且不应低于1200V。

2 试验电压值不应高于出厂试验电压值的75%。

7.0.9 可变电阻器、启动电阻器、灭磁电阻器的绝缘电阻，当与回路一起测量时，绝缘电阻值不应低于0.5MΩ。

7.0.10 测量可变电阻器、启动电阻器、灭磁电阻器的直流电阻值，应符合下列规定：

1 测得的直流电阻值与产品出厂数值比较，其差值不应超过10%。

2 调节过程中应接触良好，无开路现象，电阻值的变化应有规律性。

7.0.11 测量电动机轴承的绝缘电阻应符合下列规定：

1 当有油管路连接时，应在油管安装后，采用1000V兆欧表测量。

2 绝缘电阻值不应低于0.5MΩ。

7.0.12 检查定子绕组的极性及其连接的正确性，应符合下列规定：

1 定子绕组的极性及其连接应正确。

2 中性点未引出者可不检查极性。

7.0.13 电动机空载转动检查和空载电流测量，应符合下列规定：

1 电动机空载转动的运行时间应为2h。

2 应记录电动机空载转动时的空载电流。

3 当电动机与其机械部分的连接不易拆开时，可连在一起进行空载转动检查试验。

8 电力变压器

8.0.1 电力变压器的试验项目应包括下列内容：

1 绝缘油试验或SF_6气体试验。

2 测量绕组连同套管的直流电阻。

3 检查所有分接的电压比。

4 检查变压器的三相接线组别和单相变压器引出线的极性。

5 测量铁心及夹件的绝缘电阻。

6 非纯瓷套管的试验。

7 有载调压切换装置的检查和试验。

8 测量绕组连同套管的绝缘电阻、吸收比或极化指数。

9 测量绕组连同套管的介质损耗因数(tanδ)与电容量。

10 变压器绕组变形试验。

11 绕组连同套管的交流耐压试验。

12 绕组连同套管的长时感应耐压试验带局部放电测量。

13 额定电压下的冲击合闸试验。

14 检查相位。

15 测量噪音。

8.0.2 各类变压器试验项目应符合下列规定：

1 容量为1600kVA及以下油浸式电力变压器，可按本标准第8.0.1条第1、2、3、4、5、6、7、8、11、13和14款进行试验。

2 干式变压器可按本标准第8.0.1条第2、3、4、5、7、8、11、13和14款进行试验。

3 变流、整流变压器可按本标准第8.0.1条第1、2、3、4、5、6、7、8、11、13和14款进行试验。

4 电炉变压器可按本标准第8.0.1条第1、2、3、4、5、6、7、8、11、13和14款进行试验。

5 接地变压器、曲折变压器可按本标准第8.0.1条第2、3、4、5、8、11和13款进行试验，对于油浸式变压器还应按本标准第8.0.1条第1款和第9款进行试验。

6 穿心式电流互感器、电容型套管应分别按本标准第10章互感器和第15章套管的试验项目进行试验。

7 分体运输、现场组装的变压器应由订货方见证所有出厂试验项目，现场试验应按本标准执行。

8 应对气体继电器、油流继电器、压力释放阀和气体密度继电器等附件进行检查。

8.0.3 油浸式变压器中绝缘油及SF_6气体绝缘变压器中SF_6气体的试验，应符合下列规定：

1 绝缘油的试验类别应符合本标准表19.0.2的规定，试验项目及标准应符合本标准表19.0.1的规定。

2 油中溶解气体的色谱分析，应符合下列规定：

1) 电压等级在66kV及以上的变压器，应在注油静置后、耐压和局部放电试验24h后、冲击合闸及额定电压下运行24h后，各进行一次变压器器身内绝缘油的油中溶解气体的色谱分析；

2)试验应符合现行国家标准《变压器油中溶解气体分析和判断导则》GB/T 7252 的有关规定。各次测得的氢、乙炔、总烃含量,应无明显差别;

3)新装变压器油中总烃含量不应超过 20μL/L,H_2 含量不应超过 10μL/L,C_2H_2 含量不应超过 0.1μL/L。

3 变压器油中水含量的测量,应符合下列规定:

1)电压等级为 110(66)kV 时,油中水含量不应大于 20mg/L;

2)电压等级为 220kV 时,油中水含量不应大于 15mg/L;

3)电压等级为 330kV~750kV 时,油中水含量不应大于 10mg/L。

4 油中含气量的测量,应按规定时间静置后取样测量油中的含气量,电压等级为 330kV~750kV 的变压器,其值不应大于 1%(体积分数)。

5 对 SF_6 气体绝缘的变压器应进行 SF_6 气体含水量检验及检漏。SF_6 气体含水量(20℃的体积分数)不宜大于 250μL/L,变压器应无明显泄漏点。

8.0.4 测量绕组连同套管的直流电阻,应符合下列规定:

1 测量应在各分接的所有位置上进行。

2 1600kVA 及以下三相变压器,各相绕组相互间的差别不应大于 4%;无中性点引出的绕组,线间各绕组相互间差别不应大于 2%;1600kVA 以上变压器,各相绕组相互间差别不应大于 2%;无中性点引出的绕组,线间相互间差别不应大于 1%。

3 变压器的直流电阻,与同温下产品出厂实测数值比较,相应变化不应大于 2%;不同温度下电阻值应按下式计算:

$$R_2 = R_1 \cdot \frac{T + t_2}{T + t_1} \tag{8.0.4}$$

式中:R_1——温度在 t_1(℃)时的电阻值(Ω);

R_2——温度在 t_2(℃)时的电阻值(Ω);

T——计算用常数,铜导线取 235,铝导线取 225。

4 由于变压器结构等原因,差值超过本条第 2 款时,可只按本条第 3 款进行比较,但应说明原因。

5 无励磁调压变压器送电前最后一次测量,应在使用的分接锁定后进行。

8.0.5 检查所有分接的电压比,应符合下列规定:

1 所有分接的电压比应符合电压比的规律。

2 与制造厂铭牌数据相比,应符合下列规定:

1)电压等级在 35kV 以下,电压比小于 3 的变压器电压比允许偏差应为±1%;

2)其他所有变压器额定分接下电压比允许偏差不应超过±0.5%;

3)其他分接的电压比应在变压器阻抗电压值(%)的 1/10 以内,且允许偏差应为±1%。

8.0.6 检查变压器的三相接线组别和单相变压器引出线的极性,应符合下列规定:

1 变压器的三相接线组别和单相变压器引出线的极性应符合设计要求。

2 变压器的三相接线组别和单相变压器引出线的极性应与铭牌上的标记和外壳上的符号相符。

8.0.7 测量铁心及夹件的绝缘电阻,应符合下列规定:

1 应测量铁心对地绝缘电阻、夹件对地绝缘电阻、铁心对夹件绝缘电阻。

2 进行器身检查的变压器,应测量可接触到的穿心螺栓、轭铁夹件及绑扎钢带对铁轭、铁心、油箱及绕组压环的绝缘电阻。当轭铁梁及穿心螺栓一端与铁心连接时,应将连接片断开后进行试验。

3 在变压器所有安装工作结束后应进行铁心对地、有外引接地线的夹件对地及铁心对夹件的绝缘电阻测量。

4 对变压器上有专用的铁心接地线引出套管时,应在注油前后测量其对外壳的绝缘电阻。

5 采用2500V兆欧表测量，持续时间应为1min，应无闪络及击穿现象。

8.0.8 非纯瓷套管的试验应按本标准第15章的规定进行。

8.0.9 有载调压切换装置的检查和试验，应符合下列规定：

1 有载分接开关绝缘油击穿电压应符合本标准表19.0.1的规定。

2 在变压器无电压下，有载分接开关的手动操作不应少于2个循环、电动操作不应少于5个循环，其中电动操作时电源电压应为额定电压的85%及以上。操作应无卡涩，连动程序、电气和机械限位应正常。

3 循环操作后，进行绕组连同套管在所有分接下直流电阻和电压比测量，试验结果应符合本标准第8.0.4条、第8.0.5条的规定。

4 在变压器带电条件下进行有载调压开关电动操作，动作应正常。操作过程中，各侧电压应在系统电压允许范围内。

8.0.10 测量绕组连同套管的绝缘电阻、吸收比或极化指数，应符合下列规定：

1 绝缘电阻值不应低于产品出厂试验值的70%或不低于10000MΩ(20℃)。

2 当测量温度与产品出厂试验时的温度不符合时，油浸式电力变压器绝缘电阻的温度换算系数可按表8.0.10换算到同一温度时的数值进行比较。

表8.0.10 油浸式电力变压器绝缘电阻的温度换算系数

温度差 K	5	10	15	20	25	30	35	40	45	50	55	60
换算系数 A	1.2	1.5	1.8	2.3	2.8	3.4	4.1	5.1	6.2	7.5	9.2	11.2

注：1 表中 K 为实测温度减去20℃的绝对值。

2 测量温度以上层油温为准。

当测量绝缘电阻的温度差不是表8.0.10中所列数值时，其换

算系数 A 可用线性插入法确定，也可按下式计算：

$$A = 1.5^{K/10} \tag{8.0.10-1}$$

校正到20℃时的绝缘电阻值计算应满足下列要求：

当实测温度为20℃以上时，可按下式计算：

$$R_{20} = AR_{t} \tag{8.0.10-2}$$

当实测温度为20℃以下时，可按下式计算：

$$R_{20} = R_{t}/A \tag{8.0.10-3}$$

式中：R_{20}——校正到20℃时的绝缘电阻值（MΩ）；

R_{t}——在测量温度下的绝缘电阻值（MΩ）。

3 变压器电压等级为35kV及以上且容量在4000kVA及以上时，应测量吸收比。吸收比与产品出厂值相比应无明显差别，在常温下不应小于1.3；当 R_{60} 大于3000MΩ（20℃）时，吸收比可不作考核要求。

4 变压器电压等级为220kV及以上或容量为120MVA及以上时，宜用5000V兆欧表测量极化指数。测得值与产品出厂值相比应无明显差别，在常温下不应小于1.5。当 R_{60} 大于10000MΩ（20℃）时，极化指数可不作考核要求。

8.0.11 测量绕组连同套管的介质损耗因数（$\tan\delta$）及电容量，应符合下列规定：

1 当变压器电压等级为35kV及以上且容量在10000kVA及以上时，应测量介质损耗因数（$\tan\delta$）。

2 被测绕组的 $\tan\delta$ 值不宜大于产品出厂试验值的130%，当大于130%时，可结合其他绝缘试验结果综合分析判断。

3 当测量时的温度与产品出厂试验温度不符合时，可按本标准附录C表换算到同一温度时的数值进行比较。

4 变压器本体电容量与出厂值相比允许偏差应为±3%。

8.0.12 变压器绕组变形试验应符合下列规定：

1 对于35kV及以下电压等级变压器，宜采用低电压短路阻抗法。

2 对于 110(66)kV 及以上电压等级变压器,宜采用频率响应法测量绕组特征图谱。

8.0.13 绕组连同套管的交流耐压试验应符合下列规定:

1 额定电压在 110kV 以下的变压器,线端试验应按本标准附录表 D.0.1 进行交流耐压试验。

2 绕组额定电压为 110(66)kV 及以上的变压器,其中性点应进行交流耐压试验,试验耐受电压标准应符合本标准附录表 D.0.2 的规定,并应符合下列规定:

1)试验电压波形应接近正弦,试验电压值应为测量电压的峰值除以$\sqrt{2}$,试验时应在高压端监测;

2)外施交流电压试验电压的频率不应低于 40Hz,全电压下耐受时间应为 60s;

3)感应电压试验时,试验电压的频率应大于额定频率。当试验电压频率小于或等于 2 倍额定频率时,全电压下试验时间为 60s;当试验电压频率大于 2 倍额定频率时,全电压下试验时间应按下式计算:

$$t = 120 \times (f_N / f_S) \tag{8.0.13}$$

式中:f_N——额定频率;

f_S——试验频率;

t——全电压下试验时间,不应少于 15s。

8.0.14 绕组连同套管的长时感应电压试验带局部放电测量(ACLD),应符合下列规定:

1 电压等级 220kV 及以上变压器在新安装时,应进行现场局部放电试验。电压等级为 110kV 的变压器,当对绝缘有怀疑时,应进行局部放电试验。

2 局部放电试验方法及判断方法,应按现行国家标准《电力变压器 第 3 部分:绝缘水平、绝缘试验和外绝缘空气间隙》GB/T 1094.3中的有关规定执行。

3 750kV 变压器现场交接试验时,绕组连同套管的长时感应电压试验带局部放电测量(ACLD)中,激发电压应按出厂交流耐压的80%(720kV)进行。

8.0.15 额定电压下的冲击合闸试验应符合下列规定:

1 在额定电压下对变压器的冲击合闸试验,应进行5次,每次间隔时间宜为5min,应无异常现象,其中750kV变压器在额定电压下,第一次冲击合闸后的带电运行时间不应少于30min,其后每次合闸后带电运行时间可逐次缩短,但不应少于5min。

2 冲击合闸宜在变压器高压侧进行,对中性点接地的电力系统试验时变压器中性点应接地。

3 发电机变压器组中间连接无操作断开点的变压器,可不进行冲击合闸试验。

4 无电流差动保护的干式变可冲击3次。

8.0.16 检查变压器的相位,应与电网相位一致。

8.0.17 测量噪声应符合下列规定:

1 电压等级为750kV的变压器的噪声,应在额定电压及额定频率下测量,噪声值声压级不应大于80dB(A)。

2 测量方法和要求应符合现行国家标准《电力变压器 第10部分:声级测定》GB/T 1094.10的规定。

3 验收应以出厂验收为准。

4 对于室内变压器可不进行噪声测量试验。

9 电抗器及消弧线圈

9.0.1 电抗器及消弧线圈的试验项目应包括下列内容:

1 测量绕组连同套管的直流电阻。

2 测量绕组连同套管的绝缘电阻、吸收比或极化指数。

3 测量绕组连同套管的介质损耗因数(tanδ)及电容量。

4 绕组连同套管的交流耐压试验。

5 测量与铁心绝缘的各紧固件的绝缘电阻。

6 绝缘油的试验。

7 非纯瓷套管的试验。

8 额定电压下冲击合闸试验。

9 测量噪声。

10 测量箱壳的振动。

11 测量箱壳表面的温度。

9.0.2 各类电抗器和消弧线圈试验项目应符合下列规定：

1 干式电抗器可按本标准第9.0.1条第1、2、4和8款进行试验。

2 油浸式电抗器可按本标准第9.0.1条第1、2、4、5、6和8款规定进行试验，对35kV及以上电抗器应增加本标准第9.0.1条第3、7、9、10和11款试验项目。

3 消弧线圈可按本标准第9.0.1条第1、2、4和5款进行试验，对35kV及以上油浸式消弧线圈应增加本标准第9.0.1条第3、7和8款试验项目。

9.0.3 测量绕组连同套管的直流电阻，应符合下列规定：

1 测量应在各分接的所有位置上进行。

2 实测值与出厂值的变化规律应一致。

3 三相电抗器绕组直流电阻值相互间差值不应大于三相平均值的2%。

4 电抗器和消弧线圈的直流电阻，与同温下产品出厂值比较相应变化不应大于2%。

5 对于立式布置的干式空芯电抗器绕组直流电阻值，可不进行三相间的比较。

9.0.4 测量绕组连同套管的绝缘电阻、吸收比或极化指数，应符合本标准第8.0.10条的规定。

9.0.5 测量绕组连同套管的介质损耗因数(tanδ)及电容量，应符合本标准第 8.0.11 条的规定。

9.0.6 绕组连同套管的交流耐压试验应符合下列规定：

1 额定电压在 110kV 以下的消弧线圈、干式或油浸式电抗器均应进行交流耐压试验，试验电压应符合本标准附录表 D.0.1 的规定。

2 对分级绝缘的耐压试验电压标准，应按接地端或其末端绝缘的电压等级来进行。

9.0.7 测量与铁心绝缘的各紧固件的绝缘电阻，应符合本标准第 8.0.7 条的规定。

9.0.8 绝缘油的试验应符合本标准第 19.0.1 条和第 19.0.2 条的规定。

9.0.9 非纯瓷套管的试验应符合本标准第 15 章的有关规定。

9.0.10 在额定电压下，对变电站及线路的并联电抗器连同线路的冲击合闸试验应进行 5 次，每次间隔时间应为 5min，应无异常现象。

9.0.11 测量噪声应符合本标准第 8.0.17 条的规定。

9.0.12 电压等级为 330kV 及以上的电抗器，在额定工况下测得的箱壳振动振幅双峰值不应大于 100μm。

9.0.13 电压等级为 330kV 及以上的电抗器，应测量箱壳表面的温度，温升不应大于 65℃。

10 互 感 器

10.0.1 互感器的试验项目应包括下列内容：

1 绝缘电阻测量。

2 测量 35kV 及以上电压等级的互感器的介质损耗因数 (tanδ) 及电容量。

3 局部放电试验。

4 交流耐压试验。

5 绝缘介质性能试验。

6 测量绕组的直流电阻。

7 检查接线绕组组别和极性。

8 误差及变比测量。

9 测量电流互感器的励磁特性曲线。

10 测量电磁式电压互感器的励磁特性。

11 电容式电压互感器(CVT)的检测。

12 密封性能检查。

10.0.2 各类互感器的交接试验项目应符合下列规定：

1 电压互感器应按本标准第10.0.1条的第1、2、3、4、5、6、7、8、10、11和12款进行试验。

2 电流互感器应按本标准第10.0.1条的第1、2、3、4、5、6、7、8、9和12款进行试验。

3 SF_6封闭式组合电器中的电流互感器应按本标准第10.0.1条的第7、8和9款进行试验，二次绕组应按本标准第10.0.1条的第1款和第6款进行试验。

4 SF_6封闭式组合电器中的电压互感器应按本标准第10.0.1条的第6、7、8和12款进行试验，另外还应进行二次绕组间及对地绝缘电阻测量，一次绕组接地端(N)及二次绕组交流耐压试验，条件许可时可按本标准第10.0.1条的第3款及第10款进行试验，配置的压力表及密度继电器检测可按GIS试验内容执行。

10.0.3 测量绕组的绝缘电阻应符合下列规定：

1 应测量一次绕组对二次绕组及外壳、各二次绕组间及其对外壳的绝缘电阻，绝缘电阻值不宜低于1000MΩ。

2 测量电流互感器一次绕组段间的绝缘电阻，绝缘电阻值不宜低于1000MΩ，由于结构原因无法测量时可不测量。

3 测量电容型电流互感器的末屏及电压互感器接地端(N)对外壳(地)的绝缘电阻，绝缘电阻值不宜小于1000MΩ。当末屏对地绝缘电阻小于1000MΩ时，应测量其 tanδ，其值不应大于2％。

4 测量绝缘电阻应使用2500V兆欧表。

10.0.4 电压等级35kV及以上油浸式互感器的介质损耗因数(tanδ)与电容量测量，应符合下列规定：

1 互感器的绕组 tanδ 测量电压应为10kV，tanδ(％)不应大于表10.0.4中数据。当对绝缘性能有怀疑时，可采用高压法进行试验，在(0.5～1)$U_m/\sqrt{3}$范围内进行，其中 U_m 是设备最高电压(方均根值)，tanδ 变化量不应大于0.2％，电容变化量不应大于0.5％。

表10.0.4 tanδ(％)限值(t:20℃)

种类 \ 额定电压(kV)	20～35	66～110	220	330～750
油浸式电流互感器	2.5	0.8	0.6	0.5
充硅脂及其他干式电流互感器	0.5	0.5	0.5	—
油浸式电压互感器整体	3	2.5		—
油浸式电流互感器末屏	—	2		

2 对于倒立油浸式电流互感器，二次线圈屏蔽直接接地结构，宜采用反接法测量 tanδ 与电容量。

3 末屏 tanδ 测量电压应为2kV。

4 电容型电流互感器的电容量与出厂试验值比较超出5％时，应查明原因。

10.0.5 互感器的局部放电测量应符合下列规定：

1 局部放电测量宜与交流耐压试验同时进行。

2 电压等级为35kV～110kV互感器的局部放电测量可按10％进行抽测。

3 电压等级220kV及以上互感器在绝缘性能有怀疑时宜进

行局部放电测量。

4 局部放电测量时，应在高压侧（包括电磁式电压互感器感应电压）监测施加的一次电压。

5 局部放电测量的测量电压及允许的视在放电量水平应按表10.0.5确定。

表10.0.5 测量电压及允许的视在放电量水平

<table>
<tr><th colspan="3" rowspan="2">种　类</th><th rowspan="2">测量电压（kV）</th><th colspan="2">允许的视在放电量水平（pC）</th></tr>
<tr><th>环氧树脂及其他干式</th><th>油浸式和气体式</th></tr>
<tr><td colspan="3" rowspan="2">电流互感器</td><td>$1.2U_m/\sqrt{3}$</td><td>50</td><td>20</td></tr>
<tr><td>U_m</td><td>100</td><td>50</td></tr>
<tr><td rowspan="5">电压互感器</td><td colspan="2" rowspan="2">≥66kV</td><td>$1.2U_m/\sqrt{3}$</td><td>50</td><td>20</td></tr>
<tr><td>U_m</td><td>100</td><td>50</td></tr>
<tr><td rowspan="3">35kV</td><td>全绝缘结构（一次绕组均接高电压）</td><td>$1.2U_m$</td><td>100</td><td>50</td></tr>
<tr><td rowspan="2">半绝缘结构（一次绕组一端直接接地）</td><td>$1.2U_m/\sqrt{3}$</td><td>50</td><td>20</td></tr>
<tr><td>$1.2U_m$（必要时）</td><td>100</td><td>50</td></tr>
</table>

注：U_m是设备最高电压（方均根值）。

10.0.6 互感器交流耐压试验应符合下列规定：

1 应按出厂试验电压的80%进行，并应在高压侧监视施加电压。

2 电压等级66kV及以上的油浸式互感器，交流耐压前后宜各进行一次绝缘油色谱分析。

3 电磁式电压互感器（包括电容式电压互感器的电磁单元）应按下列规定进行感应耐压试验：

1) 试验电源频率和施加试验电压时间应符合本标准第8.0.13条第4款的规定；

2) 感应耐压试验前后，应各进行一次额定电压时的空载电流测量，两次测得值相比不应有明显差别；

3）对电容式电压互感器的中间电压变压器进行感应耐压试验时，应将耦合电容分压器、阻尼器及限幅装置拆开。由于产品结构原因现场无条件拆开时，可不进行感应耐压试验。

4 电压等级220kV以上的SF_6气体绝缘互感器，特别是电压等级为500kV的互感器，宜在安装完毕的情况下进行交流耐压试验；在耐压试验前，宜开展U_m电压下的老练试验，时间应为15min。

5 二次绕组间及其对箱体（接地）的工频耐压试验电压应为2kV，可用2500V兆欧表测量绝缘电阻试验替代。

6 电压等级110kV及以上的电流互感器末屏及电压互感器接地端（N）对地的工频耐受电压应为2kV，可用2500V兆欧表测量绝缘电阻试验替代。

10.0.7 绝缘介质性能试验应符合下列规定：

1 绝缘油的性能应符合本标准表19.0.1及表19.0.2的规定。

2 充入SF_6气体的互感器，应静放24h后取样进行检测，气体水分含量不应大于250μL/L（20℃体积百分数），对于750kV电压等级，气体水分含量不应大于200μL/L。

3 电压等级在66kV以上的油浸式互感器，对绝缘性能有怀疑时，应进行油中溶解气体的色谱分析。油中溶解气体组分总烃含量不宜超过10μL/L，H_2含量不宜超过100μL/L，C_2H_2含量不宜超过0.1μL/L。

10.0.8 绕组直流电阻测量应符合下列规定：

1 电压互感器：一次绕组直流电阻测量值，与换算到同一温度下的出厂值比较，相差不宜大于10%。二次绕组直流电阻测量值，与换算到同一温度下的出厂值比较，相差不宜大于15%。

2 电流互感器：同型号、同规格、同批次电流互感器绕组的直流电阻和平均值的差异不宜大于10%，一次绕组有串、并联接线方式时，对电流互感器的一次绕组的直流电阻测量应在正常运行方式下测量，或同时测量两种接线方式下的一次绕组的直流电阻，倒立式电流互感器单匝一次绕组的直流电阻之间的差异不宜大于30%。当有怀疑时，应提高施加的测量电流，测量电流（直流值）不宜超过额定电流（方均根值）的50%。

10.0.9 检查互感器的接线绕组组别和极性，应符合设计要求，并应与铭牌和标志相符。

10.0.10 互感器误差及变比测量应符合下列规定：

1 用于关口计量的互感器（包括电流互感器、电压互感器和组合互感器）应进行误差测量。

2 用于非关口计量的互感器，应检查互感器变比，并应与制造厂铭牌值相符，对多抽头的互感器，可只检查使用分接的变比。

10.0.11 测量电流互感器的励磁特性曲线，应符合下列规定：

1 当继电保护对电流互感器的励磁特性有要求时，应进行励磁特性曲线测量。

2 当电流互感器为多抽头时，应测量当前拟定使用的抽头或最大变比的抽头。测量后应核对是否符合产品技术条件要求。

3 当励磁特性测量时施加的电压高于绕组允许值（电压峰值4.5kV），应降低试验电源频率。

4 330kV及以上电压等级的独立式、GIS和套管式电流互感器，线路容量为300MW及以上容量的母线电流互感器及各种电压等级的容量超过1200MW的变电站带暂态性能的电流互感器，其具有暂态特性要求的绕组，应根据铭牌参数采用交流法（低频法）或直流法测量其相关参数，并应核查是否满足相关要求。

10.0.12 电磁式电压互感器的励磁曲线测量应符合下列规定：

1 用于励磁曲线测量的仪表应为方均根值表，当发生测量结果与出厂试验报告和型式试验报告相差大于30%时，应核对使用的仪表种类是否正确。

2 励磁曲线测量点应包括额定电压的20%、50%、80%、100%和120%。

3　对于中性点直接接地的电压互感器，最高测量点应为150%。

4　对于中性点非直接接地系统，半绝缘结构电磁式电压互感器最高测量点应为190%，全绝缘结构电磁式电压互感器最高测量点应为120%。

10.0.13　电容式电压互感器(CVT)检测应符合下列规定：

1　CVT电容分压器电容量与额定电容值比较不宜超过−5%～10%，介质损耗因数$\tan\delta$不应大于0.2%。

2　叠装结构CVT电磁单元因结构原因不易将中压连线引出时，可不进行电容量和介质损耗因数($\tan\delta$)测试，但应进行误差试验；当误差试验结果不满足误差限值要求时，应断开电磁单元中压连接线，检测电磁单元各部件及电容分压器的电容量和介质损耗因数($\tan\delta$)。

3　CVT误差试验应在支架(柱)上进行。

4　当电磁单元结构许可，电磁单元检查应包括中间变压器的励磁曲线测量、补偿电抗器感抗测量、阻尼器和限幅器的性能检查，交流耐压试验按照电磁式电压互感器，施加电压应按出厂试验的80%执行。

10.0.14　密封性能检查应符合下列规定：

1　油浸式互感器外表应无可见油渍现象。

2　SF_6气体绝缘互感器定性检漏应无泄漏点，怀疑有泄漏点时应进行定量检漏，年泄漏率应小于1%。

11　真空断路器

11.0.1　真空断路器的试验项目应包括下列内容：

1　测量绝缘电阻。

2　测量每相导电回路的电阻。

3　交流耐压试验。

4　测量断路器的分、合闸时间，测量分、合闸的同期性，测量合闸时触头的弹跳时间。

5　测量分、合闸线圈及合闸接触器线圈的绝缘电阻和直流电阻。

6　断路器操动机构的试验。

11.0.2　整体绝缘电阻值测量应符合制造厂规定。

11.0.3　测量每相导电回路的电阻值应符合下列规定：

1　测量应采用电流不小于100A的直流压降法。

2　测试结果应符合产品技术条件的规定。

11.0.4　交流耐压试验应符合下列规定：

1　应在断路器合闸及分闸状态下进行交流耐压试验。

2　当在合闸状态下进行时，真空断路器的交流耐受电压应符合表11.0.4的规定。

3　当在分闸状态下进行时，真空灭弧室断口间的试验电压应按产品技术条件的规定，当产品技术文件没有特殊规定时，真空断路器的交流耐受电压应符合表11.0.4的规定。

表11.0.4　真空断路器的交流耐受电压

额定电压(kV)	1min工频耐受电压(kV)有效值			
	相对地	相间	断路器断口	隔离断口
3.6	25/18	25/18	25/18	27/20
7.2	30/23	30/23	30/23	34/27
12	42/30	42/30	42/30	48/36
24	65/50	65/50	65/50	79/64
40.5	95/80	95/80	95/80	118/103
72.5	140	140	140	180
	160	160	160	200

注：斜线下的数值为中性点接地系统使用的数值，亦为湿试时的数值。

4　试验中不应发生贯穿性放电。

11.0.5　测量断路器主触头的分、合闸时间，测量分、合闸的同期性，测量合闸过程中触头接触后的弹跳时间，应符合下列规定：

1 合闸过程中触头接触后的弹跳时间，40.5kV 以下断路器不应大于 2ms，40.5kV 及以上断路器不应大于 3ms；对于电流 3kA 及以上的 10kV 真空断路器，弹跳时间如不满足小于 2ms，应符合产品技术条件的规定。

2 测量应在断路器额定操作电压条件下进行。

3 实测数值应符合产品技术条件的规定。

11.0.6 测量分、合闸线圈及合闸接触器线圈的绝缘电阻和直流电阻，应符合下列规定：

1 测量分、合闸线圈及合闸接触器线圈的绝缘电阻值，不应低于 10MΩ。

2 测量分、合闸线圈及合闸接触器线圈的直流电阻值与产品出厂试验值相比应无明显差别。

11.0.7 断路器操动机构（不包括液压操作机构）的试验，应符合本标准附录 E 的规定。

12 六氟化硫断路器

12.0.1 六氟化硫（SF_6）断路器试验项目应包括下列内容：

1 测量绝缘电阻。

2 测量每相导电回路的电阻。

3 交流耐压试验。

4 断路器均压电容器的试验。

5 测量断路器的分、合闸时间。

6 测量断路器的分、合闸速度。

7 测量断路器的分、合闸同期性及配合时间。

8 测量断路器合闸电阻的投入时间及电阻值。

9 测量断路器分、合闸线圈绝缘电阻及直流电阻。

10 断路器操动机构的试验。

11 套管式电流互感器的试验。

12 测量断路器内 SF_6 气体的含水量。

13 密封性试验。

14 气体密度继电器、压力表和压力动作阀的检查。

12.0.2 测量整体绝缘电阻值应符合产品技术文件规定。

12.0.3 每相导电回路的电阻值测量，宜采用电流不小于 100A 的直流压降法。测试结果应符合产品技术条件的规定。

12.0.4 交流耐压试验应符合下列规定：

1 在 SF_6 气压为额定值时进行，试验电压应按出厂试验电压的 80%。

2 110kV 以下电压等级应进行合闸对地和断口间耐压试验。

3 罐式断路器应进行合闸对地和断口间耐压试验，在 $1.2U_r/\sqrt{3}$ 电压下应进行局部放电检测。

4 500kV 定开距瓷柱式断路器应进行合闸对地和断口耐压试验。对于有断口电容器时，耐压频率应符合产品技术文件规定。

12.0.5 断路器均压电容器的试验应符合下列规定：

1 断路器均压电容器的试验，应符合本标准第 18 章的有关规定。

2 罐式断路器的均压电容器试验可按制造厂的规定进行。

12.0.6 测量断路器的分、合闸时间应符合下列规定：

1 测量断路器的分、合闸时间，应在断路器的额定操作电压、气压或液压下进行。

2 实测数值应符合产品技术条件的规定。

12.0.7 测量断路器的分、合闸速度应符合下列规定：

1 测量断路器的分、合闸速度，应在断路器的额定操作电压、气压或液压下进行。

2 实测数值应符合产品技术条件的规定。

3 现场无条件安装采样装置的断路器，可不进行本试验。

12.0.8 测量断路器主、辅触头三相及同相各断口分、合闸的同期性及配合时间，应符合产品技术条件的规定。

12.0.9 测量断路器合闸电阻的投入时间及电阻值，应符合产品技术条件的规定。

12.0.10 测量断路器分、合闸线圈的绝缘电阻值，不应低于10MΩ，直流电阻值与产品出厂试验值相比应无明显差别。

12.0.11 断路器操动机构（不包括永磁操作机构）的试验，应符合本标准附录E的规定。

12.0.12 套管式电流互感器的试验应按本标准第10章的有关规定进行。

12.0.13 测量断路器内SF_6气体的含水量（20℃的体积分数），应按现行国家标准《额定电压72.5kV及以上气体绝缘金属封闭开关设备》GB 7674和《六氟化硫电气设备中气体管理和检测导则》GB/T 8905的有关规定执行，并应符合下列规定：

1 与灭弧室相通的气室，应小于150μL/L。

2 不与灭弧室相通的气室，应小于250μL/L。

3 SF_6气体的含水量测定应在断路器充气24h后进行。

12.0.14 密封试验应符合下列规定：

1 试验方法可采用灵敏度不低于1×10^{-6}（体积比）的检漏仪对断路器各密封部位、管道接头等处进行检测，检漏仪不应报警。

2 必要时可采用局部包扎法进行气体泄漏测量。以24h的漏气量换算，每一个气室年漏气率不应大于0.5%。

3 密封试验应在断路器充气24h以后，且应在开关操动试验后进行。

12.0.15 气体密度继电器、压力表和压力动作阀的检查，应符合下列规定：

1 在充气过程中检查气体密度继电器及压力动作阀的动作

值，应符合产品技术条件的规定。

2　对单独运到现场的表计，应进行核对性检查。

13　六氟化硫封闭式组合电器

13.0.1　六氟化硫封闭式组合电器的试验项目应包括下列内容：

1　测量主回路的导电电阻。

2　封闭式组合电器内各元件的试验。

3　密封性试验。

4　测量六氟化硫气体含水量。

5　主回路的交流耐压试验。

6　组合电器的操动试验。

7　气体密度继电器、压力表和压力动作阀的检查。

13.0.2　测量主回路的导电电阻值应符合下列规定：

1　测量主回路的导电电阻值，宜采用电流不小于100A的直流压降法。

2　测试结果不应超过产品技术条件规定值的1.2倍。

13.0.3　封闭式组合电器内各元件的试验应符合下列规定：

1　装在封闭式组合电器内的断路器、隔离开关、负荷开关、接地开关、避雷器、互感器、套管、母线等元件的试验，应按本标准相应章节的有关规定进行。

2　对无法分开的设备可不单独进行。

13.0.4　密封性试验应符合下列规定：

1　密封性试验方法，可采用灵敏度不低于1×10^{-6}（体积比）的检漏仪对各气室密封部位、管道接头等处进行检测，检漏仪不应报警。

2　必要时可采用局部包扎法进行气体泄漏测量。以24h的漏气量换算，每一个气室年漏气率不应大于1%，750kV电压等级的不应大于0.5%。

3 密封试验应在封闭式组合电器充气24h以后，且组合操动试验后进行。

13.0.5 测量六氟化硫气体含水量，应符合下列规定：

1 测量六氟化硫气体含水量(20℃的体积分数)，应按现行国家标准《额定电压72.5kV及以上气体绝缘金属封闭开关设备》GB 7674和《六氟化硫电气设备中气体管理和检测导则》GB/T 8905的有关规定执行。

2 有电弧分解的隔室，应小于150μL/L。

3 无电弧分解的隔室，应小于250μL/L。

4 气体含水量的测量应在封闭式组合电器充气24h后进行。

13.0.6 交流耐压试验应符合下列规定：

1 试验程序和方法应按产品技术条件或现行行业标准《气体绝缘金属封闭开关设备现场耐压及绝缘试验导则》DL/T 555的有关规定执行，试验电压值应为出厂试验电压的80%。

2 主回路在$1.2U_r/\sqrt{3}$电压下，应进行局部放电检测。

13.0.7 组合电器的操动试验应符合下列规定：

1 进行组合电器的操动试验时，联锁与闭锁装置动作应准确可靠。

2 电动、气动或液压装置的操动试验，应按产品技术条件的规定进行。

13.0.8 气体密度继电器、压力表和压力动作阀的检查，应符合下列规定：

1 在充气过程中检查气体密度继电器及压力动作阀的动作值，应符合产品技术条件的规定。

2 对单独运到现场的表计，应进行核对性检查。

14 隔离开关、负荷开关及高压熔断器

14.0.1 隔离开关、负荷开关及高压熔断器的试验项目，应包括下列内容：

1 测量绝缘电阻。

2 测量高压限流熔丝管熔丝的直流电阻。

3 测量负荷开关导电回路的电阻。

4 交流耐压试验。

5 检查操动机构线圈的最低动作电压。

6 操动机构的试验。

14.0.2 测量绝缘电阻应符合下列规定：

1 应测量隔离开关与负荷开关的有机材料传动杆的绝缘电阻。

2 隔离开关与负荷开关的有机材料传动杆的绝缘电阻值，在常温下不应低于表14.0.2的规定。

表14.0.2 有机材料传动杆的绝缘电阻值

额定电压(kV)	3.6～12	24～40.5	72.5～252	363～800
绝缘电阻值(MΩ)	1200	3000	6000	10000

14.0.3 测量高压限流熔丝管熔丝的直流电阻值，与同型号产品相比不应有明显差别。

14.0.4 测量负荷开关导电回路的电阻值，应符合下列规定：

1 宜采用电流不小于100A的直流压降法。

2 测试结果不应超过产品技术条件规定。

14.0.5 交流耐压试验应符合下列规定：

1 三相同一箱体的负荷开关，应按相间及相对地进行耐压试验，还应按产品技术条件规定进行每个断口的交流耐压试验。试

验电压应符合本标准表 11.0.4 的规定。

2 35kV 及以下电压等级的隔离开关应进行交流耐压试验，可在母线安装完毕后一起进行，试验电压应符合本标准附录 F 的规定。

14.0.6 检查操动机构线圈的最低动作电压，应符合制造厂的规定。

14.0.7 操动机构的试验应符合下列规定：

1 动力式操动机构的分、合闸操作，当其电压或气压在下列范围时，应保证隔离开关的主闸刀或接地闸刀可靠地分闸和合闸：

1) 电动机操动机构：当电动机接线端子的电压在其额定电压的 80%～110%范围内时；

2) 压缩空气操动机构：当气压在其额定气压的 85%～110%范围内时；

3) 二次控制线圈和电磁闭锁装置：当其线圈接线端子的电压在其额定电压的 80%～110%范围内时。

2 隔离开关、负荷开关的机械或电气闭锁装置应准确可靠。

3 具有可调电源时，可进行高于或低于额定电压的操动试验。

15 套　管

15.0.1 套管的试验项目应包括下列内容：

1 测量绝缘电阻。

2 测量 20kV 及以上非纯瓷套管的介质损耗因数（$\tan\delta$）和电容值。

3 交流耐压试验。

4 绝缘油的试验（有机复合绝缘套管除外）。

5 SF_6 套管气体试验。

15.0.2 测量绝缘电阻应符合下列规定：

1 套管主绝缘电阻值不应低于 10000MΩ。

2 末屏绝缘电阻值不宜小于 1000MΩ。当末屏对地绝缘电阻小于 1000MΩ 时，应测量其 tanδ，不应大于 2%。

15.0.3 测量 20kV 及以上非纯瓷套管的主绝缘介质损耗因数(tanδ)和电容值，应符合下列规定：

1 在室温不低于 10℃ 的条件下，套管主绝缘介质损耗因数 tanδ（%）应符合表 15.0.3 的规定。

表 15.0.3 套管主绝缘介质损耗因数 tanδ(%)

套管主绝缘类型	tanδ（%）最大值
油浸纸	0.7（当电压 U_m≥500kV 时为 0.5）
胶浸纸	0.7
胶粘纸	1.0（当电压 35kV 及以下时为 1.5）
气体浸渍膜	0.5
气体绝缘电容式	0.5
浇铸或模塑树脂	1.5（当电压 U_m=750kV 时为 0.8）
油脂覆膜	0.5
胶浸纤维	0.5
组合	由供需双方商定
其他	由供需双方商定

2 电容型套管的实测电容量值与产品铭牌数值或出厂试验值相比，允许偏差应为±5%。

15.0.4 交流耐压试验应符合下列规定：

1 试验电压应符合本标准附录 F 的规定。

2 穿墙套管、断路器套管、变压器套管、电抗器及消弧线圈套管，均可随母线或设备一起进行交流耐压试验。

15.0.5 绝缘油的试验应符合下列规定：

1 套管中的绝缘油应有出厂试验报告，现场可不进行试验。

当有下列情况之一者，应取油样进行水含量和色谱试验，并将试验结果与出厂试验报告比较：

1)套管主绝缘的介质损耗因数(tanδ)超过本标准表15.0.3中的规定值；

2)套管密封损坏，抽压或测量小套管的绝缘电阻不符合要求；

3)套管由于渗漏等原因需要重新补油时。

2 套管绝缘油的补充或更换时进行的试验，应符合下列规定：

1)换油时应按本标准表19.0.1的规定进行；

2)电压等级为750kV的套管绝缘油，宜进行油中溶解气体的色谱分析；油中溶解气体组分总烃含量不应超过10μL/L，H_2含量不应超过150μL/L，C_2H_2含量不应超过0.1μL/L；

3)补充绝缘油时，除应符合本款第1)项和第2)项规定外，尚应符合本标准第19.0.3条的规定；

4)充电缆油的套管需进行油的试验时，可按本标准表17.0.7的规定执行。

15.0.6 SF_6套管气体试验可按本标准第10.0.7条中第2款和第10.0.14条中第2款的规定执行。

16 悬式绝缘子和支柱绝缘子

16.0.1 悬式绝缘子和支柱绝缘子的试验项目应包括下列内容：

1 测量绝缘电阻。

2 交流耐压试验。

16.0.2 测量绝缘电阻值应符合下列规定：

1 用于330kV及以下电压等级的悬式绝缘子的绝缘电阻

值，不应低于300MΩ；用于500kV及以上电压等级的悬式绝缘子不应低于500MΩ。

2 35kV及以下电压等级的支柱绝缘子的绝缘电阻值，不应低于500MΩ。

3 采用2500V兆欧表测量绝缘子绝缘电阻值，可按同批产品数量的10％抽查。

4 棒式绝缘子可不进行此项试验。

5 半导体釉绝缘子的绝缘电阻，应符合产品技术条件的规定。

16.0.3 交流耐压试验应符合下列规定：

1 35kV及以下电压等级的支柱绝缘子应进行交流耐压试验，可在母线安装完毕后一起进行，试验电压应符合本标准附录F的规定。

2 35kV多元件支柱绝缘子的交流耐压试验值，应符合下列规定：

1）两个胶合元件者，每元件交流耐压试验值应为50kV；

2）三个胶合元件者，每元件交流耐压试验值应为34kV。

3 悬式绝缘子的交流耐压试验电压值应为60kV。

17 电力电缆线路

17.0.1 电力电缆线路的试验项目应包括下列内容：

1 主绝缘及外护层绝缘电阻测量。

2 主绝缘直流耐压试验及泄漏电流测量。

3 主绝缘交流耐压试验。

4 外护套直流耐压试验。

5 检查电缆线路两端的相位。

6 充油电缆的绝缘油试验。

7 交叉互联系统试验。

8 电力电缆线路局部放电测量。

17.0.2 电力电缆线路交接试验应符合下列规定：

1 橡塑绝缘电力电缆可按本标准第17.0.1条第1、3、5和8款进行试验，其中交流单芯电缆应增加本标准第17.0.1条第4、7款试验项目。额定电压U_0/U为18/30kV及以下电缆，当不具备条件时允许用有效值为$3U_0$的0.1Hz电压施加15min或直流耐压试验及泄漏电流测量代替本标准第17.0.5条规定的交流耐压试验。

2 纸绝缘电缆可按本标准第17.0.1条第1、2和5款进行试验。

3 自容式充油电缆可按本标准第17.0.1条第1、2、4、5、6、7和8款进行试验。

4 应对电缆的每一相测量其主绝缘的绝缘电阻和进行耐压试验。对具有统包绝缘的三芯电缆，应分别对每一相进行，其他两相导体、金属屏蔽或金属套和铠装层应一起接地；对分相屏蔽的三芯电缆和单芯电缆，可一相或多相同时进行，非被试相导体、金属屏蔽或金属套和铠装层应一起接地。

5 对金属屏蔽或金属套一端接地，另一端装有护层过电压保护器的单芯电缆主绝缘做耐压试验时，应将护层过电压保护器短接，使这一端的电缆金属屏蔽或金属套临时接地。

6 额定电压为0.6/1kV的电缆线路应用2500V兆欧表测量导体对地绝缘电阻代替耐压试验，试验时间应为1min。

7 对交流单芯电缆外护套应进行直流耐压试验。

17.0.3 绝缘电阻测量应符合下列规定：

1 耐压试验前后，绝缘电阻测量应无明显变化。

2 橡塑电缆外护套、内衬层的绝缘电阻不应低于0.5MΩ/km。

3 测量绝缘电阻用兆欧表的额定电压等级，应符合下列规定：

1)电缆绝缘测量宜采用2500V兆欧表，6/6kV及以上电缆也可用5000V兆欧表；

2）橡塑电缆外护套、内衬层的测量宜采用500V兆欧表。

17.0.4 直流耐压试验及泄漏电流测量，应符合下列规定：

1 直流耐压试验电压应符合下列规定：

1）纸绝缘电缆直流耐压试验电压 U_t 可按下列公式计算：

对于统包绝缘（带绝缘）：

$$U_t = 5 \times \frac{U_0 + U}{2} \tag{17.0.4-1}$$

对于分相屏蔽绝缘：

$$U_t = 5 \times U_0 \tag{17.0.4-2}$$

式中：U_0 ——电缆导体对地或对金属屏蔽层间的额定电压；

U ——电缆额定线电压。

2）试验电压应符合表17.0.4-1的规定。

表17.0.4-1 纸绝缘电缆直流耐压试验电压（kV）

电缆额定电压 U_0/U	1.8/3	3/3	3.6/6	6/6	6/10	8.7/10	21/35	26/35
直流试验电压	12	14	24	30	40	47	105	130

3）18/30kV及以下电压等级的橡塑绝缘电缆直流耐压试验电压，应按下式计算：

$$U_t = 4 \times U_0 \tag{17.0.4-3}$$

4）充油绝缘电缆直流耐压试验电压，应符合表17.0.4-2的规定。

表17.0.4-2 充油绝缘电缆直流耐压试验电压（kV）

电缆额定电压 U_0/U	48/66	64/110	127/220	190/330	290/500
直流试验电压	162	275	510	650	840

5）现场条件只允许采用交流耐压方法，当额定电压为 U_0/U 为190/330kV及以下时，应采用的交流电压的有效值为上列直流试验电压值的42%，当额定电压 U_0/U 为290/500kV时，应采用的交流电压的有效值为上列直流试验电压值的50%。

6)交流单芯电缆的外护套绝缘直流耐压试验,可按本标准第17.0.8条规定执行。

2 试验时,试验电压可分4阶段～6阶段均匀升压,每阶段应停留1min,并应读取泄漏电流值。试验电压升至规定值后应维持15min,期间应读取1min和15 min时泄漏电流。测量时应消除杂散电流的影响。

3 纸绝缘电缆各相泄漏电流的不平衡系数(最大值与最小值之比)不应大于2;当6/10kV及以上电缆的泄漏电流小于20μA和6kV及以下电缆泄漏电流小于10μA时,其不平衡系数可不作规定。

4 电缆的泄漏电流具有下列情况之一者,电缆绝缘可能有缺陷,应找出缺陷部位,并予以处理:

1)泄漏电流很不稳定;

2)泄漏电流随试验电压升高急剧上升;

3)泄漏电流随试验时间延长有上升现象。

17.0.5 交流耐压试验应符合下列规定:

1 橡塑电缆应优先采用20Hz～300Hz交流耐压试验,试验电压和时间应符合表17.0.5的规定。

表17.0.5 橡塑电缆20Hz～300Hz交流耐压试验电压和时间

额定电压U_0/U	试验电压	时间(min)
18/30kV及以下	$2U_0$	15(或60)
21/35kV～64/110kV	$2U_0$	60
127/220kV	$1.7U_0$(或$1.4U_0$)	60
190/330kV	$1.7U_0$(或$1.3U_0$)	60
290/500kV	$1.7U_0$(或$1.1U_0$)	60

2 不具备上述试验条件或有特殊规定时,可采用施加正常系统对地电压24h方法代替交流耐压。

17.0.6 检查电缆线路的两端相位,应与电网的相位一致。

17.0.7 充油电缆的绝缘油试验项目和要求应符合表17.0.7的

规定。

表 17.0.7 充油电缆的绝缘油试验项目和要求

<table>
<tr><th>项　目</th><th colspan="2">要　求</th><th>试验方法</th></tr>
<tr><td rowspan="2">击穿电压</td><td>电缆及附件内</td><td>对于 64/110～190/330kV，不低于 50kV
对于 290/500kV，不低于 60kV</td><td rowspan="2">按现行国家标准《绝缘油 击穿电压测定法》GB/T 507</td></tr>
<tr><td>压力箱中</td><td>不低于 50kV</td></tr>
<tr><td rowspan="2">介质损耗因数</td><td>电缆及附件内</td><td>对于 64/110kV～127/220kV 的不大于 0.005
对于 190/330kV～290/500kV 的不大于 0.003</td><td rowspan="2">按现行行业标准《电力设备预防性试验规程》DL/T 596 中第 11.4.5.2 条</td></tr>
<tr><td>压力箱中</td><td>不大于 0.003</td></tr>
</table>

17.0.8 交叉互联系统试验应符合本标准附录 G 的规定。

17.0.9 66kV 及以上橡塑绝缘电力电缆线路安装完成后，结合交流耐压试验可进行局部放电测量。

18 电 容 器

18.0.1 电容器的试验项目应包括下列内容：

1 测量绝缘电阻。

2 测量耦合电容器、断路器电容器的介质损耗因数（tanδ）及电容值。

3 电容测量。

4 并联电容器交流耐压试验。

5 冲击合闸试验。

18.0.2 测量绝缘电阻应符合下列规定：

1 500kV 及以下电压等级的应采用 2500V 兆欧表，750kV

电压等级的应采用5000V兆欧表，测量耦合电容器、断路器电容器的绝缘电阻应在二极间进行。

2 并联电容器应在电极对外壳之间进行，并应采用1000V兆欧表测量小套管对地绝缘电阻，绝缘电阻均不应低于500MΩ。

18.0.3 测量耦合电容器、断路器电容器的介质损耗因数（$\tan\delta$）及电容值，应符合下列规定：

1 测得的介质损耗因数（$\tan\delta$）应符合产品技术条件的规定。

2 耦合电容器电容值的偏差应在额定电容值的－5％～＋10％范围内，电容器叠柱中任何两单元的实测电容之比值与这两单元的额定电压之比值的倒数之差不应大于5％；断路器电容器电容值的允许偏差应为额定电容值的±5％。

18.0.4 电容测量应符合下列规定：

1 对电容器组，应测量各相、各臂及总的电容值。

2 测量结果应符合现行国家标准《标称电压1000V以上交流电力系统用并联电容器 第1部分：总则》GB/T 11024.1的规定。电容器组中各相电容量的最大值和最小值之比，不应大于1.02。

18.0.5 并联电容器的交流耐压试验应符合下列规定：

1 并联电容器电极对外壳交流耐压试验电压值应符合表18.0.5的规定。

2 当产品出厂试验电压值不符合表18.0.5的规定时，交接试验电压应按产品出厂试验电压值的75％进行。

3 交流耐压试验应历时10s。

表18.0.5 并联电容器电极对外壳交流耐压试验电压(kV)

额定电压	<1	1	3	6	10	15	20	35
出厂试验电压	3	6	18/25	23/32	30/42	40/55	50/65	80/95
交接试验电压	2.3	4.5	18.8	24	31.5	41.3	48.8	71.3

注：斜线下的数据为外绝缘的干耐受电压。

18.0.6 在电网额定电压下，对电力电容器组的冲击合闸试验应进行3次，熔断器不应熔断。

19　绝缘油和 SF_6 气体

19.0.1　绝缘油的试验项目及标准应符合表 19.0.1 的规定。

表 19.0.1　绝缘油的试验项目及标准

序号	项　　目	标　　准	说　　明
1	外状	透明,无杂质或悬浮物	外观目视
2	水溶性酸(pH 值)	>5.4	按现行国家标准《运行中变压器油水溶性酸测定法》GB/T 7598 中的有关要求进行试验
3	酸值(以 KOH 计)(mg/g)	≤0.03	按现行国家标准《石油产品酸值测定法》GB/T 264 中的有关要求进行试验
4	闪点(闭口)(℃)	≥135	按现行国家标准《闪点的测定 宾斯基-马丁闭口杯法》GB 261 中的有关要求进行试验
5	水含量(mg/L)	330kV～750kV:≤10 220kV:≤15 110kV 及以下电压等级:≤20	按现行国家标准《运行中变压器油水分含量测定法(库仑法)》GB/T 7600 或《运行中变压器油、汽轮机油水分测定法(气相色谱法)》GB/T 7601 中的有关要求进行试验
6	界面张力(25℃)(mN/m)	≥40	按现行国家标准《石油产品油对水界面张力测定法(圆环法)》GB/T 6541 中的有关要求进行试验
7	介质损耗因数 tanδ(%)	90℃时, 注入电气设备前≤0.5 注入电气设备后≤0.7	按现行国家标准《液体绝缘材料 相对电容率、介质损耗因数和直流电阻率的测量》GB/T 5654 中的有关要求进行试验

续表 19.0.1

序号	项　　目	标　　准	说　　明
8	击穿电压(kV)	750kV:≥70 500kV:≥60 330kV:≥50 66kV～220kV:≥40 35kV及以下电压等级:≥35	1. 按现行国家标准《绝缘油　击穿电压测定法》GB/T 507中的有关要求进行试验; 2. 该指标为平板电极测定值,其他电极可参考现行国家标准《运行中变压器油质量》GB/T 7595
9	体积电阻率(90℃)(Ω·m)	$\geq 6\times10^{10}$	按国家现行标准《液体绝缘材料相对电容率、介质损耗因数和直流电阻率的测量》GB/T 5654或《电力用油体积电阻率测定法》DL/T 421中的有关要求进行试验
10	油中含气量(%)(体积分数)	330kV～750kV:≤1.0	按现行行业标准《绝缘油中含气量测定方法　真空压差法》DL/T 423或《绝缘油中含气量的气相色谱测定法》DL/T 703中的有关要求进行试验(只对330kV及以上电压等级进行)
11	油泥与沉淀物(%)(质量分数)	≤0.02	按现行国家标准《石油和石油产品及添加剂机械杂质测定法》GB/T 511中的有关要求进行试验
12	油中溶解气体组分含量色谱分析	见本标准有关章节	按国家现行标准《绝缘油中溶解气体组分含量的气相色谱测定法》GB/T 17623或《变压器油中溶解气体分析和判断导则》GB/T 7252及《变压器油中溶解气体分析和判断导则》DL/T 722中的有关要求进行试验

续表 19.0.1

序号	项　　目	标　　准	说　　明
13	变压器油中颗粒度限值	500kV 及以上交流变压器：投运前（热油循环后）100mL 油中大于 5μm 的颗粒数≤2000 个	按现行行业标准《变压器油中颗粒度限值》DL/T 1096 中的有关要求进行试验

19.0.2 新油验收及充油电气设备的绝缘油试验分类，应符合表 19.0.2 的规定。

表 19.0.2 电气设备绝缘油试验分类

试验类别	适　用　范　围
击穿电压	1. 6kV 以上电气设备内的绝缘油或新注入设备前、后的绝缘油。 2. 对下列情况之一者，可不进行击穿电压试验： 1)35kV 以下互感器，其主绝缘试验已合格的； 2)按本标准有关规定不需取油的
简化分析	准备注入变压器、电抗器、互感器、套管的新油，应按表 19.0.1 中的第 2 项～第 9 项规定进行
全分析	对油的性能有怀疑时，应按本标准表 19.0.1 中的全部项目进行

19.0.3 当绝缘油需要进行混合时，在混合前应按混油的实际使用比例先取混油样进行分析，其结果应符合现行国家标准《运行变压器油维护管理导则》GB/T 14542 有关规定；混油后还应按本标准表 19.0.4 中的规定进行绝缘油的试验。

19.0.4 SF_6新气到货后，充入设备前应对每批次的气瓶进行抽检，并应按现行国家标准《工业六氟化硫》GB 12022 验收，SF_6新到气瓶抽检比例宜符合表 19.0.4 的规定，其他每瓶可只测定含水量。

表 19.0.4　SF_6新到气瓶抽检比例

每批气瓶数	选取的最少气瓶数
1	1
2～40	2
41～70	3
71 以上	4

19.0.5　SF_6气体在充入电气设备 24h 后方可进行试验。

20　避　雷　器

20.0.1　金属氧化物避雷器的试验项目应包括下列内容：

1　测量金属氧化物避雷器及基座绝缘电阻。

2　测量金属氧化物避雷器的工频参考电压和持续电流。

3　测量金属氧化物避雷器直流参考电压和 0.75 倍直流参考电压下的泄漏电流。

4　检查放电计数器动作情况及监视电流表指示。

5　工频放电电压试验。

20.0.2　各类金属氧化物避雷器的交接试验项目应符合下列规定：

1　无间隙金属氧化物避雷器可按本标准第 20.0.1 条第 1～4 款规定进行试验，不带均压电容器的无间隙金属氧化物避雷器，第 2 款和第 3 款可选做一款试验，带均压电容器的无间隙金属氧化物避雷器，应做第 2 款试验。

2　有间隙金属氧化物避雷器可按本标准第 20.0.1 条第 1 款和第 5 款的规定进行试验。

20.0.3　测量金属氧化物避雷器及基座绝缘电阻，应符合下列规定：

1 35kV 以上电压等级，应采用 5000V 兆欧表，绝缘电阻不应小于 2500MΩ。

2 35kV 及以下电压等级，应采用 2500V 兆欧表，绝缘电阻不应小于 1000MΩ。

3 1kV 以下电压等级，应采用 500V 兆欧表，绝缘电阻不应小于 2MΩ。

4 基座绝缘电阻不应低于 5 MΩ。

20.0.4 测量金属氧化物避雷器的工频参考电压和持续电流，应符合下列规定：

1 金属氧化物避雷器对应于工频参考电流下的工频参考电压，整支或分节进行的测试值，应符合现行国家标准《交流无间隙金属氧化物避雷器》GB/T 11032 或产品技术条件的规定。

2 测量金属氧化物避雷器在避雷器持续运行电压下的持续电流，其阻性电流和全电流值应符合产品技术条件的规定。

20.0.5 测量金属氧化物避雷器直流参考电压和 0.75 倍直流参考电压下的泄漏电流，应符合下列规定：

1 金属氧化物避雷器对应于直流参考电流下的直流参考电压，整支或分节进行的测试值，不应低于现行国家标准《交流无间隙金属氧化物避雷器》GB/T 11032 规定值，并应符合产品技术条件的规定。实测值与制造厂实测值比较，其允许偏差应为±5%。

2 0.75 倍直流参考电压下的泄漏电流值不应大于 50μA，或符合产品技术条件的规定。750kV 电压等级的金属氧化物避雷器应测试 1mA 和 3mA 下的直流参考电压值，测试值应符合产品技术条件的规定；0.75 倍直流参考电压下的泄漏电流值不应大于 65μA，尚应符合产品技术条件的规定。

3 试验时若整流回路中的波纹系数大于 1.5% 时，应加装滤波电容器，可为 0.01μF～0.1μF，试验电压应在高压侧测量。

20.0.6 检查放电计数器的动作应可靠，避雷器监视电流表指示应良好。

20.0.7 工频放电电压试验应符合下列规定：

1 工频放电电压，应符合产品技术条件的规定。

2 工频放电电压试验时，放电后应快速切除电源，切断电源时间不应大于0.5s，过流保护动作电流应控制在0.2A～0.7A之间。

21 电除尘器

21.0.1 电除尘器的试验项目应包括下列内容：

1 电除尘整流变压器试验。

2 绝缘子、隔离开关及瓷套管的绝缘电阻测量和耐压试验。

3 电除尘器振打及加热装置的电气设备试验。

4 测量接地电阻。

5 空载升压试验。

21.0.2 电除尘整流变压器试验应符合下列规定：

1 测量整流变压器低压绕组的绝缘电阻和直流电阻，其直流电阻值应与同温度下产品出厂试验值比较，变化不应大于2%。

2 测量取样电阻、阻尼电阻的电阻值，其电阻值应符合产品技术条件的规定，检查取样电阻、阻尼电阻的连接情况应良好。

3 用2500V兆欧表测量高压侧对地正向电阻应接近于零，反向电阻应符合厂家技术文件规定。

4 绝缘油击穿电压应符合本标准表19.0.1相关规定；对绝缘油性能有怀疑时，应按本标准19章的有关规定执行。

5 在进行器身检查时，应符合下列规定：

1)应按本标准第8.0.7条规定测量整流变压器及直流电抗器铁心穿芯螺栓的绝缘电阻；

2)测量整流变压器高压绕组及直流电抗器绕组的绝缘电阻和直流电阻，其直流电阻值应与同温度下产品出厂试验值比较，变化不应大于2%；

3)应采用2500V兆欧表测量硅整流元件及高压套管对地绝缘电阻。测量时硅整流元件两端应短路，绝缘电阻值不应低于产品出厂试验值的70%。

21.0.3 绝缘子、隔离开关及瓷套管的绝缘电阻测量和耐压试验，应符合下列规定：

1 绝缘子、隔离开关及瓷套管应在安装前进行绝缘电阻测量和耐压试验。

2 应采用2500V兆欧表测量绝缘电阻；绝缘电阻值不应低于1000MΩ。

3 对用于同极距在300mm～400mm电场的耐压应采用直流耐压100kV或交流耐压72kV，持续时间应为1min，应无闪络。

4 对用于其他极距电场，耐压试验标准应符合产品技术条件的规定。

21.0.4 电除尘器振打及加热装置的电气设备试验，应符合下列规定：

1 测量振打电机、加热器的绝缘电阻，振打电机绝缘电阻值不应小于0.5MΩ，加热器绝缘电阻不应小于5MΩ。

2 交流电机、二次回路、配电装置和馈电线路及低压电器的试验，应按本标准第7章、第22章、第23章、第26章的规定进行。

21.0.5 测量电除尘器本体的接地电阻不应大于1Ω。

21.0.6 空载升压试验应符合下列规定：

1 空载升压试验前应测量电场的绝缘电阻，应采用2500V兆欧表，绝缘电阻值不应低于1000MΩ。

2 同极距为300mm的电场，电场电压应升至55kV以上，应无闪络。同极距每增加20mm，电场电压递增不应少于2.5kV。

3 当海拔高于1000m但不超过4000m时，海拔每升高100m，电场电压值可降低1%。

22 二次回路

22.0.1 二次回路的试验项目应包括下列内容：

1 测量绝缘电阻。

2 交流耐压试验。

22.0.2 测量绝缘电阻应符合下列规定：

1 应按本标准第3.0.9条的规定，根据电压等级选择兆欧表。

2 小母线在断开所有其他并联支路时，不应小于10MΩ。

3 二次回路的每一支路和断路器、隔离开关的操动机构的电源回路等，均不应小于1MΩ。在比较潮湿的地方，不可小于0.5MΩ。

22.0.3 交流耐压试验应符合下列规定：

1 试验电压应为1000V。当回路绝缘电阻值在10MΩ以上时，可采用2500V兆欧表代替，试验持续时间应为1min，尚应符合产品技术文件规定。

2 48V及以下电压等级回路可不做交流耐压试验。

3 回路中有电子元器件设备的，试验时应将插件拔出或将其两端短接。

23 1kV及以下电压等级配电装置和馈电线路

23.0.1 1kV及以下电压等级配电装置和馈电线路的试验项目，应包括下列内容：

1 测量绝缘电阻。

2 动力配电装置的交流耐压试验。

3 相位检查。

23.0.2 测量绝缘电阻应符合下列规定：

1 应按本标准第3.0.9条的规定，根据电压等级选择兆欧表。

2 配电装置及馈电线路的绝缘电阻值不应小于0.5MΩ。

3 测量馈电线路绝缘电阻时，应将断路器（或熔断器）、用电设备、电器和仪表等断开。

23.0.3 动力配电装置的交流耐压试验应符合下列规定：

1 各相对地试验电压应为1000V。当回路绝缘电阻值在10MΩ以上时，可采用2500V兆欧表代替，试验持续时间应为1min，尚应符合产品技术规定。

2 48V及以下电压等级配电装置可不做耐压试验。

23.0.4 检查配电装置内不同电源的馈线间或馈线两侧的相位应一致。

24 1kV以上架空电力线路

24.0.1 1kV以上架空电力线路的试验项目应包括下列内容：

1 测量绝缘子和线路的绝缘电阻。

2 测量110(66)kV及以上线路的工频参数。

3 检查相位。

4 冲击合闸试验。

5 测量杆塔的接地电阻。

24.0.2 测量绝缘子和线路的绝缘电阻应符合下列规定：

1 绝缘子绝缘电阻的试验应按本标准第16章的规定执行。

2 应测量并记录线路的绝缘电阻值。

24.0.3 测量110(66)kV及以上线路的工频参数可根据继电保护、过电压等专业的要求进行。

24.0.4 检查各相两侧的相位应一致。

24.0.5 在额定电压下对空载线路的冲击合闸试验应进行3次，合闸过程中线路绝缘不应有损坏。

24.0.6 测量杆塔的接地电阻值，应符合设计文件的规定。

25 接地装置

25.0.1 电气设备和防雷设施的接地装置的试验项目，应包括下列内容：

1 接地网电气完整性测试。

2 接地阻抗。

3 场区地表电位梯度、接触电位差、跨步电压和转移电位测量。

25.0.2 接地网电气完整性测试应符合下列规定：

1 应测量同一接地网的各相邻设备接地线之间的电气导通情况，以直流电阻值表示。

2 直流电阻值不宜大于0.05Ω。

25.0.3 接地阻抗测量应符合下列规定：

1 接地阻抗值应符合设计文件规定，当设计文件没有规定时应符合表25.0.3的要求。

2 试验方法可按现行行业标准《接地装置特性参数测量导则》DL 475的有关规定执行，试验时应排除与接地网连接的架空地线、电缆的影响。

3 应在扩建接地网与原接地网连接后进行全场全面测试。

表 25.0.3　接地阻抗值

接地网类型	要　求
有效接地系统	$Z \leqslant 2000/I$ 或当 $I > 4000$A 时，$Z \leqslant 0.5\Omega$ 式中：I——经接地装置流入地中的短路电流(A)； Z——考虑季节变化的最大接地阻抗(Ω)。 当接地阻抗不符合以上要求时，可通过技术经济比较增大接地阻抗，但不得大于 5Ω。并应结合地面电位测量对接地装置综合分析和采取隔离措施
非有效接地系统	1. 当接地网与 1kV 及以下电压等级设备共用接地时，接地阻抗 $Z \leqslant 120/I$； 2. 当接地网仅用于 1kV 以上设备时，接地阻抗 $Z \leqslant 250/I$； 3. 上述两种情况下，接地阻抗不得大于 10Ω
1kV 以下电力设备	使用同一接地装置的所有这类电力设备，当总容量≥100kVA时，接地阻抗不宜大于 4Ω，当总容量＜100kVA 时，则接地阻抗可大于 4Ω，但不应大于 10Ω
独立微波站	不宜大于 5Ω
独立避雷针	不宜大于 10Ω 当与接地网连在一起时可不单独测量
发电厂烟囱附近的吸风机及该处装设的集中接地装置	不宜大于 10Ω 当与接地网连在一起时可不单独测量
独立的燃油、易爆气体储罐及其管道	不宜大于 30Ω，无独立避雷针保护的露天储罐不应超过 10Ω
露天配电装置的集中接地装置及独立避雷针(线)	不宜大于 10Ω

续表 25.0.3

接地网类型	要 求
有架空地线的线路杆塔	1. 当杆塔高度在 40m 以下时，应符合下列规定： 1)土壤电阻率≤500Ω·m时，接地阻抗不应大于 10Ω； 2)土壤电阻率 500Ω·m～1000Ω·m 时，接地阻抗不应大于 20Ω； 3)土壤电阻率 1000Ω·m～2000Ω·m 时，接地阻抗不应大于 25Ω； 4)土壤电阻率＞2000Ω·m时，接地阻抗不应大于 30Ω。 2. 当杆塔高度≥40m 时，取上述值的 50%，但当土壤电阻率大于 2000Ω·m，接地阻抗难以满足不大于 15Ω 时，可不大于 20Ω
与架空线直接连接的旋转电机进线段上避雷器	不宜大于 3Ω
无架空地线的线路杆塔	1. 对于非有效接地系统的钢筋混凝土杆、金属杆，不宜大于 30Ω； 2. 对于中性点不接地的低压电力网线路的钢筋混凝土杆、金属杆，不宜大于 50Ω； 3. 对于低压进户线绝缘子铁脚，不宜大于 30Ω

25.0.4 场区地表电位梯度、接触电位差、跨步电压和转移电位测量，应符合下列规定：

1 对于大型接地装置宜测量场区地表电位梯度、接触电位差、跨步电压和转移电位，试验方法可按现行行业标准《接地装置特性参数测量导则》DL 475 的有关规定执行，试验时应排除与接地网连接的架空地线、电缆的影响。

2 当接地网接地阻抗不满足要求时，应测量场区地表电位梯度、接触电位差、跨步电压和转移电位，并应进行综合分析。

26 低压电器

26.0.1 低压电器的试验项目应包括下列内容：

1 测量低压电器连同所连接电缆及二次回路的绝缘电阻。

2 电压线圈动作值校验。

3 低压电器动作情况检查。

4 低压电器采用的脱扣器的整定。

5 测量电阻器和变阻器的直流电阻。

6 低压电器连同所连接电缆及二次回路的交流耐压试验。

26.0.2 对安装在一、二级负荷场所的低压电器，应按本标准第26.0.1条第2款～第4款的规定进行交接试验。

26.0.3 测量低压电器连同所连接电缆及二次回路的绝缘电阻，应符合下列规定：

1 测量低压电器连同所连接电缆及二次回路的绝缘电阻值，不应小于1MΩ。

2 在比较潮湿的地方，不可小于0.5MΩ。

26.0.4 对电压线圈动作值进行校验时，线圈的吸合电压不应大于额定电压的85%，释放电压不应小于额定电压的5%；短时工作的合闸线圈应在额定电压的85%～110%范围内，分励线圈应在额定电压的75%～110%的范围内均能可靠工作。

26.0.5 对低压电器动作情况进行检查时，对于采用电动机或液压、气压传动方式操作的电器，除产品另有规定外，当电压、液压或气压在额定值的85%～110%范围内，电器应可靠工作。

26.0.6 对低压电器采用的脱扣器的整定，各类过电流脱扣器、失压和分励脱扣器、延时装置等，应按使用要求进行整定。

26.0.7 测量电阻器和变阻器的直流电阻值，其差值应分别符合产品技术条件的规定。电阻值应满足回路使用的要求。

26.0.8 对低压电器连同所连接电缆及二次回路进行交流耐压试验时，试验电压应为1000V。当回路的绝缘电阻值在10MΩ以上时，可采用2500V兆欧表代替，试验持续时间应为1min。

附录A 特殊试验项目

表A 特殊试验项目

序号	条款	内容
1	4.0.4	定子绕组直流耐压试验
2	4.0.5	定子绕组交流耐压试验
3	4.0.14	测量转子绕组的交流阻抗和功率损耗
4	4.0.15	测量三相短路特性曲线
5	4.0.16	测量空载特性曲线
6	4.0.17	测量发电机空载额定电压下灭磁时间常数和转子过电压倍数
7	4.0.18	发电机定子残压
8	4.0.20	测量轴电压
9	4.0.21	定子绕组端部动态特性
10	4.0.22	定子绕组端部手包绝缘施加直流电压测量
11	4.0.23	转子通风试验
12	4.0.24	水流量试验
13	5.0.10	测录直流发电机的空载特性和以转子绕组为负载的励磁机负载特性曲线
14	6.0.5	测录空载特性曲线
15	8.0.11	变压器绕组变形试验

续表 A

序号	条款	内　容
16	8.0.13	绕组连同套管的长时感应电压试验带局部放电测量
17	10.0.9(1)	用于关口计量的互感器(包括电流互感器、电压互感器和组合互感器)应进行误差测量
18	10.0.12(2)	电容式电压互感器(CVT)检测 CVT电磁单元因结构原因不能将中压联线引出时,必须进行误差试验,若对电容分压器绝缘有怀疑时,应打开电磁单元引出中压联线进行额定电压下的电容量和介质损耗因数 $\tan\delta$ 的测量
19	17.0.5	35kV及以上电压等级橡塑电缆交流耐压试验
20	17.0.9	电力电缆线路局部放电测量
21	18.0.6	冲击合闸试验
22	20.0.3	测量金属氧化物避雷器的工频参考电压和持续电流
23	24.0.3	测量110(66)kV及以上线路的工频参数
24	25.0.4	场区地表电位梯度、接触电位差、跨步电压和转移电位测量
25	I.0.3	交叉互联性能检验
26	全标准中	110(66)kV及以上电压等级电气设备的交、直流耐压试验(或高电压测试)
27	全标准中	各种电气设备的局部放电试验
28	全标准中	SF_6气体(除含水量检验及检漏)和绝缘油(除击穿电压试验外)试验

附录B　电机定子绕组绝缘电阻值换算至运行温度时的换算系数

B.0.1　电机定子绕组绝缘电阻值换算至运行温度时的换算系数

应按表 B.0.1 的规定取值。

表 B.0.1 电机定子绕组绝缘电阻值换算至运行温度时的换算系数

定子绕组温度(℃)		70	60	50	40	30	20	10	5
换算系数 K	热塑性绝缘	1.4	2.8	5.7	11.3	22.6	45.3	90.5	128
	B 级热固性绝缘	4.1	6.6	10.5	16.8	26.8	43	68.7	87

注:本表的运行温度,对于热塑性绝缘为 75℃,对于 B 级热固性绝缘为 100℃。

B.0.2 当在不同温度测量时,可按本标准表 B.0.1 所列温度换算系数进行换算。也可按下列公式进行换算:

对于热塑性绝缘:

$$R_t = R \times 2^{(75-t)/10} (\mathrm{M\Omega}) \tag{B.0.2-1}$$

对于 B 级热固性绝缘:

$$R_t = R \times 1.6^{(100-t)/10} (\mathrm{M\Omega}) \tag{B.0.2-2}$$

式中:R——绕组热状态的绝缘电阻值;

R_t——当温度为 t℃ 时的绕组绝缘电阻值;

t——测量时的温度。

附录 C 绕组连同套管的介质损耗因数 tanδ(%)温度换算

C.0.1 绕组连同套管的介质损耗因数 tanδ (%)温度换算,应按表 C.0.1 的规定取值。

表 C.0.1 介质损耗因数 tanδ(%)温度换算系数

温度差 K	5	10	15	20	25	30	35	40	45	50
换算系数 A	1.15	1.3	1.5	1.7	1.9	2.2	2.5	2.9	3.3	3.7

注:1 表中 K 为实测温度减去 20℃的绝对值。

2 测量温度以上层油温为准。

C.0.2 进行较大的温度换算且试验结果超过本标准第 8.0.11 条第 2 款规定时，应进行综合分析判断。

C.0.3 当测量时的温度差不是本标准表 C.0.1 中所列数值时，其换算系数 A 可用线性插入法确定。

C.0.4 绕组连同套管的介质损耗因数 $\tan\delta$（%）温度换算，应符合下列规定：

1 温度系数可按下式计算：

$$A = 1.3^{K/10} \tag{C.0.4-1}$$

2 当测量温度在 20℃以上时，校正到 20℃时的介质损耗因数可按下式计算：

$$\tan\delta_{20} = \tan\delta_{t}/A \tag{C.0.4-2}$$

3 当测量温度在 20℃以下时，校正到 20℃时的介质损耗因数可按下式计算：

$$\tan\delta_{20} = A\tan\delta_{t} \tag{C.0.4-3}$$

式中：$\tan\delta_{20}$——校正到 20℃ 时的介质损耗因数；

$\tan\delta_{t}$——在测量温度下的介质损耗因数。

附录 D 电力变压器和电抗器交流耐压试验电压

D.0.1 电力变压器和电抗器交流耐压试验电压值，应按表 D.0.1 的规定取值。

表 D.0.1 电力变压器和电抗器交流耐压试验电压值(kV)

系统标称电压	设备最高电压	交流耐受电压	
		油浸式电力变压器和电抗器	干式电力变压器和电抗器
≤1	≤1.1	—	2
3	3.6	14	8

续表 D.0.1

系统标称电压	设备最高电压	交流耐受电压	
		油浸式电力变压器和电抗器	干式电力变压器和电抗器
6	7.2	20	16
10	12	28	28
15	17.5	36	30
20	24	44	40
35	40.5	68	56
66	72.5	112	—
110	126	160	—

D.0.2 110(66)kV 干式电抗器的交流耐压试验电压值,应按技术协议中规定的出厂试验电压值的80%执行。

D.0.3 额定电压110(66)kV及以上的电力变压器中性点交流耐压试验电压值,应按表D.0.3的规定取值。

表 D.0.3 额定电压 110(66)kV 及以上的电力变压器中性点交流耐压试验电压值(kV)

系统标称电压	设备最高电压	中性点接地方式	出厂交流耐受电压	交接交流耐受电压
66	—	—	—	—
110	126	不直接接地	95	76
220	252	直接接地	85	68
		不直接接地	200	160
330	363	直接接地	85	68
		不直接接地	230	184
500	550	直接接地	85	68
		经小阻抗接地	140	112
750	800	直接接地	150	120

附录E 断路器操动机构的试验

E.0.1 断路器合闸操作应符合下列规定：

1 断路器操动机构合闸操作试验电压、液压在表E.0.1范围内时，操动机构应可靠动作。

表E.0.1 断路器操动机构合闸操作试验电压、液压范围

电压		液压
直流	交流	
(85%～110%)U_n	(85%～110%)U_n	按产品规定的最低及最高值

注：对电磁机构，当断路器关合电流峰值小于50kA时，直流操作电压范围为(80%～110%)U_n。U_n为额定电源电压。

2 弹簧、液压操动机构的合闸线圈以及电磁、永磁操动机构的合闸接触器的动作要求，均应符合本条第1款的规定。

E.0.2 断路器脱扣操作应符合下列规定：

1 并联分闸脱扣器在分闸装置的额定电压的65%～110%时(直流)或85%～110%(交流)范围内，交流时在分闸装置的额定电源频率下，应可靠地分闸；当此电压小于额定值的30%时，不应分闸。

2 附装失压脱扣器的，其动作特性应符合表E.0.2-1的规定。

表E.0.2-1 附装失压脱扣器的脱扣试验

电源电压与额定电源电压的比值	小于35%*	大于65%	大于85%
失压脱扣器的工作状态	铁心应可靠地释放	铁心不得释放	铁心应可靠地吸合

注：* 当电压缓慢下降至规定比值时，铁心应可靠地释放。

3 附装过流脱扣器的，其额定电流不应小于 2.5A，附装过流脱扣器的脱扣试验，应符合表 E.0.2-2 的规定。

表 E.0.2-2 附装过流脱扣器的脱扣试验

过流脱扣器的种类	延时动作的	瞬时动作的
脱扣电流等级范围(A)	2.5～10	2.5～15
每级脱扣电流的准确度	±10%	
同一脱扣器各级脱扣电流准确度	±5%	

4 对于延时动作的过流脱扣器，应按制造厂提供的脱扣电流与动作时延的关系曲线进行核对。

另外，还应检查在预定时延终了前主回路电流降至返回值时，脱扣器不应动作。

E.0.3 断路器模拟操动试验应符合下列规定：

1 当具有可调电源时，可在不同电压、液压条件下，对断路器进行就地或远控操作，每次操作断路器均应正确可靠地动作，其联锁及闭锁装置回路的动作应符合产品技术文件及设计规定；当无可调电源时，可只在额定电压下进行试验。

2 直流电磁、永磁或弹簧机构的操动试验，应按表 E.0.3-1 的规定进行；液压机构的操动试验，应按表 E.0.3-2 的规定进行。

表 E.0.3-1 直流电磁、永磁或弹簧机构的操动试验

操作类别	操作线圈端钮电压与额定电源电压的比值(%)	操作次数
合、分	110	3
合闸	85(80)	3
分闸	65	3
合、分、重合	100	3

注：括号内数字适用于装有自动重合闸装置的断路器及表 E.0.1“注”的情况。

表 E.0.3-2 液压机构的操动试验

操作类别	操作线圈端钮电压与额定电源电压的比值(%)	操作液压	操作次数
合、分	110	产品规定的最高操作压力	3
合、分	100	额定操作压力	3
合	85(80)	产品规定的最低操作压力	3
分	65	产品规定的最低操作压力	3
合、分、重合	100	产品规定的最低操作压力	3

注:括号内数字适用于装有自动重合闸装置的断路器。

3 模拟操动试验应在液压的自动控制回路能准确、可靠动作状态下进行。

4 操动时,液压的压降允许值应符合产品技术条件的规定。

5 对于具有双分闸线圈的回路,应分别进行模拟操动试验。

6 对于断路器操动机构本身具有三相位置不一致自动分闸功能的,应根据需要做“投入”或“退出”处理。

附录F 高压电气设备绝缘的工频耐压试验电压

表F 高压电气设备绝缘的工频耐压试验电压

额定电压(kV)	最高工作电压(kV)	1min 工频耐受电压(kV)有效值(湿试/干试)									
		电压互感器		电流互感器		穿墙套管		支柱绝缘子			
								湿试		干试	
		出厂	交接	出厂	交接	出厂	交接	出厂	交接	出厂	交接
3	3.6	18/25	14/20	18/25	14/20	18/25	15/20	18	14	25	20
6	7.2	23/30	18/24	23/30	18/24	23/30	18/26	23	18	32	26

续表 F

额定电压(kV)	最高工作电压(kV)	1min 工频耐受电压(kV)有效值(湿试/干试)									
		电压互感器		电流互感器		穿墙套管		支柱绝缘子			
								湿试		干试	
		出厂	交接	出厂	交接	出厂	交接	出厂	交接	出厂	交接
10	12	30/42	24/33	30/42	24/33	30/42	26/36	30	24	42	34
15	17.5	40/55	32/44	40/55	32/44	40/55	34/47	40	32	57	46
20	24.0	50/65	40/52	50/65	40/52	50/65	43/55	50	40	68	54
35	40.5	80/95	64/76	80/95	64/76	80/95	68/81	80	64	100	80
66	72.5	140 160	112 120	140 160	112 120	140 160	119 136	140 160	112 128	165 185	132 148
110	126	185/200	148/160	185/200	148/160	185/200	160/184	185	148	265	212
220	252	360	288	360	288	360	306	360	288	450	360
		395	316	395	316	395	336	395	316	495	396
330	363	460	368	460	368	460	391	570	456		
		510	408	510	408	510	434				
500	550	630	504	630	504	630	536				
		680	544	680	544	680	578	680	544		
		740	592	740	592	740	592				
750		900	720			900	765	900	720		
		960	768			960	816				

注:栏中斜线下的数值为该类设备的外绝缘干耐受电压。

附录G 电力电缆线路交叉互联系统试验方法和要求

G.0.1 交叉互联系统对地绝缘的直流耐压试验，应符合下列规定：

1 试验时应将护层过电压保护器断开。

2 应在互联箱中将另一侧的三段电缆金属套都接地，使绝缘接头的绝缘环也能结合在一起进行试验。

3 应在每段电缆金属屏蔽或金属套与地之间施加直流电压10kV，加压时间应为1min，不应击穿。

G.0.2 非线性电阻型护层过电压保护器试验，应符合下列规定：

1 对氧化锌电阻片施加直流参考电流后测量其压降，即直流参考电压，其值应在产品标准规定的范围之内。

2 测试非线性电阻片及其引线的对地绝缘电阻时，应将非线形电阻片的全部引线并联在一起与接地的外壳绝缘后，用1000V兆欧表测量引线与外壳之间的绝缘电阻，其值不应小于10MΩ。

G.0.3 交叉互联性能检验应符合下列规定：

1 所有互联箱连接片应处于正常工作位置，应在每相电缆导体中通以约100A的三相平衡试验电流。

2 应在保持试验电流不变的情况下，测量最靠近交叉互联箱处的金属套电流和对地电压。测量完毕应将试验电流降至零并切断电源。

3 应将最靠近的交叉互联箱内的连接片按模拟错误连接的方式连接，再将试验电流升至100A，并再次测量该交叉互联箱处的金属套电流和对地电压。测量完毕应将试验电流降至零并切断电源。

4 应将该交叉互联箱中的连接片复原至正确的连接位置，再将试验电流升至 100A 并测量电缆线路上所有其他交叉互联箱处的金属套电流和对地电压。

5 性能满意的交叉互联系统，试验结果应符合下列要求：

1）在连接片做错误连接时，应存在异乎寻常大的金属套电流；

2）在连接片正确连接时，将测得的任何一个金属套电流乘以一个系数（该系数等于电缆的额定电流除以上述的试验电流）后所得的电流值不应使电缆额定电流的降低量超过 3%。

6 将测得的金属套对地电压乘以本条第 5 款第 2）项中的系数后，不应大于电缆在负载额定电流时规定的感应电压的最大值。

注：本方法为推荐采用的交叉互联性能检验方法，采用本方法时，属于特殊试验项目。

G.0.4 互联箱试验应符合下列规定：

1 接触电阻测试应在做完第 G.0.2 条规定的护层过电压保护器试验后进行。

2 将刀闸（或连接片）恢复到正常工作位置后，用双臂电桥测量刀闸（或连接片）的接触电阻，其值不应大于 $20\mu\Omega$。

3 刀闸（或连接片）连接位置检查应在交叉互联系统试验合格后密封互联箱之前进行，连接位置应正确。

4 发现连接错误而重新连接后，应重新测试刀闸（连接片）的接触电阻。

本标准用词说明

1 为便于在执行本标准条文时区别对待，对要求严格程度不同的用词说明如下：

1) 表示很严格，非这样做不可的：

正面词采用“必须”，反面词采用“严禁”；

2) 表示严格，在正常情况下均应这样做的：

正面词采用“应”，反面词采用“不应”或“不得”；

3) 表示允许稍有选择，在条件许可时首先应这样做的：

正面词采用“宜”，反面词采用“不宜”；

4) 表示有选择，在一定条件下可以这样做的，采用“可”。

2 条文中指明应按其他有关标准执行的写法为：“应符合……的规定”或“应按……执行”。

引用标准名录

《闪点的测定　宾斯基-马丁闭口杯法》GB 261

《石油产品酸值测定法》GB/T 264

《绝缘油　击穿电压测定法》GB/T 507

《石油和石油产品及添加剂机械杂质测定法》GB/T 511

《电力变压器　第3部分：绝缘水平、绝缘试验和外绝缘空气间隙》GB/T 1094.3

《电力变压器　第10部分：声级测定》GB/T 1094.10

《水轮发电机组安装技术规范》GB/T 8564

《液体绝缘材料　相对电容率、介质损耗因数和直流电阻率的测量》GB/T 5654

《石油产品油对水界面张力测定法(圆环法)》GB/T 6541

《变压器油中溶解气体分析和判断导则》GB/T 7252

《运行中变压器油质量》GB/T 7595

《运行中变压器油水溶性酸测定法》GB/T 7598

《运行中变压器油水分含量测定法(库仑法)》GB/T 7600

《运行中变压器油、汽轮机油水分测定法(气相色谱法)》GB/T 7601

《额定电压 72.5kV 及以上气体绝缘金属封闭开关设备》GB 7674

《六氟化硫电气设备中气体管理和检测导则》GB/T 8905

《标称电压 1000V 以上交流电力系统用并联电容器 第1部分:总则》GB/T 11024.1

《交流无间隙金属氧化物避雷器》GB/T 11032

《工业六氟化硫》GB 12022

《运行变压器油维护管理导则》GB/T 14542

《高电压试验技术 第1部分:一般定义及试验要求》GB/T 16927.1

《高电压试验技术 第2部分:测量系统》GB/T 16927.2

《绝缘油中溶解气体组分含量的气相色谱测定法》GB/T 17623

《透平型发电机定子绕组端部动态特性和振动试验方法及评定》GB/T 20140

《电力用油体积电阻率测定法》DL/T 421

《绝缘油中含气量测定方法 真空压差法》DL/T 423

《现场绝缘试验实施导则 第1部分:绝缘电阻、吸收比和极化指数试验》DL/T 474.1

《现场绝缘试验实施导则 第2部分:直流高电压试验》DL/T 474.2

《现场绝缘试验实施导则 第3部分:介质损耗因数 tanδ 试验》DL/T 474.3

《现场绝缘试验实施导则 第4部分:交流耐压试验》DL/T 474.4

《现场绝缘试验实施导则 第5部分:避雷器试验》DL/T 474.5

《接地装置特性参数测量导则》DL 475

《气体绝缘金属封闭开关设备现场耐压及绝缘试验导则》DL/T 555

《电力设备预防性试验规程》DL/T 596

《绝缘油中含气量的气相色谱测定法》DL/T 703

《变压器油中溶解气体分析和判断导则》DL/T 722

《变压器油中颗粒度限值》DL/T 1096

《汽轮发电机绕组内部水系统检验方法及评定》JB/T 6228

《透平发电机转子气体内冷通风道　检验方法及限值》JB/T 6229

中华人民共和国国家标准

电气装置安装工程
电气设备交接试验标准

GB 50150—2016

条 文 说 明

修 订 说 明

《电气装置安装工程　电气设备交接试验标准》GB 50150—2016，经住房和城乡建设部2016年4月15日以第1093号公告批准发布。

本标准是在《电气装置安装工程　电气设备交接试验标准》GB 50150—2006的基础上修订而成的，上一版的主编单位是国网北京电力建设研究院，参编单位是安徽省电力科学研究院、东北电业管理局第二工程公司、中国电力科学研究院、武汉高压研究所、华北电力科学研究院、辽宁省电力科学研究院、广东省输变电公司、广东省电力试验研究所、江苏省送变电公司、天津电力建设公司、山东电力建设一公司、广西送变电建设公司等。主要起草人员是：郭守贤、孙关福、陈发宇、姚森敬、白亚民、杨荣凯、王烜、韩洪刚、徐斌、张诚、王晓琪、葛占雨、刘志良、尹志民。

与原标准相比较，本标准主要做了以下修改：

1. 本标准适用范围从500kV提高到750kV电压等级的电气设备；

2. 替换了原标准中的术语；

3. 增加了“基本规定”章节；

4. 删除了原标准中的油断路器和空气及磁吹断路器的章节；

5. 修改了同步发电机及调相机、电力变压器、电抗器及消弧线圈、互感器、真空断路器、六氟化硫断路器、六氟化硫封闭组合电器、电力电缆线路、电容器部分试验项目及试验标准；

6. 增加了变压器油中颗粒度限值试验项目及标准；

7. 增加了接地装置的场区地表电位梯度、接触电位差、跨步电压和转移电位测量试验项目及标准；

8. 删除了原标准中的附录D油浸式电力变压器绕组直流泄漏电流参考值；

9. 增加了附录C绕组连同套管的介质损耗因数 $\tan\delta$（%）温度换算、附录D电力变压器和电抗器交流耐压试验电压和附录E断路器操动机构的试验。

为了方便广大设计、施工、科研和学校等单位有关人员在使用本标准时能正确理解和执行条文规定，《电气装置安装工程　电气设备交接试验标准》编制组按章、节、条顺序编制了本标准的条文说明，对条文规定的目的、依据以及执行中需注意的有关事项进行了说明，还着重对强制性条文的强制性理由做了解释。但是，本条文说明不具备与标准正文同等的法律效力，仅供使用者作为理解和把握标准规定的参考。

1 总 则

1.0.2 本条规定了本标准的适用范围。本标准适用于750kV及以下新安装电气设备的交接试验。参照现行国家标准《绝缘配合 第1部分:定义、原则和规则》GB/T 311.1—2012等有关规定,已将试验电压适用范围提高到750kV电压等级的实际情况,予以明确规定。

1.0.3 本条所列继电保护等,规定其交接试验项目和标准按相应的专用规程执行。

2 术 语

2.0.7 本条指在高压电场内,使悬浮于含尘气体中的粉尘受到气体电离的作用而荷电,荷电粉尘在电场力的作用下,向极性相反的电极运动,并吸附在电极上,通过振打或冲刷并在重力的作用下,从金属表面上脱落的除尘器。

3 基本规定

3.0.1 本条中的“进行交流耐压试验”,是指“进行工频交流或直流耐压试验”。

3.0.3 本条对变压器、电抗器及消弧线圈注油后绝缘试验前的静置时间的规定，是参照国内及美国、日本的安装、试验的实践经验而制定，以便使残留在油中的气泡充分析出。

3.0.6 本条是对进行与湿度及温度有关的各种试验提出的要求。

(1)试验时要注意湿度对绝缘试验的影响。有些试验结果的正确判断不单和温度有关，也和湿度有关。因为做外绝缘试验时，若相对湿度大于80%，闪络电压会变得不规则，故希望尽可能不在相对湿度大于80%的条件下进行试验。为此，规定试验时的空气相对湿度不宜高于80%。但是根据我国的实际情况，北方寒冷，试验时温度上往往不能满足要求；南方潮湿，试验时湿度上往往不能满足要求，所以沿用原标准“对不满足上述温度、湿度条件情况下测得的试验数据，应进行综合分析，以判断电气设备是否可以投入运行”。

(2)本标准中规定的常温范围为10℃～40℃，以便于现场试验时容易掌握。考虑被试物不同，其运行温度也不同，应以不同被试物的产品标准来定为好。

(3)规定对油浸式变压器、电抗器及消弧线圈，应以其上层油温作为测试温度，以便与制造厂及生产运行的测试温度的规定统一起来。

3.0.7 经过多年试验工作的实践，试验单位对于极化指数也掌握了一定的规律，因此这次修编中，在发电机、变压器等章节内，对极化指数测量也作出了具体规定。对于大容量、高电压的设备作极化指数测量，是绝缘判断的有效手段之一，望今后积累经验资料，更加完善该项测试、判断技术。

3.0.9 为了与国家标准中关于低压电器的有关规定及现行国家标准《三相异步电动机试验方法》GB/T 1032 中的有关规定尽量协调一致，将电压等级分为5档，即100V以下、500V以下至100V，3000V以下至500V，10000V以下至3000V和10000V及以上，使规定范围更为严密。

为了保证测试精度，本标准规定了兆欧表的量程。同时对用于极化指数测量的兆欧表，规定其短路电流不应低于2mA。

3.0.10 规定了本标准的高压试验方法应按国家现行标准《高压试验技术 第1部分：一般定义及试验要求》GB/T 16927.1、《高压试验技术 第2部分：测量系统》GB/T 16927.2和《现场绝缘试验实施导则》DL/T 474.1～DL/T 474.5及相关设备标准的规定执行，进行综合、统一，便于将试验结果进行比较分析。

3.0.11 对进口设备的交接试验，应按合同规定的标准执行，这是常规做法。由于我国的现实情况，某些标准高于引进机组的标准，标准不同的情况应在签订订货合同时解决，或在工程联络会（其会议纪要同样具有合同效果）时协商解决。

为使合同签订人员对标准不同问题引起重视，本条要求签订设备进口合同时注意，验收标准不得低于本标准的原则规定。

3.0.13 特殊进线的设备是指电缆进线的GIS、电缆进线的变压器等。

3.0.14 对技术难度大、需要特殊的试验设备应由具备相应试验能力的单位进行的试验项目，被列为特殊试验项目。

对技术难度大、需要特殊的试验设备的试验，往往在一个工程中发生次数少、设备利用率不高，这些试验又必须具有相应试验能力，经常做这些试验的单位来承担，才可以保证试验质量。

过去在施工现场，往往因为这些试验项目实施，甲乙双方意见难以统一，影响标准的执行。修编后的标准，将这些项目统一定为特殊试验项目，按现行有关国家概算的规定，特殊试验项目不包括在概算范围内，当需要做这些试验时，应由甲方承担费用，乙方配合试验，便于标准的执行。

列入特殊试验项目的内容，主要有以下几个方面（具体项目见附录A）：

（1）随着科技的发展，试验经验的积累，修编后的标准中增加了一些新的试验项目。

（2）原来施工单位一直委托高一级的试验单位来做的试验

项目。

(3)属于整套启动调试的试验项目。

4 同步发电机及调相机

4.0.1 本条规定了同步发电机及调相机的试验项目。

12 将原条款“测量灭磁电阻器、自同步电阻器的直流电阻”修订为“发电机励磁回路的自动灭磁装置试验”,理由如下:

(1)灭磁电阻分线性和非线性,线性灭磁电阻阻值现在一般为转子电阻值的1倍~5倍,只要保证完好可用即可,而非线性灭磁电阻常规方法不能测量,需要时由专业厂家进行测量和评估。

(2)自同期电阻器用于发电机自同期,在我国基本不用这种方式并网。

(3)自动灭磁装置包括了灭磁开关和灭磁电阻。

(4)现在对于火电机组,基建调试中根本不做此类试验,仅目测检查完好无破损,连接正确即可,而主要设备由励磁设备配套厂保证质量,包括参数和性能,故现场没必要测量。

20 本款试验项目是根据现行行业标准《大型汽轮发电机定子绕组端部动态特性的测量和评定》DL/T 735的要求。该标准要求交接试验时,200MW及以上容量的汽轮发电机,设备交接现场应当进行此项试验。

21 本款试验项目是现行行业标准《电力设备预防性试验规程》DL/T 596中要求的试验。

4.0.3 对于容量200MW及以上机组应测量极化指数,极化指数不应小于2.0,是根据现行国家标准《旋转电机绝缘电阻测试》GB/T 20160的具体要求制定的,规定旋转电机应当测量极化指数,对B级以上绝缘电机其最小推荐值是2.0。

4.0.4 修订后本条第3款要求对于现场组装的对拼接头部位，应在紧固螺栓力矩后检查接触面的连接情况，定子绕组的直流电阻应在对拼接头部位现场组装后测量。

4.0.5 本条规定了定子绕组直流耐压试验和泄漏电流测量的试验标准、方法及注意事项。特别对氢冷电机，必须严格按本条要求进行耐压试验，以防含氢量超过标准时发生氢气爆炸事故，故将本条文第3款列为强制性条款。

本项试验与试验条件关系较大，出厂试验与现场试验的条件不一样，当最大泄漏电流在20μA以下，根据绝缘电阻值和交流耐压试验结果综合判断为良好时，各相间差值可不考虑；强调了试验的综合分析，有助于对绝缘状态的准确判断。

新条款规定对于汇水管死接地的电机，现场可不进行定子绕组直流耐压试验和泄漏电流测量。泄漏电流测量回路与水管回路是并联的，测出的电流不能真实反映发电机定子绕组的情况。

4.0.6 本条表4.0.6是根据现行国家标准《旋转电机　定额和性能》GB/T 755—2008中表16及相关说明制定的，即对10000kW（或kVA）及以上容量的旋转电机的定子绕组出厂交流耐压试验取2倍额定电压加1000V，现场验收试验电压取出厂试验的80%；对24000V及以上电压等级的发电机，原则上是与生产厂家协商后确定试验电压。特别对氢冷电机，必须严格按本条要求进行耐压试验，以防含氢量超过标准时发生氢气爆炸事故。故将本条文第3款列为强制性条款。

4.0.9 关于转子绕组交流耐压试验，沿用原标准，对隐极式转子绕组可用2500V兆欧表测量绝缘电阻来代替。近年来发电机无刷励磁方式已采用较多，这些电机的转子绕组往往和整流装置连接在一起，当欲测量转子绕组的绝缘（或耐压）时，应遵守制造厂的规定，不应因此而损坏电子元件。

4.0.10 本条指出了励磁回路中有电子元器件时，测量绝缘电阻时应注意的事项。

4.0.11 本条交流耐压试验的试验电压沿用原标准。

4.0.13 本条文要求对埋入式测温计测量绝缘电阻，并检查是否完好：对埋入式测温元件应测其绝缘电阻和直流电阻检查其完好性，测温元件的精确度现场不作校验，对二次仪表部分应进行常规校验，因此整体要求核对指示值，应无异常。

4.0.14 本条规定了发电机励磁回路的自动灭磁装置试验的内容。

灭磁开关的主触头和灭弧触头的时间配合关系取决于灭磁方式和灭磁电阻类型，另外目前AVR都有逆变灭磁能力，故没必要对此做更详细的规定，只要制造厂保证可靠灭磁即可。

自同步电阻器基本不用，可不做规定。

按照现行行业标准《大中型水轮发电机静止整流励磁系统及装置试验规程》DL/T 489中自动灭磁开关操作性能试验，在控制回路施加的合闸电压为80%额定操作电压时，合闸5次；在控制回路施加的分闸电压为30%～65%额定操作电压时，分断5次，低于30%额定电压时，不动作。灭磁开关动作应正确、可靠。

4.0.15 本条测量转子交流阻抗沿用原标准内容，对无刷励磁机组，当无测量条件时，可以不测。同时应当要求制造厂提供有关资料。

4.0.16 对于发电机变压器组，若发电机本身的短路特性有出厂试验报告时，可只录取发电机变压器组的短路特性，其短路点应设在变压器高压侧的规定理由如下：

(1)交接试验的目的，主要是检查安装质量。发电机特性不可能在安装过程中改变。30多年实践证明，现场测得短路特性和出厂试验都很接近，没有发现因做这项试验而发现发电机本身有什么问题。因此当发电机短路特性已有出厂试验报告时，可以此为依据作为原始资料，不必在交接时重做这项试验。

(2)单元接线的发电机变压器组容量大，在整套启动试验过程中，以10多个小时来拆装短路母线，拖延整个试验时间，而且很不经济。

(3)为了给电厂留下一组特性曲线以备检修后复核,因此规定录取发电机变压器组的短路特性。

4.0.17 将原条文4.0.16中第4款修订为发电机变压器组的整组空载特性,电压加至定子额定电压值的110%。其原因是最高达到发电机额定电压的110%,是励磁系统标准中的规定。按目前的变压器制造水平,变压器应能够承受此电压,并保证长期稳定运行。

4.0.18 本条保留原条款内容,增加了"同时检查转子过电压倍数,应保证在励磁电流小于1.1倍额定电流时,转子过电压值不大于励磁绕组出厂试验电压值的30%",是根据国家现行标准《同步发电机励磁系统 大、中型同步发电机励磁系统技术要求》GB/T 7409.3—2007中第5.16条和《大型汽轮发电机励磁系统技术条件》DL/T 843—2010第6.8.4条具体要求制定的。

测录发电机定子开路时的灭磁时间常数。对发电机变压器组,可带空载变压器同时进行。这样与4.0.17条相对应,留下此数据,便于以后试验比较。

4.0.21 本条对汽轮发电机及水轮发电机测量轴电压提出要求;同时规定在不同工况下进行测定。

4.0.22 本条在原条款内容上,增加了对200MW以下汽轮发电机可根据具体情况进行。

本条第2款根据现行国家标准《透平型发电机定子绕组端部动态特性和振动试验方法及评定》GB/T 20140,将原条款修订为"汽轮发电机和燃气轮发电机冷态下线棒、引线固有频率和端部整体椭圆固有频率"避开范围应符合表4.0.22的规定。整体椭圆固有频率不满足表4.0.22规定的发电机,应测量运行时定子绕组端部的振动;局部固有频率不满足表4.0.22规定的发电机,对于新机应尽量采取措施进行处理。但对于不是椭圆振型的100Hz附近的模态频率也不能认为正常,应当引起密切关注,可以认为存在较严重质量缺陷，可能会造成运行中局部发生松动、磨损故障。局部的固有频率对整体振型影响较小，但不等于不会破坏局部结构，例如单根引线的固有频率不好，造成引线断裂、短路事故国内已发生多起，包括石横电厂、沙角C厂、绥中电厂等发电机引线上发生的严重短路事故。

删除了原条款中“当制造厂已进行过试验，且有出厂试验报告时，可不进行试验”。根据试验实践，该试验的条件、试验结果的分散性比较大。有时制造厂的试验结果与现场试验结果相差较大，进行此试验，一方面可以验证出厂试验数据，另一方面可留下安装原始数据，对保证发电机的安装质量，以及为将来运行、检修提供参考数据。

4.0.23 本条对定子绕组端部手包绝缘施加直流电压测量的条件、施加电压值及标准作了规定，根据国家电网公司2000年发布的《防止电力生产重大事故的二十五项重点要求》和现行行业标准《电力设备预防性试验规程》DL/T 596的规定编写。

5 直流电机

5.0.1 删除了原条款测量电枢整流片间的直流电阻试验及相应的试验规定。

5.0.4 本条规定了直流电阻测量值与制造厂数据比较的标准，这是参照现行行业标准《电力设备预防性试验规程》DL/T 596而制定的误差标准，使交接试验标准与预防性试验标准相统一。

5.0.8 本条规定励磁回路连同所有连接设备的交流耐压试验电压值，应为1000V。增加了用2500V兆欧表测量绝缘电阻方式代替，这是简单可行的方法。

5.0.11 本条规定测录“以转子绕组为负载的励磁机负载特性曲

线”,这就明确了负载特性试验时,励磁机的负载是转子绕组,以免在执行中引起误解。

5.0.12 规定“空载运转时间一般不小于30min”,在发电厂中的直流电动机都是属于事故电机,其电源装置是电厂中的直流蓄电池装置,容量对电机而言是有限的,所以建议一般采用不小于30min。如空转检查时间不够而延长时,应适当注意蓄电池的运行情况,不应使蓄电池缺电运行。

记录直流电机的空转电流。直流电动机试运时,应测量空载运行转速和电流,当转速调整到所需要的速度后,记录空转电流。

6 中频发电机

6.0.3 测量绕组的直流电阻时,应注意有的制造厂生产的作为副励磁机使用的感应子式中频发电机,发生过由于引线长短差异以致各相绕组电阻值差别超过标准,但经制造厂检查无异状而投运的事例。为此,要求测得的绕组电阻值应与制造厂出厂数值比较为妥。

6.0.5 永磁式中频发电机现已开始在新建机组上使用,测录中频发电机电压与转速的关系曲线,以此检查其性能是否有改变。要求测得的永磁式中频发电机的电压与转速的关系曲线与制造厂出厂数值比较,应无明显差别。

6.0.7 本条修订为“测量检温计绝缘电阻并检查是否完好,应符合下列规定:

1 采用250V兆欧表测量检温计绝缘电阻应良好。

2 核对测温计指示值,应无异常。”

近年来安装机组容量增大,中频发电机组也装有埋入式测温装置,其试验方法与发电机的测温装置相同。

7 交流电动机

7.0.2 本条中的电压1000V以下，容量100kW以下，是参照现行行业标准《电力设备预防性试验规程》DL/T 596的规定制定的。其中需进行本标准第7.0.1条第10款和第11款的试验，是因为定子绕组极性检查和空载转动检查对这类电动机也是必要的。但有的机械和电动机连接不易拆开的，可以连同机械部分一起试运。

7.0.3 电动机绝缘多为B级绝缘，参照不同绝缘结构的发电机其吸收比不同的要求，规定电动机的吸收比不应低于1.2。

苏联出版的电动机不经干燥投入运行条件中，规定对于容量为500kW以下，转速为1500r/min以下的电动机，在10℃～30℃时测得的吸收比大于1.2即可。

凡吸收比小于1.2的电动机，都先干燥后再进行交流耐压试验。高压电动机通三相380V的交流电进行干燥是很方便的。因为大多数是由于绝缘表面受潮，干燥时间短；有的电动机本身有电热装置，所以电动机的吸收比不低于1.2是能达到的。标准编制组收集了一些关于新安装电动机的资料，并将测得的绝缘电阻值和吸收比汇总见表1。从表中可以看出，新安装电动机的吸收比都可以达到1.2的标准。

表1 电动机的绝缘电阻值和吸收比测量记录

电机型号	额定工作电压(kV)	容量(kW)	绝缘电阻(M)			测试时温度(℃)
			R_{60s}	R_{15s}	R_{60s}/R_{15s}	
YL	6	1000	2500	1500	1.66	5
JSL	6	550	670	450	1.48	4

续表 1

电机型号	额定工作电压(kV)	容量(kW)	绝缘电阻(M)			测试时温度(℃)
			R_{60s}	R_{15s}	R_{60s}/R_{15s}	
JK	6	350	1100	9000	1.22	4
JSL	6	360	3400	1900	1.78	4
JS	6	300	1900	860	2.2	18
JS	6	1600	4000	1800	2.22	16
JS	6	2500	5000	2500	2.0	25
JSQ	6	550	3100	1400	2.21	12
JSQ	6	475	1500	500	3.0	12
JS	6	850	4000	1500	2.66	11

7.0.4 新安装的交流电动机定子绕组的直流电阻测量值与误差计算实例见表 2。

表 2 交流电动机定子绕组的直流电阻测量值与误差计算表

电机型号	容量(kW)	线间直流电阻值(Ω)			按最小值比的误差(%)
		1～2	2～3	3～1	
JSL	550	1.400	1.406	1.398	0.57
JK	350	2.023	2.025	2.025	0.09
JSL	360	2.435	2.427	2.430	0.32
JS	300	2.850	2.856	2.850	0.21
JS2	1600	0.1365	0.1365	0.1363	0.15
JS2	2500	0.0733	0.0735	0.0739	0.81
JSQ	550	1.490	1.480	1.484	0.67
JSQ	475	1.776	1.770	1.770	0.34
JS	850	0.6357	0.6360	0.6365	0.12
JS	220	4.970	4.98	4.972	0.2

表2说明，新安装的交流电动机定子绕组的直流电阻的判断标准按最小值比进行判断是可行的。另外，现行行业标准《电力设备预防性试验规程》DL/T 596中对已运行过的交流电动机定子绕组的直流电阻的标准仍是："各相绕组的直流电阻相互差别不应超过最小值的2%，线间电阻不超过最小值的1%"。本标准与之相统一。

7.0.5 目前交流电动机的容量已达6000kW以上，相当于一台小型发电机，对其绝缘性能应加强判断，因此设定子绕组的直流耐压试验项目。

本条规定对1000V以上及1000kW以上、中性点连线已引出至出线端子板的电动机进行直流耐压试验和测量泄漏电流。当最大泄漏电流在20μA以下，根据绝缘电阻值和交流耐压试验结果综合判断为良好时，各相间差值可不考虑。试验电压标准参照现行行业标准《电力设备预防性试验规程》DL/T 596中的有关规定。由于做直流耐压试验时需分相进行，以便将各相泄漏电流的测得值进行比较分析，因此，对中性点已引出的电动机才进行此项试验。

7.0.10 本条规定测量可变电阻器、启动电阻器、灭磁电阻器的直流电阻值，与产品出厂数值比较，其差值不应超过10%；调节过程中应接触良好，无开路现象，电阻值的变化应有规律性。需要注意的是电阻值最后设定值应满足电机的工作要求，最后设定后做好相关数据记录，供以后运行及检修比较。

7.0.13 沿用原标准要求，规定了电动机空转的时间和测量空载电流的要求。

电动机带负荷试运，有时发生电动机发热，三相电流严重不平衡，如果做过空载试验，就可辨别是电机的问题，还是机械的问题，从而使问题简单化。

8 电力变压器

8.0.1 本条规定了电力变压器的试验项目。

(1)修订后第5款为“测量铁心及夹件的绝缘电阻”。

(2)修订后第9款为“测量绕组连同套管的介质损耗因数 $\tan\delta$ 与电容量”,增加了测量电容量。考虑到变压器绕组的电容量变化对于判断变压器绕组状态有重要意义,为此增加了电容量测量项目及判断准则(见8.0.11第4款)。

(3)删除了原条款“测量绕组连同套管的直流泄漏电流试验”,由于多年预防性试验表明直流泄漏试验的有效性不够灵敏,且其检测效果可由绝缘电阻、绕组介损及电容量两者结合达到,因此去掉。

8.0.2 本条第2、3、4、5款是按照不同用途的变压器而规定其应试验的项目,第7款是为了适应变压器安装技术的进步而规定附加要求。

8.0.3 油浸式变压器油中色谱分析对放电、过热等多种故障敏感,是目前非常有效的变压器检测手段。大型变压器感应电压试验时间延长,严重的缺陷可能产生微量气体,要进行耐压试验后色谱分析。考虑到气体在油中的扩散过程,规定试验结束24h后取样,试验应按现行国家标准《变压器油中溶解气体分析和判断导则》GB/T 7252进行。随着测试技术的发展和检测精度的不断提高,根据经验,新标准中规定 C_2H_2 气体含量不应超过 $0.1\mu L/L$。35kV及以下电压等级油浸式变压器对于油中色谱分析和油中水含量的测量可自行规定。

考虑到 SF_6 气体绝缘变压器应用逐步扩大,标准中 SF_6 气体含水量用20℃的体积分数表示,当温度不同时,应与温湿度曲线核对,进行相应换算。

8.0.4 测量绕组连同套管的直流电阻条款中,参考了现行行业标准《输变电设备状态检修试验规程》DL/T 393—2010,提出了变压器绕组相互间的差别概念,并修订了直流电阻判断规定,新标准较原标准更为严格;并考虑部分变压器的特殊结构,由于变压器设计原因导致的直流电阻不平衡率超差说明原因后不作为质量问题。测量温度以顶层油温为准,变压器的直流电阻与同温下产品出厂实测数值比较,测量值的变化趋势应一致。

第2款中,各相绕组相互间差别指任意两绕组电阻之差,除以两者中的小者,再乘以100%得到的结果。

8.0.5 本条规定了所有电压等级变压器的电压比误差标准。

现行国家标准《电力变压器　第1部分:总则》GB/T 1094.1—2013中关于偏差有这样的规定,即对于额定分接或极限分接,空载电压比偏差取下列值中较低者,a)规定电压比的±0.5%,b)额定分接上实际阻抗百分数的±1/10;对于其他分接,空载电压比偏差取匝数比设计值的±0.5%。

本条规定是参照本标准2006版和现行国家标准《电力变压器　第1部分:总则》GB/T 1094.1—2013的相关规定而制定的。

目前对常用结线组别的变压器电压比测试,试验人员使用变压器变比测试仪(或变比电桥)能方便、快捷、准确地检测变比误差,有利于综合判断故障及早发现可能存在的问题和隐患。

8.0.6 检查变压器接线组别或极性必须与设计要求相符,主要是指与工程设计的电气主结线相符。目的是避免在变压器订货或发货中以及安装结线等工作中造成失误。

8.0.7 本条题目修改为"铁心对地绝缘电阻的测量,夹件对地绝缘电阻的测量,铁心对夹件绝缘电阻的测量"。对变压器上有专用的铁心接地线引出套管时,应在注油前后测量其对外壳的绝缘电阻。

本条明确了绝缘测试部位、绝缘测试的时间及要求,以便能更好地发现薄弱环节。施工中曾发现运输用的铁心支撑件未拆除问题，故规定在注油前要检查接地线引出套管对外壳的绝缘电阻，以免造成较大的返工；部分变压器有带油运输的情况，为与运行条件一致，在注油后测量能检查出铁心是否一点接地。

8.0.9 有载调压切换装置的检查和试验，删除原条文中"变压器带电前应进行有载调压切换装置切换过程试验"。循环操作后进行绕组连同套管在所有分接下直流电阻和电压比测量，以检测调压切换后可能出现的故障。

8.0.10 由于考虑到变压器的选用材料、产品结构、工艺方法以及测量时的温度、湿度等因素的影响，难以确定出统一的变压器绝缘电阻的允许值，故将油浸电力变压器绕组绝缘电阻的最低允许值列于表3，当无出厂试验报告时可供参考。

表3 油浸电力变压器绕组绝缘电阻的最低允许值(MΩ)

高压绕组电压等级(kV)	温度(℃)								
	5	10	20	30	40	50	60	70	80
3～10	540	450	300	200	130	90	60	40	25
20～35	720	600	400	270	180	120	80	50	35
63～330	1440	1200	800	540	360	240	160	100	70
500	3600	3000	2000	1350	900	600	400	270	180

注：1 补充了温度为5℃时各电压等级的变压器绕组的绝缘电阻允许值。这是按照温度上升10℃，绝缘电阻值减少一半的规定按比例折算的。

2 参照现行行业标准《电力设备预防性试验规程》DL/T 596中，油浸电力变压器绕组泄漏电流允许值的内容，补充了在各种温度下330kV级变压器绕组绝缘电阻的允许值。

不少单位反映220kV及以上大容量变压器的吸收比达不到1.5，而现行的变压器国标中也无此统一标准。调研后认为，220kV及以上的大容量变压器绝缘电阻高，泄漏电流小，绝缘材料和变压器油的极化缓慢，时间常数可达3min以上，因而R_{60s}/R_{15s}就不能准确地说明问题，本条中"极化指数"的测量方法，即

R_{10min}/R_{1min}，以适应此类变压器的吸收特性，实际测试中要获得准确的数值，还应注意测试仪器、测试温度和湿度等的影响。

“变压器电压等级为35kV及以上且容量在4000kVA及以上时，应测量吸收比”，是参照现行国家标准《油浸式电力变压器技术参数和要求》GB/T 6451—2008的规定制定的。

为了便于换算各种温度下的绝缘电阻，表8.0.10增加了注解，以便现场应用。

8.0.11 从测试的必要性考虑将原条文中的变压器容量提高到10000kVA。参照现行国家标准《油浸式电力变压器技术参数和要求》GB/T 6451—2008的有关规定，油浸电力变压器绕组介质损耗因数tanδ(%)最高允许值列于表4，以供参考。

表4 油浸式电力变压器绕组介质损耗因数tanδ(%)最高允许值

高压绕组电压等级(kV)	温度(℃)							
	5	10	20	30	40	50	60	70
35及以下	1.3	1.5	2.0	2.6	3.5	4.5	6.0	8.0
35～220	1.0	1.2	1.5	2.0	2.6	3.5	4.5	6.0
330～500	0.7	0.8	1.0	1.3	1.7	2.2	2.9	3.8

可以增加横向比较，同台变压器不同绕组的介质损耗因数tanδ，最大值不应大于最小值130%；同批次、相同绕组相比，最大值不应大于最小值130%；220kV及以上变压器介质损耗因数tanδ(%)一般不超过0.4(%)，否则应查明原因。

测量绕组连同套管的介质损耗因数tanδ及电容量之前，应先测量变压器套管的介质损耗因数tanδ及电容量，应符合本标准第15.0.3条规定，易于发现套管末屏接触不良缺陷。

变压器本体电容量与出厂值相比差值不应大于±3%，否则应查明原因。

8.0.12 变压器抗短路能力评价目前还没有完整的理论体系。依据电力行业反事故措施要求以及近年来运行事故的实际情况，为考核变压器抗短路能力，引入了现场绕组变形试验。运行中变压器短路后绕组变形较为成熟的表征参数是绕组频率响应特性曲线的变化。但变压器的三相绕组频率响应特性曲线是不一致的，不可以作比较。因此，要求投运前进行绕组频率响应特性曲线测量或低电压下的工频参数测量，并将测量数据作为原始指纹型参数保存。将频响法测试绕组变形、低压短路阻抗试验和变压器绕组电容量测试三种方法结合，对判断变压器绕组变形颇有实效。对于 35kV 及以下电压等级变压器，推荐采用低电压短路阻抗法；对于 110(60)kV 及以上电压等级变压器，推荐采用频率响应法测量绕组特征图谱。进行试验时，分接开关位置应在 1 分接。

8.0.13 外施耐压试验用来验证线端和中性点端子及它们所连接的绕组对地及对其他绕组的外施耐受强度；短时感应耐压试验(ACSD)用来验证每个线端和它们所连绕组对地及对其他绕组的耐受强度以及相间被试绕组纵绝缘的耐受强度。这两项试验从目的而言是有差异的。但考虑到交接试验主要考核运输和安装环节的缺陷，且电压耐受对绝缘在一定程度上会造成损坏，因此在交接过程中进行一次交流电压耐受即可，这里提出两种试验方法以供选择。新条文中油浸式变压器试验电压的标准依据现行国家标准《电力变压器　第 3 部分：绝缘水平、绝缘试验和外绝缘空气间隙》GB/T 1094.3、干式变压器的标准依据现行国家标准《电力变压器　第 11 部分：干式变压器》GB/T 1094.11 制定，为出厂试验电压值的 80%。交流耐压试验可以采用外施电压试验的方法，也可采用变频电压试验的方法。

本条第 2 款中试验耐受电压标准为出厂试验电压值的 80%，具体见本标准附录 D 中表 D.0.2 中的数值。

感应电压试验时，为防止铁心饱和及励磁电流过大，试验电压的频率应适当大于额定频率。

8.0.14 长时感应电压试验(ACLD)用以模拟瞬变过电压和连续运行电压作用的可靠性。附加局部放电测量用于探测变压器内部非贯穿性缺陷。ACLD下局部放电测量作为质量控制试验，用来验证变压器运行条件下无局放，是目前检测变压器内部绝缘缺陷最为有效的手段。结合近年来运行经验，参考 IEC 和新修订的国家标准《电力变压器　第 3 部分：绝缘水平、绝缘试验和外绝缘空气间隙》GB/T 1094.3—2003 中的有关规定，要求电压等级 220kV 及以上变压器在新安装时，必须进行现场长时感应电压及局部放电测量试验。对于电压等级为 110kV 的变压器，当对绝缘有怀疑时，应进行局部放电试验。变压器局部放电测量中，试验电压和试验时间应按照现行国家标准《电力变压器　第 3 部分：绝缘水平、绝缘试验和外绝缘空气间隙》GB/T 1094.3 中有关规定执行。新条文规定 750kV 变压器 ACLD 试验激发电压按出厂交流耐压的 80%(720kV)进行。

绕组连同套管的长时感应耐压试验带局部放电测量的具体方法和要求如下：

1　电压等级为 110(66)kV 及以上的变压器进行长时感应电压及局部放电测量试验，所加电压、加压时间及局部放电视在电荷量，应符合下列规定：

(1)三相变压器宜采用单相连接的方式逐相地将电压加在线路端子上进行试验。

(2)变压器长时感应电压及局部放电测量试验的加压程序应按图 1 所示的程序进行。

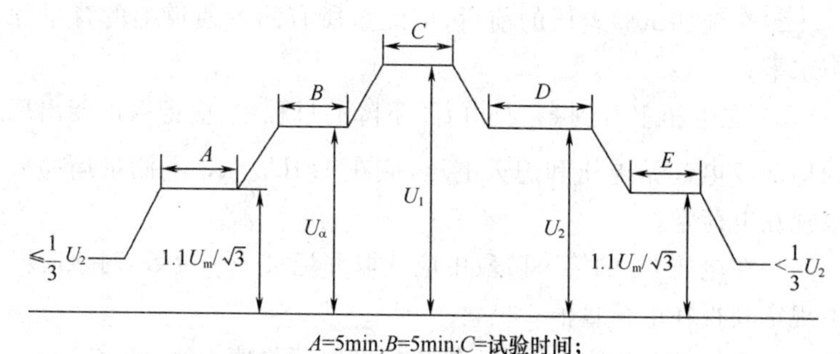

A=5min;B=5min;C=试验时间；
$D\geqslant$60min（对于$U_m\geqslant$300kV）或30min（对于U_m<300kV）；E=5min

图 1　变压器长时感应电压及局部放电测量试验的加压程序

(3)施加电压方法应符合下列规定：

1)应在不大于 $U_2/3$ 的电压下接通电源；

2)电压上升到 $1.1U_m/\sqrt{3}$，应保持 5min，其中 U_m 为设备最高运行线电压的有效值；

3)电压上升到 U_2，应保持 5min；

4)电压上升到 U_1，其持续时间应按本标准第 8.0.13 条第 2 款的规定执行；

5) U_1 到规定时间后应立刻不间断地将电压降到 U_2，当 U_m 大于或等于 300kV 时，U_2 应至少保持 60 min，当 U_m 小于 300kV 时，U_2 应至少保持 30min，同时应测量局部放电；

6)电压降低到 $1.1U_m/\sqrt{3}$，应保持 5min；

7)当电压降低到 $U_2/3$ 以下时，方可切断电源；

8)除 U_1 的持续时间以外，其余试验持续时间应与试验频率无关；

9)对地电压值应按下列公式计算：

$$U_1 = 1.7U_m/\sqrt{3}$$

视试验条件而定 $U_2 = 1.5U_m/\sqrt{3}$ 或 $U_2 = 1.3U_m/\sqrt{3}$。

(4)局部放电测量应符合下列规定：

1)在施加试验电压的整个期间，应监测局部放电量；

2)在施加试验电压的前后，应测量所有测量通道上的背景噪声水平；

3) 在电压上升到 U_2 及由 U_2 下降的过程中，应记录可能出现的局部放电起始电压和熄灭电压，应在 $1.1U_m/\sqrt{3}$ 下测量局部放电视在电荷量；

4)在电压 U_2 的第一阶段中应读取并记录一个读数，对该阶段不规定其视在电荷量值；

5)在施加 U_1 期间内可不给出视在电荷量值；

6)在电压 U_2 第二个阶段的整个期间，应连续地观察局部放电水平，并应每隔 5min 记录一次。

(5)长时感应电压及局部放电测量试验合格，应符合下列规定：

1) 试验电压不应产生忽然下降；

2) 在 $U_2 = 1.5U_m/\sqrt{3}$ 下的长时试验期间，局部放电量的连续水平不应大于 500pC 或在 $U_2 = 1.3U_m/\sqrt{3}$ 下的长时试验期间，局部放电量的连续水平不应大于 300pC；

3)在 U_2 下，局部放电不应呈现持续增加的趋势，偶然出现的较高幅值的脉冲可不计入；

4)在 $1.1U_m/\sqrt{3}$ 下，视在电荷量的连续水平不应大于 100pC。

2 试验方法及在放电量超出上述规定时的判断方法，应按现行国家标准《电力变压器》GB/T 1094 中的有关规定执行。

8.0.15 750kV 变压器在冲击合闸时，应无异常声响等现象，保护装置不应动作；冲击合闸时，可测量励磁涌流及其衰减时间；冲击合闸前后的油色谱分析结果应无明显差别。

本条规定对发电机变压器组中间连接无操作断开点的变压器，可不进行冲击合闸试验，理由如下：

(1)由于发电机变压器组的中间连接无操作断开点，在交接试验时，为了进行冲击合闸试验，需对分相封闭母线进行几次拆装，费时几十小时，将耗费很大的人力物力及投产前的宝贵时间。

(2)发电机变压器组单元接线，运行中不可能发生变压器空载冲击合闸的运行方式。

(3)历来对变压器冲击合闸主要是考验变压器在冲击合闸时产生的励磁涌流是否会使变压器差动保护误动作，并不是用冲击合闸来考验变压器的绝缘性能。

本条规定无电流差动保护的干式变可冲击 3 次。理由是无电流差动保护的干式变压器，一般电量主保护是电流速断，其整定值躲开冲击电流的余度较差动保护要大，通过对变压器过多的冲击合闸来检验干式变压器及保护的性能，意义不大，所以规定冲击

3 次。

8.0.17 新条文是参照了现行国家标准《电力变压器 第10.1部分:声级测定 应用导则》GB/T 1094.101及现行国家标准《电力变压器 第10部分:声级测定》GB/T 1094.10规定而制定的。对于室内变压器可不进行该项试验。噪声测量属于投运后试验项目,在投运前不测试。

第3款中,考虑到运行现场测量环境的影响,所以规定了验收应以出厂验收为准。

9 电抗器及消弧线圈

9.0.1 本条规定了电抗器及消弧线圈的试验项目。删除了原条款"测量绕组连同套管的直流泄漏电流试验",新增条款"测量绕组连同套管的介质损耗因数及电容量"项目。

9.0.3 并联电容器装置中的串联电抗,由于B相匝数少,因此直流电阻值经常都不满足此规定。建议对这种特殊结构的电抗器组应和出厂值比较,符合厂家技术要求。

9.0.10 条文中规定并联电抗器的冲击合闸应在带线路下进行,目的是防止空载下冲击并联电抗器时产生较高的谐振过电压,从而造成对断路器分合闸操作后的工况及电抗器绝缘性能等带来不利影响。

9.0.12 箱壳的振动标准是参照了IEC有关标准并结合现行行业标准《电力设备预防性试验规程》DL/T 596的规定。试验目的是避免在运行中过大的箱壳振动而造成开裂的恶性事故。对于中性点电抗器,因运行中很少带全电压,故对振动测试不作要求。

9.0.13 测量箱壳表面的温度分布,主要是检查电抗器在带负荷运行中是否会由于漏磁而造成箱壳法兰螺丝的局部过热,据有的单位介绍，最高可达 150℃～200℃，为此有些制造厂对此已采取磁短路屏蔽措施予以改进。初期投产时应予以重视，一般可使用红外线测温仪等设备进行测量与监视。

10 互 感 器

10.0.1 本条规定了互感器的试验项目。电子式互感器的商业应用尚处于探索之中，原理、结构、类别较多，使用寿命、可靠性、试验方法等关键问题还没有解决，难以制定统一的交接试验项目及要求，本次标准修订暂时不包括电子式互感器内容。具体说明如下：

(1)修改后第 2 款为测量 35kV 及以上电压等级的互感器的介质损耗因数 $\tan\delta$ 及电容量。通常，互感器介质损耗因数 $\tan\delta$ 及电容量在交接试验、预防性试验过程中一并完成。互感器的电容量是分析和判别互感器状态非常有效的参数，本次标准修订进一步明确电容量测量项目要求。

(2)绝缘介质性能试验，考虑到 SF_6 气体绝缘互感器的大量使用，应包括其气体含水量的检测。

(3)修改后第 7 款为检查接线绕组组别和极性。

(4)修改后第 8 款为误差及变比测量。

(5)删除了原条款"测量铁心夹紧螺栓的绝缘电阻试验"，考虑到现有商品化电力互感器，几乎很少有铁心外露结构，故取消该项试验。极少数场合仍然使用这种类型的铁心外露结构电力互感器，可由使用单位自行决定是否将"测量铁心夹紧螺栓的绝缘电阻"内容纳入企业标准之中。

(6)GIS 中的互感器中的电压互感器，一般情况是作为 GIS 的一个独立部件配置，连接端用盆式绝缘隔离，一旦安装完毕不方便进行励磁特性测量；如果磁密足够低的话，一次绕组耐压试验一般与 GIS 一并进行。如果单独从二次施压进行感应耐压试验，需使用专用的工装试验装置监测一次侧电压。

10.0.3 合格的互感器绝缘电阻均大于 1000MΩ，预防性试验也规定绝缘电阻限值为 1000MΩ，统一了绝缘电阻限值要求。在试验室干燥环境条件下，互感器二次绕组、末屏等绝缘电阻测量很容易达到 1000MΩ。但是在现场，相对湿度及互感器本身的洁净度等因素对绝缘电阻值影响很大，如果强调绝缘电阻值满足 1000MΩ 要求，将增加很多工作量，故采用“绝缘电阻值不宜低于 1000MΩ”要求的方式进行描述。

本条第 3 款新增对 $\tan\delta$ 的要求，其值不应大于 2%。

10.0.4 考虑到交接试验工作量较大，通常仅进行 10kV 下的介损测量，尽管 10kV 下的介损测量结果不一定真实反映互感器的绝缘状态。但是，也预留了空间，即对互感器绝缘状况有疑问时可提出在 $(0.5\sim1)U_{\mathrm{m}}/\sqrt{3}$ 范围测量介损，这里还有另一种含义：条件许可或重要的变电站宜在 $(0.5\sim1)U_{\mathrm{m}}/\sqrt{3}$ 范围测量介损。同时，考虑到现场条件限制，$(0.5\sim1)U_{\mathrm{m}}/\sqrt{3}$ 范围内 $\tan\delta$(%)的变化量不应大于 0.2。近年注有硅脂、硅油的干式电流互感器使用量大量增加，表 10.0.4 中的相关限值是根据使用单位现场检测经验提供的。此外，互感器的电容量较小，特别是串级式电压互感器(JCC5－220 型和 JCC6－110 型)，连接线、潮气、污秽、接地等因素的影响较大，测试数据分散性较大，宜在晴天、相对湿度小、试品清洁的条件下检测。电压互感器电容量在十几至三十几 pF 范围，不宜用介损测试仪测量介损，大量实测结果表明：介损测试仪的测量数据与高压电桥的测量数据差异较大。高压电桥的工作原理明确，结构清晰，宜以高压电桥的测量数据为准。尽管现场检测出现的许多问题与试验人员的能力、资质和设备有关，但是有关试验人员的资质、使用设备的必备条件(如设备的检定证书、使用周期、生产许可证等)属于实验室体系管理范畴，不宜纳入交接试验规程之中。

新增第2款对于倒立油浸式电流互感器，二次线圈屏蔽直接接地结构，宜采用反接法测量 $\tan\delta$ 与电容量。倒立油浸式电流互感器，有两种电容屏结构，一种是二次线圈屏蔽直接接地，末屏连接的仅仅是套管部分的分布电容。当这种结构电流互感器基座安装在支柱上时，主绝缘之间的容性电流直接接地，末屏容性电流仅仅反应套管部分的分布电容，失去了测量其 $\tan\delta$ 与电容量的意义。这种倒立油浸式电流互感器，可以采用反接法测量 $\tan\delta$ 与电容量。用于反接法测量 $\tan\delta$ 与电容量的仪器设备准确度均不高，测量数据的分散性较大，使用过程中要考虑。正立式油浸电流互感器箱体进入水分，其末屏对地电阻值会降低，此时增加测量其 $\tan\delta$ 项目，以判别绝缘状况。

新增第4款电容式电流互感器的电容量与出厂试验值超出±5%时，应查明原因。

本条主要适用于油浸式电流互感器。SF_6 气体绝缘互感器和环氧树脂绝缘结构互感器不做本条试验。其他类型干式互感器可以参照执行。

电压互感器整体及支架介损受环境条件，特别是相对湿度影响较大，测量时应加以考虑。

10.0.5 互感器的局部放电水平是反映其绝缘状况的重要指标之一，标准没有对35kV以下电压等级互感器提出局部放电测量要求，是因为这类互感器数量巨大，且多数安装在开关柜、计量柜等箱体中，交接试验是否进行局部放电测量，由开关柜、计量柜等设备制造厂或使用单位决定。现场进行互感器局部放电测量有较大难度，本标准没有提强制要求，电压等级为35kV～110kV互感器的局部放电测量可按互感器安装数量的10%进行抽测，电压等级220kV及以上互感器在绝缘性能有怀疑时宜进行局部放电测量。不少运行单位为了加强设备质量控制，将互感器的局部放电测量安排在当地有条件的试验室逐台进行，属于交接试验的范围延伸。局部放电测量时的施加电压，对测量结果影响很大。为了保持测量结果的准确性，要求在高压侧监测施加的一次电压，尤其是电磁式电压互感器采用感应施压方式，更应注意设备容升效应可能导致的一次侧电压过高现象发生。取消了全绝缘结构电压互感器在 $1.2U_m/\sqrt{3}$ 情况下的试验，因为全绝缘结构电压互感器工作电压高于 $1.2U_m/\sqrt{3}$。互感器局部放电试验的预加电压可以为交流耐受电压的80%，所以两项试验可以一并完成。

表10.0.5中35kV半绝缘结构电压互感器局部放电测量电压 $1.2U_m/\sqrt{3}$ 为相—地电压，$1.2U_m$ 为相—相电压。通常测试电压互感器局部放电时，对相—地间施加电压 $1.2U_m/\sqrt{3}$，干式电压互感器测试局部放电量不大于50pC，油浸式或气体式电压互感器测试局部放电量不大于20pC即可。如果对互感器相—相间施加电压 $1.2U_m$，干式电压互感器测试局部放电量不大于100pC，油浸式或气体式电压互感器测试局部放电量不大于50pC也可以。

10.0.6 对原标准中的互感器交流耐受试验条款进行整理，删除重复部分。交接试验的交流耐受电压取值，统一按例行(出厂)试验的80%进行，在高压侧监视施加电压，反复进行更高电压的耐受试验有可能损伤互感器的绝缘。SF_6 气体绝缘互感器不宜在现场组装，否则应在组装完整的产品上进行交流耐受试验。对互感器二次绕组间及其对箱体(接地)之间的2kV短时工频耐受试验，可以用2500V兆欧表测量绝缘电阻的方式替代。2kV工频电压峰值约2.8kV，兆欧表的工作电压为2.5kV。

10.0.7 某些结构的互感器(如倒立式少油电流互感器)油量少，而且采用了微正压全密封结构，在其他试验证明互感器绝缘性能良好的情况下，不应破坏产品的密封来取油样。

SF_6 气体绝缘互感器气体含水量与环境温度有关，还要注意试品与检测仪器连接管本身是否有水分或潮气。

新条文将油中溶解气体 H_2 含量提高到 $100\mu L/L$，在交接试验及预防项试验中，互感器氢气超标现象较多，往往并非是内部放电引起，与目前箱体内部镀锌处理工艺有关。

10.0.8 现场出现电压互感器一次绕组直流电阻测量值偏差10％的情况不多，但是二次绕组直流电阻测量值偏差15％的可能性比较大。某些情况，制造厂在互感器误差特性测量时，发现测量绕组的误差特性曲线比计量绕组的误差特性曲线更好，可能变更两个绕组在内部端子的接线。计量绕组与测试绕组在结构上，往往一个在内侧分布，一个在外侧分布，导致直流电阻测量值发生偏差。尽管这种情况不影响实际使用，但是给交接试验单位带来麻烦，特别是安装完毕的GIS用电压互感器，不便于设备的更换，需要业主与制造厂进行协商处理。电流互感器也有类似情况，即使同型号、同规格、同批次产品使用的铁心，其磁化曲线也难保持完全一致，制造厂往往采用直径不同的二次导线进行分数匝等补偿，以满足误差特性要求，导致同型号、同规格、同批次产品二次绕组直流电阻测量值偏差较大。这种情况，同样需要业主与制造厂协商处理。理论计算与试验表明，这种情况下的直流电阻偏差，不影响产品性能。之所以采用“不宜”的表达方式，也是为业主与制造厂协商处理留下空间。

电流互感器绕组的直流电阻测量说明中增加了“一次绕组有串、并联接线方式时，对电流互感器的一次绕组的直流电阻测量应在正常运行方式下测量，或同时测量两种接线方式下的一次绕组的直流电阻，倒立式电流互感器单匝一次绕组的直流电阻之间的差异不宜大于30％”。绕组直流电阻不应有较大差异，特别是不应与出厂值有较大差异，否则就要检查绕组联接端子是否有松动、接触不良或者有断线，特别是电流互感器的一次绕组。

10.0.9 极性检查可以和误差试验一并进行。

10.0.10 运行部门非常注重关口计量用互感器的检测，以保证涉及电量贸易结算的可靠性，且实际操作上均有国家授权的法定计量鉴定机构完成。本次修订，不再对误差测量机构（实验室）的要求进行描述。非关口计量用互感器，是指用于电网电量参量监测、继电保护及自动装置等仪器设备的互感器及绕组。对于非关口计量用互感器或互感器计量绕组进行误差检测的主要目的是用于内部考核，包括对设备、线路的参数（如线损）的测量；同时，误差试验也可发现互感器是否有绝缘等其他缺陷。

10.0.11 考虑到P级电流互感器占有比较大的份额，励磁特性测量可以初步判断电流互感器本身的特征参数是否符合铭牌标志给出值。对P级励磁曲线的测量与检查，可采用励磁曲线测量法或模拟二次负荷法两种间接的方法核查电流互感器保护级（P级）准确限值系数是否满足要求，有怀疑时，宜用直接法测量复合误差，根据测量结果判定是否合格。

（1）励磁曲线测量法核查电流互感器保护级（P级）准确限值系数，应按下列方法和步骤：

1）根据电流互感器铭牌参数确定施加电压值，以测试P级绕组的V－I励磁特性曲线，其中二次电阻 r_2 可用二次直流电阻 $\bar{r}_2$ 替代，漏抗 x_2 可估算，电压与电流的测量用方均根值仪表；

2）根据不同电压等级估算 x_2 值，x_2 估算值见表5；

表5　x_2 估算值

电流互感器额定电压	独立结构			GIS及套管结构
	≤35kV	66kV～110kV	220kV～750kV	
x_2 估算值（Ω）	0.1	0.15	0.2	0.1

3）施加确定的电压值于二次绕组端，并实测电流值，该电流值大于P级准确限制电流值，则判该绕组准确限值系数不合格，该电流值小于P级准确限制电流值，则判该绕组准确限值系数合格。

举例说明励磁曲线测量法核查电流互感器保护级（P级）准确限值系数的方法：

例1：某互感器参数为：电流互感器额定电压220kV，被检绕组变比1000/5A，二次额定负荷50VA，$\cos\Phi=0.8$，10P20。

则：额定二次负荷阻抗 $Z_L=\left(\frac{50VA}{5A}\div 5A\right)(0.8+j0.6)=$

1.6+j1.2Ω。

二次阻抗 $Z_2 \approx \bar{r}_2 + jx_2 = 0.1 + j0.2$。

其中 $\bar{r}_2$ 为直流电阻实测值。

那么，根据已知铭牌参数"10P20"，在20倍额定电流情况下线圈感应电势 $E|_{20In} = 20 \times 5 \mid (Z_2 + Z_L) \mid = 100 \mid 1.7 + j1.4 \mid = 100\sqrt{1.7^2 + 1.4^2} = 220V$。

如果在二次绕组端施加励磁电压220V时测量的励磁电流 $I_0 > 0.1 \times 20 \times 5A = 10A$ 时，则判该绕组准确限值系数不合格。

(2)模拟二次负荷法核查电流互感器保护级(P级)准确限值系数，应按下列方法和步骤：

1)进行基本误差试验时，配置相应的模拟二次负荷 Z'_L；

2)接入 Z'_L 时测量额定电流下的复合误差($\sqrt{f^2 + \delta^2}\%$)大于10%，则判为不合格，其中 δ 单位取厘弧。

举例说明模拟二次负荷法核查电流互感器保护级(P级)准确限值系数的方法：

例2：某互感器参数为：电流互感器额定电压220kV，被检绕组变比1000/5A，二次额定负荷50VA，$\cos\Phi = 0.8$，10P20。

在正常的差值法检测电流互感器基本误差线路上，将二次负荷 Z'_L 取值改为 $(20-1)Z_2 + 20Z_L$，即：

$$
\begin{aligned}
Z'_L &= (20-1)Z_2 + 20Z_L \\
&= 19 \times (0.1 + j0.2) + 20(1.6 + j1.2) = 33.9 + j27.8\Omega。
\end{aligned}
$$

在接入 Z'_L 时测量额定电流(这里为1000A)时的复合误差($\sqrt{f^2 + \delta^2}\%$)大于10%，则判为不合格，其中 δ 单位取厘弧。

通过励磁特性测量核查P级电流互感器是否满足产品铭牌上标称的参数，属于间接测量方法，与采用规定的大电流下直接测量可能会有差异。但是，间接法核查不满足要求的产品用直接法检测很少有合格的，除非间接测量方法本身的测量误差太大。也可以用间接法(包括直流法、低频电源法)现场检测具有暂态特性要求的T级电流互感器,因对检测人员和设备要求较高的缘故暂不宜推广。PR级和PX级的用量相对较少,有要求时应按规定进行试验。

用于继电保护的电流互感器或电流互感器线圈,进行励磁曲线测量时,要考虑施加电压是否高于二次绕组绝缘耐受能力。相关的IEC及国家标准,规定二次绕组开路电压最高限值为峰值4.5kV。如果励磁曲线测量时间电压峰值高于4.5kV时,通过降低试验电源频率,可以降低试验电压,再通过换算的方式进行励磁曲线的比较。

采用交流法核查电流互感器暂态特性时,在二次端子上施加实际正弦波交流电压,测量相应的励磁电流,试验可以在降低的频率下进行,以避免绕组和二次端子承受不能容许的电压;测量励磁电流应采用峰值读数仪表,以能与峰值磁通值相对应。

具体的方法和步骤应符合下列规定:

①应在二次端子上施加实际正弦波交流电压,测量相应的励磁电流,试验可以在降低的频率下进行,测量励磁电流应采用峰值读数仪表,测量励磁电压应采用平均值仪表,刻度为方均根值(图2)。

②实测频率 f' 下所加电压的方均根值 U',并应按下式计算二次匝链磁通道 Φ:

$$\Phi = \frac{\sqrt{2}}{2\pi f'} \cdot U' \qquad (\mathrm{Wb}) \tag{1}$$

③额定频率 f 下的等效电压方均根值 U 应按下式计算:

$$U = \frac{2\pi f}{\sqrt{2}} \cdot \Phi \qquad (\mathrm{V,rms.}) \tag{2}$$

④所得励磁特性曲线应为峰值励磁电流 i_m 与代表峰值通道 Φ 的额定频率等效电压方均根值 U 的关系曲线。励磁电感由励磁特性曲线在饱和磁通 Φ_s 的20%至90%范围内的平均斜率确定。

$$L_m = \frac{\Phi_s}{i_m} = \frac{\sqrt{2}U}{2\pi f i_m} \qquad (\mathrm{H}) \tag{3}$$

⑤当忽略二次侧漏抗时，相应于电阻性总负荷($R_{et}+R_{b}$)的二次时间常数 T_{s}可按下式计算：

$$T_{s}=\frac{L_{s}}{R_{s}}\approx\frac{L_{m}}{R_{et}+R_{b}} \quad (s) \tag{4}$$

⑥用交流法确定剩磁系数 K_{r}时，应对励磁电压积分(图 3)，积分的电压和相应的电流在 X－Y 示波器上显示出磁滞回环。当励磁电流已是饱和磁通 Φ_{s}达到的值时，认为电流过零时的磁通值是剩磁 Φ_{r}。

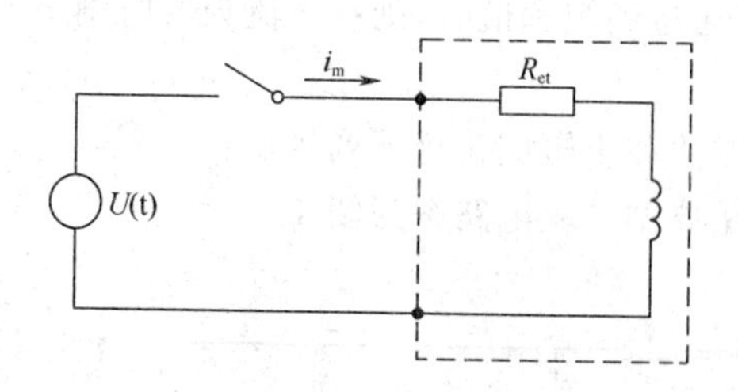

图 2　基本电路

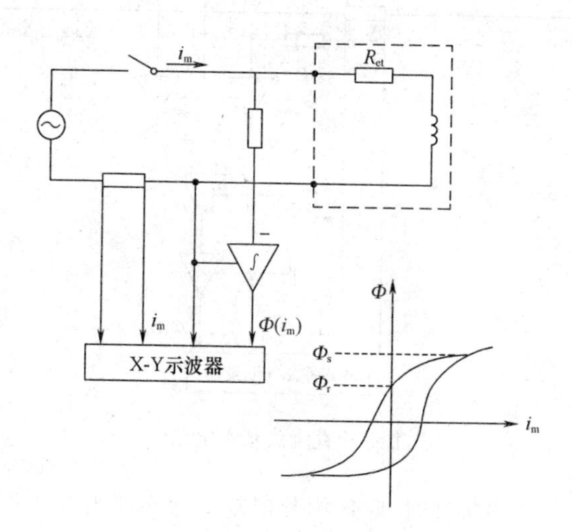

图 3　用磁滞回环确定剩磁系数 K_{t}

采用直流法核查电流互感器暂态特性时，典型试验电路见图 4。采用某一直流电压，它能使磁通达到持续为同一值。励磁电流缓慢上升，意味着受绕组电阻电压的影响，磁通测量值是在对励磁的绕组端电压减去与 R_{et}、i_m 对应的附加电压后，再进行积分得出的。测定励磁特性时，应在积分器复位后立即闭合开关 S。记录励磁电流和磁通的上升值，直到皆达到恒定时，然后切断开关 S。一旦开关 S 断开，衰减的励磁电流流过二次绕组和放电电阻 R_d。随之磁通值下降，但它在电流为零时，不会降为零。如选取的励磁电流 I_m 使磁通达到饱和值时，则在电流为零时剩余的磁通值认为是剩磁 Φ_r。

具体的方法和步骤应符合下列规定：

①直流法典型试验电路图为图 4。

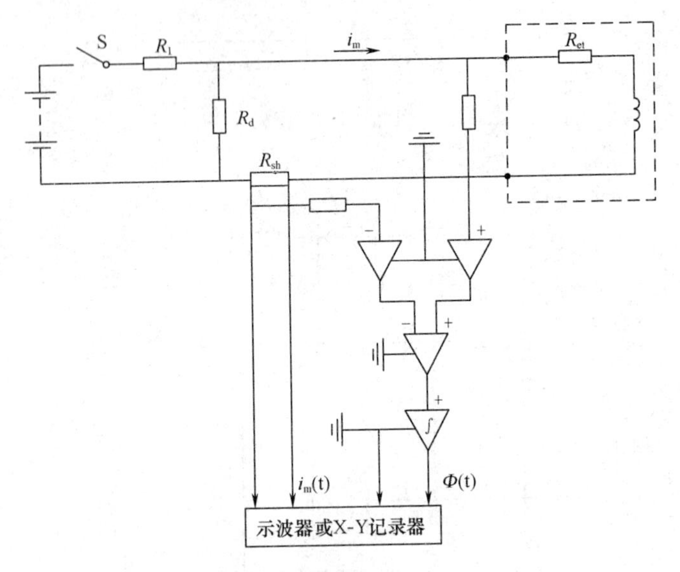

图 4　直流法基本电路

②测定励磁特性时，应在积分器复位后立即闭合开关 S。记录励磁电流和磁通的上升值，直到皆达到恒定时，然后切断开关 S。

③磁通 $\Phi(t)$ 和励磁电流 $i_m(t)$ 与时间 t 的函数关系的典型试验记录图为图5，其中磁通可以用 W_b 表示，或按公式(2)额定频率等效电压方均根值 $U(t)$ 表示。

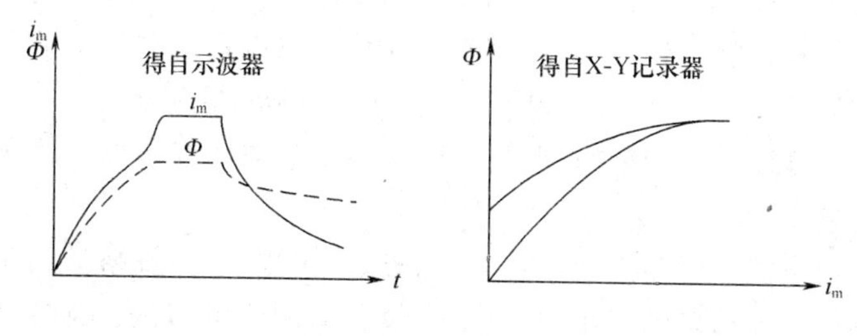

图5　典型记录曲线

④励磁电感(L_m)，可取励磁曲线上一些适当点的 $\Phi(t)$ 除以相应的 $i_m(t)$ 得出，或者当磁通值用等效电压方均根值 $U(t)$ 表示时，使用公式(3)。

⑤TPS 和 TPX 级电流互感器的铁心应事先退磁，退磁的 TPY 级电流互感器的剩磁系数(K_r)用比率 Φ_r/Φ_s 确定。

⑥对于铁心未事先退磁的 TPY 级电流互感器，其剩磁系数(K_r)可用交换二次端子的补充试验确定。此时的剩磁系数(K_r)计算方法同上，但假定(Φ_r)为第二次试验测得的剩磁值的一半。

⑦确定 TPS 和 TPX 级电流互感器 $\Phi(i_m)$ 特性的平均斜率时，推荐采用 X－Y 记录仪。

10.0.12　我国66kV及以下电压等级电网一般为不直接接地系统，配置有两种类型的电压互感器，一种是半绝缘结构电压互感器，一次绕组一端(A)接高压，一次绕组另一端(N)接地，励磁曲线最高测量电压为190％；一种是全绝缘结构电压互感器，一次绕组两个端子分别接在不同相高压，如分别接在A相和B相之间，或者分别接在B相和C相之间，其励磁曲线最高测量电压为150％。110(66)kV及以上电压等级电网一般为直接接地系统，电压互感器的励磁曲线最高测量电压为150％。特高压交流变电站的 110kV 三次系统(无功补偿)为不直接接地系统，半绝缘结构电磁式电压互感器的励磁曲线最高测量电压为 190%；少数区域的 20kV 电网为直接接地系统，电压互感器的励磁曲线最高测量电压为 150%。电磁式电压互感器励磁曲线的测量，可以用于检查产品的性能一致性，也可以用于评估在电网运行条件下的耐受铁磁谐振能力。理论上，磁密越低，越有利于降低在电网运行状态下发生铁磁谐振的概率，但是低磁密将增大电压互感器的体积和制造成本。

与电流互感器不同，同一电压等级、同型号、同规格的电压互感器没有那么多的变比、级次组合及负荷的配置，其励磁曲线(包括绕组直流电阻)与出厂检测结果及型式试验报告数据不应有较大分散性，否则就说明所使用的材料、工艺甚至设计和制造发生了较大变动，应重新进行型式试验来检验互感器的质量。如果励磁电流偏差太大，特别是成倍偏大，就要考虑是否有匝间绝缘损坏、铁心片间短路或者是铁心松动的可能。

10.0.13 交接试验及预防性试验都提出电容式电压互感器(CVT)的电容分压器电容量及介损测量要求。

CVT 电容器瓷套内装有由几百只元件组成的电容心子，很多案例表明实测电容值的改变预示着内部有元件发生击穿或其他异常情况。所以本条规定 CVT 电容分压器电容量与额定电容值比较不宜超过−5%～10%，当 CVT 电容分压器电容量与额定电容值比较超过−5%～10%范围时应引起注意，加强监测或增加试验频次，有条件时停电检修处理，以消除事故隐患。

CVT 由耦合电容分压器和电磁单元组成，多数情况下，耦合电容分压器的中压与电磁单元之间的中压连线在电磁单元箱体内部，中压连线不解开，电磁单元各部件无法进行检测。此时，可以通过误差特性检测，根据误差特性测量结果反映耦合电容器及电磁单元内各部件是否有缺陷，包括耦合电容器各电容元件是否有损伤，电磁单元内部接线是否正确，各元件性能是否正常。电磁单元不检测时，安装在补偿电抗器两端的限幅器(现在多为氧化锌避雷器)及中间变压器二次端子处的限幅器应解开，否则会损坏限幅器，阻尼器也吸收功率导致试验结果不准确。CVT 的误差特性受环境因素影响较大，包括气候条件及周边物体、电场等影响。CVT 在地面上与在基座(柱)上，耦合电容器的等效电容量是不一样的，受高压引线的连接方式影响也很大，误差特性测量时的 CVT 状况应尽量接近于实际运行状态。目前，CVT 电容分压器一般只采用膜纸绝缘介质材料。

10.0.14 油浸式互感器的密封性能主要是目测，气体绝缘互感器通常是在定性检测发现漏点时再进行定量检测。

11 真空断路器

11.0.1 真空断路器的试验项目基本上同其他断路器类似，但有两点不同：

(1)测量合闸时触头的弹跳时间，其标准及测试的必要性，在本标准第 11.0.5 条中说明。

(2)其他断路器需作分合闸时平均速度的测试。但真空断路器由于行程很小，一般是用电子示波器及临时安装的辅助触头来测定触头实际行程与所耗时间之比(不包括操作及电磁转换等时间)。考虑到现场较难进行测试，而且必要性不大，故此项试验未予列入。

11.0.4 现行行业标准《高压开关设备和控制设备标准的共用技术要求》DL/T 593 中定义额定电压是开关设备和控制设备所在系统的最高电压，额定电压的标准值如下：3.6kV—7.2kV—12kV—24kV—40.5kV—72.5kV—126kV—252kV—363kV—550kV—800kV。真空断路器断口之间的交流耐压试验，实际上是判断真空灭弧室的真空度是否符合要求的一种监视方法。因此，真空灭弧室在现场存放时间过长时应定期按制造厂的技术条件规定进行交流耐压试验。至于对真空灭弧室的真空度的直接测试方法和所使用的仪器，有待进一步研究与完善。

表 11.0.4 数据引自现行行业标准《高压开关设备和控制设备标准的共用技术要求》DL/T 593 中表 1 和表 2；表中的隔离断口是指隔离开关、负荷-隔离开关的断口以及起联络作用或作为热备用的负荷开关和断路器的断口，其触头开距按对隔离开关规定的安全要求设计。

11.0.5 在合闸过程中，真空断路器的触头接触后的弹跳时间是该断路器的主要技术指标准之一，弹跳时间过长，弹跳次数也必然增多，引起的操作过电压也高，这样对电气设备的绝缘及安全运行也极为不利。本标准参照厂家资料及部分国内省份的预防性试验规程规定，其弹跳时间：40.5kV 以下断路器不应大于 2ms，40.5kV 及以上断路器不应大于 3ms。10kV 部分大电流的真空断路器因其惯性大，确实存在部分产品的弹跳时间不能满足小于 2ms 的现象，但也是合格产品。

12 六氟化硫断路器

12.0.4 本条第 3 款罐式断路器应进行耐压试验，主要考虑罐式断路器外壳是接地的金属外壳，内部如遗留杂物、安装工艺不良或运输中引起内部零件位移，就可能会改变原设计的电场分布而造成薄弱环节和隐患，这就可能会在运行中造成重大事故。

瓷柱式断路器，其外壳是瓷套，对地绝缘强度高，另外变开距瓷柱式断路器断口开距大，故对它们的对地及断口耐压试验均未作规定。但定开距瓷柱式断路器的断口间隙小，仅 30mm 左右，故规定做断口的交流耐压试验，以便在有杂质或毛刺时，也可在耐压试验时被“老练”清除。

本条的耐压试验方式可分为工频交流电压、工频交流串联谐振电压、变频交流串联谐振电压和冲击电压试验等，视产品技术条件、现场情况和试验设备而定，均参照现行国家标准《额定电压72.5kV及以上气体绝缘金属封闭开关设备》GB 7674—2008的规定进行。

由于变频串联谐振电压试验具有设备轻便、要求的试验电源容量不大、对试品的损伤小等优点，因此，除制造厂另有规定外，建议优先采用变频串联谐振的方式。

交流电压（工频交流电压、工频交流串联谐振电压、变频交流串联谐振电压）对检查杂质较灵敏，试验电压应接近正弦，峰值和有效值之比等于$\sqrt{2}\pm 0.07$，交流电压频率一般应在10Hz～300Hz的范围内。

试验方法可参照现行国家标准《额定电压72.5kV及以上气体绝缘金属封闭开关设备》GB/T 7674—2008，并按产品技术条件规定的试验电压值的80%作为现场试验的耐压试验标准。若能在规定的试验电压下持续1min不发生闪络或击穿，表示交流耐压试验已通过。在特殊情况下，可增加冲击电压试验，以规定的试验电压，正负极性各冲击3次。

冲击电压分为雷电冲击电压和操作冲击电压。

雷电冲击电压试验对检查异常带电结构（例如电极损坏）比较敏感，其波前时间不大于8μs；振荡雷电冲击电压波的波前时间不大于15μs。

操作冲击电压试验对于检查设备存在的污染和异常电场结构特别有效，其波头时间一般应在150μs～1000μs之间。

12.0.9 合闸电阻一般均是碳质烧结电阻片，通流能力大，以合闸于反相或合闸于出口故障的工作条件最为严重，多次通流以后，特性变坏，影响功能。

罐式断路器的合闸电阻布置于罐体内，故应在安装过程中未充入 SF_6 气体前，对合闸电阻进行检查与测试。

合闸电阻的投入时间是指合闸电阻的有效投入时间，就是从辅助触头刚接通到主触头闭合的一段时间。

12.0.13 SF_6 气体中微量水的含量是较为重要的指标，它不但影响绝缘性能，而且水分会在电弧作用下在 SF_6 气体中分解成有毒和有害的低氧化物质，其中如氢氟酸（$H_2O+SF_6 \rightarrow SOF_2+2HF$）对材料还起腐蚀作用。

水分主要来自以下几个方面：①在 SF_6 充注和断路装配过程中带入；②绝缘材料中水分的缓慢蒸发；③外界水分通过密封部位渗入。据国外资料介绍，SF_6 气体内的水分达到最高值一般是在 3 个月～6 个月之间，以后无特殊情况则逐渐趋向稳定。

有的断路器的气室与灭弧室不相连通，如某厂的罐式断路器就是使用盆式绝缘子将套管气室与灭弧室罐体隔开的，这是由于此类气室内 SF_6 充气压力较低，允许的微量水含量比灭弧室高。

断路器 SF_6 气体内微量水含量标准是参照现行国家标准《额定电压 72.5kV 及以上气体绝缘金属封闭开关设备》GB 7674—2008 及《六氟化硫电气设备中气体管理和检测到则》GB/T 8905—2012 中的相应规定来制定的。

取样和试验温度应尽量接近 20℃，且尽量不低于 20℃。检测的湿度值可按设备实际温度与设备生产厂提供的温、湿度曲线核查，以判定湿度是否超标。

12.0.14 泄漏值标准是参照现行国家标准《额定电压 72.5kV 及以上气体绝缘金属封闭开关设备》GB/T 7674—2008、《高压开关设备六氟化硫气体密封试验方法》GB 11023—1989 及现行行业标准《电力设备预防性试验规程》DL/T 596—1996 中有关规定来制定的。

检漏仪的灵敏度不应低于 1×10^{-6}（体积比），一般检漏仪则只能做定性分析。实际测量中正常情况下，年漏气率一般均在

0.1%以下。另外，在现场也可采用局部包扎法，即将法兰接口等外侧用聚乙烯薄膜包扎5h以上，每个薄膜内的SF_6含量不应大于30μL/L（体积比）。规定必要时可采用局部包扎法进行气体泄漏测量，是考虑到用检漏仪定性检测到有六氟化硫气体泄漏，根据现场和设备的实际情况综合分析需要定量检测六氟化硫气体泄漏量和泄漏率时，需要采用局部包扎法进行气体泄漏测量。

因为在多个现场曾发现静态密封试验合格的开关，经过操动试验后，轴封等处发生泄漏的情况。所以，规定密封试验应在断路器充气24h以后，且开关操动试验后进行。

12.0.15 SF_6气体密度继电器是带有温度补偿的压力测定装置，能区分SF_6气室的压力变化是由于温度变化还是由于严重泄漏引起的不正常压降。因此安装气体密度继电器前，应先检验其本身的准确度，然后根据产品技术条件的规定，调整好补气报警、闭锁合闸及闭锁分闸等的整定值。

13 六氟化硫封闭式组合电器

13.0.4 同本标准第12.0.14条的条文说明。

13.0.5 同本标准第12.0.13条的条文说明。

13.0.6 同本标准第12.0.4条的条文说明。除参照本标准第12.0.4条的条文说明外，补充以下内容：

也可以直接利用六氟化硫封闭式组合电器自身的电磁式电压互感器或电力变压器，由低压侧施加试验电源，在高压侧感应出所需的试验电压。该办法不需高压试验设备，也不用高压引线的连接和拆除。750kV电压等级的，试验电压为出厂试验电压的80%，即768kV。采用这种办法要考虑试验过程中磁路饱和、试品击穿等引起的过电流问题。

局部放电测量有助于探测现场试验期间的某类故障。对于现场的局部放电探测，除了应符合现行国家标准《局部放电测量》GB/T 7354 的传统方法以外，电气的 VHF/UHF 和声学法可以用于 GIS。这两种方法比传统的测量对噪声缺乏敏感性，而且可以用于局部放电的在线监测。具体方法参照现行行业标准《气体绝缘金属封闭开关设备现场耐压及绝缘试验导则》DL/T 555。750kV 电压等级的在 $1.2U_r/\sqrt{3}$ 即 554kV 下（U_r 为额定电压）进行局部放电测试。

13.0.7 本条规定的试验项目是验证六氟化硫封闭式组合电器的高压开关及其操动机构、辅助设备的功能特性。操动试验前，应检查所有管路接头的密封，螺钉、端部的连接；二次回路的控制线路以及各部件的装配是否符合产品图纸及说明书的规定等。

14 隔离开关、负荷开关及高压熔断器

14.0.2 绝缘电阻值是参照现行行业标准《电力设备预防性试验规程》DL/T 596—1996 制定的。

14.0.3 这一条规定的目的是发现熔丝在运输途中有无断裂或局部振断。

14.0.4 隔离开关导电部分的接触好坏可以通过在安装中对触头压力接触紧密度的检查予以保证，但负荷开关与真空断路器及 SF_6 断路器一样，其导电部分好坏不易直观与检测，其正常工作性质也与隔离开关有所不同，所以应测量导电回路的电阻。

14.0.5～14.0.7 此三条是参照现行国家标准《高压交流隔离开关和接地开关》GB 1985—2004 修订的。其中第 14.0.7 条第 1 款第 2 项所规定的气压范围为操动机构储气筒的气压数值。

15 套　　管

15.0.1　由于目前35kV油断路器已经不再使用，所以将原条文中的备注“注：整体组装于35kV油断路器上的套管，可不单独进行 $\tan\delta$ 的试验”删除。

15.0.2　应在安装前测量电容型套管的抽压及测量小套管对法兰外壳的绝缘电阻，以便综合判断其是否受潮，测试标准参照现行行业标准《电力设备预防性试验规程》DL/T 596—1996的规定。规定使用2500V兆欧表进行测量，主要考虑测试条件一致，便于分析。大部分国产套管的抽压及测量小套管具有3000V的工频耐压能力，因此使用2500V兆欧表不会损坏小套管的绝缘。

15.0.3　本条是参照现行国家标准《交流电压高于1000V的绝缘套管》GB/T 4109—2008的规定，测量 $\tan\delta$(%)的试验电压为 $1.05U_m/\sqrt{3}$，考虑到现场交接试验的方便，试验电压可为10kV，但 $\tan\delta$(%)数值标准的要求仍保持不变。

套管的 $\tan\delta$(%)一般不用进行温度换算，而且对于油气套管来讲，其温度要考虑变压器的上层油温及空气或 SF_6 气体的温度加权计算，对现场的操作不方便。原规程有由某单位提供的油浸纸绝缘电流互感器或套管的 $\tan\delta$(%)的温度换算系数参考值转载见表6，仅供参考。并不鼓励进行温度换算，只是在怀疑有问题时供研究之用。

表6　温度换算系数考值

测量时温度 t_x(℃)	系数 K	测量时温度 t_x(℃)	系数 K
5	0.880	10	0.930
8	0.910	12	0.950

续表 6

测量时温度 t_x(℃)	系数 K	测量时温度 t_x(℃)	系数 K
14	0.960	26	1.030
16	0.980	28	1.040
18	0.990	30	1.050
20	1.000	32	1.060
22	1.010	34	1.065
24	1.020	36	1.070

注：20℃时的 $\tan\delta(\%)=[t_x$℃时测得的 $\tan\delta(\%)]/K$。

电容型套管的实测电容量值与产品铭牌数值或出厂试验值相比，其差值应在±5% 范围内。原标准为±10%，而预防性试验规程的要求则为±5%，考虑到设备交接时要求应更严格，因此统一取为±5%。

套管备品放置一年以上，使用时要再做交接试验。

15.0.5 套管中的绝缘油质量好坏是直接关系到套管安全运行的重要一环，但套管中绝缘油数量较少，取油样后可能还要进行补充，因此要求厂家提供绝缘油的出厂试验报告。对本条第 1 款的油样试验项目进行了说明，即"水含量和色谱试验"。第 2 款新增了 750kV 电压等级的套管以及充电缆油的套管的绝缘油的试验项目和标准，参照现行行业标准《变压器油中溶解气体分析和判断导则》DL/T 722，对 750kV 电压等级的套管，其总烃含量应小于 10μL/L，氢气含量应小于 150μL/L，乙炔含量为 0.1μL/L。

16 悬式绝缘子和支柱绝缘子

16.0.2 明确对悬式绝缘子和 35kV 及以下的支柱绝缘子进行抽

样检查绝缘电阻，目的在于避免母线安装后耐压试验时因绝缘子击穿或不合格而需要更换，造成施工困难和人力物力的浪费。

对于半导体釉绝缘子的绝缘电阻可能难以达到条文规定的要求，故按产品技术条件的规定。

16.0.3 本条第1款中规定“35kV及以下电压等级的支柱绝缘子应进行交流耐压试验，可在母线安装完毕后一起进行”。

35kV多元件支柱绝缘子的每层浇合处是绝缘的薄弱环节，往往在整个绝缘子交流耐压试验时不可能发现，而在分层耐压试验时引起击穿，为此本条规定应按每个元件耐压试验电压标准进行交流耐压试验。

悬式绝缘子的交流耐压试验电压标准，是根据国内有关厂家资料而制定的。

17 电力电缆线路

17.0.1 橡塑绝缘电力电缆采用直流耐压存在明显缺点：直流电压下的电场分布与交流电压下电场分布不同，不能反映实际运行状况。国际大电网会议第21研究委员会CIGRE SC21 WG21-09工作组报告和IEC SC 20A的新工作项目提案文件不推荐采用直流耐压试验作为橡塑绝缘电力电缆的竣工试验。这一点也得到了运行经验的证明，一些电缆在交接试验中直流耐压试验顺利通过，但投运不久就发生绝缘击穿事故；正常运行的电缆被直流耐压试验损坏的情况也时有发生，故在本条目中要求对橡塑绝缘电力电缆采用交流耐压试验。但对U_0为18kV及以下的橡塑电缆，由于在现行IEC标准中保留了直流耐压试验，所以在本条中要求在条件不具备的情况下，允许对U_0为18kV及以下的橡塑电缆采用直流耐压试验。

另外，最新版IEC标准《额定电压1kV($U_m=1.2$kV)至30kV($U_m=36$kV)挤出绝缘电力电缆及其附件　第2部分：额定电压6kV($U_m=7.2$kV)至30kV($U_m=36$kV)电缆》IEC 60502-2：2014已经将"对电缆的导体与接地屏蔽之间施加有效值为$3U_0$的0.1Hz电压进行耐压15min"的方法正式作为额定电压U_0为3.6kV～18kV的安装后电气试验方法的选项之一，因此，本标准也补充采用了这一试验方法。

需要说明的是，IEC标准的安装后试验要求中，均提出"推荐进行外护套试验和(或)进行主绝缘交流试验。对仅进行了外护套试验的新电缆线路，经采购方与承包方同意，在附件安装期间的质量保证程序可以代替主绝缘试验"的观点和规定，指出了附件安装期间的质量保证程序是决定安装质量的实质因素，试验只是辅助手段。但前提是能够提供经过验证的可信的"附件安装期间的质量保证程序"。目前我国安装质量保证程序还需要验证，安装经验还需要积累，一般情况下还不能省去主绝缘试验。但应该按这一方向去努力。

纸绝缘电缆是指粘性油浸纸绝缘电缆和不滴流油浸纸绝缘电缆。

橡塑绝缘电力电缆是指聚氯乙烯绝缘、交联聚乙烯绝缘和乙丙橡皮绝缘电力电缆。

考虑到电缆局部放电现场测试技术的快速发展，以及部分单位的成功实践经验，增加了条件具备时66kV及以上橡塑绝缘电力电缆线路可进行现场局部放电试验的有关要求，即橡塑绝缘电力电缆的试验项目中增加了"电力电缆线路的局部放电测量"。

17.0.2　本条对电缆试验的注意事项作了规定，对0.6/1kV的电缆线路的耐压试验可用2500kV兆欧表代替做了说明。

17.0.4　标准中引进了U_0/U的概念后，直流耐压试验标准与U_0和U均有关，特别是具有统包绝缘的电缆，不但考虑相间绝缘，还考虑了相对地绝缘。

主要依据IEC标准《充油电缆和压气电缆及其附件的试验 第1部分:交流500kV及以下纸绝缘或聚丙烯复合纸绝缘金属套充油电缆及其附件》IEC 60141－1：1993及其第2号修改单(1998),等效的现行国家标准《交流500kV及以下纸或聚丙烯复合纸绝缘金属套充油电缆及附件　第1部分:试验》GB/T 9326.1—2008,虽然有一些内容略有差异,但是对电缆安装后的试验要求却保持了一致的内容:将电缆线路的油压升高至设计油压后,对包括终端和接头在内的电缆线路进行直流耐压试验。将直流负极性电压施加在导体与屏蔽层之间,时间15 min。试验电压按表中第7栏数值(见表7)或为雷电冲击耐受电压值的50%,以两者中低的值为准。

表7　IEC 60141标准给出的三相系统用电缆的系统电压和试验电压的推荐标称值

1			2	3	4	5	6	7
系统电压[a]					电缆的试验电压[b]			
标称值[c]（仅供参考）(kV)			设备的最高电压[c] U_m (kV)	电缆的额定电压 U_0 (kV)	耐压试验（例行试验）		绝缘安全试验	安装后试验[d]
					交流(kV)	直流(kV)	交流(kV)	直流(kV)
30		33	36	18	46	111	45	81
45		47	52	26	62	149	65	117
60	66	69	72.5	36	82	197	90	162
110		115	123	64	138	330	160	290
132		138	145	76	162	390	190	305
150		161	170	87	184	440	220	350
220		230	245	127	220	530	320	510
275		287	300	160	275	665	375	560

续表 7

1			2	3	4	5	6	7
系统电压[a]					电缆的试验电压[b]			
标称值[c] (仅供参考) (kV)			设备的最高电压[c] U_m (kV)	电缆的额定电压 U_0 (kV)	耐压试验 (例行试验)		绝缘安全试验	安装后试验[d]
					交流 (kV)	直流 (kV)	交流 (kV)	直流 (kV)
330		345	362	190	325	780	430	665
380		400	420	220	375	900	480	770
	500		525	290	495	990	600	870

a 见 IEC 60071 和 IEC 60183。
b 第 4、5、6 和 7 栏中的数值,对 200kV 及以下电压和超过 200kV 电压的电缆已分别被修约至 kV 值的整数和 5kV 或 10kV。
c 有效值。
d 见 IEC 60141 标准第 8.4 条。

说明:上表内容为 IEC 60141 标准的原文内容。注 a 所指的标准是:“IEC 60071 绝缘配合” 和“IEC 60183 高压电缆选用导则”,注 d 所指的条款是 IEC 60141 标准的相应正文中表述上段引号内容的条款。

根据上述条款规定,确定了充油绝缘电缆直流耐压试验电压的选取结果,见表 8。

表 8 充油绝缘电缆直流耐压试验电压的选取(kV)

电缆额定电压 U_0/U	雷电冲击耐受电压		IEC 60141 标准表格规定的直流试验电压值	按照所述规定应该选取的直流试验电压(已经修约取整)
	100%	50%		
48/66	325	162.5	162	162
	350	175		175
64/110	450	225		225
	550	275	290	275

续表 8

电缆额定电压 U_0/U	雷电冲击耐受电压		IEC 60141 标准表格规定的直流试验电压值	按照所述规定应该选取的直流试验电压（已经修约取整）
	100%	50%		
127/220	850	425		425
	950	475		475
	1050	525	510	510
190/330	1175	587.5		590
	1300	650	665	650
290/500	1425	712.5		715
	1550	775		775
	1675	837.5	870	840

雷电冲击电压依据现行国家标准《绝缘配合　第 1 部分：定义、原则和规则》GB/T 311.1—2012 的规定。

为了便于使用，仅把常用的绝缘水平试验电压列在正文，将其他绝缘水平的试验电压放在条文说明里。

充油电缆条款中还增加了“当现场条件只允许采用交流耐压方法时，应该采用的交流电压（有效值）为上列直流试验电压值的 42%（额定电压 U_0/U 为 190/330 及以下）和 50%（额定电压 U_0/U 为 290/500）”的新规定。这里采用的交流电压（有效值），是根据相应的 IEC 60141 及国家标准 GB/T 9326—2008 的产品标准中例行试验规定的直流试验电压与交流试验电压的等效换算倍数 2.4 和 2.0，把交接试验的直流电压值反算确定得到的交流电压值。

本条第 3 款，泄漏电流值和不平衡系数只作为判断绝缘状况的参考，不作为是否能投入运行的判据。其他电缆泄漏电流值不作规定。

17.0.5　本条的试验标准是参照最新版 IEC 标准《额定电压 1kV（U_m＝1.2kV）至 30kV（U_m＝36kV）挤出绝缘电力电缆及其附件

第2部分:额定电压6kV(U_m=7.2kV)至30kV(U_m=36kV)电缆》IEC 60502.2:2014,《额定电压30kV(U_m=36kV)以上至150kV(U_m=170kV)挤包绝缘电力电缆及其附件——试验方法和要求》IEC 60840:2011,《额定电压150kV(U_m=170kV)以上至500kV(U_m= 550kV)挤出绝缘电力电缆及其附件——试验方法和要求》IEC 62067:2011,以及等效采用IEC标准内容的对应最新版国家标准的相应规定而制订的,同时考虑到目前国内各施工单位试验设备实际条件,对试验电压、试验时间给出了几种可选项,其中括号前为重点推荐。

17.0.8 交叉互联系统试验,方法和要求在本规范附录G已比较详细介绍,其中本规范第G.0.3条交叉互联性能试验,为比较直观和可靠的方法,但是需要相应的试验电源设备,这是大部分现场试验单位所不具备的,因此如用本方法试验时,应作为特殊试验项目处理。如果使用其他简便方式能够确定电缆的交叉互联结线无误,也可以采用其他简便方式。因此本规范第G.0.3条作为推荐采用的方法。

17.0.9 考虑到电缆局部放电现场测试技术的快速发展,以及部分单位的成功实践经验,增加了对于66kV及以上橡塑绝缘电力电缆线路在条件具备时进行现场局部放电试验的有关要求,其他电压等级的橡塑绝缘电力电缆线路,可以结合工程建设条件选择是否进行该试验,本标准暂不作规定。但限于技术发展现状,各种局部放电测量技术对于局部放电量绝对值还不能给出统一的分析判据,不过,各种方法的所规定的参考值还是有一定的实际指导意义,特别是在同一条件下进行测量所获得的局部放电量相对比较值是具有分析判据价值的。所以建议在被试电缆三相之间比较局放量的相对值,局放量异常大者,或达到超过局放试验仪器厂家推荐判断标准的,有关各方应研究解决办法;局放量明显大者应在三个月或六个月内用同样的试验方法复查局放量,如有明显增长则应研究解决办法。目前暂时不对具体测试技术方法作规定,待技术进一步成熟和经验进一步积累后，再作规定。考虑到今后在线检测状态检修的需求，应该鼓励积极开展局部放电测量。

目前常用的局放检测方法有以下几种：

(1)脉冲电流法是国际公认的对大部分绝缘设备局部放电检测的最基本方法，IEC-60270为IEC正式公布的局部放电测量标准。其利用试验电容器耦合被测试品中的局放信号，测量出电容试品内部的视在放电量。但其对试验电源和环境都有较高的要求，对被测试品的局放位置定位比较困难。

(2)振荡波测试法是目前国际上较为先进的一种离线(停电)电缆局放检测技术，通过对充电后流经系统检测回路的电缆放电电流中脉冲信号的分析与计算来实现电缆内部局部放电量值检测和位置确定，用于带绝缘屏蔽结构电缆全线本体和附件缺陷检测。目前有些单位已成功运用电缆振荡波局放测试技术对10kV电缆进行了局放测试。

(3)超声波检测法是通过检测电力设备局部放电产生的超声波信号来测量局部放电的大小和位置。在实际检测中，超声传感器主要是通过贴在电气设备外壳上以体外检测的方式进行的。超声波方法用于在线监测局部放电的监测频带一般均在20kHz～230kHz之间。

(4)特高频法(UHF)法是目前局部放电检测的一种新方法，研究认为，每一次局部放电过程都伴随着正负电荷的中和，沿放电通道将会有过程极短陡度很大的脉冲电流产生，电流脉冲的陡度比较大，辐射的电磁波信号的特高频分量比较丰富。其主要的优点是能够进行局放定位，可进行移动检测，适用于在线检测。

18 电 容 器

18.0.1 新增“电容测量”试验，删除了原条款“耦合电容器的局部放电试验”。

18.0.2 新条文要求绝缘电阻均应不低于500MΩ。

18.0.3 第1款中“测得的介质损耗因数(tanδ)应符合产品技术条件的规定”,是参照国家标准《耦合电容器及电容分压器》GB/T 19749—2005及《高压交流断路器用均压电容器》GB/T 4787—2010制定的。

对浸渍纸介质电容器,tanδ(%)不应大于0.4;浸渍与薄膜复合介质电容器tanδ(%)不大于0.15;全膜介质电容器tanδ(%)不大于0.05,在国家标准《标称电压1kV及以下交流电力系统用非自愈式并联电抗器 第1部分:总则—性能、试验和定额—安全要求—安装和运行导则》GB/T 17886.1—1999、《标称电压1000V以上交流电力系统用并联电容器 第1部分:总则》GB/T 11024.1—2010及《电力系统用串联电容器 第一部分:总则》GB/T 6115.1—2008中,也有这些规定。上述数据必要时也可供参考。

第2款是参照现行国家标准《耦合电容器及电容分压器》GB/T 19749—2005第2.3.2条的规定:“电容偏差:测得的电容对额定电容的相对偏差应不大于−5%~+10%,叠柱中任意两单元的电容之比对这两单元的额定电压之比的倒数之间相差应不大于5%。注:对于电容分压器、电容式电压互感器,制造方可以要求较小的电压比偏差,其值应按每一具体情况下的协议确定。”

18.0.4 现行国家标准《标称电压1000V以上交流电力系统用并联电容器 第1部分:总则》GB/T 11024.1—2010第7.2条规定的电容偏差为:

“对于电容器单元或每相只包含一个单元的电容器组,−5%~+5%;

对于总容量在3Mvar及以下的电容器组,−5%~+5%;

对于总容量在3Mvar以上的电容器组,0~+5%。

三相单元中任何两线路端子之间测得的电容的最大值和最小值之比不应超过1.08。

三相电容器组中任意两线路端子之间测得的电容的最大值和最小值之比不应超过1.02。”

18.0.5 参照现行国家标准《标称电压1kV及以下交流电力系统用非自愈式并联电抗器 第1部分:总则—性能、试验和定额—安全要求—安装和运行导则》GB/T 17886.1—1999、《标称电压1000V以上交流电力系统用并联电容器 第1部分:总则》GB/T 11024.1—2010、《电力系统用串联电容器 第1部分:总则》GB/T 6115.1—2008和《高压交流断路器用均压电容器》GB/T 4787—2010中规定:“现场验收试验时的工频电压试验宜采用不超过出厂试验电压的75%”;“现场验收试验电压为此表(即工厂出厂试验电压标准表)的75%或更低”。工厂出厂试验电压标准表参考现行国家标准《绝缘配合 第1部分:定义、原则和规则》GB/T 311.1—2012,并且取斜线下的数据(外绝缘的干耐受电压),因此,本条规定“当产品出厂试验电压值不符合本标准表18.0.5的规定时,交接试验电压应按产品出厂试验电压值的75%进行”。

19 绝缘油和SF_6气体

19.0.1 本条主要是参照现行国家标准《运行中变压器油质量》GB/T 7595—2008制定的。

表19.0.1绝缘油的试验项目及标准中新增变压器油中颗粒度限值,详见现行行业标准《变压器油中颗粒度限值》DL/T 1096—2008。

19.0.2 表19.0.2中简化分析试验栏对应的适用范围,删除了原标准中的“准备注入油断路器的新油所做的试验项目”。

19.0.3 本条是采用了水利电力部西安热工研究所出版的《电力用油运行指标和方法研究》和现行国家标准《运行变压器油维护管

理导则》GB/T 14542 中关于补油和混油的规定制定的。为了便于掌握该规定的要点，将《电力用油运行指标和方法研究》摘要如下：

(1)正常情况下，混油的技术要求应满足以下五点：

1)最好使用同一牌号的油品，以保证原来运行油的质量和明确的牌号特点。

2)被混油双方都添加了同一种抗氧化剂，或一方不含抗氧化剂，或双方都不含。因为油中添加剂种类不同，混合后有可能发生化学变化而产生杂质，应予以注意。只要油的牌号和添加剂相同，则属于相容性油品，可以按任何比例混合使用。国产变压器油皆用 2.6 -二叔丁基对甲酚作抗氧化剂，所以只要未加其他添加剂，即无此问题。

3)被混油双方的油质都应良好，各项特性指标应满足运行油质量标准。

4)如果被混的运行油有一项或多项指标接近运行油质量标准允许的极限值，尤其是酸值，水溶性酸(pH)值等反映油品老化的指标已接近上限时，则混油必须慎重对待。

5)如运行油质已有一项与数项指标不合格，则应考虑如何处理，不允许利用混油手段来提高运行油的质量。

(2)关于补充油及不同牌号油混合使用的五项规定：

1)不同牌号的油不宜混合使用，只有在必须混用的情况下方可混用；

2)被混合使用的油其质量均必须合格；

3)新油或相当于新油质量的不同牌号变压器油混合使用时，应按混合油的实测凝固点决定是否可用；

4)向质量已经下降到接近运行中质量标准下限的油中，加同一牌号的新油或新油标准已使用过的油时，必须按照 YS－1－27－84 中预先进行混合油样的油泥析出试验，无沉淀物产生方可混合使用，若补加不同牌号的油，则还需符合本款第(3)条的规定；

5)进口油或来源不明的油与不同牌号的运行油混合使用时，应按照 YS-25-1-84 规定，对预先进行参与混合的各种油及混合后油样进行老化试验，当混油的质量不低于原运行油时，方可混合使用，若相混油都是新油，其混合油的质量不应低于最差的一种新油，并需符合本款第(3)条的规定。

19.0.4 由于采用 SF_6 气体作为绝缘介质的设备已有开关和 GIS、互感器(CT、PT)、变压器、重合器、分段器等，对 SF_6 气体的质量控制非常重要，因此制定了该条款。新标准修改为“SF_6 新气到货后，充入设备前应对每批次的气瓶进行抽检，并应按现行国家标准《工业六氟化硫》GB/T 12022 验收，SF_6 新到气瓶抽检比例宜符合表 19.0.4 的规定，其他每瓶可只测定含水量”。

20 避 雷 器

20.0.1 本条有关金属氧化物避雷器的试验项目和标准是参照现行国家标准《交流无间隙金属氧化物避雷器》GB/T 11032—2010 和现行行业标准《现场绝缘试验实施导则 第 5 部分：避雷器试验》DL/T 474.5 而制定的。

某工程交接试验时曾经发现 500kV 避雷器厂家未安装均压电容的情况，如果以第 3 款用直流方法试验，无法检查出来。另外 500kV 避雷器上、中、下三节的均压电容值也不完全一样，也发生过上、下节装反的情况，是在运行中通过红外测温发现温度异常。因此要求带均压电容器的，应做第 2 款。

20.0.3 本条综合了我国各地区经验，规定了金属氧化物避雷器测量用兆欧表的电压及绝缘电阻值要求，以便于执行。

20.0.4 工频参考电压是无间隙金属氧化物避雷器的一个重要参数，它表明阀片的伏安特性曲线饱和点的位置。测量金属氧化物避雷器对应于工频参考电流下的工频参考电压，主要目的是检验它的动作特性和保护特性。要求整支或分节进行的测试值符合产品技术条件的规定，同时不低于现行国家标准《交流无间隙金属氧化物避雷器》GB/T 11032—2010 的要求。一般情况下避雷器的工频参考电压峰值与避雷器的 1mA 下的直流参考电压相等。

工频参考电流是测量避雷器工频参考电压的工频电流阻性分量的峰值。对单柱避雷器，工频参考电流通常在 1mA～6mA 范围内；对多柱避雷器，工频参考电流通常在 6mA～20mA 范围内，其值应符合产品技术条件的规定。

测量金属氧化物避雷器在持续运行电压下持续电流能有效地检验金属氧化物避雷器的质量状况，并作为以后运行过程中测试结果的基准值，因此规定持续电流其阻性电流或全电流值应符合产品技术条件的规定。

金属氧化物避雷器的持续运行电压值见表 9～表 15。金属氧化物避雷器持续运行电压值参见现行国家标准《交流无间隙金属氧化物避雷器》GB/T 11032。

表 9 典型的电站和配电用避雷器参数(参考)(kV)

避雷器额定电压 U_r（有效值）	避雷器持续运行电压 U_c（有效值）	标称放电电流 20kA 等级	标称放电电流 10kA 等级	标称放电电流 5kA 等级	
		电站用避雷器	电站用避雷器	电站用避雷器	配电用避雷器
5	4.0	—	—	7.2	7.5
10	8.0	—	—	14.4	15.0
12	9.6	—	—	17.4	18.0
15	12.0	—	—	21.8	23.0
17	13.6	—	—	24.0	25.0
51	40.8	—	—	73.0	—
84	67.2	—	—	121.0	—

续表 9

避雷器额定电压 U_r（有效值）	避雷器持续运行电压 U_c（有效值）	标称放电电流 20kA 等级	标称放电电流 10kA 等级	标称放电电流 5kA 等级	
		电站用避雷器	电站用避雷器	电站用避雷器	配电用避雷器
90	72.5	—	130	130.0	—
96	75	—	140	140.0	—
100	78	—	145	145.0	—
102	79.6	—	148	148.0	—
108	84	—	157	157.0	—
192	150	—	280	—	—
200	156	—	290	—	—
204	159	—	296	—	—
216	168.5	—	314	—	—
288	219	—	408	—	—
300	228	—	425	—	—
306	233	—	433	—	—
312	237	—	442	—	—
324	246	—	459	—	—
420	318	565	565	—	—
444	324	597	597	—	—
468	330	630	630	—	—

表 10　典型的电气化铁道用避雷器参数(参考)(kV)

避雷器额定电压 U_r（有效值）	避雷器持续运行电压 U_c（有效值）	标称放电电流 5kA 等级
42	34.0	65.0
84	68.0	130.0

表 11　典型的并联补偿电容器用避雷器参数(参考)(kV)

避雷器额定电压 U_r（有效值）	避雷器持续运行电压 U_c（有效值）	标称放电电流 5kA 等级
5	4.0	7.2
10	8.0	14.4
12	9.6	17.4
15	12.0	21.8
17	13.6	24.0
51	40.8	73.0
84	67.2	121.0
90	72.5	130.0

表 12　典型的电机用避雷器参数(参考)(kV)

避雷器额定电压 U_r（有效值）	避雷器持续运行电压 U_c（有效值）	标称放电电流 5kA 等级	标称放电电流 2.5kA 等级
		发电机用避雷器	电动机用避雷器
4.0	3.2	5.7	5.7
8.0	6.3	11.2	11.2
13.5	10.5	18.6	18.6
17.5	13.8	24.4	—
20.0	15.8	28.0	—
23.0	18.0	31.9	—
25.0	20.0	35.4	—

表 13　典型的低压避雷器参数(参考)(kV)

避雷器额定电压 U_r（有效值）	避雷器持续运行电压 U_c（有效值）	标称放电电流 1.5kA 等级
0.28	0.24	0.6
0.50	0.42	1.2

表 14　典型的电机中性点用避雷器参数(参考)(kV)

避雷器额定电压 U_r（有效值）	避雷器持续运行电压 U_c（有效值）	标称放电电流 1.5kA 等级
2.4	1.9	3.4
4.8	3.8	6.8
8.0	6.4	11.4
10.5	8.4	14.9
12.0	9.6	17.0
13.7	11.0	19.5
15.2	12.2	21.6

表 15　典型的变压器中性点用避雷器参数(参考)(kV)

避雷器额定电压 U_r（有效值）	避雷器持续运行电压 U_c（有效值）	标称放电电流 1.5kA 等级
60	48	85
72	58	103
96	77	137
144	116	205
207	166	292

20.0.5　直流参考电压是在对应于直流参考电流下，在避雷器试品上测得的直流电压值，是以直流电压和电流方式来表明阀片的伏安特性曲线饱和点的位置，主要目的也是检验避雷器的动作特性和保护特性。一般情况下避雷器的直流 1mA 电压与避雷器的工频参考电压峰值相等，可以采用倍压整流的方法得到避雷器的直流 1mA 电压，用以检验避雷器的动作特性和保护特性。现行国家标准《交流无间隙金属氧化物避雷器》GB/T 11032—2010 规定，对整只避雷器（或避雷器元件）测量直流 1mA 参考电流下的直流参考电压值即 U_{1mA}，不应小于表 9～表 15 的规定。

避雷器直流 1mA 电压也是避雷器泄漏电流测试时的电压基准值，测量避雷器泄漏电流的电压值为 0.75 倍避雷器直流 1mA 电压，是检验金属氧化物电阻片或避雷器的质量状况，并作为以后运行过程中所有 0.75 倍直流 1mA 电压下的泄漏电流测试结果的基准值。多柱并联和额定电压 216kV 以上的避雷器泄漏电流由制造厂和用户协商规定，应符合产品技术条件的规定。

由于特殊性，本条文增加了对 750kV 金属氧化物避雷器的具体要求，其伏安特性曲线的拐点电流在 4mA 左右，测试电流在 3mA 时的参考电压是为了检查阀片性能，并为避雷器特性提供基础数据。

20.0.6 放电计数器是避雷器动作时记录其放电次数的设备，为在雷电侵袭时判明避雷器是否动作提供依据，因此应保证其动作可靠。监视电流表是用来测量避雷器在运行状况下的泄漏电流，是判断避雷器运行状况的依据。制造厂执行现行国家标准《直接用作模拟指示电测量仪表及其附件》GB/T 7676，但在现场经常会出现指示不正常的情况。所以监视电流表宜在安装后进行校验或比对试验，使监视电流表指示良好。

20.0.7 工频放电电压，过去在国家现行试验标准中已使用多年，至今仍然适用，故今后继续使用该标准还是合适的。

21 电除尘器

21.0.1 修订后本条为 5 款试验项目，原条文中的 1～6 款，属于电除尘整流变压器的试验项目，故合并为第 1 款电除尘整流变压器试验。删去了原条款“测量电场的绝缘电阻”，因为空载升压时也要测量电场的绝缘电阻。

21.0.2 如果不进行器身检查，电除尘整流变压器试验项目为 4

项，其中绝缘油试验，通常只做绝缘油击穿电压，如果击穿电压低于表 19.0.1 相关规定值时，可认为对绝缘油性能有怀疑，则按本标准 19 章“绝缘油和 SF_6 气体”的规定进行其他项目检测。

21.0.3 本条增加了绝缘子、隔离开关及瓷套管应在安装前进行绝缘电阻测量和耐压试验的规定，是考虑到如果有质量问题的绝缘子、隔离开关或瓷套管一旦被安装，则影响电场的升压和正常运行，更换也比较困难。另外，有些项目忽视了绝缘子、隔离开关及瓷套管安装前的检测，未经任何检测就安装了，结果在电场空载升压时发生了闪络。

21.0.5 电除尘器本体的接地电阻不应大于 1Ω 是按厂家的规定。

21.0.6 空载升压试验是指在整个电除尘器安装结束和通电之前进行的带极板的升压试验，以鉴定安装质量。规定升压应能达到厂家允许值而不放电为合格。

新增“空载升压试验前应测量电场的绝缘电阻”的规定，规定应采用 2500V 兆欧表，绝缘电阻值不应低于 1000MΩ。

22 二次回路

22.0.2 本条第 2 款中的“小母线”可分为“直流小母线和控制小母线”等，现统称为小母线，这样可把其他有关的小母线包括在内，适用范围就广些。

22.0.3 关于二次回路的交流耐压试验，为了简化现场试验方法，规定“当回路绝缘电阻值在 10MΩ 以上时，可采用 2500V 兆欧表代替”。

另外，考虑到弱电已普遍应用，故本条规定“48V 及以下电压等级回路可不做交流耐压试验”。

23 1kV及以下电压等级配电装置和馈电线路

23.0.2 本条规定了配电装置和馈电线路的绝缘电阻标准及测量馈电线路绝缘电阻时应注意的事项。

23.0.4 本条规定“配电装置内不同电源的馈线间或馈线两侧的相位应一致”，是因为配电装置还有双电源或多电源等情况。因此这样规定比“各相两侧相位应一致”的提法更为确切。

24 1kV以上架空电力线路

24.0.1 从测试的必要性考虑，本条规定了1kV以上架空电力线路的试验项目，应“测量110(66)kV及以上线路的工频参数”。

24.0.2 本条明确绝缘子的试验按本标准第16章的规定进行。

线路的绝缘电阻能否有条件测定要视具体条件而定，例如在平行线路的另一条已充电时可不测；又如500kV线路有的因感应电压较高，测量绝缘电阻也有困难。因此对一些特殊情况难于一一包括进去，且绝缘电阻值的分散性大，因此本条只规定要求测量并记录线路的绝缘电阻值。

24.0.3 本条对需测试的工频参数的依据作了规定。

24.0.5 本条是参照现行国家标准《110～500kV架空送电线路施工及验收规范》GB 50233制定的。

25 接地装置

25.0.1 本次修订更加重视接地装置对于电网安全的影响，将接地阻抗作为必做项目。新增场区地表电位梯度、接触电位差、跨步电压和转移电位测量项目，这样也利于接地装置全寿命周期管理和状态评价工作的开展。

25.0.2 本条对以直流电阻值表示的电气导通情况作了更加严格的规定，直流电阻值修定为不宜大于0.05Ω。

25.0.3 接地阻抗不满足要求时必须进行场区地表电位梯度、接触电位差、跨步电压和转移电位的测量，以便进行综合分析判断，进行有针对性检查处理。表25.0.3有效接地系统规定“当接地阻抗不符合要求时，……采取隔离措施”，是为了防止转移电位引起的危害。

26 低压电器

26.0.1 低压电器包括电压为60V～1200V的刀开关、转换开关、熔断器、自动开关、接触器、控制器、主令电器、启动器、电阻器、变阻器及电磁铁等。

26.0.7 本条中电阻值应满足回路使用的要求，即更明确规定电阻值要符合回路中对它的要求，而不仅是符合铭牌参数。

附录B　电机定子绕组绝缘电阻值换算至运行温度时的换算系数

B.0.2　这一条规定,“当在不同温度测量时,可按本标准表B.0.1所列温度换算系数进行换算”。例如某热塑性绝缘发电机在t=10℃时测得绝缘电阻值为100MΩ,则换算到t=75℃时的绝缘电阻值为100/K=100/90.5=1.1MΩ。

对于热塑性绝缘也可按公式B.0.2-1计算,对于B级热固性绝缘也可按公式B.0.2-2计算。

附录D　电力变压器和电抗器交流耐压试验电压

D.0.1　在表D.0.1中,油浸式电力变压器和电抗器试验电压值是根据现行国家标准《电力变压器　第3部分:绝缘水平、绝缘试验和外绝缘空气间隙》GB/T 1094.3—2003规定的出厂试验电压值乘以0.8确定的;干式电力变压器和电抗器试验电压值是根据现行国家标准《电力变压器　第11部分:干式变压器》GB/T 1094.11—2007规定的出厂试验电压值乘以0.8确定的。

附录F　高压电气设备绝缘的工频耐压试验电压

(1)本附录是参照现行国家标准《绝缘配合　第1部分:定义、

原则和规则》GB/T 311.1—2012、《高电压试验技术　第1部分：一般定义及试验要求》GB/T 16927.1—2011、《高电压试验技术　第2部分：测量系统》GB/T 16927.2—1997进行修订的。

（2）本附录的出厂试验电压及适用范围是参照现行国家标准《绝缘配合　第1部分：定义、原则和规则》GB/T 311.1—2012、《高电压试验技术　第1部分：一般定义及试验要求》GB/T 16927.1—2011、《高电压试验技术　第2部分：测量系统》GB/T 16927.2—1997的规定进行修订的。

（3）原附录A的额定电压至500kV，现行国家标准《绝缘配合　第1部分：定义、原则和规则》GB/T 311.1—2012增加了750kV的内容，此次修订时本附录增加了750kV的标准。

（4）本附录中的交接试验电压标准是参照现行国家标准《绝缘配合　第1部分：定义、原则和规则》GB/T 311.1—2012进行折算的。

中华人民共和国国家标准

电气装置安装工程
电缆线路施工及验收标准

Standard for construction and acceptance of cable line electric equipment installation engineering

GB 50168—2018

主编部门：中 国 电 力 企 业 联 合 会
批准部门：中华人民共和国住房和城乡建设部
施行日期：2 0 1 9 年 5 月 1 日

5

中华人民共和国住房和城乡建设部公告

2018年　第289号

住房城乡建设部关于发布国家标准《电气装置安装工程　电缆线路施工及验收标准》的公告

现批准《电气装置安装工程　电缆线路施工及验收标准》为国家标准，编号为GB 50168-2018，自2019年5月1日起实施。其中，第5.2.10、8.0.1条为强制性条文，必须严格执行。原《电气装置安装工程　电缆线路施工及验收规范》GB 50168-2006同时废止。

本标准在住房城乡建设部门户网站(www.mohurd.gov.cn)公开，并由住房城乡建设部标准定额研究所组织中国计划出版社出版发行。

中华人民共和国住房和城乡建设部

2018年11月8日

前　言

根据住房城乡建设部《关于印发〈2013年工程建设标准规范制订、修订计划〉的通知》(建标〔2013〕169号)的要求,标准编制组经广泛调查研究,认真总结实践经验,参考有关国际标准和国外先进标准,并在广泛征求意见的基础上,编制了本标准。

本标准主要内容是:总则、术语、基本规定、电缆及附件的运输与保管、电缆线路附属设施的施工、电缆敷设、电缆附件安装、电缆线路防火阻燃设施施工、工程交接验收等。

本标准修订的主要技术内容是:1.增加了基本规定的章节;2.对术语章节中的某些名词术语做了删、补修改;3.增加了电缆竖井的接地要求;4.增加了铝合金电缆敷设弯曲半径的要求;5.增加了城市电缆线路通道标识的设置要求;6.增加了电缆线路在线监控系统施工及验收的要求;7.删除了油浸纸绝缘电缆的施工及验收规定;8.对电缆导管的埋地深度、支架及桥架上电缆敷设层数等技术标准做出了调整。

本标准以黑体字标志的条文为强制性条文,必须严格执行。

本标准由住房城乡建设部负责管理和对强制性条文的解释,由中国电力企业联合会负责日常管理,由中国电力科学研究院负责具体技术内容的解释。执行过程中如有意见或建议,请寄送中国电力科学研究院(地址:北京市西城区南滨河路33号,邮政编码:100055)。

本标准主编单位、参编单位、主要起草人和主要审查人:

主编单位:中国电力企业联合会
　　　　　中国电力科学研究院

参编单位:四川华东电气集团有限公司

国家电网四川电力公司
中国电建集团核电工程公司
国家电网成都供电公司
国家电网武汉供电公司
浙江省火电建设公司
湖南电力建设监理咨询有限责任公司
国家电网电力科学研究院
葛洲坝集团公司电力公司
北京双圆工程咨询监理有限公司
中国能源建设集团华北电力试验研究院有限公司
无锡江南电缆有限公司
通用(天津)铝合金产品有限公司

主要起草人: 谷伟 邓勇 杨荣凯 刘世华 彭丰 田晓 周卫新 赵军 马壮 周辉 杨灿 杨丹 罗志宏 苏诗懿 陈国嘉 张磊森 马果 王宣 荆津

主要审查人: 徐军 杨靖波 葛占雨 龙庆芝 许茂生 李小峰 程云堂 陈长才 李海生 张磊 余常政

1 总　　则

1.0.1 为确保电缆线路工程建设质量,统一施工及验收标准,规范施工过程的质量控制要求和验收条件,制定本标准。

1.0.2 本标准适用于额定电压为500kV及以下电缆线路及其附属设施施工及验收。

1.0.3 矿山、船舶、海底、冶金、化工等有特殊要求的电缆线路的安装工程尚应符合相关专业标准的有关规定。

1.0.4 电缆线路施工及验收除应符合本标准外,尚应符合国家现行有关标准的规定。

2 术　　语

2.0.1 电缆线路　cable line

由电缆、附件、附属设备及附属设施所组成的整个系统。

2.0.2 金属套　metallic sheath

均匀连续密封的金属管状包覆层。

2.0.3 铠装层　armour

由金属带或金属丝组成的包覆层。通常用来保护电缆不受外界的机械力作用。

2.0.4 电缆终端　cable termination

安装在电缆末端,以使电缆与其他电气设备或架空输电线相连接,并维持绝缘直至连接点的装置。

2.0.5 电缆接头　cable joint

连接电缆与电缆的导体、绝缘、屏蔽层和保护层，以使电缆线路连续的装置。

2.0.6 软接头 flexible joint

在工厂可控条件下将未铠装的电缆进行连接所制作的中间接头，连同电缆一起进行连续的铠装。

2.0.7 电缆分接(分支)箱 cable dividing box

完成配电系统中电缆线路的汇集和分接功能，但一般不具备控制测量等二次辅助配置的专用电气连接设备。

2.0.8 电缆线路在线监控系统 cable tunnel and cable line on-line monitoring system

对电缆运行状态及电缆隧道等线路设施进行监测、分析、辅助诊断、报警与远程控制的系统。监控系统由现场设备、传感器、信号采集单元、监控主机、监控子站、远程监控中心六部分组成。

2.0.9 电缆导管 cable ducts

电缆本体敷设于其内部受到保护和在电缆发生故障后便于将电缆拉出更换用的管子。有单管和排管等结构形式，也称为电缆管。

2.0.10 电缆支架 cable bearer

用于支持和固定电缆，通常由整体浇注、型材经焊接或紧固件联接拼装而成的装置。

2.0.11 电缆桥架 cable tray

由托盘(托槽)或梯架的直线段、非直线段、附件及支吊架等组合构成，用以支撑电缆具有连续的刚性结构系统。

2.0.12 电缆构筑物 cable buildings

专供敷设电缆或安置附件的电缆沟、浅槽、隧道、夹层、竖(斜)井和工作井等构筑物。

2.0.13 电缆附件 cable accessories

电缆终端、接头及充油电缆压力箱统称为电缆附件。

2.0.14 电缆附属设备 cable auxiliary equipments

交叉互联箱、接地箱、护层保护器、监控系统等电缆线路组成部分的统称。

2.0.15 电缆附属设施 cable auxiliary facilities

电缆导管、支架、桥架和构筑物等电缆线路组成部分的统称。

3 基本规定

3.0.1 电缆、附件及附属设备均应符合产品技术文件的要求，并应有产品标识及合格证件。

3.0.2 电缆线路的施工应制定安全技术措施。施工安全技术措施应符合本标准及产品技术文件的规定。

3.0.3 紧固件的机械强度、耐腐蚀、阻燃等性能应符合相关标准规定。当采用钢制紧固件时，除地脚螺栓外，应采用热镀锌或等同热镀锌性能的制品。

3.0.4 对有抗干扰要求的电缆线路，应按设计要求采取抗干扰措施。

4 电缆及附件的运输与保管

4.0.1 电缆及附件的运输、保管应符合产品技术文件的要求，应避免强烈的振动、倾倒、受潮、腐蚀，应确保不损坏箱体外表面以及箱内部件。

4.0.2 在运输装卸过程中，应避免电缆及电缆盘受到损伤。电缆盘不应平放运输、平放贮存。

4.0.3 运输或滚动电缆盘前，应保证电缆盘牢固，电缆应绕紧。充油电缆至压力油箱间的油管应固定，不得损伤。压力油箱应牢固,压力值应符合产品技术要求。滚动时应顺着电缆盘上的箭头指示或电缆的缠紧方向。

4.0.4 电缆及其附件到达现场后,应按下列规定进行检查:

1 产品的技术文件应齐全。

2 电缆额定电压、型号规格、长度和包装应符合订货要求。

3 电缆外观应完好无损,电缆封端应严密,当外观检查有怀疑时,应进行受潮判断或试验。

4 附件部件应齐全,材质质量应符合产品技术要求。

5 充油电缆的压力油箱、油管、阀门和压力表应完好无损。

4.0.5 电缆及其有关材料贮存应符合下列规定:

1 电缆应集中分类存放,并应标明额定电压、型号规格、长度;电缆盘之间应有通道;地基应坚实,当受条件限制时,盘下应加垫;存放处应保持通风、干燥,不得积水。

2 电缆终端瓷套在贮存时,应有防止受机械损伤的措施。

3 电缆附件绝缘材料的防潮包装应密封良好,并应根据材料性能和保管要求贮存和保管,保管期限应符合产品技术文件要求。

4 防火隔板、涂料、包带、堵料等防火材料贮存和保管,应符合产品技术文件要求。

5 电缆桥架应分类保管,不得变形。

4.0.6 保管期间电缆盘及包装应完好,标志应齐全,封端应严密。当有缺陷时,应及时处理。充油电缆应定期检查油压,并做记录,油压不得低于下限值。

5 电缆线路附属设施的施工

5.1 电缆导管的加工与敷设

5.1.1 电缆管不应有穿孔、裂缝和显著的凹凸不平,内壁应光滑;金属电缆管不应有严重锈蚀;塑料电缆管的性能应满足设计要求。

5.1.2 电缆管的加工应符合下列规定:

1 管口应无毛刺和尖锐棱角。

2 电缆管弯制后,不应有裂缝和明显的凹瘪,弯扁程度不宜大于管子外径的10%;电缆管的弯曲半径不应小于穿入电缆最小允许弯曲半径。

3 无防腐措施的金属电缆管应在外表涂防腐漆,镀锌管锌层剥落处也应涂防腐漆。

5.1.3 电缆管的内径与穿入电缆外径之比不得小于1.5。

5.1.4 每根电缆管的弯头不应超过三个,直角弯不应超过两个。

5.1.5 电缆管明敷时应符合下列规定:

1 电缆管走向宜与地面平行或垂直,并排敷设的电缆管应排列整齐。

2 电缆管应安装牢固,不应受到损伤;电缆管支点间的距离应符合设计要求,当设计无要求时,金属管支点间距不宜大于3m,非金属管支点间距不宜大于2m。

3 当塑料管的直线长度超过30m时,宜加装伸缩节;伸缩节应避开塑料管的固定点。

5.1.6 敷设混凝土类电缆管时,其地基应坚实、平整,不应有沉陷。敷设低碱玻璃钢管等抗压不抗拉的电缆管材时,宜在其下部设置钢筋混凝土垫层。电缆管直埋敷设应符合下列规定:

1 电缆管的埋设深度不宜小于0.5m;在排水沟下方通过时,距排水沟底不宜小于0.3m。

2 电缆管宜有不小于0.2%的排水坡度。

5.1.7 电缆管的连接应符合下列规定:

1 相连接两电缆管的材质、规格宜一致。

2 金属电缆管不应直接对焊,应采用螺纹接头连接或套管密封焊接方式;连接时应两管口对准、连接牢固、密封良好;螺纹接头或套管的长度不应小于电缆管外径的2.2倍。采用金属软管及合金接头作电缆保护接续管时,其两端应固定牢靠、密封良好。

3 硬质塑料管在套接或插接时,其插入深度宜为管子内径的1.1倍～1.8倍。在插接面上应涂以胶合剂粘牢密封;采用套接时套管两端应采取密封措施。

4 水泥管连接宜采用管箍或套接方式,管孔应对准,接缝应严密,管箍应有防水垫密封圈,防止地下水和泥浆渗入。

5 电缆管与桥架连接时,宜由桥架的侧壁引出,连接部位宜采用管接头固定。

5.1.8 引至设备的电缆管管口位置,应便于与设备连接且不妨碍设备拆装和进出。并列敷设的电缆管管口应排列整齐。

5.1.9 利用电缆保护钢管做接地线时,应先安装好接地线,再敷设电缆;有螺纹连接的电缆管,管接头处,应焊接跳线,跳线截面应不小于30mm^2。

5.1.10 钢制保护管应可靠接地;钢管与金属软管、金属软管与设备间宜使用金属管接头连接,并保证可靠电气连接。

5.2 电缆支架的配制与安装

5.2.1 电缆支架的加工应符合下列规定:

1 钢材应平直,应无明显扭曲;下料偏差应在5mm以内,切口应无卷边、毛刺,靠通道侧应有钝化处理。

2 支架焊接应牢固,应无明显变形;各横撑间的垂直净距与设计偏差不应大于5mm。

3 金属电缆支架应进行防腐处理。位于湿热、盐雾以及有化学腐蚀地区时,应根据设计要求做特殊的防腐处理。

5.2.2 电缆支架的层间允许最小距离应符合设计要求,当设计无要求时,可符合表5.2.2的规定,且层间净距不应小于2倍电缆外径加10mm,35kV及以上高压电缆不应小于2倍电缆外径加50mm。

表 5.2.2　电缆支架的层间允许最小距离值

<table>
<tr><th colspan="2">电缆电压级和类型、敷设特征</th><th>普通支架、吊架(mm)</th><th>桥架(mm)</th></tr>
<tr><td colspan="2">控制电缆明敷</td><td>120</td><td>200</td></tr>
<tr><td rowspan="5">电力电缆明敷</td><td>6kV 以下</td><td>150</td><td>250</td></tr>
<tr><td>6kV～10kV 交联聚乙烯</td><td>200</td><td>300</td></tr>
<tr><td>20kV～35kV 单芯</td><td>250</td><td>300</td></tr>
<tr><td>20kV～35kV 三芯
66kV～220kV,每层 1 根及以上</td><td>300</td><td>350</td></tr>
<tr><td>330kV、500kV</td><td>350</td><td>400</td></tr>
<tr><td colspan="2">电缆敷设于槽盒中</td><td>$h+80$</td><td>$h+100$</td></tr>
</table>

注:h 表示槽盒外壳高度。

5.2.3　电缆支架应安装牢固。托架、支吊架固定方式应符合设计要求,并应符合下列规定:

1　水平安装的电缆支架,各支架的同层横档应在同一水平面上,偏差不应大于 5mm。

2　电缆沟内或建筑物上安装的电缆支架,应有与电缆沟或建筑物相同的坡度。

3　托架、支吊架沿桥架走向偏差不应大于 10mm。

4　电缆支架最上层及最下层至沟顶、楼板或沟底、地面的距离,当设计无要求时,不宜小于表 5.2.3 的规定。

表 5.2.3　电缆支架最上层及最下层至沟顶、楼板或沟底、地面的距离

<table>
<tr><th colspan="2">电缆敷设场所及其特征</th><th>垂直净距(mm)</th></tr>
<tr><td colspan="2">电缆沟</td><td>50</td></tr>
<tr><td colspan="2">隧道</td><td>100</td></tr>
<tr><td rowspan="2">电缆夹层</td><td>非通道处</td><td>200</td></tr>
<tr><td>至少在一侧不小于 800mm 宽通道处</td><td>1400</td></tr>
<tr><td colspan="2">公共廊道中电缆支架无围栏防护</td><td>1500</td></tr>
<tr><td colspan="2">厂房内</td><td>2000</td></tr>
<tr><td rowspan="2">厂房外</td><td>无车辆通过</td><td>2500</td></tr>
<tr><td>有车辆通过</td><td>4500</td></tr>
</table>

5.2.4 组装后的钢结构竖井，其垂直偏差不应大于其长度的0.2%，支架横撑的水平误差不应大于其宽度的0.2%；竖井对角线的偏差不应大于其对角线长度的0.5%。钢结构竖井全长应具有良好的电气导通性，全长不少于两点与接地网可靠连接，全长大于30m时，应每隔20m～30m增设明显接地点。

5.2.5 电缆桥架的规格、支吊跨距、防腐类型应符合设计要求。

5.2.6 电缆桥架在每个支吊架上的固定应牢固，连接板的螺栓应紧固，螺母应位于电缆桥架的外侧。电缆托盘应有可供电缆绑扎的固定点，铝合金梯架在钢制支吊架上固定时，应有防电化腐蚀的措施。

5.2.7 两相邻电缆桥架的接口应紧密、无错位。

5.2.8 当直线段钢制电缆桥架超过30m、铝合金或玻璃钢制电缆桥架超过15m时，应有伸缩装置，其连接宜采用伸缩连接板；电缆桥架跨越建筑物伸缩缝处应设置伸缩装置。

5.2.9 电缆桥架转弯处的转弯半径，不应小于该桥架上的电缆最小允许弯曲半径的最大者。

5.2.10 金属电缆支架、桥架及竖井全长均必须有可靠的接地。

5.3 电缆线路防护设施与构筑物

5.3.1 与电缆线路安装有关的建筑工程施工应符合下列规定：

1 建(构)筑物施工质量应符合现行国家标准《建筑工程施工质量验收统一标准》GB 50300的有关规定。

2 电缆线路安装前，建筑工程应具备下列条件：

1)预埋件应符合设计要求，安置应牢固；

2)电缆沟、隧道、竖井及人孔等处的地坪及抹面工作应结束，人孔爬梯的安装应完成；

3)电缆层、电缆沟、隧道等处的施工临时设施、模板及建筑废料等应清理干净，施工用道路应畅通，盖板应齐全；

4)电缆沟排水应畅通，电缆室的门窗应安装完毕；电缆线路相关构筑物的防水性能应满足设计要求。

3 电缆线路安装完毕后投入运行前，建筑工程应完成修饰工作。

5.3.2 电缆工作井尺寸应满足电缆最小弯曲半径的要求。电缆井内应设有集水坑，上盖箅子。

5.3.3 城市电缆线路通道的标识应按设计要求设置。当设计无要求时，应在电缆通道直线段每隔 15m～50m 处、转弯处、T 形口、十字口和进入建(构)筑物等处设置明显的标志或标桩。

6 电缆敷设

6.1 一般规定

6.1.1 电缆敷设前应按下列规定进行检查：

1 电缆沟、电缆隧道、电缆导管、电缆井、交叉跨越管道及直埋电缆沟深度、宽度、弯曲半径等应符合设计要求，电缆通道应畅通，排水应良好，金属部分的防腐层应完整，隧道内照明、通风应符合设计要求。

2 电缆额定电压、型号规格应符合设计要求。

3 电缆外观应无损伤，当对电缆的外观和密封状态有怀疑时，应进行受潮判断；埋地电缆与水下电缆应试验并合格，外护套有导电层的电缆，应进行外护套绝缘电阻试验并合格。

4 充油电缆的油压不宜低于 0.15MPa；供油阀门应在开启位置，动作应灵活；压力表指示应无异常；所有管接头应无渗漏油；油样应试验合格。

5 电缆放线架应放置平稳，钢轴的强度和长度应与电缆盘重量和宽度相适应，敷设电缆的机具应检查并调试正常，电缆盘应有可靠的制动措施。

6　敷设前应按设计和实际路径计算每根电缆的长度,合理安排每盘电缆,减少电缆接头;中间接头位置应避免设置在倾斜处、转弯处、交叉路口、建筑物门口、与其他管线交叉处或通道狭窄处。

7　在带电区域内敷设电缆,应有可靠的安全措施。

8　采用机械敷设电缆时,牵引机和导向机构应调试完好,并应有防止机械力损伤电缆的措施。

6.1.2　电缆敷设时,不应损坏电缆沟、隧道、电缆井和人井的防水层。

6.1.3　三相四线制系统中应采用四芯电力电缆,不应采用三芯电缆另加一根单芯电缆或以导线、电缆金属护套作中性线。

6.1.4　并联使用的电力电缆其额定电压、型号规格和长度应相同。

6.1.5　电力电缆在终端头与接头附近宜留有备用长度。

6.1.6　电缆各支点间的距离应符合设计要求。当设计无要求时,不应大于表6.1.6的规定。

表6.1.6　电缆各支点间的距离

电缆种类		敷设方式	
		水平(mm)	垂直(mm)
电力电缆	全塑型	400	1000
	除全塑型外的中低压电缆	800	1500
	35kV及以上高压电缆	1500	3000
控制电缆		800	1000

注:全塑型电力电缆水平敷设沿支架能把电缆固定时,支点间的距离允许为800mm。

6.1.7　电缆最小弯曲半径应符合表6.1.7的规定。

表6.1.7　电缆最小弯曲半径

电缆型式		多芯	单芯
控制电缆	非铠装型、屏蔽型软电缆	$6D$	—
	铠装型、铜屏蔽型	$12D$	
	其他	$10D$	

续表 6.1.7

电缆型式		多芯	单芯
橡皮绝缘电力电缆	无铅包、钢铠护套	10D	
	裸铅包护套	15D	
	钢铠护套	20D	
塑料绝缘电力电缆	无铠装	15D	20D
	有铠装	12D	15D
自容式充油(铅包)电缆		—	20D
0.6/1kV 铝合金导体电力电缆		7D	

注:1 表中 D 为电缆外径。

2 本表中“0.6/1kV 铝合金导体电力电缆”弯曲半径值适用于无铠装或联锁铠装形式电缆。

6.1.8 电缆敷设时,电缆应从盘的上端引出,不应使电缆在支架上及地面摩擦拖拉。电缆上不得有铠装压扁、电缆绞拧、护层折裂等未消除的机械损伤。

6.1.9 用机械敷设电缆时的最大牵引强度宜符合表 6.1.9 的规定,充油电缆总拉力不应超过 27kN。

表 6.1.9 电缆最大牵引强度

牵引方式	牵引头(N/mm^2)		钢丝网套(N/mm^2)		
受力部位	铜芯	铝芯	铅套	铝套	塑料护套
允许牵引强度	70	40	10	40	7

6.1.10 机械敷设电缆的速度不宜超过 15m/min,110kV 及以上电缆或在较复杂路径上敷设时,其速度应适当放慢。

6.1.11 机械敷设大截面电缆时,应在施工措施中确定敷设方法、线盘架设位置、电缆牵引方向;校核牵引力和侧压力,配备充足的敷设人员、机具和通信设备。侧压力和牵引力的常用计算公式见附录 A。

6.1.12 机械敷设电缆时,应在牵引头或钢丝网套与牵引钢缆之间装设防捻器。

6.1.13 110kV 及以上电缆敷设时,转弯处的侧压力应符合产品技术文件的要求，无要求时不应大于 3kN/m。

6.1.14 塑料绝缘电缆应有可靠的防潮封端；充油电缆在切断后尚应符合下列规定：

1 在任何情况下，充油电缆的任一段应有压力油箱保持油压。

2 连接油管路时，应排除管内空气，并采用喷油连接。

3 充油电缆的切断处应高于邻近两侧的电缆。

4 切断电缆时不得有金属屑及污物进入电缆。

6.1.15 电缆敷设前 24h 内的平均温度以及敷设现场的温度不应低于表 6.1.15 的规定。当温度低于表 6.1.15 规定时，应采取有效措施。

表 6.1.15 电缆允许敷设最低温度

电缆类型	电缆结构	允许敷设最低温度(℃)
充油电缆	—	−10
橡皮绝缘电力电缆	橡皮或聚氯乙烯护套	−15
	铅护套钢带铠装	−7
塑料绝缘电力电缆	—	0
控制电缆	耐寒护套	−20
	橡皮绝缘聚氯乙烯护套	−15
	聚氯乙烯绝缘聚氯乙烯护套	−10

6.1.16 电力电缆接头布置应符合下列规定：

1 并列敷设的电缆，其接头位置宜相互错开。

2 电缆明敷接头，应用托板托置固定；电缆共通道敷设存在接头时，接头宜采用防火隔板或防爆盒进行隔离。

3 直埋电缆接头应有防止机械损伤的保护结构或外设保护盒，位于冻土层内的保护盒，盒内宜注入沥青。

6.1.17 电缆敷设时应排列整齐，不宜交叉，并应及时装设标识牌。

6.1.18 标识牌装设应符合下列规定：

1 生产厂房及变电站内应在电缆终端头、电缆接头处装设电缆标识牌。

2 电网电缆线路应在下列部位装设电缆标识牌：

1)电缆终端及电缆接头处；

2)电缆管两端人孔及工作井处；

3)电缆隧道内转弯处、T形口、十字口、电缆分支处、直线段每隔50m～100m处。

3 标识牌上应注明线路编号，且宜写明电缆型号、规格、起讫地点；并联使用的电缆应有顺序号，单芯电缆应有相序或极性标识；标识牌的字迹应清晰不易脱落。

4 标识牌规格宜统一，标识牌应防腐，挂装应牢固。

6.1.19 电缆固定应符合下列规定：

1 下列部位的电缆应固定牢固：

1)垂直敷设或超过30°倾斜敷设的电缆在每个支架上应固定牢固；

2)水平敷设的电缆，在电缆首末两端及转弯、电缆接头的两端处应固定牢固；当对电缆间距有要求时，每隔5m～10m处应固定牢固。

2 单芯电缆的固定应符合设计要求。

3 交流系统的单芯电缆或三芯电缆分相后，固定夹具不得构成闭合磁路，宜采用非铁磁性材料。

6.1.20 沿电气化铁路或有电气化铁路通过的桥梁上明敷电缆的金属护层或电缆金属管道，应沿其全长与金属支架或桥梁的金属构件绝缘。

6.1.21 电缆进入电缆沟、隧道、竖井、建筑物、盘(柜)以及穿入管子时，出入口应封闭，管口应密封。

6.1.22 装有避雷针的照明灯塔，电缆敷设时尚应符合现行国家标准《电气装置安装工程　接地装置施工及验收规范》GB 50169的有关规定。

6.2 直埋电缆敷设

6.2.1 电缆线路路径上有可能使电缆受到机械性损伤、化学作用、地下电流、振动、热影响、腐蚀物质、虫鼠等危害的地段，应采取保护措施。

6.2.2 电缆埋置深度应符合下列规定：

1 电缆表面距地面的距离不应小于0.7m，穿越农田或在车行道下敷设时不应小于1m，在引入建筑物、与地下建筑物交叉及绕过地下建筑物处可浅埋，但应采取保护措施。

2 电缆应埋设于冻土层以下，当受条件限制时，应采取防止电缆受到损伤的措施。

6.2.3 直埋敷设的电缆，不得平行敷设于管道的正上方或正下方；高电压等级的电缆宜敷设在低电压等级电缆的下面。

6.2.4 电缆之间，电缆与其他管道、道路、建筑物等之间平行和交叉时的最小净距，应符合设计要求。当设计无要求时，应符合下列规定：

1 未采取隔离或防护措施时，应符合表6.2.4的规定。

表6.2.4 电缆之间，电缆与管道、道路、建筑物之间平行和交叉时的最小净距

项目		平行(m)	交叉(m)
电力电缆间及其与控制电缆间	10kV及以下	0.10	0.50
	10kV以上	0.25	0.50
不同部门使用的电缆间		0.50	0.50
热管道(管沟)及热力设备		2.00	0.50
油管道(管沟)		1.00	0.50
可燃气体及易燃液体管道(管沟)		1.00	0.50
其他管道(管沟)		0.50	0.50
铁路路轨		3.00	1.00
电气化铁路路轨	非直流电气化铁路路轨	3.00	1.00
	直流电气化铁路路轨	10.00	1.00

续表 6.2.4

项目	平行(m)	交叉(m)
电缆与公路边	1.00	—
城市街道路面	1.00	—
电缆与1kV以下架空线电杆	1.00	—
电缆与1kV以上架空线杆塔基础	4.00	—
建筑物基础(边线)	0.60	—
排水沟	1.00	0.50

2 当采取隔离或防护措施时,可按下列规定执行:

1) 电力电缆间及其与控制电缆间或不同部门使用的电缆间,当电缆穿管或用隔板隔开时,平行净距可为0.1m;

2) 电力电缆间及其与控制电缆间或不同部门使用的电缆间,在交叉点前后1m范围内,当电缆穿入管中或用隔板隔开时,其交叉净距可为0.25m;

3) 电缆与热管道(沟)、油管道(沟)、可燃气体及易燃液体管道(沟)、热力设备或其他管道(沟)之间,虽净距能满足要求,但检修管路可能伤及电缆时,在交叉点前后1m范围内,尚应采取保护措施;当交叉净距离不能满足要求时,应将电缆穿入管中,其净距可为0.25m;

4) 电缆与热管道(管沟)及热力设备平行、交叉时,应采取隔热措施,使电缆周围土壤的温升不超过10℃;

5) 当直流电缆与电气化铁路路轨平行、交叉其净距不能满足要求时,应采取防电化腐蚀措施;

6) 直埋电缆穿越城市街道、公路、铁路,或穿过有载重车辆通过的大门,进入建筑物的墙角处,进入隧道、人井,或从地下引出到地面时,应将电缆敷设在满足强度要求的管道内,并将管口封堵好;

7) 当电缆穿管敷设时,与公路、街道路面、杆塔基础、建筑物基础、排水沟等的平行最小间距可按表 6.2.3 中的数据减半。

6.2.5 电缆与铁路、公路、城市街道、厂区道路交叉时，应敷设于坚固的保护管或隧道内。电缆管的两端宜伸出道路路基两边 0.5m 以上，伸出排水沟 0.5m，在城市街道应伸出车道路面。

6.2.6 直埋电缆上下部应铺不小于 100mm 厚的软土砂层，并应加盖保护板，其覆盖宽度应超过电缆两侧各 50mm，保护板可采用混凝土盖板或砖块。软土或砂子中不应有石块或其他硬质杂物。

6.2.7 直埋电缆在直线段每隔 50m～100m 处、电缆接头处、转弯处、进入建筑物等处，应设置明显的方位标志或标桩。

6.2.8 直埋电缆回填前，应经隐蔽工程验收合格，回填料应分层夯实。

6.3 电缆导管内电缆敷设

6.3.1 在易受机械损伤的地方和在受力较大处直埋电缆管时，应采用足够强度的管材。在下列地点，电缆应有足够机械强度的保护管或加装保护罩：

1 电缆进入建筑物、隧道，穿过楼板及墙壁处。

2 从沟道引至杆塔、设备、墙外表面或屋内行人容易接近处，距地面高度 2m 以下的部分。

3 有载重设备移经电缆上面的区段。

4 其他可能受到机械损伤的地方。

6.3.2 管道内部应无积水，且应无杂物堵塞。穿电缆时，不得损伤护层，可采用无腐蚀性的润滑剂(粉)。

6.3.3 电缆导管在敷设电缆前，应进行疏通，清除杂物。电缆敷设到位后应做好电缆固定和管口封堵，并应做好管口与电缆接触部分的保护措施。

6.3.4 电缆穿管的位置及穿入管中电缆的数量应符合设计要求，交流单芯电缆不得单独穿入钢管内。

6.3.5 在10%以上的斜坡排管中，应在标高较高一端的工作井内设置防止电缆因热伸缩和重力作用而滑落的构件。

6.3.6 工作井中电缆管口应按设计要求做好防水措施。

6.4 电缆构筑物中电缆敷设

6.4.1 电缆排列应符合下列规定：

1 电力电缆和控制电缆不宜配置在同一层支架上。

2 高低压电力电缆，强电、弱电控制电缆应按顺序分层配置，宜由上而下配置；但在含有35kV以上高压电缆引入盘柜时，可由下而上配置。

3 同一重要回路的工作与备用电缆实行耐火分隔时，应配置在不同侧或不同层的支架上。

6.4.2 并列敷设的电缆净距应符合设计要求。

6.4.3 电缆在支架上的敷设应符合下列规定：

1 控制电缆在普通支架上，不宜超过两层；桥架上不宜超过三层。

2 交流三芯电力电缆，在普通支吊架上不宜超过一层；桥架上不宜超过两层。

3 交流单芯电力电缆，应布置在同侧支架上，并应限位、固定。当按紧贴品字形（三叶形）排列时，除固定位置外，其余应每隔一定的距离用电缆夹具、绑带扎牢，以免松散。

6.4.4 电缆与热力管道、热力设备之间的净距，平行时不应小于1m，交叉时不应小于0.5m，当受条件限制时，应采取隔热保护措施。电缆通道应避开锅炉的观察孔和制粉系统的防爆门；当受条件限制时，应采取穿管或封闭槽盒等隔热防火措施。电缆不得平行敷设于热力设备和热力管道的上部。

6.4.5 电缆敷设完毕后，应及时清除杂物、盖好盖板。当盖板上方需回填土时，宜将盖板缝隙密封。

6.5 桥梁上电缆敷设

6.5.1 利用桥梁敷设电缆，其载荷应在桥梁允许承载值之内，且不应影响桥梁结构稳定性。

6.5.2 桥梁上电缆的敷设方式应符合设计要求。当设计无要求时，敷设方式应根据桥梁结构和特点确定，并应符合下列规定：

1 应具有防止电缆着火危害桥梁的可靠措施。

2 应有防止外力损伤电缆的措施。在人员不易接触处可裸露敷设，但宜采取避免太阳直接照射的措施或采用满足耐候性要求的电缆。

6.5.3 在桥梁上敷设电缆，应采取防止振动、伸缩变形影响电缆安全运行的措施。

6.6 水下电缆敷设

6.6.1 水下电缆不应有接头。当整根电缆超过制造能力时，可采用软接头连接。

6.6.2 水下电缆敷设路径应符合设计要求，且应符合下列规定：

1 电缆宜敷设在河床稳定、流速较缓、岸边不易被冲刷、水底无岩礁和沉船等障碍物的水域。

2 电缆不宜敷设在码头、渡口和水工构筑物附近；不宜敷设在疏浚挖泥区、规划筑港地带和拖网渔船活动区。无其他路径可供选择时，应采取可靠的保护措施。

6.6.3 相邻水下电缆的间距应符合设计要求。当设计无要求时，应符合下列规定：

1 主航道内，电缆间距不宜小于最高水位水深的2倍。引至岸边间距可适当缩小。

2 在非通航的流速未超过1m/s的小河中，同回路单芯电缆间距不得小于0.5m，不同回路电缆间距不得小于5m。

3 除上述情况外，应按流速、电缆埋深和埋设控制偏差等因素确定。

6.6.4 水下电缆的敷设方法、敷设船只选择和施工组织设计，应按电缆敷设长度、外径、重量、水深、流速和河床地形等因素确定。

6.6.5 水下电缆敷设时应采取助浮措施，不得使电缆在水底直接拖拉。如电缆装盘敷设时，电缆盘可根据水域条件，放置于路径一端的登陆点处，另一端布置牵引设备；电缆装盘置于船上敷设或电缆散装敷设时，敷缆方法应根据敷设船类型、尺度和动力装备、水域条件确定，可选择自航、牵引、移锚或拖航等。

6.6.6 敷设船只应满足电缆施工路径自然条件和施工方法要求，且应符合下列规定：

1 船舱的容积、甲板面积、船舶稳定性等应满足电缆长度、重量、弯曲半径、盘绕半径、退扭高度和作业场所的要求。

2 敷(埋)设机具、通信、导航定位等设施配置和船舶动力应满足电缆施工需要。

6.6.7 水下电缆敷设始端宜选择在登陆作业相对困难的一侧。

6.6.8 水下电缆敷设应在小潮汛、憩流期间或枯水期进行，并应视线清晰、风力小于五级。

6.6.9 敷设船上退扭架应保持适当的退扭高度。当电缆通过储缆仓、退扭架、溜槽、计米器、张力测定器、布缆机、入水槽等设施时，应采取措施减少电缆阻力。敷缆时，应监测电缆所受张力或入水角度满足产品技术文件要求。

6.6.10 水下电缆敷设时，两侧陆上应按设计要求设立导标。敷设时应同步定位测量，并应及时纠正航线偏差、校核敷设长度。

6.6.11 水下电缆末端登陆时，应将余缆全部浮托在水面上，余缆入水时应保持适当张力。水下电缆引至陆上时应装设锚定装置，陆上区段应采用穿管、槽盒、沟井等措施保护，其保护范围下端应置于最低水位1m以下，上端应高于最高洪水位。

6.6.12 水下电缆不得悬浮于水中。在通航水道等防范外力损伤的水域，电缆应埋置于水底，并应稳固覆盖保护；浅水区埋深不宜小于0.5m，深水区埋深不宜小于2m。电缆线路穿过小河、小溪时，可采取穿管敷设。

6.6.13 水下电缆两侧应按航标规范设置警告标志。

6.7 电缆架空敷设

6.7.1 电缆悬吊点或固定的间距应符合本标准表6.1.6的规定。

6.7.2 电缆与公路、铁路、架空线路交叉跨越时，最小允许距离应符合表6.7.2的规定。

表6.7.2 电缆与铁路、公路、架空线路交叉跨越时最小允许距离

交叉设施	最小允许距离(m)	备　注
铁路	3/6	至承力索或接触线/至轨顶
公路	6	—
电车路	3/9	至承力索或接触线/至路面
弱电流线路	1	—
电力线路	1/2/3/4/5	电压(kV)1以下/6～10/35～110/154～220/330
河道	6/1	五年一遇洪水位/至最高航行水位的最高船桅顶
索道	1.5	—

6.7.3 电缆的金属护套、铠装及悬吊线均应有良好的接地，杆塔和配套金具均应根据电缆的结构和性能进行配套设计，且应满足规程及强度要求。

6.7.4 对于较短且不便直埋的电缆可采用架空敷设，架空敷设的电缆截面不宜过大，架空敷设的电缆允许载流量应根据环境条件进行修正。

6.7.5 支撑电缆的钢绞线应满足荷载要求，并应全线良好接地，在转角处应打拉线或顶杆。

6.7.6 架空敷设的电缆不宜设置电缆接头。

7 电缆附件安装

7.1 一般规定

7.1.1 电缆终端与接头制作,应由经过培训的熟练工人进行。

7.1.2 电缆终端与接头制作前,应核对电缆相序或极性。

7.1.3 制作电缆终端和接头前,应按设计文件和产品技术文件要求做好检查,并符合下列规定:

1 电缆绝缘状况应良好,无受潮;电缆内不得进水;充油电缆施工前应对电缆本体、压力箱、电缆油桶及纸卷桶逐个取油样,做电气性能试验,并应符合标准。

2 附件规格应与电缆一致,型号符合设计要求。零部件应齐全无损伤,绝缘材料不得受潮;附件材料应在有效贮存期内。壳体结构附件应预先组装、清洁内壁、密封检查,结构尺寸应符合产品技术文件要求。

3 施工用机具齐全、清洁,便于操作;消耗材料齐备,塑料绝缘表面的清洁材料应符合产品技术文件的要求。

7.1.4 在室内、隧道内或林区等有防火要求的场所以及充油电缆施工现场进行电缆终端与接头制作,应备有足够消防器材。

7.1.5 电缆终端与接头制作时,施工现场温度、湿度与清洁度,应符合产品技术文件要求。在室外制作 6kV 及以上电缆终端与接头时,其空气相对湿度宜为 70%及以下;当湿度大时,应进行空气湿度调节,降低环境湿度。110kV 及以上高压电缆终端与接头施工时,应有防尘、防潮措施,温度宜为 10℃～30℃。制作电力电缆终端与接头,不得直接在雾、雨或五级以上大风环境中施工。

7.1.6 电缆终端及接头制作时,应遵守制作工艺规程及产品技术文件要求。

7.1.7 附加绝缘材料除电气性能应满足要求外，尚应与电缆本体绝缘具有相容性。两种材料的硬度、膨胀系数、抗张强度和断裂伸长率等物理性能指标应接近。橡塑绝缘电缆附加绝缘应采用弹性大、粘接性能好的材料。

7.1.8 电缆线芯连接金具，应采用符合标准的连接管和接线端子，其内径应与电缆线芯匹配，间隙不应过大；截面宜为线芯截面的1.2倍～1.5倍。采取压接时，压接钳和模具应符合规格要求。

7.1.9 三芯电力电缆在电缆中间接头处，其电缆铠装、金属屏蔽层应各自有良好的电气连接并相互绝缘；在电缆终端头处，电缆铠装、金属屏蔽层应用接地线分别引出，并应接地良好。交流系统单芯电力电缆金属层接地方式和回流线的选择应符合设计要求。

7.1.10 35kV及以下电力电缆接地线应采用铜绞线或镀锡铜编织线，其截面积不应小于表7.1.10的规定。66kV及以上电力电缆的接地线材质、截面面积应符合设计要求。

表7.1.10 电缆终端接地线截面

电缆截面（mm^2）	接地线截面（mm^2）
16及以下	接地线截面可与芯线截面相同
16～120	16
150及以上	25

7.1.11 电缆终端与电气装置的连接，应符合现行国家标准《电气装置安装工程　母线装置施工及验收规范》GB 50149的有关规定及产品技术文件要求。

7.1.12 控制电缆不应有中间接头。

7.2 安装要求

7.2.1 制作电缆终端与接头，从剥切电缆开始应连续操作直至完成，应缩短绝缘暴露时间。剥切电缆时不应损伤线芯和保留的绝缘层、半导电屏蔽层，外护套层、金属屏蔽层、铠装层、半导电屏蔽层和绝缘层剥切尺寸应符合产品技术文件要求。附加绝缘的包绕、装配、热缩等应保持清洁。

7.2.2 66kV及以上交联电缆终端和接头制作前应按产品技术文件要求对电缆进行加热矫直。

7.2.3 电缆终端的制作安装应按产品技术文件要求做好导体连接、应力处理部件的安装，并应做好密封防潮、机械保护等措施。电缆终端安装应确保外绝缘相间和对地距离满足现行国家标准《电气装置安装工程　母线装置施工及验收规范》GB 50149的有关规定。

7.2.4 交联电缆终端和接头制作时，电缆绝缘处理后的绝缘厚度及偏心度应符合产品技术文件要求，绝缘表面应光滑、清洁，防止灰尘和其他污染物黏附。绝缘处理后的工艺过盈配合应符合产品技术文件要求，绝缘屏蔽断口应平滑过渡。

7.2.5 交联电缆终端和接头制作时，预制件安装定位尺寸应符合产品技术文件要求，在安装过程中内表面应无异物、损伤、受潮；橡胶预制件采用机械现场扩张时，扩张持续时间和温度应符合产品技术文件要求。

7.2.6 电缆导体连接时，应除去导体和连接管内壁油污及氧化层。压接模具与金具应配合恰当，压缩比应符合产品技术文件要求。压接后应将端子或连接管上的凸痕修理光滑，不得残留毛刺。

7.2.7 三芯电缆接头及单芯电缆直通接头两侧电缆的金属屏蔽层、金属护套、铠装层应分别连接良好，不得中断，跨接线的截面应符合产品技术文件要求，且不应小于本标准表7.1.10接地线截面的规定。直埋电缆接头的金属外壳及电缆的金属护层应做防腐、防水处理。

7.2.8 电力电缆金属护层接地线未随电缆芯线穿过互感器时，接地线应直接接地；随电缆芯线穿过互感器时，接地线应穿回互感器后接地。

7.2.9 单芯电力电缆的交叉互联箱、接地箱、护层保护器等安装应符合设计要求；箱体应安装牢固、密封良好，标识应正确、清晰。

7.2.10 单芯电力电缆金属护层采取交叉互联方式时，应逐相进行导通测试，确保连接方式正确；护层保护器在安装前应检测合格。

7.2.11 铝护套或铅护套电缆铅封时应清除表面氧化物及污物；搪铅时间不宜过长，铅封应密实无气孔。充油电缆的铅封应分两次进行，第一次封堵油，第二次成形和加强，高位差铅封应用环氧树脂加固。塑料电缆可采用自粘带、粘胶带、胶粘剂、环氧泥、热收缩套管等密封方式；塑料护套表面应打毛，粘接表面应用溶剂除去油污，粘接应良好。电缆终端、接头及充油电缆供油管路均不应有渗漏。

7.2.12 充油电缆线路有接头时，应先制作接头；两端有位差时，应先制作低位终端头。

7.2.13 充油电缆终端和接头包绕附加绝缘时，不得完全关闭压力箱。制作中和真空处理时，从电缆中渗出的油应及时排出，不得积存在瓷套或壳体内。

7.2.14 充油电缆供油系统的安装应符合下列规定：

1 供油系统的金属油管与电缆终端间应有绝缘接头，其绝缘强度不低于电缆外护层。

2 当每相设置多台压力箱时，应并联连接。

3 每相电缆线路应装设油压监视或报警装置。

4 仪表应安装牢固，室外仪表应有防雨措施，施工结束后应进行整定。

5 调整压力油箱的油压，任何情况下不应超过电缆允许的压力范围。

7.2.15 电缆终端上应有明显的相位（极性）标识，且应与系统的相位（极性）一致。

7.2.16 控制电缆终端可采用热缩型，也可以采用塑料带、自粘带包扎。

7.3 电缆线路在线监控系统

7.3.1 电缆线路在线监控系统的安装应符合设计及产品技术文件要求。

7.3.2 在线监控系统设备型号、规格、数量、技术指标、系统特性、装置特性应符合设计要求，出厂资料应齐全。

7.3.3 在线监控系统的安装不得影响电缆运行、维护、检修工作。监控设备的安装应整齐、牢固，标识清晰，并应有相应的防护措施。

7.3.4 在线监控系统安装完毕后，应对监控系统的安装质量进行全面检查，验收合格后方可运行。

8 电缆线路防火阻燃设施施工

8.0.1 对爆炸和火灾危险环境、电缆密集场所或可能着火蔓延而酿成严重事故的电缆线路，防火阻燃措施必须符合设计要求。

8.0.2 应在下列孔洞处采用防火封堵材料密实封堵：

1 在电缆贯穿墙壁、楼板的孔洞处。

2 在电缆进入盘、柜、箱、盒的孔洞处。

3 在电缆进出电缆竖井的出入口处。

4 在电缆桥架穿过墙壁、楼板的孔洞处。

5 在电缆导管进入电缆桥架、电缆竖井、电缆沟和电缆隧道的端口处。

8.0.3 防火墙施工应符合下列规定：

1 防火墙设置应符合设计要求。

2 电缆沟内的防火墙底部应留有排水孔洞，防火墙上部的盖板表面宜做明显且不易褪色的标记。

3 防火墙上的防火门应严密，防火墙两侧长度不小于 2m 内的电缆应涂刷防火涂料或缠绕防火包带。

8.0.4 电缆线路防火阻燃应符合下列规定：

1 耐火或阻燃型电缆应符合设计要求。

2 报警和灭火装置设置应符合设计要求。

3 已投入运行的电缆孔洞、防火墙，临时拆除后应及时恢复封堵。

4 防火重点部位的出入口，防火门或防火卷帘设置应符合设计要求。

5 电力电缆中间接头宜采用电缆用阻燃包带或电缆中间接头保护盒封堵，接头两侧及相邻电缆长度不小于2m内的电缆应涂刷防火涂料或缠绕防火包带。

6 防火封堵部位应便于增补或更换电缆，紧贴电缆部位宜采用柔性防火材料。

8.0.5 防火阻燃材料应具备下列质量证明文件：

1 具有资质的第三方检测机构出具的检验报告。

2 出厂质量检验报告。

3 产品合格证。

8.0.6 防火阻燃材料施工措施应按设计要求和材料使用工艺确定，材料质量与外观应符合下列规定：

1 有机堵料不应氧化、冒油，软硬应适度，应具备一定的柔韧性。

2 无机堵料应无结块、杂质。

3 防火隔板应平整、厚薄均匀。

4 防火包遇水或受潮后不应结块。

5 防火涂料应无结块、能搅拌均匀。

6 阻火网网孔尺寸应均匀，经纬线粗细应均匀，附着防火复合膨胀料厚度应一致。网弯曲时不应变形、脱落，并应易于曲面固定。

8.0.7 缠绕防火包带或涂刷防火涂料施工应符合产品技术文件

要求。

8.0.8 电缆孔洞封堵应严实可靠，不应有明显的裂缝和可见的孔隙，堵体表面平整，孔洞较大者应加耐火衬板后再进行封堵。有机防火堵料封堵不应有透光、漏风、龟裂、脱落、硬化现象；无机防火堵料封堵不应有粉化、开裂等缺陷。防火包的堆砌应密实牢固，外观应整齐，不应透光。

8.0.9 电缆线路防火阻燃设施应保证必要的强度，封堵部位应能长期使用，不应发生破损、散落、坍塌等现象。

9 工程交接验收

9.0.1 工程验收时应进行下列检查：

1 电缆及附件额定电压、型号规格应符合设计要求。

2 电缆排列应整齐，无机械损伤，标识牌应装设齐全、正确、清晰。

3 电缆的固定、弯曲半径、相关间距和单芯电力电缆的金属护层的接线等应符合设计要求和本标准的规定，相位、极性排列应与设备连接相位、极性一致，并符合设计要求。

4 电缆终端、电缆接头及充油电缆的供油系统应固定牢靠，电缆接线端子与所接设备端子应接触良好，接地箱和交叉互联箱的连接点应接触良好可靠，充有绝缘介质的电缆终端、电缆接头及充油电缆的供油系统不应有渗漏现象，充油电缆的油压及表计整定值应符合设计和产品技术文件的要求。

5 电缆线路接地点应与接地网接触良好，接地电阻值应符合设计要求。

6 电缆终端的相色或极性标识应正确，电缆支架等的金属部件防腐层应完好，电缆管口封堵应严密。

7 电缆沟内应无杂物、积水，盖板应齐全；隧道内应无杂物，消防、监控、暖通、照明、通风、给排水等设施应符合设计要求。

8 电缆通道路径的标志或标桩，应与实际路径相符，并应清晰、牢固。

9 水下电缆线路陆地段，禁锚区内的标志和夜间照明装置应符合设计要求。

10 防火措施应符合设计要求，且施工质量应合格。

9.0.2 隐蔽工程应进行中间验收，并应做好记录和签证。

9.0.3 电缆线路施工完成后应按现行国家标准《电气装置安装工程 电气设备交接试验标准》GB 50150 的有关规定进行电气交接试验。

9.0.4 工程验收时，应提交下列资料和技术文件：

1 电缆线路路径的协议文件。

2 变更设计的证明文件和竣工图资料。

3 直埋电缆线路的敷设位置图比例宜为 1∶500，地下管线密集的地段可为 1∶100，在管线稀少、地形简单的地段可为 1∶1000；平行敷设的电缆线路，宜合用一张图纸。图上应标明各线路的相对位置，并有标明地下管线的剖面图及其相对最小距离，提交相关管线资料，明确安全距离。

4 制造厂提供的产品说明书、试验记录、合格证件及安装图纸等技术文件。

5 电缆线路的原始记录应包括下列内容：

1) 电缆的型号、规格及其实际敷设总长度及分段长度，电缆终端和接头的型式及安装日期；

2) 电缆终端和接头中填充的绝缘材料名称、型号。

6 电缆线路的施工记录应包括下列内容：

1) 隐蔽工程隐蔽前检查记录或签证；

2) 电缆敷设记录；

3) 66kV 及以上电缆终端和接头安装关键工艺工序记录；

4) 质量检验及验收记录。

7 试验记录。

8 在线监控系统的出厂试验报告、现场调试报告和现场验收报告。

附录 A 侧压力和牵引力的常用计算公式

A.0.1 侧压力应按下式计算：

$$P = T/R \quad (A.0.1)$$

式中：P——侧压力(N/m)；

T——牵引力(N)；

R——弯曲半径(m)。

A.0.2 水平直线牵引力应按下式计算：

$$T = 9.8\mu WL \quad (A.0.2)$$

A.0.3 倾斜直线牵引力应按下列公式计算：

$$T_1 = 9.8WL(\mu\cos\theta_1 + \sin\theta_1) \quad (A.0.3\text{-}1)$$

$$T_2 = 9.8WL(\mu\cos\theta_2 + \sin\theta_1) \quad (A.0.3\text{-}2)$$

A.0.4 水平弯曲牵引力应按下式计算：

$$T_2 = T_{1e^{\mu\theta}} \quad (A.0.4)$$

A.0.5 垂直弯曲牵引力应按下列公式计算：

1 凸曲面：

$$T_2 = 9.8WR[(1-\mu^2)\sin\theta + 2\mu(e^{\mu\theta} - \cos\theta)]/(1+\tilde{\omega}^2) + t_{1e^{\mu\theta}} \quad (A.0.5\text{-}1)$$

$$T_2 = 9.8WR[2\mu\sin\theta + (1-\mu^2)(e^{\mu\theta} - \cos\theta)]/(1+\tilde{\omega}^2) + t_{1e^{\mu\theta}} \quad (A.0.5\text{-}2)$$

2 凹曲面：

$$T_2 = T_{1e^{\mu\theta}} - 9.8WR[(1-\mu^2)\sin\theta + 2\mu(e^{\mu\theta} - \cos\theta)]/(1+\mu^2) \quad (A.0.5\text{-}3)$$

$$T_2 = T_1 e^{\mu\theta} - 9.8WR[2\sin\theta + (1+\mu^2)/\mu(e^{\mu\theta} - \cos\theta)]/(1+\mu^2) \quad (A.0.5\text{-}4)$$

式中：μ——摩擦系数，按表A.0.5取值；

W——电缆每米重量(kg/m)；

L——电缆长度(m)；

θ_1——电缆作直线倾斜牵引时的倾斜角(rad)；

θ——弯曲部分的圆心角(rad)；

T_1——弯曲前牵引力(N)；

T_2——弯曲后牵引力(N)；

R——电缆弯曲时的半径(m)。

表A.0.5　各种牵引件下的摩擦系数

牵　引　件	摩擦系数
钢管内	0.17～0.19
塑料管内	0.4
混凝土管，无润滑剂	0.5～0.7
混凝土管，有润滑	0.3～0.4
混凝土管，有水	0.2～0.4
滚轮上牵引	0.1～0.2
砂中牵引	1.5～3.5

注：混凝土管包括石棉水泥管。

本标准用词说明

1　为便于在执行本标准条文时区别对待，对要求严格程度不同的用词说明如下：

1)表示很严格，非这样做不可的：

正面词采用“必须”，反面词采用“严禁”；

2)表示严格,在正常情况下均应这样做的:

正面词采用"应",反面词采用"不应"或"不得";

3)表示允许稍有选择,在条件许可时首先应这样做的:

正面词采用"宜",反面词采用"不宜";

4)表示有选择,在一定条件下可以这样做的,采用"可"。

2 条文中指明应按其他有关标准执行的写法为:"应符合……的规定"或"应按……执行"。

引用标准名录

《电气装置安装工程　母线装置施工及验收规范》GB 50149

《电气装置安装工程　电气设备交接试验标准》GB 50150

《电气装置安装工程　接地装置施工及验收规范》GB 50169

《建筑工程施工质量验收统一标准》GB 50300

中华人民共和国国家标准

电气装置安装工程
电缆线路施工及验收标准

GB 50168—2018

条 文 说 明

编制说明

《电气装置安装工程 电缆线路施工及验收标准》GB 50168—2018,经住房城乡建设部2018年11月8日以第289号公告批准发布。

本标准是在《电气装置安装工程 电缆线路施工及验收规范》GB 50168—2006的基础上修订而成的,本标准上一版的主编单位是国网北京电力建设研究院,参编单位是武汉高压研究所、甘肃火电工程公司等单位。主要起草人员是陈发宇、杨荣凯、薛瑛、孙关福、王强、陈桂英。

本标准修订过程中,编制组进行了广泛深入的调查研究,总结了我国工程建设的实践经验,同时参考了国外先进技术法规、技术标准。

为便于广大施工、监理、设计、科研、学校等单位有关人员在使用本标准时能正确理解和执行条文规定,《电气装置安装工程 电缆线路施工及验收标准》编制组按章、节、条顺序编制了本标准的条文说明,对条文规定的目的、依据以及执行中需注意的有关事项进行了说明,还着重对强制性条文的强制性理由做了解释。但是,本条文说明不具备与标准正文同等的法律效力,仅供使用者作为理解和把握标准规定的参考。

2 术　　语

术语通常为在本标准中出现的、其含义需要加以界定、说明或解释的重要词汇。尽管在确定和解释术语时尽可能考虑了习惯和通用性，但是在理论上术语只在本标准中有效，列出的目的主要是防止出现错误理解。当本标准列出的术语在本标准以外使用时，应注意其可能含有与本标准不同的含义。

为便于理解和使用，本次修订增加了电缆线路、软接头、电缆线路在线监控系统、电缆构筑物、电缆附件、电缆附属设备、电缆附属设施等术语解释，并对电缆支架术语的解释进行了修改。

3 基本规定

3.0.1 本标准强调电缆线路采用的电缆及附件，均应为符合国家现行标准及相关产品标准的合格产品。合格证件是生产厂家对于电缆及附件可以投入安全、稳定运行的证明文件，是对其自身产品质量的约束。

3.0.2 本标准是以质量标准和主要工艺要求为主的，现行的安全技术规程只是一般性规定，二者对于专业性的施工都不可能面面俱到，规定得非常齐全；同时由于电缆工业的发展，新的施工工艺及施工方法不断采用，施工环境也各不相同。因此要求除应遵守本标准及现行各种安全技术规程的规定外，对重要的施工工序、施工方法，还应制定出切实可行的安全技术措施。

3.0.3 目前高分子材料的广泛研发和应用，使紧固件材质不再单一，除以前的热镀锌或等同热镀锌性能的钢制制品能够继续使用外，只要机械强度、耐腐蚀、阻燃等性能能够达到要求的均可使用。

4 电缆及附件的运输与保管

4.0.2 对电缆及附件的运输、保管进行了原则规定，没有要求具体运输方法，因为各地、各部门运输工具、道路及施工经验不同，不强调用同一种运输方法。但不论用何种方法运输，均要确保不损坏箱体表面及箱内部件。

4.0.3 盘装电缆在运输和滚动前应检查其盘的牢固性。因为从出厂到工地、从工地至各使用场所是经过多次滚动和倒运，若运输和滚动方式不当或电缆盘质量不好，以致盘变形松散，会引起电缆损坏或油管破裂。对充油电缆油管的保护，应在运输滚动过程中检查是否漏油，压力油箱是否固定牢固，压力指示是否符合要求等，否则因漏油、压力降低会造成电缆及附件受损。

4.0.4 现场到货的电缆及电缆附件，应明确包含产品标识、合格证件、出厂批次和试验报告，其中电缆及附件在出厂时采用抽检方式时，应提供型式试验报告或其他相关试验报告。

充油电缆附件完好无损表现为压力油箱油管无裂纹、无渗、漏油，油压及其表计指示符合正常压力；阀门开启与关闭灵活，且应在开启位置，使压力油箱与电缆油路相通；电缆本体油无渗漏，封存端密封良好。强调了附件部件应齐全，材质质量应符合产品技术要求。

4.0.5 要求电缆本体、附件及有关材料的存放、保管应符合产品贮存保管要求。

1 为方便电缆的使用，存放时应按电压等级、规格等分类存放，盘间留有通道以便人员或运输工具通过。为保证电缆存放时的质量，存放场所应地基坚实且易于排水，电缆盘应完好而不腐烂。

2 电缆终端瓷套，无论存放于室内、室外，都易受外部机构机械损伤而使瓷件受破损，严重的致使报废，因此要求所有瓷件在存放时，尤其是大型瓷套，都应有防机械损伤的措施（放于原包装箱内；用泡沫塑料、草袋、木料等遮盖、围包，牢固保护）。

3 电缆终端头和接头浸于油中部件、材料都采用防潮包装，如充油电缆终端前沿和接头浸于油中部件、环氧树脂部件等，一般用塑料袋密封包装；电容饼、绕包的绝缘纸浸油用容器密封运输。因此它们到达现场后，应检查其密封情况，并存放在干燥的室内保管，以防止贮运过程中密封破坏而受潮。

4 防火隔板、涂料、包带、堵料等防火材料在施工经验尚不成熟时，其贮存保管一定要严格按厂家的产品技术性能要求（包装、温度、时间、环境等）保管、存放，否则会使材料失效、报废。

5 电缆桥架暂时不能安装时，在保存场所一定要分类轻码轻放。在有腐蚀的环境，还应有防腐蚀的措施。一经发现有变形和防腐层损坏，应及时处理后再行存放。

4.0.6 电缆在保管期间，有可能出现电缆盘变形、盘上标志模糊、电缆封端渗漏、钢铠腐蚀等，此时应视其发生缺陷的部位和程度及时处理并做好记载，以保证电缆质量的完好性。对充油电缆，由于其充油的特殊性，在检查时，应记录油压、环境温度和封端情况，有条件时可加装油压报警装置，以便及时发现漏油。

5 电缆线路附属设施的施工

5.1 电缆导管的加工与敷设

5.1.1 本条提出了对电缆管选材的基本要求。强调了目前广泛采用的塑料管应能满足电缆线路设计文件的要求。

5.1.2 对本条的规定说明如下：

1 管口打去棱角、毛刺是为了防止在穿电缆时划伤电缆。有时管口做成喇叭形也是必要的，可以减小直埋管在沉陷时管口处对电缆的剪切力。

2 电缆管在弯制时，如弯扁程度过大，将减小电缆管的有效管径，造成穿设电缆困难。

3 对电缆管进行防腐处理是为了增加使用寿命。强调了无防腐措施的金属电缆管应在外表涂防腐漆。

5.1.3 考虑电缆穿管施工中可能存在一根电缆管中穿入多根电缆的情况，因此本条电缆外径指管内所有电缆的包络外径。

5.1.4 在敷设电缆管时应尽量减少弯头。在有些工程如发电厂厂房内，由于各种原因一根电缆管往往有多个弯头。考虑到上述情况，本条规定“弯头不应超过三个，直角弯不应超过两个”，当实际施工中不能满足要求时，可采用内径较大的管子或在适当部位设置拉线盒，以利电缆的穿设。

5.1.5 明敷电缆管现已成为国内电力工程广泛采用的电缆导引及防护措施，要求电缆管与地面平行或垂直敷设，是为了规范电缆管走向的一致性，有利于安装工艺的美观；并排敷设的多根电缆管，管口的高度、相邻两管的间距应合理，排列应整齐美观；电缆管的支持点间距当有设计时应按照设计，无设计时不应超过本条的数值。

硬质聚氯乙烯管的热膨胀系数约为 80×10^{-6}m/(m・℃)，比钢管大5倍～7倍，如一根30m长的管子，当其温度改变40℃时，则其长度变化为：$0.08\times30\times40=96$mm。因此，沿建筑结构表面敷设时，要考虑温度变化引起的伸缩（当管路有弯曲部分时有一定的补偿作用）。建议管路直线部分超过30m时，宜每隔30m加装一个伸缩节。

电缆管安装场所一般同时会布置有热力装置，电缆管与热力装置过近会造成管内电缆温度过高，这将对电能传输质量及电缆使用寿命造成严重危害。本表规定了明敷电缆管与热力装置间的最小净距，当电缆管安装场所空间狭小，无法满足本表规定时，应在电缆管与热力装置之间加装充足的隔热板、耐温棉等隔热装置，使电缆管免受附近热源的影响。

5.1.6 要求地基坚实、平整是为了排管敷设后不沉陷，以保证敷设后的电缆安全运行。

本条第一款中在人行道下面敷设时，承受压力小，受外力作用的可能性也较小，且地下管线较多，故埋设深度可要求浅些。

5.1.7 钢管的连接采用短管套接时，施工简单方便，采用管接头螺纹连接则较美观。无论采用哪一种方式均应保证牢固、密封。要求短管和管接头的长度不应小于电缆管外径的2.2倍，是为了保证电缆管连接后的强度，这是根据施工单位的意见确定的。

金属电缆管直接对焊可能在接缝内部出现疤瘤，穿电缆时会损伤电缆，故要求不应直接对焊。

硬质塑料管采用短管套接或插接时，在接触面上均需涂以胶合剂，以保证连接牢固可靠、密封良好。成排管敷设塑料管多采用橡胶圈密封。

电缆管由桥架或托盘引出时，为便于管、架间的连接固定，同时为了降低托盘内积液沿电缆管渗入接线设备的风险，故做此要求。

5.1.9 为避免电缆穿管后再焊接地线时烧坏电缆，故要求先焊接地线；有丝扣的管接头处用跳线焊接是为了接地可靠。

5.1.10 钢管与金属软管、金属软管与设备间使用管接头连接是保证连接严密、紧固的有效方法；金属软管本身不能作为接续导体，因此强调金属软管还应有可靠的电气连接，通常做法是安装跨接线，根据现行国家标准《电气装置安装工程　接地装置施工及验收规范》GB 50169的规定，跨接线可采用截面积不小于$4mm^2$的裸铜导体或截面积不小于$1.5mm^2$的绝缘铜导体。

5.2 电缆支架的配制与安装

5.2.1 第1、2款的要求是一般性规定，旨在使制作的电缆支架牢固、整齐、美观。在现场批量制作普通角钢电缆支架时，可事先做出模具。

许多地方电缆隧（沟）道内空气潮湿、积水，有时支架浸泡在水中，致使电缆支架腐蚀严重，强度降低。因此在制作普通钢制电缆支架时，应焊接牢固，并应作良好的防腐处理。

5.2.2 本表所列数值是满足电缆敷设及容纳要求的常规值，为便于电缆的敷设和抽换，在确定电缆支架的层间距离时还应加以验算，保证在同一支架上敷设多根电缆时，能够进行里外移动和更换电缆。

5.2.3 普通型电缆支架的固定一般直接焊接在预埋铁件上。

电缆桥架中支吊架的固定方式有：a.直接焊接在预埋件上；b.先将底座固定在预埋件上或用膨胀螺栓固定，再将支吊架固定于底座上。实际施工中应按设计要求固定，以保证安全可靠。

本条对电缆支架（包括普通型电缆支架和桥架的支吊架）安装位置的误差提出了要求，主要是从美观上考虑。桥架的支吊架位置纵向偏差过大可能会使安装后的梯架（托盘）在支吊点悬空而不能与支吊架直接接触。横向偏差过大可能会使相邻梯架（托盘）错位而无法连接或安装后的电缆桥架不直影响美观。因此对桥架支吊架的位置误差应严格控制。

电缆支架最上层和最下层至沟顶、屋顶或沟底、地面的距离，参考现行国家标准《电力工程电缆设计规范》GB 50217。

5.2.6 在无孔电缆托盘内敷设电缆，为确保电缆排列贴服顺直，固定可靠，故要求托盘应具有用于绑扎电缆的固定点。

铝合金制托架与钢制支吊架直接接触时会产生电化学腐蚀，为避免铝合金托架的腐蚀，较为简便的方法是在铝合金托架和钢制支吊架间加绝缘衬垫，可利用电缆上剥下来的塑料护套切割而成。

5.2.7 为保证电缆桥架通路的连续性及通畅性，防止相邻两段桥架间接口错位而损伤电缆，同时考虑工艺的美观，因此对桥架段间接口部位的安装尺寸做此规定。

5.2.8 本条参考现行国家标准《电力工程电缆设计规范》GB 50217 制定。钢的线膨胀系数为 0.000012m/(m·℃)，铝合金的线膨胀系数约为 0.000024m/(m·℃)。当钢制电缆桥架的长度为 30m 时，如果安装时与运行后的最大温差按 50℃计，则电缆桥架的长度变化为：0.000012×50×30=18mm。因此施工时应按规定设置伸缩缝。伸缩缝处采用伸缩连接板连接时，一般不必考虑伸缩缝的距离。厂家定型的伸缩连接板连接后的伸缩距离均能补偿桥架由于环境温度变化而引起的热胀冷缩。

5.2.10 本条为强制性条文，必须严格执行。为避免电缆发生故障时危及人身安全，金属电缆支架、桥架、电缆竖井均必须可靠接地，较长时还应根据设计进行多点接地。

5.3 电缆线路防护设施与构筑物

5.3.1 与电缆线路安装有关的建筑物、构筑物工程的施工质量除应符合国家现行有关规范的规定外，还应满足电缆施工要求。其中包括预埋件的施工质量，电缆敷设前沟道的清洁和安全保障，电缆敷设后防损坏、放水浸设施等按工序要求施工的工作。否则建筑工程中不能保证，也影响电缆施工。

5.3.2 为保证电缆线路长期可靠运行，规定了电缆工作井的尺寸应满足电缆最小弯曲半径的要求，而不致使电缆因弯曲产生的应力而受损。电缆井内需设置集水坑避免保电缆浸泡在水中。

5.3.3 城市电缆线路通道一般规模庞大，容易因各类市政管线施工而受到破坏，为了便于电缆线路通道与其他市政工程的相互警示及隔离，故本条作此要求。

6 电缆敷设

6.1 一般规定

6.1.1 在敷设前应把电缆所经过的通道进行一次检查，防止影响电缆施工。

护套外有挤包导电层或石墨涂层的聚氯乙烯和聚乙烯护套电缆，方便了敷设前对外护套的检测，据以判断护套绝缘状况。

本条第4款要求保持的充油电缆油压是为了防止敷设时压偏电缆。

由于电缆放线架放置不稳，钢轴的强度和电缆盘的重量不配套，常常引起电缆盘翻倒事故。为了保证施工人员的安全和电缆施工质量，对本条第5款的要求应予重视。

电缆中间接头的事故率在电缆故障中占较大比例，电缆中间接头往往是在施工中没有依据电缆长度合理安排敷设造成的。故此增加了合理安排每盘电缆的要求。

电缆盘应有可靠的制动措施，在紧急情况下迅速停止放缆。使用履带输送机敷设电缆时，卷扬机和履带输送机之间必须有联动控制装置。

第8款增加“并应有防止机械力损伤电缆的措施”。机械力损伤电缆可能影响密封、绝缘，在敷设电缆时应特别注意避免。

6.1.3 在三相四线制系统中，如用三芯电缆另加一根导线，当三相系统不平衡时，相当于单芯电缆的运行状态，在金属护套和铠装中，由于电磁感应将产生感应电压和感应电流而发热，造成电能损失。对于裸铠装电缆，还会加速金属护套和铠装层的腐蚀。

6.1.4 在设计时，一般来说并联使用的电缆型号、路径长度都是相同的，即使型号不同，也会考虑到电流分配问题，以满足实际运行的要求。本条的规定旨在考虑施工现场因工期紧、电缆货不全等问题，敷设并联使用的电缆时采用不同型号的电缆待用，可能造成一根电缆过载而另一根电缆负荷不足影响运行安全的现象。因为绝缘类型不同的电缆，其线芯最高允许运行温度也不同，同材质、同规格而绝缘种类不同的电缆其允许载流量也不同。因此在施工时如采用不同型号的电缆代用，在敷设时长度也应尽量相同，以免因负荷不按比例分配而影响运行安全。

6.1.5 电缆敷设时不可能笔直，各处均会有大小不同的蛇形或波浪形，完全能够补偿在各种运行环境温度下因热胀冷缩引起的长度变化。因此，只要求在可能的情况下，终端头和接头附近留有备用长度，为故障时的检修提供方便。对于电缆外径较大、通道狭窄无法预留备用段者，本标准不作硬性规定。

高压电缆的伸缩问题在产品结构和施工设计中有所考虑。

6.1.7 本条中0.6/1kV铝合金导体电力电缆最小弯曲半径的选择是根据现行行业标准《额定电压0.6/1kV铝合金导体交联聚乙烯绝缘电缆》NB/T 42051—2015标准而制定的。

6.1.8 电缆从盘的上端引出可以减少电缆碰地的机会，且工人敷设时便于施工人员拖拽，实际放电缆时都是这样做的。

6.1.9 本条规定了机械敷设电缆时的牵引强度要求，机械敷设电缆的牵引方式一般有牵引头和钢丝网套两种。采用牵引头牵引电缆是将牵引头与电缆线芯固定在一起，受力者为线芯；采用钢丝网套时是电缆护套受力。

实际施工中有采用钢丝网套牵引塑料电缆的敷设方式，因此本条参照现行行业标准《高压充油电缆施工工艺规程》DL/T 453—1991规定了塑料护套的允许牵引强度。

充油电缆的最大牵引力是参照《高压电缆线路》制定的。我国生产的充油电缆油道直径一般为12mm，使油道变形的最大牵引力约为27kN，为防止牵引力过大造成电缆油道变形损坏电缆，除应按受力部分允许牵引强度确定最大牵引力之外，还不应超过 27kN。

6.1.10 机械化敷设电缆的速度过快会出现下列问题：a. 电缆容易脱出滑轮；b. 造成侧压力过大损伤电缆；c. 拉力过大超过允许牵引强度。所以在机械化敷设电缆时，应将敷设速度控制在一定范围内，高压电缆敷设速度应适当放慢。日本三菱电缆公司的 110kV XLPE 电缆的技术文件规定为 6m/min～10m/min。

6.1.11 在敷设路径落差较大或弯曲较多的场所，用机械敷设大截面特别是 35kV 及以上电缆，如施工前不按多种方案计算电缆各点所受的拉力和侧压力，很可能在施工中超过允许而损伤电缆。电缆所受的拉力和侧压力与电缆盘架设的位置、电缆牵引方向和电缆穿管材料的摩擦系数等因素有关。

增加“通信设备”的要求。在使用机械敷设大截面电缆时，环境复杂、路径较长、施工人员较多，配备通信设备是必要的。

6.1.12 盘在卷扬机滚筒上的钢丝绳放开牵引电缆时，钢丝绳本身存在着扭力，如直接牵引牵引头或钢丝网套，会将此扭力传递到电缆上，使电缆收到不必要的附加应力。

防捻器是一种两端可以自由转动的装置，敷设电缆时将防捻器加在牵引钢缆和牵引头或钢丝网套之间，使钢缆的扭力不致传到电缆上。

6.1.14 对本条的规定说明如下：

1 在塑料电缆的使用中，有些人认为不怕水，电缆两端即使不密封，电缆内进入一些水分也不要紧，这种观点是错误的。塑料电缆进水后，在试验时一般不会发现问题，即使线芯进水，进行直流耐压和泄漏电流试验时也不会发现影响电缆使用的问题。但是高压交联聚乙烯电缆线芯进水后，在长期运行中会出现水树枝现象，即线芯内的水分呈树枝状进入塑料绝缘内，从而使这些地方成为薄弱环节。据有关科研人员介绍，塑料绝缘电缆线芯进水后，一般运行 6 年～10 年即显现出由此而造成的危害。此外高压交联聚乙烯电缆接头在模塑成形加热时，线芯中的水汽会进入辐照交联聚乙烯带的层间，形成气泡，影响接头质量。

塑料护套电缆，当护套内进水后，会引起内铠装锈蚀。所以为了保证电缆的施工质量和使用寿命，塑料电缆两端也应做好防潮密封。

2 充油电缆在切断前，先在被分割的一端接上压力油箱，切断后两端均可用压力油箱的油分别冲洗切断口，并排出封端内的空气和杂质。

在连接油管路时，可用压力油排除管内的空气，并在有压力的情况下进行管路连接，以免接头内积气。

充油电缆的切断口所抬起的高度，只要高于其两侧电缆的外径，电缆内就不易进气。

6.1.15 当施工现场的温度不能满足要求时，应采取适当的措施，避免损伤电缆，如采取加热法或躲开寒冷期敷设等。

一般有如下加热方法：

(1)用提高周围空气温度的方法加热。当温度为5℃～10℃时，需72h；如温度为25℃，则需24h～36h。

(2)用电流通过电缆导体的方法加热，加热电流不得大于电缆的额定电流，加热后电缆的表面温度应根据各地的气候条件决定，但不得低于5℃。

经烘热的电缆应尽快敷设，敷设前放置的时间一般不超过1h。当电缆冷至低于表6.1.15中所列的环境温度时，不宜弯曲。

6.1.16 为加强防火措施，第2款增加“电缆共通道敷设存在接头时，接头宜采用防火隔板或防爆盒进行隔离”规定。

6.1.18 近年来，由于用电规模不断扩大，电网电缆线路已不仅限于城市，电缆隧道的建设也更为复杂。因此取消了“城市”的限定，并在第2款“3)”中增加电缆隧道中常有的“T形口、十字口”。单芯电缆、直流电缆的相序、极性是很重要的，特别加以强调。

6.1.20 沿电气化铁路或有电气化铁路通过的桥梁上敷设的电缆，由于电缆两端的金属护层是接地的，故此有地下杂散电流通过，并在其上产生电势；而电缆支架和桥梁构架是直接接地的，其电位与地相同；电缆金属护套的电位和地电位可能不同。因此如果电缆金属护层不与支架或桥梁构架绝缘，就可能发生火花放电现象，烧坏电缆金属护层而发生事故。

在钢铁企业的厂区内，由于杂散电流较大，也存在这样的问题，应引起注意。

6.2 直埋电缆敷设

6.2.1 在电缆线路通过的地段，有时不可避免地存在本条所列有损于电缆的因素，只要采取一些相应措施如穿管、铺砂、筑槽、毒土处理等，或采用适当的电缆，即可使电缆免于损坏。

6.2.2 对本条的规定说明如下：

1 电缆穿越农田时，由于深翻土地、挖排水沟和拖拉机耕地等原因，有可能损伤电缆。因此敷设在农田中的电缆埋设深度不应小于1m。

2 东北地区的冻土层厚达2m～3m，要求埋在冻土层以下有困难。施工时在电缆上下各铺以100mm厚的河砂，还有用混凝土或砖块在沟底砌一浅槽，电缆放于槽内，槽内填充河砂，上面再盖以混凝土板或砖块。这样可防止电缆在运行中受到损坏。

6.2.4 合格的控制电缆绝缘良好，一般带有屏蔽层或铠装层，电压均在220V及以下，安装工程中常常零距离交叉，对于绝缘、性能不会产生影响。

2 当采取隔离或防护措施时，应注意：

1)电力电缆间及其与控制电缆间或不同使用部门的电缆间，当电缆穿管或用隔板隔开时，平行净距可降低为0.1m；

2)电力电缆间、控制电缆间以及它们相互之间，不同使用部门的电缆间在交叉点前后1m范围内，当电缆穿入管中或用隔板隔开时，其交叉净距可降低为0.25m；

3)电缆与热管道（管沟）、油管道（管沟）、可燃气体及易燃液体管道（沟）、热力设备或其他管道（管沟）之间，虽净距能满足要求，但检修管路可能伤及电缆时，在交叉点前后1m范围内，尚应采取保护措施；当交叉净距离不能满足要求时，应将电缆穿入管中，其净距可降低为0.25m。

6.2.6 对于直埋电缆，铺砂好还是铺软土好，有不同的看法。在南方水位较高的地区，铺砂比铺软土的电缆易受腐蚀。在水位较低的北方地区，因砂松软、渗透性好，电缆经常处于干燥的环境中，从挖出的电缆看，周围的砂总是干的，不怕冻、腐蚀性小。因此采用砂还是软土，应根据各地区的情况而定。

混凝土保护板对防止机械损伤效果较好，有条件者应首先采用。

6.2.7 本条规定了直埋电缆方位标志的设置要求，以便于电缆检修时查找和防止外来机械损伤。

6.2.8 在直埋电缆回填土前，应进行中间检查验收，如电缆上下是否铺砂或软土、盖板是否齐全等，以保证电缆敷设质量。

6.3 电缆导管内电缆敷设

6.3.1 电缆保护管材的机械防护性能需保证电缆长期使用的安全，应考虑将来可能发生的来自外力的损伤。

6.3.4 因为在施工的过程中经常会出现电缆排管敷设时乱穿，导致电缆交叉、相序错误；或者110kV电缆穿10kV管，10kV电缆穿110kV管，出现一回电缆敷设完成后，另一回预留通道无法进行电缆敷设，这样给运行带来很多的麻烦，一旦出现故障，找故障增加一定的难度，甚至给以后的停电T接电缆施工造成困难，所以做此要求。对于交流单芯电力电缆，因电磁感应会在钢管中产生损耗导致发热，从而对电缆的运行产生影响，故要求“交流单芯电缆不得单独穿入钢管内”。

6.3.5 超过10％以上的斜坡排管中敷设电缆，在电缆热伸缩力和重力作用下会向下滑落，容易造成电缆损伤。

6.3.6 在南方地区雨水比较多，如果管口不做好封堵措施，电缆管就成了排水管，造成电缆长时间泡在水中。

6.4 电缆构筑物中电缆敷设

6.4.1 考虑了双侧支架布置的情况，当采用双侧电缆支架敷设时，同一重要回路的工作与备用电缆优先布置在两侧。

6.4.2 多根并列敷设的电力电缆间距对电缆载流量有较大影响，对于不同的间距，设计中对载流量的修正有所考虑。因此在电缆敷设时，电缆的间距应符合设计要求。

6.4.3 在电缆隧道中，单芯电缆则必须固定。因发生短路故障时，由于电动力作用，单芯电缆之间所产生的相互排斥力，可能导致很长一段电缆从支架上移位，以致引起电缆损伤。

6.4.4 本条主要是考虑到电缆的散热和防火问题。位于锅炉观察孔和制粉系统防爆门前面的电缆，容易因有火孔喷火和防爆门爆炸而被引燃。在火灾事故调查中曾发现过此类问题。施工组织设计时应加以注意。

6.4.5 据调查了解，电缆沟中积灰积水现象很普遍，电缆常常浸泡在水中，灰粉覆盖电缆，给电缆的安全运行埋下了潜在危机。即使盖好盖板，也难免进入水、汽、油、灰。某电厂曾因升压站电流互感器爆炸后，油沿盖板缝隙流入电缆沟造成电缆火灾事故，造成巨大损失。因此在施工时对本条的规定应给予重视。

6.5 桥梁上电缆敷设

6.5.1 利用桥梁敷设电缆是一种经济高效的敷设方式，既提高了城市基础设施的利用率，又大大降低了工程造价和施工难度，以及后期运行、维护的工作难度。在满足桥梁允许承载力和结构安全性的前提下，在设计、施工阶段采取正确合理的技术措施和施工方法，桥上敷设电缆运行及其对桥梁的安全可靠性是能够得到保障的。目前，国内外已有许多城市利用桥梁敷设电缆，且运行状况良好，这说明桥梁上敷设电缆在技术上是成熟的。

6.5.2 因桥梁型式多、结构差别大，桥上敷设电缆的方式较多，应根据桥梁的结构、特点和电缆线路具体情况决定敷设方式。

桥梁上敷设电缆，电缆的运行条件较差，应预防因短路、过负荷或其他原因引起电缆燃烧而影响桥梁结构安全，视工程实际采取适当的防火措施。同时，还需防止外力损伤电缆。

6.5.3 汽车或列车在桥梁上行驶及桥梁受风压都会发生振动。在选择电缆支撑方式及间隔时，应保证其振动频率与桥梁振动的固有频率不同，以避免形成共振。同时，为减小桥梁振动给电缆运行带来的不良影响，电缆选型时可选择皱纹铝护套；施工时应采用橡皮、砂袋等弹性衬垫的防振措施。

由于受到温、湿度变化和车辆通行、风、地震等动载荷的影响，桥梁会在纵向上发生一定的位移变化，而电缆也会因环境温度或负载变化造成热伸缩，因此应视工程实际情况采取必要措施减小其影响，如电缆采取蛇形敷设，在桥梁两端、伸缩缝和电缆中间接头等处采用大的蛇形敷设方式，或设置吸收伸缩的电缆伸缩装置。为避免桥梁伸缩影响，电缆接头位置宜避开桥梁伸缩缝位置。

6.6 水下电缆敷设

6.6.2 本条文规定了选择水下电缆敷设路径应遵循的基本要求，选择路径既要考虑便于电缆敷设施工，又要避免敷设后电缆可能受到意外损伤。

6.6.3 本条所做要求说明如下：

1 相邻水下电缆的间距应按流速、电缆埋深和埋设控制偏差等因素确定，以保证在一条电缆施工时，不应损坏另一条已敷设的电缆。水下电缆自水底捞起加装接头后，再放入水底。电缆放入水底的位置，比曾在水底的位置可能向上游或下游位移1倍水深，相邻两条电缆在打捞时，如潮流相反，两根电缆在水底可能交叉重叠。为避免此种现象，其间距至少应有2倍水深。

2　埋设于非通航、流速小的河床下的电缆，不会受潮流冲刷位移而出现交叉重叠情况，其间距适当减小。

6.6.4　水下电缆敷设的施工环境和条件错综复杂且易发生改变，其施工技术要求较高，施工前应根据待敷设电缆的长度、外径、重量、水深、流速和河床地形等因素，确定合适的施工方法和施工方案，选择符合要求的敷设船只，配置合理、完备的机具、设备和仪器，配备充足的施工人员。

6.6.5　水下敷设电缆时，如在水底直接拖拉，其阻力较大，且易损伤电缆护层。拉力过大时，甚至可使电缆铠装退扭或拉断导线，因此水下电缆敷设时应采取助浮措施。

对于可采取装盘敷设的水下电缆，在水面不宽且流速较小的水域施工时，可将电缆盘放置在岸上，由对岸钢缆牵引敷设；在水面较宽或流速较大的水域施工时，可将电缆盘放置在船上，边航行边敷设。电缆长度较大，可采取船舶散装敷设。

水下电缆装船敷设在中间水域施工时，根据敷设船的类型、尺度和动力装备等情况以及施工水域的自然条件，可选择通过自航、牵引、移锚或拖航等方法敷缆。其中敷设船自航敷缆，主要适用于在较开阔的施工水域、水较深及电缆较长的情况下、操作性能良好的机动船舶，其特点是敷设速度较快、施工需连续进行，敷设偏差较大，可配备辅助拖轮以保证敷设船航向；钢缆牵引平底船敷缆，主要适用于电缆弯曲半径和盘绕半径较大、直径较粗的情况，其特点是敷设船不受水深限制，敷设速度平稳、易控制；敷设船移锚敷缆，主要适用于敷设路径较短、水深较浅、电缆自重大或先敷设后埋设的情况，其特点是敷、埋设速度平稳，船舶位置控制精度高，中途可长时间停泊；拖航敷缆因敷设船既无动力，又无牵引机械，敷缆时船舶移动靠拖轮吊拖或绑拖进行，施工时控制敷设船位较为困难，仅适用于对敷设路径允许偏差较大、规模较小的情况。

6.6.8　为减少电缆敷设船只受到潮流、潮差产生水流和风力的影响而产生航线偏差，并便于观察岸上导标、目测船位，及时纠正航线，确保按设计路径敷设电缆，因此要求按本条文规定的水文气象条件进行施工。

6.6.9 水下电缆敷设过程中应注意防止电缆打扭、套结而损伤电缆。电缆盘绕装船时形成较大的扭应力，退扭架的作用就是将呈平面螺旋状盘绕电缆的扭应力释放掉，使其恢复自然状态（对采取线轴方式敷缆，因电缆未经过盘绕，不存在扭应力，无须使用退扭架）。退扭架的退扭高度应满足制造厂要求，一般为0.7倍的缆圈外径。

水下电缆敷设时，通过布缆机（或其他机具）的制动，可使入水段的电缆保持一定的张力，既可防止电缆在水中打扭、套结，又可较好地控制电缆敷设余量，避免敷设船上电缆因受水中电缆自重的影响而迅速滑入水中。电缆所受张力的大小，可由张力测定器检测，或由入水角度指示器所指角度通过下式近似计算求得：

$$T = \frac{WD}{1 - \cos\alpha} \tag{1}$$

式中：T——电缆敷设张力(N)；

W——电缆在水中的重量(N/m)；

D——水深(m)；

α——电缆入水角(°)。

6.6.10 为使水下电缆敷设能有效、及时地控制在设计路径范围内，并使电缆的敷设长度符合设计要求，两侧陆上设立导标以便于目测船位和用仪器进行校核。

6.6.11 电缆末端登陆时，船身转向、甩出余缆是水下电缆敷设中最易发生打扭的施工环节，应将余缆全部浮托在水面上，浮胎的间距视电缆重量、以其淹没一半为宜；同时余缆入水应保持适当张力，随着电缆不断被送出，使电缆呈不断扩大的“Ω”状。

对引至陆上部分电缆加强机械保护，主要是为避免在高水位时电缆受到锚害及其他的机械损伤，在低水位时电缆露出水面，因电缆裸露而受到损伤。

6.6.12 将电缆埋入水底土体下一定深度是保护电缆免受外力损

伤最行之有效的方法，既可减少电缆受到水下生物的侵袭，又能防止因船舶抛锚、渔业捕捞等可能对电缆产生的机械损坏，以及因水底流速使电缆和水底土质发生摩擦、震动等。近年来，随着水下电缆施工技术不断发展和完善，尤其是水下埋设机的开发研制和成功运用，水下电缆输配电的可靠性、安全性和经济性逐渐提高，水下电缆已为越来越多的用户所接受。

浅水区是指船舶不可能靠近投锚的水域，深水区是指主航道或船舶能投锚的水域。

6.7 电缆架空敷设

6.7.1 对于较短且不便直埋的电缆可采用架空敷设。电缆的架空敷设是指电缆固定在建筑物支架上或电杆上的敷设方式。架空电缆悬挂点或固定的间距，按照一般规定施工。

6.7.2 架空电缆与铁路、公路、架空线路交叉跨越时最小允许距离是参照表格数据参考现行国家标准《66kV 及以下架空电力线路设计规范》GB 50061 相应规定制定。

6.7.3 需满足现行国家标准《交流电气装置的接地设计规范》GB 50065、《电力工程电缆设计规范》GB 50217、《66kV 及以下架空电力线路设计规范》GB 50061 等的有关规定。

6.7.4 对于采用架空敷设的电缆，应考虑当受阳光直射时，架空敷设的电缆载流量将减小；一般情况宜按小一规格截面的电缆载流量使用，必要时还应核实选择满足载流量需要的电缆。

7 电缆附件安装

7.1 一般规定

7.1.1 电缆终端和接头一般是在电缆敷设就位后制作，要求施工人员对电缆及其终端和接头的结构、所用材料应有一定的了解，有时还应具备某种操作技巧才能确保安装质量。当前新材料、新结构、新工艺发展迅速，电缆终端和接头技术日益更新，因此要求制作电缆终端和接头时应由熟悉工艺的人员参加或指导，熟练工人宜具备相应资质。

7.1.2 电缆终端与接头制作前，对交流电缆相序、直流电缆极性进行核对，以避免不同回路或同回路不同相（极）的电缆连接错误。

7.1.3 塑料绝缘电缆内部有水时运行将导致绝缘内部产生水树枝，会严重地影响使用寿命，因此应尽量避免，特别是防止从电缆端头进水。判断橡塑绝缘电缆是否受潮进水，尚无简单可靠的方法，只限于直观检查是否有水的一些迹象，如线芯内有无水迹，铜屏蔽带有无腐蚀、外屏蔽有无附着水珠等迹象。对端部有水的电缆段应酌情采取措施，可能时应割除受潮电缆段。

7.1.4 电缆终端与接头制作的消防措施应满足施工所处环境的消防要求；动火应严格遵守有关动火作业消防管理规定及相关生产部门管理要求。

7.1.5 制作电缆终端和接头一般是在现场对电缆绝缘进行处理，并以某种方式附加绝缘材料。施工现场的环境条件如温度、湿度、清洁程度等因素直接影响绝缘处理效果，随着电压等级的提高，这方面的要求也越来越严格。考虑到施工现场条件复杂，一般情况下不作硬性规定。因此条文中仅对 6kV 及以上电缆室外制作终端和接头的环境在原则上提出了应予以注意的问题和处理方法，对 110kV 及以上电缆终端和接头的制作环境给予了明确规定。110kV 及以上高压电缆终端与接头施工时，应搭防尘棚或防尘室等；降低环境湿度，进行空气调节推荐采用空气除湿器调节湿度，或者采取提高环境温度、加热电缆的方法等。

7.1.6 电缆终端和接头的种类和型式较多，结构、材料不同，要求的操作技术也各有特点。本标准只提出基本要求和主要的质量标准，具体执行时除应遵守本标准外，还应按有关工艺规程及产品技术文件进行制作，确保安装质量。

7.1.7 选择绝缘材料用于制作电缆终端和接头时，对用于橡塑绝缘电缆的材料应选用弹性较大的材料，确保附加绝缘与电缆本体绝缘有良好接触，如自粘性橡胶带、热收缩制品和硅橡胶、乙丙橡胶制品等。

7.1.8 电缆线芯的连接是电缆终端和接头的重要组成部分，连接金具、压接钳及其模具的选用直接影响连接质量。橡塑绝缘电缆线芯一般为圆形紧压线芯，与其配套的连接金具已经标准化，但在选择金具时仍应特别予以注意选择规格正确的合格产品，确保连接质量，避免运行中发生过热现象。本条文中金具截面指金具的通流（实体）截面。

7.1.9 三芯电缆中间接头处，电缆的铠装、金属屏蔽层应各自有良好的电气连接并相互绝缘，在电缆的终端头处，电缆的铠装、金属屏蔽层分别引出接地线。这样连接便于通过试验检验外护套和内衬层绝缘情况、测量金属屏蔽层直流电阻，进而判断电缆进水情况。交流系统单芯电力电缆金属层接地方式的选择在现行国家标准《电力工程电缆设计规范》GB 50217—2007 中第 4.1.11 条有明确规定。

7.1.10 接地线的截面应按电缆线路的接地电流大小而定，表 7.1.10 中推荐值为通常选用值，适用于 35kV 及以下电力电缆。35kV 及以下电力电缆接地线材质、截面面积如有设计要求应符合设计要求。本条明确了 66kV 及以上电力电缆的接地线材质、截面积应符合设计要求。

7.1.12 控制电缆的芯线为单股线，连接后牢固性较差。根据以往的运行经验，应尽量避免接头。

7.2 安装要求

7.2.1 由于塑料绝缘电缆材料密实、硬度大，有时半导电屏蔽层与绝缘层黏附紧密剥切困难，易损伤线芯和保留绝缘层的外表面，应特别注意。

7.2.2 提出了制作中、低压电缆终端和接头必须采取的措施。由于电缆及其附件种类繁多，具体施工方法和措施应遵循产品技术文件要求。6kV 及以上电缆在屏蔽或金属护套端部电场集中，场强较高，必须采取有效措施减缓电场集中。常用方法有胀铅，制作应力锥，施加应力带、应力管等措施，这些措施均有效。

7.2.4 电缆绝缘厚度过小，将不能满足绝缘要求；电缆绝缘厚度太厚，将使电缆的热场分布劣化，电缆的载流量降低，造成电缆导体温升偏高，工作电阻升高，同时也不经济。电缆绝缘厚度不均匀产生偏心后，电场发生畸变，在绝缘厚度薄的一侧导体屏蔽上的最大场强将会增加。这些都会影响到电缆的运行成本和使用寿命，同时也不利于电缆终端与接头的制作，影响安装质量。

本条文中过盈量是指电缆绝缘外径大于电缆附件的内孔直径的数值，过盈量过小，电缆附件将出现故障，过盈量过大，电缆附件安装非常困难。

7.2.5 绝缘预制件（应力锥）套装，采用扩张法和牵引法，扩张方式包括工厂预扩张与现场扩张，工厂扩张是在工厂内将绝缘预制件（应力锥）扩张，内衬以塑料衬管，安装时将衬管抽出。现场扩张有机械扩张和氮气扩张两种方式，机械扩张是在干净无尘的环境下对绝缘预制件进行扩张，宜采用专用的机械扩张工具和专用衬管进行扩张。

7.2.6 压缩比即压坑截面与金具内孔空隙面积的比值，宜控制在18%～30%之内，铝取值稍大。

7.2.7 三芯电缆接头及单芯电缆直通接头两侧电缆的金属屏蔽层和铠装层不得中断，避免非正常运行时产生感应电热而发生放电的危险。

7.2.8 本条解释穿互感器的问题。

7.2.9 交叉互联箱、接地箱等作为单芯电缆金属护套接地系统的重要配套装置，可简化接线连接工作，若有护层保护器时，也能起到将保护器与外部环境隔离，防水防潮等作用。因此，交叉互联箱、接地箱在高压单芯电缆金属护套接地系统中被广泛使用。为方便维护检修，应对交叉互联箱、接地箱编号、箱内铜排连接方式进行标识。

7.2.11 运行经验表明，中、低压电缆终端和接头故障大部分是由于密封不良、潮气侵入绝缘造成，电缆终端和接头的堵漏密封是确保质量的另一关键。塑料护套的采用日趋普遍，其密封处理最好同时采用两种以上方法，效果最佳，如用胶粘剂密封后外包自粘橡胶带绑扎包紧。

7.2.12 为确保充油电缆线路施工质量，提出了接头、低位终端、高位终端的施工顺序。

7.2.13 为了确保制作充油电缆终端和接头的施工质量，包绕附加绝缘时应保持一定油量不间断地从绝缘内部渗出，避免潮气侵入和减少包绕时的外来污染，因此不应全关闭压力油箱。渗出的油及时排出，可提高终端内油质质量。

7.3 电缆线路在线监控系统

7.3.1 在电缆隧道中及电缆线路上安装在线监控系统，旨在以有效的智能手段获取电缆隧道及电缆线路运行及周边环境状态，满足电缆隧道及电缆线路生产管理、设备运维、状态检修、故障预警的需求，是全面推进智能电网建设的趋势。电缆隧道及电缆在线监控系统包含供电系统、照明系统、通风系统、排水系统、消防系统、视频监控系统、环境监测系统、安防系统、局部放电监测系统、电缆金属护层接地电流监测系统、电缆运行温度监测系统等子系统，目前，国内对电缆隧道及电缆在线监控系统的安装没有统一要求，监控系统及其各单元应按照设计要求选装。

7.3.2 本条规定了在线监控系统设备及配件等产品在安装前需要检查的技术文件。出厂资料包括产品说明书、产品合格证书、出厂试验报告文件。

7.3.3 本条规定了作为辅助运维设备的监控系统在安装时不应妨碍主体设备的运行安全、维护和检修操作空间。

7.3.4 监控系统相关设备安装完成后，施工单位对安装质量进行全数检查是保证安装过程质量控制和工程验收的必要条件，一般应包含现场交接试验及系统调试两部分。交接试验主要针对各监测装置性能进行考核，一般包括基本功能检验、结构外观检查、测量准确度及重复性试验、绝缘性能试验。调试一般包括各单元功能调试和监控系统整体调试，其中单元功能调试包括数据采集、存储、显示、分析、报警等；系统整体调试主要检验系统层间信息交互情况及远程控制的实时性、正确性。调试结果应符合设计要求。

8 电缆线路防火阻燃设施施工

8.0.1 本条为强制性条文，必须严格执行。电缆火灾不但直接烧损了大量电缆和设备，而且停电修复的时间很长，严重影响工农业生产和人民生活用电，直接和间接造成的损失都很大，因此电缆的防火及阻燃显得越来越重要。造成电缆火灾事故的原因主要为外部火灾引燃电缆和电缆本身事故造成电缆着火。因此除保证电缆敷设和电缆附件安装质量外，在施工中应按照设计要求做好防止外部因素引起电缆着火和电缆着火后防止电缆延燃进一步扩大事故的措施。

8.0.2 本条提出了应采用防火封堵材料密实封堵的孔洞。

8.0.3 本条提出了防火墙施工的要求。为使电缆沟排水通畅，防火墙底部应留有排水孔洞。为方便维护，防火墙上部的盖板表面宜做明显且不易褪色的标记。为防止防火墙上的防火门不严密造成通风，当防火墙一侧发生火灾时，火灾可能蔓延至另一侧，引起电缆着火后延燃，在防火墙两侧应施加防火涂料或防火包带。

8.0.4 本条列举了目前常用的防止电缆着火和延燃的措施，这几种措施对电缆的防火及阻燃都很重要。具体施工中采用哪些措施，应按照设计要求。另外，为防止电力电缆接头发热引起电缆着火，在电力电缆接头两侧及相邻电缆应施加防火涂料或防火包带；为防止电缆损伤，便于增补或更换电缆，紧贴电缆部位应采用柔性防火材料。

8.0.5 本条对防火阻燃材料出厂时应具备的质量资料作出了规定，以保证工程中防火阻燃材料的质量。

8.0.6 为了保证产品质量，达到防火效果，本条提出了按设计要求和材料使用工艺编制施工措施的要求。同时，提出了材料质量和外观检查时应满足的基本要求。

8.0.7 工程中使用的电缆防火涂料和防火包带型号较多，各产品的施工工艺不尽相同，因此应严格按材料的产品说明书施工，以保证其防火阻燃效果。

8.0.8 封堵密实无孔隙以有效地堵烟堵火。同时，本条还对有机防火堵料、无机防火堵料和防火包封堵后的外观提出了要求。

8.0.9 本条对电缆线路防火阻燃设施的强度和耐久使用性能提出了要求。

9 工程交接验收

9.0.1 在电缆线路工程验收时，应检查电缆本体、附件及其有关辅助设施质量。

1 电缆规格一般按设计订货，但因供货不足或其他原因不能满足要求时，现场有“以大带小”或用其他型式代替，此时一定要以设计的修改通知作为依据，否则不能验收。

2 增加附件，强调附件应符合设计规定。将电缆排列整齐，无机械损伤；标识牌应装设齐全、正确、清晰，现调整为第二点。

3 单芯电力电缆的金属护层接线可能因具体工程的不同而不同，应由设计进行规定。

4 增加设计要求，除本身的产品技术要求外，设计人员可根据工程具体情况进行油压及表计整定值的设计。

6 应考虑直流电缆(极性)。

7 增加隧道内消防、监控、暖通、照明、通风、给排水应符合设计要求。

9 由于水下电缆在陆地段长度也可能较长，将两岸改为陆地段更为准确。

10 防火措施包括阻燃电缆的选型，防火包带、涂料的类型、绕包及部位应符合设计及施工工艺要求，封堵材料的使用及封堵应严密。

9.0.2 记录作为责任追溯的一种手段非常必要，做好记录能够有效反映施工过程。

9.0.4 电缆线路施工过程中的各项记录非常重要，是质量控制的主要手段之一。本条列举了施工过程中主要应做好记录的环节。

3 增加相对最小距离，提交相关管线资料，明确安全距离，为以后运维和改造提供依据，同时为运维单位掌握地下管线提供基础数据。

6 电缆终端和接头作为电缆系统故障高发的设备，针对66kV及以上电缆线路工程在施工过程中由施工人员进行记录，利于后期故障分析和责任追究。

中华人民共和国国家标准

电气装置安装工程
接地装置施工及验收规范

Code for construction and acceptance of grounding connection electric equipment installation engineering

GB 50169—2016

主编部门：中 国 电 力 企 业 联 合 会
批准部门：中华人民共和国住房和城乡建设部
施行日期：2 0 1 7 年 4 月 1 日

中华人民共和国住房和城乡建设部公告

第1260号

住房城乡建设部关于发布国家标准《电气装置安装工程　接地装置施工及验收规范》的公告

现批准《电气装置安装工程　接地装置施工及验收规范》为国家标准，编号为GB 50169-2016，自2017年4月1日起实施。其中，第3.0.4、4.1.8、4.2.9条为强制性条文，必须严格执行。原国家标准《电气装置安装工程　接地装置施工及验收规范》GB 50169-2006同时废止。

本标准由我部标准定额研究所组织中国计划出版社出版发行。

中华人民共和国住房和城乡建设部

2016年8月18日

前　言

本规范是根据住房城乡建设部《关于印发2013年工程建设标准规范制订修订计划的通知》(建标〔2013〕6号)的要求,由中国电力科学研究院会同有关单位,在《电气装置安装工程　接地装置施工及验收规范》GB 50169—2006的基础上修订的。

本规范在修订过程中,修订组经广泛调查研究,认真总结实践经验,广泛征求意见和多次讨论修改,最后经审查定稿。

本规范共分5章,其主要内容包括:总则、术语、基本规定、电气装置的接地、工程交接验收。

与原规范相比较,本规范增加了如下内容:

1.基本规定;

2.接地装置的降阻;

3.风力发电机组与光伏发电站的接地;

4.继电保护及安全自动装置的接地;

5.防雷电感应和防静电的接地。

本规范以黑体字标志的条文为强制性条文,必须严格执行。

本规范由住房城乡建设部负责管理和对强制性条文的解释,中国电力企业联合会负责日常管理,中国电力科学研究院负责具体技术内容的解释。本规范在执行过程中,希望各单位结合工程实践,认真总结经验,注意积累资料,如发现需要修改或补充之处,请将意见和建议寄送中国电力科学研究院(地址:北京市西城区南滨河路33号,邮政编码:100055),以供今后修订时参考。

本规范主编单位、参编单位、主要起草人和主要审查人:

主 编 单 位:中国电力企业联合会

中国电力科学研究院

参 编 单 位：国网智能电网研究院
南方电网广东省输变电工程公司
国网陕西电力公司电科院
安徽省电力建设工程质量监督中心站
葛洲坝集团电力有限责任公司
中能建天津电力建设有限公司
北京双圆工程咨询监理有限公司
华北电力设计院工程有限公司
北京欧地安科技股份有限公司
江苏金合益复合新材料有限公司

主要起草人：陈　新　韩　钰　荆　津　何冠恒　陈长才
王　森　刘世华　葛占雨　周卫新　徐春丽
马　光　王　伟　孙永春　祝志祥

主要审查人：陈发宇　徐　军　杜澍春　李　谦　方　静
阎国增　廖光洪　魏国柱　王玉明　龙庆芝
王国民　程云堂　谷　伟

1 总　　则

1.0.1 为保证电气装置安装工程接地装置的施工质量，促进工程施工技术水平的提高，确保接地装置安全运行，制定本规范。

1.0.2 本规范适用于电气装置安装工程接地装置的施工及验收，不适用于高压直流输电接地极的施工及验收。

1.0.3 接地装置的施工及验收，除应符合本规范外，尚应符合国家现行有关标准的规定。

2 术　　语

2.0.1 接地极　grounding electrode

埋入地中并直接与大地接触的金属导体称为接地极，分为水平接地极和垂直接地极。

2.0.2 自然接地极　natural grounding electrode

可利用作为接地用的直接与大地接触的各种金属构件、金属井管、钢筋混凝土建筑的基础、金属管道和设备等。

2.0.3 接闪器　air-termination system

接受雷电闪击装置的总称，包括避雷针、避雷带、避雷线、避雷网以及金属屋面、金属构件等。

2.0.4 接地线(导体)　grounding conductor

电气设备、接闪器的接地端子与接地极连接用的，在正常情况下不载流的金属导体。

2.0.5 接地装置　grounding connection

接地极和接地线的总和。

2.0.6 接地 grounded

将电力系统或建筑物电气装置、设施、过电压保护装置用接地线与接地极连接。

2.0.7 接地阻抗 grounding impedance

在给定频率下，系统、装置或设备的给定点与参考点之间的阻抗。

2.0.8 接地电阻 ground resistance

接地阻抗的实部，工频时为工频接地电阻。

2.0.9 中性线 neutral line

电气上与中性点连接并能用于配电的导体。

2.0.10 保护接地 protective ground

电气装置的金属外壳、配电装置的构架和线路杆塔等，由于绝缘损坏有可能带电，为防止其危及人身和设备的安全而设的接地。

2.0.11 集中接地装置 concentrated grounding connection

为加强对雷电流的散流作用、降低对地电位而敷设的附加接地装置。

2.0.12 接地网 grounding grid

由垂直和水平接地极组成的具有泄流和均压作用的网状接地装置。

2.0.13 放热焊接 exothermic welding

利用金属氧化物与铝粉的化学反应热作为热源，通过化学反应还原出来的高温熔融金属，直接或间接加热工件，达到熔接目的的焊接方法。

2.0.14 等电位接地网 equipotential grounding grid

由水平导体纵横连接构成的各节点处于等电位的接地网，其最终与土壤中接地网相连接。

3 基 本 规 定

3.0.1 接地装置的安装应由工程施工单位按已批准的设计文件施工。

3.0.2 采用新技术、新工艺及新材料时，应经过试验及具有国家资质的验证评定。

3.0.3 接地装置的安装应配合建筑工程的施工，隐蔽部分在覆盖前相关单位应做检查及验收并形成记录。

3.0.4 电气装置的下列金属部分，均必须接地：

1 电气设备的金属底座、框架及外壳和传动装置。

2 携带式或移动式用电器具的金属底座和外壳。

3 箱式变电站的金属箱体。

4 互感器的二次绕组。

5 配电、控制、保护用的屏（柜、箱）及操作台的金属框架和底座。

6 电力电缆的金属护层、接头盒、终端头和金属保护管及二次电缆的屏蔽层。

7 电缆桥架、支架和井架。

8 变电站（换流站）构、支架。

9 装有架空地线或电气设备的电力线路杆塔。

10 配电装置的金属遮栏。

11 电热设备的金属外壳。

3.0.5 需要接地的直流系统接地装置应符合下列要求：

1 能与地构成闭合回路且经常流过电流的接地线应沿绝缘垫板敷设，不应与金属管道、建筑物和设备的构件有金属的连接。

2 在土壤中含有在电解时能产生腐蚀性物质的地方，不宜敷设接地装置，必要时可采取外引式接地装置或改良土壤的措施。

3 直流正极的接地线、接地极不应与自然接地极有金属连接；当无绝缘隔离装置时，相互间的距离不应小于1m。

3.0.6 各种电气装置与接地网的连接应可靠，扩建工程接地网与原接地网应符合设计要求，且不少于两点连接。

3.0.7 包括导通试验在内的接地装置验收测试，应在接地装置施工后且线路架空地线尚未敷设至厂(站)进出线终端杆塔和构架前进行，接地电阻应符合设计规定。

3.0.8 对高土壤电阻率地区的接地装置，在接地电阻不能满足要求时，应由设计确定采取相应的措施，达到要求后方可投入运行。

3.0.9 附属于已接地电气装置和生产设施上的下列金属部分可不接地：

1 安装在配电屏、控制屏和配电装置上的电气测量仪表、继电器和其他低压电器的外壳。

2 与机床、机座之间有可靠电气接触的电动机和电器的外壳。

3 额定电压为220V及以下的蓄电池室内的金属支架。

3.0.10 接地线不应作其他用途。

4 电气装置的接地

4.1 接地装置的选择

4.1.1 各种接地装置利用直接埋入地中或水中的自然接地极，可利用下列自然接地极：

1 埋设在地下的金属管道，但不包括输送可燃或有爆炸物质的管道。

2 金属井管。

3　与大地有可靠连接的建筑物的金属结构。

4　水工构筑物及其他坐落于水或潮湿土壤环境的构筑物的金属管、桩、基础层钢筋网。

4.1.2　交流电气设备的接地线可利用下列接地极接地：

1　建筑物的金属结构，梁、柱。

2　生产用起重机的轨道、走廊、平台、起重机与升降机的构架、运输皮带的钢梁、电除尘器的构架等金属结构。

4.1.3　发电厂、变电站等接地装置除应利用自然接地极外，还应敷设以水平人工接地极为主的接地网，并应设置将自然接地极和人工接地极分开的测量井。对于3kV～10kV的变电站和配电所，当采用建筑物基础中的钢筋网作为接地极且接地电阻满足规定值时，可不另设人工接地。

4.1.4　接地装置材料选择应符合下列规定：

1　除临时接地装置外，接地装置采用钢材时均应热镀锌，水平敷设的应采用热镀锌的圆钢和扁钢，垂直敷设的应采用热镀锌的角钢、钢管或圆钢。

2　当采用扁铜带、铜绞线、铜棒、铜覆钢（圆线、绞线）、锌覆钢等材料作为接地装置时，其选择应符合设计要求。

3　不应采用铝导体作为接地极或接地线。

4.1.5　接地装置的人工接地极，导体截面应符合热稳定、均压、机械强度及耐腐蚀的要求，水平接地极的截面不应小于连接至该接地装置接地线截面的75%，且钢接地极和接地线的最小规格不应小于表4.1.5-1和表4.1.5-2所列规格，电力线路杆塔的接地极引出线的截面积不应小于50mm^2。

表4.1.5-1　钢接地极和接地线的最小规格

种类、规格及单位		地上	地下
圆钢直径(mm)		8	8/10
扁钢	截面积(mm^2)	48	48
	厚度(mm)	4	4

续表 4.1.5-1

种类、规格及单位	地　上	地　下
角钢厚度(mm)	2.5	4
钢管管壁厚度(mm)	2.5	3.5/2.5

注:1　地下部分圆钢的直径,其分子、分母数据分别对应于架空线路和发电厂、变电站的接地网。

2　地下部分钢管的壁厚,其分子、分母数据分别对应于埋于土壤和埋于室内混凝土地坪中。

表 4.1.5-2　铜及铜覆钢接地极的最小规格

种类、规格及单位	地　上	地　下
铜棒直径(mm)	8	水平接地极 8
		垂直接地极 15
铜排截面积(mm^2)/厚度(mm)	50/2	50/2
铜管管壁厚度(mm)	2	3
铜绞线截面积(mm^2)	50	50
铜覆圆钢直径(mm)	8	10
铜覆钢绞线直径(mm)	8	10
铜覆扁钢截面积(mm^2)/厚度(mm)	48/4	48/4

注:1　裸铜绞线不宜作为小型接地装置的接地极用,当作为接地网的接地极时,截面积应满足设计要求。

2　铜绞线单股直径不应小于 1.7mm。

3　铜覆钢规格为钢材的尺寸,其铜层厚度不应小于 0.25mm。

4.1.6　接地极用热镀锌钢及锌覆钢的锌层厚度应满足设计的要求。

4.1.7　低压电气设备地面上外露的连接至接地极或保护线(PE)的接地线最小截面积,应符合表 4.1.7 的规定。

表 4.1.7　低压电气设备地面上外露的铜接地线的最小截面积

名　称	最小截面积(mm^2)
明敷的裸导体	4
绝缘导体	1.5
电缆的接地芯或与相线包在同一保护外壳内的多芯导线的接地芯	1

4.1.8 严禁利用金属软管、管道保温层的金属外皮或金属网、低压照明网络的导线铅皮以及电缆金属护层作为接地线。

4.1.9 金属软管两端应采用自固接头或软管接头,且金属软管段应与钢管段有良好的电气连接。

4.2 接地装置的敷设

4.2.1 接地网的埋设深度与间距应符合设计要求。当无具体规定时,接地极顶面埋设深度不宜小于0.8m;水平接地极的间距不宜小于5m,垂直接地极的间距不宜小于其长度的2倍。

4.2.2 接地网的敷设应符合下列规定:

1 接地网的外缘应闭合,外缘各角应做成圆弧形,圆弧的半径不宜小于临近均压带间距的一半。

2 接地网内应敷设水平均压带,可按等间距或不等间距布置。

3 35kV及以上发电厂、变电站接地网边缘有人出入的走道处,应铺设碎石、沥青路面或在地下装设两条与接地网相连的均压带。

4.2.3 接地线应采取防止发生机械损伤和化学腐蚀的措施。接地线在与公路、铁路或管道等交叉及其他可能使接地线遭受损伤处,均应用钢管或角钢等加以保护;接地线在穿过已有建(构)筑物处,应加装钢管或其他坚固的保护套,有化学腐蚀的部位还应采取防腐措施;接地线在穿过新建构筑物处,可绕过基础或在其下方穿过,不应断开或浇筑在混凝土中。

4.2.4 接地装置由多个分接地装置部分组成时,应按设计要求设置便于分开的断接卡;自然接地极与人工接地极连接处、进出线构架接地线等应设置断接卡,断接卡应有保护措施。扩建接地网时,新、旧接地网的连接应通过接地井多点连接。

4.2.5 接地装置的回填土应符合下列要求:

1 回填土内不应夹有石块和建筑垃圾等,外取的土壤不应有较强的腐蚀性；在回填土时应分层夯实，室外接地沟回填宜有100mm～300mm高度的防沉层。

2 在山区石质地段或电阻率较高的土质区段的土沟中敷设接地极，回填不应少于100mm厚的净土垫层，并应用净土分层夯实回填。

4.2.6 明敷接地线的安装应符合下列要求：

1 接地线的安装位置应合理，便于检查，不应妨碍设备检修和运行巡视。

2 接地线的连接应可靠，不应因加工造成接地线截面减小、强度减弱或锈蚀等问题。

3 接地线支撑件间的距离，在水平直线部分宜为0.5m～1.5m，垂直部分宜为1.5m～3m，转弯部分宜为0.3m～0.5m。

4 接地线应水平或垂直敷设，或可与建筑物倾斜结构平行敷设；在直线段上，不应有高低起伏及弯曲等现象。

5 接地线沿建筑物墙壁水平敷设时，离地面距离宜为250mm～300mm；接地线与建筑物墙壁间的间隙宜为10mm～15mm。

6 在接地线跨越建筑物伸缩缝、沉降缝处时，应设置补偿器。补偿器可用接地线本身弯成弧状代替。

4.2.7 明敷接地线，在导体的全长度或区间段及每个连接部位附近的表面，应涂以15mm～100mm宽度相等的绿色和黄色相间的条纹标识。当使用胶带时，应使用双色胶带。中性线宜涂淡蓝色标识。

4.2.8 在接地线引向建筑物的入口处和在检修用临时接地点处，均应刷白色底漆并标以黑色标识，其代号为“⏚”。同一接地极不应出现两种不同的标识。

4.2.9 电气装置的接地必须单独与接地母线或接地网相连接，严禁在一条接地线中串接两个及两个以上需要接地的电气装置。

4.2.10 发电厂、变电站电气装置的接地线应符合下列规定：

1 下列部位应采用专门敷设的接地线接地：

1)旋转电机机座或外壳,出线柜、中性点柜的金属底座和外壳,封闭母线的外壳;

2)配电装置的金属外壳;

3)110kV 及以上钢筋混凝土构件支座上电气装置的金属外壳;

4)直接接地的变压器中性点;

5)变压器、发电机和高压并联电抗器中性点所接自动跟踪补偿消弧装置提供感性电流的部分、接地电抗器、电阻器或变压器的接地端子;

6)气体绝缘金属封闭开关设备的接地母线、接地端子;

7)避雷器、避雷针、避雷线的接地端子。

2 当电气装置不采用专门敷设的接地线接地时,应符合下列规定:

1)电气装置的接地线宜利用金属构件、普通钢筋混凝土构件的钢筋、穿线的钢管等;

2)操作、测量和信号用低压电气装置的接地线可利用永久性金属管道,但不应利用可燃液体、可燃或爆炸性气体的金属管道;

3)用本款第 1)项和第 2)项所列材料作接地线时,应保证其全长为完好的电气通路,当利用串联的金属构件作为接地线时,金属构件之间应用截面积不小于 100mm^2 的钢材焊接。

3 110kV 及以上电压等级且运行要求直接接地的中性点均应有两根接地线与接地网的不同接地点相连接,其每根规格应满足设计要求。

4 变压器的铁心、夹件与接地网应可靠连接,并应便于运行监测接地线中环流。

5 110kV 及以上电压等级的重要电气设备及设备构架宜设两根接地线,且每一根均应满足设计要求,连接引线的架设应便于定期进行检查测试。

6 成列安装盘、柜的基础型钢和成列开关柜的接地母线，应有明显且不少于两点的可靠接地。

7 电气设备的机构箱、汇控柜(箱)、接线盒、端子箱等，以及电缆金属保护管(槽盒)，均应接地明显、可靠。

4.2.11 避雷器、放电间隙应用最短的接地线与接地网连接。

4.2.12 干式空心电抗器采用金属围栏时，金属围栏应设置明显断开点，不应通过接地线构成闭合回路。

4.2.13 高频感应电热装置的屏蔽网、滤波器、电源装置的金属屏蔽外壳，高频回路中外露导体和电气设备的所有屏蔽部分及与其连接的金属管道均应接地，并宜与接地网连接。与高频滤波器相连的射频电缆应全程伴随 $100mm^2$ 以上的铜质接地线。

4.3 接地线、接地极的连接

4.3.1 接地极的连接应采用焊接，接地线与接地极的连接应采用焊接。异种金属接地极之间连接时接头处应采取防止电化学腐蚀的措施。

4.3.2 电气设备上的接地线，应采用热镀锌螺栓连接；有色金属接地线不能采用焊接时，可用螺栓连接。螺栓连接处的接触面应按现行国家标准《电气装置安装工程　母线装置施工及验收规范》GB 50149 的规定执行。

4.3.3 热镀锌钢材焊接时，在焊痕外最小 100mm 范围内应采取可靠的防腐处理。在做防腐处理前，表面应除锈并去掉焊接处残留的焊药。

4.3.4 接地线、接地极采用电弧焊连接时应采用搭接焊缝，其搭接长度应符合下列规定：

1 扁钢应为其宽度的 2 倍且不得少于 3 个棱边焊接。

2 圆钢应为其直径的 6 倍。

3 圆钢与扁钢连接时，其长度应为圆钢直径的 6 倍。

4 扁钢与钢管、扁钢与角钢焊接时，除应在其接触部位两侧进行焊接外，还应由钢带或钢带弯成的卡子与钢管或角钢焊接。

4.3.5 接地极(线)的连接工艺采用放热焊接时，其焊接接头应符合下列规定：

1 被连接的导体截面应完全包裹在接头内。

2 接头的表面应平滑。

3 被连接的导体接头表面应完全熔合。

4 接头应无贯穿性的气孔。

4.3.6 采用金属绞线作接地线引下时，宜采用压接端子与接地极连接。

4.3.7 利用各种金属构件、金属管道为接地线时，连接处应保证有可靠的电气连接。

4.3.8 沿电缆桥架敷设铜绞线、镀锌扁钢及利用沿桥架构成电气通路的金属构件，如安装托架用的金属构件作为接地网时，电缆桥架接地时应符合下列规定：

1 电缆桥架全长不大于 30m 时，与接地网相连不应少于 2 处。

2 全长大于 30m 时，应每隔 20m～30m 增加与接地网的连接点。

3 电缆桥架的起始端和终点端应与接地网可靠连接。

4.3.9 金属电缆桥架的接地应符合下列规定：

1 宜在电缆桥架的支吊架上焊接螺栓，和电缆桥架主体采用两端压接铜鼻子的铜绞线跨接，跨接线最小截面积不应小于 $4mm^2$。

2 电缆桥架的镀锌支吊架和镀锌电缆桥架之间无跨接地线时，其间的连接处应有不少于 2 个带有防松螺帽或防松垫圈的螺栓固定。

4.3.10 发电厂、变电站 GIS 的接地应符合设计及制造厂的要求，并应符合下列规定：

1 GIS 基座上的每一根接地母线，应采用分设其两端且不少于 4 根的接地线与发电厂或变电站的接地装置连接。接地线应与 GIS 区域环形接地母线连接。接地母线较长时，其中部应另设接地线，并连接至接地网。

2 接地线与 GIS 接地母线应采用螺栓连接方式。

3 当 GIS 露天布置或装设在室内与土壤直接接触的地面上时，其接地开关、金属氧化物避雷器的专用接地端子与 GIS 接地母线的连接处，宜装设集中接地装置。

4 GIS 室内应敷设环形接地母线，室内各种设备需接地的部位应以最短路径与环形接地母线连接。GIS 置于室内楼板上时，其基座下的钢筋混凝土地板中的钢筋应焊接成网，并和环形接地母线连接。

5 法兰片间应采用跨接线连接，并保证良好的电气通路；当制造厂采用带有金属接地连接的盆式绝缘子与法兰结合面可保证电气导通时，法兰片间可不另做跨接连接。

4.3.11 电动机的接地应符合下列规定：

1 当电机相线截面积小于 $25mm^2$ 时，接地线应等同相线的截面积；当电机相线截面积为 $25mm^2$～$50mm^2$ 时，接地线截面积应为 $25mm^2$；当电机相线截面积大于 $50mm^2$ 时，接地线截面积应为相线截面积的 50％。

2 保护接地端子除作保护接地外，不应兼作他用。

4.4 接地装置的降阻

4.4.1 在高土壤电阻率地区，可采用下列措施降低接地电阻：

1 在接地网附近有较低电阻率的土壤时，可敷设引外接地网或向外延伸接地极。

2 当地下较深处的土壤电阻率较低，或地下水较为丰富、水位较高时，可采用深/斜井接地极或深水井接地极；地下岩石较多时，可考虑采用深孔爆破接地技术。

3 敷设水下接地网。水力发电厂等可在水库、上游围堰、施工导流隧洞、尾水渠、下游河道，或附近水源中的最低水位以下区域敷设人工接地极。

4 填充电阻率较低的物质。

4.4.2 在永冻土地区可采用下列措施降低接地电阻：

1 将接地装置敷设在溶化地带或溶化地带的水池或水坑中。

2 敷设深钻式接地极，或充分利用井管或其他深埋地下的金属构件作接地极，还应敷设深垂直接地极，其深度应保证深入冻土层下面的土壤至少0.5m。

3 在房屋溶化盘内敷设接地装置。

4 在接地极周围人工处理土壤，降低冻结温度和土壤电阻率。

4.4.3 在季节冻土或季节干旱地区，可采用下列措施降低接地电阻：

1 季节冻土层或季节干旱形成的高电阻率层的厚度较浅时，可将接地网埋在高电阻率层下0.2m。

2 已采用多根深钻式接地极降低接地电阻时，可将水平接地网正常埋设。

3 季节性的高电阻率层厚度较深时，可将水平接地网正常埋设，在接地网周围及内部接地极交叉节点布置短垂直接地极，其长度宜深入季节高电阻率层下面2m。

4.4.4 降阻材料的选用和施工应符合设计要求，并应符合下列规定：

1 降阻材料中重金属及放射性物质含量，应符合现行国家标准《土壤环境质量标准》GB 15618中一级标准的规定。

2 使用的降阻材料电气和理化性能，应符合现行国家标准《接地降阻材料技术条件》DL/T 380的规定。

3 使用降阻材料应按产品技术文件的要求进行施工。

4.5 风力发电机组与光伏发电站的接地

4.5.1 风力发电机组的接地除应符合本规范的相关规定外，还应符合下列规定：

1 风力发电机组升压变压器的系统接地应符合下列规定：

1)低压风力发电机组升压变压器低压侧为星形接线时，其中性点应直接接地。

2)高压风力发电机组中性点可采用谐振接地或低电阻接地方式。

2 风力发电机组保护接地应符合下列规定：

1)低电阻接地系统中单台风力发电机组的接地电阻应符合设计要求。

2)当单台风力发电机组的接地电阻不满足设计要求时，可将多台机组接地装置互连或采取本规范第4.4.1条的措施。

3)风力发电机组群内的各风力发电机组接地网相连接时，各接地网间的接地线不应少于2条，并宜与电力电缆、通信电缆埋设在同一接地沟中；各接地网间应设置测试井；接地线通过人行道时，应采取防止跨步电压危险的措施。

3 风力发电机组的雷电保护接地应符合下列规定：

1)应充分利用风力发电机组基础钢筋作为雷电保护接地的自然接地极。风力发电机组雷电保护接地的冲击接地电阻不宜超过10Ω。

2)高土壤电阻率地区单台风力发电机组接地装置利用基础钢筋不能满足要求时，可再敷设以放射形水平接地极为主、以垂直接地极为辅的人工接地装置，或环形人工接地极与其相连接。水平接地极长度不宜超过100m。

4 风机各部件、塔架及其内部设施的过电压保护装置及接地线安装、等电位连接，应符合设计及产品技术文件要求。

4.5.2 光伏发电站的接地除应符合本规范的有关规定外，还应符合下列规定：

1 光伏方阵的防雷接地应与其保护接地、系统接地以及汇流箱、逆变器、升压变压器等配电设施的接地系统共用同一接地装置；共用接地装置的接地电阻，应符合其中最小值的要求。

2 地面光伏方阵的金属支架应与场地内的接地网可靠连接；屋面光伏方阵的金属支架应相互连接形成网格状，其边缘应就近与屋面接闪器相连接。

3 带边框的光伏组件应将边框可靠接地，跟踪式或聚光型安装式光伏组件的可转动部分的两端应采用软铜导线进行跨接；不带边框的光伏组件，其接地做法应符合设计要求。

4 地面光伏方阵的光伏组件可利用其金属边框作接闪器、金属支架作接地线，其材料及规格应能承受泄放预期雷电流时所产生的机械效应和热效应。

5 屋面光伏方阵如利用其金属支架或建筑物金属部件作接地线时，其材料及规格应能承受泄放预期雷电流时所产生的机械效应和热效应。

6 汇流箱、逆变器、升压变压器等配电设施的过电压保护装置及接地线安装、等电位连接，应符合设计及产品技术文件要求。

4.6 接闪器的接地

4.6.1 避雷针、避雷线、避雷带、避雷网的接地除应符合本规范第4.1节～第4.5节的相关规定外，还应符合下列规定：

1 避雷针和避雷带与接地线之间的连接应可靠。

2 避雷针和避雷带的接地线及接地装置使用的紧固件均应使用镀锌制品。当采用没有镀锌的地脚螺栓时应采取防腐措施。

3 构筑物上的防雷设施接地线，应设置断接卡。

4 装有避雷针的金属筒体，当其厚度不小于4mm时，可作避雷针的接地线。筒体底部应至少有2处与接地极对称连接。

5 独立避雷针及其接地装置与道路或建筑物的出入口等的距离应大于3m；当小于3m时，应采取均压措施或铺设卵石或沥青地面。

6 独立避雷针和避雷线应设置独立的集中接地装置，其与接地网的地中距离不应小于3m。当小于3m时，在满足避雷针与主接地网的地下连接点至35kV及以下设备与主接地网的地下连接点间沿接地极的长度不小于15m的情况下，该接地装置可与接地网连接。

7 发电厂、变电站配电装置的架构或屋顶上的避雷针及悬挂避雷线的构架应在其接地线处装设集中接地装置，并应与接地网连接。

4.6.2 生产用建(构)筑物上的避雷针或防雷金属网应和建(构)筑物顶部的其他金属物体连接成一个整体。

4.6.3 装有避雷针和避雷线的构架上的照明灯，其与电源线、低压配电装置或配电装置的接地网相连接的电源线，应采用带金属护层的电缆或穿入金属管的导线。电缆的金属护层或金属管应接地，埋入土壤中的长度不应小于10m。

4.6.4 发电厂和变电站的避雷线线档内不应有接头。

4.6.5 接闪器及其接地装置，应采取自下而上的施工程序。应先安装集中接地装置，再安装接地线，最后安装接闪器。

4.7 输电线路杆塔的接地

4.7.1 土壤电阻率与接地装置埋设深度及接地电阻应符合表4.7.1的要求。

表4.7.1 土壤电阻率与接地装置埋设深度及接地电阻

土壤电阻率ρ (Ω·m)	≤100	100<ρ≤500	500<ρ≤1000	1000<ρ≤2000	>2000
埋设深度(m)	自然接地	≥0.6	≥0.5	≥0.5	≥0.3
接地电阻(Ω)	≤10	≤15	≤20	≤25	≤30

4.7.2 在土壤电阻率 $\rho \leqslant 100\Omega \cdot m$ 的潮湿地区，可利用铁塔和钢筋混凝土杆的自然接地，有地线的线路且在雷季干燥时，每基杆塔不连架空地线的接地电阻不宜超过 10Ω。在居民区，当自然接地电阻符合要求时，可不另设人工接地装置。

4.7.3 在土壤电阻率 $100\Omega \cdot m < \rho \leqslant 500\Omega \cdot m$ 的地区，除利用铁塔和钢筋混凝土杆的自然接地，还应增设人工接地装置；在土壤电阻率 $500\Omega \cdot m < \rho \leqslant 2000\Omega \cdot m$ 的地区，可采用水平敷设的接地装置。

4.7.4 在土壤电阻率 $\rho > 2000\Omega \cdot m$ 的地区，接地电阻很难降到 30Ω 时，可采用 6 根～8 根总长度不应超过 500m 的放射形接地极或连续伸长接地极体，接地电阻可不受限制。

4.7.5 放射形接地极可采用长短结合的方式，每根的最大长度应符合表 4.7.5 的要求。

表 4.7.5 放射形接地极每根的最大长度

土壤电阻率(Ω·m)	≤500	≤1000	≤2000	≤5000
最大长度(m)	40	60	80	100

4.7.6 在高土壤电阻率地区采用放射形接地装置时，当在杆塔基础的放射形接地极每根长度的 1.5 倍范围内有土壤电阻率较低的地带时，可部分采用外引接地或其他措施。

4.7.7 居民区和水田中的接地装置，宜围绕杆塔基础敷设成闭合环形。

4.7.8 对于室外山区等特殊地形，接地装置应按设计图敷设，受地质地形条件限制时可做局部修改。作为竣工资料移交，应在施工质量验收记录中绘制接地装置实际敷设简图并标示相对位置和尺寸。原设计为方形等封闭环形时，应按设计施工。

4.7.9 在山坡等倾斜地形敷设水平接地极时宜沿等高线开挖，接地沟底面应平整，沟深不得有负误差，回填土应清除影响接地极与土壤接触的杂物并夯实；水平接地极敷设应平直。

4.7.10 接地线与杆塔的连接应可靠且接触良好，接地极的焊接长度应按本规范第4.3节的规定执行，并应便于打开测量接地电阻。

4.7.11 架空线路杆塔的每一塔腿都应与接地线连接，并应通过多点接地。

4.7.12 架空线路杆塔架空地线引入变电站应采用并沟线夹与变电站接地网可靠连接，不得将绝缘子两侧的放电间隙绑扎。

4.7.13 混凝土电杆宜通过架空地线直接引下，也可通过金属爬梯接地。当接地线从架空地线直接引下时，接地线应紧靠杆身，并应每隔不大于2m的距离与杆身固定一次。

4.7.14 对于预应力钢筋混凝土电杆地线的接地线，应用明线与接地极连接并设置便于打开测量接地电阻的断开接点。

4.8 主(集)控楼、调度楼和通信站的接地

4.8.1 主(集)控楼、调度楼和通信站应与楼内的电气装置、建筑物避雷装置及屏蔽装置共用一个接地网。

4.8.2 通信机房内应围绕机房敷设环形接地母线，铜排截面积不应小于$90mm^2$，镀锌扁钢截面积不应小于$120mm^2$；通信机房建筑周围应敷设闭合环形接地装置。

4.8.3 通信机房内各种电缆的金属外皮、设备的金属外壳和框架、进风道、水管等不带电金属部分、门窗等建筑物金属结构等，应以最短距离与环形接地母线连接。电缆沟道、竖井内的金属支架应至少两点接地，接地点间距离不宜超过30m。

4.8.4 发电厂、变电站或开关站的通信站接地装置应使用至少2根规格不小于40mm×4mm的镀锌扁钢或截面积不小于$100mm^2$的铜材与厂、站的接地网连接。

4.8.5 各类设备接地线宜用多股铜导线，其截面积应根据最大故障电流确定，应为$25mm^2$～$95mm^2$；导线屏蔽层的接地线截面积应大于屏蔽层截面积的2倍；连接点应进行防腐处理。

4.8.6 连接两个变电站之间电缆的屏蔽层应在离变电站接地网

边沿 50m～100m 处可靠接地，应以大地为通路实施屏蔽层的两点接地。可在进变电站前的最后一个工井处实施电缆的屏蔽层接地，接地极的接地电阻不应大于 4Ω。

4.8.7 屏蔽电源电缆、屏蔽通信电缆和金属管道入室前水平直埋长度应大于 10m，埋深应大于 0.6m，电缆屏蔽层和金属管两端接地并在入口处接入接地装置。对于不能埋入地中的屏蔽电源电缆、屏蔽通信电缆和金属管道，应至少将金属管道室外部分沿长度均匀分布两点接地，接地电阻应小于 10Ω；在高土壤电阻率地区，每处的接地电阻不应大于 30Ω。

4.8.8 微波塔接地装置应围绕塔基做成闭合环形接地网。微波塔接地装置与机房接地装置之间应至少用 2 根规格不小于 40mm×4mm 的镀锌扁钢连接。

4.8.9 微波塔上同轴馈线金属外皮的上端和下端应分别就近与铁塔连接，在机房入口处与接地装置再次连接，馈线较长时应在中间加一个与塔身的连接点，室外馈线桥首尾两端均应和接地装置连接。

4.8.10 微波塔上航标灯电源线应选用金属外皮电缆或导线穿入金属管敷设，电缆金属外皮或金属管在上下两端应与铁塔连接，进机房前水平直埋长度应大于 10m，埋深应大于 0.6m。

4.8.11 直流电源的“正极”在电源设备侧和通信设备侧均应接地，“负极”在电源机房侧和通信机房侧应接金属氧化物避雷器。

4.9 继电保护及安全自动装置的接地

4.9.1 装有微机型继电保护及安全自动装置的 110kV 及以上电压等级的变电站或发电厂，应敷设等电位接地网。等电位接地网应符合下列规定：

1 装设保护和控制装置的屏柜地面下设置的等电位接地网宜用截面积不小于 $100mm^2$ 的接地铜排连接成首末可靠连接的环网，并应用截面积不小于 $50mm^2$、不少于 4 根铜缆与厂、站的接地网一点直接连接。

2 保护和控制装置的屏柜内下部应设有截面积不小于 $100mm^2$ 的接地铜排，屏柜内装置的接地端子应用截面积不小于 $4mm^2$ 的多股铜线和接地铜排相连，接地铜排应用截面积 $50mm^2$ 的铜排或铜缆与地面下的等电位接地母线相连。

4.9.2 分散布置的就地保护小室、通信室与集控室之间的等电位接地网，应使用截面积不小于 100 mm^2 的铜排或铜缆可靠连接。

4.9.3 继电保护装置屏柜内的交流电源的中性线不应接入等电位接地网。

4.9.4 公用电压互感器的二次回路应只在控制室内一点接地，公用电流互感器二次绕组及其回路应在相关保护屏柜内一点接地，独立的、与其他电压互感器和电流互感器的二次回路没有电气联系的二次回路应在开关场一点接地。

4.9.5 控制等二次电缆的屏蔽层接至等电位接地网，应符合下列规定：

1 屏蔽电缆的屏蔽层应在开关场和控制室内两端接地。在控制室内屏蔽层应接于保护屏柜内的等电位接地网，开关场屏蔽层应在与高压设备有一定距离的端子箱接地。

2 互感器经屏蔽电缆引至端子箱，应在端子箱处一点接地。

3 高频同轴电缆屏蔽层应在两端分别接地，并紧靠同轴电缆敷设截面积不小于 $100mm^2$ 两端接地的铜导线。

4 传送音频信号应采用屏蔽双绞线，其屏蔽层应两端接地。

5 对于低频、低电平模拟信号的电缆，屏蔽层应在最不平衡端或电路本身接地处一点接地。

6 对于双层屏蔽电缆，内屏蔽应一端接地，外屏蔽应两端接地。

4.9.6 等电位接地网与接地网连接时，应远离高压母线、并联电容器、电容式电压互感器、结合电容、电容式套管等设备及避雷器和避雷针的接地点。

4.9.7 固定在电缆沟金属支架上的等电位接地网铜排应按设计要求施工。

4.9.8 控制电缆铠装层应直接接地。

4.10 电力电缆金属护层的接地

4.10.1 交流系统中三芯电缆的金属护层，应在电缆线路两终端接地；线路中有中间接头时，接头处应直接接地。

4.10.2 交流单芯电力电缆金属护层接地方式选择及回流线的设置应符合设计要求。

4.10.3 电缆接地线应采用铜绞线或镀锡铜编织线与电缆屏蔽层连接，其截面积不应小于表4.10.3的规定。铜绞线或镀锡铜编织线应加包绝缘层。110kV及以上电压等级的电缆接地线截面积应符合设计规定。

表4.10.3 电缆终端接地线截面积(mm^2)

电缆截面积	接地线截面积
$S \leqslant 16$	接地线截面积与芯线截面积相同
$16 < S \leqslant 120$	16
$S \geqslant 150$	25

4.10.4 统包型电缆终端头的电缆铠装层、金属屏蔽层应使用接地线分别引出并可靠接地；橡塑电缆铠装层和金属屏蔽层应锡焊接地线。

4.10.5 当电缆穿过零序电流互感器时，其金属护层和接地线应对地绝缘且不得穿过互感器接地；当金属护层接地线未随电缆芯线穿过互感器时，接地线应直接接地，当金属护层接地线随电缆芯线穿过互感器时，接地线应穿回互感器后接地。

4.11 配电电气装置的接地

4.11.1 户外箱式变压器、环网柜和柱上配电变压器等电气装置的接地装置，宜围绕户外箱式变压器、环网柜和柱上配电变压器敷设成闭合环形。

4.11.2 接地装置的敷设、连接应符合本规范第4.2节和第4.3节的规定。

4.11.3 接地线与变压器中性点的连接应牢固，且防松垫圈等零件应齐全。

4.11.4 与户外箱式变压器、环网柜和柱上配电变压器等电气装置外露导电部分连接的接地线应与接地装置连接。

4.11.5 引入配电室的每条架空线路安装的避雷器的接地线，应与配电室的接地装置相连接，且应在入地处敷设集中接地装置。

4.11.6 当低压系统采用TT、IT接地型式时，电气装置应设独立的接地装置，不得与电源处的系统接地共用接地装置；电气装置外露导电部分的保护接地线应与接地装置连接。

4.12 建筑物电气装置的接地

4.12.1 接地装置的设置应符合设计要求。

4.12.2 电气装置的系统接地、保护接地及建筑物的防雷接地等采用同一接地装置，接地装置的接地电阻值应符合其中最小值的要求。

4.12.3 当采用总等电位方式时，自接地装置引至总等电位端子箱的接地线不应少于2根。

4.12.4 变电室或变压器室内设置的环形接地母线应与接地装置或总等电位端子箱连接，连接接地线不应少于2根。

4.12.5 接地线与变压器中性点的连接处应牢固可靠，且防松垫圈等零件应齐全。

4.12.6 变电室或变压器室内高压电气装置外露导电部分，应通过环形接地母线或总等电位端子箱接地。

4.12.7 低压电气装置外露导电部分，应通过电源的PE线接至装置内设的PE排接地。

4.12.8 电气装置应设专用接地螺栓，防松装置应齐全，且有标识，接地线不得采用串接方式。

4.12.9 接地线穿过墙、地面、楼板等处时，应有足够坚固的保护措施。

4.12.10 总等电位的保护联结线截面积应符合设计要求，其最小值应符合下列规定：

1 铜保护联结线截面积不应小于 $6mm^2$。

2 铜覆钢保护联结线截面积不应小于 $25\ mm^2$。

3 铝保护联结线截面积不应小于 $16\ mm^2$。

4 钢保护联结线截面积不应小于 $50\ mm^2$。

4.12.11 辅助等电位、局部等电位联结线截面积应符合设计要求，其最小值应符合下列规定：

1 有机械保护时，铜电位联结线截面积不应小于 $2.5\ mm^2$，铝电位联结线截面积不应小于 $16\ mm^2$。

2 无机械保护时，铜电位联结线截面积不应小于 $4mm^2$。

4.13 携带式和移动式用电设备的接地

4.13.1 携带式和移动式用电设备应用专用的绿/黄双色绝缘多股软铜绞线接地。移动式用电设备的接地线截面积不应小于 $2.5mm^2$，携带式用电设备的接地线截面积不应小于 $1.5mm^2$。

4.13.2 由固定电源或由移动式发电设备供电的移动式用电设备的金属外壳或底座，应和这些供电电源的接地装置有可靠的电气连接；在IT系统中，可在移动式用电设备附近装设接地装置代替敷设接地线，应利用附近的自然接地极，并应保证其电气连接和热稳定，其接地电阻应符合相关规程的规定。

4.13.3 移动式发电机系统接地应符合电力变压器系统接地的要求，下列情况可不另做保护接地：

1 移动式发电机和用电设备固定在同一金属支架上，且不供给其他设备用电时。

2 不超过2台的用电设备由专用的移动式发电机供电，供、用电设备间距不超过 50m，且供用电设备的金属外壳之间有可靠的电气连接。

4.14 防雷电感应和防静电的接地

4.14.1 发电厂和变电站有爆炸危险且爆炸后可能波及发电厂和变电站内主设备或严重影响发供电的建（构）筑物，应采用独立避雷针保护，并应采取防止雷电感应的措施，且应符合下列规定：

1 露天贮罐周围应设置闭合环形接地装置，接地电阻不应超过 30Ω；无独立避雷针保护的露天贮罐不应超过 10Ω，接地点不应少于 2 处，接地点间距不应大于 30m。

2 架空管道每隔 20m～25m 应接地 1 次，接地电阻不应超过 30Ω。

3 易燃油贮罐的呼吸阀、易燃油和天然气贮罐的热工测量装置，应用金属导体与相应贮罐的接地装置连接。不能保持良好电气接触的阀门、法兰、弯头等管道连接处应跨接。

4.14.2 发电厂易燃油、可燃油、天然气和氢气等贮罐、装卸油台、铁路轨道、管道、鹤管、套筒及油槽车等防静电接地的接地位置，接地线、接地极布置方式等，应符合下列规定：

1 铁路轨道、管道及金属桥台，应在其始端、末端、分支处，以及每隔 50m 处设防静电接地，鹤管应在两端接地。

2 厂区内的铁路轨道应在两处用绝缘装置与外部轨道隔离，两处绝缘装置间的距离应大于一列火车的长度。

3 净距小于 100mm 的平行或交叉管道，应每隔 20m 用金属线跨接。

4 不能保持良好电气接触的阀门、法兰、弯头等管道连接处也应跨接。跨接线可采用截面积不小于 $50mm^2$ 的导体。

5 油槽车应设置防静电临时接地卡。

6 易燃油、可燃油和天然气浮动式贮罐顶，应用可挠的跨接线与罐体相连，且不应少于2处。跨接线可用截面积不小于$25mm^2$的导体。

7　金属罐罐体钢板的接缝、罐顶与罐体之间以及所有管、阀与罐体之间，应保证可靠的电气连接。

5　工程交接验收

5.0.1　电气装置安装工程接地装置验收应符合下列规定：

1　应按设计要求施工完毕，接地施工质量应符合本规范的规定。

2　整个接地网外露部分的连接应可靠，接地线规格应正确，防腐层应完好，标识应齐全明显。

3　避雷针、避雷线、避雷带及避雷网的安装位置及高度应符合设计要求。

4　供连接临时接地线用的连接板的数量和位置应符合设计要求。

5　接地阻抗、接地电阻值及其他测试参数应符合设计规定。

5.0.2　在交接验收时，应提交下列资料和文件：

1　符合实际施工的图纸。

2　设计变更的证明文件。

3　接地器材、降阻材料及新型接地装置检测报告及质量合格证明。

4　安装技术记录，其内容应包括隐蔽工程记录。

5　接地测试记录及报告，其内容应包括接地电阻测试、接地导通测试等。

本规范用词说明

1 为便于在执行本规范条文时区别对待，对要求严格程度不同的用词说明如下：

1）表示很严格，非这样做不可的：

正面词采用“必须”，反面词采用“严禁”；

2）表示严格，在正常情况下均应这样做的：

正面词采用“应”，反面词采用“不应”或“不得”；

3）表示允许稍有选择，在条件许可时首先应这样做的：

正面词采用“宜”，反面词采用“不宜”；

4）表示有选择，在一定条件下可以这样做的，采用“可”。

2 条文中指明应按其他有关标准执行的写法为：“应符合……的规定”或“应按……执行”。

引用标准名录

《电气装置安装工程　母线装置施工及验收规范》GB 50149

《土壤环境质量标准》GB 15618

《接地降阻材料技术条件》DL/T 380

中华人民共和国国家标准

电气装置安装工程
接地装置施工及验收规范

GB 50169—2016

条 文 说 明

修 订 说 明

《电气装置安装工程　接地装置施工及验收规范》GB 50169—2016，经住房城乡建设部 2016 年 8 月 18 日以第 1260 号公告批准发布。

本规范是对《电气装置安装工程　接地装置施工及验收规范》GB 50169—2006 的修订。本规范上一版的主编单位是国网北京电力建设研究院（现中国电力科学研究院），参编单位是广东电力试验研究所、东北电业管理局第二工程公司、湖北电力建设一公司、北京电力建设公司、甘肃送变电工程公司、上海电力建设一公司、广州供电分公司、乐清市华夏防雷器材厂、武汉岱嘉电气技术有限公司、北京欧地安科技有限公司等，主要起草人是陈发宇、李谦、孙关福、孙克彬、余祥、穆德龙、雷宗灿、朱有山、马庆林、章国林、汪海涛、屈国庆、宋美云、佟建勋等。

本规范修订过程中，编制组进行了广泛的调查研究，总结了我国电气装置安装工程接地装置施工及验收的实践经验，同时参考了国外先进技术法规、技术标准。

为了方便广大设计、施工、科研、学校等单位有关人员在使用本规范时能正确理解和执行条文规定，《电气装置安装工程　接地装置施工及验收规范》编制组按章、节、条顺序编制了本规范的条文说明，对条文规定的目的、依据以及执行中需注意的有关事项进行了说明，还着重对强制性条文的强制性理由做了解释。但是，本条文说明不具备与规范正文同等的法律效力，仅供使用者作为理解和把握规范规定的参考。

1　总　　则

1.0.1　本条阐明了本规范编制的原则:为了保证接地装置的施工和验收质量而制定。

1.0.2　本条明确了规范的适用范围是电气装置安装工程的接地装置。考虑高压直流输电已自成系统,直流电力网已有专用规范,本规范不适用于高压输电接地极的施工与验收。

2　术　　语

2.0.3　本条参照现行国家标准《建筑物防雷设计规范》GB 50057制定。

2.0.7　本条为新增加条文,适用于接地网的设计和测量。

3　基本规定

3.0.1　接地装置的安装应由工程施工单位按已批准的设计文件施工,工程建设管理单位和监理单位应有专人负责监督。

3.0.2　随着技术进步,在接地工程中采用未列入本规范的新技术、新工艺及新材料时,要求由甲方组织或委托相关机构组织技术鉴定,合格后方可使用,以满足设计及安全使用要求。

3.0.3　电气装置接地工程及时配合建筑施工,可减少重复劳动,从而加快工程进度和提高工程质量。

3.0.4 原规范中“靠近带电部分金属遮栏和金属门”,由于现场施工中何谓“靠近”不易判定,故将该条改为“配电装置的金属遮栏”。由于本条各款规定的各部分如不接地,一旦带电将直接危及人的生命安全,故列为强制性条文,必须严格执行。

3.0.5 本条适用的是变电站内的直流回路接地。本条第2款,当直流流经在土壤中的接地体时,由于土壤中发生电解作用,可使接地体的接地电阻值增加,同时又可使接地体及附近地下建筑物和金属管道等发生电腐蚀而造成严重的损坏。经现场调查,删除原规范“三线制直流回路的中性线宜直接接地”内容。

3.0.6 由于接地装置采用铜等材料越来越多,相同或不同材质的材料之间的可靠连接焊接尤为重要,本条不但规定电气装置(或其接地线)与接地网连接应可靠,而且规定扩建工程的接地网与原接地网之间应按设计不少于两点连接。

3.0.7 接地装置的导通等试验验收,应在接地装置施工后且线路架空地线尚未敷设至厂(站)进出线终端杆塔和构架前进行。线路架空地线和架空光纤地线(OPGW)引入厂(站)并完成安装,会导致接地电阻测试时无法完全将架空地线与接地装置隔离,其一是光纤地线由于其结构原因难以解除与接地装置的联接,也无法采取有效的隔离措施;其二是施工单位经常有意或无意地将接地装置外延部分与出线终端杆塔或其接地装置进行连接,以加强降阻效果,即使解开架空普通地线在构架处与接地装置的连接跳线,也不能保证其与接地装置完全隔离。在这种条件下测量的接地电阻值比实际值是偏小的,而偏差量又无法给出,严重影响测试结果的有效性和对接地工程的评价、验收工作;其三是接地装置施工后尽快进行相关验收测试工作,以便及时发现不合格项并在投产前有条件对不合格项进行整改。

3.0.9 本条文规定了附属于已接地电气装置不需要重复接地的部分。由于原规范条文中“干燥房间、场所”不易判定,本次修订取消原条文中“附属于已接地高压电气装置和电力生产设施上二次设备的下列金属部分可不接地”中的相关内容。删除原规范条文中1、2、4、6款中不容易掌握与控制的内容。

3.0.10 本条与原规范相同，规定接地线一般不应作其他用途，如电缆架构或电缆钢管不应作电焊机零线，以免损伤电缆金属护层。

4 电气装置的接地

4.1 接地装置的选择

4.1.2 本条明确规定了可作为交流电气设备接地的自然接地极。

4.1.3 设置将自然接地极和人工接地极分开的测量井，以便于接地装置的测试。

4.1.4 热镀锌钢接地极在我国接地装置中已普遍采用，且在土壤条件较好地区使用效果良好，对土壤腐蚀性强的地区可采用锌覆钢或铜覆钢。锌覆钢即作为芯体的钢表面被锌连续包覆。生产工艺主要包括连铸、冷拉两种，目前其常规产品的锌层厚度可达到0.5mm～3mm。而铜覆钢即作为芯体的钢表面被铜连续包覆，主要生产工艺包括连铸、电镀、冷拉三种，目前其常规产品的铜层厚度可达到0.254mm～1mm，其在大多数土壤中与紫铜腐蚀速率相当，且价格比铜便宜，当然接地极材料选用还要因地制宜做好技术经济比较。

4.1.5 本条参考了现行国家标准《交流电气装置的接地设计规范》GB/T 50065。条文中规定的为最小规格。

4.1.6 由于环境污染日益严重，土壤腐蚀率逐步加重，在总结实验室土壤对热镀锌钢腐蚀性试验结果基础上可得热镀锌钢年腐蚀速率为0.03 mm/a ～0.065mm/a。因此相关单位选用热镀锌钢和锌覆钢应按接地装置设计年限选择镀层的厚度。

4.1.8 金属软管、管道保温层的金属外皮或金属网、低压照明网络的导线铅皮以及电缆金属护层等强度差，又易腐蚀，作接地线很容易出现安全隐患事故，因此严禁使用。本条为强制性条文，必须严格执行。

4.1.9 对金属软管两端采用自固接头或软管接头作了规定，目的是保证连接可靠，并强调金属软管两侧的两个软管接头间保持良好的电气连接。

4.2 接地装置的敷设

4.2.1 接地极顶面埋设深度不宜小于0.8m，是根据现行国家标准《交流电气装置的接地设计规范》GB 50065修订的。

4.2.2 系统故障时，为确保人身安全，规定接地网的敷设要符合三点要求。参照了现行国家标准《交流电气装置的接地设计规范》GB 50065的有关条款和相关反措要求，以保证均压以及跨步电压和接触电压满足设计和运行要求。

4.2.3 为防止接地线发生机械损伤和化学腐蚀，运行经验证明本条规定是可行的和必要的。

4.2.4 加装断接卡的目的是便于运行、维护和检测接地电阻。接地装置由多个分接地装置组成时，应按设计要求设置接地井及便于分开的断接卡。另外增加扩建接地网时，新、旧接地网的连接通过接地井多点连接，且电气连接要良好，以便真实地反映新、旧两块接地网的接地电阻。

4.2.5 外取回填土时，不重视质量会造成接地不良，故本条明确规定以引起重视。在回填土时应分层夯实，对室外接地、山区石质地段或电阻率较高的土质区段的回填工艺提出明确要求，强调了接地极敷设前对开挖沟的处理，增强了可操作性和检查依据。

4.2.7 本条是参照现行国家标准《绝缘导线和裸导体的颜色标志》GB 7947制定的。

4.2.8 本条主要考虑对生产维护检修带来方便。

4.2.9 如接地线串联使用，则当其中一处接地线断开时，其后面串接的设备将失去接地，为避免直接危及人的生命安全，规定“严禁在一条接地线中串接两个及两个以上需要接地的电气装置”。本条列为强制性条文，必须严格执行。

4.2.10 本条文将原条文中关于发电厂、变电站电气装置的接地线有关要求归总，并增加部分重要设备的接地要求。

1 规定了发电厂、变电站应专门敷设单独接地线直接与接地汇流排或接地网相连接的电气装置。

2 规定了不要求专门敷设单独接地线的电气装置，但仍应保证其全长为完好的电气通路。

3～6 规定了发电厂、变电站重要设备和设备构架等两点接地的要求。

7 对电气设备附属的箱、柜、盒的接地提出要求。

4.2.11 连接线短，在雷击时电感量减小，能迅速散流。

4.2.12 为避免干式空心电抗器的强磁场对周围铁构件的影响，周围的铁构件不应构成闭合回路，以免产生涡流引起发热。

4.2.13 本条根据现行国家标准《电热设备电力装置设计规范》GB 50056 的有关规定制定。增加了与高频滤波器相连的射频电缆应全程伴随 $100mm^2$ 以上的铜质接地线的规定。

4.3 接地线、接地极的连接

4.3.1 接地极的连接应保证接触可靠。当接地线与接地网为异种金属连接时，如铜覆钢与镀锌扁钢，可采用放热焊接，接头处应涂刷沥青防止电化学腐蚀。

4.3.3 为延缓接地极的腐蚀，热镀锌钢焊接的接头和热影响区处均应采取措施恢复镀锌层，涂层涂装要求可参考现行行业标准《电力工程地下金属构筑物防腐技术导则》DL/T 5394。

4.3.4 焊接不良不仅会带来安全隐患，而且会加速接地网接头部位的腐蚀，因此对接地线、接地极搭接焊的搭接长度作出要求，以保证焊接良好。

4.3.5 针对服役工况对放热焊接接头的质量做了具体规定。

4.3.6 铜或铜覆钢等金属绞线用压接端子与接地极连接，目的是保证电接接触良好。

4.3.8 本条对电缆桥架的接地作了规定，目的是保证接地导通性良好。电缆桥架的接地在设计文件及桥架制造厂的说明书中一般有要求。

4.3.9 本条为金属电缆桥架的接地连接要求，目的是保证金属电缆桥架接地系统的电气通路导通性完好，以及电气接触良好。

4.3.10 制定本条的目的是保证GIS设备就近以最短的电气距离接地，GIS重要设备（接地开关、金属氧化物避雷器）接地良好，GIS接地母线与主接地装置良好以及电气接触良好。当盆式绝缘子外圈有金属层可保证与法兰良好的接地导通时，法兰片间可不用跨接线连接。

4.3.11 对本条说明如下：

1 本款引自现行国家标准《旋转电机　定额和性能》GB/T 755—2008的第11.1条，为了保证电机接地故障时保护接地线有足够的容量。

2 本款引自现行国家标准《中小型旋转电机通用安全要求》GB/T 14711—2013的第9.5条，为规定接地螺栓应专用，如接地线接在风罩、吊环、地脚螺栓或其他紧固螺栓上不可靠。

4.4 接地装置的降阻

4.4.1 本条提出了在高土壤电阻率地区降低接地电阻的基本方法。实践中应注意，各种降阻方法都有其应用的特定条件，在使用过程中也宜相互配合，以获得明显的降阻效果。考虑到垂直接地极间的屏蔽作用，深井施工时部分深井可打成斜井。

4.4.3 在季节冻土或季节干旱地区，其表层土壤电阻率会随季节发生很大变化，但其深层土壤的电阻率基本不会发生大的变化，根据工程具体情况，可采取本条文所列降阻措施。

4.4.4 目前降阻材料在我国接地工程中应用较为广泛，但效果不尽如人意，本条所列现行行业标准《接地降阻材料技术条件》DL/T 380已对降阻剂和接地模块等材料的常温电阻率、进行冲击/工频电流耐受试验后电阻率值的变化要求及理化性能作了规定，相关单位可据此对降阻产品进行考核选用。

4.5 风力发电机组与光伏发电站的接地

4.5.1 风力发电机组接地按功能可分为系统接地、保护接地和雷电保护接地。当接地电阻值超出允许值时，按设计要求采取相应改善措施。

根据《风力涡轮发电机系统　雷电防护》IEC TR 61400－24第9.1.1条的规定，风机的接地电阻值达到10Ω，可不再考虑外引接地，即风机防雷接地可以不大于10Ω为限，因此风机防雷接地装置的冲击接地电阻按不大于10Ω执行。

4.5.2 对本条第4款说明如下：地面光伏方阵的光伏组件安装在开阔的户外，易遭雷击。如采用传统的避雷针进行防直击雷保护，则需设置数量较多的避雷针，而我国地处北半球，尤其是在冬季避雷针会造成对光伏组件遮挡阴影，不仅使光伏组件发电效率降低，还会降低光伏组件的使用寿命。根据有关资料介绍，如金属边框满足一定要求时（边框材质采用铝板、铝合金时，厚度不小于0.65mm，采用不锈钢、热镀锌钢时，厚度不小于0.5mm；且截面不小于50mm^2），则能满足50kA～100kA的雷电流的冲击和热稳定要求。

经过对国内几个主要光伏组件生产厂家的调查，和已投产的光伏发电场运行的现状，尚未发现光伏组件遭受雷击而毁坏的。因此，采用光伏组件的金属边框作防直击雷的接闪器，其金属支架作接地线作为防直击雷措施是可行的。

4.6 接闪器的接地

4.6.1 设置断接卡便于测量接地电阻及检查接地线的连接情况。

2 目前镀锌制品使用较为普遍，为确保接地装置长期运行可靠，强调了提高材料防腐能力的要求，均应使用镀锌制品。地脚螺栓的规格可参考现行行业标准《输电杆塔用地脚螺栓与螺母》DL/T 1236—2013 选用。

4 4mm 厚的金属筒体不会被雷电流烧穿，故可作为避雷针的接地线。

5～7 参照现行国家标准《交流电气装置的接地设计规范》GB/T 50065 制定。雷击避雷针时，避雷针接地点的高电位向外传播 15m 后，在一般情况下衰减到不足以危及 35kV 及以下设备的绝缘；集中接地装置是为了加强雷电流散流作用，降低对地电压而敷设的附加接地装置；“地中距离”是指独立避雷针的接地装置的接地网与变配电站的主接地网间在地下的最近距离。

4.6.2 本条要求是防止静电感应的危害。

4.6.3 构架上避雷针和避雷线落雷时，危及人身和设备安全。但将电缆的金属护层或穿金属管的导线在地中埋置长度大于 10m 时，可将雷击时的高电位衰减到不危险的程度。

4.6.4 为防止发电厂和变电站的避雷线断线，本条规定避雷线档距内不应有接头。

4.6.5 为保证施工中的人身、设备及建筑物的安全，规定接闪器及其接地装置采取自下而上的施工程序。

4.7 输电线路杆塔的接地

4.7.1～4.7.4 这几条是参照国家现行标准《杆塔工频接地电阻测量》DL/T 887、《交流电气装置的接地设计规范》GB/T 50065 制定的。分别针对不同土质情况和土壤电阻率，规定了有避雷线的高压输电线路杆塔接地装置的形式、接地极埋设深度，以及对杆塔接地装置接地电阻值的要求。对于土壤电阻率 ρ 超过 2000Ω·m 的高土壤电阻率地区，当经过技术经济比较，接地电阻很难降到 30Ω 时，规定可采用 6 根～8 根总长度不超过 500m 放射形接地极或连续伸长接地极。

4.7.5 接地装置采用放射形接地极时，放射形接地极长度太长，将影响降阻(尤其是冲击接地电阻)和散流效果，本条规定了几种土壤电阻率下，每根放射形接地极的最大长度。

4.7.6 本条规定了在高土壤电阻率地区杆塔接地装置降阻的若干方法。

4.7.7 在居民区和水田中的接地装置易受外力破坏，敷设成闭合环形一方面是形成连通的接地网，同时也起到了提高可靠性的作用。

4.7.8 在室外山区等特殊地形情况下，放射形接地极很难按照设计的要求进行直线敷设。同时，参照现行国家标准《110kV～750kV 架空输电线路施工及验收规范》GB 50233 中的相关规定，以及相关单位对接地装置评级记录表表格填写的要求，不论接地装置受地质地形条件限制局部修改与否，均应将现场接地装置实际敷设简图绘制在记录表，方便检修维护。

4.7.9 本条是对在山坡等倾斜地形敷设水平接地极的专门要求，主要目的是考虑线路长期的运行维护工作，防止接地极的外露腐蚀生锈和外力破坏。规定回填土应清除影响接地极与土壤接触的杂物并夯实，是为了防止接地极受雨水冲刷外露，腐蚀生锈；规定水平接地极敷设应平直，是为了保证与土壤更好地接触。

4.7.10 本条是参照现行国家标准《110kV～750kV 架空输电线路施工及验收规范》GB 50233 对接地极焊接长度的要求进行规定。接地线与杆塔的连接，既要考虑施工又要考虑运行维护，所以应同时考虑接触良好可靠和便于测量接地电阻。

4.7.11 因为在室外，尤其是耕地、水田、山区等易受外力破坏的地方，经常发生接地线被破坏等情况，所以要求架空线路杆塔都应与接地极连接，通过多点接地以保证其可靠性。

4.7.12 本条的目的是防止当雷电击中架空地线，由于接地不良而引起的瓷瓶闪络烧坏间断跳闸、导线或地线烧断、设备烧损等事故，所以要求架空地线应可靠接地。

4.7.13 混凝土电杆接地线从架空地线直接引下时，规定接地线应紧靠杆身，并应每隔不大于2m的距离与杆身固定一次，既保证了接地线施工工艺美观，也确保电气通路顺畅。

4.8 主(集)控楼、调度楼和通信站的接地

4.8.1 主(集)控楼、调度楼和通信站与同一楼内的动力装置、建筑物避雷装置共用一个接地网，以避免不同接地网间因流过雷电流或故障电流后地电位不同引起的反击，以及达到均压和屏蔽等目的。

4.8.4 本条的目的是使发电厂、变电站或开关站的通信站的接地装置与厂、站的接地网更好地连接。

4.8.5 本条规定了各类设备保护地线、导线屏蔽层的接地线截面的要求。

4.8.6 本条的目的是将连接两个变电站之间的导引电缆的屏蔽层在沿途的雷电、工频或杂散感应电流有效泄放入地。

4.8.7 本条的目的是将引入通信机房室内屏蔽电源电缆、屏蔽通信电缆和金属管道沿途的雷电、工频或杂散感应电流有效泄放入地，阻止将上述感应电流引入机房。

4.8.8 本条的目的是保证微波塔接地装置与机房接地装置联结良好，成为一个整体，达到均压的目的。

4.8.9 本条的目的是将微波塔上同轴馈线金属外皮上沿线的雷电感应电流有效泄放入地，阻止将雷电感应电流引入机房。

4.8.10 本条的目的是保证微波塔上航标灯电源线沿线雷电感应电流有效泄放入地，阻止将雷电感应电流引入机房。

4.8.11 本条规定了直流电源的接地要求。

4.9 继电保护及安全自动装置的接地

4.9.1 本条参照了现行国家标准《继电保护和安全自动装置技术规程》GB/T 14285—2006 中第6.5.3条中第2款的相关规定。随着电力系统的迅速发展，系统短路容量也越来越大，短路时的入地电流最大可达到几千安，即使接地电阻达到了现行国家标准《电气装置安装工程 电气设备交接试验标准》GB 50150 的相关要求，在短路点仍然会产生上百伏的电压。如果二次系统直接接入一次系统接地网，不仅对二次设备会产生较大危害，而且对双端接地的控制电缆屏蔽层来说，在屏蔽层两端的电压差会产生不平衡电流，该电流所产生的交变磁场将会在电缆芯线上产生一个交变的电压，严重时将会影响二次设备的正常运行。对继电保护及有关设备，为减缓高频电磁干扰的耦合，在有关场所设置等电位接地网的规定。

4.9.2～4.9.4 这几条参考国家电网公司及华北电网继电保护等电位接地网敷设的相关经验制定。

4.9.5 本条是对控制等二次电缆抗干扰屏蔽接地措施的相关规定。

4.9.7 本条参照现行行业标准《火力发电厂、变电所二次接线设计技术规程》DL/T 5136 的相关要求制定。

4.10 电力电缆金属护层的接地

4.10.1 本条参照现行国家标准《电力工程电缆设计规范》GB 50217—2007 中第4.1.9条的相关规定。

4.10.3 本条参照现行国家标准《电气装置安装工程 电缆线路施工及验收规范》GB 50168—2006 中第6.1.9条的相关规定。

4.10.4 本条参照现行国家标准《电气装置安装工程 电缆线路施工及验收规范》GB 50168—2006 中第6.1.2条的相关规定。

4.10.5 本条参照现行国家标准《电气装置安装工程 电缆线路

施工及验收规范》GB 50168—2006 中第 6.2.9 条的相关规定。

4.11 配电电气装置的接地

4.11.1 要求接地装置设置成闭合环形，一旦中间遭损坏断开不影响电气装置接地。

4.11.2 由于接地装置有多种材料可供选择，而不同材料的敷设、连接要求也不同，因此应符合本规范第 4.3 节和第 4.4 节的规定。

4.11.3 接地导体与变压器中性点的连接应牢固可靠，否则可能会影响系统的功能性和安全性。

4.11.6 本条是根据 TT、IT 接地型式的特点而提出的。

4.12 建筑物电气装置的接地

4.12.1 建筑物接地装置通常会利用建筑物基础钢筋网(或桩基)为自然接地极，同时还可能在建筑物四周敷设人工接地装置，因此，具体如何设置应遵照设计要求。

4.12.2 建筑物电气装置的系统接地、保护接地及建筑物的雷电保护接地等接地装置，由于场地限制通常难以完全分开，因此应采用同一接地装置。各种接地由于功能不同对接地电阻值也会有不同要求，当采用同一接地装置时应满足其中最小值要求。

4.12.7 通过电源 PE 线而实现低压电气装置外露导电部分的接地是最容易实现的，而且由于 PE 线与相线、中性线一起敷设，当发生接地故障时，回路阻抗相对比较小，故障电流较大，有利于提高防护电器的灵敏度。

4.12.10 最小值的规定是依据现行国家标准《交流电气装置的接地规范》GB/T 50065 制定的。

4.12.11 辅助等电位、局部等电位联结线截面积最小值的规定是依据国家建筑标准设计图集《等电位联结安装》02D501—2 制定的。

4.13 携带式和移动式用电设备的接地

4.13.1 因携带式用电设备经常移动，导线绝缘易损坏或导线折断，危及人身安全。因此要求应有专用的绝缘多股软铜绞线芯线进行接地，并要求使用绿/黄双色绝缘多股软铜绞线进行接地，符合现行国家标准《人机界面标志标识的基本和安全规则　导体颜色或字母数字标识》GB 7947 和《建筑电气工程施工质量验收规范》GB 50303 的规定。参照现行行业标准《施工现场临时用电安全技术规范》JGJ 46，因移动式用电设备与携带式用电设备的使用负荷不同，要求移动式用电设备采用截面积不少于 $2.5mm^2$ 的绝缘多股软铜绞线，携带式用电设备的接地线采用截面积不小于 $1.5mm^2$ 的绝缘多股软铜绞线。该截面要求是保证安全需要的最低要求。

4.13.2 保证了移动式用电设备的金属部位有可靠的保护接地，利用自然接地极能节省人力和材料。但在利用自然接地极前，除应检查自然接地极与用电设备之间的连接情况外，还应校验自然接地极的热稳定、接地电阻是否满足规程规范的要求，以确保自然接地极的安全使用性能。

4.13.3 条文中明确了可不另做保护接地的两种情况，因为这两种情况在发生碰壳短路时人体与大地间无电位差，不会发生触电危险。

4.14 防雷电感应和防静电的接地

4.14.1、4.14.2 参照现行国家标准《交流电气装置的接地设计规范》GB/T 50065—2011 中第 4.5 节的相关规定制定。

5 工程交接验收

5.0.1 本条规定了验收时应检查的项目。第 5 款要求接地阻抗、接地电阻测量应注意测试条件和测试方法符合规定，实测值应符合设计规定值。

5.0.2 本条规定了在交接验收时应提交的资料和文件。原规范中“实际施工的记录图”修改为“符合实际施工的图纸”，增加了“接地器材、降阻材料及新型接地装置检测报告及质量合格证明”的内容。检测报告由生产企业或第三方检测机构出具。

7

中华人民共和国国家标准

电气装置安装工程
旋转电机施工及验收标准

Standard for construction
and acceptance of rotating electrical machines
electric equipment installation engineering

GB 50170—2018

主编部门：中　国　电　力　企　业　联　合　会
批准部门：中华人民共和国住房和城乡建设部
施行日期：2　0　1　9　年　5　月　1　日

中华人民共和国住房和城乡建设部公告

2018年　第288号

住房城乡建设部关于发布国家标准《电气装置安装工程　旋转电机施工及验收标准》的公告

现批准《电气装置安装工程　旋转电机施工及验收标准》为国家标准，编号为GB 50170-2018，自2019年5月1日起实施。其中，第4.1.3、5.1.1条为强制性条文，必须严格执行。原《电气装置安装工程　旋转电机施工及验收规范》(GB 50170-2006)同时废止。

本标准在住房城乡建设部门户网站(www.mohurd.gov.cn)公开，并由住房城乡建设部标准定额研究所组织中国计划出版社出版发行。

中华人民共和国住房和城乡建设部

2018年11月8日

前　言

根据住房城乡建设部《关于印发〈2014年工程建设标准规范制(修)订计划〉的通知》(建标〔2013〕169号)的要求,标准编制组经广泛调查研究,认真总结实践经验,参考有关国际标准和国外先进标准,并在广泛征求意见的基础上,修订了本标准。

本标准共分6章,主要技术内容是:总则、术语、基本规定、汽轮发电机和调相机、电动机、工程交接验收。

本标准修订的主要技术内容是:

1. 增加了术语;

2. 增加了基本规定;

3. 汽轮发电机和调相机章节部分增加了启动试运要求;

4. 电动机章节部分增加了单机试运要求。

本标准以黑体字标志的条文为强制性条文,必须严格执行。

本标准由住房城乡建设部负责管理和对强制性条文的解释,由中国电力企业联合会负责日常管理,由中国电力科学研究院负责具体技术内容的解释。执行过程中如有意见或建议,请寄送中国电力科学研究院(地址:北京市西城区南滨河路33号;邮政编码:100055)。

本标准主编单位、参编单位、主要起草人和主要审查人:

主编单位:中国电力企业联合会
中国电力科学研究院

参编单位:山西省电力建设工程质量监督中心站
中国能源建设集团华北电力试验研究院有限公司
中国电建集团核电工程公司

山东电力建设第一工程公司
中国能源建设集团广东火电工程有限公司
河南送变电公司

主要起草人: 葛占雨　武英利　田　晓　沈　枢　郝志刚
田海涛　魏国柱　曾广宇　谷　伟　姜世昭
廖晓华　戴荣中　荆　津　王　琛

主要审查人: 宋国贵　吴克芬　高鹏飞　刘世华　龙庆芝
许茂生　赵　军　王玉明　陈长才　王国民
董纪国　刘　军　李　峰

1 总　　则

1.0.1 为规范旋转电机安装和验收，统一安装和验收标准，保证安装质量，促进安装技术水平的提高，制定本标准。

1.0.2 本标准适用于旋转电机中的电动机和容量6000kW及以上汽轮发电机、调相机的施工及验收。

1.0.3 对引进机组的施工验收，应按合同规定的标准执行，且验收标准不得低于本标准的规定。

1.0.4 旋转电机机械部分的安装及试运行，应符合国家现行有关标准的规定。

1.0.5 旋转电机的施工及验收除应符合本标准规定外，尚应符合国家现行有关标准的规定。

2 术　　语

2.0.1 调相机　synchronous compensator

由定子、转子及励磁系统组成，用于改善电网功率因数，维持电网电压水平的同步电机，又称同步补偿机或同步调相机。

2.0.2 对拼接头　the splice head

发电机出线瓷套管端部导体与外部母线间的过渡连接部件。电气连接接触面均有镀银层，并通过非导磁螺栓紧密拼接组成。

3 基本规定

3.0.1 旋转电机的运输和保管应符合本标准规定。当产品有特殊要求时，尚应满足产品技术文件要求。

3.0.2 采用的设备和器材应满足设计及产品技术文件要求，设备应有铭牌及合格证。

3.0.3 设备和器材到达现场后，应在规定期限内做验收检查。验收检查应包括初步检验和开箱检验，并应符合下列规定：

1 初步检验应包括下列内容：

1)车面检查：设备和器材绑扎应合理、牢固和完好，并应无磕碰和倾覆现象；

2)外观检查：包装应完整、无破损和水湿，裸装件应无损伤和变形；

3)数量清点：包装件和裸装件数量应准确；

4)初步检验应形成记录，发现问题应形成文字或图像记录，并应签字确认。

2 开箱检验应符合下列规定：

1)包装和密封应良好；

2)设备器材型号、规格应满足设计文件要求；设备、附件、备品备件、专用工具等数量应与合同及装箱单一致；

3)外观应无损伤、变形、水湿及锈蚀；

4)产品技术文件应齐全；

5)开箱检验应形成记录，发现问题应形成文字或图像记录并应签字确认。

3.0.4 旋转电机安装前的存放和保管期限应为一年以内。当需要长期保管时，应按现行行业标准《电力基本建设火电设备维护保管规程》DL/T 855 的有关规定执行。

3.0.5 与旋转电机安装有关的建筑工程应符合下列规定：

1 建(构)筑物的质量应符合现行国家标准《建筑工程施工质量验收统一标准》GB 50300 的有关规定。

2 设备安装前，建筑工程应具备下列条件：

1)屋顶、楼板工作应结束，不得有渗漏现象；

2)混凝土基础应达到允许安装的强度；

3)现场模板、杂物应清理完毕；

4)基础、地脚螺栓孔、沟道、孔洞、预埋件及电缆管的位置、尺寸和质量，应满足设计文件要求，预埋件应牢固。

3 设备投运前，应完成二次灌浆和抹面工作，二次灌浆强度应满足设计要求。

3.0.6 旋转电机的重要施工项目或工序，应制定安全技术措施。

3.0.7 设备安装就位后应做好成品保护。

4 汽轮发电机和调相机

4.1 一般规定

4.1.1 汽轮发电机组、调相机的施工应满足已经批准的设计、订货合同、技术协议和产品技术文件要求，当需修改或变更时，应由设计单位、制造厂出具相应的证明文件，并应办理相关审批手续。

4.1.2 对外委和现场加工配制的成品或半成品，应按相关规定进行检验，合格后方可使用。

4.1.3 发电机、调相机必须有不少于2个明显接地点，并应分别引入接地网的不同位置，接地必须牢固可靠。

4.1.4 容量6000kW及以上同步发电机及调相机的励磁机的施工及验收应按本标准第5章的有关规定执行。

4.2 保管、搬运和起吊

4.2.1 发电机、调相机到达现场后和安装前的检查应符合下列规定：

1 包装应完整，在运输过程中不应存在碰撞损坏现象。

2 转子表面与轴颈的保护层应完整，应无损伤和锈蚀，包装内应无积水现象。

3 水内冷和氢冷发电机、调相机的水、气进出孔道的封闭应严密，氢冷转子表面所有进出风道口的封堵件，应齐全完好。

4 充氮运输、保管的发电机、调相机氮气纯度和压力应满足产品技术文件要求。

4.2.2 发电机、调相机到达现场后，安装前的保管应符合下列规定：

1 放置前应检查和确认枕木垛、卸货台、平台的承载能力。

2 发电机、调相机主体设备应存放在清洁干燥的仓库或厂房内，存放区域环境温度和湿度应满足产品技术文件要求；当条件不允许时，可就地保管，并应有防火、防水、防潮、防尘、保温、防机械损伤及防止小动物进入等措施。

3 水内冷发电机、调相机存放温度不应低于5℃，宜使用干燥、清洁的压缩空气吹扫水内冷绕组内部残存的水分，并应保持其内部无积水。

4 存放保管期间，应按照产品技术文件要求定期测量发电机、调相机定子、转子绕组绝缘电阻；当保管条件有变化时，应及时测量绝缘电阻；当发现绝缘电阻值明显下降时，应查明原因，并应采取处理措施。

5 对于运输到现场仍处于封闭状态的发电机、调相机定子，在其周围空间进行施焊或切割等作业前，应做好防火隔离措施，并检查发电机、调相机的封闭应良好。

6 转子的存放应使大齿处于垂直方向，不得使护环受力。保管期间应每月一次检查轴颈、铁芯、集电环等部位不得有锈蚀，并应按产品技术文件要求定期盘动转子。

4.2.3 与起吊有关的建筑结构、起重机械、辅助起吊设施等强度应经过核算，起重机械、辅助起吊设施负荷试验应合格，并应满足起吊要求。

4.2.4 大型发电机、调相机定子的运输应满足就位时的方向，通道应畅通，道路承载能力应满足要求。

4.2.5 发电机、调相机定子和转子的起吊和搬运应符合下列规定：

1 受力点位置应符合产品技术文件要求。

2 转子起吊时，护环、轴颈、小护环、风扇、集电环、槽楔、风斗不得作为着力点。

3 轴颈应包扎保护，吊带不得与风扇、集电环、转子的槽楔、风斗碰触。吊带与转子的绑扎部位应垫好可靠的垫块。

4.3 定子和转子的安装

4.3.1 定子和转子的安装及现场手包绝缘工作宜在空气相对湿度不高于75%的环境下进行。当不满足要求时，应采取通风、除湿措施。

4.3.2 安装过程中，应保持铁芯、绕组、机座内部清洁无尘土、无油垢和杂物。

4.3.3 绕组的绝缘表面应完好、无伤痕和起泡现象。端部绕组与绑环应紧靠垫实，紧固件和绑扎件应完整，无松动，且螺母应锁紧。

4.3.4 铁芯硅钢片应无锈蚀、松动、损伤、金属性短接现象。通风孔和风道应清洁、无杂物阻塞。

4.3.5 埋入式测温元件的引出线及端子板应清洁和绝缘，其屏蔽接地应良好。埋设于汇水管水支路部位的测温元件应完好，并应安装牢固。

4.3.6 定子槽楔应无裂纹、凸出和松动现象。每根槽楔的空响长度应满足产品技术文件要求，端部槽楔应嵌紧。槽楔下采用波纹板时，应按产品技术文件要求进行检查。

4.3.7 进入定子膛内工作，应保持洁净，不得遗留物件，不得损伤绕组端部和铁芯。

4.3.8 检查转子上的紧固件应紧牢，平衡块不得增减或变位，平衡螺丝应锁牢。风扇叶片应安装牢固、方向正确，并应无破损和变形，螺栓紧固力矩值应满足产品技术文件要求，且螺栓锁片应锁牢。

4.3.9 安装气体内冷发电机、调相机转子前，应取出转子通风孔所有封堵件并经检验人员验证，并应按现行行业标准《隐极同步发电机转子气体内冷通风道检验方法及限值》JB/T 6229 的有关规定进行转子通风试验。

4.3.10 穿转子时，应使用专用工具，不得碰伤定子绕组和铁芯。

4.3.11 发电机、调相机的空气间隙和磁场中心应满足产品技术文件要求。

4.3.12 穿转子前后应测试定子绕组绝缘电阻和直流电阻，并应测试转子绕组绝缘电阻和交流阻抗，测试结果与出厂值比较应无明显差别。

4.3.13 安装端盖时，应进行下列检查：

1 发电机、调相机内部应无杂物和遗留物，冷却介质及气封通道应通畅；安装后，端盖接合处应紧密；采用端盖轴承的电机，端盖接合面应采用 10mm×0.05mm 塞尺检查，塞入深度不得超过 10mm。

2 对有轴瓦绝缘的大型发电机、调相机，安装端盖前应确认轴瓦绝缘测试线为耐油的绝缘导线或满足产品技术文件要求，并检查其与轴瓦的连接应牢固可靠；安装端盖并引出轴瓦绝缘测试线后应进一步检测和确认其导通和绝缘情况，并应满足产品技术文件要求。

3 应对轴瓦测温元件引线的完好性进行检查。

4　水内冷发电机、调相机的绝缘水管不得碰及端盖或其他构件，不得有凹瘪现象，绝缘水管相互之间不得碰触或摩擦；当有碰触或摩擦时应使用软质绝缘物隔开，并应绑扎牢固。

5　端盖封闭前，应完成电气、热工专业相关检查和试验工作，并应完成相关签证。

4.3.14　发电机、调相机引出线的安装应符合下列规定：

1　引线和出线的接触面应良好、清洁、无油垢，镀银层不应锉磨。

2　引线和出线的连接应使用力矩扳手紧固，紧固力矩值应满足产品技术文件要求；当采用钢质螺栓时，连接后不得构成闭合磁路。

3　出线套管表面应清洁，无损伤和裂纹，电气绝缘试验合格后方可安装；氢气冷却或水内冷发电机的出线套管应按现行行业标准《氢冷电机气密封性检验方法及评定》JB/T 6227 有关规定和产品技术文件要求做密封性试验，试验合格后方可安装；出线盒法兰、套管法兰和发电机、调相机本体的结合面应密合。

4　引线与出线连接后，其冷却通道密封和通畅性检查试验应满足产品技术文件要求；手包绝缘工艺和质量应满足产品技术文件要求。

5　引线和出线的安装，不得使单相引线或出线周围构成闭合铁磁回路。

6　安装前应检查现场组装的对拼接头电气连接接触面应平整、无机械损伤和变形，镀银层应完好。

7　发电机出线对拼接头现场组装并紧固螺栓力矩后，应检查其连接和接触应牢固可靠，并应连同对拼接头测量发电机定子绕组的直流电阻，应无异常。

8　对于发电机出线罩内一次侧安装的在线监测装置，应按现行国家标准《电气装置安装工程　电气设备交接试验标准》GB 50150 的有关规定对其和引线进行耐压试验。

4.3.15 隔绝发电机、励磁装置轴电流的绝缘部件绝缘性能应良好，绝缘电阻值应满足产品技术文件要求，当无规定时，使用1000V 兆欧表测试其绝缘电阻值不应小于 0.5M 表。

4.3.16 轴密封装置对地有绝缘规定时，安装后应测试其绝缘电阻，绝缘电阻值应满足产品技术文件要求。

4.3.17 氢冷发电机的安装应符合现行国家标准《隐极同步发电机技术要求》GB/T 7064 的有关规定。

4.3.18 定子绕组总进出水管的接口端应有盖板或用防护带封口，定子冷却水接入时方可拆除。

4.4 集电环、电刷及同轴励磁装置的安装

4.4.1 集电环应与轴同心，晃度应符合产品技术文件要求，当无要求时，晃度不宜大于 0.05mm。集电环表面应光滑无锈蚀、损伤、油垢。

4.4.2 接至刷架的电缆，不应使刷架受力，其金属护层不应触及带有绝缘垫的轴承。

4.4.3 电刷架及其横杆应固定，绝缘衬管和绝缘垫应无损伤、污垢，并应测量其绝缘电阻，绝缘电阻值应满足产品技术文件要求。

4.4.4 刷握与集电环表面间隙应满足产品技术文件要求，当无要求时，其间隙可调整为 2 mm～3mm。

4.4.5 电刷的安装调整应符合下列规定：

1 同一发电机上应使用同型号、同厂家的电刷。

2 电刷的编织带应连接牢固、接触良好，不得与转动部分或弹簧片碰触；具有绝缘垫的电刷，绝缘垫应完好。

3 电刷在刷握内应能上下自由移动，电刷与刷握的间隙应满足产品技术文件要求；当无要求时，其间隙可为 0.10mm～0.20mm。

4 恒压弹簧应完好无损，型号和压力应满足产品技术文件要求；同一极上的弹簧压力偏差不宜超过 5%。

5 电刷接触面应与集电环的弧度相吻合，接触面积不应小于单个电刷截面的75%；研磨电刷后，应将炭粉清扫干净。

6 非恒压的电刷弹簧，压力应满足其产品技术文件要求；当无要求时，应调整到不使电刷冒火的最低压力，同一刷架上每个电刷的压力应均匀。

7 在考虑机组冷态和机组运行轴系膨胀量的情况下，电刷均应在集电环的整个表面内工作，不得靠近集电环的边缘。

4.4.6 励磁用绕组（P棒）的绝缘检查及引出线的连接应满足产品技术文件的要求，当无要求时，应与主绕组及主回路要求相同。

4.4.7 同轴励磁装置与发电机转子回路的连接，应符合下列规定：

1 同轴励磁装置检查及其与发电机转子回路的电气连接，应满足产品技术文件要求。

2 同轴励磁装置联轴器螺栓紧固力矩值应符合产品技术文件要求。

3 高速旋转的电气连接接触面不得使用电力复合脂。

4.5 冷却系统的安装

4.5.1 氢冷发电机冷却系统的安装应符合下列规定：

1 定子、转子及氢、油、氢冷器水系统管路等应做密封性试验；试验合格后，可做整体性气密试验；试验方法、压力和标准应符合产品技术文件要求或按现行行业标准《氢冷电机气密封性检验方法及评定》JB/T 6227的有关规定执行。

2 氢气质量应满足产品技术文件要求。当无要求时，氢气纯度应大于95%，机内压力下，氢气湿度应为$-25℃ \leqslant t_d$（露点）$\leqslant 0℃$。

4.5.2 水内冷发电机冷却系统的安装应符合下列规定：

1 安装前，定子或转子水回路应按产品技术文件要求进行密封性试验。

2 冷却水水质应满足产品技术文件要求。

3 冷却水系统应进行正、反向冲洗，分支水回路应畅通；入口水压和流量应满足产品技术文件要求。

4 定子、转子安装后，应检查汽端、励端、出线套管的汇水管接地引出线绝缘及导通应良好、可靠，并应检查定子冷却水进出水管绝缘应良好、可靠。

5 水内冷定子绕组应进行热水流试验或超声波流量法测试定子冷却水系统流量，并应符合现行行业标准《汽轮发电机绕组内部水系统检验方法及评定》JB/T 6228 的有关规定。

4.5.3 检漏装置应清洁、干燥和完好。

4.6 干　　燥

4.6.1 发电机、调相机定子绕组的绝缘电阻、吸收比或极化指数，应符合现行国家标准《电气装置安装工程　电气设备交接试验标准》GB 50150 的有关规定。当不符合时，应进行干燥。

4.6.2 发电机、调相机的干燥处理应符合下列规定：

1 温度应缓慢上升，升温速率应满足产品技术文件要求，可为每小时升 5℃～8℃。

2 铁芯和绕组的最高允许温度，应根据绝缘等级确定。

3 带转子干燥的发电机、调相机当温度达到 70℃以后，应至少每隔 2h 将转子转动 180°。

4 水内冷发电机、调相机定子宜采用水质合格的热水循环干燥，初始阶段水与空心铜管的温度差不得大于 15℃，逐步加热后水温不宜高于 70℃；当采用直流电加热法时，在定子绕组与绝缘水管连接处的接头上测得的温度不应高于 70℃。

5 对水内冷发电机转子的干燥可采用直流电加热法，当采用电阻法测量温度时，其温度不应高于 65℃。

6 其他冷却方式的发电机、调相机定子和转子的干燥处理应满足产品技术文件要求。

7 当发电机、调相机就位后干燥时，宜与风室干燥同时进行。

8 当绝缘电阻值、吸收比或极化指数满足产品技术文件要求，且测量数值在同一温度下历时5h稳定不变时，可认为干燥合格。

9 发电机、调相机干燥处理后不及时启动时，应有防潮措施。

4.6.3 对于交流耐压试验已合格的发电机、调相机，当折算至运行温度或环氧粉云母绝缘的发电机、调相机在常温下，按额定电压计算绝缘电阻值不低于1 MΩ/kV时，可不经干燥投入运行。但在投运前不应再拆开端盖进行内部作业。

4.7 启动试运

4.7.1 发电机、调相机启动试运前的检查应符合下列规定：

1 建筑工程应全部结束，现场应清扫整理完毕，脚手架应已拆除，道路应畅通，沟道和孔洞盖板应齐全，楼梯和步道扶手、栏杆应齐全且应满足安全要求。

2 在寒冷气候下进行试运时，应做好厂房封闭和防冻措施，试运区域环境温度宜保持在5℃以上。

3 试运区域与生产或施工区域应已安全隔离。

4 电缆和盘柜防火封堵应符合设计文件要求。

5 试运区域照明、通信、消防设施应齐全完好。

6 发电机、调相机本体安装结束，发电机、调相机外壳油漆应完整，接地应良好；启动前应按现行国家标准《电气装置安装工程 电气设备交接试验标准》GB 50150的有关规定完成相关试验项目，并应试验合格。

7 冷却、调速、润滑、水、氢、密封油等附属系统应安装完毕，并应验收合格，水质、油质和氢气质量应满足产品技术文件要求，分部试运行情况应良好。

8 发电机、调相机出线套管及出线罩内绝缘件表面应清洁，应无灰尘、水、油污和异物。

9 发电机、调相机出线与外部回路的连接应满足设计文件要求，且应连接紧密、导通良好、牢固可靠；电刷与集电环的接触应良好。

10 发电机、调相机保护、控制、测量、信号、励磁等系统应调试完毕，且应工作正常。

11 启动试运前测定发电机、调相机定子绕组、转子绕组及励磁回路的绝缘电阻，应符合现行国家标准《电气装置安装工程 电气设备交接试验标准》GB 50150 的有关规定；有绝缘的轴承座的绝缘板、轴承座及台板的接触面应清洁干燥，使用 1000V 兆欧表测量绝缘电阻值不得小于 0.5MΩ。

12 对于发电机、调相机出线罩周围空间的漏水、漏油、掉落异物等不安全因素应进行排查并应做好相关防范措施。

4.7.2 不同冷却形式的发电机、调相机运行应符合下列规定：

1 氢气直接冷却的发电机、调相机在未充氢气状态下不得加励磁。

2 氢气间接冷却的发电机、调相机用空气冷却连续运行时，其功率和定子、转子的温升应符合现行国家标准《隐极同步发电机技术要求》GB/T 7064 的有关规定。

3 水内冷发电机转子绕组未通水时不得启动或盘车；转子、定子绕组未通水冷却不得加励磁；定子和转子的断水运行持续时间不得超过 30s。

4.7.3 启动试运中应对发电机、调相机进行下列检查和试验：

1 旋转方向、相序及运行声音。

2 集电环及电刷的工作情况。

3 发电机、调相机各部件温度和发电机、调相机各种冷却介质参数。

4 氢冷发电机、调相机在额定氢压下的漏氢量。

5 轴振动值和轴瓦温度、轴承回油温度。

6 定子电压、定子电流、频率、励磁电压、励磁电流和有功功率、无功功率、功率因数。

7 现行国家标准《电气装置安装工程 电气设备交接试验标准》GB 50150规定的发电机、调相机转子绕组交流阻抗、空载特性、短路特性、灭磁时间常数、定子残压和轴电压等试验。

5 电动机

5.1 一般规定

5.1.1 电动机必须有明显可靠的接地。

5.1.2 电动机受潮后，其干燥方法和标准应满足产品技术文件要求。

5.2 保管和起吊

5.2.1 电动机到达现场后，安装前的保管和起吊应符合下列规定：

1 放置前应检查枕木垛、卸货台、平台的承载能力和平整度。

2 电动机及其附件宜存放在清洁、干燥的场所，并应有防火、防水、防潮、防尘、防积水浸泡、防机械损伤及防止小动物进入的措施。

3 保管期间，应每月检查一次，轴颈、铁芯、集电环等处不得有锈蚀；并应按产品技术文件要求定期盘动转子。

4 起吊转子时，吊索宜选用柔性吊装带，不应将吊索绑在集电环、换向器或轴承等不宜承重受力的部位；起吊定子和穿转子时，不应碰伤定子绕组和铁芯。

5.3 检查和安装

5.3.1 电动机安装时的检查应符合下列规定：

1 安装前外观应完好，附件、备件应齐全、无损伤，绕组绝缘电阻值应满足产品技术文件要求。

2 定子和转子分箱装运的电动机，其铁芯、转子的表面及轴颈的保护层应完整，并应无损伤和锈蚀现象。

3 盘动转子应灵活，不得有碰卡声。

4 润滑脂应无变色、变质及变硬等现象，其性能应符合电动机的工作条件。

5 可测量空气间隙的电动机，其气隙的不均匀度应满足产品技术文件要求，当无要求时，各点气隙与平均气隙的差值不大于平均气隙的5%。

6 电动机接线盒内的空间应满足电缆曲绕压接的需要，引出线鼻子焊接或压接应良好，编号应齐全，接线端子支持强度应能承受电缆弯曲产生的应力，电缆在接线盒内不应受外力挤压和磨损，裸露带电部分的电气间隙应满足产品技术文件要求。

7 应检查绕线式电动机的电刷提升装置，动作顺序应满足产品技术文件要求。

8 电动机接线盒密封性能应满足电机防护等级要求。

9 电动机过电压保护器、加热器及测温元件检查，应满足产品技术文件要求。

5.3.2 当电动机有下列情况之一时，应抽转子检查：

1 出厂日期超过制造厂保证期限。

2 外观检查或电气试验，质量可疑时。

3 开启式电动机端部检查可疑时。

4 试运转时有异常情况。

5.3.3 电动机抽转子检查应符合下列规定：

1 电动机内部应清洁无杂物。

2 电动机的铁芯、轴颈、集电环和换向器应清洁、无伤痕和锈蚀，通风孔无阻塞。

3 绕组绝缘层应完好，绑线应无松动。

4 定子槽楔应无断裂、凸出和松动，并应按产品技术文件要求检查端部槽楔应嵌紧。

5 转子的平衡块及平衡螺丝应紧固锁牢，风扇方向应正确，叶片应无裂纹。

6 磁极及铁轭固定应良好，励磁绕组应紧贴磁极，且不应松动。

7 鼠笼式电动机转子铜导电条和端环应无裂纹，焊接应良好；浇铸的转子表面应光滑平整；导电条和端环不应有气孔、缩孔、夹渣、裂纹、细条、断条和浇注不满。

8 电动机绕组的连接应正确，焊接应良好。

9 直流电动机的磁极中心线与几何中心线应一致。

10 电动机的滚动轴承检查应符合下列规定：

1)轴承工作面应光滑清洁、无麻点、裂纹或锈蚀，并应记录轴承型号；

2)轴承的滚动体与内外圈接触应良好、无松动，转动应灵活无卡涩，其间隙应满足产品技术文件要求；

3)加入轴承内的润滑脂应填满其内部空隙的 2/3；不得将不同品种的润滑脂填入同一轴承内。

5.3.4 直流电动机的换向器表面应光滑、无毛刺、黑斑和油垢，换向片与绕组的焊接应良好。

5.3.5 电动机刷架、刷握及电刷的安装应符合下列规定：

1 同一组刷握应均匀排列在与轴线平行的同一直线上。

2 刷握的排列，应使相邻不同极性的一对刷架彼此错开。

3 各组电刷应调整在换向器的电气中性线上。

4 带有倾斜角的电刷的锐角尖应与转动方向相反。

5 电刷的安装除应符合本条规定外，尚应符合本标准第 4.4 节的有关规定。

5.3.6 多速电动机的安装，接线方式和极性应正确。

5.3.7 电动机的接地导线，应符合设计文件要求，当无要求时，应符合现行国家标准《旋转电机 定额和性能》GB/T 755 的有关规定。

5.3.8 对于有固定转向要求且不能反转的电动机，接线前应检查并确认电动机转向与电源相序的对应关系正确。

5.4 单机试运

5.4.1 电动机试运行前的检查应符合下列规定：

1 建筑工程应结束，现场清扫整理应完毕，道路应畅通。

2 照明、通信、消防设施应齐全。

3 电动机本体安装应结束，电动机外壳油漆应完整，接地应良好。试运行前应按现行国家标准《电气装置安装工程 电气设备交接试验标准》GB 50150 的有关规定完成相关试验项目，并应试验合格。

4 冷却、润滑、温度监测等附属系统应安装完毕，并应验收合格；润滑脂应无变色、变质及变硬等现象，其性能应符合电动机的工作条件。

5 电动机的保护、控制、测量、信号等回路应调试完毕，且应工作正常；多速电动机连锁切换装置应动作可靠，操作程序应满足产品技术文件要求。

6 电动机的电气开关柜、电缆防火封堵施工应完毕，并应验收合格。

7 电动机及控制按钮、事故按钮等装置应标识准确、齐全、清晰。

8 电刷与换向器的接触应良好。

9 盘动电动机转子时应转动灵活、无卡阻。

10 电动机接线端子与电缆的连接应正确，且应固定牢固、连接紧密；直流电动机串并励回路接线应正确，接线形式应与其励磁方式相符。

5.4.2 交流电动机应先进行空载试运行，空载试运时间宜为 2h 以上直至电动机轴承温度稳定为止；直流电动机空载运转时间不宜小于30min。

5.4.3 交流电动机带负荷启动次数应满足产品技术文件要求；当无要求时，应符合下列规定：

1 冷态可启动2次，每次间隔时间不得小于5min。

2 热态可启动1次。当处理事故或启动时间不超过3s时，可再启动1次。

5.4.4 单机试运行中应对电动机进行下列检查：

1 电动机、风扇的旋转方向及运行声音。

2 换向器、集电环及电刷的运行状况。

3 启动电流、启动时间、空载电流。

4 电动机各部温度。

5 电动机振动。

6 轴承状况及润滑脂量。

6 工程交接验收

6.0.1 发电机、调相机交接验收应符合下列规定：

1 旋转方向和相序应满足设计文件要求，运行中应无异常声音。

2 集电环及电刷的工作情况应正常。

3 振动测量值及各部温度，应满足产品技术文件要求。

4 氢冷发电机在额定氢压下的漏氢量应满足产品技术文件要求。

5 电压、电流、频率、功率等参数应满足产品技术文件要求。

6 转子绕组交流阻抗、空载特性、短路特性、灭磁时间常数、定子残压和轴电压等测试结果，应满足产品技术文件要求。

7 并入系统保持铭牌出力连续运行时间应符合现行行业标

准《火力发电建设工程启动试运及验收规程》DL/T 5437 的有关规定。

6.0.2 电动机交接验收应符合下列规定：

1 旋转方向应满足设计文件要求，运行中应无异常声音。

2 换向器、集电环及电刷应工作正常，接触面应无明显火花。

3 启动电流、启动时间、空载电流应满足产品技术文件要求。

4 各部温度应满足产品技术文件要求。

5 滑动轴承温度不应超过 80℃，滚动轴承温度不应超过 95℃。

6 振动测量值应满足产品技术文件要求。

7 轴承状态应正常，润滑脂量应满足产品技术文件要求。

6.0.3 验收旋转电机时，应提交下列资料和文件：

1 设计变更证明文件和竣工图资料。

2 制造厂提供的产品说明书、出厂检验记录、合格证件及随机图纸等技术文件。

3 安装、试运记录及验收签证。

4 发电机干燥记录。

5 调整试验记录和报告。

6 专用工具、备品、备件及测试仪器清单。

本标准用词说明

1 为便于在执行本标准条文时区别对待，对要求严格程度不同的用词说明如下：

1) 表示很严格，非这样做不可的：

正面词采用“必须”，反面词采用“严禁”；

2) 表示严格，在正常情况下均应这样做的：

正面词采用"应"，反面词采用"不应"或"不得"；

3）表示允许稍有选择，在条件许可时首先应这样做的：

正面词采用"宜"，反面词采用"不宜"；

4）表示有选择，在一定条件下可以这样做的，采用"可"。

2 条文中指明应按其他有关标准执行的写法为："应符合……的规定"或"应按……执行"。

引用标准名录

《电气装置安装工程　电气设备交接试验标准》GB 50150

《建筑工程施工质量验收统一标准》GB 50300

《旋转电机　定额和性能》GB/T 755

《电力基本建设火电设备维护保管规程》DL/T 855

《火力发电建设工程启动试运及验收规程》DL/T 5437

《隐极同步发电机技术要求》GB/T 7064

《氢冷电机气密封性检验方法及评定》JB/T 6227

《汽轮发电机绕组内部水系统检验方法及评定》JB/T 6228

《隐极同步发电机转子气体内冷通风道检验方法及限值》JB/T 6229

中华人民共和国国家标准

电气装置安装工程
旋转电机施工及验收标准

GB 50170—2018

条 文 说 明

编 制 说 明

《电气装置安装工程　旋转电机施工及验收标准》GB 50170—2018，经住房城乡建设部2018年11月8日以第288号公告批准、发布。

本标准是在《电气装置安装工程　旋转电机施工及验收规范》GB 50170—2006的基础上修订而成，上一版的主编单位是国网北京电力建设研究院，参编单位是山东电力建设第一工程公司、山东电力建设第二工程公司等单位，主要起草人是陈发宇、李培源、魏国柱、温玉峰、王强、张均圻、郭建。

本标准修订过程中，编制组进行了广泛的调查研究，总结了我国工程建设的实践经验，同时参考了国外先进技术法规、技术标准。

为了广大施工、监理、设计、科研、学校等单位有关人员在使用本标准时能正确理解和执行条文规定，《电气装置安装工程　旋转电机施工及验收标准》编制组按章、节、条顺序编制了本标准的条文说明，对条文规定的目的、依据以及执行中需注意的有关事项进行了说明，还着重对强制性条文的强制性理由做了解释。但是，本条文说明不具备与标准正文同等的法律效力，仅供使用者作为理解和把握标准规定的参考。

1 总则

1.0.2 旋转电机安装工程的施工及验收本应把水轮发电机包括在内，现因水轮发电机的施工及验收已有国家标准《水轮发电机组安装技术规范》GB/T 8564，这就能做到水轮发电机在施工验收时有相应的标准可对照。为避免内容重复，故本标准未将水轮发电机列入。本标准未包含燃机发电机的施工及验收，目前较大功率的燃机发电机以进口机组居多，安装及验收均执行制造厂安装使用手册或导则，随着燃机发电机的施工经验的积累，待条件成熟后再列入本标准。

1.0.3 引进机组的施工验收，应按合同规定的标准执行，这是常规做法。为免除施工验收中因为标准不同产生异议而做此规定。由于我国的现实情况，某些标准高于引进机组的标准，标准不同的情况应在签订订货合同时解决，或在工程联络会(其会议纪要同样具有合同效力)时协商解决。为使合同签订人员对标准不同问题引起重视，本条要求签订设备进口合同时注意，验收标准不得低于本标准的原则规定。

1.0.4 汽轮发电机的机务部分安装工作习惯上均由专业机务人员进行，不属于电气部分施工范围，故本标准未列入。有关机务部分的安装及试运行要求，应符合国家现行的相关专业标准的规定。

2 术语

2.0.2 “对拼接头”为新增加术语。是发电机出线瓷套管与外部母线间的过渡连接，为了连接可靠且导通良好，出线瓷套管端部圆形接触面与外部过渡连接头接触面均镀有银层，并通过非导磁螺栓紧密连接成一个整体，以便于与外部母线的连接，对拼接头又称哈弗金具。

3 基本规定

3.0.3 本条规定了设备和器材到达现场后的检查分两步进行，即设备到场后的初步检验和开箱检验。并规定了检查的相关内容，这样规定可以更便于区分责任，还可以及时发现和处理设备和器材存在的问题，保证施工的正常进行，现场实际也是这样操作的。

3.0.4 指出本标准所列设备在安装前的保管期限和保管要求。如需长期保管时，应按现行行业标准《电力基本建设火电设备维护保管规程》DL/T 855 的有关规定执行。

3.0.5 本条规定了在旋转电机安装前对包括电机基础在内的建筑工程的一些具体质量要求，如对电机基础、地脚螺栓孔、沟道、孔洞、预埋件及电缆管的位置、尺寸和质量要求。目的是做到文明施工，避免现场施工混乱，并为旋转电机安装工作的顺利进行创造条件，这些要求对保证安装质量和设备安全也是很必要的。现场施工中往往为了追求进度，在屋内顶面及楼板工作未结束，防水层未做，即进入设备安装，结果由于漏雨渗水影响设备安装质量，故强调这一要求。

3.0.6 本标准内容是以质量标准和主要的工艺要求为主，有关施工安全问题，应遵守现行的安全技术规程，对于重要的施工项目或工序，由于施工环境各不相同，还应结合现场具体情况，在施工前制订切实可行的施工技术措施。

3.0.7 发电机、调相机及一些大型电动机一旦保护不到位发生损伤、损坏等情况，处理起来很麻烦，甚至造成人力、物力、财力的巨大浪费，还有可能影响工期。为了防止设备在安装期间发生损伤、锈蚀、冻裂等情况，本条规定了安装就位的设备应做好成品保护。

4 汽轮发电机和调相机

4.1 一般规定

4.1.1 本条规定了汽轮发电机组应依据经批准的设计、订货合同、技术协议和产品技术文件施工，并对遇到需修改或变更的情况，需履行的相关手续进行了规定。

4.1.3 本条为强制性条文，必须严格执行。发电机、调相机运行电压较高，其在运行过程中受多方面因素的影响可能导致绝缘性能下降、绝缘损坏、短路等情况的发生，可能使其外壳带电，这种情况下，如果其底座和外壳不接地，运行人员一旦接触外壳，将会有生命危险。所以，按照设计要求，发电机、调相机的底座和外壳应当接地，为提高接地的可靠性和便于检查，规定了应有 2 个及以上明显接地点的要求。

4.2 保管、搬运和起吊

4.2.1 发电机、调相机到达现场后，首先应检查包装的完整性、转子等的保护层是否完整及包装内有无凝结积水现象。对水内冷电机则应检查定子、转子进出水管管口封闭是否完好，防止杂物进入堵塞冷却水通路；用堵头封堵氢内冷转子表面所有进出风道口，以防杂物进入堵塞风道；充氮运输的电机检查其氮气纯度和压力应满足产品文件的要求，以便判断电机绝缘是否受潮。

4.2.2 本条对发电机、调相机安装前的保管要求做了具体规定。

1 应考虑放置地点的承载能力。

2 存放处的环境温度和湿度应满足产品技术文件的要求。应充分考虑防潮、防积水浸泡、防尘及保温等要求，以免降低电机的绝缘性能。要采取措施防止小动物如老鼠、蛇等进入，因为在不少地方发生因保管不善，小动物进入损伤电机绕组的事故。

3 条文中"水内冷发电机、调相机的存放温度不应低于5℃"，是为了防止残存在绝缘引水管内少量剩水在低温时可能将绝缘引水管冻裂；充氮保管的电机，应保持氮气纯度和压力满足产品技术文件的要求，以免潮气侵入影响电机绝缘。

4 定期使用兆欧表测量定子及转子的绝缘电阻，以及时检查电机是否受潮。实践证明这种措施是简单可行的。强调了发电机、调相机定子、转子在保管期间，当条件发生变化时，为保证设备质量而及时测量绝缘电阻。

5 对于运输到现场的仍处于封闭状态的大型、调相机定子，在其周围空间进行施焊或切割等作业前，应仔细检查发电机、调相机的封闭情况，如发现定子密封不良的情况，应采取隔离措施。现场曾发生过发电机定子封闭不良（有缝隙或孔洞），施焊或切割火星飞溅到发电机、调相机定子内部引燃定子绝缘的事故。

6 转子存放时不得使护环尤其是护环与本体嵌装部位受力，应使刚度较大的部位—子—大齿处于垂直方向，对于大型发电机、调相机，随着转子长度的增加，放置时的挠度也就增大，因此应注意转子存放时的支撑位置，为防止转子轴变形，制造厂要求在保管期间定期盘动转子，避免因存放不当导致转子大轴弯曲。保管期间还应每月一次检查轴颈、铁芯、集电环等部位不得有锈蚀。

4.2.3 由于随着发电机组、调相机容量的增大，其自身重量也增加很多，对承重强度和起吊性能也提出了更高的要求。本条规定了与起吊有关的建筑结构、起重机械、辅助起吊设施等强度核算，起重机械、辅助起吊设施应做负荷试验，以满足起吊要求。

4.2.4 大型发电机、调相机的定子在运输前应考虑就位时的方向，以免定子进入厂房后因方向不对需要重新调头时造成改变方向的困难。运输前应考虑通道畅通、道路承载能力满足要求，以防路面狭窄、塌陷等因素，引发设备的倾斜、受冲击等外力而造成损伤。

4.2.5 本条规定了定子、转子在起吊及搬运过程中不得作为着力点的部位和应采取的保护措施，以防止外壳、铁芯、绕组等受到损伤或额外的机械应力。大型氢内冷发电机采用气隙取气斜流通风方式时，转子表面已不是光滑的圆柱体，因现在一般不用钢丝绳，而用合成纤维尼龙带，故将钢丝绳改为吊带。

4.3 定子和转子的安装

4.3.1 本条规定了当空气湿度较大环境下，定子和转子安装及现场手包绝缘工作的相关要求。通过调研相关电机厂专业人员，空气湿度多少时不宜进行定子和转子的安装及手包绝缘工作。有厂家建议定子和转子的安装环境，空气湿度最好在70%以下，不满足时可以采取通风和除湿措施避免定子铁芯、定子线圈、转子线圈和手包绝缘受潮及表面结露。

手包绝缘层受潮和绝缘层表面结露，人孔门封闭后，潮气不宜散发出来，直接影响定子绕组直流泄漏试验和该部位的电位外移试验，严重者会造成该部位的绝缘损伤。

4.3.2 根据多年来发电机的安装经验，在发电机安装的全过程中保持铁芯、绕组、机座内部清洁非常重要。所以规定在发电机、调相机安装过程中，应保持铁芯、绕组、机座内部清洁无尘土、无油垢和杂物。

4.3.3、4.3.4、4.3.8 这3条规定了安装时的常规检查项目和要求。

4.3.5 本条是为了保证发电机、调相机运行后各测点温度测量的准确性而做的规定。

4.3.6 每根槽楔的空响长度各制造厂工艺规范不一，故规定应符合产品技术文件的要求。

4.3.7 本条规定了进入定子膛内工作时的具体要求和对定子绕组端部及铁芯采取保护措施，以免损伤绕组端部和铁芯。因非金属件也能对定子绕组端部及铁芯造成损害，故将金属件改为物件。

4.3.9 本条是为保证氢冷电机转子安装前的质量而规定的。本条还规定了转子通风试验的要求。转子通风试验方法和限值应按现行行业标准《隐极同步发电机转子气体内冷通风道检验方法及限值》JB/T 6229 的有关规定进行，现行国家标准《电气装置安装工程　电气设备交接试验标准》GB 50150 对此也有相应的规定。

4.3.10 本条规定了穿转子时，不得碰伤定子绕组和铁芯及其保护措施。

4.3.12 穿转子前后测试并记录定子绕组直流电阻及绝缘电阻，以便及时比较穿转子前后定子绕组直流电阻及绝缘电阻的数值，确认定子线圈绝缘是否受到损伤。穿转子前后转子绝缘电阻及交流阻抗测试要求，测试结果与出厂值进行比较应无明显差别。是为了及时检查穿转子过程中转子绝缘是否受到损伤，有无匝间短路等问题。

4.3.13 本条对安装端盖做了规定。

2 轴瓦绝缘测试线应为耐油的绝缘导线或满足厂家技术要求，其与轴瓦的连接情况牢固可靠。轴瓦绝缘测试线材质、绝缘状况、可靠连接情况都应在安装端盖前检查确认，否则，安装端盖将无法检查，一旦存在问题(连接不牢固、断线、绝缘破损等)，需要拆端盖返工处理，很麻烦。安装端盖并引出轴瓦绝缘测试线后进一步检测和确认其导通及绝缘情况，满足厂家技术要求，是为了检查端盖安装中是否对测试线造成损伤。

3 对轴瓦测温元件引线进行检查，是为了检查测温线的连接情况和绝缘情况。

4 规定绝缘引水管不得触及其他构件，绝缘引水管之间也不允许互相接触，是为了保证冷却水水流畅通，并防止因为相互间振动摩擦导致绝缘引水管损坏漏水，进而引发事故。

5 因为涉及机务和电气专业工序的交叉，为了避免遗漏相关专业的工作并保证施工质量，规定端盖封闭前电气专业各项检查、试验已完成并办理完相关签证。

4.3.14 对发电机、调相机引出线的安装做了规定：

1 引线及出线的接触面必须良好，以保证接触面的质量，但有的产品未满足此要求，故条文中予以规定，以引起重视。此外，引线及出线接头的接触电阻，还取决于接触面是否清洁、螺栓是否紧固以及接触面的材料；接触面镀银层锉磨后，将对接头质量产生不良影响，故做了明确规定。

2 关键部位的电气连接应可靠，引线及出线的连接应使用力矩扳手紧固，紧固力矩应满足产品技术文件要求；当采用钢质螺栓时，连接后不得构成闭合磁路，否则产生涡流发热会引发严重事故。

3 为保证氢冷电机在安装后的漏氢量符合制造厂或规范规定和防止水内冷发电机的出线套管漏水，因此本条规定了安装前对氢气冷却或水内冷发电机的出线套管作密封性试验合格后才能安装的要求。出线箱法兰与套管法兰和发电机本体的结合面应密合，这对大型氢冷电机尤为重要。在整体性气密试验中应注意检查定子各处焊口、结合面及引出线套管密封处等有无漏气，以使整体性气密试验符合制造厂或现行行业标准《氢冷电机气密封性检验方法及评定》JB/T 6227 中的规定。

4 通畅性检查试验属于特殊试验，主要是防止发电机、调相机运行时冷却水回路不通畅造成的局部过热的情况发生。根据国内大型汽轮发电机运行事故统计资料，有的发电机由于定子引线及出线绝缘包扎不良而发生过对地及相间短路事故。故对引线及出线的绝缘包扎的技术要求做了明确规定。

5 曾发现某些电厂因建筑或安装等外部因素在发电机单相出线部位形成闭合铁磁回路，发电机出线为大电流部位，闭合磁路容易引发严重事故。所以本款规定了发电机引线及出线的安装，单相引线或出线周围不允许形成闭合的铁磁回路。

6 现场组装的对拼接头部位为大电流接触面，接触应可靠。但多个现场曾发现对拼接头部位变形、锈迹和镀银层损伤，有的因此引发了严重事故。所以本款规定了发电机引线及出线的安装，现场组装的对拼接头部位安装前应检查表面镀银层完好、电气连接面平整无机械损伤和变形。

7 为确保导电接触面连接接触可靠，大型发电机的引线及出线使用力矩扳手紧固，除紧固力矩满足厂家技术要求外，还应辅以必要的检测手段(如塞尺法、测接触电阻等)。本条还规定了发电机现场组装的大电流部件间连接规定内容及相关验收测试要求。对于现场组装的发电机出线现场组装的对拼接头部位，应在紧固螺栓力矩后检查接触面的连接情况，定子绕组的直流电阻应在对拼接头部位现场组装后测量。是为了进一步确认现场组装的对拼接头部位的连接接触情况。

8 发电机的引出线(出线罩内)一次侧加装在线监测装置，主要是监测运行中发电机的局部放电现象。该部位的在线监测装置长期承受发电机相电压，其绝缘性能关系到发电机的安全运行，所以本款规定:大型发电机的引出线(出线罩内)一次侧加装在线监测装置时，对在线监测装置应进行耐压试验，耐压水平应符合现行国家标准《电气装置安装工程　电气设备交接试验标准》GB 50150规定。

4.3.15 发电机励端轴承座为绝缘结构，机务人员在安装过程中的脏污容易造成轴承座绝缘低或无绝缘，导致发电机励端大轴接地，轴电压因励端大轴接地而产生环流，危害发电机的安全运行。所以规定了隔绝发电机、励磁装置轴电流的绝缘部件应绝缘性能良好，绝缘电阻值符合产品技术文件要求，产品技术文件无要求时，使用1000V绝缘电阻表测试绝缘电阻值不小于0.5M表。

4.3.16 本条规定轴密封装置对地有绝缘规定时，安装后测试其绝缘电阻值应符合厂家技术要求。道理上同第4.3.15条。

4.3.18 定子线圈总进出水管的接口端应有盖板或用防护带封口,并在发电机装配结束投运前才从端口予以拆除。机座上的进出水口法兰盖板密封应在装设外部水管时才打开。本条规定是考虑到过早打开机座上的进出水口法兰盖板密封,容易造成发电机内部绝缘受潮。

4.4 集电环、电刷及同轴励磁装置的安装

4.4.1～4.4.4 规定了集电环安装时的有关技术要求,其中第4.4.4条规定刷握与集电环表面的间隙为2mm～3mm。

4.4.5 本条规定了电刷安装时的技术要求。

1 因不同制造厂生产的电刷性能差别很大,甚至同一制造厂不同时间生产的电刷性能亦有所差别,故第一款提出了此项要求。

2 由于一般电刷弹簧均有部分电流流过,使弹簧发热而丧失弹性。制造厂已生产带有绝缘结构的电刷弹簧,安装时要求绝缘垫完好。对恒压弹簧电刷也有相同的要求。

4 规定同一极上电刷弹簧压力偏差不超过5%,目的是使各电刷可靠工作和其工作面磨损均匀。

5 电刷接触面应与集电环的弧度相吻合,接触面不应小于单个电刷截面的75%,以保证通过各电刷电流的均匀性。

6 非恒压的电刷弹簧,压力应符合其产品的规定。当无规定时,应调整到不使电刷冒火的最低压力,原规定可为14kPa～25kPa,根据现场情况无法测量,故取消。

7 在冷状态时,如果电刷位置安装不当,则在热状态下因电机大轴膨胀后,电刷有可能不全部接触集电环表面,故规定将电刷调整在集电环整个表面内工作。有的制造厂在安装说明书中规定了刷架中心线对集电环中心线的移动距离。

4.4.6 本条针对国内发电机励磁采用GENERREX励磁采用及无刷励磁系统时,为保证该部位电气连接质量、绝缘良好、元部件完好,应按制造厂的规定进行相关检查。

4.4.7 本条规定是为了保证无刷励磁机与电机转子绕组的可靠电气连接和转子回路绝缘良好。

1、2 主要考虑同轴励磁装置直流输出与发电机转子回路电气连接接触面应平整、清洁、镀层完好、紧固力矩值等应满足产品技术条件的要求。

3 高速旋转的电气连接接触面不得使用电力复合脂，是考虑到较大的励磁电流会引发接触面发热，发热会导致电力复合脂的稀释流动，受高速旋转的离心力作用，电力复合脂会沿接触面四处扩散，导致转子绝缘能力降低或转子接地，危害发电机安全运行。

4.5 冷却系统的安装

4.5.1 本条是针对氢冷电机的引出线和套管应保证电机的气密性要求而制定的。

1 为保证氢冷电机在安装后的漏氢量符合制造厂或规范规定，因此本条规定了在氢冷电机的定子、转子及氢油水系统管路等做严密性试验合格后才能做整体性气密试验的要求。这对大型氢冷电机尤为重要，但在整体性气密试验中应注意检查定子各处焊口、接合面及引出线套密封处等有无漏气，以使整体性气密试验符合制造厂或现行行业标准《氢冷电机气密封性检验方法及评定》JB/T 6227 中的规定。

2 本条是参照现行国家标准《隐极同步发电机技术要求》GB/T 7064 对氢气纯度和湿度做了具体规定。

4.5.2 本条是为了保证水内冷发电机冷却系统的安装质量而制定的。

1 水内冷发电机定子和转子水回路的水压试验标准，各制造厂是参照现行国家标准《隐极同步发电机技术要求》GB/T 7064 的有关规定制定的。试验时应注意，将绕组回路的空气放尽，避免出现假象，以便正确判断试验结果。

2 本条是对冷却水水质的规定。制造厂对冷却水质的规定参照国家现行标准《隐极同步发电机技术要求》GB/T 7064 和《大型发电机内冷却水质及系统技术要求》DL/T 801。

3 水内冷电机的定子、转子安装后进行正反冲洗，能及时消除水回路堵塞现象，确保分支水回路畅通。

4 规定汽侧、励侧及出线汇水管接地引出线绝缘及导通情况良好。因为通水状态下如果汽侧、励侧及出线汇水管三根接地引出线中有一根绝缘损伤接地或断线，就会导致无法测试发电机定子绝缘，所以应仔细检查汇水管三根接地引出线的绝缘及导通情况。

5 为了保证水内冷发电机定子冷却水回路畅通，规定应进行热水流试验或超声波流量法测试定冷水系统流量。相关要求和标准应符合现行行业标准《汽轮发电机绕组内部水系统检验方法及评定》JB/T 6228 中的有关规定，现行国家标准《电气装置安装工程 电气设备交接试验标准》GB 50150 也有有关规定。

4.6 干 燥

4.6.1 本条规定了判断电机是否需要干燥的依据。

电机绝缘表面受潮，能导致绝缘电阻降低、泄漏电流增大，因而测量其绝缘电阻，当不符合现行国家标准《电气装置安装工程 电气设备交接试验标准》GB 50150 的有关规定时，应对电机进行干燥。

4.6.2 本条对干燥中涉及电机绝缘的有关要求，如升温速度、最高允许温度、绝缘判断等主要问题予以规定。第 2 款的内容是参照现行国家标准《隐极同步发电机技术要求》GB/T 7064 的有关规定制定的。此外根据制造厂资料，还规定了水内冷电机使用热水循环干燥等的具体要求。

4.6.3 已经通过交流耐压试验的发电机、调相机，在启动前绝缘电阻值偏低或不合格，一般均为表面受潮。目前，电机均采用环氧粉云母绝缘，较之沥青云母绝缘等更不易受潮，本条规定在运行温度或环氧粉云母绝缘在常温时，按额定电压计算绝缘电阻值不低于1MΩM通过是可行的。这样规定也与现行国家标准《电气装置安装工程　电气设备交接试验标准》GB 50150的有关规定相一致。增加了在投运前不应再拆开端盖进行内部作业的要求。

4.7 启动试运

本节为新增加内容，将原规范中的第4章"工程交接验收"内容拆分，作为"汽轮发电机和调相机"和"电动机"关于试运部分的内容，并增加其他要求。

4.7.1 规定了对发电机启动试运应具备的基本条件的检查和相关要求。其中第2款试运气温宜在5℃以上，是参照现行国家标准《隐极同步发电机技术要求》GB/T 7064的有关规定制定的。

4.7.2 本条是对氢气直接冷却的发电机、氢气间接冷却的发电机和水内冷发电机运行的一些限制条件。其中，水内冷电机允许的断水运行持续时间为30s，是参照现行国家标准《隐极同步发电机技术要求》GB/T 7064的有关规定制定的。

4.7.3 规定了启动试运中应对发电机、调相机进行检查和试验项目。

发电机、调相机各种冷却介质参数包括以下内容：

空冷电机：空气冷却器冷却水压、流量。

氢冷电机：氢气冷却器冷却水压、流量，氢气压力，冷氢温度，热氢温度，氢气湿度，密封油油压、油氢压差、密封油温度。

水氢氢电机：定子冷却水压力、流量，定子冷却水水质，氢气冷却器冷却水压、流量，氢气压力，冷氢温度，热氢温度，氢气湿度，密封油油压、油氢压差、密封油温度。

冷却器漏液监测。

5 电　动　机

5.1 一般规定

5.1.1 本条为强制性条文,必须严格执行。在绝缘损坏等非正常情况下电动机漏电时,为了保证人身和设备安全,规定电动机必须有明显可靠的接地。

5.1.2 各制造厂的产品技术文件对电动机干燥的方法和标准都有明确规定,当电动机需要干燥时,可以参照执行。

5.2 保管和起吊

5.2.1 本条规定了电动机到达现场后,安装前保管和起吊的相关要求。其中第1款,放置前应检查枕木垛、卸货台、平台的承载能力和平整度,是为了确保不损伤设备。第4款为起吊电动机定子、转子时的注意事项,以保护电动机的集电环、换向器和轴颈、铁芯和绕组等部分不受到损伤。

5.3 检查和安装

5.3.1 规定了电动机安装时的检查项目和相关要求。电动机安装时,应对转子的转动情况,润滑状况,定子、转子之间的空气间隙,电源引出线的连接及电刷提升装置等进行检查,把好安装时的质量关,尤其是裸露带电部分的电气间隙,更应满足产品标准的规定,这是电动机安全运行应具备的条件之一。

5.3.2 本条规定了电动机需要抽转子检查的几种情况。

5.3.3 本条对电动机抽芯检查的内容做了详细的规定。采用浇铸转子的电动机越来越多,因此本条对浇铸转子的检查要点做了详细规定。

5.3.6 多速电机在我国已应用十分普遍，因此本条对其安装要求做了明确规定。

5.3.7 本条参照现行国家标准《旋转电机　定额和性能》GB 755的有关规定对电动机接地导线的技术要求进行了规定。

5.3.8 有的电动机不能反转，有的电动机虽然可以反转，但与之联为一体的机械不能反转，因此有固定转向要求的电动机，接线前应检查电动机与电源的相序并应一致，以免反转时损坏电动机或机械设备。

5.4 单机试运

5.4.2 安装后，对电动机进行空载试运行并测量空载电流是检查电动机有无问题的简单有效的方法。电动机试运时，发现三相电流严重不平衡和电动机发热，通过做空载检查，可以分析辨别是电动机的问题，还是机械的问题，从而使问题简单化；直流电动机一般作为事故电机，由蓄电池供电，为了保护蓄电池不过度放电，规定直流电动机空载运转时间大于30min即可，如有必要延长运行时间，应注意蓄电池的状态。

5.4.3 冷态时，电动机每次启动间隔时间不得小于5min；热态时，正常情况下，可启动1次，只有在处理事故时及启动时间不超过3s时，可再启动1次。这是参照国家现行的有关规程制定的。

5.4.4 本条规定了单机试运行中应对电动机的检查项目。

6 工程交接验收

6.0.1 本条参照国家现行标准《电气装置安装工程　电气设备交接试验标准》GB 50150、《火力发电建设工程启动试运及验收规程》DL/T 5437和《火力发电建设工程机组调试质量验收及评价规程》DL/T 5295 的有关规定,对发电机交接验收的相关要求进行了规定。

6.0.2 本条对电动机交接验收的相关要求进行了规定。其中第5款滑动轴承温度不超过80℃,滚动轴承不超过95℃,是参照现行国家标准《隐极同步发电机技术要求》GB/T 7064的有关规定制定的。

6.0.3 本条规定了旋转电机施工交接验收时,应提交的设计和制造厂技术文件、检验记录和报告、专用工具、备品备件、测试仪器清单等资料性文件。

中华人民共和国国家标准

8

电气装置安装工程
盘、柜及二次回路接线施工及验收规范

Code for construction and acceptance of switchboard outfit complete cubicle and secondary circuit electric equipment installation engineering

GB 50171—2012

主编部门：中 国 电 力 企 业 联 合 会
批准部门：中华人民共和国住房和城乡建设部
施行日期：2 0 1 2 年 1 2 月 1 日

中华人民共和国住房和城乡建设部公告

第1419号

关于发布国家标准《电气装置安装工程　盘、柜及二次回路接线施工及验收规范》的公告

现批准《电气装置安装工程　盘、柜及二次回路接线施工及验收规范》为国家标准，编号为GB 50171-2012，自2012年12月1日起实施。其中，第4.0.6(1)、4.0.8(1)、7.0.2条(款)为强制性条文，必须严格执行。原《电气装置安装工程　盘、柜及二次回路结线施工及验收规范》GB 50171-92同时废止。

本规范由我部标准定额研究所组织中国计划出版社出版发行。

中华人民共和国住房和城乡建设部

二〇一二年五月二十八日

前　言

本规范是根据住房和城乡建设部《关于印发〈2008年工程建设标准规范制订、修订计划(第二批)〉的通知》(建标〔2008〕105号)的要求，由广东火电工程总公司会同有关单位，在原《电气装置安装工程　盘、柜及二次回路结线施工及验收规范》GB 50171—92的基础上进行修订而成。

本规范在修订过程中，修订组经广泛调查研究，认真总结实践经验，并广泛征求意见，最后经审查定稿。

本规范共分8章，主要内容包括：总则，术语，基本规定，盘、柜的安装，盘、柜上的电器安装，二次回路接线，盘、柜及二次系统接地，质量验收。

与原规范相比较，本次修订增加了术语，盘、柜及二次系统接地等内容。

本规范中以黑体字标志的条文为强制性条文，必须严格执行。

本规范由住房和城乡建设部负责管理和对强制性条文的解释，由中国电力企业联合会负责日常管理，由广东火电工程总公司负责具体技术内容的解释。执行过程中如有意见或建议，请寄送广东火电工程总公司(地址：广东省广州市黄埔区红荔路1号，邮政编码：510730)，以供今后修订时参考。

本规范主编单位、参编单位、主要起草人和主要审查人：

主 编 单 位：广东火电工程总公司
中国电力企业联合会

参 编 单 位：中国电力科学研究院
河北电力建设一公司
天津电力建设公司

华能质量监督中心站

中国核电建设第五工程公司

主要起草人：郑少鹏　荆　津　朱永志　刘光武　陈桂英　白　永

主要审查人：陈发宇　周志强　范　辉　许建军　汪　毅　鲜　杳　梁汉城　王玉明　王兴军　何冠恒　刘　军　周永利　周卫新　曾跃沫　修　杰　陈志刚　侯建设　龙庆芝　李　涟

1 总　　则

1.0.1 为保证盘、柜装置及二次回路接线安装工程的施工质量，促进工程施工技术水平的提高，确保盘、柜装置及二次回路安全运行，制定本规范。

1.0.2 本规范适用于盘、柜及其二次回路接线安装工程的施工及验收。

1.0.3 盘、柜及二次回路接线的施工及验收除应符合本规范外，尚应符合国家现行有关标准的规定。

2 术　　语

2.0.1 盘、柜　switchboard outfit complete cubicle

指各类配电盘，保护盘，控制盘、屏、台、箱和成套柜。

2.0.2 二次回路　secondary circuit

电气设备的操作、保护、测量、信号等回路及回路中操动机构的线圈、接触器、继电器、仪表、互感器二次绕组等。

2.0.3 模拟母线　mimic bus

屏(台)上模拟主电路和母线的示意图。

2.0.4 小母线　mini-bus bar

成套柜、控制屏及继电器屏安装的二次接线公共连接点的导体。

2.0.5 端子排　terminal block

连接和固定电缆芯线终端或二次设备间连线端头的连

接器件。

2.0.6 端子 terminal

连接装置和外部导体的元件。

2.0.7 接地 grounded

将电力系统或建筑物电气装置、设施过电压保护装置用接地线与接地体的连接。

2.0.8 保护接地 protective ground

中性点直接接地的低压电力网中，电气设备外壳与保护零线的连接。

2.0.9 接地网 grounding grid

由垂直和水平接地体组成的具有泄流和均压作用的网状接地装置。

2.0.10 信号接地 logical signal ground

将逻辑信号系统的公共端接到地网，使其成为稳定的参考零电位。

2.0.11 工作接地 working ground

电气装置中，为运行需要所设的接地。

3 基本规定

3.0.1 盘、柜装置及二次回路接线的安装工程应按已批准的设计进行施工。

3.0.2 盘、柜在搬运和安装时，应采取防振、防潮、防止框架变形和漆面受损等保护措施，必要时可将装置性设备和易损元件拆下单独包装运输。当产品有特殊要求时，尚应符合产品技术文件的规定。

3.0.3 盘、柜应存放在室内或能避雨、雪、风沙的干燥场所。对有特殊保管要求的装置性设备和电气元件，应按规定保管。

3.0.4 盘、柜到达现场后，应在规定期限内做验收检查，并应符合下列规定：

1 包装及密封应良好。

2 应开箱检查铭牌，型号、规格应符合要求，设备应无损伤，附件、备件应齐全。

3 产品的技术文件应齐全。

3.0.5 盘、柜及二次回路接线施工应制定安全技术措施。

3.0.6 与盘、柜及二次回路接线施工有关的建筑工程，应符合下列规定：

1 建筑物、构筑物的工程质量应符合现行国家标准《建筑工程施工质量验收统一标准》GB 50300 的有关规定。当设备或设计有特殊要求时，尚应满足其要求。

2 设备安装前建筑工程应具备下列条件：

1)屋顶、楼板应施工完毕，不得渗漏；

2)室内地面施工应基本结束，室内沟道应无积水、杂物；

3)预埋件及预留孔应符合设计要求；

4)门窗应安装完毕；

5)对有可能损坏或影响到已安装设备的装饰施工全部结束。

3 对有特殊要求的设备，安装前建筑工程应具备下列条件：

1)所有装饰工作应完毕，应清扫干净；

2)装有空调或通风装置等设施的建筑工程，相关设施应安装完毕，并投入运行。

3.0.7 设备安装用的紧固件，应用镀锌制品或其他防锈蚀制品。

3.0.8 盘、柜上模拟母线的标识颜色应符合表 3.0.8 的规定。

表 3.0.8 模拟母线的标识颜色

电压(kV)	颜色	颜色编码
交流 0.23	深灰	B01
交流 0.40	赭黄	YR02
交流 3	深绿	G05

续表 3.0.8

电压(kV)	颜色	颜色编码
交流 6	深酞蓝	PB02
交流 10	铁红	R01
交流 13.80～20	淡绿	G02
交流 35	柠黄	Y05
交流 60	橘黄	YR04
交流 110	朱红	R02
交流 154	天酞蓝	PB09
交流 220	紫红	R04
交流 330	白	—
交流 500	淡黄	Y06
交流 1000	中蓝	PB03
直流	棕	YR05
直流 500	紫	P02

注:1 模拟母线的宽度宜为 6mm～12mm。

2 设备模拟的涂色应与相同电压等级的母线颜色一致。

3.0.9 二次回路接线施工完毕后,应检查二次回路接线是否正确、牢靠。

3.0.10 二次回路接线施工完毕在测试绝缘时,应采取防止弱电设备损坏的安全技术措施。

3.0.11 二次回路的电源回路送电前,应检查绝缘,其绝缘电阻值不应小于 1MΩ,潮湿地区不应小于 0.5MΩ。

3.0.12 安装调试完毕后,在电缆进出盘、柜的底部或顶部以及电缆管口处应进行防火封堵,封堵应严密。

4 盘、柜的安装

4.0.1 基础型钢的安装应符合下列规定:

1　基础型钢应按设计图纸或设备尺寸制作，其尺寸应与盘、柜相符，允许偏差应符合表4.0.1的规定。

表4.0.1　基础型钢安装的允许偏差

项　目	允许偏差	
	mm/m	mm/全长
不直度	1	5
不平度	1	5
位置偏差及不平行度	—	5

注：环形布置应符合设计要求。

2　基础型钢安装后，其顶部宜高出最终地面10mm～20mm；手车式成套柜应按产品技术要求执行。

4.0.2　盘、柜安装在振动场所，应按设计要求采取减振措施。

4.0.3　盘、柜间及盘、柜上的设备与各构件间连接应牢固。控制、保护盘、柜和自动装置盘等与基础型钢不宜焊接固定。

4.0.4　盘、柜单独或成列安装时，其垂直、水平偏差及盘、柜面偏差和盘、柜间接缝等的允许偏差应符合表4.0.4的规定。

模拟母线应对齐、完整、安装牢固。

表4.0.4　盘、柜安装的允许偏差

项　目		允许偏差(mm)
垂直度(每米)		1.5
水平偏差	相邻两盘顶部	2
	成列盘顶部	5
盘面偏差	相邻两盘边	1
	成列盘面	5
盘间接缝		2

4.0.5　端子箱安装应牢固、封闭良好，并应能防潮、防尘；安装位置应便于检查；成列安装时，应排列整齐。

4.0.6　成套柜的安装应符合下列规定：

1　机械闭锁、电气闭锁应动作准确、可靠。

2　动触头与静触头的中心线应一致，触头接触应紧密。

3　二次回路辅助开关的切换接点应动作准确，接触应可靠。

4.0.7　抽屉式配电柜的安装应符合下列规定：

1　抽屉推拉应轻便灵活，并应无卡阻、碰撞现象，同型号、规格的抽屉应能互换。

2　抽屉的机械闭锁或电气闭锁装置应动作可靠。

3　抽屉与柜体间的二次回路连接插件应接触良好。

4.0.8　手车式柜的安装应符合下列规定：

1　机械闭锁、电气闭锁应动作准确、可靠。

2　手车推拉应轻便灵活，并应无卡阻、碰撞现象，相同型号、规格的手车应能互换。

3　手车和柜体间的二次回路连接插件应接触良好。

4　安全隔离板随手车的进、出而相应动作开启灵活。

5　柜内控制电缆不应妨碍手车的进、出，并应固定牢固。

4.0.9　盘、柜的漆层应完整，并应无损伤；固定电器的支架等应采取防锈蚀措施。

5　盘、柜上的电器安装

5.0.1　盘、柜上的电器安装应符合下列规定：

1　电器元件质量应良好，型号、规格应符合设计要求，外观应完好，附件应齐全，排列应整齐，固定应牢固，密封应良好。

2　电器单独拆、装、更换不应影响其他电器及导线束的固定。

3　发热元件宜安装在散热良好的地方，两个发热元件之间的连线应采用耐热导线。

4　熔断器的规格、断路器的参数应符合设计及级配要求。

5　压板应接触良好，相邻压板间应有足够的安全距离，切换时不应碰及相邻的压板。

6 信号回路的声、光、电信号等应正确，工作应可靠。

7 带有照明的盘、柜，照明应完好。

5.0.2 端子排的安装应符合下列规定：

1 端子排应无损坏，固定应牢固，绝缘应良好。

2 端子应有序号，端子排应便于更换且接线方便；离底面高度宜大于350mm。

3 回路电压超过380V的端子板应有足够的绝缘，并应涂以红色标识。

4 交、直流端子应分段布置。

5 强、弱电端子应分开布置，当有困难时，应有明显标识，并应设空端子隔开或设置绝缘的隔板。

6 正、负电源之间以及经常带电的正电源与合闸或跳闸回路之间，宜以空端子或绝缘隔板隔开。

7 电流回路应经过试验端子，其他需断开的回路宜经特殊端子或试验端子。试验端子应接触良好。

8 潮湿环境宜采用防潮端子。

9 接线端子应与导线截面匹配，不得使用小端子配大截面导线。

5.0.3 二次回路的连接件均应采用铜质制品，绝缘件应采用自熄性阻燃材料。

5.0.4 盘、柜的正面及背面各电器、端子排等应标明编号、名称、用途及操作位置，且字迹应清晰、工整，不易脱色。

5.0.5 盘、柜上的小母线应采用直径不小于6mm的铜棒或铜管，铜棒或铜管应加装绝缘套。小母线两侧应有标明代号或名称的绝缘标识牌，标识牌的字迹应清晰、工整，不易脱色。

5.0.6 二次回路的电气间隙和爬电距离应符合现行国家标准《低压成套开关设备和控制设备 第1部分：型式试验和部分型式试验 成套设备》GB 7251.1的有关规定。屏顶上小母线不同相或不同极的裸露载流部分之间，以及裸露载流部分与未经绝缘的金属体之间，其电气间隙不得小于12mm，爬电距离不得小于20mm。

5.0.7 盘、柜内带电母线应有防止触及的隔离防护装置。

6 二次回路接线

6.0.1 二次回路接线应符合下列规定：

1 应按有效图纸施工，接线应正确。

2 导线与电气元件间应采用螺栓连接、插接、焊接或压接等，且均应牢固可靠。

3 盘、柜内的导线不应有接头，芯线应无损伤。

4 多股导线与端子、设备连接应压终端附件。

5 电缆芯线和所配导线的端部均应标明其回路编号，编号应正确，字迹应清晰，不易脱色。

6 配线应整齐、清晰、美观，导线绝缘应良好。

7 每个接线端子的每侧接线宜为1根，不得超过2根；对于插接式端子，不同截面的两根导线不得接在同一端子中；螺栓连接端子接两根导线时，中间应加平垫片。

6.0.2 盘、柜内电流回路配线应采用截面不小于2.5mm^2、标称电压不低于450V/750V的铜芯绝缘导线，其他回路截面不应小于1.5mm^2；电子元件回路、弱电回路采用锡焊连接时，在满足载流量和电压降及有足够机械强度的情况下，可采用不小于0.5mm^2截面的绝缘导线。

6.0.3 导线用于连接门上的电器、控制台板等可动部位时，尚应符合下列规定：

1 应采用多股软导线，敷设长度应有适当裕度。

2　线束应有外套塑料缠绕管保护。

3　与电器连接时，端部应压接终端附件。

4　在可动部位两端应固定牢固。

6.0.4　引入盘、柜内的电缆及其芯线应符合下列规定：

1　电缆、导线不应有中间接头，必要时，接头应接触良好、牢固，不承受机械拉力，并应保证原有的绝缘水平；屏蔽电缆应保证其原有的屏蔽电气连接作用。

2　电缆应排列整齐、编号清晰、避免交叉、固定牢固，不得使所接的端子承受机械应力。

3　铠装电缆进入盘、柜后，应将钢带切断，切断处应扎紧，钢带应在盘、柜侧一点接地。

4　屏蔽电缆的屏蔽层应接地良好。

5　橡胶绝缘芯线应外套绝缘管保护。

6　盘、柜内的电缆芯线接线应牢固、排列整齐，并应留有适当裕度；备用芯线应引至盘、柜顶部或线槽末端，并应标明备用标识，芯线导体不得外露。

7　强、弱电回路不应使用同一根电缆，线芯应分别成束排列。

8　电缆芯线及绝缘不应有损伤；单股芯线不应因弯曲半径过小而损坏线芯及绝缘。单股芯线弯圈接线时，其弯线方向应与螺栓紧固方向一致；多股软线与端子连接时，应压接相应规格的终端附件。

6.0.5　在油污环境中的二次回路应采用耐油的绝缘导线，在日光直射环境中的橡胶或塑料绝缘导线应采取防护措施。

7　盘、柜及二次系统接地

7.0.1　盘、柜基础型钢应有明显且不少于两点的可靠接地。

7.0.2 成套柜的接地母线应与主接地网连接可靠。

7.0.3 抽屉式配电柜抽屉与柜体间的接触应良好，柜体、框架的接地应良好。

7.0.4 手车式配电柜的手车与柜体的接地触头应接触可靠，当手车推入柜内时，接地触头应比主触头先接触，拉出时接地触头应比主触头后断开。

7.0.5 装有电器的可开启的门应采用截面不小于 $4mm^2$ 且端部压接有终端附件的多股软铜导线与接地的金属构架可靠连接。

7.0.6 盘、柜柜体接地应牢固可靠，标识应明显。

7.0.7 计算机或控制装置设有专用接地网时，专用接地网与保护接地网的连接方式及接地电阻值均应符合设计要求。

7.0.8 盘、柜内二次回路接地应设接地铜排；静态保护和控制装置屏、柜内部应设有截面不小于 $100mm^2$ 的接地铜排，接地铜排上应预留接地螺栓孔，螺栓孔数量应满足盘、柜内接地线接地的需要；静态保护和控制装置屏、柜接地连接线应采用不小于 $50mm^2$ 的带绝缘铜导线或铜缆与接地网连接，接地网设置应符合设计要求。

7.0.9 盘、柜上装置的接地端子连接线、电缆铠装及屏蔽接地线应用黄绿绝缘多股接地铜导线与接地铜排相连。电缆铠装的接地线截面宜与芯线截面相同，且不应小于 $4mm^2$，电缆屏蔽层的接地线截面面积应大于屏蔽层截面面积的 2 倍。当接地线较多时，可将不超过 6 根的接地线同压一接线鼻子，且应与接地铜排可靠连接。

7.0.10 电流互感器二次回路中性点应分别一点接地，接地线截面不应小于 $4mm^2$，且不得与其他回路接地线压在同一接线鼻子内。

7.0.11 用于保护和控制回路的屏蔽电缆屏蔽层接地应符合设计要求，当设计未作要求时，应符合下列规定：

1 用于电气保护及控制的单屏蔽电缆屏蔽层应采用两端接

地方式。

2 远动、通信等计算机系统所采用的单屏蔽电缆屏蔽层，应采用一点接地方式；双屏蔽电缆外屏蔽层应两端接地，内屏蔽层宜一点接地。屏蔽层一点接地的情况下，当信号源浮空时，屏蔽层的接地点应在计算机侧；当信号源接地时，接地点应靠近信号源的接地点。

7.0.12 二次设备的接地应符合下列规定：

1 计算机监控系统设备的信号接地不应与保护接地和交流工作接地混接。

2 当盘、柜上布置有多个子系统插件时，各插件的信号接地点均应与插件箱的箱体绝缘，并应分别引接至盘、柜内专用的接地铜排母线。

3 信号接地宜采用并联一点接地方式。

4 盘、柜上装有装置性设备或其他有接地要求的电器时，其外壳应可靠接地。

8 质量验收

8.0.1 在验收时，应按下列规定进行检查：

1 盘、柜的固定及接地应可靠，盘、柜漆层应完好、清洁整齐、标识规范。

2 盘、柜内所装电器元件应齐全完好，安装位置应正确，固定应牢固。

3 所有二次回路接线应正确，连接应可靠，标识应齐全清晰，二次回路的电源回路绝缘应符合本规范第3.0.11条的规定。

4 手车或抽屉式开关推入或拉出时应灵活，机械闭锁应可靠，照明装置应完好。

5 用于热带地区的盘、柜应具有防潮、抗霉和耐热性能，应按现行行业标准《热带电工产品通用技术要求》JB/T 4159 的有关规定验收合格。

6 盘、柜孔洞及电缆管应封堵严密，可能结冰的地区还应采取防止电缆管内积水结冰的措施。

7 备品备件及专用工具等应移交齐全。

8.0.2 在验收时，应提交下列技术文件：

1 变更设计的证明文件。

2 安装技术记录、设备安装调整试验记录。

3 质量验收记录。

4 制造厂提供的产品技术文件。

5 备品备件及专用工具等清单。

本规范用词说明

1 为便于在执行本规范条文时区别对待，对要求严格程度不同的用词说明如下：

1)表示很严格，非这样做不可的：
正面词采用“必须”，反面词采用“严禁”；

2)表示严格，在正常情况下均应这样做的：
正面词采用“应”，反面词采用“不应”或“不得”；

3)表示允许稍有选择，在条件许可时首先应这样做的：
正面词采用“宜”，反面词采用“不宜”；

4)表示有选择，在一定条件下可以这样做的，采用“可”。

2 条文中指明应按其他有关标准执行的写法为：“应符合……的规定”或“应按……执行”。

引用标准名录

《建筑工程施工质量验收统一标准》GB 50300

《低压成套开关设备和控制设备　第1部分:型式试验和部分型式试验　成套设备》GB 7251.1

《热带电工产品通用技术要求》JB/T 4159

中华人民共和国国家标准

电气装置安装工程
盘、柜及二次回路接线施工及验收规范

GB 50171—2012

条 文 说 明

修订说明

《电气装置安装工程　盘、柜及二次回路接线施工及验收规范》GB 50171—2012，经住房和城乡建设部2012年5月28日以第1419号公告批准发布。

本规范是在《电气装置安装工程　盘、柜及二次回路结线施工及验收规范》GB 50171—92的基础上修订而成，上一版的主编单位是能源部电力建设研究所（现中国电力科学研究院），参加单位是交通部水运规划设计院、能源部武汉超高压公司，主要起草人是李志耕、黄佩君、赵以裕、马长瀛。

本规范在修订过程中，编制组进行了广泛的调查研究，向相关的设计、制造、施工、监理、生产运行等企业征求意见，吸收了近年来出现的新产品、新技术、新工艺的成熟经验。主要结合电力系统继电保护反事故措施的要求，重点修改和增加了二次回路接地方面的内容：对盘、柜专用接地铜排设置、多根电缆接地线同压一接线鼻子、电气二次回路屏蔽电缆屏蔽层接地方式、二次回路接地与等电位接地网连接等进行了规定。删除了原规范中与现在技术发展不相一致的条款。本规范的技术指标先进、合理，能够对盘、柜及二次回路接线的施工及验收起到指导和规范作用。

为了方便广大设计、生产、施工、科研、学校等单位有关人员在使用本规范时能正确理解和执行条文规定，《电气装置安装工程　盘、柜及二次回路接线施工及验收规范》编制组按章、节、条顺序编制了本规范的条文说明，对条文规定的目的、依据以及执行中需注意的有关事项进行了说明。但是，本条文说明不具备与规范正文同等的法律效力，仅供使用者作为理解和把握规范规定的参考。

1 总 则

1.0.2 本条说明本规范的适用范围，包括保护盘、控制盘、直流屏、励磁屏、信号屏、远动盘、动力盘、照明盘、微机控制屏或盘以及高、低压开关柜等，二次回路接线包括保护回路、控制回路、信号回路及测量回路等。

本规范将配电盘，保护盘，控制盘、屏、台、箱和成套柜统称为“盘、柜”。

2 术 语

2.0.3～2.0.5 术语的定义依据现行行业标准《火力发电厂、变电所二次接线设计技术规程》DL/T 5136—2001。

2.0.6 术语的定义依据现行行业标准《交流高压断路器订货技术条件》DL/T 402—2007。

2.0.7～2.0.9 术语的定义依据现行国家标准《电气装置安装工程 接地装置施工及验收规范》GB 50169—2006。

2.0.11 术语的定义依据现行行业标准《交流电气装置的接地》DL/T 621—1997。

3 基 本 规 定

3.0.2 本条规定了盘、柜搬运时的基本要求。由于制造工艺的改进，盘、柜内装置的电子化和小型化，现在一般不需要从盘、柜上拆下较重装置再进行盘、柜搬运，但如果产品有特殊要求时，尚应遵照厂家说明书或在制造厂技术人员指导下进行搬运。尤其要注意在二次搬运及安装过程中，应防止倾倒而导致损坏设备或伤及人身。

3.0.3 本条规定了盘、柜保管的基本要求。对温度、湿度有较严格要求的装置性设备，如微机监控系统，应按规定妥善保管在合适的环境中，待现场具备了设计要求的条件时，再将设备运进现场进行安装调试。

3.0.4 设备到货后开箱检查前，首先应检查外包装。开箱检查时，强调检查铭牌，核实型号、规格符合设计要求，检测设备无损伤，清点附件、备件的供应范围和数量符合合同要求。

各制造厂提供的技术文件没有统一规定，可按各厂家规定及合同协议要求。

3.0.6 对建筑工程，强调按国家现行有关规定执行，当设备有特殊要求时尚应满足其要求。如基础型钢的安装必须满足本规范第4.0.1条的规定，因为第4.0.1条所述的基础型钢的安装是在建筑工程中进行的。故在建筑工程施工中，电气人员应予以配合，检查是否满足电气设计要求，这样才能保证盘、柜安装的要求。

强调设备安装前，影响设备安装的土建施工应完成，屋面、楼板不得有渗漏现象，室内沟道无积水等，以防设备受潮；为了有助于土建成品保护，室内地面施工只要求基本结束，地面装饰施工可在设备安装后进行。

强调有特殊要求的设备，在具备设备所要求的环境时，方可将设备运进现场进行安装调试，以保证设备能顺利地进行安装调试及运行。

3.0.8 本条是参照现行行业标准《电力系统二次电路用控制及继电保护屏（柜、台）通用技术条件》JB/T 5777.2 制定的，并按全国涂料和颜料标准化技术委员会《漆膜颜色标准样卡》GSB 05-

1426-2001增加了颜色编码，另参考现行行业标准《火力发电厂、变电所二次接线设计技术规程》DL/T 5136增加了交流1000kV模拟母线颜色。

3.0.10 继电保护回路、控制回路和信号回路中有不少弱电元件，测量二次回路绝缘时，有些弱电元件易被损坏。故提出测试绝缘时，应有防止弱电设备损坏的相应安全措施，如将强、弱电回路分开，电容器短接，插件拔下等。测完绝缘后应逐个进行恢复，不得遗漏。

3.0.12 为了运行安全、防止火灾蔓延，对盘、柜底部或顶部进电缆处、建筑物中电缆预留孔洞以及电缆管口应做好封堵，封堵方法参照现行国家标准《电气装置安装工程　电缆线路施工及验收规范》GB 50168。

4　盘、柜的安装

4.0.1 盘、柜的安装一般用基础型钢作底座。基础型钢施工前，首先要核实盘、柜基础的设计尺寸是否与厂家尺寸相符，检查型钢的不直度并予以校正。盘、柜基础尺寸的安装偏差值应控制在表4.0.1所对应的允许偏差值范围内，以保证盘、柜安装的质量。限制基础位置偏差及不平行度，以保证盘、柜对整个控制室或配电室的相对位置。本规范表4.0.1系参照现行国家标准《自动化仪表工程施工质量验收规范》GB 50131中的有关规定制定的。

手车式开关柜基础型钢的高度应符合制造厂产品技术要求。

4.0.2 本条强调按设计要求采取减振措施。因为设计单位掌握盘、柜安装地点的振动情况，据此提出不同的减振措施，如常用垫橡皮垫、减振弹簧等方法。

4.0.3 考虑到主控制盘、继电保护盘、自动装置盘等有移动或更换可能，尤其当有扩建工程时，若将盘、柜与基础型钢进行焊接固定，插入安装盘、柜时将造成困难。

4.0.4 本规范表4.0.4系参照现行行业标准《电力建设施工质量验收及评价规程 第4部分：热工仪表及控制装置》DL/T 5210.4中的有关规定而制定的。为了保证盘、柜安装质量，要求盘、柜安装偏差控制在表4.0.4所对应的允许偏差值范围内。另外，盘、柜上若有模拟母线，盘、柜间的模拟母线应对齐，其偏差不应超过视差范围，并应完整，安装牢固。

4.0.5 特别要注意室外端子箱封闭应良好，箱门要有密封圈，底部要封堵，以防水、防潮、防尘。

4.0.6 成套柜设置机械闭锁及电气闭锁是为了确保设备、系统运行操作安全和运行、维护人员的人身安全，要求其动作应准确、可靠，因此将本条第1款设为强制性条款。

4.0.8 手车式柜设置机械闭锁及电气闭锁是为了确保设备、系统运行操作安全和运行、维护人员的人身安全，要求其动作应准确、可靠，因此将本条第1款设为强制性条款。

5 盘、柜上的电器安装

5.0.1 发热元件宜安装在散热良好的地方，不强调安装在柜顶。因为有些发热元件较笨重，安装在柜顶不安全；有些发热元件安装在柜顶操作不方便。

5.0.2 本条是关于端子排安装的规定。有部分条文在现行行业标准《火力发电厂、变电所二次接线设计技术规程》DL/T 5136中已有规定，这里重复提出是考虑在安装施工过程中，有可能疏忽。

4 鉴于近年来出现了多起由于交、直流互串而导致的运行事故，为了降低类似的风险，故要求交、直流端子应分段布置。

5 本款是为了防止强电对弱电的干扰而提出的要求。

8 主要考虑室外等潮湿环境下的盘、柜因受潮造成端子绝缘能力降低，故建议采用防潮端子。

9 在施工中小端子配大截面导线的情况时有发生，导致安装困难且接触不良，故要求小端子不得配大截面导线。

5.0.3 二次回路的连接件应采用铜质制品，以防锈蚀。在利用螺丝连接时，应使用垫片和弹簧垫圈。考虑防火要求，绝缘件应采用自熄性阻燃材料。

5.0.4 本条为一般规定，可采用喷涂塑料胶或专用标签机打印等方法。

5.0.6 最小电气间隙和爬电距离与电器所处电场条件、污染等级和所用材料等因素有关，现行国家标准《低压成套开关设备和控制设备　第1部分：型式试验和部分型式试验　成套设备》GB 7251.1已作了较详细的规定，本规范不作重复规定，要求盘、柜内二次回路的电气间隙和爬电距离应符合该标准的规定。本规范对屏顶上小母线的电气间隙和爬电距离的规定继续保留。

5.0.7 盘、柜内的一次母线一般属于非安全电压等级，为了保证人身安全，防止带电后触及，要求采用适当的隔离防护措施，但不应影响负荷侧电缆的拆、装工作。

6　二次回路接线

6.0.1 本条是对二次回路内部接线的一般规定。为了保证导线无损伤，配线时宜使用与导线规格相对应的剥线钳剥去导线绝缘。

目前多股导线应用越来越多，强调连接端头应压接终端附件。

6.0.2 本条是参照现行行业标准《电力系统二次电路用控制及继电保护屏(柜、台)通用技术条件》JB/T 5777.2 制定的。

6.0.3 为保证导线不松散,多股导线端部应绞紧,并采用压接终端附件进行接线施工。

6.0.4 本条是引入盘、柜内的电缆及其芯线的一般规定。

3 现行国家标准《交流电气装置的接地设计规范》GB/T 50065 及《电气装置安装工程 接地装置施工及验收规范》GB 50169 明确要求控制电缆的铠装钢带应予以接地。本条补充规定了钢带一点接地的做法是为了避免因地电位差在两点接地的钢带上产生电流。

4 屏蔽电缆的屏蔽层应按设计要求的接地方式予以接地,当设计未作要求时,应符合本规范第 7.0.11 条规定。

5 控制电缆大量采用塑料电缆,塑料芯线取消套塑料管的工艺,但橡胶芯线仍应套绝缘管。因橡胶绝缘的控制电缆还在一些特殊环境下使用,故提出有关橡胶绝缘控制电缆的做法。

7 强、弱电回路若用同一电缆或所用线芯同束排列,均有可能引起干扰,设计和施工中应避免。

8 电缆线芯在弯曲接线时,不应过度地追求美观,使电缆线芯弯曲半径过小而损害线芯和绝缘。

6.0.5 油污环境采用塑料绝缘导线较好。在日光直晒环境,常采用电缆穿蛇皮管或其他金属管的保护措施。

7 盘、柜及二次系统接地

7.0.2 成套柜内的接地母线铜排是柜内接地刀闸及二次控制和保护系统的重要接地汇流排,为保证人身安全和设备安全,应与主接地网直接可靠连接,并且接地引线应符合热稳定的要求。此接地装置的安全作用,是盘、柜本体及基础型钢接地不能替代的,直接涉及人身安全和设备安全。因此，将本条列为强制性条文。

7.0.5 装有电器的可开启的盘、柜门，若无软导线与盘、柜的框架连接接地，则当门上的电器绝缘损坏时，将使盘、柜门上带有危险的电位，危及运行人员的人身安全。现一般采用黄绿绝缘多股接地铜导线作为活动部位的接地线，保证设备运行安全。

7.0.7 计算机或控制装置专用接地网设计参照现行行业标准《火力发电厂、变电所二次接线设计技术规程》DL/T 5136 的有关规定。

7.0.8 盘、柜内二次回路应设接地连接线，以使接地明显可靠；盘、柜制造时应根据盘、柜内接地线数量及预计外接电缆接地线的数量装设足够的接地连接线，并合理预留接地螺栓孔，以满足本盘、柜二次回路接地的需要。根据抗二次系统干扰的实际情况，接地网设置，盘、柜接地连接线与接地网的连接方式应符合设计要求。

7.0.9 控制电缆铠装接地线截面规定参考现行国家标准《电气装置安装工程　电缆线路施工及验收规范》GB 50168—2006 中对电缆线芯在 16mm^2 以下情况的规定；屏蔽电缆屏蔽层的接地线截面面积要求参考现行国家标准《电气装置安装工程　接地装置施工及验收规范》GB 50169—2006 第 3.8.7 条的规定。本条规定同压一接线鼻子的接地线数量，以避免不加限制地把大量接地线同压一接线鼻子上，造成压接不密实、部分地线松脱、维护不方便等问题。

7.0.10 电流互感器二次回路中性点分别接地是为了形成独立的、与其他互感器二次回路没有电的联系的电流互感器二次回路，避免形成相互影响的电流互感器二次回路。电流互感器二次回路中性点一点接地是为了避免下列情况：部分电流经大地分流；因地电位差的影响，回路中出现额外的电流；加剧电流互感器的负载，导致互感器误差增大，甚至饱和。上述情况可能造成保护误动作或拒动作。

7.0.11 屏蔽电缆屏蔽层接地才能起到屏蔽和降低干扰的作用，屏蔽层接地方式直接影响到屏蔽电缆的抗干扰效果。

1 考虑到电气保护及控制二次回路可能受到一次回路高电压接地故障大接地电流影响、开关设备操作或系统故障引起的高频干扰、雷击引发的感生干扰电压等情况，单屏蔽电缆屏蔽层两端接地方式比较有利于解决上述性质的抗干扰问题。

2 适用于"单点接地"的计算机系统，因为抗干扰的性质主要为抗低频干扰，屏蔽层采用一点接地可消除电场对电缆芯的干扰，而多点接地可能产生电势差而造成干扰。具体的接地方式可参考现行行业标准《电力建设施工质量验收及评价规程　第4部分：热工仪表及控制装置》DL/T 5210.4。

7.0.12 参照现行行业标准《220kV～500kV变电所计算机监控系统设计技术规程》DL/T 5149—2001关于二次设备的接地在设计上的技术要求，作为二次设备接地施工的技术规范。

装置性设备要求外壳接地，以防干扰，并保证弱电元件正常工作。

8 质量验收

8.0.1 本条说明如下：

4 有照明要求的盘、柜照明装置应齐全，照明灯具能配合柜门开启和关闭而亮熄；照明灯具应选用无整流启动的普通灯具，避免灯具开启时产生干扰。

5 用于热带的盘、柜，对于其他特殊环境，如腐蚀等，亦应按有关国家现行标准进行验收。

6 从电缆消防考虑和防止小动物及潮气等侵入，应做好封堵。考虑到结冰地区曾发生管内积水将电缆冻断事故，故强调应采取措施,使管内不积水。

7 本款提醒在验收中注意进行备品备件及专用工具的清点和移交工作。

8.0.2 本条说明如下:

4 厂家提供产品技术文件可按所签订设备合同的技术部分进行要求,其内容可包括:制造厂提供的产品安装、使用、维护说明,试验报告(记录),合格证明文件及安装图纸等。

5 备品、备件及专用工具等清单的移交要求是给以后运行、维护提供方便。

9

中华人民共和国国家标准

电气装置安装工程
蓄电池施工及验收规范

Code for construction and acceptance of battery
electric equipment installation engineering

GB 50172—2012

主编部门：中国电力企业联合会
批准部门：中华人民共和国住房和城乡建设部
施行日期：2012年12月1日

中华人民共和国住房和城乡建设部公告

第1418号

关于发布国家标准《电气装置安装工程 蓄电池施工及验收规范》的公告

现批准《电气装置安装工程 蓄电池施工及验收规范》为国家标准，编号为GB 50172-2012，自2012年12月1日起实施。其中，第3.0.7条为强制性条文，必须严格执行。原《电气装置安装工程 蓄电池施工及验收规范》GB 50172-92同时废止。

本规范由我部标准定额研究所组织中国计划出版社出版发行。

中华人民共和国住房和城乡建设部

二〇一二年五月二十八日

前　言

本规范是根据住房和城乡建设部《关于印发〈2008年工程建设标准规范制订、修订计划〉(第二批)的通知》(建标〔2008〕105号)的要求，由湖南省火电建设公司会同有关单位在《电气装置安装工程　蓄电池施工及验收规范》GB 50172—92的基础上修订完成的。

本规范在修订过程中，修订组进行了广泛的调查分析，总结了原规范执行以来的经验，广泛征求了全国有关单位的意见，最后经审查定稿。

本规范共分6章和2个附录，主要内容包括：总则，术语和符号，基本规定，阀控式密封铅酸蓄电池组，镉镍碱性蓄电池组，质量验收等。

与原规范相比较，本规范修订的主要内容有：

1. 将本规范的适用范围由电压为24V及以上，容量为30A·h及以上的固定型铅酸蓄电池组，改为电压为12V及以上，容量为25A·h及以上的阀控式密封铅酸蓄电池组；

2. 增加了术语和符号、基本规定两个章节；

3. 删除了原规范第二章防酸式铅酸蓄电池的相关内容，增加了阀控式密封铅酸蓄电池的内容；

4. 删除了原规范第四章“端电池切换器”；

5. 删除了原规范附录一“铅酸蓄电池用材质及电解液标准”。

本规范中以黑体字标志的条文为强制性条文，必须严格执行。

本规范由住房和城乡建设部负责管理和对强制性条文的解释，中国电力企业联合会负责日常管理，湖南省火电建设公司负责具体技术内容的解释。本规范在执行过程中，请各单位结合工程实践，认真总结经验，如发现需要修改或补充之处，请将意见或建议寄送湖南省火电建设公司（地址：湖南省株洲市建设中路356号，邮政编码：412000），以供今后修订时参考。

本规范主编单位、参编单位、主要起草人和主要审查人：

主编单位： 湖南省火电建设公司
中国电力企业联合会

参编单位： 中国电力科学研究院
广东省输变电工程公司
天津电力建设公司
华能质量监督中心站

主要起草人： 雷鸿飞 龙庆芝 荆 津 何冠恒 田 晓
李 涟 刘光武 陈桂英

主要审查人： 陈发宇 许建军 郑少鹏 范 辉 汪 毅
鲜 杏 梁汉城 王玉明 王兴军 刘 军
周永利 周卫新 曾跃洙 修 杰 陈志刚
侯建设

1 总　　则

1.0.1 为保证蓄电池组安装工程的施工质量，促进工程施工技术水平的提高，确保蓄电池组的安全运行，制定本规范。

1.0.2 本规范适用于电压为12V及以上，容量为25A·h及以上的阀控式密封铅酸蓄电池组和容量为10A·h及以上的镉镍碱性蓄电池组安装工程的施工与质量验收。

1.0.3 蓄电池组安装工程的施工与质量验收除应符合本规范外，尚应符合国家现行有关标准的规定。

2 术语和符号

2.1 术　　语

2.1.1 阀控式密封铅酸蓄电池　valve regulated sealed lead-acid battery

带有安全阀的密封蓄电池，在电池内压超出预定值时允许气体逸出，在使用寿命期间，正常使用情况下无需补加电解液。

2.1.2 镉镍蓄电池　nickel-cadmium battery

含碱性电解质，正极含氧化镍，负极为镉蓄电池。

2.1.3 完全充电　fully charged state

充电的一种状态，即在选定的条件下充电时所有可利用的活性物质不会显著增加容量的状态。

2.1.4 容量　capacity

在规定的条件下，完全充电的蓄电池能够提供的电量，通常用

A · h 表示。

2.1.5 充电率 charge rate

对蓄电池进行恒流充电时所规定的电流值。

2.1.6 放电率 discharge rate

在额定容量下蓄电池按规定时间放电时的连续放电电流值。

2.1.7 终止电压 final voltage,cut-off voltage

规定的放电终止时的蓄电池的电压。

2.1.8 开路电压 open circuit voltage,off-load voltage

放电电流为零时蓄电池的电压。

2.1.9 放电倍率 discharge rate

电池在规定的时间内放出其额定容量时所需要的电流值,它在数值上等于电池额定容量的倍数,通常以字母 C 表示。

2.1.10 补充充电 supplementary charge

蓄电池在存放过程中,由于自放电,容量逐渐减少,甚至于损坏,按产品技术文件的要求定期进行的充电。

2.1.11 初充电 initial charge

新的蓄电池在其使用寿命开始时的第一次充电。

2.1.12 恒流充电 constant current charge

充电电流在充电电压的范围内,维持在恒定值的充电。

2.1.13 恒压充电 constant voltage charge

充电电压在充电电流的范围内,维持在恒定值的充电。

2.2 符 号

C_{10}——10h 率额定容量(A · h);

C_5——5h 率额定容量(A · h);

I_{10}——10h 率放电电流(A)。

3 基本规定

3.0.1 蓄电池组的安装应按已批准的设计图纸及产品技术文件的要求进行施工。

3.0.2 蓄电池在运输过程中,应轻搬轻放,不得有强烈冲击和振动,不得倒置、重压和日晒雨淋。

3.0.3 蓄电池到达现场后,应进行验收检查,并应符合下列规定:

1 包装及密封应良好。

2 应开箱检查清点,型号、规格应符合设计要求,附件应齐全,元件应无损坏。

3 产品的技术文件应齐全。

4 按本规范要求外观检查应合格。

3.0.4 蓄电池到达现场后,应在产品规定的有效保管期限内进行安装及充电。不立即安装时,其保管应符合下列规定:

1 酸性和碱性蓄电池不得存放在同一室内。

2 蓄电池不得倒置,开箱后不得重叠存放。

3 蓄电池应存放在清洁、干燥、通风良好的室内,应避免阳光直射;存放中,严禁短路、受潮,并应定期清除灰尘。

4 阀控式密封铅酸蓄电池宜在5℃～40℃的环境温度,相对湿度低于80%的环境下存放;镉镍碱性蓄电池宜在-5℃～35℃的环境温度,相对湿度低于75%的环境下存放。蓄电池从出厂之日起到安装后的初始充电时间超过六个月时,应采取充电措施。

3.0.5 蓄电池施工应制定安全技术措施。

3.0.6 蓄电池室的建筑工程应符合下列规定:

1 与蓄电池安装有关的建筑物的建筑工程质量应符合现行国家标准《建筑工程施工质量验收统一标准》GB 50300 的有关规

定。当设备及设计有特殊要求时，尚应符合其要求。

2 蓄电池安装前，建筑工程及其辅助设施应按设计要求全部完成，并应验收合格。

3.0.7 蓄电池室应采用防爆型灯具、通风电机，室内照明线应采用穿管暗敷，室内不得装设开关和插座。

3.0.8 蓄电池直流电源柜订货技术要求、试验方法、包装及贮运条件，应符合现行行业标准《电力系统直流电源柜订货技术条件》DL/T 459的有关规定。盘、柜安装应符合现行国家标准《电气装置安装工程 盘、柜及二次回路接线施工及验收规范》GB 50171的有关规定。

4 阀控式密封铅酸蓄电池组

4.1 安 装

4.1.1 蓄电池安装前，应按下列规定进行外观检查：

1 蓄电池外观应无裂纹、无损伤；密封应良好，应无渗漏；安全排气阀应处于关闭状态。

2 蓄电池的正、负端接线柱应极性正确，应无变形、无损伤。

3 透明的蓄电池槽，应检查极板无严重变形；槽内部件应齐全，无损伤。

4 连接条、螺栓及螺母应齐全。

4.1.2 清除蓄电池表面污垢时，对塑料制作的外壳应用清水或弱碱性溶液擦拭，不得用有机溶剂清洗。

4.1.3 蓄电池组的安装应符合下列规定：

1 蓄电池放置的基架及间距应符合设计要求；蓄电池放置在基架后，基架不应有变形；基架宜接地。

2 蓄电池在搬运过程中不应触动极柱和安全排气阀。

3　蓄电池安装应平稳，间距应均匀，单体蓄电池之间的间距不应小于 5mm；同一排、列的蓄电池槽应高低一致，排列应整齐。

4　连接蓄电池连接条时应使用绝缘工具，并应佩戴绝缘手套。

5　连接条的接线应正确，连接部分应涂以电力复合脂。螺栓紧固时，应用力矩扳手，力矩值应符合产品技术文件的要求。

6　有抗震要求时，其抗震设施应符合设计要求，并应牢固可靠。

4.1.4　蓄电池组的引出电缆的敷设应符合现行国家标准《电气装置安装工程　电缆线路施工及验收规范》GB 50168 的有关规定。电缆引出线正、负极的极性及标识应正确，且正极应为赭色，负极应为蓝色。蓄电池组电源引出电缆不应直接连接到极柱上，应采用过渡板连接。电缆接线端子处应有绝缘防护罩。

4.1.5　蓄电池组的每个蓄电池应在外表面用耐酸材料标明编号。

4.2　充、放电

4.2.1　蓄电池组安装完毕后，应按产品技术文件的要求进行充电，并应符合下列规定：

1　充电前应检查蓄电池组及其连接条的连接情况。

2　充电前应检查并记录单体蓄电池的初始端电压和整组电压。

3　充电期间，充电电源应可靠，不得断电。

4　充电期间，环境温度应为 5℃～35℃，蓄电池表面温度不应高于 45℃。

5　充电过程中，室内不得有明火；通风应良好。

4.2.2　蓄电池组安装完毕投运前，应进行完全充电，并应进行开路电压测试和容量测试。

4.2.3　达到下列条件之一时，可视为完全充电：

1　蓄电池在环境温度 5℃～35℃条件下，以(2.40V±0.01V)/单体的恒定电压、充电电流不大于 $2.5I_{10}$(A)充电至电流值 5h 稳定不变时。

2　充电后期充电电流小于 $0.005C_{10}$(A)时。

3　符合产品技术文件完全充电要求时。

4.2.4　完全充电的蓄电池组开路静置24h后，应分别测量和记录每只蓄电池的开路电压，测量点应在端子处，开路电压最高值和最低值的差值不得超过表4.2.4的规定。

表4.2.4　开路电压最高值和最低值的差值

标称电压(V)	开路电压最高值和最低值的差值(mV)
2	20
6	50
12	100

4.2.5　蓄电池容量测试应符合下列规定：

1　蓄电池在环境温度5℃～35℃的条件下应完全充电，然后应静放1h～24h，当蓄电池表面温度与环境温度基本一致时，应进行10h率容量放电测试，应以$0.1C_{10}$(A)恒定电流放电到其中一个蓄电池电压为1.80V时终止放电，并应记录放电期间蓄电池的表面温度t及放电持续时间T。

2　放电期间应每隔一个小时测量并记录单体蓄电池的端电压、表面温度及整组蓄电池的端电压。在放电末期应随时测量。

3　在放电过程中，放电电流的波动允许范围为规定值的±1%。

4　实测容量C_t(A·h)应用放电电流I(A)乘以放电持续时间T(h)计算。

5　当放电期间蓄电池的表面温度不为25℃，可按下式将实测放电容量折算成25℃基准温度时的容量：

$$C_{25}=\frac{C_t}{1+0.006(t-25)} \tag{4.2.5}$$

式中：t——放电开始时蓄电池的表面温度(℃)；

C_t——当蓄电池的表面温度为t℃时实际测得的容量(A·h)；

C_{25}——换算成基准温度(25℃)时的容量(A·h)；

0.006——10h率放电的容量温度系数。

6　放电结束后，蓄电池应尽快进行完全充电。

7　10h率容量测试第一次循环不应低于0.95C_{10}，在第三次循环内应达到1.0C_{10}，容量测试循环达到1.0C_{10}可停止容量测试。

4.2.6　蓄电池组的开路电压和10h率容量测试有一项数据不符合本规范的规定时，此组蓄电池应为不合格。

4.2.7　在整个充、放电期间，应按规定时间记录每个蓄电池的电压、表面温度和环境温度及整组蓄电池的电压、电流，并应绘制整组充、放电特性曲线。

4.2.8　蓄电池充好电后，应按产品技术文件的要求进行使用与维护。

5　镉镍碱性蓄电池组

5.1　安　　装

5.1.1　蓄电池安装前应按下列规定进行外观检查：

1　蓄电池外壳应无裂纹、损伤、漏液等现象。

2　蓄电池正、负端接线柱应极性正确，壳内部件应齐全无损伤；有孔气塞通气性能应良好。

3　连接条、螺栓及螺母应齐全，应无锈蚀。

4　带电解液的蓄电池，其液面高度应在两液面线之间；防漏运输螺塞应无松动、脱落。

5.1.2　清除蓄电池表面污垢时，对塑料制作的外壳应用清水或弱碱性溶液擦拭，不得用有机溶剂清洗。

5.1.3　蓄电池组的安装应符合下列规定：

1　蓄电池放置的平台、基架及间距应符合设计或产品技术文件的要求；蓄电池放置在基架后，基架不应有变形；基架宜接地。

2　蓄电池安装应平稳，间距应均匀，单体蓄电池之间的间距不应小于5mm;同一排、列的蓄电池应高低一致,排列应整齐。

3 连接蓄电池连接条时应使用绝缘工具,并应佩戴绝缘手套。

4 连接条的接线应正确,连接部分应涂以电力复合脂。螺栓紧固时,应用力矩扳手,力矩值应符合产品技术文件的要求。

5 有抗震要求时,其抗震设施应符合设计规定,并应牢固可靠。

5.1.4 蓄电池组引线电缆的敷设应符合现行国家标准《电气装置安装工程 电缆线路施工及验收规范》GB 50168的有关规定。电缆引出线正、负极的极性及标识应正确,且正极应为赭色,负极应为蓝色。蓄电池组电源引出电缆不应直接连接到极柱上,应采用过渡板连接。电缆接线端子处应有绝缘防护罩。

5.1.5 蓄电池组的每个蓄电池应在外表面用耐碱材料标明编号。

5.2 配液与注液

5.2.1 配制电解液应采用化学纯氢氧化钾,其技术条件应符合本规范附录A的规定。配制电解液应用蒸馏水或去离子水。

5.2.2 电解液的密度应符合产品技术文件的要求。

5.2.3 配制和存放电解液应用铁、钢、陶瓷或珐琅制成的耐碱器具,不得使用配制过酸性电解液的容器。

5.2.4 配液时,应将碱慢慢倾入水中,不得将水倒入碱中。配制的电解液应加盖存放并沉淀6h以上,应取其澄清液或过滤液使用。对电解液有怀疑时应化验,其标准应符合本规范附录B的规定。

5.2.5 注入蓄电池的电解液温度不宜高于30℃;当室温高于30℃时,应采取降温措施。其液面高度应在两液面线之间。注入电解液后宜静置2h～4h后再初充电。

5.2.6 配液工作应由具有施工经验的技工操作,操作人员应戴专用保护用品,并应设专人监护。

5.2.7 工作场地应备有含量3%～5%的硼酸溶液。

5.3 充、放电

5.3.1 蓄电池的初充电应按产品技术文件的要求进行，并应符合下列规定：

1 初充电期间，其充电电源应可靠，不得断电。

2 初充电期间，室内不得有明火；通风应良好。

3 装有催化栓的蓄电池应将催化栓旋下，待初充电完成后再重新装上。

4 带有电解液并配有专用防漏运输螺塞的蓄电池，初充电前应取下运输螺塞换上有孔气塞，并检查液面不应低于下液面线。

5 充电期间电解液的温度范围宜为20℃±10℃；当电解液的温度低于5℃或高于35℃时，不宜进行充电。

5.3.2 蓄电池初充电应达到产品技术文件所规定的时间，同时单体蓄电池的电压应符合产品技术文件的要求。

5.3.3 蓄电池初充电结束后，应按产品技术文件的规定做容量测试，其容量应达到产品使用说明书的要求，高倍率蓄电池还应进行倍率试验，并应符合下列规定：

1 在3次充、放电循环内，放电容量在20℃±5℃时不应低于额定容量。

2 用于有冲击负荷的高倍率蓄电池倍率放电，在电解液温度为20℃±5℃条件下，应以0.5C_5电流值先放电1h情况下继以6C_5电流值放电0.5s，其单体蓄电池的平均电压，超高倍率蓄电池不得低于1.1V；高倍率蓄电池不得低于1.05V。

3 按0.2C_5电流值放电终结时，单体蓄电池的电压应符合产品技术文件的要求，电压不足1.0V的电池数不应超过电池总数的5%，且最低不得低于0.9V。

5.3.4 充电结束后，应用蒸馏水或去离子水调整液面至上液面线。

5.3.5 在制造厂已完成初充电的密封蓄电池，充电前应检查并记录单体蓄电池的初始端电压和整组总电压，并应进行补充充电和容量测试。补充充电及其充电电压和容量测试的方法应按产品技术文件的要求进行，不得过充、过放。

5.3.6 放电结束后，蓄电池应尽快进行完全充电。

5.3.7 在整个充、放电期间，应按规定时间记录每个蓄电池的电压、电解液温度和环境温度及整组蓄电池的电压、电流，并应绘制整组充、放电特性曲线。

5.3.8 蓄电池充好电后，应按产品技术文件的要求进行使用和维护。

6 质量验收

6.0.1 在验收时，应按下列规定进行检查：

1 蓄电池室的建筑工程及其辅助设施应符合设计要求，照明灯具和开关的形式及装设位置应符合设计要求。

2 蓄电池安装位置应符合设计要求。蓄电池组应排列整齐，间距应均匀，应平稳牢固。

3 蓄电池间连接条应排列整齐，螺栓应紧固、齐全，极性标识应正确、清晰。

4 蓄电池组每个蓄电池的顺序编号应正确，外壳应清洁，液面应正常。

5 蓄电池组的充、放电结果应合格，其端电压、放电容量、放电倍率应符合产品技术文件的要求。

6 蓄电池组的绝缘应良好，绝缘电阻不应小于0.5MΩ。

6.0.2 在验收时，应提交下列技术文件：

1 设计变更的证明文件。

2 制造厂提供的产品说明书、装箱单、试验记录、合格证明文件等。

3 充、放电记录及曲线，质量验收资料。

4 材质化验报告。

5 备品、备件、专用工具及测试仪器清单。

附录A 氢氧化钾技术条件

表A 氢氧化钾技术条件

指标名称	化学纯	指标名称	化学纯
氢氧化钾(KOH)(%)	≥80	硅酸盐(SiO_3)(%)	≤0.1
碳酸盐(以K_2CO_3计)(%)	≤3	钠(Na)(%)	≤2
氯化物(Cl)(%)	≤0.025	钙(Ca)(%)	≤0.02
硫酸盐(SO_4)(%)	≤0.01	铁(Fe)(%)	≤0.002
总氮量(%)	≤0.005	重金属(以Pb计)(%)	≤0.003
磷酸盐(PO_4)(%)	≤0.01	澄清度试验	合格

附录B 碱性蓄电池用电解液标准

表B 碱性蓄电池用电解液标准

项　　目	技术要求	
	新配电解液	使用过程极限值
外观	无色透明，无悬浮物	—
密度(15℃，g/cm^3)	1.20±0.01	1.20±0.01

续表 B

项　　目	技术要求	
	新配电解液	使用过程极限值
含量(g/L)	KOH:240～270 NaOH:215～240	KOH:240～270 NaOH:215～240
Cl^-(g/L)	<0.1	0.2
K_2CO_3(g/L)	<20	60
Ca^{2+}·Mg^{2+}(g/L)	<0.19	0.3
Fe/KOH(NaOH)(%)	<0.05	0.05

本规范用词说明

1 为便于在执行本规范条文时区别对待,对要求严格程度不同的用词说明如下:

1)表示很严格,非这样做不可的:

正面词采用“必须”,反面词采用“严禁”;

2)表示严格,在正常情况下均应这样做的:

正面词采用“应”,反面词采用“不应”或“不得”;

3)表示允许稍有选择,在条件许可时首先应这样做的:

正面词采用“宜”,反面词采用“不宜”;

4)表示有选择,在一定条件下可以这样做的,采用“可”。

2 条文中指明应按其他有关标准执行的写法为:“应符合……的规定”或“应按……执行”。

引用标准名录

《电气装置安装工程　电缆线路施工及验收规范》GB 50168

《电气装置安装工程　盘、柜及二次回路接线施工及验收规范》GB 50171

《建筑工程施工质量验收统一标准》GB 50300

《电力系统直流电源柜订货技术条件》DL/T 459

中华人民共和国国家标准

电气装置安装工程
蓄电池施工及验收规范

GB 50172—2012

条 文 说 明

修 订 说 明

《电气装置安装工程　蓄电池施工及验收规范》GB 50172—2012，经住房和城乡建设部2012年5月28日以第1418号公告批准发布。

本规范是在《电气装置安装工程　蓄电池施工及验收规范》GB 50172—92的基础上修订而成，上一版的主编单位是能源部电力建设研究所（现中国电力科学研究院），参加单位是陕西电力建设总公司、山东省电力建设二公司，主要起草人是曾等厚、牟思浦、刘德玉、马长瀛。

本规范修订过程中，编制组进行了广泛的调查研究，向相关的设计、制造、施工、监理、生产运行等企业征求意见，吸收了近年来出现的新产品、新技术、新工艺的成熟经验。

为了方便广大设计、生产、施工、科研、学校等单位有关人员在使用本规范时能正确理解和执行条文规定，《电气装置安装工程　蓄电池施工及验收规范》编制组按章、节、条顺序编制了本规范的条文说明，对条文规定的目的、依据以及执行中需注意的有关事项进行了说明。但是，本条文说明不具备与规范正文同等的法律效力，仅供使用者作为理解和把握规范规定的参考。

1 总　　则

1.0.2 本规范适用范围是根据电气装置对蓄电池最低使用电压及容量要求规定的，是在《电气装置安装工程　蓄电池施工与质量验收规范》GB 50172—92(以下简称原规范)的基础上修订的。原规范的主要内容适用于固定型防酸式、固定型密闭式铅酸蓄电池、镉镍碱性蓄电池。因为固定型防酸式蓄电池存在体积大，运行中产生氢气，伴随着酸雾，对环境带来污染，维护复杂等缺点，阀控式密封铅酸蓄电池以其全密封、少维护、不污染环境、可靠性较高、安装方便等一系列的优点，在20世纪90年代中期以后得到普遍采用，目前在电力和通信行业中基本取代防酸式铅酸蓄电池，故此次修订时，以阀控式密封铅酸蓄电池组的内容取代了原规范第二章“铅酸蓄电池组”的相关内容；由于现场无须配制铅酸蓄电池电解液，故删除原规范附录一“铅酸蓄电池用材质及电解液标准”。

20世纪80年代中期以后，碱性蓄电池，主要是镉镍碱性蓄电池由于其体积小，放电倍率高，安装方便和使用寿命长等一系列优越特性，在电气装置中作为直流电源得到了运用，但由于价格较高，限制了其应用的范围，目前使用量不大，一般使用的都是额定容量在100A·h以内。本次修订时，对镉镍碱性蓄电池组部分未作大范围的修改，仅对部分条款进行了修订。

根据现行行业标准《电力工程直流系统设计技术规程》DL/T 5044等设计标准，蓄电池组一般不设计端电池，故将原规范第四章“端电池切换器”删去。

2 术语和符号

术语和符号章节为本次修订所增加，为了方便现场施工人员对规范中所涉及的术语的理解，列出了相关术语和符号。术语主要引用现行国家标准《电工术语　原电池和蓄电池》GB/T 2900.41 中的术语。

3 基本规定

3.0.4　蓄电池到达现场后，应按产品使用维护说明书的规定进行保管，在产品规定的有效保管期内进行安装及充电。超过其有效保管期，蓄电池因内部的电化学反应造成自放电，电池极板的活化物质将受到损坏而影响蓄电池的容量。在较高的储存温度环境中电池会加速自放电，因此，蓄电池应储存在通风、干燥且温度和湿度适宜的室内。在符合本条第4款规定的保管环境下，蓄电池从出厂之日起到安装后的初充电时间不应超过六个月。

3.0.7　为确保人身安全和设备安全，本条规定为强制性条文。蓄电池充、放电和运行时，会有少量的氢气逸出，开关插座在操作过程中有可能产生电火花而引发氢气爆炸。为了防止氢气发生爆炸对人身安全和设备安全造成危害，规定室内不得装设开关、插座，并应采用防爆型电器。

4 阀控式密封铅酸蓄电池组

4.1 安 装

4.1.2 由于蓄电池的外壳主要采用ABS、PP等塑料，使用有机溶剂会导致其老化，故不得用有机溶剂擦洗外壳。

4.1.3 根据蓄电池使用维护说明书规定了对蓄电池安装的要求。

1 在设计和制造厂考虑了蓄电池基架接地时，宜按设计和制造厂要求接地。

2 蓄电池在搬运过程中，应注意不要触动电池极柱和安全排气阀，以免使电池极柱受到额外应力及蓄电池密封性能受到破坏。

3 蓄电池之间应保持适当距离，以利于蓄电池的散热和维护。

4 蓄电池都是荷电出厂的，因此安装的时候要注意防止电池短路，连接的时候要戴绝缘手套，使用绝缘工具，当使用扳手时，除扳头外其余金属部分要包上绝缘带，杜绝扳手与蓄电池的正、负极同时相碰，形成正、负极短路故障。

5 为减少接触电阻和防止腐蚀，接头连接部分应涂以电力复合脂。螺栓紧固应采用力矩扳手，力矩值应符合产品技术文件的要求，因为螺栓过紧可能损坏接线柱，而过松会因接触不良导致发热。

4.1.4 为了防止连接引出电缆时蓄电池极柱受到太大应力而损坏蓄电池，故要求采用过渡板连接。为了防止人体不小心触及带电部分，故要求接线端子处应有绝缘防护罩。

4.2 充、放电

4.2.1 蓄电池安装后首次充电是为了使蓄电池达到完全充电状

态。阀控式铅酸蓄电池容量等性能与温度有关，且过高的温度容易损坏蓄电池，故对蓄电池充电时的环境温度及蓄电池表面温度予以规定。

4.2.2 阀控式密封铅酸蓄电池在厂家已经进行了充、放电，都是荷电出厂。根据国家现行标准《固定型阀控密封式铅酸蓄电池》GB/T 19638.2、《阀控式密封铅酸蓄电池订货技术条件》DL/T 637 等标准和国内目前大部分蓄电池厂家的出厂试验报告，确定蓄电池安装后投运前应进行蓄电池开路电压和容量测试。

4.2.3 完全充电的标准是根据国家现行标准《固定型阀控密封式铅酸蓄电池》GB/T 19638.2、《通信局（站）电源系统维护技术要求　第10部分：阀控式密封铅酸蓄电池》YD/T 1970.10 确定。

4.2.4 开路电压测试的标准和要求是根据国家现行标准《固定型阀控密封式铅酸蓄电池》GB/T 19638.2、《阀控式密封铅酸蓄电池订货技术条件》DL/T 637 等确定的。

4.2.5 本条是关于蓄电池容量测试的要求。

1 容量测试的标准和要求是根据国家现行标准《固定型阀控密封式铅酸蓄电池》GB/T 19638.2、《阀控式密封铅酸蓄电池订货技术条件》DL/T 637 等标准确定。

5 阀控式铅酸蓄电池的额定容量是25℃时10h率放电容量，因此新装蓄电池组作容量校验时采用10h率放电制；因为蓄电池容量与温度有关，故蓄电池温度不是25℃时要进行容量换算。

6 蓄电池放电后，没及时充电则会容易出现硫酸盐化，硫酸铅结晶物附在极板上，堵塞电离子通道，造成充电不足，电池容量下降，亏电状态闲置时间越长，电池损坏越严重。所以放电后应尽快进行安全充电。

4.2.6 本条是根据国家现行标准《固定型阀控密封式铅酸蓄电池》GB/T 19638.2、《阀控式密封铅酸蓄电池订货技术条件》DL/T 637、《电力系统用蓄电池直流电源装置运行与维护技术规程》DL/T 724 等确定的。

4.2.7 在充、放电期间按规定时间记录每个蓄电池的电压及表面温度，以监视蓄电池的性能，发现个别电池的缺陷，若有的蓄电池在电压、温度上相差较大，则表示该电池有问题；测量整组蓄电池的电压及电流，依据这些数据整理绘制充、放电特性曲线，供以后维护时参考。

5 镉镍碱性蓄电池组

5.1 安 装

5.1.1 碱性蓄电池在安装前做外观检查，以发现明显的缺陷及运输中可能造成的损坏，防止不必要的返工。

1 高倍率小容量碱性蓄电池，有的产品带电解液出厂，故应检查渗漏情况。

2 若单体蓄电池的极性标示发生错误，在蓄电池组内将出现单体电池反接现象，因此在外观检查时应检查极性是否正确；有孔气塞的通气性不好，在充、放电及正常运行时，放出的气体无法排出，壳内压力增加会发生爆炸或壳体胀裂跑碱等事故。

4 碱性蓄电池在充、放电期间有放水和吸水现象，如液面过高，在充电过程中由于放水使液面升高，加之产生的少量气体，会使电解液溢出壳外，造成蓄电池绝缘下降。如液面过低，在放电过程中由于吸水使液面下降，当极板露出时会影响蓄电池性能。因此，要求电解液液面保持在两液面线之间。

带液出厂的碱性蓄电池，出厂时用运输螺塞将电池密封，如在运输或保管过程中螺塞松动或脱落，电解液将溢出，且空气中的二氧化碳与电池中碱性电解液发生反应生成碳酸盐，使蓄电池的内阻增加，容量减少，严重影响蓄电池的性能，因此要检查运输螺塞的严密性。

5.1.2 参见本规范第 4.1.2 条的条文说明。

5.1.3 参见本规范第4.1.3条的条文说明。

5.1.4 参见本规范第4.1.4条的条文说明。

5.2 配液与注液

5.2.1 本条规定碱性蓄电池电解液使用的材质及其标准，氢氧化钾是根据现行国家标准《化学试剂 氢氧化钾》GB/T 2306中的第三级化学纯。

5.2.3 配制或灌注电解液的容器，应是耐碱的干净器具。用耐碱容器是防止碱和某些物质起化学反应，生成新的物质影响电解液的纯度。

5.2.4 溶解固体碱或稀释碱溶液时放出的溶解热，虽不如稀释浓硫酸时放出的热量多，但为防止溶解时由于放出的热量使碱溶液溅出而腐蚀人体和衣物，故规定不得将水倒入碱中。

注入蓄电池中的电解液应是除去杂质的清液，故规定应沉清或过滤；配制好的电解液不立即使用时，应注意密封，以防空气中的二氧化碳进入电解液生成碳酸盐影响电解液的纯度。

5.2.5 在充电过程中电解液温度超过35℃时不宜充电，故规定注入的电解液应冷却到30℃以下，防止充电时电解液温度过快升高。某些地区夏季室内温度往往超过30℃，常规条件下，电解液不可能冷却到30℃以下，故规定应采取降温措施。为了浸润极板，规定电解液应静置一定时间，浸泡时间宜在2h～4h。

5.2.7 工作场地应备有含量3%～5%的硼酸溶液。当电解液不慎溅到皮肤上时，应立即用硼酸溶液冲洗；若不慎将电解液溅到眼睛内时，应立即用大量清水冲洗，必要时到医院请医生诊视。

5.3 充、放电

5.3.1 由于各制造厂规定的碱性蓄电池初充电的技术条件有一定差异，故应按产品的技术文件要求进行。充电的技术条件指各充电制的充电电流、时间和单体蓄电池充电末期的电压等。

3　催化栓的作用是将蓄电池放出的氢和氧生成水再返回电池本体去，以达到少维护的目的，但它处理氢、氧的能力是按浮充方式时设计的，故初充电时要取下，否则要损坏壳体。

4　防漏运输螺塞是无孔的，换上有孔气塞进行初充电是使蓄电池产生的气体能够外泄，不会因内部压力增高而损坏壳体。

5　充电时电解液温度在20℃时，按照规定的充电电流值充到规定的时间，蓄电池充入的实际容量是合格电池的额定容量。如果充电时电解液的温度不为20℃，随温度升高或降低，蓄电池将不能充至额定容量。但镉镍碱性蓄电池一般都有一定的富余容量，故制造厂规定了镉镍碱性蓄电池宜在20℃±10℃范围充电。近年来，鉴于厂家生产技术的提高，其产品充电时电解液温度在10℃～30℃范围内充电，其容量均可达到额定容量。

电解液的温度低于5℃或高于35℃时，蓄电池进行充电，其充电效率较低；同样，蓄电池在此条件下进行放电，其自放电率会较大，容量变小，两者均影响蓄电池的正常使用，故制造厂规定不宜在低于5℃或高于35℃时充、放电。

5.3.3　本条规定了初充电结束后蓄电池应达到的主要技术指标。

1　碱性蓄电池在初充电时要经过多次充、放电循环才能达到额定容量，产品技术文件一般要求3次～5次内达到要求。一般情况下，新安装蓄电池只需经过3次充、放电循环即可达到额定容量。

2　用于有冲击负荷的高倍率蓄电池，如断路器的操作电源的高倍率蓄电池，在给定条件下能否放出所需的电流值，且单体蓄电池的电压能否达到规定值，这是关系到设备特别是电磁操动机构的断路器能否合上，刚合速度能否满足要求的关键，故规定对高倍率蓄电池应进行倍率放电校验。

产品的技术条件一般规定了满容量状态和事故放电后的倍率放电的技术参数。基于电气装置直流电源的运行实际，本条规定只校验事故放电后的倍率放电。以$0.5C_5$电流值放电1h是模拟事故放电状态，$6C_5$电流值放电 0.5s 是为保证断路器合闸的电流值及合闸时间要求。

为了确保设备正常工作，特别是电磁操动机构的断路器可靠合闸且刚合速度符合规定，需要合闸时直流母线电压值也应满足要求。只要单体蓄电池的端电压能达到规定值，直流母线的电压就能满足要求。故规定倍率放电时单体蓄电池的端电压应达到的电压值，而不校验直流母线的电压，以避免由于单体蓄电池的电压不满足要求时，增加蓄电池个数来满足直流母线电压的做法。靠增加蓄电池数量来满足直流母线电压的做法会使合闸母线及合闸回路中的设备在正常运行时长期承受过电压的危害。

但实际进行高倍率放电 0.5s 的瞬间要在现场测量每个蓄电池的端电压几乎不可能办到，故规定校验单体蓄电池的平均电压。

3 $0.2C_5$放电电流是产品技术文件提供的标准放电制放电电流，终止电压为 1.0V 是该放电制下放电终结参数。在整组蓄电池中，标准放电制终止时，可能有个别不影响使用的落后电池，故允许有 5%的单体蓄电池终止电压低于 1.0V。但过低会造成这类电池在以后的充、放电循环内难以恢复到正常值，故最低电压以不得低于 0.9V 为宜。

5.3.4 充电结束后，电解液的液面将会发生变化。为保证蓄电池的正常使用，需用蒸馏水或去离子水将液面调整至上液面线。

5.3.7 参见本规范第 4.2.7 条的条文说明。

6 质 量 验 收

6.0.1 在验收时，对有关规定进行检查的说明：

3 连接条与蓄电池接线柱间连接是否可靠，将直接影响蓄电池的安全运行，提出本款的目的就是要求施工单位在施工过程中应重点关注螺栓的紧固程度(如产品技术文件有具体要求时,应按其要求紧固螺栓),确保其接触良好。

4 组成蓄电池组的单体蓄电池是按一定顺序进行编号的,强调其按顺序编号,以方便在充、放电过程对每个蓄电池的正确记录和以后正常运行过程中的正确监控。

当蓄电池外壳为透明材质时,应观察其液面是否正常。液面正常是指蓄电池完成充、放电后,其电解液高度在制造厂要求的范围内。

5 蓄电池组的容量试验根据蓄电池的种类不同,其充电率和放电率是不同的。其容量试验应符合制造厂产品使用说明书及本规范的规定。对于阀控式密封铅酸蓄电池,进行容量计算时应折算成25℃时的标准容量。

6 因现行国家标准《电气装置安装工程 电气设备交接试验标准》GB 50150未列入蓄电池部分,故将蓄电池的绝缘电阻测量及其标准列入本条。对于阀控式铅酸密封蓄电池,因为蓄电池本身具有电动势,不能使用兆姆表进行绝缘电阻测量。

测量可用高内阻电压表,测量蓄电池正、负极对地电压和整组开路电压,然后通过计算得出整组蓄电池对地绝缘电阻值。计算式如下:

$$R_g = R_V\left(\frac{V}{V_1 + V_2} - 1\right) \tag{1}$$

式中:R_g——整组电池对地绝缘电阻值;

R_V——电压表内阻值;

V_1——蓄电池组正端对地电压;

V_2——蓄电阻组负端对地电压;

V——蓄电池正、负端之间电压。

中华人民共和国国家标准

电气装置安装工程
66kV及以下架空电力线路施工
及验收规范

Code for construction and acceptance of 66kV and under overhead electric power transmission line

GB 50173—2014

主编部门:中 国 电 力 企 业 联 合 会

批准部门:中华人民共和国住房和城乡建设部

施行日期:2 0 1 5 年 1 月 1 日

中华人民共和国住房和城乡建设部公告

第409号

住房城乡建设部关于发布
国家标准《电气装置安装工程66kV及
以下架空电力线路施工及验收规范》的公告

现批准《电气装置安装工程66kV及以下架空电力线路施工及验收规范》为国家标准，编号为GB 50173-2014，自2015年1月1日起实施。其中，第3.2.3(3)、5.0.4(3)、6.1.1(1)条(款)为强制性条文，必须严格执行。原国家标准《电气装置安装工程35kV及以下架空电力线路施工及验收规范》GB 50173-92同时废止。

本规范由我部标准定额研究所组织中国计划出版社出版发行。

中华人民共和国住房和城乡建设部

2014年4月15日

前　言

本规范是根据住房城乡建设部《关于印发〈2009年工程建设标准规范制订、修订计划〉的通知》(建标〔2009〕88号)的要求,由中国电力科学研究院和葛洲坝集团电力有限责任公司会同有关单位在原国家标准《电气装置安装工程35kV及以下架空电力线路施工及验收规范》GB 50173—92(以下简称“原规范”)的基础上修订完成的。

本规范修订过程中,编制组认真总结了原规范执行以来的施工经验,广泛征求了全国有关单位的意见,并进行了深入的调查研究,完成报批稿。最后经审查定稿。

本规范共分11章和4个附录。主要包括:总则;术语;原材料及器材检验;测量;土石方工程;基础工程;杆塔工程;架线工程;接地工程;杆上电气设备;工程验收与移交等。

与原规范相比较,本规范本次修订的主要内容如下:

1.将66kV的架空线路施工及验收标准纳入本规范,将原标准名称更改为《电气装置安装工程66kV及以下架空电力线路施工及验收规范》;

2.增加了术语;

3.将铁塔及混凝土基础内容纳入本规范;

4.增加了掏挖基础、钢管电杆、绝缘导线等内容;

5.将原规范中的“导线架设”章节修改为“架线工程”;

6.将原规范中的“避雷线”修改为“地线”;

7.删除了“接户线”章节。

本规范中以黑体字标志的条文为强制性条文,必须严格执行。

本规范由住房城乡建设部负责管理和对强制性条文的解释,

由中国电力企业联合会负责日常管理，由中国电力科学研究院负责具体技术内容的解释。在本规范执行过程中，请各单位结合工程实践，认真总结经验，如发现需要修改或补充之处，请将意见和建议寄送中国电力科学研究院（地址：北京市海淀区清河小营东路15号，邮政编码：100192），以便今后修订时参考。

本规范主编单位、参编单位、主要起草人和主要审查人：

主编单位： 中国电力科学研究院
葛洲坝集团电力有限责任公司

参编单位： 广东电力科学研究院
辽宁电力勘测设计院

主要起草人： 江小兵 龚祖春 姚卫星 荆 津 徐 军
高鹏飞 彭向阳 田 晓

主要审查人： 何长华 马 军 陈发宇 黄连壮 王国民
苏 勇 石双林 李春法 王玉明 程云堂
侯林高 晁福昱 赵成福 叶瑞军

1 总 则

1.0.1 为保证66kV及以下架空电力线路工程建设质量，规范施工过程中的质量控制要求和验收条件，制定本规范。

1.0.2 本规范适用于66kV及以下架空电力线路新建、改建、扩建工程的施工及验收。

1.0.3 架空电力线路工程的施工应按已批准的设计文件进行。

1.0.4 架空电力线路工程测量及检查用的仪器、仪表、量具等，应采用合格产品并在检定有效期内使用。

1.0.5 架空电力线路工程的施工及验收除应符合本规范外，尚应符合国家现行有关标准的规定。

2 术 语

2.0.1 架空电力线路 overhead power line

用绝缘子和杆塔将导线及地线架设于地面上的电力线路。

2.0.2 档距 span length

两相邻杆塔导线悬挂点间的水平距离。

2.0.3 耐张段 section of an overhead line

两相邻耐张杆塔间的线路部分，称为一个耐张段。

2.0.4 垂直档距 weight span

杆塔两侧导线最低点之间的水平距离。

2.0.5 代表档距 representative span

为一假设档距，该档距由于荷载或温度变化引起张力变化的规律与耐张段实际变化规律几乎相同。

2.0.6 弧垂　　sag

一档架空线内，导线与导线悬挂点所连直线间的最大垂直距离。

2.0.7 杆塔　　support structure of an overhead line

通过绝缘子悬挂导线的装置。

2.0.8 根开　　root distance

两电杆根部或塔脚之间的水平距离。

2.0.9 杆上电气设备　　electrical equipments on support structure

指66kV及以下架空电力线路上的变压器、断路器、负荷开关、隔离开关、避雷器、熔断器等电气设备。

2.0.10 相色　　color of phase

为区分线路相位，采用颜色进行标识，并规定A相为黄色、B相为绿色、C相为红色。

2.0.11 单位工程　　unit project

指具有独立的施工条件，但不独立发挥生产能力的工程，可按专业性质或建筑部位划分。

2.0.12 分部工程　　parts of construction

指单位工程的组成部分，一个单位工程可由若干个分部工程组成。

2.0.13 分项工程　　kinds of construction

指分部工程的组成部分，一个分部工程可由若干个分项工程组成。

3　原材料及器材检验

3.1　一般规定

3.1.1 架空电力线路工程使用的原材料及器材应符合下列规定：

1 应有该批产品出厂质量检验合格证书，设备应有铭牌。

2 应有符合国家现行标准的各项质量检验资料。

3 对砂、石等原材料应抽样并提交具有资质的检验单位检验，应在合格后再采用。

3.1.2 原材料及器材有下列情况之一者，应重作检验，并应根据检验结果确定是否使用或降级使用：

1 超过规定保管期限者。

2 因保管、运输不良等原因造成损伤或损坏可能者。

3 对原检验结果有怀疑或试样代表性不够者。

3.1.3 钢材焊接用焊条、焊剂等焊接材料的规格、型号，应符合现行国家标准《钢结构焊接规范》GB 50661 的规定，且保管、使用时应采取下列措施：

1 焊条、焊丝、焊剂和熔嘴应储存在干燥、通风良好的地方，并应由专人保管。

2 焊条、焊丝、熔嘴和焊剂在使用前，应按产品技术文件的规定进行烘干。

3 焊条重复烘干次数不应超过 1 次，不得使用受潮的焊条。

3.2 基 础

3.2.1 现场浇筑混凝土基础所使用的砂、石，应符合现行行业标准《普通混凝土用砂、石质量及检验方法标准》JGJ 52 的规定。

3.2.2 水泥的质量、保管及使用应符合现行国家标准《通用硅酸盐水泥》GB 175 的规定。水泥的品种与标号，应满足设计要求的混凝土强度等级。水泥保管时应防止受潮；不同品种、不同等级、不同制造厂、不同批号的水泥应分别堆放，并应标识清楚。

3.2.3 混凝土拌和用水应符合下列规定：

1 制作预制混凝土构件用水，应使用可饮用水。

2 现场拌和混凝土，宜使用可饮用水。当无可饮用水时，应采用清洁的河溪水或池塘水等。水中不得含有油脂和有害化合物,有怀疑时应送有相应资质的检验部门做水质化验,并应在合格后再使用。

3　混凝土拌和用水严禁使用未经处理的海水。

3.2.4　预制混凝土构件及现浇混凝土基础用钢筋、地脚螺栓、插入角钢等加工质量,均应符合设计要求。钢材应符合现行国家标准《钢筋混凝土用钢》GB 1499 的规定,表面应无污物和锈蚀。

3.2.5　接地装置的型号、规格应符合设计要求,当采用钢材时宜采用热镀锌进行防腐处理。

3.3　杆　　塔

3.3.1　环形混凝土电杆质量应符合现行国家标准《环形混凝土电杆》GB/T 4623 的规定,安装前应进行外观检查,且应符合下列规定:

1　表面应光洁平整,壁厚应均匀,应无露筋、跑浆等现象。

2　放置地平面检查时,普通钢筋混凝土电杆应无纵向裂缝,横向裂缝的宽度不应超过 0.1mm,其长度不应超过周长的 1/3。预应力混凝土电杆应无纵、横向裂缝。

3　杆身弯曲不应超过杆长的 1/1000。

4　电杆杆顶应封堵。

3.3.2　角钢铁塔、混凝土电杆铁横担的加工质量,应符合现行国家标准《输电线路铁塔制造技术条件》GB/T 2694 的规定。

3.3.3　薄壁离心钢管混凝土结构铁塔的加工质量,除应符合现行行业标准《薄壁离心钢管混凝土结构技术规程》DL/T 5030 的规定外,还应符合设计要求,安装前应进行外观检查,且应符合下列规定:

1　钢管焊缝应全部进行外观检查。

2　端头外径允许偏差应为±1.5mm;杆件长度允许偏差应为±5mm。

3　杆身弯曲度不应超过杆长的1/1000，并不应大于10。

3.3.4　钢管电杆的质量应符合现行行业标准《输变电钢管结构制造技术条件》DL/T 646 的规定。安装前应进行外观检查，且应符合下列规定：

1　构件的标志应清晰可见。

2　焊缝坡口应保持平整无毛刺，不得有裂纹、气割熔瘤、夹层等缺陷。

3　焊缝表面质量应用放大镜和焊缝检验尺检测，需要时可采用表面探伤方法检验。

4　镀锌层表面应连续、完整、无锈蚀，不得有过酸洗、漏镀、结瘤、积锌、毛刺等缺陷。

3.3.5　杆塔用螺栓的质量应符合现行行业标准《输电线路杆塔及电力金具用热浸镀锌螺栓与螺母》DL/T 284 的规定。防卸螺栓的型式宜符合建设方或运行方的要求。

3.3.6　裸露在大气中的黑色金属制造的附件应采取防腐措施。

3.3.7　各种连接螺栓的防松装置应符合设计要求。

3.3.8　金属附件及螺栓表面不应有裂纹、砂眼、镀层剥落及锈蚀等现象。

3.4　导　地　线

3.4.1　导线的质量应符合现行国家标准《圆线同心绞架空导线》GB/T 1179 的规定，架空绝缘线的质量应符合现行国家标准《额定电压 10kV 架空绝缘电缆》GB/T 14049 和《额定电压 1kV 及以下架空绝缘电缆》GB/T 12527 的规定。

3.4.2　架空电力线路使用的线材，架设前应进行外观检查，且应符合下列规定：

1　线材表面应光洁，不得有松股、交叉、折叠、断裂及破损等缺陷。

2　线材应无腐蚀现象。

3 钢绞线、镀锌铁线表面镀锌层应良好、无锈蚀。

3.4.3 采用镀锌钢绞线做架空地线或拉线时，镀锌钢绞线的质量应符合现行行业标准《镀锌钢绞线》YB/T 5004 的规定。

3.4.4 采用复合光缆作架空地线时，复合光缆应符合现行行业标准《光纤复合架空地线》DL/T 832 的规定。

3.4.5 架空绝缘线表面应平整光滑、色泽均匀、无爆皮、无气泡；端部应密封，并应无导体腐蚀、进水现象；绝缘层表面应有厂名、生产日期、型号、计米等清晰的标志。

3.5 绝缘子和金具

3.5.1 盘形悬式瓷及玻璃绝缘子的质量应符合国家现行标准《标称电压高于 1000V 的架空线路绝缘子》GB/T 1001、《标称电压高于 1000V 的架空线路绝缘子交流系统用瓷或玻璃绝缘子件盘形悬式绝缘子件的特性》GB/T 7253 和《盘形悬式绝缘子用钢化玻璃绝缘件外观质量》JB/T 9678 的规定。有机复合绝缘子的质量应符合现行国家标准《标称电压高于 1000V 的交流架空线路用复合绝缘子-定义、试验方法及验收准则》GB/T 19519 的规定。

3.5.2 绝缘子安装前应进行外观检查，且应符合下列规定：

1 绝缘子铁帽、绝缘件、钢脚三者应在同一轴线上，不应有明显的歪斜，且应结合紧密，金属件镀锌应良好。外露的填充胶接料表面应平整，其平面度不应大于 3mm，且应无裂纹。

2 瓷质绝缘子瓷釉应光滑，并应无裂纹、缺釉、斑点、烧痕、气泡或瓷釉烧坏等缺陷，外观质量不应超过表 3.5.2 的规定。

3 有机复合绝缘子表面应光滑，并应无裂纹、缺损等缺陷。

4 玻璃绝缘子应由钢化玻璃制造。玻璃件不应有折痕、气孔等表面缺陷，玻璃件中气泡直径不应大于 5mm。

表 3.5.2 瓷件外观质量

瓷件分类		单个缺陷					外表面缺陷总面积（mm^2）
类别	$H\times D$（cm^2）	斑点、杂质、烧缺、气泡等直径（mm）	粘釉或碰损面积（mm^2）	缺釉		深度或高度（mm）	
				内表面（mm^2）	外表面（mm^2）		
1	$H\times D\leqslant 50$	3	20.0	80.0	40.0	1	100.0
2	$50<H\times D\leqslant 400$	3.5	25.0	100.0	50.0	1	150.0（100.0）
3	$400<H\times D\leqslant 1000$	4	35.0	140.0	70.0	2	200.0（140.0）
4	$1000<H\times D\leqslant 3000$	5	40.0	160.0	80.0	2	400.0
5	$3000<H\times D\leqslant 7500$	6	50.0	200.0	100.0	2	600.0
6	$7500<H\times D\leqslant 15000$	9	70.0	280.0	140.0	2	1200.0
7	$15000<H\times D$	12	100.0	400.0	200.0	2	$100+\frac{HD}{1000}$

注：1 表中 H 为瓷件高度或长度（cm）；D 为瓷件最大外径（cm）。

2 内表面（内孔及胶装部位，但不包括悬式头部胶装部位）缺陷总面积不作规定。

3 括弧内数值适用于线路针式或悬式绝缘子的瓷件。

3.5.3 金具的质量应符合国家现行标准《电力金具通用技术条件》GB/T 2314 和《电力金具制造质量》DL/T 768 的规定；金具的验收应符合现行国家标准《电力金具试验方法 第4部分：验收规则》GB/T 2317.4 的规定；金具的标志与包装应符合现行国家标准《电力金具通用技术条件》GB/T 2314 的规定。

3.5.4 35kV 及以下架空电力线路金具还应符合现行行业标准

《架空配电线路金具技术条件》DL/T 765.1 和《额定电压 10kV 及以下架空裸导线金具》DL/T 765.2 的规定。

3.5.5 10kV 及以下架空绝缘导线金具，应符合现行行业标准《额定电压 10kV 及以下架空绝缘导线金具》DL/T 765.3 的有关规定。

3.5.6 金具组装配合应良好，安装前应进行外观检查，且应符合下列规定：

1 铸铁金具表面应光洁，并应无裂纹、毛刺、飞边、砂眼、气泡等缺陷，镀锌应良好，应无锌层剥落、锈蚀现象。

2 铝合金金具表面应无裂纹、缩孔、气孔、渣眼、砂眼、结疤、凸瘤、锈蚀等。

3 金具型号与相应的线材及连接件的型号应匹配。

4 测 量

4.0.1 测量仪器和量具使用前应进行检查。仪器最小角度读数不应大于 1′。

4.0.2 分坑测量前应依据设计提供的数据复核设计给定的杆塔位中心桩，并应以此作为测量的基准。复测时有下列情况之一时，应查明原因并予以纠正：

1 以两相邻直线桩为基准，其横线路方向偏差大于 50mm。

2 用视距法复测时，架空送电线路顺线路方向两相邻杆塔位中心桩间的距离与设计值的偏差大于设计档距的 1%。

3 转角桩的角度值，用方向法复测时对设计值的偏差大于 1′30″。

4.0.3 无论地形变化大小，凡导线对地距离可能不够的危险点标高都应测量，实测值与设计值相比的偏差不应超过 0.5m，超过时应由设计方查明原因并予以纠正。在下列地形危险点处应重点复核：

1 导线对地距离有可能不够的地形凸起点的标高。

2 杆塔位间被跨越物的标高。

3 相邻杆塔位的相对标高。

4.0.4 设计交桩后丢失的杆塔中心桩，应按设计数据予以补钉，其测量精度应符合下列要求：

1 桩之间的距离和高程测量，可采用视距法同向两测回或往返各一测回测定，其视距长度不宜大于400m。

2 测距相对误差，同向不应大于1/200，对向不应大于1/150。

4.0.5 杆塔位中心桩移桩的测量精度应符合下列规定：

1 当采用钢卷尺直线量距时，两次测值之差不得超过量距的1‰。

2 当采用视距法测距时，两次测值之差不得超过测距的5‰。

3 当采用方向法测量角度时，两测回测角值之差不得超过1′30″。

4.0.6 分坑时，应根据杆塔位中心桩的位置钉出辅助桩，其测量精度应满足施工精度的要求。

5 土石方工程

5.0.1 土石方开挖应按设计施工，施工完毕，应采取恢复植被的措施。铁塔基础施工基面的开挖应以设计图纸为准，应按不同地质条件规定开挖边坡。基面开挖后应平整，不应积水，边坡应有防止坍塌的措施。

5.0.2 杆塔基础的坑深应以设计施工基面为基准。当设计施工基面为零时，杆塔基础坑深应以设计中心桩处自然地面标高为基准。拉线基础坑深应以拉线基础中心的地面标高为基准。

5.0.3 杆塔基础坑深允许偏差应为－50mm～＋100mm，坑底应平整。同基基础坑应在允许偏差范围内按最深基坑操平。

5.0.4 掏挖基础应以人工掏挖为主，掏挖基础及岩石基础的尺寸不得有负偏差，开挖时应符合下列规定：

1 基坑开挖前宜根据尺寸线先挖深度 300mm 的出样洞，样洞直径宜小于设计的基础尺寸 30mm～50mm。样洞挖好后应复测根开、对角线等数据，并应在合格后再继续开挖。

2 主柱挖掘过程中，每挖 500mm 应在坑中心吊垂球检查坑位及主柱直径。开挖将至设计深度时应预留 50mm 不挖掘，并应待清理基坑时再修整。

3 人工开挖遇到松散层时，必须采取防止坍塌的措施。

4 开挖的土石方应堆放在距扩孔范围 2m 外的安全部位。

5 对于风化岩或较坚硬的岩石可采用小药量松动爆破与人工开挖相结合，炮眼深度不应超过 1m，装药量应适当，坑壁应布置多个防震孔，岩渣及松石应清除干净。

5.0.5 杆塔基础坑深超过设计坑深 100mm 时的处理，应符合下列规定：

1 铁塔现浇基础坑，其超深部分应铺石灌浆。

2 混凝土电杆基础、铁塔预制基础、铁塔金属基础等，其超深在 100mm～300mm 时，应采用填土或砂、石夯实处理，每层厚度不应超过 100mm；遇到泥水坑时，应先清除坑内泥水后再铺石灌浆。当不能以填土或砂、石夯实处理时，其超深部分应按设计要求处理，设计无具体要求时应按铺石灌浆处理。坑深超过规定值 300mm 以上时应采用铺石灌浆处理，铺石灌浆的配合比应符合设计要求。

5.0.6 拉线基础坑的坑深不应有负偏差。当坑深超深后对拉线基础安装位置与方向有影响时，应采取保证拉线对地夹角的措施。

5.0.7 接地沟开挖的长度和深度应符合设计要求，并不得有负偏差，沟中影响接地体与土壤接触的杂物应清除。在山坡上挖接地沟时，宜沿等高线开挖。

5.0.8 杆塔基础坑及拉线基础坑回填，应符合设计要求；应分层夯实，每回填 300mm 厚度应夯实一次。坑口的地面上应筑防沉层，防沉层的上部边宽不得小于坑口边宽。其高度应根据土质夯实程度确定，基础验收时宜为 300mm～500mm。经过沉降后应及时补填夯实。工程移交时坑口回填土不应低于地面。沥青路面、砌有水泥花砖的路面或城市绿地内可不留防沉土台。

5.0.9 石坑回填应以石子与土按 3∶1 掺和后回填夯实。

5.0.10 泥水坑回填应先排出坑内积水然后回填夯实。

5.0.11 冻土回填时应先将坑内冰雪清除干净，应把冻土块中的冰雪清除并捣碎后进行回填夯实。冻土坑回填在经历一个雨季后应进行二次回填。

5.0.12 接地沟的回填宜选取未掺有石块及其他杂物的泥土，并应分层夯实，回填后应筑有防沉层，其高度宜为 100mm～300mm，工程移交时回填土不得低于地面。

6 基础工程

6.1 一般规定

6.1.1 基础混凝土中掺入外加剂时应符合下列规定：

1 **基础混凝土中严禁掺入氯盐。**

2 基础混凝土中掺入外加剂应符合现行国家标准《混凝土外加剂应用技术规范》GB 50119 的规定。

6.1.2 基础钢筋焊接应符合现行行业标准《钢筋焊接及验收规程》JGJ 18 的规定。

6.1.3 不同品种的水泥不得在同一个浇筑体中混合使用。

6.1.4 当转角、终端塔设计要求采取预偏措施时，其基础的四个基腿顶面宜按预偏值抹成斜平面，并应共在一个整斜平面或平行平面内。

6.1.5 位于山坡、河边或沟旁等易冲刷地带基础的防护，应按设计要求进行施工。

6.2 现场浇筑基础

6.2.1 现场浇筑基础，浇筑前应支模，模板应采用刚性材料，其表面应平整且接缝严密。接触混凝土的模板表面应采取脱模措施。

6.2.2 现场浇筑基础应采取防止泥土等杂物混入混凝土中的措施。

6.2.3 现场浇筑基础中的地脚螺栓及预埋件应安装牢固。安装前应除去浮锈，螺纹部分应予以保护。

6.2.4 插入式基础的主角钢，应进行找正，并应加以临时固定，在浇筑中应随时检查其位置的准确性。整基基础几何尺寸应符合设计要求。

6.2.5 基础浇筑前，应按设计混凝土强度等级和现场浇筑使用的砂、石、水泥等原材料，并应根据现行行业标准《普通混凝土配合比设计规程》JGJ 55 进行试配确定混凝土配合比。混凝土配合比试验应由具有相应资质的检测机构进行并出具混凝土配合比报告。

6.2.6 现场浇筑混凝土应采用机械搅拌、机械捣固，个别特殊地形无法机械搅拌时，应有专门的质量保证措施。

6.2.7 混凝土浇筑过程中应严格控制水灰比。每班日或不同日浇筑每个基础腿应检查两次及以上坍落度。

6.2.8 混凝土配比材料用量每班日或每基基础应至少检查两次。

6.2.9 试块应在现场从浇筑中的混凝土取样制作，其养护条件应与基础相同。

6.2.10 试块制作数量应符合下列规定：

1 转角、耐张、终端、换位塔及直线转角塔基础每基应取一组。

2 一般直线塔基础，同一施工队每5基或不满5基应取一组，单基或连续浇筑混凝土量超过100m^3时亦应取一组。

3 当原材料变化、配合比变更时应另外制作。

4 当需要做其他强度鉴定时，外加试块的组数应由各工程自定。

6.2.11 混凝土试块强度试验，应由具备相应资质的检测机构进行。

6.2.12 现场浇筑混凝土的养护应符合下列规定：

1 浇筑后应在12h内开始浇水养护，当天气炎热、干燥有风时，应在3h内进行浇水养护，养护时应在基础模板外加遮盖物，浇水次数应能保持混凝土表面始终湿润。

2 对普通硅酸盐和矿渣硅酸盐水泥拌制的混凝土浇水养护，不得少于7d；对掺用缓凝型外加剂或有抗渗要求的混凝土，不得少于14d；当使用其他品种水泥时应按有关规定养护。

3 基础拆模经表面质量检查合格后应立即回填，并应对基础外露部分加遮盖物，应按规定期限继续浇水养护，养护时应使遮盖物及基础周围的土始终保持湿润。

4 采用养护剂养护时，应在拆模并经表面检查合格后立即涂刷，涂刷后不得浇水。

5 日平均温度低于5℃时，不得浇水养护。

6.2.13 基础拆模时的混凝土强度，应保证其表面及棱角不损坏。特殊形式的基础底模及其支架拆除时的混凝土强度应符合设计要求。

6.2.14 浇筑基础应表面平整，单腿尺寸允许偏差应符合表6.2.14的规定。

表 6.2.14 单腿尺寸允许偏差

项　目	允许偏差
保护层厚度(mm)	−5
立柱及各底座断面尺寸	−1%
同组地脚螺栓中心对立柱中心偏移(mm)	10
地脚螺栓露出混凝土面高度(mm)	+10,−5

6.2.15 浇筑拉线基础的允许偏差应符合表6.2.15的规定。

表 6.2.15 拉线基础允许偏差

项　目		允许偏差
基础尺寸	断面尺寸	−1%
	拉环中心与设计位置的偏移(mm)	20
基础位置	拉环中心在拉线方向前、后、左、右与设计位置的偏移	1%L
	X型拉线	应符合设计要求,并保证铁塔组立后交叉点的拉线不磨碰

注:L为拉环中心至杆塔拉线固定点的水平距离。

6.2.16 整基铁塔基础回填土夯实后尺寸允许偏差应符合表6.2.16的规定。

表 6.2.16 整基基础尺寸施工允许偏差

<table>
<tr><th colspan="2" rowspan="2">项　目</th><th colspan="2">地脚螺栓式</th><th colspan="2">主角钢插入式</th></tr>
<tr><th>直线</th><th>转角</th><th>直线</th><th>转角</th></tr>
<tr><td rowspan="2">整基基础中心与中心桩间的位移(mm)</td><td>横线路方向</td><td>30</td><td>30</td><td>30</td><td>30</td></tr>
<tr><td>顺线路方向</td><td>—</td><td>30</td><td>—</td><td>30</td></tr>
<tr><td colspan="2">基础根开及对角线尺寸(‰)</td><td colspan="2">±2</td><td colspan="2">±1</td></tr>
<tr><td colspan="2">基础顶面或主角钢操平印记间相对高差(mm)</td><td colspan="2">5</td><td colspan="2">5</td></tr>
</table>

续表 6.2.16

项目	地脚螺栓式		主角钢插入式	
	直线	转角	直线	转角
整基基础扭转(′)	10		10	

注:1 转角塔基础的横线路指内角平分线方向,顺线路方向指转角平分线方向。
2 基础根开及对角线指同组地脚螺栓中心之间或塔腿主角钢准线间的水平距离。
3 相对高差指地脚螺栓基础抹面后的相对高差,或插入式基础的操平印记的相对高差。转角塔及终端塔有预偏时,基础顶面相对高差不受 5mm 限制。
4 高低腿基础顶面高差指与设计标高之差。

6.2.17 现场浇筑混凝土强度应以试块强度为依据。试块强度应符合设计要求。

6.2.18 对混凝土表面缺陷的处理应符合现行国家标准《混凝土结构工程施工质量验收规范》GB 50204 的规定。

6.2.19 混凝土基础防腐应符合设计要求。

6.3 钻孔灌注桩基础

6.3.1 钻孔完成后,应立即检查成孔质量,并应填写施工记录。钻孔桩成孔允许偏差应符合表 6.3.1 的规定。

表 6.3.1 钻孔桩成孔允许偏差

项目	允许偏差
孔径(mm)	−50
孔垂直度	<桩长 1%
孔深(mm)	≥设计深度

6.3.2 钢筋骨架应符合设计要求,钢筋制作安装允许偏差应符合表 6.3.2 的规定。

表 6.3.2 钢筋制作安装允许偏差

项目	允许偏差
主筋间距(mm)	±10

续表 6.3.2

项　目	允许偏差
箍筋间距(mm)	±20
钢筋骨架直径(mm)	±10
钢筋骨架长度(mm)	±50
钢筋保护层厚度(mm)	±10

6.3.3 钢筋骨架安装前应设置定位钢环、混凝土垫块。安装钢筋骨架时应避免碰撞孔壁，符合要求后应立即固定。当钢筋骨架重量较大时，应采取防止吊装变形的措施。

6.3.4 水下灌注的混凝土应具有良好的和易性，坍落度宜选用180mm～220mm。混凝土配合比应经过试验确定。

6.3.5 开始水下灌注混凝土时，导管内的隔水球位置应临近水面，首次灌注时导管内的混凝土应能保证将隔水球从导管内顺利排出，并应将导管埋入混凝土中0.8m～1.2m。

6.3.6 水下混凝土的灌注应适时提升和拆卸导管，导管底端应始终埋入混凝土面以下不小于2m，不得将导管底端提出混凝土面。

6.3.7 水下混凝土的灌注应连续进行，不得中断。

6.3.8 混凝土灌注到地面后应清除桩顶部浮浆层，单桩基础可安装桩头模板、找正和安装地脚螺栓、灌注桩头混凝土。桩头模板与灌注桩直径应相吻合，不得出现凹凸现象。地面以上桩基础应达到表面光滑、工艺美观。群桩基础的承台应在桩质量验收合格后施工。

6.3.9 灌注桩应按设计要求验桩。灌注桩基础混凝土强度检验应以试块为依据。试块的制作应每根桩取一组，承台及连梁应每基取一组。灌注桩基础整基尺寸的施工允许偏差，应符合本规范第6.2.16条的规定。

6.3.10 钻孔灌注桩基础的施工及验收除应符合本规范外，尚应符合现行行业标准《建筑桩基技术规范》JGJ 94的有关规定。

6.4 掏挖基础

6.4.1 掏挖基础完成后应按隐蔽工程填写施工记录。掏挖基础成孔允许偏差应符合表6.4.1的规定。

表6.4.1 掏挖基础成孔允许偏差

项目	允许偏差
孔径(mm)	0,+100
孔垂直度	<桩长0.5%
孔深(mm)	0,+100

6.4.2 掏挖基础的钢筋与混凝土浇筑应符合本规范第6.1节、第6.2节的有关规定。

6.4.3 混凝土应一次连续浇筑完成,不得出现施工缝。

6.4.4 混凝土自高处倾落的自由高度,不宜超过2m,超过2m应设置串筒或溜槽。

6.4.5 整基基础的施工允许偏差应符合本规范第6.2.16条的规定。

6.5 混凝土电杆基础及预制基础

6.5.1 混凝土电杆底盘的安装,应在基坑检验合格后进行。底盘安装后,应满足电杆埋设深度的要求,其圆槽面应与电杆轴线垂直,找正后应填土夯实至底盘表面。

6.5.2 混凝土电杆卡盘安装前应先将其下部回填土夯实,安装位置与方向应符合设计图纸规定,其深度允许偏差为±50mm,卡盘抱箍的螺母应紧固,卡盘弧面与电杆接触处应紧密。

6.5.3 拉线盘的埋设方向应符合设计要求。其安装位置允许偏差应符合下列规定:

1 沿拉线方向的左、右偏差不应超过拉线盘中心至相对应电杆中心水平距离的1%。

2 沿拉线安装方向,其前后允许位移值,当拉线安装后其对地夹角值与设计值之差不应超过 1°，个别特殊地形需超过 1°时，应由设计提出具体规定。

3 X 型拉线的拉线盘安装位置，应满足拉线交叉处不得相互磨碰的要求。

6.5.4 混凝土电杆基础设计为套筒时，应按设计图纸要求安装。

6.5.5 装配式预制基础的底座与立柱连接的螺栓、铁件及找平用的垫铁，应采取防锈措施。当采用浇灌水泥砂浆时，应与现场浇筑基础同样养护，回填土前应将接缝处以热沥青或其他有效的防水涂料涂刷。

6.5.6 钢筋混凝土枕条、框架底座、薄壳基础及底盘底座等与柱式框架的安装，应符合下列规定：

1 底座、枕条应安装平整，四周应填土或砂、石夯实。

2 钢筋混凝土底座、枕条、立柱等在组装时不得敲打和强行组装。

3 立柱倾斜时宜用热浸镀锌垫铁垫平，每处镀锌垫铁不得超过两块，总厚度不应超过 5mm，调平后立柱倾斜不应超过立柱高的 1%。

注：设计本身有倾斜的立柱，其立柱倾斜允许偏差值指与原倾斜值相比。

6.5.7 10kV 及以下架空电力线路设计未作规定时，一般土质情况下单回路混凝土电杆的埋设深度可采用表 6.5.7 所列数值。遇有土质松软、水田、滩涂、地下水位较高时，应采取加固杆基措施，遇有水流冲刷地带宜加围桩或围台。

表 6.5.7 单回路混凝土电杆的埋设深度

杆长(m)	8	9	10	12	15
埋深(m)	1.5	1.6	1.7	1.9	2.3

6.6 岩石基础

6.6.1 岩石基础施工时，应逐基逐腿与设计地质资料核对，当实际情况与设计不符时应由设计单位提出处理方案。

6.6.2 岩石基础的开挖或钻孔应符合下列规定：

1 岩石构造的整体性不应受破坏。

2 孔洞中的石粉、浮土及孔壁松散的活石应清除干净。

3 软质岩成孔后应立即安装锚筋或地脚螺栓，并应浇筑混凝土。

6.6.3 岩石基础锚筋或地脚螺栓的埋入深度不得小于设计值，安装后应有临时固定措施。

6.6.4 混凝土或砂浆的浇筑应符合下列规定：

1 浇筑混凝土或砂浆时，应分层浇捣密实，并应按现场浇筑基础混凝土的规定进行养护。

2 孔洞中浇筑混凝土或砂浆的数量不得少于设计值。

3 对浇筑混凝土或砂浆的强度检验应以试块为依据，试块的制作应每基取一组。

4 对浇筑钻孔式岩石基础，应采取减少混凝土收缩量的措施。

6.6.5 岩石基础成孔允许偏差应符合表6.6.5的规定。

表6.6.5 岩石基础成孔允许偏差

项目		允许偏差
孔径(mm)	嵌固式	≥设计值，保证设计锥度
	钻孔式	+20mm，0mm
孔垂直度		<桩长1%
孔深(mm)		≥设计值

6.6.6 整基基础的施工允许偏差应符合本规范第6.2.16条的规定。

6.7 冬期施工

6.7.1 当连续5d、室外日平均气温低于5℃时，混凝土基础工程应采取冬期施工措施，并应及时采取气温突然下降的防冻措施。

6.7.2 冬期施工应符合现行行业标准《建筑工程冬期施工规程》JGJ/T 104 的规定。

6.7.3 冬期钢筋焊接，宜在室内进行，当必须在室外焊接时，其最低环境温度不宜低于－20℃，并应符合现行行业标准《钢筋焊接及验收规程》JGJ 18 的规定。雪天或施焊现场风速超过 5.4m/s(3 级风)焊接时，应采取遮蔽措施，焊接后未冷却的接头不得碰到冰雪。

6.7.4 配制冬期施工的混凝土，宜选用硅酸盐水泥和普通硅酸盐水泥，并应符合下列规定：

1 当采用蒸汽养护时，宜选用矿渣硅酸盐水泥。

2 混凝土最小水泥用量不宜低于 280kg/m³，水胶比不应大于 0.55，强度等级不大于 C15 的混凝土除外。

3 大体积混凝土的最小水泥用量，可根据实际情况确定。

6.7.5 冬期拌制混凝土时应采用加热水的方法，拌和水及骨料的最高温度不得超过表 6.7.5 的规定。当水和骨料的温度仍不能满足热工计算要求时，可提高水温到 100℃，但水泥不得与 80℃以上的水直接接触。

表 6.7.5 拌和水及骨料的最高温度(℃)

项　目	拌和水	骨料
强度等度小于 42.5 普通硅酸盐水泥	80	60
强度等度等于及大于 42.5 硅酸盐水泥、普通硅酸盐水泥	60	40

6.7.6 水泥不应直接加热，宜在使用前运入暖棚内存放。混凝土拌和物的入模温度不得低于 5℃。

6.7.7 冬期施工不得在已冻结的基坑底面浇筑混凝土，已开挖的基坑底面应有防冻措施。

6.7.8 搅拌混凝土的最短时间应符合表 6.7.8 的规定。

表 6.7.8　搅拌混凝土的最短时间(s)

混凝土坍落度(mm)	搅拌机机型	搅拌机容积(L)		
		＜250	250～500	＞500
≤30	强制式	90	135	180
＞30	强制式	90	90	135

注:1　表中搅拌机容积为出料容积。

2　采用自落式搅拌机时,应比表中搅拌时间延长 30s～60s;采用预拌混凝土时,应较常温下预拌混凝土搅拌时间延长 15s～30s。

6.7.9　冬期混凝土养护宜选用覆盖法、暖棚法、蒸汽法或负温养护法。当采用暖棚法养护混凝土时,混凝土养护温度不应低于5℃,并应保持混凝土表面湿润。

6.7.10　冬期施工混凝土基础拆模检查合格后应立即回填土。采用硅酸盐水泥或普通硅酸盐水泥配制的混凝土时,其受冻临界强度不应小于设计混凝土强度等级值的 30%;采用矿渣硅酸盐水泥、煤粉灰硅酸盐水泥、火山灰质硅酸盐水泥、复合硅酸盐水泥时,不应小于设计混凝土强度等级值的 40%。

7　杆 塔 工 程

7.1　一 般 规 定

7.1.1　杆塔组立应有完整可行的施工技术文件。组立过程中,应采取保证部件不产生变形或损坏。

7.1.2　杆塔各构件的组装应牢固,交叉处有空隙者,应装设相应厚度的垫圈或垫板。

7.1.3　当采用螺栓连接构件时,应符合下列规定:

1　螺栓的防卸、防松装置及防卸螺栓安装高度应符合设计要求。

2　螺栓应与构件平面垂直，螺栓头与构件间的接触处不应有空隙。

3　螺母拧紧后，螺杆露出螺母的长度，对单螺母，不应小于两个丝扣；对双螺母，应最少与螺母相平。

4　螺杆应加垫者，每端不宜超过两个垫圈，长孔应加平垫圈，每端不宜超过两个使用的垫圈尺寸应与构件孔径相匹配。

5　电杆横担安装处的单螺母应加弹簧垫圈及平垫圈。

6　不得在螺栓上缠绕铁线代替垫圈。

7.1.4　螺栓的穿入方向应符合下列规定：

1　立体结构应符合下列规定：

1)水平方向应由内向外；

2)垂直方向应由下向上；

3)斜向者宜由斜下向斜上穿，不便时应在同一斜面内取统一方向。

2　平面结构应符合下列规定：

1)顺线路方向，应按线路方向穿入或按统一方向穿入；

2)横线路方向，应两侧由内向外，中间由左向右(按线路方向)或按统一方向穿入；

3)垂直地面方向者应由下向上；

4)斜向者宜由斜下向斜上穿，不便时应在同一斜面内取统一方向。

3　个别螺栓不易安装时，穿入方向应允许变更处理。

7.1.5　杆塔部件组装有困难时应查明原因，不得强行组装。个别螺孔需扩孔时，扩孔部分不应超过3mm，当扩孔需超过3mm时，应先堵焊再重新打孔，并应进行防锈处理；不得用气割进行扩孔或烧孔。

7.1.6　杆塔连接螺栓应逐个紧固，螺杆与螺母的螺纹有滑牙或螺母的棱角磨损以致扳手打滑以及其他原因无法紧固的螺栓应更换。4.8级螺栓紧固扭矩应符合表7.1.6的规定。4.8级以上的螺栓扭矩标准值应由设计提出要求，设计无要求时，宜按 4.8 级螺栓紧固扭矩执行。

表 7.1.6 4.8 级螺栓紧固扭矩(N·m)

螺栓规格	扭矩值
M12	≥40
M16	≥80
M20	≥100
M24	≥250

7.1.7 杆塔连接螺栓在组立结束时应全部紧固一次，并应检查扭矩合格后再进行架线。架线后，螺栓还应复紧一遍。

7.1.8 杆塔组立及架线后，其允许偏差应符合表 7.1.8 的规定。

表 7.1.8 杆塔组立及架线后的允许偏差

偏差项目	偏差值
拉线门型塔结构根开	±2.5‰
拉线门型塔结构面与横线路方向扭转	±4‰
拉线门型塔横担在主柱连接处的高差	2‰
直线塔结构倾斜	3‰
直线塔结构中心与中心桩向横线路方向位移	50mm
转角塔结构中心与中心桩向横、顺线路方向位移	50mm
等截面拉线塔主柱弯曲	2‰

7.1.9 自立式转角塔、终端塔应组立在倾斜平面的基础上，向受力反方向预倾斜，预倾斜值应由设计确定。架线挠曲后，塔顶端不应超过铅垂线而偏向受力侧。架线后铁塔的挠曲度超过设计要求时，应会同设计处理。

7.1.10 角钢铁塔塔材的弯曲度应按现行国家标准《输电线路铁塔制造技术条件》GB/T 2694 的规定验收。对运至桩位的角钢，当弯曲度超过长度的 2‰，但未超过表 7.1.10 的规定时，可采用冷矫正法进行矫正，但矫正的角钢不得出现裂纹和镀层剥落。

表 7.1.10 采用冷矫正法的角钢变形限度

角钢宽度(mm)	变形限度(‰)
40	35
45	31
50	28
56	25
63	22
70	20
75	19
80	17
90	15
100	14
110	12.7
125	11
140	10
160	9
180	8
200	7

7.1.11 工程移交时,杆塔上应有下列固定标志:

1 线路名称或代号及杆塔号。

2 耐张型杆塔前后相邻的各一基杆塔的相位标志。

3 高塔按设计要求装设的航行障碍标志。

4 多回路杆塔上的每回路位置及线路名称。

7.2 铁塔组立

7.2.1 铁塔基础符合下列规定时可组立铁塔:

1 经中间检查验收合格。

2 分解组立铁塔时,混凝土的抗压强度应达到设计强度的70%。

3 整体立塔时,混凝土的抗压强度应达到设计强度的100%;当立塔操作采取防止基础承受水平推力的措施时,混凝土的抗压强度允许为设计强度的70%。

7.2.2 铁塔组立后,各相邻节点间主材弯曲度不得超过1/750。

7.2.3 铁塔组立后,塔脚板应与基础面接触良好,有空隙时应垫铁片,并应浇筑水泥砂浆。铁塔经检查合格后可随即浇筑混凝土保护帽;混凝土保护帽的尺寸应符合设计要求,与塔座接合应严密,且不得有裂缝。

7.3 混凝土电杆

7.3.1 混凝土电杆及预制构件在装卸及运输中不得互相碰撞、急剧坠落和不正确的支吊。

7.3.2 钢圈连接的混凝土电杆,宜采用电弧焊接。焊接操作应符合下列规定:

1 应由有资格的焊工操作,焊完的焊口应及时清理,自检合格后应在规定的部位打上焊工的钢印代号。

2 焊前应清除焊口及附近的铁锈及污物。

3 钢圈厚度大于6mm时应用V型坡口多层焊。

4 焊缝应有一定的加强面,其高度和遮盖宽度应符合表7.3.2-1的规定。

表7.3.2-1 焊缝高度和遮盖宽度

项目	钢圈厚度 S(mm)	
	<10	10~20
高度 c(mm)	1.5~2.5	2~3
宽度 e(mm)	1~2	2~3
图示	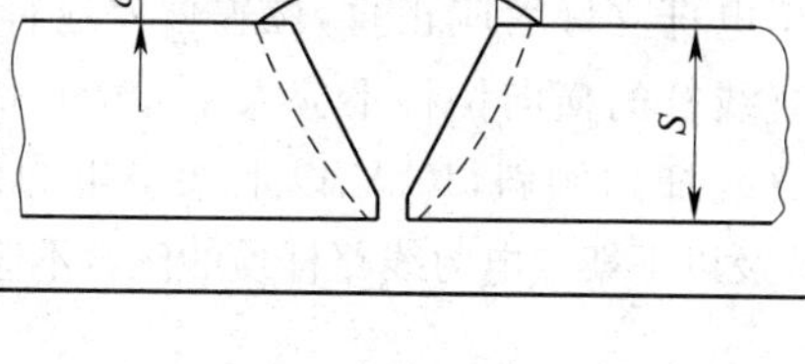 c e S	

5 焊前应做好准备工作，一个焊口宜连续焊成。焊缝应呈现平滑的细鳞形，其外观缺陷允许范围及处理方法应符合表7.3.2-2的规定。

表 7.3.2-2 焊缝外观缺陷允许范围及处理方法

缺陷名称	允许范围	处理方法
焊缝不足	不允许	补焊
表面裂缝	不允许	割开重焊
咬边	母材咬边深度不得大于0.5mm，且不得超过圆周长的10%	超过者清理补焊

6 钢圈连接采用气焊时，尚应符合下列规定：

1)钢圈宽度不应小于140mm。

2)应减少不必要的加热时间。当产生宽度为0.05mm以上的裂缝时，宜采用环氧树脂进行补修。

3)气焊用的乙炔气应有出厂质量检验合格证明。

4)气焊用的氧气纯度不应低于98.5%。

7 电杆焊接后，放置地平面检查时，其分段及整根电杆的弯曲均不应超过其对应长度的2‰。超过时应割断调直，并应重新焊接。

7.3.3 钢圈焊接接头焊完后应及时将表面铁锈、焊渣及氧化层清理干净，并应按设计要求进行防锈处理。设计无规定时，应涂刷防锈漆或采取其他防锈措施。

7.3.4 混凝土电杆上端应封堵。设计无特殊要求时，下端不应封堵，放水孔应打通。

7.3.5 混凝土电杆在组立前应在根部标有明显埋入深度标志，埋入深度应符合设计要求。

7.3.6 单电杆立好后应正直，位置偏差应符合下列规定：

1 直线杆的横向位移不应大于50mm。

2 直线杆的倾斜，10kV以上架空电力线路不应大于杆长的3‰；10kV及以下架空电力线路杆顶的倾斜不应大于杆顶直径的1/2。

3 转角杆的横向位移不应大于50mm。

4 转角杆应向外角预偏，紧线后不应向内角倾斜，向外角的倾斜，其杆顶倾斜不应大于杆顶直径。

7.3.7 终端杆应向拉线受力侧预偏，其预偏值不应大于杆顶直径。紧线后不应向受力侧倾斜。

7.3.8 双杆立好后应正直，位置偏差应符合下列规定：

1 直线杆结构中心与中心桩之间的横向位移，不应大于50mm；转角杆结构中心与中心桩之间的横、顺向位移，不应大于50mm。

2 迈步不应大于30mm。

3 根开允许偏差应为±30mm。

4 两杆高低差不应大于20mm。

7.3.9 以抱箍连接的叉梁，其上端抱箍组装尺寸的允许偏差应为±50mm；分段组合叉梁组合后应正直，不应有明显的鼓肚、弯曲；各部连接应牢固。横隔梁安装后，应保持水平，组装尺寸允许偏差应为±50mm。

7.3.10 10kV及以下架空电力线路单横担的安装，直线杆应装于受电侧；分支杆、90°转角杆（上、下）及终端杆应装于拉线侧。

7.3.11 除偏支担外，横担安装应平正，安装应符合下列规定：

1 横担端部上下歪斜不应大于20mm；左右扭斜不应大于20mm。

2 双杆的横担，横担与电杆连接处的高差不应大于连接距离的5/1000；左右扭斜不应大于横担总长度的1/100。

3 导线为水平排列时，上层横担上平面距杆顶，10kV线路不应小于300mm；低压线路不应小于200mm。导线为三角排列时，上层横担距杆顶宜为500mm。

4 中、低压同杆架设多回线路，横担间层距应满足设计要求。

5 45°及以下转角杆，横担应装在转角之内角的角平分线上。

6 横担安装应平正，偏支担长端应向上翘起30mm。

7.3.12 瓷横担绝缘子安装应符合下列规定：

1 当直立安装时，顶端顺线路歪斜不应大于10mm。

2 当水平安装时，顶端宜向上翘起5°～15°；顶端顺线路歪斜不应大于20mm。

3 当安装于转角杆时，顶端竖直安装的瓷横担支架应安装在转角的内角侧，瓷横担应装在支架的外角侧。

4 全瓷式瓷横担绝缘子的固定处应加软垫。

7.3.13 对交通繁忙路口有可能被车撞击、对山坡或河边有可能被冲刷的电杆，应根据现场情况采取安装防护标志、护桩或护台的措施。

7.4 钢管电杆

7.4.1 电杆在装卸及运输中，杆端应有保护措施。运至桩位的杆段及构件不应有明显的凹坑、扭曲等变形。

7.4.2 杆段间为焊接连接时，应符合本规范第7.3节的有关规定。杆段间为插接连接时，其插接长度不得小于设计插接长度。

7.4.3 钢管电杆连接后，其分段及整根电杆的弯曲均不应超过其对应长度的2‰。

7.4.4 架线后，直线电杆的倾斜不应超过杆高的5‰，转角杆组立前宜向受力侧预倾斜，预倾斜值应由设计确定。

7.5 拉线

7.5.1 拉线盘的埋设深度和方向，应符合设计要求。拉线棒与拉线盘应垂直，连接处应采用双螺母，其外露地面部分的长度应为500mm～700mm。

7.5.2 拉线的安装应符合下列规定：

1 安装后对地平面夹角与设计值的允许偏差，应符合下列规定：

1) 35kV～66kV架空电力线路不应大于1°。

2) 10kV及以下架空电力线路不应大于3°。

3）特殊地段应符合设计要求。

2 承力拉线应与线路方向的中心线对正；分角拉线应与线路分角线方向对正；防风拉线应与线路方向垂直。

3 当采用UT型线夹及楔形线夹固定安装时，应符合下列规定：

1）安装前丝扣上应涂润滑剂。

2）线夹舌板与拉线接触应紧密，受力后无滑动现象，线夹凸肚在尾线侧，安装时不应损伤线股，线夹凸肚朝向应统一。

3）楔形线夹处拉线尾线应露出线夹200mm～300mm，用直径2mm镀锌铁线与主拉线绑扎20mm；楔形UT线夹处拉线尾线应露出线夹300mm～500mm，用直径2mm镀锌铁线与主拉线绑扎40mm。拉线回弯部分不应有明显松脱、灯笼，不得用钢线卡子代替镀锌铁线绑扎。

4）当同一组拉线使用双线夹并采用连板时，其尾线端的方向应统一。

5）UT型线夹或花篮螺栓的螺杆应露扣，并应有不小于1/2螺杆丝扣长度可供调紧，调整后，UT型线夹的双螺母应并紧，花篮螺栓应封固，应有防卸措施。

4 当采用绑扎固定安装时，应符合下列规定：

1）拉线两端应设置心形环。

2）钢绞线拉线，应采用直径不大于3.2mm的镀锌铁线绑扎固定。绑扎应整齐、紧密，最小缠绕长度应符合表7.5.2-1的规定。

表7.5.2-1 最小缠绕长度

钢绞线截面（mm^2）	最小缠绕长度（mm）				
	上段	中段有绝缘子的两端	与拉棒连接处		
			下端	花缠	上端
25	200	200	150	250	80
35	250	250	200	250	80
50	300	300	250	250	80

5 采用压接型线夹的拉线，安装时应符合现行行业标准《输变电工程架空导线及地线液压压接工艺规程》DL/T 5285 的规定。

6 采用预绞式拉线耐张线夹安装时，应符合下列规定：

1) 剪断钢绞线前，端头应用铁绑线进行绑扎，剪断口应平齐。

2) 将钢绞线端头与预绞式线夹起缠标识对齐，先均匀缠绕长腿至还剩两个节距。

3) 应将短腿穿过心形环槽或拉线绝缘子，使两条腿标识对齐后，缠绕短腿至还剩两个节距。当拉线绝缘子外形尺寸较大时，预绞式线夹铰接起点不得越过远端铰接标识点。

4) 将两条腿尾部拧开，应进行单丝缠绕扣紧到位。

5) 重复拆装不应超过 2 次。

7 拉线绝缘子及钢线卡子的安装应符合下列规定：

1) 镀锌钢绞线与拉线绝缘子、钢线卡子宜采用表 7.5.2-2 所列配套安装。

表 7.5.2-2 镀锌钢绞线与拉线绝缘子、钢线卡子配套安装

拉线型号	拉线绝缘子型号	钢线卡子型号	拉线绝缘子每侧安装钢卡数量(只)
GJ－25～35	J-45	JK-1	3
GJ－50	J-54	JK-2	4
GJ－70	J-70		
GJ－95～120	J-90	JK-3	5

2) 靠近拉线绝缘子的第一个钢线卡子，其 U 形环应压在拉线尾线侧。

3) 在两个钢线卡子之间的平行钢绞线夹缝间，应加装配套的铸铁垫块，相互间距宜为 100mm～150mm。

4) 钢线卡子螺母应拧紧，拉线尾线端部绑线不拆除。

5) 混凝土电杆的拉线在装设绝缘子时，在断拉线情况下，拉线绝缘子距地面不应小于 2.5m。

8 采用绝缘钢绞线的拉线，除满足一般拉线的安装要求外，应选用规格型号配套的UT型线夹及楔形线夹进行固定，不应损伤绝缘钢绞线的绝缘层。

7.5.3 跨越道路的水平拉线与拉桩杆的安装应符合下列规定：

1 拉桩杆的埋设深度，当设计无要求，采用坠线时，不应小于拉线柱长的1/6；采用无坠线时，应按其受力情况确定。

2 拉桩杆应向受力反方向倾斜，倾斜角宜为10°～20°。

3 拉桩杆与坠线夹角不应小于30°。

4 拉线抱箍距拉桩杆顶端应为250mm～300mm，拉桩杆的拉线抱箍距地距离不应少于4.5m。

5 跨越道路的拉线，除应满足设计要求外，均应设置反光标识，对路边的垂直距离不宜小于6m。

6 坠线采用镀锌铁线绑扎固定时，最小缠绕长度应符合本规范表7.5.2-1的规定。

7.5.4 当一基电杆上装设多条拉线时，各条拉线的受力应一致。

7.5.5 杆塔的拉线应在监视下对称调整。

7.5.6 对一般杆塔的拉线应及时进行调整收紧。对设计有初应力规定的拉线，应按设计要求的初应力允许范围且观察杆塔倾斜不超过允许值的情况下进行安装与调整。

7.5.7 架线后应对全部拉线进行复查和调整，拉线安装后应符合下列规定：

1 拉线与拉线棒应呈一直线。

2 X型拉线的交叉点处应留足够的空隙。

3 组合拉线的各根拉线应受力均衡。

7.5.8 拉线应避免设在通道处，当无法避免时应在拉线下部设反光标志，且拉线上部应设绝缘子。

7.5.9 顶（撑）杆的安装应符合下列规定：

1 顶杆底部埋深不宜小于0.5m，应采取防沉措施。

2 与主杆之间夹角应满足设计要求，允许偏差应为±5°。

3　与主杆连接应紧密、牢固。

8　架线工程

8.1　一般规定

8.1.1　放线前应编制架线施工技术文件。

8.1.2　放线过程中，对展放的导线或架空地线应按本规范第3.4.1条进行外观检查，且应符合下列规定：

1　导线或架空地线的型号、规格应符合设计要求。

2　对制造厂在线上设有损伤或断头标志的地方，应查明情况妥善处理。

8.1.3　跨越电力线、弱电线路、铁路、公路、索道及通航河流时，应编制跨越施工技术措施。导线或架空地线在跨越档内接头应符合设计要求。当设计无规定时，应符合本规范表A.0.7的规定。

8.1.4　放线滑轮的使用应符合下列规定：

1　轮槽尺寸及所用材料应与导线或架空地线相适应。

2　导线放线滑轮轮槽底部的轮径，应符合现行行业标准《放线滑轮基本要求、检验规定及测试方法》DL/T 685的规定。展放镀锌钢绞线架空地线时，其滑轮轮槽底部的轮径与所放钢绞线直径之比不宜小于15。

3　张力展放导线用的滑轮除应符合现行行业标准《放线滑轮基本要求、检验规定及测试方法》DL/T 685的规定外，其轮槽宽应能顺利通过接续管及其护套。轮槽应采用挂胶或其他韧性材料。滑轮的磨阻系数不应大于1.01。

4　对严重上扬、下压或垂直档距很大处的放线滑轮应进行验算，必要时应采用特制的结构。

5　应采用滚动轴承滑轮，使用前应进行检查并确保转动灵活。

8.1.5 架空绝缘导线的架设应选择在干燥的天气进行，气温应符合绝缘线制造厂的规定。

8.1.6 绝缘导线应在放线施工前后进行外观检查和绝缘电阻的测量，绝缘电阻值应合格，绝缘层应无损伤。

8.1.7 放、紧线过程中，导线不得在地面、杆塔、横担、架构、绝缘子及其他物体上拖拉，对牵引线头应设专人看护。

8.1.8 对已展放的导线和地线应进行外观检查，导线和地线不应有散股、磨伤、断股、扭曲、金钩等缺陷。

8.2 非张力放线

8.2.1 由于条件限制不适于采用张力放线的线路工程及部分改建、扩建工程，可采用人力或机械牵引放线。

8.2.2 当采用绝缘线架设时，应符合下列规定：

1 展放中不应损伤导线的绝缘层和出现扭、弯等现象。

2 导线固定应牢固可靠，当采用蝶式绝缘子作耐张且用绑扎方式固定时，绑扎长度应符合本规范第 8.6.2 条的规定。

3 接头应符合本规范第 8.4.13 条的规定，破口处应进行绝缘处理。

8.2.3 导地线的修补应符合现行行业标准《架空输电线路导地线补修导则》DL/T 1069 的有关规定。

8.2.4 导线损伤补修处理标准和处理方法应符合表 8.2.4-1 和表 8.2.4-2 的规定。

表 8.2.4-1 导线损伤补修处理标准

导线损伤情况		处理方法
钢芯铝绞线与钢芯铝合金绞线	铝绞线铝合金绞线	
导线在同一处的损伤同时符合下列情况时： 1. 铝、铝合金单股损伤深度小于股直径的 1/2； 2. 钢芯铝绞线及钢芯铝合金绞线损伤截面积为导电部分截面积的 5%及以下，且强度损失小于 4%； 3. 单金属绞线损伤截面积为 4%及以下		不作修补，只将损伤处棱角与毛刺用 0# 砂纸磨光

续表 8.2.4-1

导线损伤情况		处理方法
钢芯铝绞线与钢芯铝合金绞线	铝绞线铝合金绞线	
导线在同一处损伤的程度已经超过不作修补的规定，但因损伤导致强度损失不超过总拉断力5%，且截面积损伤又不超过总导电部分截面积的7%时	导线在同一处损伤的程度已经超过不作修补的规定，但因损伤导致强度损失不超过总拉断力的5%时	以缠绕或补修预绞丝修理
导线在同一处损伤的强度损失已经超过总拉断力的5%，但不足17%，且截面积损伤也不超过导电部分截面积的25%时	导线在同一处损伤，强度损失超过总拉断力的5%，但不足17%时	以补修管补修
1. 导线损失的强度或损伤的截面积超过本规范采用补修管补修的规定时； 2. 连续损伤的截面积或损失的强度都没有超过本规范以补修管补修的规定，但其损伤长度已超过补修管的能补修范围； 3. 复合材料的导线钢芯有断股； 4. 金钩、破股已使钢芯或内层铝股形成无法修复的永久变形		全部割去，重新以接续管连接

表 8.2.4-2 导线损伤补修处理方法

补修方式	处理方法
采用缠绕处理	1. 将受伤处线股处理平整； 2. 缠绕材料应为铝单丝，缠绕应紧密，回头应绞紧，处理平整，其中心应位于损伤最严重处，并应将受伤部分全部覆盖；其长度不得小于100mm
采用预绞丝处理	1. 将受伤处线股处理平整； 2. 补修预绞丝长度不得小于3个节距，或符合现行国家标准《预绞丝》GB 2337中的规定； 3. 补修预绞丝应与导线接触紧密，其中心应位于损伤最严重处，并应将损伤部位全部覆盖
采用补修管处理	1. 将损伤处的线股先恢复原绞制状态。线股处理平整； 2. 补修管的中心应位于损伤最严重处。需补修的范围应位于管内各20mm； 3. 补修管可采用钳压或液压，其操作应符合本规范第8.4节中有关压接的要求

8.2.5 用作架空地线的镀锌钢绞线，其损伤处理标准应符合表 8.2.5 的规定。

表 8.2.5 镀锌钢绞线损伤处理标准

绞线股数	处理方法		
	用镀锌铁线缠绕	用修补管补修	割断重接
7	—	断 1 股	断 2 股及金钩、破股等形成的永久变形
19	断 1 股	断 2 股	断 3 股及金钩、破股等形成的永久变形

8.2.6 绝缘导线损伤补修处理应符合表 8.2.6 的规定。

表 8.2.6 绝缘导线损伤补修处理标准

绝缘导线损伤情况	处理方法
在同一截面内，损伤面积超过线芯导电部分截面的 17%，或钢芯断一股	锯断重接
1. 绝缘导线截面损伤不超过导电部分截面的 17%，可敷线修补，敷线长度应超过损伤部分，每端缠绕长度超过损伤部分不小于 100mm； 2. 若截面损伤在导电部分截面的 6%以内，损伤深度在单股线直径的 1/3 之内，应用同金属的单股线在损伤部分缠绕，缠绕长度应超出损伤部分两端各 30mm	敷线修补
1. 绝缘层损伤深度在绝缘层厚度的 10%及以上时应进行绝缘修补。可用绝缘自粘带缠绕，每圈绝缘自粘带间搭压带宽的 1/2，补修后绝缘自粘带的厚度应大于绝缘层损伤深度，且不少于两层；也可用绝缘护罩将绝缘层损伤部位罩好，并将开口部位用绝缘自粘带缠绕封住； 2. 一个档距内，单根绝缘线绝缘层的损伤修补不宜超过 3 处	绝缘自粘带缠绕

8.3 张力放线

8.3.1 在张力放线的操作中除应符合现行行业标准《超高压架空输电线路张力架线施工工艺导则》SDJJS 2 的规定外，尚应符合下列规定：

1 设计文件中明确张力放线的应采用张力放线。

2 35kV～66kV 线路工程的导线展放宜采用张力放线。

3 非钢绞线的架空地线宜采用张力放线。

8.3.2 张力机尾线轴架的制动力与反转力应与张力机匹配，张力机放线主卷筒槽底直径 D 应按下式计算：

$$D \geqslant 40d - 100 \quad (8.3.2)$$

式中：d——导线直径(mm)。

8.3.3 张力放线区段的长度不宜超过 20 个放线滑轮的线路长度，当无法满足规定时，应采取防止导线在展放中受压损伤及接续管出口处导线损伤的特殊施工措施。

8.3.4 张力放线通过重要跨越地段时，宜适当缩短张力放线区段长度。

8.3.5 直线接续管通过滑轮时，应加装保护套防止接续管弯曲。

8.3.6 牵引场应顺线路布置。当受地形限制时，牵引场可通过转向滑轮进行转向布置。张力场不宜转向布置，特殊情况下需转向布置时，转向滑轮的位置及角度应满足张力架线的要求。

8.3.7 每相导线放完，应在牵张机前将导线临时锚固，锚线的水平张力不应超过导线设计计算拉断力的 16%，锚固时导线与地面净空距离不应小于 5m。

8.3.8 张力放线、紧线及附件安装时，应防止导线损伤，在容易产生损伤处应采取防止措施。导线损伤的处理应符合下列规定：

1 外层导线线股有轻微擦伤，其擦伤深度不超过单股直径的 1/4，且截面积损伤不超过导电部分截面积的 2%时，可不补修；应使用不粗于 0# 细砂纸磨光表面棱刺。

2 当导线损伤已超过轻微损伤，但在同一处损伤的强度损失尚不超过总拉断力的 8.5%，且损伤截面积不超过导电部分截面积的 12.5%时，应为中度损伤。中度损伤应采用补修管进行补修，补修时应符合本规范第 8.2.3 条、第 8.2.4 条的规定。

3 有下列情况之一时应定为严重损伤：

1)强度损失超过设计计算拉断力的8.5%；

2)截面积损伤超过导电部分截面积的12.5%；

3)损伤的范围超过一个补修管允许补修的范围；

4)钢芯有断股；

5)金钩、破股已使钢芯或内层线股形成无法修复的永久变形。

4 达到严重损伤时，应将损伤部分全部锯掉，并应用接续管将导线重新连接。

8.4 连 接

8.4.1 不同金属、不同规格、不同绞制方向的导线或架空地线，不得在一个耐张段内连接。

8.4.2 当导线或架空地线采用液压连接时，操作人员应经过培训及考试合格、持有操作许可证。连接完成并自检合格后，应在压接管上打上操作人员的钢印。

8.4.3 导线或架空地线，应使用合格的电力金具配套接续管及耐张线夹进行连接。连接后的握着强度，应在架线施工前进行试件试验。试件不得少于3组(允许接续管与耐张线夹合为一组试件)。其试验握着强度不得小于导线或架空地线设计计算拉断力的95%。

对小截面导线采用螺栓式耐张线夹及钳压管连接时，其试件应分别制作。螺栓式耐张线夹的握着强度不得小于导线设计计算拉断力的90%。钳压管直线连接的握着强度，不得小于导线设计计算拉断力的95%。架空地线的连接强度应与导线相对应。

8.4.4 采用液压连接，工期相近的不同工程，当采用同制造厂、同批量的导线、架空地线、接续管、耐张线夹及钢模完全没有变化时，可免做重复性试验。

8.4.5 导线切割及连接应符合下列规定：

1 切割导线铝股时不得伤及钢芯。

2 切口应整齐。

3 导线及架空地线的连接部分不得有线股绞制不良、断股、缺股等缺陷。

4 连接后管口附近不得有明显的松股现象。

8.4.6 采用钳压或液压连接导线时，导线连接部分外层铝股在洗擦后应薄薄地涂上一层电力复合脂，并应用细钢丝刷清刷表面氧化膜，应保留电力复合脂进行连接。

8.4.7 各种接续管、耐张管及钢锚连接前应测量管的内、外直径及管壁厚度，其质量应符合现行国家标准《电力金具通用技术条件》GB/T 2314 的规定。不合格者，不得使用。

8.4.8 接续管及耐张线夹压接后应检查外观质量，并应符合下列规定：

1 用精度不低于 0.1mm 的游标卡尺测量压后尺寸，各种液压管压后对边距尺寸的最大允许值 S 可按下式计算，但三个对边距应只允许有一个达到最大值，超过规定时应更换钢模重压：

$$S=0.866\times(0.993D)+0.2 \tag{8.4.8}$$

式中：D——管外径(mm)。

2 飞边、毛刺及表面未超过允许的损伤，应锉平并用 $0^{\#}$ 砂纸磨光。

3 弯曲度不得大于 2%，有明显弯曲时应校直。

4 校直后的接续管有裂纹时，应割断重接。

5 裸露的钢管压后应涂防锈漆。

8.4.9 在一个档距内每根导线或架空地线上不应超过一个接续管和三个补修管，当张力放线时不应超过两个补修管，并应符合下列规定：

1 各类管与耐张线夹出口间的距离不应小于 15m。

2 接续管或补修管与悬垂线夹中心的距离不应小于 5m。

3 接续管或补修管与间隔棒中心的距离不宜小于 0.5m。

4 宜减少因损伤而增加的接续管。

8.4.10 钳压的压口位置及操作顺序应符合要求(图 8.4.10)。连接后端头的绑线应保留。

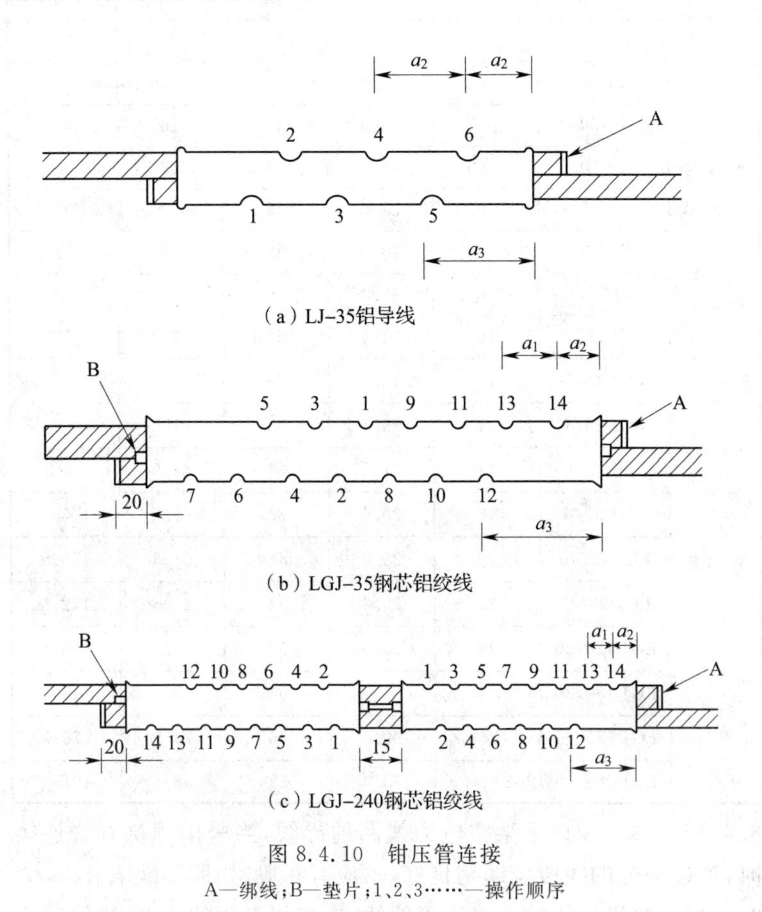

图 8.4.10 钳压管连接

A—绑线;B—垫片;1、2、3……—操作顺序

8.4.11 钳压管压口数及压后尺寸应符合表 8.4.11 的规定。铝绞线钳接管压后尺寸允许偏差应为±1.0mm;钢芯铝绞线钳接管压后尺寸允许偏差应为±0.5mm。

表 8.4.11 钳压管压口数及压后尺寸

导线型号		压口数	压后尺寸 D(mm)	钳压部位尺寸(mm)		
				a_1	a_2	a_3
铝绞线	LJ-16	6	10.5	28	20	34
	LJ-25	6	12.5	32	20	36
	LJ-35	6	14.0	36	25	43
	LJ-50	8	16.5	40	25	45
	LJ-70	8	19.5	44	28	50
	LJ-95	10	23.0	48	32	56
	LJ-120	10	26.0	52	33	59
	LJ-150	10	30.0	56	34	62
	LJ-185	10	33.5	60	35	65
钢芯铝绞线	LGJ-16/3	12	12.5	28	14	28
	LGJ-25/4	14	14.5	32	15	31
	LGJ-35/6	14	17.5	34	42.5	93.5
	LGJ-50/8	16	20.5	38	48.5	105.5
	LGJ-70/10	16	25.0	46	54.5	123.5
	LGJ-95/20	20	29.0	54	61.5	142.5
	LGJ-120/20	24	33.0	62	67.5	160.5
	LGJ-150/20	24	36.0	64	70	166
	LGJ-185/25	26	39.0	66	74.5	173.5
	LGJ-240/30	2×14	43.0	62	68.5	161.5

8.4.12 1kV及以下架空电力线路的导线，当采用缠绕方法连接时，连接部分的线股应缠绕良好，不应有断股、松股等缺陷。

8.4.13 绝缘导线的连接不得缠绕，应采用专用的线夹、接续管连接；绝缘导线连接后应进行绝缘处理；绝缘导线的全部端头、接头应进行绝缘护封，不得有导线、接头裸露，防止进水、进潮；绝缘导线接头应进行屏蔽处理。

8.4.14 绝缘导线的承力接头的连接应采用钳压法、液压法施工，在接头处应安装绝缘护套，绝缘护套管径应为被处理部位接续管的1.5倍～2.0倍。

8.4.15 绝缘导线承力接续应符合下列规定：

1 不同金属、不同规格、不同绞向的导线不得在档距内承力连接。

2 新建线路在一个档距内，每根导线不得超过一个接头。

3 导线接头距导线固定点不应小于0.5m。

4 10kV绝缘线及低压绝缘线在档距内承力连接宜采用液压对接接续管。

5 铜绞线在档距内承力连接可采用液压对接接续管。

8.4.16 绝缘导线剥离绝缘层、半导体层时应使用专用切削工具，不得损伤导线，绝缘层剥离长度应与连接金具长度相同，误差不应大于+10mm，绝缘层切口处应有45°倒角。

8.5 紧 线

8.5.1 紧线应在基础混凝土强度达到100%后施工，并应在全紧线段内杆塔已全部检查合格后再进行。

8.5.2 紧线施工前应根据施工荷载验算耐张、转角型杆塔强度，必要时应装设临时拉线或进行补强。采用直线杆塔紧线时，应采用设计允许的杆塔做紧线临锚杆塔。

8.5.3 弧垂观测档的选择应符合下列规定：

1 紧线段在5档及以下时应靠近中间选择1档。

2 紧线段在6档～12档时应靠近两端各选择1档。

3 紧线段在12档以上时靠近两端及中间可选3档～4档。

4 观测档宜选档距较大和悬挂点高差较小及接近代表档距的线档。

5 弧垂观测档的数量可根据现场条件增加，但不得减少。

8.5.4 观测弧垂时的实测温度应能代表导线或架空地线的温度，

温度应在观测档内实测。

8.5.5 挂线时对于孤立档、较小耐张段过牵引长度应符合设计要求；设计无要求时，应符合下列规定：

1 耐张段长度大于300m时，过牵引长度不宜超过200mm。

2 耐张段长度为200m～300m时，过牵引长度不宜超过耐张段长度的0.5‰。

3 耐张段长度小于200m时，过牵引长度应根据导线的安全系数不小于2的规定进行控制，变电所进出口档除外。

8.5.6 绝缘线紧线时不宜过牵引，应使用牵引网套或面接触的卡线器，并应在绝缘线上缠绕塑料或橡皮包带。

8.5.7 紧线弧垂在挂线后应随即在该观测档检查，其允许偏差应符合下列规定：

1 弧垂允许偏差应符合表8.5.7的规定。

表 8.5.7 弧垂允许偏差

线路电压等级	10kV及以下	35kV～66kV
允许偏差	±5%	+5%，-2.5%

2 跨越通航河流的跨越档弧垂允许偏差应为±1%，其正偏差不应超过1m。

8.5.8 导线或架空地线各相间的弧垂应保持一致，当满足本规范第8.5.7条的弧垂允许偏差标准时，各相间弧垂的相对偏差最大值应符合下列规定：

1 相间弧垂相对偏差最大值应符合表8.5.8的规定。

2 跨越通航河流跨越档的相间弧垂相对偏差最大值，不应大于500mm。

表 8.5.8 相间弧垂相对偏差最大值

线路电压等级	10kV及以下	35kV～66kV
相间弧垂允许偏差最大值(mm)	50	200

注：对架空地线指两水平排列的同型线间。

8.5.9 相分裂导线同相子导线的弧垂应力求一致，在满足本规范第8.5.7条弧垂允许偏差标准时，其相对偏差应符合下列规定：

1 不安装间隔棒的垂直双分裂导线，同相子导线间不得大于100mm。

2 安装间隔棒的其他形式分裂导线同相子导线间不得大于80mm。

8.5.10 架线后应测量导线对被跨越物的净空距离，计入导线蠕变伸长换算到最大弧垂时应符合设计要求。

8.5.11 连续上(下)山坡时的弧垂观测，当设计有要求时应按设计要求进行观测。

8.5.12 导线架设后，线上不应有树枝等杂物。导线对地及交叉跨越安全距离，应符合设计和本规范附录A的有关要求。

8.6 附件安装

8.6.1 导线的固定应牢固、可靠，且应符合下列规定：

1 直线转角杆，对针式绝缘子，导线应固定在转角外侧的槽内；对瓷横担绝缘子导线应固定在第一裙内。

2 直线跨越杆导线应双固定，导线本体不应在固定处出现角度。

3 裸铝导线在绝缘子或线夹上固定应缠绕铝包带，缠绕长度应超出接触部分30mm。铝包带的缠绕方向应与外层线股的绞制方向一致。

8.6.2 10kV及以下架空电力线路的裸铝导线在蝶式绝缘子上作耐张且采用绑扎方式固定时，绑扎长度应符合表8.6.2的规定。

表8.6.2 绑扎长度

导线截面(mm^2)	绑扎长度(mm)
LJ-50、LGJ-50及以下	≥150
LJ-70、LGJ-70	≥200
低压绝缘线50mm^2及以下	≥150

8.6.3 10kV～66kV架空电力线路当采用并沟线夹连接引流线时，线夹数量不应少于2个。连接面应平整、光洁。导线及并沟线夹槽内应清除氧化膜，并应涂电力复合脂。

8.6.4 10kV及以下架空电力线路的引流线(或跨接线)之间、引流线与主干线之间的连接，应符合下列规定：

1 不同金属导线的连接应有可靠的过渡金具。

2 同金属导线，当采用绑扎连接时，引流线绑扎长度应符合表8.6.4的规定。

3 绑扎连接应接触紧密、均匀、无硬弯，引流线应呈均匀弧度。

4 当不同截面导线连接时，其绑扎长度应以小截面导线为准。

表8.6.4 引流线绑扎长度值

导线截面(mm^2)	绑扎长度(mm)
35及以下	≥150
50	≥200
70	≥250

8.6.5 绑扎用的绑线，应选用与导线同金属的单股线，其直径不应小于2.0mm。

8.6.6 3kV～10kV架空电力线路的引下线与3kV以下线路导线之间的距离，不宜小于200mm。3kV～10kV架空电力线路的过引线、引下线与邻导线之间的最小间隙，不应小于300mm；3kV以下架空电力线路，不应小于150mm。采用绝缘导线的架空电力线路，其最小间隙可结合地区运行经验确定。

8.6.7 架空电力线路的导线与杆塔构件、拉线之间的最小间隙，35kV时不应小于600mm；3kV～10kV时不应小于200mm；3kV以下时不应小于100mm。

8.6.8 绝缘子安装前应逐个表面清洗干净，并应逐个、逐串进行外观检查。安装时应检查碗头、球头与弹簧销子之间的间隙。在安装好弹簧销子的情况下球头不得自碗头中脱出。验收前应清除瓷、玻璃表面的污垢。有机复合绝缘子伞套的表面不应有开裂、脱落、破损等现象，绝缘子的芯棒与端部附件不应有明显的歪斜。

8.6.9 安装针式绝缘子、线路柱式绝缘子时应加平垫及弹簧垫圈，安装应牢固。

8.6.10 安装悬式、蝴蝶式绝缘子时，绝缘子安装应牢固，并应连接可靠，安装后不应积水。与电杆、横担及金具应无卡压现象，悬式绝缘子裙边与带电部位的间隙不应小于50mm。

8.6.11 金具的镀锌层有局部碰损、剥落或缺锌时，应除锈后补刷防锈漆。

8.6.12 采用张力放线时，其耐张绝缘子串的挂线宜采用高空断线、平衡挂线法施工。

8.6.13 弧垂合格后应及时安装附件，附件（包括防振装置）安装时间不应超过5d。永久性防振装置难于立即安装时，应会同设计单位采取临时防振措施。

8.6.14 附件安装时应采取防止工器具碰撞有机复合绝缘子伞套的措施，在安装中不得踩踏有机复合绝缘子上下导线。

8.6.15 悬垂线夹安装后，绝缘子串应垂直地平面，其在顺线路方向与垂直位置的偏移角不应超过5°，连续上（下）山坡处杆塔上的悬垂线夹的安装位置应符合设计要求。

8.6.16 绝缘子串、导线及架空地线上的各种金具上的螺栓、穿钉及弹簧销子，除有固定的穿向外，其余穿向应统一，并应符合下列规定：

1 单、双悬垂串上的弹簧销子应一律由电源侧向受电侧穿入。使用W型弹簧销子时，绝缘子大口应一律朝电源侧；使用R型弹簧销子时，大口应一律朝受电侧。螺栓及穿钉凡能顺线路方向穿入者应一律由电源侧向受电侧穿入，特殊情况两边线应由内向外，中线应由左向右穿入。

2 耐张串上的弹簧销子、螺栓及穿钉应一律由上向下穿；当使用W弹簧销子时，绝缘子大口应一律向上；当使用R弹簧销子时，绝缘子大口应一律向下，特殊情况两边线可由内向外，中线可由左向右穿入。

3 当穿入方向与当地运行单位要求不一致时，可按运行单位的要求安装，但应在开工前明确规定。

8.6.17 金具上所用的闭口销的直径应与孔径相配合，且弹力应适度。

8.6.18 各种类型的铝质绞线，在与金具的线夹夹紧时，除并沟线夹及使用预绞丝护线条外，安装时应在铝股外缠绕铝包带，缠绕时应符合下列规定：

1 铝包带应缠绕紧密，其缠绕方向应与外层铝股的绞制方向一致。

2 所缠铝包带应露出线夹，但不应超过10mm，其端头应回缠绕于线夹内压住。

8.6.19 安装预绞丝护线条时，每条的中心与线夹中心应重合，对导线包裹应紧固。

8.6.20 防振锤及阻尼线与被连接的导线或架空地线应在同一铅垂面内，设计有特殊要求时应按设计要求安装。其安装距离偏差应为±30mm。

8.6.21 绝缘架空地线放电间隙的安装距离偏差应为±2mm。

8.6.22 柔性引流线应呈近似悬链线状自然下垂，其对杆塔及拉线等的电气间隙应符合设计要求。使用压接引流线时其中间不得有接头。刚性引流线的安装应符合设计要求。

8.6.23 铝制引流连板及并沟线夹的连接面应平整、光洁，安装应符合下列规定：

1 安装前应检查连接面是否平整，耐张线夹引流连板的光洁面应与引流线夹连板的光洁面接触。

2 应用汽油洗擦连接面及导线表面污垢，并应涂上一层电力复合脂，应用细钢丝刷清除有电力复合脂的表面氧化膜。

3 应保留电力复合脂，并应逐个均匀地拧紧连接螺栓。螺栓的扭矩应符合产品说明书的技术要求。

8.7 光缆架设

8.7.1 光缆盘运输到现场指定卸货点后，应进行下列项目的检查和验收：

1 光缆的品种、型号、规格。

2 光缆盘号及长度。

3 光纤衰减值（由指定的专业人员检测）。

4 光缆端头密封的防潮封口有无松脱现象。

8.7.2 光缆盘应直立装卸、运输及存放，不得平放。

8.7.3 光缆的架线施工应符合下列规定：

1 光缆架线施工应采用张力放线方法。

2 选择放线区段长度应与线盘长度相适应，不宜两盘及以上连接后展放。

8.7.4 除设计另有要求外，张力放线机主卷筒槽底直径不应小于光缆直径的70倍，且不得小于1m。

8.7.5 除设计另有要求外，放线滑轮槽底直径不应小于光缆直径的40倍，且不得小于500mm。滑轮槽应采用挂胶或其他韧性材料。滑轮的磨阻系数不应大于1.015。

8.7.6 牵张场的位置应保证进出线仰角满足厂家要求。仰角不宜大于25°，其水平偏角应小于7°。

8.7.7 放线滑轮在放线过程中，其包络角不得大于60°。

8.7.8 牵引绳与光纤复合架空地线的连接应通过旋转连接器、专用编织套或按出厂说明书要求连接。

8.7.9 张力牵引过程中，初始速度应控制在5m/min以内。正常运转后牵引速度不宜超过60m/min。

8.7.10 牵引时应控制放线张力。在满足对交叉跨越物及地面距离时的情况下，宜采取低张力展放。

8.7.11 牵张设备应可靠接地。牵引过程中牵张机的导引绳和光纤复合架空地线出口处应挂接地滑轮。

8.7.12 牵张场临锚时光缆落地处应有隔离保护措施，收余线时，不得拖放。

8.7.13 紧线时，应使用专用夹具。

8.7.14 光纤的熔接应由专业人员操作。

8.7.15 光纤的熔接应符合下列要求：

1 剥离光纤的外层套管、骨架时不得损伤光纤。

2 安装接线盒时螺栓应紧固，橡皮封条应安装到位。

3 光纤熔接后应进行接头光纤衰减值测试，不合格者应重接。

4 雨天、大风、沙尘或空气湿度过大时不应熔接。

8.7.16 光缆引下线夹具的安装应保证光缆顺直、圆滑，不得有硬弯、折角。

8.7.17 紧线完成后应及时安装附件，光缆在滑轮中的停留时间不宜超过48h。附件安装后，当不能立即接头时，光纤端头应做密封处理。

8.7.18 附件安装前光缆应接地。提线时与光缆接触的工具应包橡胶或缠绕铝包带，不得以硬质工具接触光缆表面。

8.7.19 施工全过程中，光纤复合架空地线的曲率半径不得小于设计和制造厂的规定。

8.7.20 光缆的紧线、附件安装，除本节的规定外应符合本规范第8.5节、第8.6节的有关规定。

8.7.21 光纤复合架空地线在同一处损伤、强度损失不超过总拉断力的17%时，应用光纤复合架空地线专用预绞丝补修。

9 接地工程

9.0.1 接地体埋设深度和防腐应符合设计要求。

9.0.2 接地装置应按设计图敷设，受地质地形条件限制时可作局部修改，但不论修改与否均应在施工质量验收记录中绘制接地装置敷设简图并标示相对位置和尺寸。原设计图形为环形者仍应呈环形。

9.0.3 接地装置的连接应可靠。连接前，应清除连接部位的铁锈及其附着物。

9.0.4 采用水平敷设的接地体，应符合下列规定：

1 遇倾斜地形宜沿等高线敷设。

2 两接地体间的平行距离不应小于5m。

3 接地体铺设应平直。

4 对无法满足本条第1款～第3款要求的特殊地形，应与设计协商解决。

9.0.5 采用垂直接地体时，应垂直打入，并应与土壤保持良好接触。

9.0.6 接地体的连接采用搭接焊时，应符合下列规定：

1 扁钢的搭接长度不应小于宽度的2倍，应四面施焊。

2 圆钢的搭接长度不应小于其直径的6倍，应双面施焊。

3 圆钢与扁钢连接时，其搭接长度不应小于圆钢直径的6倍，应双面施焊。

4 扁钢与钢管、扁钢与角钢焊接时，除应在其接触部位两侧进行焊接外，并应辅以由钢带弯成的弧形或直角形，应与钢管或角钢焊接。

5 所有焊接部位均应进行防腐处理。

9.0.7 当接地圆钢采用液压压接方式连接时，其接续管的型号与规格应与所压圆钢匹配。接续管的壁厚不得小于3mm；搭接时接续管的长度不得小于圆钢直径的10倍，对接时接续管的长度不得小于圆钢直径的20倍。

9.0.8 接地引下线与接地体连接应接触良好可靠并便于解开进行测量接地电阻和检修。当引下线从架空地线上引下时，接地引下线应紧靠杆身，并应每隔一定距离与杆身固定。

9.0.9 架空线路杆塔的每一腿均应与接地体引下线连接。

9.0.10 接地电阻值应符合设计要求。

10 杆上电气设备

10.1 电气设备的安装

10.1.1 电气设备的安装，应符合下列规定：

1 安装前应对设备进行开箱检查，设备及附件应齐全无缺陷，设备的技术参数应符合设计要求，出厂试验报告应有效。

2 安装应牢固可靠。

3 电气连接应接触紧密，不同金属连接，应有过渡措施。

4 绝缘件表面应光洁，应无裂缝、破损等现象。

10.1.2 变压器的安装，应符合下列规定：

1 变压器台的水平倾斜不应大于台架根开的1/100。

2 变压器安装平台对地高度不应小于2.5m。

3 一、二次引线排列应整齐、绑扎牢固。

4 油枕、油位应正常，外壳应干净。

5 应接地可靠，接地电阻值应符合设计要求。

6 套管表面应光洁，不应有裂纹、破损等现象。

7 套管压线螺栓等部件应齐全，压线螺栓应有防松措施。

8 呼吸器孔道应通畅，吸湿剂应有效。

9 护罩、护具应齐全，安装应可靠。

10.1.3 跌落式熔断器的安装，应符合下列规定：

1 跌落式熔断器水平相间距离应符合设计要求。

2 跌落式熔断器支架不应探入行车道路，对地距离宜为5m，无行车碰触的郊区农田线路可降低至4.5m。

3 各部分零件应完整。

4 熔丝规格应正确，熔丝两端应压紧、弹力适中，不应有损伤现象。

5 转轴应光滑灵活，铸件不应有裂纹、砂眼、锈蚀。

6 熔丝管不应有吸潮膨胀或弯曲现象。

7 熔断器应安装牢固、排列整齐，熔管轴线与地面的垂线夹角应为15°～30°。

8 操作时应灵活可靠、接触紧密。合熔丝管时上触头应有一定的压缩行程。

9 上、下引线应压紧，线路导线线径与熔断器接线端子应匹配且连接紧密可靠。

10 动静触头应可靠扣接。

11 熔管跌落时不应危及其他设备及人身安全。

10.1.4 断路器、负荷开关和高压计量箱的安装，应符合下列规定：

1 断路器、负荷开关和高压计量箱的水平倾斜不应大于托架长度的1/100。

2 引线应连接紧密。

3 密封应良好，不应有油或气的渗漏现象，油位或气压应正常。

4 操作应方便灵活，分、合位置指示应清晰可见、便于观察。

5 外壳接地应可靠，接地电阻值应符合设计要求。

10.1.5 隔离开关安装，应符合下列规定：

1 分相安装的隔离开关水平相间距离应符合设计要求。

2 操作机构应动作灵活，合闸时动静触头应接触紧密，分闸时应可靠到位。

3 与引线的连接应紧密可靠。

4 安装的隔离开关，分闸时，宜使静触头带电。

5 三相连动隔离开关的分、合闸同期性应满足产品技术要求。

10.1.6 避雷器的安装，应符合下列规定：

1 避雷器的水平相间距离应符合设计要求。

2 避雷器与地面垂直距离不宜小于 4.5m。

3 引线应短而直、连接紧密，其截面应符合设计要求。

4 带间隙避雷器的间隙尺寸及安装误差应满足产品技术要求。

5 接地应可靠，接地电阻值符合设计要求。

10.1.7 无功补偿箱的安装，应符合下列规定：

1 无功补偿箱安装应牢固可靠。

2 无功补偿箱的电源引接线应连接紧密，其截面应符合设计要求。

3 电流互感器的接线方式和极性应正确；引接线应连接牢固，其截面应符合设计要求。

4 无功补偿控制装置的手动和自动投切功能应正常可靠。

5 接地应可靠，接地电阻值应符合设计要求。

10.1.8 低压交流配电箱安装，应符合下列规定：

1 低压交流配电箱的安装托架应具有无法借助其攀登变压器台架的结构且安装牢固可靠。

2 配置无功补偿装置的低压交流配电箱，当电流互感器安装在箱内时，接线、投运正确性要求应符合本规范第 10.1.7 条的规定。

3 设备接线应牢固可靠，电线线芯破口应在箱内，进出线孔洞应封堵。

4 当低压空气断路器带剩余电流保护功能时，应使馈出线路的低压空气断路器的剩余电流保护功能投入运行。

10.1.9 低压熔断器和开关安装，其各部位接触应紧密，弹簧垫圈应压平，并应便于操作。

10.1.10 低压保险丝(片)安装，应符合下列规定：

1 应无弯折、压偏、伤痕等现象。

2　不得用线材代替保险丝(片)。

10.1.11　电气设备应采用颜色标志相位。相色应符合本规范第2.0.10条的规定。

10.2　电气设备的试验

10.2.1　电气设备试验项目应符合现行国家标准《电气装置安装工程　电气设备交接试验标准》GB 50150的规定。

10.2.2　变压器的试验项目,应包括下列内容:

1　绝缘油试验或SF6气体试验。

2　测量绕组连同套管的直流电阻。

3　检查所有分接头的电压比。

4　检查变压器的三相接线组别和单相变压器引出线的极性,应与设计要求、铭牌标记、外壳上的符号相符。

5　测量与铁芯绝缘连接片可拆开的各紧固件及有外引接地线的铁芯绝缘电阻。

6　有载调压切换装置的检查和试验。

7　测量绕组连同套管的绝缘电阻、吸收比。

8　短时工频耐受电压试验。

9　额定电压下的冲击合闸试验。

10　检查相位。

10.2.3　真空断路器的试验项目,应包括下列内容:

1　测量绝缘电阻。

2　测量导电回路的电阻。

3　短时工频耐受电压试验。

4　测量断路器主触头的分、合闸时间,测量分、合闸的同期性,测量合闸时触头的弹跳时间。

5　测量分、合闸线圈及合闸接触器线圈的绝缘电阻和直流电阻。

6　断路器操动机构的试验。

10.2.4 六氟化硫(SF_6)断路器的试验项目,应包括下列内容:

1 测量绝缘电阻。

2 测量导电回路的电阻。

3 短时工频耐受电压试验。

4 测量断路器的分、合闸时间。

5 测量断路器的分、合闸速度。

6 断路器主触头分、合闸的同期性测量。

7 断路器分、合闸线圈绝缘试验。

8 断路器操动机构的试验。

9 套管式电流互感器的试验。

10 测量断路器内 SF_6 气体的含水量。

11 密封性试验。

12 气体密度继电器、压力表和压力动作阀的检查。

10.2.5 隔离开关、负荷开关及跌落式熔断器的试验项目,应包括下列内容:

1 测量绝缘电阻。

2 测量高压限流熔丝管熔丝的直流电阻。

3 测量负荷开关导电回路的电阻。

4 短时工频耐压试验。

5 操动机构的试验。

10.2.6 电容器的试验项目,应包括下列内容:

1 测量绝缘电阻。

2 测量电容值。

3 并联电容器交流耐压试验。

4 额定电压下的冲击合闸试验。

10.2.7 金属氧化物避雷器试验项目,应包括下列内容:

1 测量金属氧化物避雷器及基座绝缘电阻。

2 无间隙金属氧化物避雷器,测量金属氧化物避雷器直流参考电压和0.75倍直流参考电压下的泄漏电流。

3　无间隙金属氧化物避雷器，检查放电计数器动作情况及监视电流表指示。

4　有间隙金属氧化物避雷器，工频放电电压试验。

10.2.8　66kV及以下架空电力线路杆塔上电气设备交接试验报告统一格式，应符合本规范附录B的规定。

11　工程验收与移交

11.1　工　程　验　收

11.1.1　工程验收应按隐蔽工程验收检查、中间验收和竣工验收的规定项目、内容进行。

11.1.2　隐蔽工程的验收检查应在隐蔽前进行。隐蔽工程的验收，应包括下列内容：

1　基础坑深及地基处理情况。

2　现浇基础中钢筋和预埋件的规格、尺寸、数量、位置、底座断面尺寸、混凝土的保护层厚度及浇筑质量。

3　预制基础中钢筋和预埋件的规格、数量、安装位置，立柱的组装质量。

4　岩石及掏挖基础的成孔尺寸、孔深、埋入铁件及混凝土浇筑质量。

5　底盘、拉盘、长盘的埋设情况。

6　灌注桩基础的成孔、清孔、钢筋骨架及水下混凝土浇筑。

7　液压连接接续管、耐张线夹、引流管等的检查，应包括下列内容：

1)连接前的内、外径，长度及连接后的对边距和长度；

2)管及线的清洗情况；

3)钢管在铝管中的位置；

4)钢芯与铝线端头在连接管中的位置。

8 导线、架空地线补修处理及线股损伤情况。

9 杆塔接地装置的埋设情况。

11.1.3 中间验收应按基础工程、杆塔组立、架线工程、接地工程和杆上电气设备进行。分部工程完成后可实施验收，也可分批进行。各分部工程的验收应包括下列内容：

1 基础工程应进行下列项目的验收：

1)以立方体试块为代表的现浇混凝土或预制混凝土构件的抗压强度；

2)整基基础尺寸偏差；

3)现浇基础断面尺寸；

4)同组地脚螺栓中心或插入式角钢形心对立柱中心的偏移；

5)回填土情况。

2 杆塔工程应进行下列项目的验收：

1)杆塔部件、构件的规格及组装质量；

2)混凝土电杆及钢管电杆焊接后的焊接弯曲度及焊口焊接质量；

3)混凝土电杆及钢管电杆的根开偏差、迈步及整基对中心桩的位移；

4)双立柱杆塔横担与主柱连接处的高差及主柱弯曲；

5)杆塔结构倾斜；

6)螺栓的紧固程度、穿向等；

7)拉线的方位和安装质量情况；

8)NUT 线夹螺栓的可调范围；

9)保护帽浇筑质量；

10)防沉层情况。

3 架线工程应进行下列项目的验收：

1)导线及架空地线的弧垂；

2)绝缘子的规格、数量，绝缘子的清洁，悬垂绝缘子串的倾斜；

3)金具的规格、数量及连接安装质量，金具螺栓或销钉的规格、数量、穿向；

4)杆塔在架线后的挠曲；

5)引流线安装连接质量、弧垂及最小电气间隙；

6)绝缘架空地线的放电间隙；

7)接头、修补的位置及数量；

8)防振锤的安装位置、规格、数量及安装质量；

9)间隔棒的安装位置及安装质量；

10)导线对地及跨越物的安全距离；

11)线路对接近物的接近距离；

12)光缆有否受损，引下线及接续盒的安装质量；

13)光缆全程测试结果。

4 接地工程应进行下列项目的验收：

1)实测接地电阻值；

2)接地引下线与杆塔连接情况。

5 杆上电气设备应进行下列项目的验收：

1)设备及材料的型号、规格符合设计要求；

2)电器设备外观应完好无缺损，经试验合格；

3)设备接地符合设计要求；

4)相位正确无误；

5)设备标志齐全。

11.1.4 竣工验收应符合下列规定：

1 竣工验收应在隐蔽工程验收检查和中间验收全部结束后实施。

2 竣工验收除应确认工程的施工质量外，尚应包括下列内容：

1)线路走廊障碍物的处理情况；

2)杆塔固定标志；

3）临时接地线的拆除；

4）遗留问题的处理情况。

3　竣工验收除应验收实物质量外，尚应包括工程技术资料。

11.1.5　架空电力线路工程应经施工、监理、设计、建设及运行各方共同确认合格后再通过验收。

11.1.6　工程质量检查（检验）项目分类，应符合下列规定：

1　检查（检验）项目可分为关键项目、重要项目、一般项目与外观项目。

2　影响工程结构、性能、强度和安全性，且不易修复或处理的项目，应为关键项目。

3　影响寿命和可靠性，但可修补和返工处理的项目，应为重要项目。

4　一般不影响施工安装和运行安全，应为一般项目。

5　显示工艺水平，环境协调及美观，应为外观项目。

11.1.7　工程质量检查验收评定标准应分为合格与不合格两个等级。66kV及以下架空送电线路施工工程类别划分见附录C，单元工程、分项工程、分部工程、单位工程施工质量检查及验收记录表见附录D。

11.1.8　单元工程的质量评定，应符合下列规定：

1　合格应符合下列要求：

1）关键、重要、外观检查项目应100%达到合格级标准；

2）一般项目中，如有一项未能达到本规范规定，但不影响使用的，可评为合格级。

2　关键、重要、外观检查项目有一项或一般检查项目有两项及以上未达到本规范合格级等级，应为不合格。

11.1.9　分项工程的质量评定，应符合下列规定：

1　分项工程中单元工程应100%达到合格级标准，应为合格。

2　分项工程中有一个及以上单元工程未达到合格级标准，应为不合格。

11.1.10 分部工程的质量评定，应符合下列规定：

1 分部工程中分项工程应100%达到合格级标准，应为合格。

2 分部工程中有一个及以上单元工程未达到合格级标准，应为不合格。

11.1.11 单位工程的质量评定，应符合下列规定：

1 单位工程中分部工程应100%达到合格级标准，应为合格。

2 单位工程中有一个及以上单元工程未达到合格级标准，应为不合格。

11.1.12 不合格项目处理及处理合格后的质量评定，应符合下列规定：

1 凡不合格的工程项目在竣工验收前自行处理合格，仍可按本标准规定参加评定。

2 返修后仍不合格的项目，经设计研究同意，建设单位认可，可降低要求或加固处理后使用，不应参加评定。

3 凡经有关方面共同鉴定，确定非施工原因造成的质量缺陷，若经修改设计或更换不合格设备、材料后，仍可参加评定。

11.2 竣工试验

11.2.1 工程在竣工验收合格后投运前，应进行下列竣工试验：

1 测定线路绝缘电阻。

2 核对线路相位。

3 测定线路参数特性，有要求时做。

4 以额定电压对空载线路冲击合闸三次。

5 带负荷试运行24h。

11.2.2 线路工程未经竣工验收及试验判定合格前不得投入运行。

11.3 竣工移交

11.3.1 工程竣工后应移交下列资料：

1 工程施工质量验收记录。

2 修改后的竣工图。

3 设计变更通知单及工程联系单。

4 原材料和器材出厂质量合格证明和试验记录。

5 代用材料清单。

6 工程试验报告和记录。

7 未按设计施工的各项明细表及附图。

8 施工缺陷处理明细表及附图。

9 相关协议书。

11.3.2 竣工资料的建档、整理、移交，应符合现行国家标准《科学技术档案案卷构成的一般要求》GB/T 11822 的规定。

11.3.3 工程试运行验收合格后，施工、监理、设计、建设及运行各方应签署竣工验收签证书，并应及时组织竣工移交。

附录A 对地及交叉跨越安全距离要求

A.0.1 最大计算弧垂情况下导线对地面最小距离应符合表A.0.1的要求。

表A.0.1 导线对地面最小距离(m)

线路经过地区	对应线路标称电压等级(kV)		
	3以下	3～10	35～66
人口密集地区	6.0	6.5	7.0
人口稀少地区	5.0	5.5	6.0
交通困难地区	4.0	4.5	5.0

A.0.2 当送电线路跨越无人居住且为耐火屋顶的建筑时，导线与建筑物之间的垂直距离，在最大计算弧垂情况下，不应小于表A.0.2所列数值。

表 A.0.2 导线与建筑物之间的垂直距离(m)

标称电压(kV)	3以下	3～10	35	66
距离	3.0	3.0	4.0	5.0

A.0.3 边导线与城市多层建筑或城市规划建筑线间的最小水平距离，以及边导线与不在规划范围内的城市建筑物间的最小距离，在最大计算风偏情况下，应符合表A.0.3的规定。

线路边导线与不在规划范围内的建筑物间的水平距离，在无风偏情况下，不应小于表A.0.3所列数值的50%。

表 A.0.3 导线与建筑物之间的最小距离(m)

标称电压(kV)	3以下	3～10	35	66
距离	1.0	1.5	3.0	4.0

注：1 导线与城市多层建筑或城市规划建筑线间的距离，指水平距离。

2 导线与不在规划范围内的建筑物间的距离，指净空距离。

A.0.4 送电线路通过林区，宜采用加高杆塔跨越林木不砍通道的方案。当跨越时，导线与树木(考虑自然生长高度)之间的垂直距离，不应小于表A.0.4-1所列数值。当砍伐通道时，通道净宽度不应小于线路宽度加林区主要树种自然生长高度的2倍。通道附近超过主要树种自然生长高度的个别树木应砍伐。

表 A.0.4-1 导线与林木之间的垂直距离(m)

标称电压(kV)	3以下	3～10	35～66
距离	3.0	3.0	4.0

送电线路通过公园、绿化区或防护林带，导线与树木之间的净空距离，在最大计算风偏情况下，不应小于表A.0.4-2所列数值。

表 A.0.4-2 导线与林木之间的净空距离(m)

标称电压(kV)	3以下	3～10	35～66
距离	3.0	3.0	3.5

送电线路通过果树、经济作物林或城市灌木林不应砍伐通道。

导线与果树、经济作物、城市绿化灌木以及街道行道树木之间的垂直距离，不应小于表 A.0.4-3 所列数值。

表 A.0.4-3 导线与果树、经济作物、城市绿化灌木之间的垂直距离(m)

标称电压(kV)	3 以下	3～10	35～66
距离	1.5	1.5	3.0

导线与街道行道树之间的最小距离，应符合表 A.0.4-4 的规定。

表 A.0.4-4 导线与街道行道树木之间的最小距离(m)

标称电压(kV)	3 以下	3～10	35～66
最大计算弧垂情况下的垂直距离	1.0	1.5	3.0
最大计算风偏情况下的水平距离	1.0	2.0	3.5

A.0.5 最大计算风偏情况下导线与山坡、峭壁、岩石之间的最小净空距离，应符合表 A.0.5 的要求。

表 A.0.5 导线与山坡、峭壁、岩石之间的最小净空距离(m)

线路经过地区	对应线路标称电压等级(kV)		
	3 以下	3～10	35～66
步行可以到达的山坡	3.0	4.5	5.0
步行不能到达的山坡、峭壁和岩石	1.0	1.5	3.0

A.0.6 架空送电线路与甲类火灾危险性的生产厂房、甲类物品库房、易燃易爆材料堆场及可燃或易燃易爆液(气)体储罐的防火间距，不应小于铁塔高度的 1.5 倍，有特殊要求时还应满足所属特殊行业的相关规定。

A.0.7 架空电力线路与铁路、道路、河流、管道、索道及各种架空线路交叉或接近的要求，应符合表 A.0.7 的规定。

表 A.0.7 架空电力线路与铁路、道路、河流、管道、索道及各种架空线路交叉或接近的要求

项目		铁路			公路和道路	电车道（有轨及无轨）		通航河流	不通航河流	架空明线弱电线路	电力线路	特殊管道	一般管道、索道
导线或地线在跨越档接头		标准轨距：不得接头 窄轨：不限制			高速公路和一、二级公路及城市一、二级道路：不得接头 三、四级公路和城市三级道路：不限制	不得接头		不得接头	不限制	一、二级：不得接头 三级：不限制	35kV 及以上：不得接头 10kV 及以下：不限制	不得接头	不得接头
交叉档导线最小截面		35kV 及以上采用钢芯铝绞线为 $35mm^2$，10kV 及以下采用铝绞线或铝合金线为 $35mm^2$，其他导线为 $16mm^2$						—					
交叉档距绝缘子固定方式		双固定			高速公路和一、二级公路及城市一、二级道路为双固定	双固定		双固定	不限制	10kV 及以下线路跨一、二级为双固定	10kV 线路跨 6kV～10kV 线路为双固定	双固定	双固定
最小垂直距离（m）	线路电压	至标准轨顶	至窄轨轨顶	至承力索或接触线	至路面	至路面	至承力索或接触线	—	—	—	—	—	—
	35kV～66kV	7.5	7.5	3.0	7.0	10.0	3.0	—	—	—	—	—	—
	3kV～10kV	7.5	6.0	3.0	7.0	9.0	3.0	—	—	—	—	—	—
	3kV 以下	7.5	6.0	3.0	6.0	9.0	3.0	—	—	—	—	—	—

续表 A.0.7

项目		铁路		公路和道路			电车道（有轨及无轨）		通航河流	不通航河流	架空明线弱电线路	电力线路	特殊管道	一般管道、索道
最小水平距离（m）	线路电压	杆塔外缘至轨道中心		杆塔外缘至路基边缘			杆塔外缘至路基边缘		—	—	—	—	—	—
		交叉	平行	开阔地区	路径受限制地区	市区内	开阔地区	路径受限制地区	—	—	—	—	—	—
	35kV～66kV	30	最高杆（塔）高加 3m	交叉:8.0 平行:最高杆塔高	5.0	0.5	交叉:8.0 平行:最高杆塔高	5.0	—	—	—	—	—	—
	3kV～10kV	5		0.5	0.5	0.5	0.5	0.5	—	—	—	—	—	—
	3kV 以下	5		0.5	0.5	0.5	0.5	0.5	—	—	—	—	—	—
其他要求		35kV～66kV 不宜在铁路出站信号机以内跨越		—			—		—	—	—	—	—	—

注:1 特殊管道指架设在地面上输送易燃、易爆物的管道。

2 管、索道上的附属设施,应视为管、索道的一部分。

3 常年高水位是指 5 年一遇洪水位,最高洪水位对 35kV 线路是指百年一遇洪水位,对 10kV 及以下线路是指 50 年一遇洪水位。

4 不能通航河流指不能通航,也不能浮运的河流。

5 对路径受限制地区的最小水平距离的要求,应计及架空电力线路导线的最大风偏。

6 在不受环境和规划限制的地区架空线路与国道的距离不宜少于 20m,省道不宜少于 15m,县道不宜少于 10m,乡道不宜少于 5m。

7 对电气化铁路的安全距离主要是电力线导线与承力索和接触线的距离控制,对电气化铁路轨顶的距离按实际情况确定。

附录B 66kV及以下架空电力线路杆塔上电气设备交接试验报告统一格式

B.0.1 杆上电力变压器交接试验报告应符合表B.0.1的规定。

表B.0.1 杆上油浸式电力变压器交接试验报告

工程名称：

<table>
<tr><td colspan="2">安装位置</td><td colspan="2"></td><td>用途</td><td colspan="2"></td></tr>
<tr><td colspan="7">1.设备参数</td></tr>
<tr><td colspan="2">型　号</td><td colspan="2"></td><td>额定容量</td><td colspan="2"></td></tr>
<tr><td colspan="2">额定电压比</td><td colspan="2"></td><td>额定电流</td><td colspan="2"></td></tr>
<tr><td colspan="2">接线组别</td><td colspan="2"></td><td>冷却方式</td><td colspan="2"></td></tr>
<tr><td colspan="2">短路阻抗(%)</td><td colspan="2"></td><td>空载电流(%)</td><td colspan="2"></td></tr>
<tr><td colspan="2">额定频率</td><td colspan="2"></td><td>相数</td><td colspan="2"></td></tr>
<tr><td colspan="2">产品编号</td><td colspan="2"></td><td>出厂日期</td><td colspan="2"></td></tr>
<tr><td colspan="2">制造厂</td><td colspan="5"></td></tr>
<tr><td colspan="7">2.试验依据</td></tr>
<tr><td colspan="4">国内标准名称、编号</td><td colspan="3">国外标准名称、编号</td></tr>
<tr><td colspan="4"></td><td colspan="3"></td></tr>
<tr><td colspan="4"></td><td colspan="3"></td></tr>
<tr><td colspan="7">3.绕组连同套管的直流电阻　　试验日期：　年　月　日　器身温度：　℃</td></tr>
<tr><td rowspan="2">绕组</td><td>分接开</td><td colspan="4">直流电阻(mΩ)</td><td rowspan="2">试验仪器及仪表
名称、规格、编号</td></tr>
<tr><td>关位置</td><td>A(A−B)相</td><td>B(B−C)相</td><td>C(C−A)相</td><td>相差(%)</td></tr>
<tr><td rowspan="5">高压侧</td><td>Ⅰ</td><td></td><td></td><td></td><td></td><td rowspan="7"></td></tr>
<tr><td>Ⅱ</td><td></td><td></td><td></td><td></td></tr>
<tr><td>Ⅲ</td><td></td><td></td><td></td><td></td></tr>
<tr><td>Ⅳ</td><td></td><td></td><td></td><td></td></tr>
<tr><td>Ⅴ</td><td></td><td></td><td></td><td></td></tr>
<tr><td colspan="2" rowspan="2">低压侧</td><td>a(a−b)相</td><td>b(b−c)相</td><td>c(c−a)相</td><td>相差(%)</td></tr>
<tr><td></td><td></td><td></td><td></td></tr>
</table>

续表 B.0.1

<table>
<tr><td colspan="5">4.所有分接头的电压比　　　　　试验日期：　年　月　日　温度：　℃</td></tr>
<tr><td rowspan="2">分接开关位置</td><td colspan="4">高压/低压</td><td rowspan="2">试验仪器及仪表名称、规格、编号</td></tr>
<tr><td>计算变比</td><td>AB误差（%）</td><td>BC相误差（%）</td><td>CA相误差（%）</td></tr>
<tr><td>Ⅰ</td><td></td><td></td><td></td><td></td><td rowspan="5"></td></tr>
<tr><td>Ⅱ</td><td></td><td></td><td></td><td></td></tr>
<tr><td>Ⅲ</td><td></td><td></td><td></td><td></td></tr>
<tr><td>Ⅳ</td><td></td><td></td><td></td><td></td></tr>
<tr><td>Ⅴ</td><td></td><td></td><td></td><td></td></tr>
</table>

<table>
<tr><td colspan="5">5.变压器引出线极性　　　　　试验日期：　年　月　日　温度：　℃</td></tr>
<tr><td>线别</td><td>A+B－</td><td>B+C－</td><td>A+C－</td><td>试验仪器及仪表名称、规格、编号</td></tr>
<tr><td>a+b－</td><td></td><td></td><td></td><td rowspan="4"></td></tr>
<tr><td>b+c－</td><td></td><td></td><td></td></tr>
<tr><td>a+c－</td><td></td><td></td><td></td></tr>
<tr><td>结论</td><td colspan="3"></td></tr>
</table>

<table>
<tr><td colspan="5">6.绕组连同套管的绝缘电阻、吸收比
试验日期：　年　月　日　器身温度：　℃　湿度：　%</td></tr>
<tr><td rowspan="2">测试绕组</td><td colspan="2">绝缘电阻（MΩ）</td><td>吸收比</td><td rowspan="2">试验仪器及仪表名称、规格、编号</td></tr>
<tr><td>15s</td><td>60s</td><td>R60/R15</td></tr>
<tr><td>高压</td><td></td><td></td><td></td><td></td></tr>
<tr><td>低压</td><td></td><td></td><td></td><td></td></tr>
</table>

<table>
<tr><td colspan="4">7.绕组连同套管的交流耐压试验
试验日期：　年　月　日　器身温度：　℃　湿度：　%</td></tr>
<tr><td>测试绕组</td><td>高　压</td><td>低　压</td><td>试验仪器及仪表名称、规格、编号</td></tr>
<tr><td>试前绝缘（MΩ）</td><td></td><td></td><td rowspan="4"></td></tr>
<tr><td>试后绝缘（MΩ）</td><td></td><td></td></tr>
<tr><td>试验电压（kV）</td><td></td><td></td></tr>
<tr><td>试验时间（min）</td><td></td><td></td></tr>
</table>

续表 B.0.1

<table>
<tr><td colspan="4">8. 与铁芯绝缘的各紧固件及铁芯接地线引出套管对外壳的绝缘电阻
试验日期：　年　月　日　器身温度：℃　湿度：　%</td></tr>
<tr><td>紧固件对铁芯、外壳(MΩ)</td><td>铁芯对外壳(MΩ)</td><td>铁芯接地点</td><td>试验仪器及仪表名称、规格、编号</td></tr>
<tr><td></td><td></td><td></td><td></td></tr>
<tr><td colspan="4">9. 非纯瓷套管试验</td></tr>
<tr><td colspan="4">参见非纯瓷套管试验报告</td></tr>
<tr><td colspan="4">10. 变压器的相位检查　　试验日期：　年　月　日</td></tr>
<tr><td>变压器相位</td><td>电网相位</td><td>检查情况</td><td>试验仪器及仪表名称、规格、编号</td></tr>
<tr><td></td><td></td><td></td><td></td></tr>
<tr><td colspan="4">备注：</td></tr>
<tr><td colspan="4">结论：</td></tr>
<tr><td>试验人员</td><td colspan="3"></td></tr>
<tr><td>审核人员</td><td colspan="3"></td></tr>
</table>

B.0.2 六氟化硫断路器交接试验报告应符合表 B.0.2 的规定。

表 B.0.2 六氟化硫断路器交接试验报告

工程名称：

<table>
<tr><td>安装位置</td><td></td><td>用　途</td><td></td></tr>
<tr><td colspan="4">1. 六氟化硫断路器参数</td></tr>
<tr><td>型号</td><td></td><td>额定电压</td><td></td></tr>
<tr><td>额定电流</td><td></td><td>额定短路开断电流</td><td></td></tr>
<tr><td>额定开合电流</td><td></td><td>编　号</td><td></td></tr>
<tr><td>出厂日期</td><td></td><td>制造厂</td><td></td></tr>
<tr><td>额定操作顺序</td><td></td><td>SF_6气体额定压力</td><td></td></tr>
<tr><td>合闸线圈电压</td><td></td><td>分闸线圈电压</td><td></td></tr>
</table>

续表 B.0.2

2.试验依据	
国内标准名称、编号	国外标准名称、编号

3.绝缘电阻　　试验日期：　年　月　日　环境温度：　℃　湿度：　%

相别	A	B	C	试验仪器及仪表名称、规格、编号
测量值(MΩ)				

4.测量每相导电回路的直流电阻　　试验日期：　年　月　日　温度：　℃

相别	A1	A2	B1	B2	C1	C2	试验仪器及仪表名称、规格、编号
测量值(μΩ)							

5.交流耐压试验　　试验日期：　年　月　日　环境温度：　℃　湿度：　%

测试位置		试前绝缘(MΩ)	试验电压(kV)	试验时间(min)	试后绝缘(MΩ)	试验仪器及仪表名称、规格、编号
合闸状态	A/B、C及地					
	B/C、A及地					
	C/A、B及地					
分闸状态	A相断口					
	B相断口					
	C相断口					

6.断路器均压电容器的试验

试验日期：　年　月　日　环境温度：　℃　湿度：　%

电容编号	绝缘电阻(MΩ)	tanδ(%)	C_x(pF)	试验仪器及仪表名称、规格、编号
A1				
A2				
B1				
B2				
C1				
C2				

续表 B.0.2

7. 断路器的分、合闸时间及同期性					试验日期： 年 月 日 温度： ℃		
合闸特性							试验仪器及仪表名称、规格、编号
相别	A1	A2	B1	B2	C1	C2	
合闸时间(ms)							
最大不同期(ms)							
分闸特性Ⅰ							
相别	A1	A2	B1	B2	C1	C2	
分闸时间(ms)							
最大不同期(ms)							
分闸特性Ⅱ							
相别	A1	A2	B1	B2	C1	C2	
分闸时间(ms)							
最大不同期(ms)							

8. 断路器的分、合闸速度		试验日期： 年 月 日 温度： ℃		
相别	合闸速度(m/s)	分闸 1 速度(m/s)	分闸 2 速度(m/s)	试验仪器及仪表名称、规格、编号
A 相				
B 相				
C 相				

9. 断路器合闸电阻的投入时间及电阻		试验日期： 年 月 日 温度： ℃		
相别	合闸电阻值(Ω)	合闸电阻提前投入时间(ms)	合闸电阻投入时间差(ms)	试验仪器及仪表名称、规格、编号
A 相				
B 相				
C 相				

续表 B.0.2

10.断路器分、合闸线圈绝缘电阻及直流电阻

试验日期：　年　月　日　环境温度：℃　湿度：%

相别	线　圈	直流电阻(Ω)	绝缘电阻(MΩ)	试验仪器及仪表名称、规格、编号
A	合闸线圈			
	分闸线圈Ⅰ			
	分闸线圈Ⅱ			
B	合闸线圈			
	分闸线圈Ⅰ			
	分闸线圈Ⅱ			
C	合闸线圈			
	分闸线圈Ⅰ			
	分闸线圈Ⅱ			

11.断路器操动机构的试验

11.1　合闸操作试验　　试验日期：　年　月　日　温度：℃

	交流操作电压(V)	直流操作电压(V)	液压操作值	试验仪器及仪表名称、规格、编号
合闸线圈	85%U_n～110%U_n	85%U_n～110%U_n	最高或最低	
合闸接触器	85%U_n～110%U_n	85%U_n～110%U_n	最高或最低	
动作情况				

11.2　分闸操作试验　　试验日期：　年　月　日　温度：℃

	直流操作电压(V)	交流操作电压(V)	试验仪器及仪表名称、规格、编号
可靠分闸值	65%U_n	65%U_n	
可靠不分闸值	30%U_n	30%U_n	
动作情况			

续表 B.0.2

<table>
<tr><td colspan="5">11.3　失压脱扣器的脱扣试验　　试验日期：　年　月　日　温度：　℃</td></tr>
<tr><td>电源电压与额定电源电压的比值</td><td>小于35%</td><td>大于65%</td><td>大于85%</td><td>试验仪器及仪表名称、规格、编号</td></tr>
<tr><td>失压脱扣器的工作状态</td><td>铁芯应可靠释放</td><td>铁芯不得释放</td><td>铁芯应可靠吸合</td><td rowspan="2"></td></tr>
<tr><td>动作情况</td><td></td><td></td><td></td></tr>
<tr><td colspan="5">11.4　过流脱扣器的脱扣试验　　试验日期：　年　月　日　温度：　℃</td></tr>
<tr><td>过流脱扣器的种类</td><td>延时动作</td><td>瞬时动作</td><td>厂家值</td><td>试验仪器及仪表名称、规格、编号</td></tr>
<tr><td>脱扣电流等级范围(A)</td><td></td><td></td><td></td><td rowspan="3"></td></tr>
<tr><td>每级脱扣电流的准确度</td><td></td><td></td><td></td></tr>
<tr><td>同一脱扣器各级脱扣电流准确度</td><td></td><td></td><td></td></tr>
<tr><td colspan="5">11.5　直流电磁或弹簧机构的模拟操动试验
试验日期：　年　月　日　温度：　℃</td></tr>
<tr><td>操作类别</td><td colspan="2">操作线圈端钮电压与额定电源电压的比值(%)</td><td>操作次数</td><td>试验仪器及仪表名称、规格、编号</td></tr>
<tr><td>合、分</td><td colspan="2">110</td><td>3</td><td rowspan="4"></td></tr>
<tr><td>合闸(自动重合闸)</td><td colspan="2">85(80)</td><td>3</td></tr>
<tr><td>分　闸</td><td colspan="2">65</td><td>3</td></tr>
<tr><td>合、分、重合</td><td colspan="2">100</td><td>3</td></tr>
</table>

续表 B.0.2

11.6　液压机构的模拟操动试验　　试验日期：　年　月　日　温度：　℃

操作类别	操作线圈端钮电压与额定电源电压的比值(%)	操作液压	操作次数	试验仪器及仪表名称、规格、编号
合、分	110	最高	3	
合、分	100	额定	3	
合闸(自动重合闸)	85(80)	最低	3	
分　闸	65	最低	3	
合、分、重合	100	最低	3	

12.测量断路器内 SF_6 气体的微水含量

试验日期：　年　月　日　环境温度：　℃　湿度：　%

相别	与灭弧室相通的气室(μL/L)	不与灭弧室相通的气室(μL/L)	试验仪器及仪表名称、规格、编号
A相			
B相			
C相			

13.密封性试验　　试验日期：　年　月　日　环境温度：　℃　湿度：　%

相别	A相	B相	C相	试验仪器及仪表名称、规格、编号
结果				

14.SF_6 气体密度继电器检查

试验日期：　年　月　日　环境温度：　℃　湿度：　%

相别	A相	B相	C相	试验仪器及仪表名称、规格、编号
报警动作值(MPa)				
闭锁动作值(MPa)				

续表 B.0.2

15.压力表和压力动作阀检查 试验日期： 年 月 日 环境温度： ℃ 湿度： %				
相别	A相	B相	C相	试验仪器及仪表名称、规格、编号
氮气预充压力（MPa）				
油泵启动压力（MPa）				
油泵停止压力（MPa）				
合闸闭锁压力（MPa）				
分闸闭锁压力（MPa）				
失压闭锁压力（MPa）				
备注：				
结论：				
试验人员				
审核人员				

B.0.3 隔离开关交接试验报告应符合表B.0.3的规定。

表 B.0.3 隔离开关交接试验报告

工程名称：

安装位置		用 途	
1.设备参数			
型 号		额定电压	
额定电流		产品编号	
出厂日期		制造厂	

续表 B.0.3

2.试验依据

国内标准名称、编号	国外标准名称、编号

3.传动杆绝缘电阻　　试验日期：　年　月　日　环境温度：　℃　湿度：　%

相别	绝缘电阻　(MΩ)	试验仪器及仪表名称、规格、编号
A		
B		
C		

4.交流耐压试验　　试验日期：　年　月　日　环境温度：℃　湿度：　%

相别	电压(kV)	试验仪及仪表名称、规格、编号
A 相对地		
B 相对地		
C 相对地		

5.操动机构线圈最低动作电压　　试验日期：　年　月　日　温度：　℃

厂家值(V)	实测值(V)	试验仪及仪表名称、规格、编号

6.操动机构的试验　　试验日期：　年　月　日　温度：　℃

项目	分合闸		二次控制线圈和电磁闭锁装置(V)	试验仪及仪表名称、规格、编号
	电压(V)	气压(kPa)		
试验电压/气压值	$80\%U_n$～$110\%U_n$	$85\%U_n$～$110\%P_n$	$80\%U_n$～$110\%U_n$	
动作情况				

7.机械和电气闭锁试验:应正确可靠。

备注：

结论：

试验人员		年　月　日
审核人员		年　月　日

B.0.4 高压熔断器交接试验报告应符合表B.0.4的规定。

表B.0.4 高压熔断器交接试验报告

工程名称：

安装位置		用途	
1.设备参数			
型　　号		额定电压	
额定电流		产品编号	
出厂日期		制造厂	
2.试验依据			
国内标准名称、编号		国外标准名称、编号	
3.绝缘电阻	试验日期：　年　月　日	环境温度：　℃　湿度：　%	
相别	绝缘电阻 （MΩ）	试验仪器及仪表名称、规格、编号	
A			
B			
C			
4.直流电阻	试验日期：　年　月　日　温度：　℃		
相别	直流电阻 （Ω）	试验仪器及仪表名称、规格、编号	
A			
B			
C			
5.交流耐压试验	试验日期：　年　月　日	环境温度：　℃　湿度：　%	
相别	电压 （kV）	试验仪及仪表名称、规格、编号	
A相对地			
B相对地			
C相对地			
备注：			
结论：			
试验人员		年　月　日	
审核人员		年　月　日	

B.0.5 金属氧化物避雷器交接试验报告应符合表 B.0.5 的规定。

表 B.0.5 无间隙金属氧化物避雷器交接试验报告

工程名称：

<table>
<tr><td>安装位置</td><td colspan="2"></td><td>用　途</td><td colspan="2"></td></tr>
<tr><td colspan="6">1.设备参数</td></tr>
<tr><td>型　号</td><td colspan="2"></td><td>额定电压</td><td colspan="2"></td></tr>
<tr><td>出厂日期</td><td colspan="2"></td><td>制造厂家</td><td colspan="2"></td></tr>
<tr><td>相别</td><td>A</td><td colspan="2">B</td><td colspan="2">C</td></tr>
<tr><td>编号</td><td></td><td colspan="2"></td><td colspan="2"></td></tr>
<tr><td>参考电压</td><td></td><td colspan="2"></td><td colspan="2"></td></tr>
<tr><td colspan="6">2.试验依据</td></tr>
<tr><td colspan="3">国内标准名称、编号</td><td colspan="3">国外标准名称、编号</td></tr>
<tr><td colspan="3"></td><td colspan="3"></td></tr>
<tr><td colspan="3"></td><td colspan="3"></td></tr>
<tr><td colspan="6">3.绝缘电阻　　试验日期：　年　月　日　环境温度：　℃　湿度：　%</td></tr>
<tr><td>相别</td><td>A</td><td>B</td><td>C</td><td colspan="2">试验仪器及仪表名称、规格、编号</td></tr>
<tr><td>上节(MΩ)</td><td></td><td></td><td></td><td colspan="2"></td></tr>
<tr><td>中节(MΩ)</td><td></td><td></td><td></td><td colspan="2" rowspan="3"></td></tr>
<tr><td>下节(MΩ)</td><td></td><td></td><td></td></tr>
<tr><td>基座绝缘</td><td></td><td></td><td></td></tr>
<tr><td colspan="6">4.无间隙金属氧化物避雷器的工频参考电压
试验日期：　年　月　日　环境温度：　℃　湿度：　%</td></tr>
<tr><td>相别</td><td>A</td><td>B</td><td>C</td><td colspan="2">试验仪器及仪表名称、规格、编号</td></tr>
<tr><td>上节(kV)</td><td></td><td></td><td></td><td colspan="2" rowspan="3"></td></tr>
<tr><td>中节(kV)</td><td></td><td></td><td></td></tr>
<tr><td>下节(kV)</td><td></td><td></td><td></td></tr>
</table>

续表 B.0.5

5.金属氧化物避雷器持续运行电压下的持续电流 试验日期： 年 月 日 环境温度： ℃ 湿度： %				
相别	A	B	C	试验仪器及仪表名称、规格、编号
上节(kV)				
中节(kV)				
下节(kV)				

6.无间隙金属氧化物避雷器的直流试验 试验日期： 年 月 日 环境温度： ℃ 湿度： %				
	参考电流(mA)	参考电压 U_{1mA}(kV)	$0.75U_{1mA}$ 下泄漏 U_{1mA}(μA)	试验仪器及仪表名称、规格、编号
A上				
A中				
A下				
B上				
B中				
B下				
C上				
C中				
C下				

7.放电记数器动作情况 试验日期： 年 月 日				
相别	A	B	C	试验仪器及仪表名称、规格、编号
动作情况				
底数				

续表 B.0.5

8.工频放电电压　试验日期：　年　月　日　环境温度：　℃　环境湿度：　%			
相别	持续运行电压（kV）	工频放电电压（kV）	试验仪器及仪表名称、规格、编号
A对地			
B对地			
C对地			
备注：			
结论：			
试验人员			
审核人员			

B.0.6 组合式金属氧化物避雷器交接试验报告应符合表B.0.6的规定。

表 B.0.6 组合式金属氧化物避雷器交接试验报告

工程名称：

安装位置			用　途	
1.设备参数				
型　号			额定电压	
出厂日期			制造厂家	
相别	A	B		C
编号				
参考电压				
2.试验依据				
国内标准名称、编号		国外标准名称、编号		

续表 B.0.6

3.绝缘电阻　　试验日期：　年　月　日　环境温度：　℃　湿度：　%

相别	A对地	B对地	C对地	A对B	B对C	A对C	试验仪器及仪表名称、规格、编号
绝缘电阻							

4.金属氧化物避雷器的工频参考电压

试验日期：　年　月　日　环境温度：　℃　湿度：　%

相别	A对地	B对地	C对地	A对B	B对C	A对C	试验仪器及仪表名称、规格、编号
参考电压							

5.金属氧化物避雷器持续运行电压下的持续电流

试验日期：　年　月　日　环境温度：　℃　湿度：　%

相别	A对地	B对地	C对地	A对B	B对C	A对C	试验仪器及仪表名称、规格、编号
持续电流							

6.金属氧化物避雷器的直流参考电压

试验日期：　年　月　日　环境温度：　℃　湿度：　%

	参考电流（mA）	参考电压 U_{1mA}（kV）	0.75U_{1mA}下泄漏电流 U_{1mA}（μA）	试验仪器及仪表名称、规格、编号
A对地				
B对地				
C对地				
A对B				
B对C				
A对C				

7.放电计数器动作情况　　试验日期：　年　月　日

相别	A	B	C	试验仪器及仪表名称、规格、编号
动作情况				
底数				

续表 B.0.6

<table>
<tr><td colspan="8">8.工频放电电压
试验日期：　年　月　日　环境温度：℃　环境湿度：%</td></tr>
<tr><td>相别</td><td>A对地</td><td>B对地</td><td>C对地</td><td>A对B</td><td>B对C</td><td>A对C</td><td>试验仪器及仪表名称、规格、编号</td></tr>
<tr><td>放电电压</td><td></td><td></td><td></td><td></td><td></td><td></td><td></td></tr>
<tr><td colspan="8">备注：</td></tr>
<tr><td colspan="8">结论：</td></tr>
<tr><td>试验人员</td><td colspan="7"></td></tr>
<tr><td>审核人员</td><td colspan="7"></td></tr>
</table>

附录C　66kV及以下架空电力线路施工工程类别划分表

C.0.1　66kV及以下架空送电线路施工工程类别划分应符合表C.0.1的规定。

表 C.0.1　66kV及以下架空送电线路施工工程类别划分

<table>
<tr><td rowspan="2">单位工程</td><td rowspan="2">分部工程</td><td rowspan="2" colspan="2">分项工程</td><td colspan="2">单元工程</td></tr>
<tr><td>单位</td><td>记录表</td></tr>
<tr><td rowspan="5">架空电力线路工程</td><td rowspan="2">一、土石方工程</td><td colspan="2">1.路径复测</td><td>耐张段</td><td>本规范表D.0.1</td></tr>
<tr><td colspan="2">2.普通(掏挖)和拉线基础分坑</td><td>基</td><td>本规范表D.0.2</td></tr>
<tr><td rowspan="3">二、基础工程</td><td colspan="2">1.灌注桩基础</td><td>基</td><td>本规范表D.0.4</td></tr>
<tr><td rowspan="2">2.钢管塔、铁塔基础</td><td>浇筑前</td><td>基</td><td>本规范表D.0.5</td></tr>
<tr><td>浇筑后</td><td>基</td><td>本规范表D.0.6</td></tr>
</table>

续表 C.0.1

<table>
<tr><th rowspan="2">单位工程</th><th rowspan="2">分部工程</th><th rowspan="2" colspan="2">分项工程</th><th colspan="2">单元工程</th></tr>
<tr><th>单位</th><th>记录表</th></tr>
<tr><td rowspan="17">架空电力线路工程</td><td>二、基础工程</td><td colspan="2">3.混凝土电杆基础</td><td>基</td><td>本规范表 D.0.7</td></tr>
<tr><td rowspan="6">三、杆塔工程</td><td rowspan="4">1. 铁塔组立</td><td>自立</td><td rowspan="4">基</td><td rowspan="4">本规范表 D.0.08</td></tr>
<tr><td>钢管塔</td></tr>
<tr><td>拉线塔</td></tr>
<tr><td>钢管杆</td></tr>
<tr><td colspan="2">2.混凝土杆组立</td><td>基</td><td>本规范表 D.0.09</td></tr>
<tr><td colspan="2">3.铁塔拉线压接</td><td>基</td><td>本规范表 D.0.10</td></tr>
<tr><td rowspan="4">四、架线工程</td><td colspan="2">1.导地线(含光缆)展放</td><td>km</td><td>本规范表 D.0.11</td></tr>
<tr><td colspan="2">2.导地线接续管</td><td>个</td><td>本规范表 D.0.12</td></tr>
<tr><td colspan="2">3. 导地线(含光缆)紧线</td><td>耐张段</td><td>本规范表 D.0.13</td></tr>
<tr><td colspan="2">4.附件安装(含光缆)</td><td>基</td><td>本规范表 D.0.14</td></tr>
<tr><td>五、接地工程</td><td colspan="2">接地装置施工</td><td>基</td><td>本规范表 D.0.17</td></tr>
<tr><td>六、线路防护工程</td><td colspan="2">线路防护设施</td><td>处</td><td>本规范表 D.0.19</td></tr>
<tr><td rowspan="3">七、电气工程</td><td colspan="2">1.光缆测试</td><td>盘或耐张段</td><td>本规范表 D.0.15</td></tr>
<tr><td colspan="2">2. 对地、风偏与交叉跨越</td><td>处</td><td>本规范表 D.0.16</td></tr>
<tr><td colspan="2">3.杆上电气设备</td><td>处</td><td>本规范表 D.0.18</td></tr>
</table>

注:对于一般的10kV架空送电线路基础工程、杆塔工程、架线工程(含金具及附件安装)宜采用本规范表D.0.20、表D.0.21、表D.0.22和表D.0.23填写。

附录D 66kV及以下线路工程施工质量检查及验收记录表

D.0.1 路径复测记录表(线记1)应按本规范表D.0.1填写。

表D.0.1 路径复测记录表

工程名称：　　　　　　　　　　　　　　　　　　　　线记1

桩号		档距(m)			线路转角		塔位高程(m)		桩位移(m)		被跨越物(或地形凸起点)				备注
塔号	杆塔型式	设计值	实测值	偏差值	设计值	实测值	设计值	实测值	方向	位移值	名称	高程(m)	与邻杆塔最近距离		
													杆塔号	距离(m)	
—															
—															
—															
—															
—															
—															
—															
—															
—															
—															
—															
—															
—															
—															
—															
—															
—															
—															
—															

备注	1.请注明直线转角； 2.仪器名称：　　　　仪器编号：　　　　检验证书号：						
现场技术负责人		专　职质检员		施　工负责人		监　理工程师	

D.0.2 普通(掏挖)基础和拉线基础分坑及开挖检查记录表(线记2),应按本规范表D.0.2填写。

表D.0.2 普通(掏挖)基础和拉线基础分坑及开挖检查记录表

工程名称: 线记2

<table>
<tr><td rowspan="2">设计桩号</td><td rowspan="2"></td><td>杆塔型</td><td colspan="2"></td><td colspan="2">基础型</td><td colspan="2"></td><td colspan="2">施工日期</td><td colspan="4">年 月 日</td></tr>
<tr><td>呼称高</td><td colspan="2"></td><td colspan="2">施工基面</td><td colspan="2"></td><td colspan="2">检查日期</td><td colspan="4">年 月 日</td></tr>
<tr><td>序号</td><td colspan="2">检查项目</td><td colspan="6">允许偏差</td><td colspan="5">检查结果</td><td>备注</td></tr>
<tr><td rowspan="2">1</td><td colspan="2" rowspan="2">转角杆塔角度</td><td colspan="2">设计值</td><td colspan="4"></td><td colspan="5" rowspan="2"></td><td rowspan="2"></td></tr>
<tr><td colspan="6">1′30″</td></tr>
<tr><td>2</td><td colspan="2">直线杆塔桩位置(mm)</td><td colspan="6">横线路:50</td><td colspan="5"></td><td></td></tr>
<tr><td rowspan="6">3</td><td colspan="2" rowspan="6">基础根开及对角线尺寸(mm)</td><td rowspan="4">设计值</td><td colspan="2">AB</td><td colspan="2">BC</td><td>CD</td><td colspan="3">AB</td><td colspan="2">BC</td><td rowspan="6"></td></tr>
<tr><td colspan="2"></td><td colspan="2"></td><td></td><td colspan="3"></td><td colspan="2"></td></tr>
<tr><td colspan="2">AC</td><td colspan="2">DA</td><td>BD</td><td colspan="3">CD</td><td colspan="2">DA</td></tr>
<tr><td colspan="2"></td><td colspan="2"></td><td></td><td colspan="3"></td><td colspan="2"></td></tr>
<tr><td colspan="6" rowspan="2">±2‰</td><td colspan="3">AC</td><td colspan="2">BD</td></tr>
<tr><td colspan="3"></td><td colspan="2"></td></tr>
<tr><td rowspan="2">4</td><td colspan="2" rowspan="2">基础坑深(mm)</td><td colspan="6">设计值:</td><td>A</td><td colspan="2"></td><td>B</td><td></td><td rowspan="2"></td></tr>
<tr><td colspan="6">+100,−50(+100,0)</td><td>C</td><td colspan="2"></td><td>D</td><td></td></tr>
<tr><td rowspan="2">5</td><td colspan="2" rowspan="2">基础坑底板断面尺寸(mm)</td><td colspan="6">设计值:</td><td>A</td><td colspan="2"></td><td>B</td><td></td><td rowspan="2"></td></tr>
<tr><td colspan="6">−1%</td><td>C</td><td colspan="2"></td><td>D</td><td></td></tr>
</table>

续表 D.0.2

<table>
<tr><th>序号</th><th>检查项目</th><th>允许偏差</th><th colspan="3">检查结果</th><th>备注</th></tr>
<tr><td rowspan="4">6</td><td rowspan="4">拉线基础坑位置(mm)</td><td rowspan="2">设计值：</td><td>A</td><td>C</td><td>E</td><td rowspan="4"></td></tr>
<tr><td></td><td></td><td></td></tr>
<tr><td rowspan="2">±1%L</td><td>B</td><td>D</td><td>F</td></tr>
<tr><td></td><td></td><td></td></tr>
<tr><td rowspan="4">7</td><td rowspan="4">拉线基础坑深(mm)</td><td rowspan="2">设计值：</td><td>A</td><td>B</td><td>C</td><td rowspan="4"></td></tr>
<tr><td></td><td></td><td></td></tr>
<tr><td rowspan="2">+100,0</td><td>D</td><td>E</td><td>F</td></tr>
<tr><td></td><td></td><td></td></tr>
<tr><td rowspan="6">8</td><td rowspan="6">拉线坑马道坡度及方向</td><td rowspan="6">符合设计要求</td><td>A</td><td colspan="2"></td><td rowspan="6"></td></tr>
<tr><td>B</td><td colspan="2"></td></tr>
<tr><td>C</td><td colspan="2"></td></tr>
<tr><td>D</td><td colspan="2"></td></tr>
<tr><td>E</td><td colspan="2"></td></tr>
<tr><td>F</td><td colspan="2"></td></tr>
<tr><td>备注</td><td colspan="6">1. L 为拉线基础坑中心至拉线固定总水平的距离；
2. 仪器名称：　　　　仪器编号：　　　　检验证书号：
3. 掏挖基础的尺寸不允许有负偏差</td></tr>
</table>

现场技术负责人		专　职质检员		施　工负责人		监　理工程师	

D.0.3 地基基坑(槽)检查记录表(线记 3)应按本规范表 D.0.3 填写。

表 D.0.3 地基基坑(槽)检查记录表

工程名称：　　　　　　　　　　　　　　　　　　　　　　　线记 3

<table>
<tr><td rowspan="2">设计桩号</td><td rowspan="2"></td><td>杆塔型</td><td></td><td>基础型</td><td></td><td colspan="3">施工日期　年　月　日</td></tr>
<tr><td>呼称高</td><td></td><td>施工基面</td><td></td><td colspan="3">施工日期　年　月　日</td></tr>
<tr><td>序号</td><td colspan="2">检查(检验)项目</td><td>性质</td><td>质量标准(允许偏差)</td><td colspan="2">检查结果</td><td>检查结论</td></tr>
<tr><td rowspan="4">1</td><td rowspan="4" colspan="2">基坑(槽)底土质类别</td><td rowspan="4">关键</td><td rowspan="4">符合设计要求</td><td>A</td><td></td><td rowspan="4"></td></tr>
<tr><td>B</td><td></td></tr>
<tr><td>C</td><td></td></tr>
<tr><td>D</td><td></td></tr>
<tr><td>2</td><td colspan="7">地质基坑草图：

施工单位代表：　　　　　　　　　年　月　日</td></tr>
<tr><td>3</td><td colspan="4">监理鉴定意见：

监理代表：　　　　年　月　日</td><td colspan="3">设计核查意见：

设计代表：　年　月　日</td></tr>
<tr><td>备注</td><td colspan="7">设计有验槽要求的基础填写本表</td></tr>
</table>

D.0.4 灌注桩基础检查记录表(线基1)应按本规范表D.0.4填写。

表 D.0.4 灌注桩基础检查记录表

工程名称： 线基1

设计桩号		杆塔型		基础型		桩孔号	
现场负责人		成孔方式		灌注日期	起 年 月 日 时	浇制温度	
技术负责人					止 年 月 日 时	℃	
钻孔直径	mm	钻孔深度	mm	孔底沉淀层厚度	mm		
混凝土设计标号		材料用量 kg/m³	水	水泥	砂	石	
水泥品种		砂规格		石粒径	cm		
坍落度	mm	试块强度试验报告编号	MPa	钢筋笼长度	m		
钢筋笼直径	mm	箍筋间距	mm	加强筋间距	mm		
主筋规格	mm	数量		间距	mm		
护筒顶标高		漏斗体积	m³	导管截面积	m²		
导管编组情况				导管总长度	m		
封水方法		隔水栓剪断拉线时下降深度			m		
充盈系数		设计混凝土量	m³	实际灌注混凝土量 (m³)			

灌注时间	拆管次序	混凝土灌注量		孔内混凝土面标高(m)	拆管长度	埋管深度	图例
		斗数	折算量(m³)				
							漏斗；护筒；护筒标高；导管；混凝土面标高；导管埋深
备注	此记录每根桩填写一份					检查结论	
现场技术负责人		专职质检员		施工负责人		监理工程师	

D.0.5 铁塔基础浇筑检查记录表(线基 2)应按本规范表 D.0.5 填写。

表 D.0.5 铁塔基础浇筑检查记录表

工程名称： 线基 2

设计桩号		杆塔型		施工基面		施工日期	年 月 日
		基础型式				检查日期	年 月 日

序号	检查(检验)项目			性质	质量标准	检查结果			
						A	B	C	D
1	灌注桩贯入桩挖孔桩	桩深(mm)		关键	不小于设计要求				
2		桩径(mm)		重要	－50(挖孔桩：0,＋100)				
3		钢筋保护层(mm)		重要	－10				
4		预制桩规格、数量		关键	符合设计要求				
5		桩顶清淤		重要	符合二次灌注要求，清淤彻底				
6	岩石锚杆基础	地质(岩石)性能		关键	符合设计要求				
7		锚杆孔径(mm)	嵌式固	关键	大于设计值				
			钻孔式		＋20,0				
8		锚杆埋深(mm)		关键	符合设计要求				

续表 D.0.5

<table>
<tr><th rowspan="2">序号</th><th colspan="3" rowspan="2">检查(检验)
项目</th><th rowspan="2">性
质</th><th rowspan="2">质量标准</th><th colspan="4">检查结果</th></tr>
<tr><th>A</th><th>B</th><th>C</th><th>D</th></tr>
<tr><td>9</td><td rowspan="3">角钢
插入式
基础</td><td colspan="2" rowspan="2">插入角钢
规格</td><td rowspan="2">关键</td><td>设计值：</td><td rowspan="2"></td><td rowspan="2"></td><td rowspan="2"></td><td rowspan="2"></td></tr>
<tr><td>10</td><td>符合设计要求</td></tr>
<tr><td>11</td><td colspan="2">基础立柱
倾斜度</td><td>一般</td><td>±1%</td><td></td><td></td><td></td><td></td></tr>
<tr><td>12</td><td rowspan="4">拉线塔
基础</td><td colspan="2">拉线基础
埋件及钢筋
规格数量</td><td>关键</td><td>符合设计要求
制作工艺良好</td><td></td><td></td><td></td><td></td></tr>
<tr><td rowspan="3">13</td><td rowspan="3">锚杆
拉线
基础</td><td>角度</td><td rowspan="3">重要</td><td>2°</td><td></td><td></td><td></td><td></td></tr>
<tr><td>孔径</td><td>+20mm</td><td></td><td></td><td></td><td></td></tr>
<tr><td>孔深</td><td>+100mm</td><td></td><td></td><td></td><td></td></tr>
<tr><td rowspan="2">14</td><td colspan="3" rowspan="2">地脚螺栓(锚杆)
规格、数量</td><td rowspan="2">关键</td><td>设计值：</td><td></td><td></td><td></td><td></td></tr>
<tr><td>符合设计要求</td><td></td><td></td><td></td><td></td></tr>
<tr><td rowspan="2">15</td><td colspan="3" rowspan="2">主钢筋规格数量</td><td rowspan="2">关键</td><td>设计值：</td><td></td><td></td><td></td><td></td></tr>
<tr><td>符合设计要求</td><td></td><td></td><td></td><td></td></tr>
<tr><td>16</td><td colspan="3">底层(角钢插入)
断面尺寸(mm)</td><td>重要</td><td>−1%</td><td></td><td></td><td></td><td></td></tr>
<tr><td>17</td><td colspan="3">基础(锚杆)埋深
(mm)</td><td>重要</td><td>+100,−50</td><td></td><td></td><td></td><td></td></tr>
<tr><td>18</td><td colspan="3">钢筋保护层厚度
(mm)</td><td>重要</td><td>−5</td><td></td><td></td><td></td><td></td></tr>
<tr><td>备注</td><td colspan="5">掏挖、岩石基础的尺寸不允许有负偏差</td><td>检查结论</td><td colspan="3"></td></tr>
<tr><td>现场技术
负责人</td><td></td><td>专　职
质检员</td><td></td><td>施　工
负责人</td><td></td><td>监　理
工程师</td><td colspan="3"></td></tr>
</table>

D.0.6 铁塔基础成型检查记录表(线基3)应按本规范表D.0.6填写。

表D.0.6 铁塔基础成型检查记录表

工程名称： 线基3

<table>
<tr><td rowspan="2">设计桩号</td><td rowspan="2"></td><td>杆塔型</td><td></td><td rowspan="2">施工基面</td><td rowspan="2"></td><td>施工日期</td><td>年 月 日</td></tr>
<tr><td>基础型式</td><td></td><td>检查日期</td><td>年 月 日</td></tr>
</table>

<table>
<tr><td rowspan="2">序号</td><td colspan="3" rowspan="2">检查(检验)项目</td><td rowspan="2">性质</td><td rowspan="2">质量标准</td><td colspan="4">检查结果</td></tr>
<tr><td>A</td><td>B</td><td>C</td><td>D</td></tr>
<tr><td>1</td><td rowspan="2">灌注桩贯入桩</td><td rowspan="2">连梁承台</td><td>标高(m)</td><td>重要</td><td>符合设计要求</td><td></td><td></td><td></td><td></td></tr>
<tr><td>2</td><td>断面尺寸(mm)</td><td>重要</td><td>−1%</td><td>AB：</td><td>BC：</td><td>CD：</td><td>DA：</td></tr>
<tr><td>3</td><td>岩石基础</td><td colspan="2">防风化层</td><td>外观</td><td>符合设计要求</td><td colspan="4"></td></tr>
<tr><td>4</td><td rowspan="5">角钢插入式基础</td><td colspan="2">角钢形心对立柱中心偏移(mm)</td><td>一般</td><td>10</td><td></td><td></td><td></td><td></td></tr>
<tr><td>5</td><td colspan="2">角钢操平印记处相对高差(mm)</td><td>一般</td><td>5</td><td></td><td></td><td></td><td></td></tr>
<tr><td rowspan="2">6</td><td colspan="2">角钢出基础面斜长(mm)</td><td>一般</td><td>10</td><td></td><td></td><td></td><td></td></tr>
<tr><td colspan="2">插入角钢倾斜</td><td>一般</td><td>±1‰</td><td></td><td></td><td></td><td></td></tr>
<tr><td>7</td><td colspan="2">拉环中心与设计位置偏移(mm)</td><td>重要</td><td>20</td><td></td><td></td><td></td><td></td></tr>
<tr><td rowspan="2">8</td><td rowspan="3">拉线基础</td><td rowspan="2">拉线基础中心在拉线方向的位移</td><td>左右</td><td rowspan="2">一般</td><td>1%L</td><td></td><td></td><td></td><td></td></tr>
<tr><td>前后</td><td>1°</td><td></td><td></td><td></td><td></td></tr>
<tr><td>9</td><td colspan="2">拉线棒</td><td>外观</td><td>拉棒无弯曲、锈蚀,角度方向一致整齐</td><td></td><td></td><td></td><td></td></tr>
</table>

续表 D.0.6

<table>
<tr><td rowspan="2">序号</td><td colspan="2" rowspan="2">检查(检验)
项目</td><td rowspan="2">性质</td><td rowspan="2">质量标准</td><td colspan="4">检查结果</td></tr>
<tr><td>A</td><td>B</td><td>C</td><td>D</td></tr>
<tr><td rowspan="2">10</td><td colspan="2" rowspan="2">混凝土强度</td><td rowspan="2">关键</td><td>设计值:</td><td colspan="4">试块强度:　　MPa</td></tr>
<tr><td>不小于设计值</td><td colspan="4">试验报告编号:</td></tr>
<tr><td>11</td><td colspan="2">立柱断面尺寸
(mm)</td><td>重要</td><td>−1%</td><td></td><td></td><td></td><td></td></tr>
<tr><td rowspan="2">12</td><td rowspan="2">整基基础中心
位移(mm)</td><td>顺线路</td><td rowspan="2">重要</td><td>30</td><td colspan="4"></td></tr>
<tr><td>横线路</td><td>30</td><td colspan="4"></td></tr>
<tr><td>13</td><td colspan="2">整基基础扭转(′)</td><td>重要</td><td>10</td><td colspan="4"></td></tr>
<tr><td>14</td><td colspan="2">回填土</td><td>重要</td><td>符合本规范
第 5.0.5 条～
第 5.0.11 条规定</td><td></td><td></td><td></td><td></td></tr>
<tr><td rowspan="2">15</td><td colspan="2" rowspan="2">同组地脚螺栓中心与立柱
中心偏移(mm)</td><td rowspan="2">一般</td><td rowspan="2">10</td><td>A</td><td>B</td><td>C</td><td>D</td></tr>
<tr><td></td><td></td><td></td><td></td></tr>
<tr><td>16</td><td colspan="2">基础顶面高差
(mm)</td><td>一般</td><td>5</td><td></td><td></td><td></td><td></td></tr>
<tr><td rowspan="3">17</td><td rowspan="3">基础(插入
式角钢顶棱)
根开及对角线
尺寸(mm)</td><td rowspan="2">设计值</td><td rowspan="3">一般</td><td>AB:BC:CD:</td><td colspan="2">AB:</td><td colspan="2">BC:</td></tr>
<tr><td>DA:AC:BD:</td><td colspan="2">CD:</td><td colspan="2">DA:</td></tr>
<tr><td>允许偏差</td><td>插入式±1‰,
螺栓式±2‰</td><td colspan="2">AC:</td><td colspan="2">BD:</td></tr>
<tr><td>18</td><td colspan="2">混凝土表面质量</td><td>外观</td><td>外观质量无缺陷
及表面平整光滑</td><td colspan="4"></td></tr>
<tr><td>备注</td><td colspan="4">L 为拉线环中心至拉线固定点的水平距离</td><td colspan="2">检查结论</td><td colspan="2"></td></tr>
</table>

现场技术负责人		专　职质检员		施　工负责人		监　理工程师	

D.0.7 混凝土电杆基础检查记录表(线基4)应按本规范表D.0.7填写。

表D.0.7 混凝土电杆基础检查记录表

工程名称：　　　　　　　　　　　　　　　　　　　　　　　　线基4

<table>
<tr><td rowspan="2">设计桩号</td><td rowspan="2"></td><td>杆塔型</td><td></td><td rowspan="2">施工基面</td><td rowspan="2"></td><td>施工日期</td><td>年　月　日</td></tr>
<tr><td>基础型式</td><td></td><td>检查日期</td><td>年　月　日</td></tr>
</table>

<table>
<tr><td>序号</td><td colspan="2">检查(检验)项目</td><td>性质</td><td>质量标准</td><td colspan="4">检查结果</td></tr>
<tr><td>1</td><td colspan="2">预制件规格、数量</td><td>关键</td><td>符合设计要求</td><td colspan="4"></td></tr>
<tr><td rowspan="2">2</td><td colspan="2" rowspan="2">预制件强度</td><td rowspan="2">关键</td><td>设计值：</td><td colspan="4" rowspan="2">试块强度：　　MPa
试验报告编号：</td></tr>
<tr><td>符合设计要求</td></tr>
<tr><td>3</td><td colspan="2">拉环、拉棒规格数量</td><td>关键</td><td>符合设计要求</td><td colspan="4"></td></tr>
<tr><td rowspan="2">4</td><td colspan="2" rowspan="2">底盘埋深
(mm)</td><td rowspan="2">关键</td><td>设计值：</td><td rowspan="2">左</td><td rowspan="2"></td><td rowspan="2">右</td><td rowspan="2"></td></tr>
<tr><td>+100，−50</td></tr>
<tr><td rowspan="2">5</td><td colspan="2" rowspan="2">拉盘埋深
(mm)</td><td rowspan="2">关键</td><td>设计值：</td><td>A</td><td>B</td><td>C</td><td>D</td></tr>
<tr><td>+100</td><td></td><td></td><td></td><td></td></tr>
<tr><td>6</td><td colspan="2">底盘高差</td><td>关键</td><td>±20</td><td>左</td><td></td><td>右</td><td></td></tr>
<tr><td rowspan="2">7</td><td rowspan="2">基础中心位移(mm)</td><td>顺线路</td><td rowspan="2">关键</td><td>50</td><td colspan="4"></td></tr>
<tr><td>横线路</td><td>50</td><td colspan="4"></td></tr>
<tr><td>8</td><td colspan="2">回填土</td><td>关键</td><td>符合本规范第5.0.5条～第5.0.11条规定</td><td colspan="4"></td></tr>
<tr><td rowspan="2">9</td><td colspan="2" rowspan="2">根开尺寸
(mm)</td><td rowspan="2">一般</td><td>设计值：</td><td colspan="4" rowspan="2"></td></tr>
<tr><td>±30</td></tr>
<tr><td>10</td><td colspan="2">迈步</td><td>一般</td><td>30</td><td colspan="4"></td></tr>
<tr><td rowspan="2">11</td><td colspan="2" rowspan="2">拉线盘中心位移</td><td rowspan="2">一般</td><td>沿拉线方向，其左、右：1%L</td><td colspan="4" rowspan="2"></td></tr>
<tr><td>沿拉线方向，其前、后：1°</td></tr>
</table>

续表 D.0.7

序号	检查(检验)项目	性质	质量标准	检查结果			
12	拉线棒	外观	拉棒无弯曲、锈蚀 角度方向一致整齐				
备注	1.底盘高差以立杆后横担安装孔高差为准； 2.L 为拉线盘中心至拉线挂点的水平距离； 3.D 为两底盘根开值； 4.拉线基础的尺寸不允许有负偏差			检验结论			
现场技术负责人		专职质检员		施工负责人		监理工程师	

D.0.8 铁塔组立检查记录表(线塔 1)应按本规范表 D.0.8 填写。

表 D.0.8 铁塔组立检查记录表

工程名称： 线塔 1

设计桩号		铁塔型式		呼称高		施工日期	年 月 日
				塔全高		检查日期	年 月 日
序号	检查(检验)项目		性质	质量标准		检查结果	
1	铁塔 钢管塔 拉线塔	节点间主材弯曲	关键	1/750			
2		螺栓与构件面接触及出扣情况	重要	符合本规范第 7.1.3 条规定			
3	拉线塔	拉线安装	重要	符合本规范第 7.5.2 条和第 7.5.7 条规定			
4		主柱弯曲	重要	1‰(最大 30mm)			

续表 D.0.8

序号	检查(检验)项目		性质	质量标准	检查结果	
5	钢管杆	钢杆焊接质量	关键	符合国家标准《钢结构工程施工质量验收规范》GB 50205 规定		
6		结构倾斜	重要	5‰		
7		电杆弯曲	重要	2‰L		
8		直线杆横担高差(mm)	重要	20		
9		套接连接长度(mm)	重要	不小于设计套接长度		
10	部件规格、数量(铁塔、钢管塔、拉线塔、钢管杆)		关键	符合设计要求		
11	转角塔、终端塔向受力反方向侧倾斜		重要	大于0,并符合设计要求	放线前	
					紧线后	
12	直线塔结构倾斜		重要	3‰		
13	螺栓防松		重要	符合设计要求紧固及无遗漏		
14	螺栓防盗		重要	符合设计要求紧固及无遗漏		
15	脚钉安装		重要	符合设计要求紧固及无遗漏		
16	爬梯安装		一般	符合设计要求紧固整齐美观		
17	螺栓紧固		一般	符合本规范第7.1.6条的规定,且紧固率:组塔后95%、架线后97%	放线前	
					紧线后	

续表 D.0.8

序号	检查(检验)项目	性质	质量标准	检查结果
18	螺栓穿向	一般	符合本规范第7.1.4条规定	
19	塔材镀锌	一般	组塔后锌层无脱落及磨损	
20	保护帽	外观	符合设计要求,规格统一美观	
备注			检查结论	

现场技术负责人		专　职质检员		施　工负责人		监　理工程师	

D.0.9 混凝土电杆组立检查记录表(线塔2)应按本规范表D.0.9填写。

表 D.0.9　混凝土电杆组立检查记录表

工程名称：　　　　　　　　　　　　　　　　　　　　线塔2

设计桩号		铁塔型式		呼称高		施工日期	年　月　日
				塔全高		检查日期	年　月　日

序号	检查(检验)项目	性质	质量标准	检查结果
1	电杆规格、数量	关键	设计值：	
			符合设计要求	
2	拉线规格、数量	关键	设计值：	
			符合设计要求	
3	电杆焊接质量	关键	符合本规范第7.3.2条规定	
4	电杆纵向裂缝	关键	不允许	
5	普通杆横向裂缝(mm)	关键	0.1	

续表 D.0.9

<table>
<tr><th>序号</th><th>检查(检验)项目</th><th>性质</th><th>质量标准</th><th colspan="2">检查结果</th></tr>
<tr><td>6</td><td>转角终端杆向受力反方向倾斜</td><td>关键</td><td>大于0,并符合设计要求</td><td colspan="2"></td></tr>
<tr><td>7</td><td>结构倾斜</td><td>重要</td><td>3‰H</td><td colspan="2"></td></tr>
<tr><td>8</td><td>焊接弯曲</td><td>重要</td><td>2‰L</td><td colspan="2"></td></tr>
<tr><td>9</td><td>横担高差</td><td>重要</td><td>5‰</td><td colspan="2"></td></tr>
<tr><td>10</td><td>拉线安装</td><td>重要</td><td>符合本规范第7.5.2条和第7.5.7条规定</td><td colspan="2"></td></tr>
<tr><td>11</td><td>爬梯安装</td><td>一般</td><td>符合设计要求,紧固整齐美观</td><td colspan="2"></td></tr>
<tr><td>12</td><td>根开(mm)</td><td>一般</td><td>30</td><td colspan="2"></td></tr>
<tr><td>13</td><td>迈步(mm)</td><td>一般</td><td>30</td><td colspan="2"></td></tr>
<tr><td rowspan="2">14</td><td rowspan="2">螺栓紧固</td><td rowspan="2">一般</td><td rowspan="2">符合本规范第7.1.6条规定</td><td>放线前</td><td></td></tr>
<tr><td>紧线后</td><td></td></tr>
<tr><td>15</td><td>螺栓穿向</td><td>一般</td><td>符合本规范第7.1.4条规定</td><td colspan="2"></td></tr>
<tr><td>16</td><td>螺栓防松和防盗</td><td>一般</td><td>符合设计要求紧固及无遗漏</td><td colspan="2"></td></tr>
<tr><td>17</td><td>电杆焊口防腐</td><td>外观</td><td>符合本规范第7.3.3条规定</td><td colspan="2"></td></tr>
<tr><td>备注</td><td colspan="3"></td><td>检查结论</td><td></td></tr>
</table>

<table>
<tr><td>现场技术负责人</td><td></td><td>专职质检员</td><td></td><td>施工负责人</td><td></td><td>监理工程师</td><td></td></tr>
</table>

D.0.10 铁塔拉线压接管检查记录表(线塔 3)应按本规范表 D.0.10 填写。

表 D.0.10 铁塔拉线压接管检查记录表

工程名称：　　　　　　　　　　　　　　　　　　　　　　线塔 3

<table>
<tr><td rowspan="2">设计桩号</td><td rowspan="2" colspan="2"></td><td rowspan="2">铁塔型式</td><td rowspan="2"></td><td colspan="2">拉线规格</td><td colspan="2"></td><td>施工日期</td><td>年　月　日</td></tr>
<tr><td colspan="2">压接管型</td><td colspan="2"></td><td>检查日期</td><td>年　月　日</td></tr>
<tr><td rowspan="2">拉线编号</td><td rowspan="2">拉线位置</td><td rowspan="2">管位置</td><td colspan="3">测点 1</td><td colspan="3">测点 2</td><td rowspan="2">外观检查</td><td rowspan="2">压接人及钢印代号</td></tr>
<tr><td>d_1</td><td>d_2</td><td>平均</td><td>d_1</td><td>d_2</td><td>平均</td></tr>
<tr><td rowspan="4">A</td><td rowspan="2">上端</td><td>1</td><td></td><td></td><td></td><td></td><td></td><td></td><td></td><td></td></tr>
<tr><td>2</td><td></td><td></td><td></td><td></td><td></td><td></td><td></td><td></td></tr>
<tr><td rowspan="2">下端</td><td>1</td><td></td><td></td><td></td><td></td><td></td><td></td><td></td><td></td></tr>
<tr><td>2</td><td></td><td></td><td></td><td></td><td></td><td></td><td></td><td></td></tr>
<tr><td rowspan="4">B</td><td rowspan="2">上端</td><td>1</td><td></td><td></td><td></td><td></td><td></td><td></td><td></td><td></td></tr>
<tr><td>2</td><td></td><td></td><td></td><td></td><td></td><td></td><td></td><td></td></tr>
<tr><td rowspan="2">下端</td><td>1</td><td></td><td></td><td></td><td></td><td></td><td></td><td></td><td></td></tr>
<tr><td>2</td><td></td><td></td><td></td><td></td><td></td><td></td><td></td><td></td></tr>
<tr><td rowspan="4">C</td><td rowspan="2">上端</td><td>1</td><td></td><td></td><td></td><td></td><td></td><td></td><td></td><td></td></tr>
<tr><td>2</td><td></td><td></td><td></td><td></td><td></td><td></td><td></td><td></td></tr>
<tr><td rowspan="2">下端</td><td>1</td><td></td><td></td><td></td><td></td><td></td><td></td><td></td><td></td></tr>
<tr><td>2</td><td></td><td></td><td></td><td></td><td></td><td></td><td></td><td></td></tr>
<tr><td rowspan="4">D</td><td rowspan="2">上端</td><td>1</td><td></td><td></td><td></td><td></td><td></td><td></td><td></td><td></td></tr>
<tr><td>2</td><td></td><td></td><td></td><td></td><td></td><td></td><td></td><td></td></tr>
<tr><td rowspan="2">下端</td><td>1</td><td></td><td></td><td></td><td></td><td></td><td></td><td></td><td></td></tr>
<tr><td>2</td><td></td><td></td><td></td><td></td><td></td><td></td><td></td><td></td></tr>
</table>

续表 D.0.10

<table>
<tr><th rowspan="2">拉线编号</th><th rowspan="2">拉线位置</th><th rowspan="2">管位置</th><th colspan="3">测点 1</th><th colspan="3">测点 2</th><th rowspan="2">外观检查</th><th rowspan="2">压接人及钢印代号</th></tr>
<tr><th>d_1</th><th>d_2</th><th>平均</th><th>d_1</th><th>d_2</th><th>平均</th></tr>
<tr><td rowspan="4">E</td><td rowspan="2">上端</td><td>1</td><td></td><td></td><td></td><td></td><td></td><td></td><td></td><td></td></tr>
<tr><td>2</td><td></td><td></td><td></td><td></td><td></td><td></td><td></td><td></td></tr>
<tr><td rowspan="2">下端</td><td>1</td><td></td><td></td><td></td><td></td><td></td><td></td><td></td><td></td></tr>
<tr><td>2</td><td></td><td></td><td></td><td></td><td></td><td></td><td></td><td></td></tr>
<tr><td rowspan="4">F</td><td rowspan="2">上端</td><td>1</td><td></td><td></td><td></td><td></td><td></td><td></td><td></td><td></td></tr>
<tr><td>2</td><td></td><td></td><td></td><td></td><td></td><td></td><td></td><td></td></tr>
<tr><td rowspan="2">下端</td><td>1</td><td></td><td></td><td></td><td></td><td></td><td></td><td></td><td></td></tr>
<tr><td>2</td><td></td><td></td><td></td><td></td><td></td><td></td><td></td><td></td></tr>
<tr><td>液压管测点位置图</td><td colspan="10">10 100 1 2 d_2 d_1
100 10 1 2 d_2 d_1</td></tr>
<tr><td>备注</td><td colspan="7">1. 外观检查包括管弯曲、裂纹等项目；
2. 管压接后推荐值：　　　　mm</td><td colspan="2">检查结论</td><td></td></tr>
<tr><td>现场技术负责人</td><td></td><td colspan="2">专　职
质检员</td><td colspan="2"></td><td colspan="2">施　工
负责人</td><td></td><td>监　理
工程师</td><td></td></tr>
</table>

D.0.11 导、地线(光缆)展放施工检查记录表(线线1)应按本规范表 D.0.11 填写。

表 D.0.11 导、地线(光缆)展放施工检查记录表

工程名称：　　　　　　　　　　　　　　　　　　　　　　线线1

<table>
<tr><td rowspan="2" colspan="3">设计桩号：　号至　号</td><td rowspan="2" colspan="6">放线段长：　km</td><td colspan="2">施工日期</td><td colspan="4">年　月　日</td></tr>
<tr><td colspan="2">检查日期</td><td colspan="4">年　月　日</td></tr>
<tr><td>线类</td><td>相别</td><td>桩号
线别</td><td></td><td></td><td></td><td></td><td></td><td></td><td></td><td></td><td></td><td></td><td></td><td></td></tr>
<tr><td rowspan="6">导线</td><td rowspan="2">左或上</td><td>1(上或左)</td><td></td><td></td><td></td><td></td><td></td><td></td><td></td><td></td><td></td><td></td><td></td><td></td></tr>
<tr><td>2(下或右)</td><td></td><td></td><td></td><td></td><td></td><td></td><td></td><td></td><td></td><td></td><td></td><td></td></tr>
<tr><td rowspan="2">中</td><td>1(上或左)</td><td></td><td></td><td></td><td></td><td></td><td></td><td></td><td></td><td></td><td></td><td></td><td></td></tr>
<tr><td>2(下或右)</td><td></td><td></td><td></td><td></td><td></td><td></td><td></td><td></td><td></td><td></td><td></td><td></td></tr>
<tr><td rowspan="2">右或下</td><td>1(上或左)</td><td></td><td></td><td></td><td></td><td></td><td></td><td></td><td></td><td></td><td></td><td></td><td></td></tr>
<tr><td>2(下或右)</td><td></td><td></td><td></td><td></td><td></td><td></td><td></td><td></td><td></td><td></td><td></td><td></td></tr>
<tr><td colspan="2" rowspan="2">地线或光缆</td><td>左</td><td></td><td></td><td></td><td></td><td></td><td></td><td></td><td></td><td></td><td></td><td></td><td></td></tr>
<tr><td>右</td><td></td><td></td><td></td><td></td><td></td><td></td><td></td><td></td><td></td><td></td><td></td><td></td></tr>
<tr><td colspan="15">栏内以图表示：→耐张管；○直线管；●增加的直线管；□补修管；■预绞式接续条；W 缠绕补修</td></tr>
</table>

<table>
<tr><td rowspan="2">序号</td><td rowspan="2" colspan="2">检查(检验)项目</td><td rowspan="2">性质</td><td rowspan="2">质量标准</td><td colspan="2">检查结果</td></tr>
<tr><td>损伤补修档数</td><td>总档数</td></tr>
<tr><td>1</td><td rowspan="2">导地线</td><td>严重损伤压接处理</td><td>关键</td><td>符合本规范第 8.2.4 条～第 8.2.6 的规定</td><td></td><td></td></tr>
<tr><td>2</td><td>中度损伤压接处理</td><td>关键</td><td>符合本规范第 8.2.4、8.2.5、8.2.6 条的规定</td><td></td><td></td></tr>
</table>

续表 D.0.11

<table>
<tr><th rowspan="2">序号</th><th colspan="2" rowspan="2">检查(检验)项目</th><th rowspan="2">性质</th><th rowspan="2">质量标准</th><th colspan="2">检查结果</th></tr>
<tr><th>损伤补修档数</th><th>总档数</th></tr>
<tr><td>3</td><td rowspan="4">导地线</td><td>轻微损伤压接处理</td><td>重要</td><td>符合本规范第 8.2.4、8.2.5、8.2.6 条的规定</td><td></td><td></td></tr>
<tr><td>4</td><td>同一档内连接管与补修管数量</td><td>关键</td><td>每线最多允许:连续管 1 个,补修管(预绞式连续条)3 个</td><td></td><td></td></tr>
<tr><td>5</td><td>各连接管与线夹间隔棒间距</td><td>一般</td><td>距耐张线夹大于或等于 15m、距悬垂线夹大于或等于 5m,距间隔棒大于或等于 0.5m</td><td></td><td></td></tr>
<tr><td>6</td><td>导地线外包装质量</td><td>外观</td><td>无任何损伤</td><td></td><td></td></tr>
<tr><td>7</td><td rowspan="4">光缆</td><td>光缆型号、规格</td><td>关键</td><td>符合设计要求</td><td></td><td></td></tr>
<tr><td>8</td><td>损伤补修处理</td><td>关键</td><td>光缆在同一处损伤、强度损失不超过总拉断力的 17%时,应用光缆专用预绞丝补修</td><td></td><td></td></tr>
<tr><td>9</td><td>放线滑轮直径</td><td>重要</td><td>不应小于光缆直径的 40 倍,且不得小于 500mm</td><td></td><td></td></tr>
<tr><td>10</td><td>补修预绞丝与线夹距离</td><td>一般</td><td>≥5m</td><td></td><td></td></tr>
<tr><td>备注</td><td colspan="4"></td><td>检查结论</td><td></td></tr>
</table>

现场技术负责人		专职质检员		施工负责人		监理工程师	

D.0.12 导、地线液压管施工检查记录表(线线 2)应按本规范表 D.0.12 填写。

表 D.0.12 导、地线液压管施工检查记录表

工程名称： □直线液压管□耐张液压管 线线 2

设计耐张段桩号	号至 号	导线规格		地线规格		施工日期	年 月 日

设计桩号	送侧或受侧	相别	线别	压前铝管(mm)			压前钢管(mm)			压后铝管(mm)				压后钢管(mm)			外观检查	压接人	钢印代号
				外径 d_2		需压长度	外径 d_1		需压长度	对边距		压接长度		对边距		压接长度			
				最大	最小		最大	最小		最大	最小	1	2	最大	最小				

续表 D.0.12

设计桩号	送侧或受侧	相别	线别	压前铝管(mm)			压前钢管(mm)			压后铝管(mm)				压后钢管(mm)			外观检查	压接人	钢印代号
				外径 d_2		需压长度	外径 d_1		需压长度	对边距		压接长度		对边距		压接长度			
				最大	最小		最大	最小		最大	最小	1	2	最大	最小				

注 1：d_1、d_2 分别为压前钢管和铝管的外径。

注 2：1、2 为压后铝管分别两处各自的压接长度。

注 3：外观检查包括管弯曲、裂纹等项目。

注 4：压后推荐值，钢管为　　mm，铝管为　　mm

检查结论

现场技术负责人		专职质检员		施工负责人		监理工程师	

D.0.13 导地线(光缆)紧线施工检查及验收记录(线线3)应按本规范表D.0.13填写。

表D.0.13 导地线(光缆)紧线施工检查及验收记录

工程名称： 线线3

<table>
<tr><td colspan="2">耐张段号</td><td></td><td>耐张段长</td><td></td><td rowspan="2">导地线及光纤型号</td><td rowspan="2"></td><td>施工日期</td><td>年 月 日</td></tr>
<tr><td colspan="2">观测档号</td><td></td><td>观测档距</td><td></td><td>检查日期</td><td>年 月 日</td></tr>
<tr><td>线类</td><td>相别</td><td>线别</td><td>观测时温度</td><td>设计弧垂(mm)</td><td>实测弧垂(mm)</td><td>子导线偏差(mm)</td><td>相间偏差(mm)</td><td>子导线间偏差(mm)</td></tr>
<tr><td rowspan="6">导线</td><td rowspan="2">左或上</td><td>1(上或左)</td><td rowspan="2"></td><td rowspan="2"></td><td></td><td></td><td rowspan="2"></td><td></td></tr>
<tr><td>2(下或右)</td><td></td><td></td><td></td></tr>
<tr><td rowspan="2">中</td><td>1(上或左)</td><td rowspan="2"></td><td rowspan="2"></td><td></td><td></td><td rowspan="2"></td><td></td></tr>
<tr><td>2(下或右)</td><td></td><td></td><td></td></tr>
<tr><td rowspan="2">右或下</td><td>1(上或左)</td><td rowspan="2"></td><td rowspan="2"></td><td></td><td></td><td rowspan="2"></td><td></td></tr>
<tr><td>2(下或右)</td><td></td><td></td><td></td></tr>
<tr><td rowspan="2">地线或光缆</td><td colspan="2">左</td><td></td><td></td><td></td><td></td><td></td><td></td></tr>
<tr><td colspan="2">右</td><td></td><td></td><td></td><td></td><td></td><td></td></tr>
</table>

续表 D.0.13

序号	检查(检验)项目	性质	质量标准	检查结果
1	相位排列	关键	符合规范要求	
2	导线同相子导线弧垂偏差(mm)	重要	无间隔棒垂直双分裂导线 100,0	
			有间隔棒 80	
3	导、地线弧垂(紧线时)	重要	+5%,-2.5%	
4	导、地线相间弧垂偏差(mm)	重要	200	
5	耐张连接金具规格、数量	关键	符合设计要求	
6	耐张线夹(预绞丝)安装	关键	符合设计要求	
7	OPGW 光缆弧垂(紧线时)	关键	±2.5%	
8	光缆尾线处理	关键	缆盘最小盘径大于允许弯曲半径的2倍,无扭劲,端头密封良好	
备注			检查结论	

现场技术负责人		专职质检员		施工负责人		监理工程师	

D. 0. 14 导地线(光缆)附件安装检查记录表(线线 4)应按本规范表 D.0.14 填写。

表 D. 0. 14 导地线(光缆)附件安装检查记录表

工程名称: 线线 4

<table>
<tr><td rowspan="2">设计桩号</td><td rowspan="2"></td><td rowspan="2">杆塔型式</td><td rowspan="2"></td><td>呼称高</td><td></td><td>施工日期</td><td>年 月 日</td></tr>
<tr><td>塔全高</td><td></td><td>检查日期</td><td>年 月 日</td></tr>
</table>

<table>
<tr><td rowspan="2">序号</td><td colspan="4" rowspan="2">检查(检验)项目</td><td rowspan="2">性质</td><td rowspan="2">质量标准</td><td colspan="3">检查结果</td></tr>
<tr><td>送侧</td><td>中</td><td>受侧</td></tr>
<tr><td>1</td><td colspan="4">金具规格、数量</td><td>关键</td><td>符合设计要求</td><td colspan="3"></td></tr>
<tr><td>2</td><td colspan="4">开口销及弹簧销</td><td>关键</td><td>符合本规范
第 8.6.16 条规定</td><td colspan="3"></td></tr>
<tr><td>3</td><td colspan="4">螺栓穿向及紧固</td><td>重要</td><td>符合设计要求</td><td colspan="3"></td></tr>
<tr><td>4</td><td colspan="4">预绞丝护线条安装</td><td>一般</td><td>每条的中心与线夹中心应重合,对导线包裹应紧固</td><td colspan="3"></td></tr>
<tr><td rowspan="2">5</td><td colspan="4" rowspan="2">防振锤及阻尼线安装距离(mm)</td><td rowspan="2">一般</td><td>设计值:</td><td colspan="3" rowspan="2"></td></tr>
<tr><td>±30</td></tr>
<tr><td rowspan="3">6</td><td rowspan="9">导地线项目</td><td rowspan="6">跳线</td><td rowspan="3">对杆塔最小间隙(m)</td><td>左或上</td><td rowspan="3">关键</td><td>设计值:</td><td></td><td></td><td></td></tr>
<tr><td>中</td><td rowspan="2">符合设计要求</td><td></td><td></td><td></td></tr>
<tr><td>右或下</td><td></td><td></td><td></td></tr>
<tr><td rowspan="3">7</td><td rowspan="3">弧垂(m)</td><td>左或上</td><td rowspan="3">一般</td><td>设计值:</td><td></td><td></td><td></td></tr>
<tr><td>中</td><td rowspan="2">符合设计要求</td><td></td><td></td><td></td></tr>
<tr><td>右或下</td><td></td><td></td><td></td></tr>
<tr><td>8</td><td colspan="3">跳线连板及并沟线夹连接</td><td>关键</td><td>符合本规范
第 8.6.23 条规定</td><td></td><td></td><td></td></tr>
<tr><td>9</td><td colspan="3">绝缘子的规格、数量</td><td>关键</td><td>符合设计要求</td><td></td><td></td><td></td></tr>
<tr><td>10</td><td colspan="3">跳线制作</td><td>重要</td><td>符合本规范
第 8.6.22 条规定</td><td></td><td></td><td></td></tr>
</table>

续表 D.0.14

<table>
<tr><th rowspan="2">序号</th><th rowspan="2" colspan="2">检查(检验)项目</th><th rowspan="2">性质</th><th rowspan="2">质量标准</th><th colspan="3">检查结果</th></tr>
<tr><th>送侧</th><th>中</th><th>受侧</th></tr>
<tr><td>11</td><td rowspan="4">导地线项目</td><td>悬垂绝缘子串倾斜偏差</td><td>一般</td><td>5°(最大 70mm)</td><td colspan="3"></td></tr>
<tr><td>12</td><td>绝缘避雷线放电间隙</td><td>一般</td><td>±2</td><td colspan="3">左：　　　右：</td></tr>
<tr><td>13</td><td>铝包带缠绕</td><td>一般</td><td>符合本规范第 8.6.18 条规定</td><td colspan="3"></td></tr>
<tr><td>14</td><td>间隔棒安装</td><td>一般</td><td>第一个±1.5%L
中间±3.0%L</td><td colspan="3"></td></tr>
<tr><td>15</td><td rowspan="3">光缆项目</td><td>分流线(接地)悬垂线夹安装</td><td>关键</td><td>符合设计要求</td><td colspan="3"></td></tr>
<tr><td>16</td><td>接线盒安装位置</td><td>重要</td><td>符合设计要求</td><td colspan="3"></td></tr>
<tr><td>17</td><td>耐张塔引下线安装</td><td>一般</td><td>符合设计要求</td><td colspan="3"></td></tr>
<tr><td>备注</td><td colspan="4">L 为次档距</td><td>检查结论</td><td colspan="2"></td></tr>
<tr><td>现场技术负责人</td><td></td><td>专职质检员</td><td></td><td>施工负责人</td><td></td><td>监理工程师</td><td></td></tr>
</table>

D. 0. 15 光缆测试报告(线电 1)应按本规范表 D. 0. 15 填写。

表 D. 0. 15 光缆测试报告

工程名称: 线电 1

<table>
<tr><td colspan="2">生产厂家</td><td colspan="2"></td><td colspan="2">测试日期</td><td colspan="2">年 月 日</td></tr>
<tr><td colspan="2">测试地点</td><td colspan="2"></td><td colspan="2">温度</td><td colspan="2">℃</td></tr>
<tr><td colspan="2">光缆盘号</td><td colspan="2"></td><td>光纤芯数</td><td></td><td>测试波长</td><td>μm</td></tr>
<tr><td rowspan="4">测试项目</td><td rowspan="2">□开盘测试</td><td>标称长度</td><td>m</td><td>外层损伤</td><td></td><td>光纤封头</td><td></td></tr>
<tr><td>实测长度</td><td>m</td><td colspan="2">线盘质量</td><td colspan="2"></td></tr>
<tr><td>□接头衰减测试</td><td colspan="2">接头桩号</td><td></td><td>接头塔号</td><td colspan="2"></td></tr>
<tr><td>□纤芯衰减测试</td><td colspan="2">测试线路长度</td><td>km</td><td>方向</td><td colspan="2">至</td></tr>
<tr><td rowspan="2">纤芯序号</td><td rowspan="2">纤芯色别</td><td colspan="2">纤芯衰减(dB/km)</td><td rowspan="2">纤芯序号</td><td rowspan="2">纤芯色别</td><td colspan="2">纤芯衰减(dB/km)</td></tr>
<tr><td>允许值</td><td>实测值</td><td>允许值</td><td>实测值</td></tr>
<tr><td>1</td><td></td><td></td><td></td><td>11</td><td></td><td></td><td></td></tr>
<tr><td>2</td><td></td><td></td><td></td><td>12</td><td></td><td></td><td></td></tr>
<tr><td>3</td><td></td><td></td><td></td><td>13</td><td></td><td></td><td></td></tr>
<tr><td>4</td><td></td><td></td><td></td><td>14</td><td></td><td></td><td></td></tr>
<tr><td>5</td><td></td><td></td><td></td><td>15</td><td></td><td></td><td></td></tr>
<tr><td>6</td><td></td><td></td><td></td><td>16</td><td></td><td></td><td></td></tr>
<tr><td>7</td><td></td><td></td><td></td><td>17</td><td></td><td></td><td></td></tr>
<tr><td>8</td><td></td><td></td><td></td><td>18</td><td></td><td></td><td></td></tr>
<tr><td>9</td><td></td><td></td><td></td><td>19</td><td></td><td></td><td></td></tr>
<tr><td>10</td><td></td><td></td><td></td><td>20</td><td></td><td></td><td></td></tr>
</table>

续表 D.0.15

纤芯序号	纤芯色别	纤芯衰减(dB/km)		纤芯序号	纤芯色别	纤芯衰减(dB/km)	
		允许值	实测值			允许值	实测值
21				35			
22				36			
23				37			
24				38			
25				39			
26				40			
27				41			
28				42			
29				43			
30				44			
31				45			
32				46			
33				47			
34				48			

现场技术负责人		专职质检员		施工负责人		监理工程师	

D.0.16 对地、风偏与交叉跨越检查记录表(线电2)应按本规范表D.0.16填写。

表D.0.16 对地、风偏与交叉跨越检查记录表

工程名称： 线电2

□对地、风偏	位置	档距	项目	测量对地距离	距最近杆塔设计桩号及距离(m)	测量时温度(℃)	换算至最大弧垂时对地距离(m)	质量标准允许净距(m)	判定
□交叉跨	跨越设计桩号	跨越档档距(m)	被跨越物名称及交叉角	交叉点净距(m)					

续表 D.0.16

□对地、风偏	位置	档距	项目	测量对地距离	距最近杆塔设计桩号及距离（m）	测量时温度（℃）	换算至最大弧垂时对地距离（m）	质量标准允许净距（m）	判定
□交叉跨	跨越设计桩号	跨越档档距（m）	被跨越物名称及交叉角	交叉点净距（m）					
备注							检查结论		
现场技术负责人		专职质检员		施工负责人			监理工程师		

D.0.17 接地装置施工检查记录表(线电 3)应按本规范表 D.0.17 填写。

表 D.0.17 接地装置施工检查记录表

工程名称：　　　　　　　　　　　　　　　　　　　　　线电 3

设计桩号		接地型式		测量时气温	℃	施工日期	年　月　日
						检查日期	年　月　日

序号	检查(检验)项目		性质	质量标准	检查结果	
1	接地体规格		关键	设计值：		
				符合设计要求		
2	接地电阻值		关键	设计值：　Ω	实测值	
				不大于设计值	计算季节系数后	
3	接地体连　接	□圆钢双面焊	关键	塔接长度不小于直径的 6 倍		
		□扁钢四面焊		塔接长度不小于宽度的 2 倍		
4	接地体埋深		重要	设计值：　mm		
				不小于设计值		
5	接地体放射线长度		重要	设计值：　mm		
				不小于设计值		
6	降阻剂使用情况		一般	符合设计要求		
7	接地体防腐		一般	符合设计要求		

续表 D.0.17

序号	检查(检验)项目	性质	质量标准	检查结果
8	引下线安装	一般	与杆塔连接应接触良好牢固、整齐、统一美观	
9	回填土	一般	防沉层 100mm～300mm	
10	接地装置实际敷设简图：　　受电侧			
备注	测量接地电阻值时的季节系数为：		检查结论	

现场技术负责人		专职质检员		施工负责人		监理工程师	

D.0.18 杆上电气设备安装检查记录表(线电 4)应按本规范表 D.0.18 填写。

表 D.0.18 杆上电气设备安装检查记录表

工程名称：　　　　　　　　　　　　　　　　　　　线电 4

<table>
<tr><td rowspan="2">设备杆号</td><td rowspan="2"></td><td rowspan="2">设备编号</td><td rowspan="2"></td><td rowspan="2">设备型号</td><td rowspan="2"></td><td>施工日期</td><td>年　月　日</td></tr>
<tr><td>检查日期</td><td>年　月　日</td></tr>
</table>

<table>
<tr><td>序号</td><td colspan="2">检查(检验)项目</td><td>性质</td><td>检查内容及标准</td><td>检查结果</td></tr>
<tr><td>1</td><td colspan="2">固定电气设备的支架</td><td>关键</td><td>应为热浸镀锌制品，紧固件及防松零件齐全</td><td></td></tr>
<tr><td>2</td><td colspan="2">电气设备接地</td><td>关键</td><td>接地牢固可靠，接地电阻值符合设计要求</td><td></td></tr>
<tr><td>3</td><td rowspan="4">变压器</td><td>变压型号、规格</td><td>关键</td><td>符合设计要求</td><td></td></tr>
<tr><td>4</td><td>台架的水平倾斜</td><td>关键</td><td>不大于 1/100</td><td></td></tr>
<tr><td>5</td><td>台架底座对地距离</td><td>关键</td><td>不得小于 2.5m</td><td></td></tr>
<tr><td>6</td><td>外观检查</td><td>外观</td><td>变压器油位正常、附件齐全、无渗油现象、外壳涂层完整</td><td></td></tr>
<tr><td>7</td><td rowspan="4">杆上断路器、负荷开关</td><td>开关底部对地距离</td><td>关键</td><td>不少于 4.5m，不宜过高</td><td></td></tr>
<tr><td>8</td><td>气压、油位</td><td>关键</td><td>密封良好，不应有油或气的渗漏现象，油位或气压值正常</td><td></td></tr>
<tr><td>9</td><td>分合闸位置</td><td>一般</td><td>指示正确、清晰，操作灵活</td><td></td></tr>
<tr><td>10</td><td>套　管</td><td>外观</td><td>无裂纹、破损、脏污现象</td><td></td></tr>
</table>

续表 D. 0. 18

<table>
<tr><th>序号</th><th colspan="2">检查(检验)项目</th><th>性质</th><th>检查内容及标准</th><th colspan="2">检查结果</th></tr>
<tr><td>11</td><td rowspan="4">跌落式熔断器</td><td>与地面垂直距离</td><td>关键</td><td>不小于 5m,郊区农田线路可降低至 4.5m</td><td colspan="2"></td></tr>
<tr><td>12</td><td>跌落式熔断器安装的相间距离</td><td>关键</td><td>不小于 500mm</td><td colspan="2"></td></tr>
<tr><td>13</td><td>熔管轴线与地面的垂直夹角</td><td>重要</td><td>为 15°～30°</td><td colspan="2"></td></tr>
<tr><td>14</td><td>熔断器外观检查</td><td>外观</td><td>绝缘支撑件无裂纹、破损及脏污。铸件应无裂纹、砂眼及锈蚀</td><td colspan="2"></td></tr>
<tr><td>15</td><td rowspan="3">隔离开关</td><td>裸露带电部分对地垂直距离</td><td>关键</td><td>不少于 4.5m</td><td colspan="2"></td></tr>
<tr><td>16</td><td>触头分闸</td><td>重要</td><td>隔离刀刃合闸时接触紧密,分闸时应有不小于 200mm 的空气间隙</td><td colspan="2"></td></tr>
<tr><td>17</td><td>外观检查</td><td>外观</td><td>绝缘支撑件无裂纹、破损及脏污。铸件应无裂纹、砂眼及锈蚀</td><td colspan="2"></td></tr>
<tr><td>18</td><td rowspan="3">避雷器</td><td>相间距离</td><td>关键</td><td>不小于 350mm</td><td colspan="2"></td></tr>
<tr><td>19</td><td>上下引线截面</td><td>重要</td><td>铜线截面积不小于 16mm²,铝截面不小于 25mm²</td><td colspan="2"></td></tr>
<tr><td>20</td><td>外观检查</td><td>外观</td><td>完好,无破损、裂纹</td><td colspan="2"></td></tr>
<tr><td>备注</td><td colspan="4"></td><td>检查结论</td><td></td></tr>
<tr><td>现场技术负责人</td><td></td><td>专　职
质检员</td><td></td><td>施　工
负责人</td><td>监　理
工程师</td><td></td></tr>
</table>

D.0.19 线路防护设施检查记录表(线防 1)应按本规范表 D.0.19 填写。

表 D.0.19 线路防护设施检查记录表

工程名称：　　　　　　　　　　　　　　　　　　　　　线防 1

防护设施位置	线路防护设施					检查日期	年 月 日
	排水沟	基础护坡	拦江或公路线高度限标	挡土墙	其他	检查结果	
	□	□	□	□	□		
	□	□	□	□	□		
	□	□	□	□	□		
	□	□	□	□	□		
	□	□	□	□	□		
	□	□	□	□	□		
	□	□	□	□	□		
	□	□	□	□	□		
	□	□	□	□	□		
	□	□	□	□	□		
	□	□	□	□	□		
	□	□	□	□	□		
	□	□	□	□	□		
	□	□	□	□	□		
	□	□	□	□	□		
	□	□	□	□	□		
	□	□	□	□	□		
	□	□	□	□	□		
	□	□	□	□	□		
	□	□	□	□	□		
	□	□	□	□	□		
	□	□	□	□	□		

备注						检查结论	
现场技术负责人		专职质检员		施工负责人		监理工程师	

D.0.20 10kV线路杆塔基础检查记录表应按本规范表D.0.20填写。

表 D.0.20 10kV线路杆塔基础检查记录表

工程名称：

设计桩号		杆塔型		施工日期	年 月 日
		基础型式		检查日期	年 月 日

序号	检查项目	检查内容及标准	性质	检查记录
1	分坑及开挖	转角杆塔角度，1′30″	关键	
2		直线杆塔桩位置，50mm	关键	
3		基础坑深，+100mm，−50mm	重要	
4		基础根开及对角，±2‰	一般	
5		基础坑底板断面尺寸，−1%	一般	
6		拉线基础坑位置，±1%L	一般	
7		拉线坑马道坡度及方向，符合设计要求	一般	
8	基础	地脚螺栓规格、数量	关键	
9		主钢筋规格、数量	关键	
10		混凝土强度，试块强度：MPa	关键	
11		立柱断面尺寸	重要	
12		钢筋保护层厚度，−5mm	重要	
13		基础埋深，+100mm，−50mm	重要	
14		整基基础中心位移(顺线路、横线路)，30mm	重要	
15		整基基础扭转，10mm	重要	
16		回填土，+200mm	重要	

续表 D.0.20

<table>
<tr><td>序号</td><td>检查项目</td><td colspan="4">检查内容及标准</td><td>性质</td><td colspan="2">检查记录</td></tr>
<tr><td>17</td><td rowspan="4">基础</td><td colspan="4">混凝土表面质量，外观质量无缺陷及表面平整光滑</td><td>外观</td><td colspan="2"></td></tr>
<tr><td>18</td><td colspan="4">基础根开及对角线尺寸，±2‰</td><td>一般</td><td colspan="2"></td></tr>
<tr><td>19</td><td colspan="4">同组地脚螺栓中心与立柱中心偏移，10mm</td><td>一般</td><td colspan="2"></td></tr>
<tr><td>20</td><td colspan="4">基础顶面高差 5mm</td><td>一般</td><td colspan="2"></td></tr>
<tr><td>备注</td><td colspan="5"></td><td colspan="2">检查结论</td><td></td></tr>
<tr><td>现场技术负责人</td><td></td><td>专职质检员</td><td></td><td>施工负责人</td><td></td><td>监理工程师</td><td colspan="2"></td></tr>
</table>

D.0.21 10kV 线路杆塔组立检查记录表应按本规范表 D.0.21 填写。

表 D.0.21 10kV 线路杆塔组立检查记录表

工程名称：

<table>
<tr><td rowspan="2">设计桩号</td><td rowspan="2" colspan="2"></td><td>杆塔型</td><td></td><td>施工日期</td><td>年 月 日</td></tr>
<tr><td>基础型式</td><td></td><td>检查日期</td><td>年 月 日</td></tr>
<tr><td>序号</td><td>检查项目</td><td colspan="3">检查内容及标准</td><td>性质</td><td>检查记录</td></tr>
<tr><td>1</td><td rowspan="6">电杆组立</td><td colspan="3">杆身弯曲不应超过杆长的 1/1000</td><td>关键</td><td></td></tr>
<tr><td>2</td><td colspan="3">电杆埋深不应小于杆长 1/6</td><td>关键</td><td></td></tr>
<tr><td>3</td><td colspan="3">混凝土电杆无纵横向裂纹、露筋、跑浆</td><td>重要</td><td></td></tr>
<tr><td>4</td><td colspan="3">π 杆高差小于 20mm</td><td>重要</td><td></td></tr>
<tr><td>5</td><td colspan="3">山坡上的杆位，应有防洪措施</td><td>一般</td><td></td></tr>
<tr><td>6</td><td colspan="3">混凝土电杆顶端应封堵</td><td>一般</td><td></td></tr>
</table>

续表 D.0.21

<table>
<tr><th>序号</th><th>检查项目</th><th colspan="4">检查内容及标准</th><th>性质</th><th colspan="2">检查记录</th></tr>
<tr><td>7</td><td rowspan="7">铁塔组立</td><td colspan="4">塔材规格尺寸符合设计要求</td><td>关键</td><td colspan="2"></td></tr>
<tr><td>8</td><td colspan="4">热镀锌、焊接、开孔、紧固等工艺满足设计要求</td><td>重要</td><td colspan="2"></td></tr>
<tr><td>9</td><td colspan="4">铁塔组立架线后倾斜不超过3‰</td><td>重要</td><td colspan="2"></td></tr>
<tr><td>10</td><td colspan="4">螺栓防松符合设计要求，紧固及无遗漏</td><td>重要</td><td colspan="2"></td></tr>
<tr><td>11</td><td colspan="4">螺栓防盗符合设计要求，紧固及无遗漏</td><td>重要</td><td colspan="2"></td></tr>
<tr><td>12</td><td colspan="4">螺栓穿向与紧固满足设计和规范</td><td>一般</td><td colspan="2"></td></tr>
<tr><td>13</td><td colspan="4">保护帽，符合设计要求规格统一美观</td><td>外观</td><td colspan="2"></td></tr>
<tr><td>14</td><td rowspan="6">接地</td><td colspan="4">接地线连接可靠，接地方式及阻值满足设计要求，小于10Ω</td><td>关键</td><td colspan="2"></td></tr>
<tr><td>15</td><td colspan="4">水平接地体的埋深不得小于设计要求值，无设计要求时不应小于0.7m</td><td>重要</td><td colspan="2"></td></tr>
<tr><td>16</td><td colspan="4">圆钢的搭接长度应不小于其直径的6倍，并应双面施焊</td><td>重要</td><td colspan="2"></td></tr>
<tr><td>17</td><td colspan="4">扁钢的搭接长度应不小于其宽度的2倍，并应四面施焊</td><td>重要</td><td colspan="2"></td></tr>
<tr><td>18</td><td colspan="4">居民区钢筋混凝土电杆应接地</td><td>重要</td><td colspan="2"></td></tr>
<tr><td>19</td><td colspan="4">接地装置材料应热镀锌</td><td>重要</td><td colspan="2"></td></tr>
<tr><td>备注</td><td colspan="6"></td><td>检查结论</td><td></td></tr>
<tr><td colspan="2">现场技术负责人</td><td></td><td>专职质检员</td><td></td><td>施工负责人</td><td></td><td>监理工程师</td><td></td></tr>
</table>

D.0.22 10kV线路金具及附件检查记录表应按本规范表D.0.22填写。

表 D.0.22 10kV线路金具及附件检查记录表

工程名称：

<table>
<tr><td rowspan="2">设计桩号</td><td rowspan="2"></td><td>杆塔型</td><td></td><td>施工日期</td><td colspan="2">年 月 日</td></tr>
<tr><td>基础型式</td><td></td><td>检查日期</td><td colspan="2">年 月 日</td></tr>
<tr><td>序号</td><td>检查项目</td><td colspan="2">检查内容及标准</td><td>性质</td><td colspan="2">检查记录</td></tr>
<tr><td>1</td><td rowspan="3">金具</td><td colspan="2">线路金具要热镀锌，规格符合设计要求</td><td>重要</td><td colspan="2"></td></tr>
<tr><td>2</td><td colspan="2">绝缘导线配套的金具应符合产品技术要求</td><td>重要</td><td colspan="2"></td></tr>
<tr><td>3</td><td colspan="2">耐张线夹安装正确</td><td>一般</td><td colspan="2"></td></tr>
<tr><td>4</td><td rowspan="3">绝缘子</td><td colspan="2">清洁完好，无裂纹、破损、气泡、烧痕等缺陷</td><td>重要</td><td colspan="2"></td></tr>
<tr><td>5</td><td colspan="2">安装应牢固，连接可靠</td><td>重要</td><td colspan="2"></td></tr>
<tr><td>6</td><td colspan="2">铁件(脚)无弯曲</td><td>一般</td><td colspan="2"></td></tr>
<tr><td>7</td><td rowspan="2">横担</td><td colspan="2">横担安装应平正，横担端部上下歪斜不应大于20mm。横担端部左右扭斜不应大于20mm</td><td>重要</td><td colspan="2"></td></tr>
<tr><td>8</td><td colspan="2">双杆的横横担与电杆连接处的高差不应大于连接距离的5/1000，左右扭斜不应大于横担总长度的1/100</td><td>一般</td><td colspan="2"></td></tr>
</table>

续表 D.0.22

序号	检查项目	检查内容及标准	性质	检查记录
9	拉线	拉线棒露出地面的圆钢长度500mm～700mm	一般	
10		拉棒应与拉线同一方向	一般	
11		拉线与电杆夹角：宜采用45°，不应小于30°，或与设计值允许偏差：不大于3°	重要	
12		拉线回尾长度要求为300mm～500mm，绑扎80mm～100mm	重要	
13		拉线平面分角位置正确	重要	
14		楔形线夹舌板与拉线应紧密，凸肚在尾线侧，无滑动现象	重要	
15		拉盘埋深符合设计要求或不小于1800mm	重要	
16		UT线夹螺杆应露扣，并有不小于1/2螺杆丝扣长度可供调紧，调整后，双螺母应并紧	一般	
17		拉线回填土高于地面150mm	一般	

备注						检查结论	
现场技术负责人		专职质检员		施工负责人		监理工程师	

D.0.23 10kV线路导线架设检查记录表应按本规范表D.0.23填写。

表 D.0.23 10kV 线路导线架设检查记录表

工程名称：

<table>
<tr><td colspan="2">导线型号</td><td></td><td rowspan="2">设计耐张段</td><td rowspan="2">号至　　号</td><td>施工日期</td><td>年　月　日</td></tr>
<tr><td colspan="2">放线线长</td><td>km</td><td>检查日期</td><td>年　月　日</td></tr>
<tr><td>序号</td><td>检查项目</td><td colspan="3">检查内容及标准</td><td>性质</td><td>检查记录</td></tr>
<tr><td>1</td><td rowspan="6">导线架设</td><td colspan="3">导线型号、规格符合设计要求。无设计要求时导线截面，主干线不得小于 70mm^2；分支线不得小于 35mm^2</td><td>关键</td><td></td></tr>
<tr><td>2</td><td colspan="3">线路跨越公路，距离不应小于 7m；架空绝缘导线对地应不小于 6.5m，人口稀少地区不小于 5.5m，不能通航的河湖水面不小于 5m</td><td>关键</td><td></td></tr>
<tr><td>3</td><td colspan="3">10kV 线路耐张段长度不宜大于 1km，且不同材质、不同规格型号、不同绞制方向的导线不得在同一耐张段驳接</td><td>重要</td><td></td></tr>
<tr><td>4</td><td colspan="3">导线在跨越道路、一、二级通信线时，应双固定，在一个档距内每根导线不应超过一个接头，接头离固定点＞0.5m 不得有接头</td><td>重要</td><td></td></tr>
<tr><td>5</td><td colspan="3">紧线后杆端位置转角偏移小于杆头</td><td>重要</td><td></td></tr>
<tr><td>6</td><td colspan="3">线路要标示线路名称、编号、相序，以及“不得攀登、高压危险”</td><td>一般</td><td></td></tr>
<tr><td>7</td><td rowspan="2">导线接续</td><td colspan="3">压接后的接续管弯曲度不应大于管长的 2%，有明显弯曲时应校直，但不应有裂纹，两端附近导线不应有灯笼、抽筋等现象</td><td>重要</td><td></td></tr>
<tr><td>8</td><td colspan="3">钳压后导线端头露出长度，不应小于 20mm，导线端头绑线应保留。接续管两端出口处、合缝处及外露部分，应涂刷电力复合脂</td><td>一般</td><td></td></tr>
</table>

续表 D.0.23

序号	检查项目	检查内容及标准	性质	检查记录
9	三相弛度	导线弛度误差(相差)应符合标准:误差不得超过设计值的-5%或+10%;一般档距导线弛度相差不应超过50mm	关键	
10		导线的三相弛度应平衡,无过紧、过松现象	重要	
11	电气间隙	跳线:10kV裸导线:不小于0.3m。10kV绝缘导线:不小于0.2m	关键	
12	导线对地,对交叉跨越设施及对其他线路的最小距离	人口密集地区:垂直距离为6.5m。人口稀少地区:垂直距离为5.5m。交通困难地区:垂直距离为4.5m(均为最大弧垂)	关键	
13		导线对建筑物:垂直距离为3m(最大弧垂);绝缘导线:2.5m。水平距离为1.5m(最大风偏);绝缘导线:0.75m	关键	
14		导线对公园、绿化区或防护林带的树木:最小距离为3m(最大风偏、最大弧垂);绝缘导线:1m	关键	
15		导线对果树、经济作物或城市绿化灌木:垂直距离为1.5m(最大弧垂);绝缘导线:1m	关键	
16		导线与各电压等级电力线路垂直交叉最小距离:10kV～10kV:2m。10kV～110kV:3m。10kV～220kV:4m。10kV～500kV:6m。10kV～1kV以下弱电线路:2m(均为最大弧垂)	关键	

备注						检查结论	
现场技术负责人		专职质检员		施工负责人		监理工程师	

D.0.24 分部工程质量验收统计(线统 1)应按本规范表 D.0.24 填写。

表 D.0.24 分部工程质量验收统计

工程名称： 线统 1

<table>
<tr><td>起止施工塔号</td><td colspan="2"></td><td>施工日期</td><td colspan="5">年 月 日至 年 月 日</td></tr>
<tr><td>线路亘长</td><td colspan="2">km</td><td>铁塔基数</td><td colspan="2">基</td><td>验收检查日期</td><td colspan="2">年 月 日</td></tr>
<tr><td>分项工程名称</td><td>单元工程数</td><td>合格</td><td>不合格</td><td>返工率</td><td>一次合格率</td><td>分项工程验收</td><td colspan="2">分部程合格率</td></tr>
<tr><td></td><td></td><td></td><td></td><td></td><td></td><td></td><td colspan="2" rowspan="5"></td></tr>
<tr><td></td><td></td><td></td><td></td><td></td><td></td><td></td></tr>
<tr><td></td><td></td><td></td><td></td><td></td><td></td><td></td></tr>
<tr><td></td><td></td><td></td><td></td><td></td><td></td><td></td></tr>
<tr><td></td><td></td><td></td><td></td><td></td><td></td><td></td></tr>
<tr><td></td><td></td><td></td><td></td><td></td><td></td><td></td><td colspan="2">一次验收合格率</td></tr>
<tr><td></td><td></td><td></td><td></td><td></td><td></td><td></td><td colspan="2" rowspan="6"></td></tr>
<tr><td></td><td></td><td></td><td></td><td></td><td></td><td></td></tr>
<tr><td></td><td></td><td></td><td></td><td></td><td></td><td></td></tr>
<tr><td></td><td></td><td></td><td></td><td></td><td></td><td></td></tr>
<tr><td></td><td></td><td></td><td></td><td></td><td></td><td></td></tr>
<tr><td>合计</td><td></td><td></td><td></td><td></td><td></td><td></td></tr>
<tr><td colspan="4" rowspan="2">验收小组检查评语：

年 月 日</td><td colspan="4" rowspan="2">施工单位：

年 月 日</td><td>分部工程验收评级</td></tr>
<tr><td></td></tr>
<tr><td>业主代表或监理负责人</td><td></td><td>工程验收检查组负责人</td><td></td><td>单位工程项目负责人</td><td></td><td>单位工程质检负责人</td><td colspan="2"></td></tr>
</table>

D.0.25 单位工程质量验收统计(线统 2)应按本规范表 D.0.25 填写。

表 D.0.25 单位工程质量验收统计

工程名称:　　　　　　　　　　　　　　　　　　　　　　线统 2

<table>
<tr><td colspan="2">电压等级</td><td colspan="2">kV</td><td>施工日期</td><td colspan="4">年 月 日开工　　年 月 日竣工</td></tr>
<tr><td colspan="2">线路亘长</td><td colspan="2">km</td><td>导地线规格</td><td colspan="2"></td><td>铁塔基数</td><td>基</td></tr>
<tr><td colspan="2">分部工程名称</td><td>单元工程数</td><td>合格</td><td>不合格</td><td>合格率</td><td>一次合格率</td><td>验收</td><td>单位工程合格率</td></tr>
<tr><td colspan="2">土石方工程</td><td>基</td><td>基</td><td>基</td><td>%</td><td>%</td><td></td><td rowspan="4"></td></tr>
<tr><td colspan="2">基础工程</td><td>基</td><td>基</td><td>基</td><td>%</td><td>%</td><td></td></tr>
<tr><td colspan="2">铁塔工程</td><td>基</td><td>基</td><td>基</td><td>%</td><td>%</td><td></td></tr>
<tr><td rowspan="4">架线工程</td><td>导地展放接管</td><td>km</td><td>km</td><td>km</td><td>%</td><td>%</td><td></td></tr>
<tr><td>导地线连接管</td><td>个</td><td>个</td><td>个</td><td>%</td><td>%</td><td></td><td>一次验收合格率</td></tr>
<tr><td>紧线</td><td>耐张段</td><td>耐张段</td><td>耐张段</td><td>%</td><td>%</td><td></td><td rowspan="6"></td></tr>
<tr><td>附件安装</td><td>基</td><td>基</td><td>基</td><td>%</td><td>%</td><td></td></tr>
<tr><td colspan="2">接地工程</td><td>基</td><td>基</td><td>基</td><td>%</td><td>%</td><td></td></tr>
<tr><td colspan="2">线路防护工程</td><td>处</td><td>处</td><td>处</td><td>%</td><td>%</td><td></td></tr>
<tr><td colspan="2">电气工程</td><td>个</td><td>个</td><td>个</td><td>%</td><td>%</td><td></td></tr>
<tr><td colspan="2">合计</td><td></td><td></td><td></td><td></td><td></td><td></td></tr>
</table>

续表 D.0.25

<table>
<tr><td>分部工程名称</td><td>单元工程数</td><td>合格</td><td>不合格</td><td>合格率</td><td>一次合格率</td><td>验收</td><td>单位工程合格率</td></tr>
<tr><td>验收结论</td><td colspan="5"></td><td>验收评级</td><td></td></tr>
<tr><td rowspan="2">参加验收单位</td><td colspan="2">建设单位</td><td colspan="2">监理单位</td><td colspan="2">质检单位</td><td>施工单位</td></tr>
<tr><td colspan="2">（章）
授权代表：
年 月 日</td><td colspan="2">（章）
总监理工程师：
年 月 日</td><td colspan="2">（章）
质检负责人：
年 月 日</td><td>（章）
项目经理：
年 月 日</td></tr>
</table>

本规范用词说明

1 为便于在执行本规范条文时区别对待，对要求严格程度不同的用词说明如下：

1) 表示很严格，非这样做不可的：

正面词采用“必须”，反面词采用“严禁”；

2) 表示严格，在正常情况下均应这样做的：

正面词采用“应”，反面词采用“不应”或“不得”；

3) 表示允许稍有选择，在条件许可时首先应这样做的：

正面词采用“宜”，反面词采用“不宜”；

4）表示有选择，在一定条件下可以这样做的，采用“可”。

2 条文中指明应按其他有关标准执行的写法为：“应符合……的规定”或“应按……执行”。

引用标准名录

《混凝土外加剂应用技术规范》GB 50119

《电气装置安装工程 电气设备交接试验标准》GB 50150

《混凝土结构工程施工质量验收规范》GB 50204

《钢结构工程施工质量验收规范》GB 50205

《钢结构焊接规范》GB 50661

《通用硅酸盐水泥》GB 175

《标称电压高于1000V的架空线路绝缘子》GB/T 1001

《圆线同心绞架空导线》GB/T 1179

《钢筋混凝土用钢》GB 1499

《电力金具通用技术条件》GB/T 2314

《电力金具试验方法 第4部分：验收规则》GB/T 2317.4

《预绞丝》GB 2337

《输电线路铁塔制造技术条件》GB/T 2694

《环形混凝土电杆》GB/T 4623

《标称电压高于1000V的架空线路绝缘子交流系统用瓷或玻璃绝缘子件盘形悬式绝缘子件的特性》GB/T 7253

《科学技术档案案卷构成的一般要求》GB/T 11822

《额定电压1kV及以下架空绝缘电缆》GB/T 12527

《额定电压10kV架空绝缘电缆》GB/T 14049

《标称电压高于1000V的交流架空线路用复合绝缘子-定义、试验方法及验收准则》GB/T 19519

《输电线路杆塔及电力金具用热浸镀锌螺栓与螺母》DL/T 284
《输变电钢管结构制造技术条件》DL/T 646
《放线滑轮基本要求、检验规定及测试方法》DL/T 685
《架空配电线路金具技术条件》DL/T 765.1
《额定电压10kV及以下架空裸导线金具》DL/T 765.2
《额定电压10kV及以下架空绝缘导线金具》DL/T 765.3
《电力金具制造质量》DL/T 768
《光纤复合架空地线》DL/T 832
《架空输电线路导地线补修导则》DL/T 1069
《薄壁离心钢管混凝土结构技术规程》DL/T 5030
《输变电工程架空导线及地线液压压接工艺规程》DL/T 5285
《盘形悬式绝缘子用钢化玻璃绝缘件外观质量》JB/T 9678
《钢筋焊接及验收规程》JGJ 18
《普通混凝土用砂、石质量及检验方法标准》JGJ 52
《普通混凝土配合比设计规程》JGJ 55
《建筑桩基技术规范》JGJ 94
《建筑工程冬期施工规程》JGJ/T 104
《超高压架空输电线路张力架线施工工艺导则》SDJJS 2
《镀锌钢绞线》YB/T 5004

中华人民共和国国家标准

电气装置安装工程
66kV及以下架空电力线路施工
及验收规范

GB 50173—2014

条 文 说 明

修 订 说 明

本规范是根据住房城乡建设部《关于印发〈2009年工程建设标准规范制订、修订计划〉的通知》(建标〔2009〕88号)安排,由中国电力企业联合会负责,中国电力科学研究院和葛洲坝集团电力有限责任公司组织有关单位在《电气装置安装工程35kV及以下架空电力线路施工及验收规范》GB 50173—92的基础上修订的。

本规范上一版的主编单位是能源部电力建设研究所(现中国电力科学研究院)、北京供电局,参编单位是上海市供电公司、南京供电公司、重庆供电公司、大连供电公司、昆明供电公司、武汉供电公司等,主要起草人是许宝颐、王之佩、王兴绪、董一非、顾三立、马长瀛。

为了方便广大设计、施工、科研、学校等单位有关人员在使用本规范时能正确理解和执行条文规定,《电气装置安装工程66kV及以下架空电力线路施工及验收规范》编制组按章、节、条顺序编制了本规范的条文说明,对条文规定的目的,依据以及执行中需注意的有关事项进行了说明,还着重对强制性条文的强制性理由做了解释。但是,本条文说明不具备与规范正文同等的法律效力,仅供使用者作为理解和把握规范规定的参考。

1 总 则

1.0.1 本条将原35kV电压等级提高到66kV，使本规范扩大适用范围，并明确了66kV电压等级线路的施工标准，由于20kV电压等级架空线路还处于试验示范阶段，本规范未包括20kV电压等级的施工质量标准。

1.0.2 本条增加了改建、扩建工程的适用范围，以满足施工需要。

删除了大档距及铁塔安装工程按现行国家标准《110～500kV架空送电线路施工及验收规范》GB 50233执行，因本次修订将该部分已纳入本规范。增加了检修维护及临时线路工程施工可参照本规范执行，为检修维护及临时线路工程提供施工依据。

本条明确了本规范的适用范围，对有特殊要求的行业，如石油、化工、采矿、冶金等行业，尚应执行其相应标准的规定。

1.0.4 本条为新增条文，强调仪器、仪表、量具应在有效期内使用。

2 术 语

2.0.4 在陡峭的地段，两相邻档的导线的最低点可能位于杆塔同一侧。

2.0.11 本规范将一条或一个标段的架空电力线路工程划分为一个单位工程。

2.0.12 分部工程可按专业性质、建筑部位划分，当分部工程较大或较复杂时，可按材料种类、施工特点、施工程序、专业系统及类别等划分。

2.0.13 分项工程可按材料、施工工艺、设备类别等划分。

3 原材料及器材检验

3.1 一 般 规 定

3.1.1 本条为新增条款。要求产品有出厂合格证书，对没有证书的产品应抽样送检。

3.1.2 本条保留了原规范第 2.0.1 条，强调线路工程在施工之前对原材料、器材进行检查，使问题暴露在安装之前，以保证工程质量。

3.1.3 本条为新增条款。钢材焊接用焊条、焊剂等焊接材料的规格、型号应符合所焊接金属焊接的工艺要求。

3.2 基 础

3.2.1 本条为新增条文。明确砂、碎石或卵石质量标准及检验方法。

3.2.2 本条为新增条文。明确水泥的质量、保管及使用应符合国家现行有关标准。

3.2.3 本条为新增条文。明确施工用水的质量要求。由于海水中富含硫酸盐、镁盐和氯化物；氯离子对水泥、砂石有侵蚀作用，对钢筋也会造成锈蚀，会导致混凝土抗渗性和耐久性降低，严重影响混凝土的施工质量，因此严禁使用海水拌制混凝土，为保证基础混凝土施工质量，将本条文第 3 款列为强制性条款。

3.2.4 本条为新增条文。钢材应符合设计要求，加工质量符合标准要求。

3.2.5 本条为新增条文。明确接地材料的质量要求。

3.3 杆　　塔

3.3.1　本条将原规范的第2.0.9条和第2.0.10条合并，并增加了杆顶应封堵的要求。由于《环形钢筋混凝土电杆》和《环形钢筋预应力混凝土电杆》合并为《环形混凝土电杆》GB/T 4623。

有的与制造厂的标准不完全相同，这里指的是安装前电杆已经过运输后的检查鉴定标准。各地对10kV及以下架空电力线路所采用的钢筋混凝土电杆裂缝的看法和处理意见不尽一致。

如：对裂缝宽度南方放到0.2mm～0.35mm，北方放宽到0.5mm未作补修，其理由是目前并未影响电杆的破坏强度，安装中尚未出现问题。我们认为，裂缝过大是有危害的，表现在：

(1)降低电杆整体刚度。

(2)增大电杆挠度。

(3)纵向裂缝使电杆钢筋易腐蚀，影响运行寿命。

为此，对裂缝应引起足够重视。特别是预应力钢筋混凝土电杆，运行经验不足，没有严格规定是很不利的。考虑到线路安装投入运行后，电杆荷载变化情况和运行经验，适当控制在0.1mm规定数值是符合目前状况的。否则，将有一大批电杆能用而不能发挥作用，造成损失。根据制造标准、制造质量要求，参照现行国家标准《110～500kV架空电力线路施工及验收规范》GB 50233对该产品的规定，结合35kV及以下架空电力线路实际情况，提出放置地平面检查的要求和规定。

3.3.2　本条为新增条文。角钢铁塔、混凝土电杆铁横担的加工质量应符合现行国家标准《输电线路铁塔制造技术条件》GB/T 2694的规定。

3.3.3　本条为新增条文。薄壁离心钢管混凝土结构铁塔的加工质量，除应符合现行行业标准《薄壁离心钢管混凝土结构技术规程》DL/T 5030的规定外，还应符合设计要求。

3.3.4 本条为新增条文。钢管电杆的质量应符合现行行业标准《输变电钢管结构制造技术条件》DL/T 646 的规定。

3.3.5 本条为新增条文。杆塔用螺栓的质量应符合现行行业标准《输电线路杆塔及电力金具用热浸镀锌螺栓与螺母》DL/T 284 的规定。

防卸螺栓已普遍采用，而且效果明显，但在各地要求并不完全一致。同时考虑到部分地区建设单位和运行单位是分开的，因此提出防卸螺栓的型式宜符合建设方或运行方的要求。

3.3.6 考虑到铝合金和不锈钢产品，对原第 2.0.4 条文进行修订，适用范围更广。

为提高设备紧固件的防锈能力，并便于运行检修拆卸，铁制紧固件应采用热浸镀锌是必要的。

以黑色金属制造的金属附件，在配电线路中，主要是指横担、螺栓、拉线棒、各种抱箍及铁附件等。根据各地区运行经验，采用热浸镀锌作防腐处理，效果较好，延长使用年限。

裸露在大气中的接地引下线应采用热浸镀锌，地脚螺栓不要求热浸镀锌，是考虑到露出基础外的螺栓已有混凝土保护帽加以保护。

从调查情况看，有些地区因受条件所限，采用电镀作防腐处理，运行中又补刷油漆，反映上述做法不好，要求有明确的规定，故本条规定采用热浸镀锌作为防腐处理是必要的。

3.3.7 本条保留了原规范第 2.0.5 条。对防松装置作出规定，主要是以保证安装质量，为安全运行提供好的条件。

3.3.8 本条保留了原规范第 2.0.6 条。螺杆与螺母的配合应良好。加大尺寸的内螺纹与有镀层的外螺纹配合，其公差应符合现行国家标准《普通螺纹公差》GB/T 197 的粗牙三级标准。

10kV 及以下架空电力线路使用的金属附件及螺栓，各地自行加工的较多，有的生产厂未按标准进行生产或产品质量不高，不少单位反映，在施工中常感到螺栓问题较多。调研中，一些安装单位提出，施工中常有螺杆与螺母配合不当，影响工程进度、质量，过去规定不明确，施工单位很被动，为此本条在参照有关标准的内容后，对此提出了要求。

3.4 导 地 线

3.4.1 本条为新增条文。明确了导线和绝缘线的质量应符合国家现行标准的规定。进口导线的质量应符合合同技术条件。

3.4.2 线材是线路工程中主要器材之一，由于多种因素，造成导线损伤。架设前检查是必要的，便于及时发现问题并采取相应措施。

3.4.3 本条为新增条文。采用镀锌钢绞线做架空地线或拉线时，镀锌钢绞线的质量应符合现行行业标准《镀锌钢绞线》YB/T 5004的规定。

3.4.4 本条为新增条文。采用复合光缆作架空地线时，产品应符合现行行业标准《光纤复合架空地线》DL/T 832 等的规定。

3.4.5 本条对应原规范第 2.0.2 条第 4 款，对绝缘线检查内容相比原标准更加具体。

3.5 绝缘子和金具

3.5.1 本条为新增条文。明确瓷质、玻璃、复合绝缘子应符合国家现行标准的规定。

3.5.2 本条保留了原规范第 2.0.8 条。绝缘子在架空电力线路中很重要，安装前的检查，除为保证工程质量外，也是保证安全运行的必要条件。过去规定不严格，根据各地意见，提出这一规定内容是必要的。

1 调研中有施工单位反映绝缘子钢脚与钢碗间的填充料表面有裂纹影响安全运行，因此明确规定了外露的水泥表面应平整，其平面度应不大于 3mm，且无裂纹（参见国家标准《盘形悬式绝缘子技术条件》GB 1001—1986 第 2.6 条，该规范已作废，被《标称电压高于1000V的架空线路绝缘子　第1部分:交流系统用瓷或玻璃绝缘子元件　定义、试验方法和判定准则》GB/T 1001.1—2003代替,但对填充料无裂纹没有具体界定),并要求对绝缘子逐一进行外观检查。

2　瓷件外观质量表中数据是按国家标准《高压绝缘子瓷件技术条件》GB/T 772—2005第4.3.2条的规定。

3　增加了有机复合绝缘子的质量要求。

4　增加了玻璃绝缘子的质量要求。

3.5.3　本条为新增条文。规定了金具的质量应符合国家现行有关标准的规定。

3.5.4　本条为新增条文。规定了35kV及以下架空配电线路金具应符合的相关标准。

3.5.5　本条为新增条文。增加了绝缘导线金具应符合的相关标准。

3.5.6　本条对应原规范第2.0.7条,增加了铝合金金具的质量要求。架空电力线路使用的金具是国家标准产品,出厂时已有严格检查。但由于某些原因,影响产品完整性和质量。调研中发现,有的厂所用产品合格证是统一印刷,并未代表实际批次的产品质量(如金具、导线等),在实际安装前才发现问题。为保证工程质量,安装前仍应进行外观检查。

4　测　　量

4.0.1　本条为新增条文。规定了测量仪器和量具使用前应进行检查。仪器最小角度读数不应大于1′。

4.0.2　原规范中第3.0.1条对10kV架空配电线路测量的要求为:

(1)直线杆:顺线路方向位移不应超过设计档距的3%,横线路方向位移不应超过50mm。

(2)转角杆、分支杆:横线路、顺线路方向的位移均不应超过50mm。

考虑到目前运行单位对10kV架空配电线路的施工工艺要求越来越高,为统一质量标准,将原10kV配电线路的分坑定位测量偏差标准提高。

4.0.3 本条为新增条文。本条是针对复测的,如设计提供的数据与现场情况不同,及早发现就能避免事后返工处理造成的浪费。漏测断面、交跨项目,或者数据不准确是有可能发生的。

相邻杆塔位的相对标高,自然指定位桩间,如其值有误,会有可能存在潜在危险点。

4.0.4 本条为新增条文。规定了补桩的测量精度要求。

4.0.5 本条所指移桩是指原定位桩需顺线路方向移位时的情况。

4.0.6 本条为新增条文。本条强调钉立辅助桩的重要性,施工中经常因为基坑开挖、浇筑等原因造成杆塔位中心桩破坏,因此应钉立可靠的辅助桩并对其位置做好测量记录,以便恢复塔位中心桩。

5 土石方工程

5.0.1 本条为新增条文。强调“按设计施工”及“保护环境”的措施,土石方开挖时,应减少对开挖以外地面的破坏,并合理选择弃土的堆放点,以保护自然植被及环境。

5.0.3 原规范第3.0.2条为电杆基坑,现修改为杆塔基础,适用范围更广。杆塔基础不含掏挖基础和岩石基础。

5.0.4 本条为新增条文。由于掏挖基础的广泛应用,本条对掏挖基础作了明确规定。

1 样洞的目的是防止超挖和避免盲目施工而造成返工。

2 每挖500mm检查坑位及主柱直径是为了保证开挖质量，避免返工。

3 人工开挖时若遇到松散层，容易发生坍塌事故，直接危及施工人员的生命安全，因此将本条款列为强制性条款。

4 堆放距离不是以坑口为界，而是以扩孔底径为界线堆放弃土。

5 强调炮眼深度，防止超深、超药量爆破。

5.0.5 本条为新增条文。明确了基础超挖时的处理规定。由于土方开挖时经常遇到泥水坑，因此，对泥水坑的施工也作了明确的规定。

5.0.8 本条对应原规范第3.0.6条。关于防沉层，考虑城市架空配电线路架设在人形步道或城市绿地内，防沉层施工比较困难，因此增加“沥青路面、砌有水泥花砖的路面或城市绿地内可不留防沉土台。”

5.0.11 本条为新增条文。北方地区经常遇到冻土回填，故而作出规定。冻土回填对回填土质量有较严格要求，虽已进行认真的夯实，但冻土融化后仍会产生较大沉降，因此，要求在经历一个雨季后应进行二次回填。

5.0.12 本条为新增条文。对接地沟的回填提出了具体要求。

6 基础工程

6.1 一般规定

6.1.1 由于基础混凝土中掺入氯盐，将使混凝土的抗渗性和耐久性降低，因此为保证基础混凝土施工质量，将本条文第1款列为强制性条款。

6.1.4 由于66kV及以下基础根开小，主柱截面也小，基础的四个基腿顶面抹成斜平面效果不明显，因此将原规范中的“应”改为“宜”。

6.2 现场浇筑基础

6.2.4 各施工单位的主角钢找正方法不断更新，插入式角钢基础找正质量不断提高，强调了找正后应保证整基基础几何尺寸符合设计要求。

6.2.5 混凝土配合比应现场浇筑使用的砂、石、水泥等原材料进行试配确定。

6.2.8 以保证材料用量符合混凝土配合比报告规定的材料用量比例要求。

6.2.11 混凝土强度是考核混凝土质量的一项重要指标，混凝土强度以试块为依据。为了确保试块试验数据的可信性，应由取得资质的试验机构进行试验。

6.2.12 本条是依据现行国家标准《混凝土结构工程施工质量验收规范》GB 50204相关条款修改的。

6.2.14 将原规范以列表的形式表述，更加清晰直观。

6.2.15 将原规范以列表的形式表述，更加清晰直观。

6.2.17 现场浇筑的混凝土强度应达到设计强度。

6.2.18 混凝土表面缺陷的处理应符合现行国家标准《混凝土结构工程施工质量验收规范》GB 50204的规定。

6.2.19 本条为新增条文。对有防腐要求的基础应符合设计要求。

6.3 钻孔灌注桩基础

6.3.1 本条灌注桩成孔尺寸允许偏差是依据现行行业标准《建筑桩基技术规范》JGJ 94并结合线路施工条件确定的。

6.3.2 本条钢筋骨架尺寸允许偏差是依据现行行业标准《建筑桩

基技术规范》JGJ 94 确定的。

6.3.3 钢筋骨架在加工制作运输安装过程中容易产生变形，因此规定钢筋骨架安装完毕后应立即固定，当钢筋骨架重量较大时，要求施工时采取防止钢筋骨架吊装变形的措施，保证施工质量和施工安全。

6.3.4 本条是依据现行行业标准《建筑桩基技术规范》JGJ 94 第 6.3.27 条的规定。

6.3.5 本条是依据现行行业标准《建筑桩基技术规范》JGJ 94 第 6.3.30 条第 2 款的规定。

6.3.6 现行行业标准《建筑桩基技术规范》JGJ 94 第 6.3.30 条第 3 款的规定“导管埋入混凝土深度宜为 2m～6m。严禁将导管提出混凝土面”。本条根据上述规定结合送变电线路施工情况规定应保持埋入深度不小于 2m。

6.3.7 本条规定灌注桩施工应连续进行，是依据现行行业标准《建筑桩基技术规范》JGJ 94 第 6.3.30 条第 4 款的规定。如发生堵管、导管进水等事故，应及时采取处理措施。

6.3.8 当采用直接清除浮浆并立即支模、安装地螺并灌注混凝土的施工工艺时，应保证浮浆全部清除干净，重新开始灌注桩头混凝土的时间间隔应保证在已灌注桩身混凝土的初凝时间内，一般宜控制在 1h 以内，并应采取有效措施处理好混凝土交接面的接合。

6.3.9 明确灌注桩基础混凝土强度检测依据和试块数量及尺寸允许偏差，水下混凝土和普通混凝土的配合比不同，不能使用同一配合比。

6.3.10 灌注桩基础施工及验收内容较多，无法在本规范全部列出，因此规定“钻孔灌注桩基础的施工及验收除应符合本规范外，尚应符合现行行业标准《建筑桩基技术规范》JGJ 94 的有关规定”。

6.4 掏挖基础

6.4.1 本条为新增条文。掏挖基础成孔尺寸允许偏差是依据现行行业标准《建筑桩基技术规范》JGJ 94 并结合架空电力线路实际施工条件确定的。

6.4.4 本条的编制目的是防止混凝土浇筑时产生离析现象。

6.5 混凝土电杆基础及预制基础

6.5.1 为避免底盘安装中盲目施工而造成返工，要求安装前进行基坑检验并达到合格。

6.5.2 “卡盘抱箍的螺母应紧固，卡盘弧面与电杆接触处应紧密”，目的在于严格质量要求，使其真正起到卡盘作用。

6.5.4 考虑到电杆基础设计有套筒型式的，故增加此规定。

6.5.7 本条为新增条文。在 10kV 及以下线路设计对埋深未作规定时可参考表 6.5.7 的规定。加固杆基可采取如加卡盘、人字拉线或浇筑混凝土基础等措施。

6.6 岩 石 基 础

6.6.1 岩石基础对地勘要求高，每个塔腿基础的地质条件可能不同，因此强调施工时，应逐基逐腿与设计地质资料核对，当实际情况与设计不符时应由设计单位提出处理方案，施工单位不得擅自施工。

6.7 冬 期 施 工

6.7.1 混凝土冬期施工的含义是依据现行行业标准《建筑工程冬期施工规程》JGJ/T 104 第 1.0.3 条的规定。

6.7.3 本条是依据现行行业标准《建筑工程冬期施工规程》JGJ/T 104 钢筋工程相关条款并结合施工实践作此规定。

6.7.4 本条是依据现行行业标准《建筑工程冬期施工规程》JGJ/T 104 第 6.1.3 条的规定。

6.7.5 本条是依据国家现行标准《建筑工程冬期施工规程》JGJ/T 104 第 6.2.1 条中强度等级规定。

6.7.6 本条是依据现行行业标准《建筑工程冬期施工规程》JGJ/T 104 第6.2.4条的规定。

6.7.7 本条是依据现行行业标准《建筑工程冬期施工规程》JGJ/T 104 第6.2.9条的规定,结合北方冬期施工情况制定。以消除基坑冻胀的影响。在冻结基坑底面上浇筑混凝土,解冻后容易造成基础根开、对角线超差和基础歪扭。

6.7.8 本条是依据现行行业标准《建筑工程冬期施工规程》JGJ/T 104 第6.2.5条的规定,规定了搅拌混凝土的最短拌制时间。

6.7.9 本条是依据现行行业标准《建筑工程冬期施工规程》JGJ/T 104 第6.6.2.1款的规定和冬期施工经验,应根据不同情况,选用条文中所述四种混凝土养护方法的任一种保证混凝土质量。

6.7.10 强调冬期施工基础应及时回填土,避免冻胀。混凝土受冻前的强度要求是依据现行行业标准《建筑工程冬期施工规程》JGJ/T 104 第6.1.1.1款的规定。

7 杆 塔 工 程

7.1 一 般 规 定

7.1.1 本条规定了杆塔组立前应有经过批准的作业指导书等技术指导文件。

7.1.2 只有杆塔各构件的连接处于牢固状态,才能真正达到力的有效传递,交叉处有空隙时,就不能达到力的有效传递。

7.1.3 本条增加了防盗螺栓安装高度应符合设计要求,以及电杆横担安装要求。强调不得在螺栓上缠绕铁线代替垫圈。

7.1.4 本条规定螺栓穿入方向的目的是:

(1)为紧固螺栓提供方便,便于拧紧。

(2)为质量检查提供方便。

(3)达到统一、整齐美观的目的。

7.1.5 对构件强行组装会降低构件的承载能力或使构件变形,因此不得强行组装。气割会造成孔径过大,受力紧固有效面积减少,孔壁不平整受力不均,破坏螺孔附近的镀锌层,因此不得使用。

7.1.7 本条强调了杆塔组立后架线前的螺栓紧固,以避免架线受力后使杆塔产生局部变形。

7.2 铁 塔 组 立

7.2.1 分解立塔就是考虑基础不承受水平推力,因此混凝土抗压强度允许为设计值的70%。

7.2.2 在工程实践中发现有的主材节点处有弯曲现象,可能是几何尺寸不准确造成的。在安装正确的前提下,在测量的主材长度内,其弯曲度都不得超过1/750。

7.2.3 保护帽是塔座的重要保护措施,也是工艺要求,尺寸应统一,所以设计单位应规定保护帽尺寸,如果设计单位没有规定,图纸会审中应给予明确规定。

7.3 混凝土电杆

7.3.1 混凝土电杆及预制构件在装卸及运输中要制定防碰撞措施,以防止混凝土电杆产生裂缝和其他损伤。

7.3.2 本条规定施工时应减少不必要的加热时间,以减少电杆端头混凝土因焊接产生的裂缝。

7.3.5 本条为新增条文。调研中了解到由于混凝土电杆埋设深度不够,近年来在极端恶劣冰雪天气条件下曾经发生过多起混凝土电杆倒杆事故,为预防此类事故,特增加此规定,要求施工单位应严格控制埋入深度,施工中应对埋入深度进行标识并进行三级检验。

7.3.11 偏支担指 10kV 架空电力线路导线水平排列，电杆一侧安装两相导线，另一侧安装一相导线的横担。

7.4 钢管电杆

7.4.1 钢管电杆装卸运输不当最容易使端头变形，造成连接困难，特别是套接连接的多边形钢管电杆，如果端头变形就无法套插连接，故作此规定。

7.4.2 钢管电杆的接头方式主要有两种：圆环形钢管电杆多采用焊接，这种接头的质量要求与混凝土电杆相同，应按本章第 7.3 节有关规定执行；多边形断面钢管电杆多用套插接头，这种接头靠轴向压力套装，质量控制的关键是套接长度不能小于设计值。

7.4.3 本条参考了混凝土电杆焊接后的容许弯曲度，按 2‰控制较为合适。

7.4.4 套接钢管电杆，设计均不使用拉线固定，因此架线后往往倾斜较大。对直线钢管电杆的倾斜偏差规定为 5‰，比钢筋混凝土电杆大。

7.5 拉线

7.5.2 本条第 3 款是针对楔形线夹、楔形 UT 线夹处拉线尾线处理方法，相对原规范更清晰、明确。

本条第 5 款增加了压接型线夹的拉线安装规定，同时删除了爆破压接的安装规定。

本条第 6 款为新增加内容，随着预绞式拉线的普遍使用，因此增加预绞式拉线耐张线夹的安装要求。

本条第 7 款为新增加内容，规定了各型号拉线使用钢线卡的数量及安装要求，做到规范统一。

本条第 8 款为新增加内容，增加了绝缘钢绞线的拉线在选择金具时，不应破坏绝缘层。

7.5.3 本条是依据国家标准《66kV 及以下架空送电线路设计规

范》GB 50061—2010 第 10.2.11 条的规定。

7.5.6 本条规定对拉线调整强调杆塔倾斜不得超过允许值。当设计对拉线有初应力规定时，应满足设计的要求。

7.5.8 本条为新增条文，尤其在城市人行道上经常会遇到拉线，为防止行人碰撞或因感应电击伤人，应在拉线下部设反光标志，且拉线上部应设绝缘子。跨公路的水平拉线，同样设反光标志。

7.5.9 本条为新增条文，明确了顶(撑)杆的安装规定。

8 架线工程

8.1 一般规定

8.1.1 本条规定了架线前应有经过批准的作业指导书等技术指导文件。完整有效的架线包括放线、紧线及附件安装等。

8.1.2 本条为新增条文。规定了外观检查应按照本规范第 3.4.1 条进行。

8.1.3 本条附录 A 中表 A.0.7 是根据国家标准《66kV 及以下架空送电线路设计规范》GB 50061—2010 第 12.0.16 条的规定。

8.1.4 本条统一修改“滑车”为“滑轮”，规范了前后词语不一致，表达更为确切。

8.1.5 本条为新增条文。目前绝缘导线应用越来越多，因此增加绝缘线施工要求，本条款依据现行行业标准《架空绝缘配电线路施工及验收规程》DL/T 602 第 7.1.1 条的规定。

8.1.6 本条为新增条文。强调绝缘导线在放线施工前后应进行绝缘电阻的测量，由此判断绝缘导线是否完好。

8.1.7 本条为新增条文。本条款依据现行行业标准《架空绝缘配电线路施工及验收规程》DL/T 602 第 7.1.3 条的规定。

8.1.8 本条为新增条文。规定了应对已展放的导线和地线及时进行外观检查。

8.2 非张力放线

8.2.2 本条依据原规范第 6.0.29 条款，删除了“1kV 及以下”，扩大了适用范围。

8.2.6 本条为新增条文。本条依据现行行业标准《架空绝缘配电线路施工及验收规程》DL/T 602 第 7.2.1.1 款、第 7.2.1.2 款、第 7.2.1.3 款、第 7.2.2.1 款和第 7.2.2.2 款的规定。

8.3 张 力 放 线

8.3.1 张力放线工艺十分成熟，因此要求 35kV～66kV 线路工程的导线展放宜采用张力放线。本条没有列为强制条款，但对设计文件中明确张力放线的应采用张力放线。

8.3.2 本条规定的目的是保证张力放线的质量。

8.3.3 根据多年张力放线施工经验，平原和山地张力放线时有很大区别。影响导线磨损的原因主要是大档距、大压档，而滑轮数的增减影响并不明显，可根据线路的地形情况将滑轮个数适当放宽。

8.3.4 重要跨越物包括铁路、高速公路、江河及大跨越，适当缩短放线区段长度，有利于放线质量及确保安全快速完成跨越架线。

8.3.6 一般情况下只考虑牵引场转向布场，只有特殊情况下才考虑张力场转向布场。但应计算确定滑车位置、角度及数量应满足张力架线的要求。

8.4 连 接

8.4.2 导线或架空地线液压连接属于特殊工序，操作人员应经过培训及考试合格、持有操作许可证。

8.4.7 接续管压接为隐蔽工程，压前检查非常重要。

8.4.8 本条删除了爆压相关内容。

8.4.13 本条为新增条文。本条是依据现行行业标准《架空绝缘配电线路施工及验收规程》DL/T 602 第 7.3.1.1 款、第 7.3.1.6 款、第 7.3.1.7 款的规定。

8.4.14 本条为新增条文。本条是依据现行行业标准《架空绝缘配电线路施工及验收规程》DL/T 602 第 7.3.3 条的规定。

8.4.15 本条为新增条文。本条款是依据现行行业标准《架空绝缘配电线路施工及验收规程》DL/T 602 第 7.3.1 条、第 7.3.3 条的规定。

8.4.16 本条为新增条文。本条款是依据现行行业标准《架空绝缘配电线路施工及验收规程》DL/T 602 第 7.3.1.5 款的规定。

8.5 紧　　线

8.5.4 10kV 及以下架设新导线时，弧垂除考虑温度影响外，还应考虑导线蠕变伸长对弧垂的影响，一般采用减小弧垂法补偿，弧垂减小的百分数为：

(1)铝绞线、铝芯绝缘线：20%。

(2)钢芯铝绞线：12%。

8.5.5 本规范未考虑大跨越相关内容。

8.5.6 本条为新增条文。本条款依据现行行业标准《架空绝缘配电线路施工及验收规程》DL/T 602 第 7.4.1 条和第 7.4.2 条的规定。在绝缘线上缠绕塑料或橡皮包带是为了防止绝缘层损伤。

8.6 附件安装

8.6.2 表 8.6.2 绑扎长度值中增加了绝缘线的规定。

8.6.3 本条由原规范中的“10kV～35kV”修改为“10kV～66kV”。

8.6.6 本条由原规范中的“1kV～10kV”修改为“3kV～10kV”。特别强调：对采用绝缘导线的线路，其最小间隙可结合地区运行经验确定。

8.6.8 因下列原因，取消绝缘子安装前“应用不低于 5000V 的兆欧表逐个进行绝缘测量”的规定：

(1)多年来，国内只出现过一例330kV线路绝缘子因原料配方错误，导致绝缘子绝缘电阻零值的报道。

(2)绝缘子出厂前已逐一经过了60kV～80kV工频耐压试验，现场再用兆欧表逐个进行绝缘测量没有意义。

(3)绝缘子在装卸运输过程中一旦遭受过度冲击碰撞，最易损坏的是瓷裙。如瓷裙裂纹、破损则该绝缘子淘汰，无须再测绝缘电阻。

本条增加了有机复合绝缘子的检查内容。

8.6.13 本条规定为了防止导线或架空地线因风振而损伤，要求及时安装附件。

8.6.15 本条规定悬垂线夹安装后缘子串应垂直地平面，其在顺线路方向与垂直位置的偏移角不应超过5°。

8.7 光缆架设

8.7.1 光缆包括光纤复合架空地线(OPGW)和全介质自承式光缆(ADSS)。

8.7.3 由于光纤复合架空地线(OPGW)在架设过程中不能接触任何尖锐的物体，也不能受到严重的弯曲和扭转，其结构特性决定只能用张力放线方法架设，人力与一般机械展放很难满足施工质量要求。

8.7.4 主卷筒的直径与光缆外径的倍数要求，是参考部分制造厂安装使用说明书等相关资料得出的结论。

8.7.5 光缆架线放线滑轮槽的直径取值，尚无标准。本条是参考各地已施工线路供货厂家提供的架线技术资料作出的。由于光缆结构不同，取值也不应相同，在安装前要详细了解产品说明书的要求。

8.7.6 牵张机距支承塔的距离，是以导向轮的仰角及水平偏角控制布置来满足光缆架设质量要求的。

8.7.7 本条规定在施工实践中得到了验证，放线滑轮在放线过程中，其包络角不得大于60°能满足光缆展放质量要求。

8.7.8 采取本条规定的措施，不至于在牵引过程中因严重弯曲和扭动而损坏光缆。

8.7.9 本条规定是在总结多条架空电力线路光缆架设经验的基础上作出的。

8.7.10 一般放线段内的危险点即是该档的控制点，这是保证光缆架线质量的基本要求之一。

8.7.11 张力牵引过程中，牵引绳和OPGW光缆与绝缘的滑轮摩擦，会产生很强的静电，因此，为保证张力放线过程中的人身安全，提出了接地要求。

8.7.12 采用毡布或草袋等垫地保护光缆的目的主要是防止光缆与地面直接接触摩擦损坏光缆。

8.7.13 光缆紧线的夹具不同于地线。若不使用专用紧线夹具就可能造成光缆内光纤的损坏。

8.7.14 光纤熔接人员的技术水平是保证光纤接头质量的关键，因此规定应由专业人员操作。所谓专业人员是指经过专门培训合格的人员，而不允许未经培训的人员随意操作。

8.7.15 光纤熔接操作技术要求较高，本条规定有利于保证光纤熔接质量。

8.7.16 光缆引下线安装不当不仅影响施工工艺，而且有可能在操作中损伤光缆。

8.7.17 为防止光缆紧线后因风荷振动或其他原因造成光缆的损坏，故对光缆在紧线完后的安装时间给予了明确规定。

8.7.18 根据各工程的施工经验及制造厂的安装说明书，为保证光缆附件安装时操作人员的安全及不损伤光缆而作此规定。

8.7.19 光缆曲率半径大小对光缆质量有一定影响，故作本条规定。

9 接地工程

9.0.2 本条增加了受地质地形条件限制时可作局部修改，但不论修改与否均应在施工质量验收记录中绘制接地装置敷设简图并标示相对位置和尺寸。

9.0.4 对无法满足本条要求的特殊地形，应与设计协商解决。

9.0.6 本条第3款增加双面施焊，第5款增加“所有焊接部位均进行防腐处理”的规定。

9.0.9 本条是依据现行国家标准《电气装置安装工程接地装置施工及验收规范》GB 50169 第3.7.11条的规定。

10 杆上电气设备

10.1 电气设备的安装

10.1.1 本条规定杆上电气设备安装的一般要求。

10.1.2 本条规定了杆上变压器的安装要求。

10.1.3 本条规定了杆上跌落式熔断器的安装要求。

10.1.4 本条规定了杆上断路器、负荷开关和高压计量箱的安装要求。

10.1.5 本条规定了杆上隔离开关的安装要求。

10.1.6 本条规定了杆上避雷器的安装要求。

10.1.7 本条规定了杆上无功补偿箱的安装要求。

10.1.8 本条规定了杆上低压交流配电箱的安装要求。

10.2 电气设备的试验

10.2.1 本条明确了杆上电气设备的交接试验应符合现行国家标准《电气装置安装工程电气设备交接试验标准》GB 50150 的规定。

11 工程验收与移交

11.1 工程验收

11.1.3 本条在中间验收中增加了杆上设备验收内容。

11.1.6 本条为新增条文，规定了工程质量检查(检验)项目分类原则。

11.1.7 本条为新增条文，规定了工程质量分为合格与不合格两个等级。

11.1.8 本条为新增条文，规定了工程质量单元工程的质量评定标准。

11.1.9 本条为新增条文，规定了工程质量分项工程的质量评定标准。

11.1.10 本条为新增条文，规定了工程质量分部工程的质量评定标准。

11.1.11 本条为新增条文，规定了工程质量单位工程的质量评定标准。

11.1.12 本条为新增条文，规定了工程质量不合格项目处理后的评级标准。

11.2 竣工试验

11.2.1 本条规定了当设计如果明确要求时应测定线路参数特性，关于带负荷试运行 24h，是对 35kV～66kV 线路提的要求，对

10kV及以下线路不作要求。

11.3 竣 工 移 交

11.3.1 本条规定了工程竣工后应移交的资料。

11.3.3 本条规定了竣工移交的要求，当工程试运行验收合格后，施工、监理、设计、建设及运行各方应签署竣工验收签证书并及时组织竣工移交。

中华人民共和国国家标准

电气装置安装工程
低压电器施工及验收规范

Code for construction and acceptance of low-voltage apparatus
Electric equipment installation engineering

GB 50254—2014

主编部门:中 国 电 力 企 业 联 合 会
批准部门:中华人民共和国住房和城乡建设部
施行日期:2 0 1 4 年 1 2 月 1 日

中华人民共和国住房和城乡建设部公告

第368号

住房城乡建设部关于发布国家标准《电气装置安装工程　低压电器施工及验收规范》的公告

现批准《电气装置安装工程　低压电器施工及验收规范》为国家标准，编号为GB 50254-2014，自2014年12月1日起实施。其中，第3.0.16、9.0.2条为强制性条文，必须严格执行。原《电气装置安装工程　低压电器施工及验收规范》GB 50254-96同时废止。

本规范由我部标准定额研究所组织中国计划出版社出版发行。

中华人民共和国住房和城乡建设部

2014年3月31日

前　言

本规范是根据住房和城乡建设部《关于印发〈2009年工程建设标准规范制订、修订计划〉的通知》（建标〔2009〕88号）的要求，由中国电力企业联合会和北京建工集团有限责任公司会同有关单位，在原《电气装置安装工程　低压电器施工及验收规范》GB 50254—96的基础上进行修订而成的。

本规范在修订过程中，修订组经广泛调查研究，认真总结实践经验，并广泛征求意见，最后经审查定稿。

本规范共分12章和4个附录，主要内容包括总则，术语，基本规定，低压断路器，开关、隔离器、隔离开关及熔断器组合电器，剩余电流保护器、电涌保护器，低压接触器、电动机启动器及变频器，控制开关，低压熔断器，电阻器、变阻器、电磁铁，试验，验收等。

与原规范相比较，本次修订主要包括下列内容：

1.增加了“术语”“试验”两个章节；

2.原规范中的第4章“低压隔离开关、刀开关、转换开关及熔断器组合电器”修订为“开关、隔离器、隔离开关及熔断器组合电器”；

3.原规范中的第5章“住宅电器、漏电保护器及消防电气设备”修订为“剩余电流保护器、电涌保护器”；

4.原规范中的第6章“低压接触器及电动机启动器”修订为“低压接触器、电动机启动器及变频器”；

5.原规范中的第7章“控制器、继电器及行程开关”调整为“控制开关”；

6.原规范中的第8章“电阻器及变阻器”和第9章“电磁铁”合并后成为本规范的第10章“电阻器、变阻器、电磁铁”；

7.增加了“附录A 螺纹型接线端子的拧紧力矩”“附录B 接线

端子的温升极限值”“附录C易接近部件的温升极限值”“附录D低压断路器接线端子和易接近部件的温升极限值”。

本规范中以黑体字标志的条文为强制性条文，必须严格执行。

本规范由住房和城乡建设部负责管理和对强制性条文的解释，由中国电力企业联合会负责日常管理，由中国电力企业联合会负责具体技术内容的解释。执行过程中如有意见或建议，请寄送中国电力企业联合会（地址：北京市西城区白广路二条1号，邮政编码：100761），供今后修订时参考。

本规范主编单位、参编单位、主要起草人和主要审查人：

主 编 单 位：中国电力企业联合会
北京建工集团有限责任公司

参 编 单 位：中国电力科学研究院
广东火电工程总公司
河南省第二建筑工程有限责任公司
葛洲坝集团电力有限责任公司
上海电器科学研究所（集团）有限公司
浙江正泰电器股份有限公司
常熟开关制造有限公司

主要起草人：周卫新 荆 津 颜 勇 曾红兵 柴雪峰
刘世华 周积刚 萧红卫 唐春潮 田 晓

主要审查人：傅慈英 陈发宇 王振生 孙关福 谢振苗
刘文山 萧 宏 吴月华 刘叶语 郑卫红
王玉明

1 总 则

1.0.1 为保证低压电器的安装质量，促进施工安装技术进步，确保设备安装后的安全运行，制定本规范。

1.0.2 本规范适用于交流50Hz或60Hz、额定电压为1000V及以下，直流额定电压为1500V及以下通用低压电器的安装与验收。不适用于：

1 无需固定安装的家用电器、电工仪器仪表及成套盘、柜、箱上电器的安装与验收。

2 特殊环境下的低压电器的安装与验收。

1.0.3 低压电器的施工及验收除应符合本规范外，尚应符合国家现行有关标准的规定。

2 术 语

2.0.1 低压电器 low-voltage apparatus

用于交流50Hz或60Hz、额定电压为1000V及以下，直流额定电压为1500V及以下的电路中起通断、保护、控制或调节作用的电器。

2.0.2 断路器 circuit-breaker

能接通、承载以及分断正常电路条件下的电流，也能在所规定的非正常电路下接通、承载和分断电流的一种机械开关电器。

2.0.3 开关 switch

在正常电路条件下，能够接通、承载和分断电流，并在规定的非正常电路条件下，能在规定的时间内承载电流的一种机械开关电器。

2.0.4 隔离器　disconnector

在断开状态下能符合规定的隔离功能要求的机械开关电器。

2.0.5 隔离开关　switch-disconnector

在断开状态下能符合隔离器的隔离要求的开关。

2.0.6 熔断器组合电器　fuse-combination unit

将一个机械开关电器与一个或数个熔断器组装在同一个单元内的组合电器。

2.0.7 剩余电流保护器(RCD)　residual current device

在正常运行条件下能接通、承载和分断电流，以及在规定条件下当剩余电流达到规定值时能使触头断开的机械开关电器。

2.0.8 电涌保护器(SPD)　surge protective device

限制瞬态过电压和泄放电涌电流的电器，它至少包含一非线性的元件。也称为浪涌保护器。

2.0.9 接触器　contactor

仅有一个休止位置，能接通、承载和分断正常电路条件下的电流的非手动操作的机械开关电器。

2.0.10 启动器　starter

启动与停止电动机所需的所有接通、分断方式的组合电器，并与适当的过载保护组合。

2.0.11 软启动器　soft starter

一种特殊形式的交流半导体电动机控制器，其启动功能限于控制电压和(或)电流上升，也可包括可控加速；附加的控制功能限于提供全电压运行。软启动器也可提供电动机的保护功能。

2.0.12 变频器　frequency converter

是一种用来改变交流电频率的电气设备。此外，它还具有改变交流电电压的辅助功能。

2.0.13 电阻器　resistor

由于它的电阻而被使用的电器。

由于限制调整电路电流或将电能转变为热能等用途的电器。

2.0.14 变阻器 rheostat

由电阻材料制成的电阻元件或部件和转换装置组成的电器，可在不分断电路的情况下有级地或均匀地改变电阻值。

2.0.15 电磁铁 electromagnet

需要电流来产生并保持磁场的磁铁。

由线圈和铁心组成，通电时产生吸力将电磁能转变为机械能来操作，牵引某机械装置或铁磁性物体，以完成预期目标的电器。

2.0.16 熔断器 fuse

当电流超过规定值足够长的时间后，通过熔断一个或几个特殊设计的相应部件，断开其所接入的电路并分断电源的电器。熔断器包括组成完整电器的所有部件。

2.0.17 电气间隙 clearance

两个导电部件间最短的直线距离。

2.0.18 剩余电流 residual current

流过剩余电流保护器主回路的电流瞬时值的矢量和。

2.0.19 剩余动作电流 residual operating current

使剩余电流保护器在规定条件下动作的剩余电流值。

3 基本规定

3.0.1 低压电器的安装与验收应按已批准的设计文件执行。

3.0.2 低压电器的保管应符合产品技术文件的要求。

3.0.3 采用的低压电器设备和器材均应有合格证明文件；属于“CCC”认证范围的设备，应有认证标识及认证证书；设备应有铭牌；不应采用国家明令禁止的电器设备。

3.0.4 低压电器设备和器材到达现场后应及时进行检查验收，并应符合下列规定：

1 包装和密封应完好。

2 技术文件应齐全，并有装箱清单。

3 按装箱清单检查清点，型号、规格应符合设计要求；附件、备件应齐全。

4 外观应完好，无破损、变形等现象。

3.0.5 施工中的安全技术措施应符合产品技术文件的要求。

3.0.6 与低压电器安装有关的建筑工程的施工应符合下列规定：

1 与低压电器安装有关的建筑物、构筑物的建筑工程质量应符合现行国家标准《建筑工程施工质量验收统一标准》GB 50300的有关规定。当设备或设计有特殊要求时，尚应符合其要求。

2 低压电器安装前，建筑工程应具备下列条件：

1）屋顶、楼板应施工完毕，不应渗漏；

2）对电器安装有妨碍的模板、脚手架等应拆除，场地应清扫干净；

3）房间的门、窗、地面、墙壁、顶棚应施工完毕；

4）设备基础和构架应达到允许设备安装的强度，基础槽钢应固定可靠；

5）预埋件及预留孔的位置和尺寸应符合设计要求，预埋件应牢固。

3 设备安装完毕，投入运行前，建筑工程应符合下列规定：

1）运行后无法进行的和影响安全运行的施工工作应完毕；

2）施工中造成的建筑物损坏部分应修补完整。

3.0.7 低压电器安装前的检查应符合下列规定：

1 设备铭牌、型号、规格应与被控制线路或设计相符。

2 外壳、漆层、手柄应无损伤或变形。

3 内部仪表、灭弧罩、瓷件等应无裂纹或伤痕。

4 紧固件应无松动。

5 附件应齐全、完好。

3.0.8 低压电器的安装环境应符合产品技术文件的要求；当环境超出规定时，应按产品技术文件要求考虑降容系数。

3.0.9 低压电器的安装高度应符合设计规定，当设计无规定时，应符合下列规定：

1 低压电器的底部距离地面不宜小于200mm。

2 操作手柄转轴中心与地面的距离宜为1200mm～1500mm，侧面操作的手柄与建筑物或设备的距离不宜小于200mm。

3.0.10 低压电器的安装应符合产品技术文件的要求；当无明确规定时，宜垂直安装，其倾斜度不应大于5°。

3.0.11 低压电器的固定应符合下列规定：

1 低压电器根据其不同的结构，可采用支架、金属板、绝缘板固定在墙、柱或其他建筑构件上。金属板、绝缘板应平整；当采用卡轨支撑安装时，卡轨应与低压电器匹配，不应使用变形或不合格的卡轨。

2 当采用膨胀螺栓固定时，应按产品技术要求选择螺栓规格；其钻孔直径和埋设深度应与螺栓规格相符；不应使用塑料胀塞或木楔固定。

3 紧固件应采用镀锌制品或厂家配套提供的其他防锈制品，螺栓规格应选配适当，电器的固定应牢固、平稳。

4 有防振要求的电器应增加减振装置，其紧固螺栓应有防松措施。

5 固定低压电器时，不得使电器内部受额外应力。

3.0.12 电器的外部接线应符合下列规定：

1 接线应按接线端头标识进行。

2 接线应排列整齐、美观，导线绝缘应良好、无损伤。

3 电源侧进线应接在进线端，负荷侧出线应接在出线端。

4 电器的接线应采用有金属防锈层或铜质的螺栓和螺钉，并应有配套的防松装置，连接时应拧紧，拧紧力矩值应符合产品技术文件的要求,且应符合本规范附录 A 的规定。

5 外部接线不得使电器内部受到额外应力。

6 裸带电导体与电器连接时,其电气间隙不应小于与其直接相连的电器元件的接线端子的电气间隙。

7 具有通信功能的电器,其通信系统接线应符合产品技术文件的要求。

3.0.13 成排或集中安装的低压电器应排列整齐,标识清晰;器件间的距离应符合设计要求。

3.0.14 家用及类似场所用电器的安装高度应符合设计要求;当设计无要求时,其底部高度不应低于 1.8m,在其明显部位应设置警告标志。

3.0.15 室内使用的低压电器在室外安装时,应有防雨、雪等有效措施。

3.0.16 **需要接地的电器金属外壳、框架必须可靠接地。**

3.0.17 低压电器的安装应便于操作及维护。

3.0.18 设备安装完毕投入运行前,应做好防护、清理工作。

4 低压断路器

4.0.1 低压断路器安装前应进行下列检查:

1 一次回路对地的绝缘电阻应符合产品技术文件的要求。

2 抽屉式断路器的工作、试验、隔离三个位置的定位应明显,并应符合产品技术文件的要求。

3 抽屉式断路器抽、拉数次应无卡阻,机械联锁应可靠。

4.0.2 低压断路器的安装应符合下列规定:

1 低压断路器的飞弧距离应符合产品技术文件的要求。

2 低压断路器主回路接线端配套绝缘隔板应安装牢固。

3 低压断路器与熔断器配合使用时，熔断器应安装在电源侧。

4.0.3 低压断路器的接线应符合下列规定：

1 接线应符合产品技术文件的要求。

2 裸露在箱体外部且易触及的导线端子应加绝缘保护。

4.0.4 低压断路器安装后应进行下列检查：

1 触头闭合、断开过程中，可动部分不应有卡阻现象。

2 电动操作机构接线应正确；在合闸过程中，断路器不应跳跃；断路器合闸后，限制合闸电动机或电磁铁通电时间的联锁装置应及时动作；合闸电动机或电磁铁通电时间不应超过产品的规定值。

3 断路器辅助接点动作应正确可靠，接触应良好。

4.0.5 直流快速断路器的安装、调整和试验尚应符合下列规定：

1 安装时应防止断路器倾倒、碰撞和激烈振动，基础槽钢与底座间应按设计要求采取防振措施。

2 断路器与相邻设备或建筑物的距离不应小于500mm。当不能满足要求时，应加装高度不小于断路器总高度的隔弧板。

3 在灭弧室上方应留有不小于1000mm的空间；当不能满足要求时，在3000A以下断路器的灭弧室上方200mm处应加装隔弧板；在3000A及以上断路器的灭弧室上方500mm处应加装隔弧板。

4 灭弧室内绝缘衬垫应完好，电弧通道应畅通。

5 触头的压力、开距、分断时间及主触头调整后灭弧室支持螺杆与触头间的绝缘电阻应符合产品技术文件的要求。

6 直流快速断路器的接线应符合下列规定：

1)与母线连接时，出线端子不应承受附加应力；

2)当触头及线圈标有正、负极性时，其接线应与主回路极性一致；

3)配线时应使控制线与主回路分开。

7　直流快速断路器的调整和试验应符合下列规定：

1)轴承转动应灵活，并应涂以润滑剂；

2)衔铁的吸、合动作应均匀；

3)灭弧触头与主触头的动作顺序应正确；

4)安装后应按产品技术文件要求进行交流工频耐压试验，不得有闪络、击穿现象；

5)脱扣装置应按设计要求进行整定值校验，在短路或模拟短路情况下合闸时，脱扣装置应动作正确。

5　开关、隔离器、隔离开关及熔断器组合电器

5.0.1　开关、隔离器、隔离开关的安装应符合产品技术文件的要求；当无要求时，应符合下列规定：

1　开关、隔离器、隔离开关应垂直安装，并应使静触头位于上方。

2　电源进线应接在开关、隔离器、隔离开关上方的静触头接线端，出线应接在触刀侧的接线端。

3　可动触头与固定触头的接触应良好，触头或触刀宜涂电力复合脂。

4　双投刀闸开关在分闸位置时，触刀应可靠固定，不得自行合闸。

5　安装杠杆操作机构时，应调节杠杆长度，使操作到位且灵活；辅助接点指示应正确。

6　动触头与两侧压板距离应调整均匀，合闸后接触面应压紧，触刀与静触头中心线应在同一平面，且触刀不应摆动。

7　多极开关的各极动作应同步。

5.0.2 直流母线隔离开关安装，应符合下列规定：

1 垂直或水平安装的母线隔离开关，其触刀均应位于垂直面上；在建筑构件上安装时，触刀底部与基础之间的距离，应符合设计或产品技术文件的要求。当无要求时，不宜小于50mm。

2 刀体与母线直接连接时，母线固定端应牢固。

5.0.3 转换开关和倒顺开关安装后，其手柄位置指示应与其对应接触片的位置一致；定位机构应可靠；所有的触头在任何接通位置上应接触良好。

5.0.4 熔断器组合电器接线完毕后，检查熔断器应无损伤，灭弧栅应完好，且固定可靠；电弧通道应畅通，灭弧触头各相分闸应一致。

6 剩余电流保护器、电涌保护器

6.0.1 剩余电流保护器的安装应符合下列规定：

1 剩余电流保护器标有电源侧和负荷侧标识时，应按产品标识接线，不得反接。

2 剩余电流保护器在不同的系统接地形式中应正确接线，应严格区分中性线(N线)和保护线(PE线)。

3 带有短路保护功能的剩余电流保护器安装时，应确保有足够的灭弧距离，灭弧距离应符合产品技术文件的要求。

4 剩余电流保护器安装后，除应检查接线无误外，还应通过试验按钮和专用测试仪器检查其动作特性，并应满足设计要求。

6.0.2 电涌保护器安装前应进行下列各项检查：

1 标识：外壳标明厂名或商标、产品型号、安全认证标记、最大持续运行电压U_c、电压保护水平U_p、分级试验类别和放电电流参数，并应符合设计要求。

2 外观：无裂纹、划伤、变形。

3　运行指示器：通电时处于指示“正常”位置。

6.0.3　电涌保护器的安装应符合下列规定：

1　电涌保护器应安装牢固，其安装位置及布线应正确，连接导线规格应符合设计要求。

2　电涌保护器的保护模式应与配电系统的接地形式相匹配，并应符合制造厂相关技术文件的要求。

3　电涌保护器接入主电路的引线应尽量短而直，不应形成环路和死弯。上引线和下引线长度之和不宜超过0.5m。

4　电涌保护器电源侧引线与被保护侧引线不应合并绑扎或互绞。

5　接线端子应压紧，接线柱、接线螺栓接触面和垫片接触应良好。

6　电涌保护器应有过电流保护装置，安装位置应符合相关标准或制造厂技术文件的要求。

7　当同一条线路上有多个电涌保护器时，它们之间的安装距离应符合相关标准或产品技术文件的要求。

7　低压接触器、电动机启动器及变频器

7.0.1　低压接触器及电动机启动器安装前的检查应符合下列规定：

1　衔铁表面应无锈斑、油垢，接触面应平整、清洁，可动部分应灵活无卡阻。

2　触头的接触应紧密，固定主触头的触头杆应固定可靠。

3　当带有常闭触头的接触器及电动机启动器闭合时，应先断开常闭触头，后接通主触头；当断开时应先断开主触头，后接通常闭触头，且三相主触头的动作应一致。

4　电动机启动器保护装置的保护特性应与电动机的特性相

匹配，并应按设计要求进行定值校验。

7.0.2 低压接触器和电动机启动器安装完毕后应进行下列检查：

1 接线应符合产品技术文件的要求。

2 在主触头不带电的情况下，接触器线圈做通、断电试验，其操作频率不应大于产品技术文件的要求，主触头应动作正常，衔铁吸合后应无异常响声。

7.0.3 真空接触器安装前应进行下列检查：

1 可动衔铁及拉杆动作应灵活可靠、无卡阻。

2 辅助触头应随绝缘摇臂的动作可靠动作，且触头接触应良好。

3 按产品技术文件要求检查真空开关管的真空度。

7.0.4 真空接触器的接线应符合产品技术文件的要求，接地应可靠。

7.0.5 可逆启动器或接触器，电气联锁装置和机械连锁装置的动作均应正确、可靠。

7.0.6 星三角启动器的检查、调整应符合下列规定：

1 启动器的接线应正确，电动机定子绕组正常工作应为三角形接线。

2 手动操作的星三角启动器应在电动机转速接近运行转速时进行切换，自动转换的启动器应按电动机负荷要求正确调整延时装置。

7.0.7 自耦减压启动器的安装、调整应符合下列规定：

1 启动器应垂直安装。

2 减压抽头在65％～80％的额定电压下应按负荷要求进行调整，启动时间不得超过自耦减压启动器允许的启动时间。

7.0.8 变阻式启动器的变阻器安装后应检查其电阻切换程序、灭弧装置及启动值，并应符合设计要求或产品技术文件的要求。

7.0.9 软启动器安装应符合下列规定：

1 软启动器四周应按产品要求留有足够通风间隙。

2 软启动器应按产品说明书及标识接线正确，风冷型软启动器二次端子“N”应接中性线。

3 软启动器的专用接地端子应可靠接地。

4 软启动器中晶闸管等电子器件不应用兆欧表做绝缘电阻测试，应用数字万用表高阻档检查晶闸管绝缘情况。

5 软启动器启动过程中不得改变参数的设置。

7.0.10 变频器安装应符合下列规定：

1 变频器应垂直安装；变频器与周围物体之间的距离应符合产品技术文件的要求，当无要求时，其两侧间距不应小于100mm，上、下间距不应小于150mm；变频器出风口上方应加装保护网罩；变频器散热排风通道应畅通。

2 有两台或两台以上变频器时，应横向排列安装；当必须竖向排列安装时，应在两台变频器之间加装隔板。

3 变频器应按产品技术文件及标识正确接线。

4 与变频器有关的信号线，当设计无要求时，应采用屏蔽线。屏蔽层应接至控制电路的公共端(COM)上。

5 变频器的专用接地端子应可靠接地。

8 控制开关

8.0.1 凸轮控制器及主令控制器的安装应符合下列规定：

1 工作电压应与供电电源电压相符。

2 应安装在便于观察和操作的位置上，操作手柄或手轮的安装高度宜为800mm～1200mm。

3 操作应灵活，档位应明显、准确。带有零位自锁装置的操作手柄应能正常工作。

4 操作手柄或手轮的动作方向宜与机械装置的动作方向一致；操作手柄或手轮在各个不同位置时，其触头的分、合顺序均应符合控制器的分、合图表的要求，通电后应按相应的凸轮控制器件的位置检查被控电动机等设备，并应运行正常。

5 触头压力应均匀，触头超行程不应小于产品技术文件的要求。凸轮控制器主触头的灭弧装置应完好。

6 转动部分及齿轮减速机构应润滑良好。

7 金属外壳应可靠接地。

8.0.2 按钮的安装应符合下列规定：

1 按钮之间的净距不宜小于30mm，按钮箱之间的距离宜为50mm～100mm。

2 按钮操作应灵活、可靠、无卡阻。

3 集中在一起安装的按钮应有编号或不同的识别标志，“紧急”按钮应有明显标志，并应设保护罩。

8.0.3 行程开关的安装、调整应符合下列规定：

1 安装位置应能使开关正确动作，且不妨碍机械部件的运动。

2 碰块或撞杆应安装在开关滚轮或推杆的动作轴线上，对电子式行程开关应按产品技术文件要求调整可动设备的间距。

3 碰块或撞杆对开关的作用力及开关的动作行程均不应大于允许值。

4 限位用的行程开关应与机械装置配合调整，应在确认动作可靠后接入电路使用。

9 低压熔断器

9.0.1 熔断器的型号、规格应符合设计要求。

9.0.2 三相四线系统安装熔断器时，必须安装在相线上，中性线(N线)、保护中性线(PEN线)严禁安装熔断器。

9.0.3 熔断器安装位置及相互间距离应符合设计要求，并应便于拆卸、更换熔体。

9.0.4 安装时应保证熔体和触刀以及触刀和刀座接触良好。熔体不应受到机械损伤。

9.0.5 瓷质熔断器在金属底板上安装时,其底座应垫软绝缘衬垫。

9.0.6 有熔断指示器的熔断器,指示器应保持正常状态,并应装在便于观察的一侧。

9.0.7 安装两个以上不同规格的熔断器,应在底座旁标明规格。

9.0.8 有触及带电部分危险的熔断器应配备绝缘抓手。

9.0.9 带有接线标志的熔断器,电源线应按标志进行接线。

9.0.10 螺旋式熔断器安装时,其底座不应松动,电源进线应接在熔芯引出的接线端子上,出线应接在螺纹壳的接线端上。

10 电阻器、变阻器、电磁铁

10.0.1 电阻器的电阻元件应位于垂直面上。电阻器叠装时,叠装数量及间距应符合产品技术文件的要求。有特殊要求的电阻器,其安装方式应符合设计要求。电阻器底部与地面间应留有不小于150mm的间隔。

10.0.2 电阻器与其他电器垂直布置时,应安装在其他电器的上方,两者之间应留有间隔。

10.0.3 电阻器的接线应符合下列规定:

1 电阻器与电阻元件的连接应采用铜或钢的裸导体,连接应可靠。

2 电阻器引出线夹板或螺栓应设置与设备接线图相应的标志;当与绝缘导线连接时,应采取防止接头处的温度升高而降低导线绝缘强度的措施。

3 多层叠装的电阻箱的引出导线应采用支架固定,并不得妨碍电阻元件的更换。

10.0.4 电阻器和变阻器内部不应有断路或短路，其直流电阻值的误差应符合产品技术文件的要求。

10.0.5 变阻器的转换调节装置应符合下列规定：

1 转换调节装置移动应均匀平滑、无卡阻，并应有与移动方向相一致的指示阻值变化的标志。

2 电动传动的转换调节装置，其限位开关及信号联锁接点的动作应准确可靠。

3 齿链传动的转换调节装置可允许有半个节距的串动范围。

4 由电动传动及手动传动两部分组成的转换调节装置应在电动及手动两种操作方式下分别进行试验。

5 转换调节装置的滑动触头与固定触头的接触应良好，触头间的压力应符合产品技术文件的要求，在滑动过程中不得开路。

10.0.6 频敏变阻器的调整应符合下列规定：

1 频敏变阻器的极性和接线应正确。

2 频敏变阻器的抽头和气隙调整应使电动机启动特性符合机械装置的要求。

3 频敏变阻器配合电动机进行调整过程中，连续启动次数及总的启动时间应符合产品技术文件的要求。

10.0.7 电磁铁的铁芯表面应清洁、无锈蚀。

10.0.8 电磁铁及其螺栓、接线应固定、连接牢固。电磁铁应可靠接地。

10.0.9 电磁铁的衔铁及其传动机构的动作应迅速、准确和可靠，并无卡阻现象。直流电磁铁的衔铁上应有隔磁措施。

10.0.10 制动电磁铁的衔铁吸合时，铁芯的接触面应紧密地与其固定部分接触，且不得有异常响声。

10.0.11 有缓冲装置的制动电磁铁应调节其缓冲器道孔的螺栓，使衔铁动作至最终位置时平稳、无剧烈冲击。

10.0.12 采用空气隙作为剩磁间隙的直流制动电磁铁，其衔铁行程指针位置应符合产品技术文件的要求。

10.0.13 牵引电磁铁固定位置应与阀门推杆准确配合，使动作行程符合设备要求。

10.0.14 起重电磁铁第一次通电检查时，应在空载且周围无铁磁物质的情况下进行，空载电流应符合产品技术文件的要求。

10.0.15 有特殊要求的电磁铁应测量其吸合与释放电流，其值应符合产品技术文件的要求及设计要求。

10.0.16 双电动机抱闸及单台电动机双抱闸电磁铁动作应灵活一致。

11 试 验

11.0.1 低压电器绝缘电阻的测量应符合下列规定：

1 对额定工作电压不同的电路应分别进行测量，测量应在下列部位进行：

1）主触头在断开位置时，同极的进线端及出线端之间。

2）主触头在闭合位置时，不同极的带电部件之间，极与极之间接有电子线路的除外；主电路与线圈之间以及主电路与同它不直接连接的控制和辅助电路之间。

3）主电路、控制电路、辅助电路等带电部件与金属支架之间。

2 测量主电路绝缘电阻所用兆欧表的电压等级应符合现行国家标准《电气装置安装工程 电气设备交接试验标准》GB 50150的有关规定，绝缘电阻值应符合产品技术文件的要求。

3 测量低压电器连同所连接电缆及二次回路的绝缘电阻值不应小于1MΩ；潮湿场所，绝缘电阻值不应小于0.5MΩ。

11.0.2 低压电器动作性能的检查应符合下列规定：

1　对采用电动机、电磁、电控气动操作或气动传动方式操作的电器，除产品另有规定外，当控制电压或气压在额定值85%～110%的范围内时，电器应可靠动作。

2　分励脱扣器应在额定控制电源电压70%～110%的范围内均能可靠动作。

3　欠电压继电器或脱扣器应在额定电源电压70%～35%的范围内均能可靠动作。

4　剩余电流保护器应对其动作特性进行试验，试验项目为：在设定剩余动作电流值时，测试分断时间，应符合设计及产品技术文件的要求。

5　具有试验按钮的低压电器，应操作试验按钮进行动作试验。

11.0.3　测量电阻器和变阻器的直流电阻值，其差值应分别符合产品技术文件的要求；电阻值应满足回路使用的要求。

12　验　　收

12.0.1　验收时，应对下列项目进行检查：

1　电器的型号、规格符合设计要求。

2　电器的外观完好，绝缘器件无裂纹，安装方式符合产品技术文件的要求。

3　电器安装牢固、平正，符合设计及产品技术文件的要求。

4　电器金属外壳、金属安装支架接地可靠。

5　电器的接线端子连接正确、牢固，拧紧力矩值应符合产品技术文件的要求，且符合本规范附录A的规定；连接线排列整齐、美观。

6　绝缘电阻值符合产品技术文件的要求。

7　活动部件动作灵活、可靠，联锁传动装置动作正确。

8　标志齐全完好、字迹清晰。

12.0.2 对安装的电器应全数进行检查。

12.0.3 通电试运行应符合下列规定：

1 操作时动作应灵活、可靠。

2 电磁器件应无异常响声。

3 接线端子和易接近部件的温升值不应超过本规范附录 B 和附录 C 的规定。

4 低压断路器接线端子和易接近部件的温升极限值不应超过本规范附录 D 的规定。

12.0.4 验收时应提交下列资料和文件：

1 设计文件。

2 设计变更和洽商记录文件。

3 制造厂提供的产品说明书、合格证明文件及“CCC”认证证书等技术文件。

4 安装技术记录。

5 各种试验记录。

6 根据合同提供的备品、备件清单。

附录 A 螺纹型接线端子的拧紧力矩

A.0.1 低压电器螺纹型接线端子的拧紧力矩应符合表 A.0.1 的规定。

表 A.0.1 螺纹型接线端子的拧紧力矩

螺纹直径(mm)		拧紧力矩(N·m)		
标准值	直径范围	Ⅰ	Ⅱ	Ⅲ
2.5	$\phi\leqslant2.8$	0.2	0.4	0.4
3.0	$2.8<\phi\leqslant3.0$	0.25	0.5	0.5

续表 A.0.1

螺纹直径(mm)		拧紧力矩(N·m)		
标准值	直径范围	Ⅰ	Ⅱ	Ⅲ
—	3.0<ϕ≤3.2	0.3	0.6	0.6
3.5	3.2<ϕ≤3.6	0.4	0.8	0.8
4	3.6<ϕ≤4.1	0.7	1.2	1.2
4.5	4.1<ϕ≤4.7	0.8	1.8	1.8
5	4.7<ϕ≤5.3	0.8	2.0	2.0
6	5.3<ϕ≤6.0	1.2	2.5	3.0
8	6.0<ϕ≤8.0	2.5	3.5	6.0
10	8.0<ϕ≤10.0	—	4.0	10.0
12	10<ϕ≤12	—	—	14.0
14	12<ϕ≤15	—	—	19.0
16	15<ϕ≤20	—	—	25.0
20	20<ϕ≤24	—	—	36.0
24	24<ϕ	—	—	50.0

注:第Ⅰ列适用于拧紧时不突出孔外的无头螺钉和不能用刀口宽度大于螺钉顶部直径的螺丝刀拧紧的其他螺钉;第Ⅱ列适用于可用螺丝刀拧紧的螺钉和螺母;第Ⅲ列适用于不可用螺丝刀拧紧的螺钉和螺母。

附录B 接线端子的温升极限值

B.0.1 低压电器接线端子的温升极限值应符合表B.0.1的规定。

表 B.0.1 接线端子的温升极限值

接线端子材料	温升极限值(K)
裸铜	60
裸黄铜	65
铜(黄铜)镀锡	65
铜(黄铜)镀银或镀镍	70

附录C 易接近部件的温升极限值

C.0.1 低压电器易接近部件的温升极限值应符合表C.0.1的规定。

表C.0.1 易接近部件的温升极限值

易接近部件	温升极限值(K)
人力操作部件： 金属的 非金属的	 15 25
可触及但不能握住的部件： 金属的 非金属的	 30 40
电阻器外壳的外表面	200
电阻器外壳通风口的气流	200

附录D 低压断路器接线端子和易接近部件的温升极限值

D.0.1 低压断路器接线端子和易接近部件的温升极限值应符合表D.0.1的规定。

表D.0.1 低压断路器接线端子和易接近部件的温升极限值

部件名称	温升极限值(K)
与外部连接的接线端子	80

续表 D.0.1

部件名称	温升极限值(K)
人力操作部件：	
金属零件	25
非金属零件	35
可触及但不能握住的部件：	
金属零件	40
非金属零件	50
正常操作时无需触及的部件：	
金属零件	50
非金属零件	60

本规范用词说明

1 为便于在执行本规范条文时区别对待，对要求严格程度不同的用词说明如下：

1)表示很严格，非这样做不可的：
正面词采用“必须”，反面词采用“严禁”；

2)表示严格，在正常情况下均应这样做的：
正面词采用“应”，反面词采用“不应”或“不得”；

3)表示允许稍有选择，在条件许可时首先应这样做的：
正面词采用“宜”，反面词采用“不宜”；

4)表示有选择，在一定条件下可以这样做的，采用“可”。

2 条文中指明应按其他有关标准执行的写法为：“应符合……的规定”或“应按……执行”。

引用标准名录

《电气装置安装工程　电气设备交接试验标准》GB 50150
《建筑工程施工质量验收统一标准》GB 50300

中华人民共和国国家标准

电气装置安装工程
低压电器施工及验收规范

GB 50254—2014

条 文 说 明

修 订 说 明

《电气装置安装工程　低压电器施工及验收规范》GB 50254—2014，经住房和城乡建设部2014年3月31日以第368号公告批准发布。

本规范是对1996年国家技术监督局和建设部联合发布的原《电气装置安装工程　低压电器施工及验收规范》GB 50254—96进行的修订。上一版的主编单位是电力工业部电力建设研究所，参加单位是机械工业部机械安装总公司第一安装公司、电力工业部上海电力建设局，主要起草人是李志耕、朱浩东、马家祚、马长瀛。

修订工作启动后，修订组分别在北京、温州、常熟、广州等地召开了工作会及专题讨论会，并到相关的低压电器生产厂家进行了实地考察，对各类低压电器产品特性、安装注意事项及试验项目与厂家技术人员进行了广泛、深入的探讨和交流。在修订过程中，广泛征求了安装单位、监理单位、质量监督单位、设计单位、标准管理单位的意见和建议，经充分研究形成本规范。本规范调整了章节结构和名称，增加了术语、试验两个章节及A、B、C、D四个附录，使整体结构更加合理和完善，内容更加充实，可操作性更强。

为便于广大设计、安装、监理、监督等单位在使用本规范时能正确理解和执行条文规定，修订组按章、节、条顺序编制了本规范的条文说明，对条文规定的目的、依据及执行中需注意的有关事项进行了说明。本条文说明不具备与规范正文同等的法律效力，仅供使用者作为理解和把握规范规定的参考。

1 总　　则

1.0.2　本条规定的适用范围与现行国家标准《电工术语　低压电器》GB/T 2900.18 相一致。这些通用低压电器系直接安装在建筑物或设备上的，与成套盘、柜内的电气设备安装和验收不同。盘、柜上的电器安装和验收应符合有关规程、规范的规定。

特殊环境下的低压电器（如防爆电器、热带型、高原型、化工防腐型等）的安装尚应符合相应国家现行标准的有关规定。

2 术　　语

2.0.2　“非正常电路下接通、承载和分断电流的一种机械开关电器”中的“非正常电路”是指例如短路等情况，“承载”是指在一定时间内承载。

2.0.3　本规范所指的“开关”是“机械开关电器”的一种。开关可以接通，但不能分断短路电流。

3 基本规定

3.0.2　妥善保管设备和材料，以防其性能改变、质量变劣，是工程建设的重要环节之一，因此设备的保管及期限应符合生产厂家产品技术文件的要求。

3.0.3 凡未经国家相关部门鉴定合格的设备或不符合国家现行技术标准(包括国家标准和行业或地方标准)的原材料、半成品、成品和设备均不得使用和安装。“CCC”认证属于中国强制性产品认证,而低压电器大部分均在认证范围内,故应执行。

国家相关部门会定期公布强制性淘汰产品目录,推广采用安全可靠、高效节能产品,减少能源消耗,保证人身和设备安全,因此不应采用国家明令禁止的低压电器设备。

3.0.4 本条规定:

1 事先做好检验工作,为顺利施工提供良好条件,首先检查包装和密封应完好。对有防潮要求的包装应及时检查,发现问题及时处理,以防受潮影响施工。

2 每台设备出厂时,应附有产品合格证明书、安装使用说明书,复杂设备带有试验记录和装箱清单等。

3.0.5 为保证施工人员的人身安全和设备安全,施工中应采取相应的安全措施,严格执行国家现行的有关安全技术标准及产品技术文件的要求。

3.0.6 为了避免现场施工混乱,加强施工管理,实行文明施工,本条提出低压电器安装前,有关的建筑工程应具备的一些具体要求,以便给安装工作创造一个良好的施工条件,这对保证低压电器的安装质量非常重要,因此协调电气安装与土建施工的关系是很重要的。

3.0.7 这些规定是必要的检查程序。低压电器经过运输、搬运后有可能损坏,尤其易碎易损件(如瓷座、灭弧罩、绝缘底板等),为确保安装质量,排除隐患,保证安全运行,故在安装前应进行检查。

3.0.8 低压电器的安装通常与周围空气温度、相对湿度、海拔、污染等级等环境因素有关,因此应按产品技术文件的要求进行核对。

3.0.9 对安装高度提出的要求主要是考虑防止低压电器被水浸

泡及接线方便。

对侧面有操作手柄的电器，为了便于操作和维修，特规定手柄和建筑物的距离不宜小于200mm。

3.0.10 低压电器通常为垂直安装，但近年来由于有的低压电器，如低压断路器性能的改善，有的是允许水平安装的，为此本条不作硬性规定。但低压电器的安装应优先满足操作方便的要求，有的工程为便于接线将部分低压电器水平安装，造成了操作的极大不便，因此在正常情况下宜垂直安装。

3.0.12 本条是对低压电器的外部接线提出的基本要求。

1 应按低压电器产品的接线标识进行正确接线，否则可能影响其正常运行，甚至造成损坏。

3 通常电源侧的导线接在进线端，即固定触头接线端，负荷侧导线接在出线端，即可动触头接线端，目的是为了安全，断电后，以负荷侧不带电为原则。否则，应经设计确认。

4 电器的接线螺栓及螺钉的防锈层，系指镀锌、镀铬等金属防护层。

6 电气间隙过小，易引发短路事故。

3.0.13 本条强调对成排或集中安装的低压电器安装时的要求。标识清晰是为了防止误操作。

3.0.14 本条是为了确保安全运行、防止乱动设备、提醒人们注意带电设备而制定的，以避免电击事故的发生。

3.0.16 当电气设备故障致使其金属外壳、框架带电时，极易造成人身电击事故，因此电器的金属外壳、框架的接地必须可靠，不应利用安装螺栓作接地，因为可靠接地应符合永久连续的基本原则，接地端子或螺栓应专用。本条为强制性条文。

3.0.18 投入运行前应清除落于电器设备上的杂物及灰尘，以保证安全。

4 低压断路器

4.0.2 本条规定了低压断路器安装应符合的规定。

1 为保证安全，断路器的飞弧距离应满足厂家产品技术文件的要求。

2 安装绝缘隔板并固定牢固有利于防止相间短路事故的发生。

3 当断路器发生短路等故障或性能较差，不能切断故障电流时，熔断器可以起到有效的保护作用；熔断器安装在电源侧也可为检修提供方便，只需将熔断器取下，呈现明显断开点即可。

4.0.3 本条规定了低压断路器的接线应符合的规定。

1 在短路分断的情况下，断路器上进线时动触头上没有恢复电压的作用，分断条件较好；下进线时动触头上有恢复电压，分断条件较严酷，有可能导致相间击穿短路。原因在于动触头多半是利用一公共轴联动，且其后紧接着软连接和脱扣器，如果它们之间由于短路断开时，会产生电离气体或导电灰尘而使得绝缘下降，就容易造成相间短路。因此，下进线时的短路分断能力一般都有所下降。只有在产品设计时充分考虑了这些因素的产品，断路器上进线和下进线时的短路分断能力才相等。因此，具体接线应符合产品技术文件的要求。

2 塑料外壳断路器在盘、柜外单独安装时，由于接线端子裸露在外部很不安全，为此在露出的端子部位应做绝缘保护。

4.0.5 本条规定了安装直流快速断路器除执行上述有关条文外，还应符合的特殊规定。

1 直流断路器较重，吸合时动作力较大，故需采取防振措施。

2 直流快速断路器在整流装置中作为短路、过载和逆流保护用的场合较多，为了安装上的需要，根据产品技术说明书的规定，本款提出了对距离的要求。

3 直流快速断路器喷弧范围大，为此本款规定在断路器上方应有安全隔离措施，无法达到时，则在3000A以下断路器的灭弧室上方200mm处加装隔弧板；3000A及以上在上方500mm处加装隔弧板。

6 有极性的直流快速断路器如果接错线，会造成断路器误动作或拒绝动作。

5 开关、隔离器、隔离开关及熔断器组合电器

5.0.1 本条为开关、隔离器、隔离开关安装应符合的基本规定。

1 当静触头位于下方，触刀拉开时，如果铰链支座松动，触刀等运动部件可能会在自重作用下向下掉落，同静触头接触，发生误动作造成事故。

2 如果电源进线接反，在更换熔体等操作时易发生电击事故。

3 大电流开关由于操作力大，触头或刀片的磨损也大，为此一些产品技术文件要求适当加些电力复合脂以延长其使用年限。

7 如果不同步，可能发生电动机缺相运行而烧毁的事故。

5.0.4 强调安装后对熔断器组合电器的熔断器及灭弧栅进行检查，以确保其可靠灭弧。

6 剩余电流保护器、电涌保护器

6.0.1 本条是安装剩余电流保护器的基本规定。

1 对需要有控制电源的剩余电流保护器，其控制电源取自主回路，当剩余电流保护器断电后加在电压线圈的电源应立即断开，如将电源侧与负荷侧接反即将开关进、出线接反，即使剩余电流保护器断开，仍有电压加在电压线圈上，可能将电压线圈烧毁。

2 剩余电流保护器在不同的接地形式（TT、TN－C、TN－C－S、TN－S）中有不同的接线要求，因此接线应符合现行国家标准《剩余电流动作保护装置安装和运行》GB 13955 的规定。通过的 N 线，不得重复接地，如果重复接地，剩余电流保护器将合不上闸，并且保护线（PE 线）不得接入剩余电流保护器。

3 带有短路保护功能的剩余电流保护器，在分断短路电流的过程中，开关电源侧排气孔会有电弧喷出，如果排气孔前方有导电性物质，则会通过导电性物质引起短路事故；如果有绝缘物质则会降低漏电开关的分断能力。因此在安装剩余电流保护器时应保证电弧喷出方向有足够的灭弧距离。

4 剩余电流保护器动作可靠方能投入使用。因此安装完毕后，应操作试验按钮，定性检验其工作特性；并采用专用测试仪定量检测其动作特性，即在设定剩余动作电流值时，测试分断时间。

6.0.3 本条对电涌保护器的安装作了规定。

3 上引线是指引至相线或中性线，下引线是指引至接地。

6 电涌保护器存在着短路失效模式。短路失效的电涌保护器可能引起火灾，因此系统中应有合适的过电流保护装置将失效的电涌保护器从系统中脱离。

7 在一个系统中的一条线路上，由于被保护设备冲击耐受特性的差异和安装位置的分散以及电涌保护器的标称放电电流的限制，不是一只电涌保护器就能解决问题的；又由于各电涌保护器动作特性和响应时间的不同，在电涌侵入时各级电涌保护器不一定按预期的要求动作，其后果是达不到预定的保护效果，严重的会出现爆炸、起火等事故。因此，需要考虑多个电涌保护器之间的级间配合。通过安装距离的控制是确保多级电涌保护器间实现能量配合的最有效方法。

7 低压接触器、电动机启动器及变频器

7.0.1 本条是低压接触器和电动机启动器在安装前检查时所应达到的要求，为以后能够顺利地试运行创造了条件，故此也是最基本的要求。

1 制造厂为了防止铁芯生锈，出厂时在接触器或启动器等电磁铁的铁芯面上涂以较稠的防锈油脂，在通电前应清除，以免油垢粘住而造成接触器在断电后仍不返回。

7.0.2 接触器线圈做通、断电试验，若操作频率大于产品技术文件的要求，可能会烧毁线圈。

7.0.5 可逆启动器或接触器，除有电气联锁外尚有机械联锁，要求这两种联锁动作均应可靠，防止正、反向同时动作，同时吸合将会造成电源短路，烧毁电器及设备。

7.0.6 星三角启动器是启动器中较为常用的电器，改变电动机接法才能达到降低电压启动的效果，本条规定为检查其接法和转换时的要求。

7.0.7 本条为自耦减压启动器的安装及调整要求。

2 自耦减压启动器出厂时，其变压器抽头一般接在65%额定电压的抽头上，当轻载启动时，可不必改接；如重载启动，则应将抽头改接至80%额定电压的位置上。

用自耦降压启动时，电动机的启动电流一般不超过额定电流3倍～4倍，最大启动时间（包括一次或连续累计数）不超过2min，超过2min，按产品规定应冷却4h后方能再次启动。

7.0.8 本条是确保变阻式启动器正常工作，防止电动机在启动过程中定子或转子开路，影响电动机正常启动的基本要求。

7.0.9 本条规定了软启动器的安装要求。

1 有利于散热，保证软启动器安全运行。

2 软启动器应按产品说明书及标识接线正确，1/L1、3/L2、5/L3、7/L4端接电源，2/T1、4/T2、6/T3、8/T4端接电机，否则有可能烧毁软启动器；风冷型软启动器二次端子“N”如不接中性线，风扇将不能正常工作，当温度过高时，可能烧毁软启动器。

4 如用兆欧表测试绝缘电阻，可能损坏电子器件。

5 在启动过程中改变参数设置，可能损坏软启动器。

7.0.10 本条规定了变频器的安装要求。

1 变频器垂直安装有利于散热，变频器出风口上方加装保护网罩是为了防止异物落入。

2 横向排列安装有利于散热，在两台变频器之间加装隔板是避免下方变频器排出来的热风直接进入上方变频器内。

3 一般输入应接R、S、T端，输出应接U、V、W端，否则会在逆变管导通时引起相间短路，烧毁逆变管。

4 采用屏蔽线是为了抗干扰。

8 控制开关

8.0.1 本条规定了凸轮控制器及主令控制器的安装要求。

1 有些系列主令控制器适用于交流，不能代替直流控制器使用，为此应检查控制器的工作电压，以免误用。

2 本款规定了操作手柄或手轮的高度，以便操作和观察。

3 有的操作手柄带有零位自锁装置，这是安全保护措施。安装完毕后应检查自锁装置能否正常工作。

4 为使控制对象能正常工作，应在安装完毕后检查控制器的操作手柄或手轮在不同位置时控制器触头分、合的顺序，应符合控制器的接线图，并在初次带电时再一次检查电动机的转向、速度与控制器操作手柄位置一致，且符合工艺要求。

5 触头压力、超行程是保证可靠接触的主要参数，但它们因控制器的容量不同而各有差异；而且随着控制器本身质量不断提高，其触头压力一般不会有多大变化。为此本款只要求压力均匀（用手检查）即可，除有特殊要求外，不必测定触头压力，但要求触头超行程不小于产品技术条件的要求。

6 润滑良好的目的是使各转动部件正常工作，减少磨损，延长使用年限，故在控制器初次投入运行时，应对这些部件的润滑情况加以检查。

8.0.2 按钮之间的净距要求及标志是为了防止误操作。

8.0.3 行程开关种类很多，本条规定了一般常用的行程开关有共性的基本安装要求。

9 低压熔断器

9.0.2 若中性线（N 线）或保护中性线（PEN）上安装了熔断器，一旦发生断路，当三相负荷不平衡时，会使中性点产生偏移，使三相电压不对称，甚至烧毁设备。本条为强制性条文。

9.0.4 安装熔体时应保证接触良好，接触不良会使接触部位过热，热量传至熔体，而熔体温度过高则会造成误动作。熔体如果受到机械损伤，相当于熔体截面变小，电阻增加，致使被保护设备正常运行时熔体熔断，影响设备正常运行。

9.0.7 本条规定是为了避免配装熔体时出现差错，影响熔断器对电器的正常保护工作。

9.0.9 有些熔断器，如 RT18－32 系列断相自动显示报警熔断器就带有接线标志。电源进线应接在标志指示的一侧。

9.0.10 安装螺旋式熔断器时，应注意将电源线进线接到瓷底座的下接线端，这样更换熔管时金属螺纹壳上就不会带电，以保证安全。

10 电阻器、变阻器、电磁铁

10.0.1 根据产品技术条件，电阻器可以叠装使用，但从散热条件、不降低电阻器容量及箱体机械强度考虑，直接叠装的层数应符合产品技术文件的要求，否则运行不安全。若组间也要叠装，为保证散热效果，则组间的间距也应符合产品技术文件的要求。另外，为了散热方便，电阻器底部与地面之间应留有一定散热距离。

10.0.2 电阻器发热后，热气流上升而影响其他电器设备运行，为此电阻器应安装在其他电器的上方，且两者之间应有适当的间隔。

10.0.3 电阻元件有较高的发热温度，因此元件之间的连接线应采用裸导线，一般用铜导线或钢导线。

电阻器因其工作环境、用途不同，所以发热情况不一样，为此，其外部接线的施工方法也不是相同的，要根据具体情况来决定，对能产生高温的特殊电阻器，应按产品技术条件的规定来考虑，但要保证接触可靠。

10.0.4 电阻器与变阻器在运输途中或安装时可能因搬运不慎而受到机械损伤，因此在安装就位后应对电阻器及变阻器进行检查，不应有断路或短路的现象，必要时，对其阻值应用电桥进行测量，实测值与铭牌值之间的误差应符合产品技术条件的要求。

10.0.5 变阻器的转换调节装置用来改变阻值，以调节电动机的转速或直流发电机的电压。因此对转换调节装置的移动、限位开关、电动传动、手动传动等的功能均应按产品技术文件的规定进行试验。

10.0.6 频敏变阻器专供50Hz三相交流绕线型电动机转子回路作短时启动之用。此时启动的电动机负载可分为轻载(如空压机、水泵等)、中载、重载(如真空泵、带飞轮的电机)和满载四种情况。为了获得最合适的负载启动特性,一般改变绕组匝数的抽头进行粗调,在调整抽头过程中,连续启动次数及总的启动时间应符合产品技术条件的要求。同时要防止电动机及频敏变阻器过热。

10.0.7 电磁铁的铁芯表面应保持清洁,工作极面上不得有异物或硬质颗粒,以防衔铁吸合时撞击磁轭,造成极面损伤并产生较大噪声。

10.0.8 电磁铁工作时振动较大,其螺栓、接线易松动,影响运行,故应连接牢固。

10.0.11 为了避免长行程制动电磁铁在通电时受到冲击,制成空气缸,调节气缸下部气道孔的螺钉即改变了气道孔的截面大小,就可以改变衔铁的上升速度,达到平稳、无剧烈冲击的目的。

10.0.12 直流制动电磁铁采用空气隙作为剩磁间隙的结构,避免了非磁性垫片被打坏的现象;增加了磁隙指示,有利于产品的维护和调整。安装调整时,应使衔铁行程指针位置符合产品技术条件的要求。

10.0.13 交流牵引电磁铁适用于交流50Hz、额定电压至380V的电路中作为机械设备及自动化系统中各种操作机构的远距离控制之用。电磁铁的额定行程分为微型(10mm)、小型(20mm)、中型(30mm)、大型(40mm)四级,有的装在管道系统中的阀门上,有的则装在设备上,其共同特点是控制较精确,动作行程短,故电磁铁位置应仔细调整,使其动作符合系统要求。

10.0.15 有特殊要求的电磁铁,如直流串联电磁铁,应测量吸合电流和释放电流,其值应符合设计要求或产品技术文件的要求。通常其吸合电流为传动装置额定电流的40%,释放电流小于传动装置额定电流的10%即为空载电流。

11 试　验

11.0.1 本条规定了低压电器绝缘电阻的测量要求。

1 进行绝缘电阻测量是低压电器试验的基本要求,本款明确了低压电器绝缘电阻测量的部位。

2)当极与极之间接有电子线路时,使用兆欧表进行绝缘摇测,会导致电子元器件的损坏。

2 额定电压不同的低压电器,测量绝缘电阻时所用兆欧表的电压等级是不同的,应符合现行国家标准《电气装置安装工程　电气设备交接试验标准》GB 50150 的规定。

3 与现行国家标准《电气装置安装工程　电气设备交接试验标准》GB 50150 的规定一致。

11.0.2 本条是依据现行国家标准《低压开关设备和控制设备　第1部分:总则》GB 14048.1 和《电气装置安装工程　电气设备交接试验标准》GB 50150 及《剩余电流动作保护装置安装和运行》GB 13955 而作出的规定。

11.0.3 本条是依据现行国家标准《电气装置安装工程　电气设备交接试验标准》GB 50150 而作出的规定。

12 验　收

12.0.1 本条所列要求是低压电器安装验收应检查的项目,是试运行前应该达到的基本要求。

12.0.3 本条所列要求是低压电器安装通电试运行应达到的质量

要求，只有满足了这些要求才能保证以后的安全运行。

12.0.4 本条对验收时应提交的资料和技术文件提出了具体规定。

中华人民共和国国家标准

电气装置安装工程
电力变流设备施工及验收规范

Code for construction and acceptance of power conversion equipment electric equipment installation engineering

GB 50255—2014

主编部门：中 国 电 力 企 业 联 合 会
批准部门：中华人民共和国住房和城乡建设部
施行日期：2 0 1 4 年 1 0 月 1 日

12

中华人民共和国住房和城乡建设部公告

第320号

关于发布国家标准《电气装置安装工程　电力变流设备施工及验收规范》的公告

现批准《电气装置安装工程　电力变流设备施工及验收规范》为国家标准，编号为GB 50255-2014，自2014年10月1日起实施。其中，第4.0.4条为强制性条文，必须严格执行。原《电气装置安装工程　电力变流设备施工及验收规范》GB 50255-96同时废止。

本规范由我部标准定额研究所组织中国计划出版社出版发行。

中华人民共和国住房和城乡建设部

2014年1月29日

前　言

本规范是根据住房和城乡建设部《关于印发〈2009年工程建设标准规范制订、修订计划〉的通知》(建标〔2009〕88号)的要求，由中国电力企业联合会、葛洲坝集团电力有限责任公司会同有关单位在《电气装置安装工程　电力变流设备施工及验收规范》GB 50255—96的基础上进行修订而成的。

本规范在修订过程中，修订组经广泛调查研究，认真总结实践经验，并广泛征求意见，最后经审查定稿。

本规范共分7章。主要技术内容是：总则、术语、基本规定、电力变流设备的安装、冷却系统的安装、电力变流设备的试验、工程交接验收。

与原规范相比较，本次修订主要包括以下内容：

1.调整了本规范的适用范围；

2.增加了术语、基本规定两章，并调整原章节次序；

3.对电力变流设备的安装提出新的要求，并作了明确规定；

4.对冷却系统的安装分类别提出新的要求，并作了明确规定；

5.对电力变流设备的试验项目作了调整。

本规范以黑体字标志的条文为强制性条文，必须严格执行。

本规范由住房和城乡建设部负责管理和对强制性条文的解释，由中国电力企业联合会负责日常管理，由葛洲坝集团电力有限责任公司负责具体技术内容的解释。在本规范执行过程中，请各单位结合工程实践，认真总结经验，如发现需要修改或补充之处，请将意见和建议邮寄中国电力企业联合会(地址：北京市西城区白广路二条1号，邮编：100761)，以供今后修订时参考。

本规范主编单位、参编单位、参加单位、主要起草人和主要审查人：

主 编 单 位：葛洲坝集团电力有限责任公司
中国电力科学研究院

参 编 单 位：江苏省送变电公司
山东送变电工程公司
国家电网公司直流建设分公司

参 加 单 位：广州高澜节能技术股份有限公司
中国电器科学研究院有限公司

主要起草人：龚祖春　姚卫星　徐　军　王　微　张　诚
刘世华　田　晓　荆　津

主要审查人：刘文鑫　赵殿林　陈发宇　张鞍生　冷明全
丁小松　王　敏　何冠恒　杨佐琴　潘广锋
翟大海　许建军　尹志民

1 总　　则

1.0.1 为保证电力变流设备安装工程的施工质量，促进施工技术水平的提高，确保变流设备安全稳定运行，制定本规范。

1.0.2 本规范适用于除电力系统高压直流输电和柔性交流输电以外的电力变流设备的施工、调试及验收。

1.0.3 电力变流设备的施工、调试及验收除应符合本规范外，尚应符合国家现行有关标准的规定。

2 术　　语

2.0.1 电力变流设备　power conversion equipment

包括电力电子变流器和变流器自身运行必要的辅助装置，以及不能进行物理拆分的其他专用的应用部件的设备。

2.0.2 柔性交流输电　flexible AC transmission

基于电力电子设备或其他静止控制设备来增强系统的可控性和功率传输能力的交流输电方式。

2.0.3 电力半导体器件　power semiconductor device

在电力变流设备中使用的半导体器件，它包括各种整流二极管、晶闸管、晶体管、半导体模块和组件等。

2.0.4 快速熔断器　rapid fuse

在规定的条件下，能快速切断故障电流，主要用于保护电力半导体器件过载及短路的有填料熔断器。

3 基 本 规 定

3.0.1 电力变流设备的安装工程应按已批准的设计文件进行施工。

3.0.2 电力变流设备在搬运和安装时，应采取防振、防潮、防止框架变形和漆面受损等保护措施。当产品有特殊要求时，尚应符合产品技术文件的要求。

3.0.3 电力变流设备保管宜存放在室内。对有特殊保管要求的设备和元件，应按产品技术文件的要求保管。

3.0.4 采用的设备和器材应符合合同技术协议要求，设备及关键器件应有铭牌及合格证件。

3.0.5 电力变流设备和器材到达现场后，对设备和器材的检查应符合下列要求：

1 包装应完好。

2 开箱检查时，核对型号、规格应符合设计要求；设备外观检查应无损伤、无腐蚀、无受潮；附件、备件及专用工具应齐全。

3 产品的技术文件应齐全。

3.0.6 电力变流设备的施工应制定安全技术措施。

3.0.7 与电力变流设备安装工程有关的建筑工程的施工，应符合下列要求：

1 建(构)筑物的工程质量应符合现行国家标准《建筑工程施工与质量验收统一标准》GB 50300 的有关规定。当设计有特殊要求时，尚应满足其要求。

2 设备安装前，建筑工程应具备下列条件：

1)屋顶、楼板应施工完毕，不得渗漏；

2)室内地面、门窗、墙壁等应施工完毕，并应符合设计要求，但对有特殊要求的设备，所有装饰工作应全部结束；

3)设备基础、沟道、预埋件、预埋管、预留孔(洞)应施工完毕,并应符合设计要求,沟道内应无积水、杂物;

4)对设备安装有影响的采暖通风、照明、给排水等应施工完毕,并应符合设计要求。

3 设备安装完毕,调试运行前,建筑工程应符合下列要求:

1)构架上的污垢应清除,充填(补)孔洞及装饰工程应结束;

2)保护性栏杆、网门及其联锁限位开关等安全设施应齐全;

3)受电后无法进行或影响运行安全的工作应施工完毕。

3.0.8 设备安装使用的紧固件应采用热浸镀锌制品,当设计或产品技术文件对紧固件的材质、强度等有特殊要求时,采用的紧固件应满足其要求。地脚螺栓宜采用热浸镀锌制品。

4 电力变流设备的安装

4.0.1 电力变流设备的变流柜和控制柜的安装应符合现行国家标准《电气装置安装工程　盘、柜及二次回路接线施工及验收规范》GB 50171 的有关规定。

4.0.2 变流柜和控制柜与基础的连接及柜上的设备与各构件间连接应牢固,连接方式、防振措施应符合设计或产品技术文件要求,控制柜宜采用螺栓连接固定。

4.0.3 变流柜和控制柜当设计采用绝缘安装时,对柜体及其周围的绝缘处理应符合设计要求。

4.0.4 变流柜和控制柜除设计采用绝缘安装外,其外露金属部分必须可靠接地,接地方式、接地线应符合设计要求,接地标识应明显。转动式门板与已接地的框架之间应有可靠的电气连接。

4.0.5 变流柜及控制柜安装完毕,应进行下列检查:

1 柜内母线、电力半导体器件、散热器、快速熔断器、开关器件、电抗器，以及指示仪表、绝缘件等辅助元器件的型号、规格、数量均应符合产品技术文件的要求，各元器件应完好无损、安装牢固、标识正确清晰。

2 插接件的插头及插座的接触簧片应有弹性，且镀层应完好；插拔应灵活，插接时应接触良好可靠。

3 插件板的名称与标志应无错位，插件板内的线路应清晰、洁净、平滑、无腐蚀、无毛刺，线条应无断裂、无条间粘连；各焊点之间应明显断开。

4 螺栓连接的导线应无松动，接线端子压接应牢固无开裂。焊接连接的导线应无脱焊、虚焊、碰壳及短路。

5 元器件出厂时调整的定位标志不应错位。

6 半导体器件、散热器、快速熔断器及母线之间应接触紧密、无松动。

7 对有防静电要求的半导体器件和印刷电路板，检查时应采取相应防静电措施。

4.0.6 抽屉式结构的变流柜及控制柜的安装尚应符合下列要求：

1 盘、柜的框架应无变形。抽屉在推、拉操作时应灵活轻便，无卡阻、碰撞现象，并应在各种所需位置上固定牢固。抽屉后部接线应留有足够裕度。

2 接插式抽屉的动、静触头应接触良好。抽屉的机械联锁或电气联锁装置应动作正确可靠。抽屉的框架与盘、柜体应接触良好。

3 同规格的抽屉或插件应具有互换性。

4.0.7 用于更换的快速熔断器的规格应与原产品相同。

4.0.8 电力半导体器件的更换，宜选用与原器件型号、规格相同的产品。当需代用时，新更换的器件应符合下列要求：

1 新更换器件的外形安装尺寸宜与被更换的器件相同。

2 新更换器件的额定值、特性参数和工作条件应能满足所在电路的要求。

4.0.9 电力半导体器件的拆装应符合下列要求：

1 器件的拆装应使用专用工具进行；对平板型器件，宜连同散热器一起拆装；有防静电要求的器件，应采取相应措施。

2 装配时，应先检查器件、散热器的表面质量，其安装方法、紧固力矩应符合产品技术文件要求。

3 装配后，检查带电部件之间和带电部件与地（外壳）之间的最小电气间隙，其间隙应符合产品技术文件要求。

4 器件的更换和拆装工作宜在制造厂技术人员指导下进行。当自行更换时，应由熟知设备性能、器件性能及拆装工艺要求的人员进行。

4.0.10 电力变流设备母线的型号、规格及并联各支路的长度应符合设计要求；母线的制作与安装应符合现行国家标准《电气装置安装工程　母线装置施工及验收规范》GB 50149 的有关规定。

4.0.11 电力变流设备的电缆敷设与配线应符合下列要求：

1 电缆的型号、规格及主电路电缆的长度应符合设计要求，电缆的敷设应符合现行国家标准《电气装置安装工程　电缆线路施工及验收规范》GB 50168 的有关规定。

2 电力半导体器件的触发或驱动电路的脉冲连线以及控制系统的数据线，应采用屏蔽双绞线、同轴电缆或光纤。当采用屏蔽双绞线或同轴电缆时，连线宜单独敷设，避免与大电流导线或母线靠近平行走向，并应远离开关器件等强干扰源，其屏蔽层的接地应符合设计要求。光纤的敷设应符合设计要求，其弯曲半径、终接与接续及性能测试应符合工艺要求。

3 二次回路应按图施工、接线正确，配线应整齐美观，接线端子应牢固可靠，回路编号应正确、清晰；二次回路的抗干扰措施应符合设计及产品技术文件的要求；控制柜的二次回路接地应符合设计要求。

5 冷却系统的安装

5.0.1 电力变流设备油浸冷却系统的安装应符合下列要求：

1 贮油箱、阀门及管路系统应连接正确、密封良好，进行密封试验时应无渗漏和油箱变形现象。正常工作时，设备及其油箱各处温度应正常。

2 补充或更换的绝缘油应符合现行国家标准《电气装置安装工程 电气设备交接试验标准》GB 50150 的有关规定。

3 贮油箱油面高度应与标定的刻度指示线一致。

4 密封用材料应具有耐油性能。

5.0.2 电力变流设备水冷却系统的安装应符合下列要求：

1 冷却系统的管路、阀门、管件及密封材料的选用应符合产品技术文件要求，管路的连接方式和敷设应符合设计要求。

2 管路、阀门及管件在安装前应清洗干净，并应做好防尘、防异物措施；管路系统装配后应循环冲洗合格。

3 冷却系统与变流设备的带电部位以及不同电位的带电部位之间，应采用绝缘管路连接。绝缘管路的长度应根据电位确定，当制造厂无具体规定时，不同电位点之间的绝缘管路长度不宜小于1.0m，变流设备和冷却系统之间的绝缘管路长度不宜小于1.5m。

4 金属管路安装应符合现行国家标准《工业金属管道工程施工质量验收规范》GB 50184 的有关规定；非金属管路安装宜按产品技术文件要求执行。管路组件安装应平直、牢固，管道应无凹凸、侧偏，使用软管连接时应无扭折和裂纹。

5 管路连接应正确可靠，并应按产品技术文件要求进行水压试验，管路应无渗漏现象。在额定工况下，进出口的水压、流量和水温应符合产品技术文件要求。

6 冷却系统的水质应符合现行国家标准《半导体变流器 基本要求的规定》GB/T 3859.1 的有关规定。

7 冷却设备的安装应符合设计及产品技术文件的要求。

8 冷却系统的接地应符合设计要求。

5.0.3 电力变流设备风冷却系统的安装应符合下列要求：

1 冷却风机、风道及空气过滤器的安装应符合产品技术文件要求。风机应安装牢固、转动灵活、无卡阻现象。

2 检查风道应畅通、空气过滤器应无堵塞现象；在额定工况下，风压、风量及温度应符合设计要求。

5.0.4 冷却系统的供电电源应符合设计要求。检查冷却系统的风机、水泵、油泵及其备用的风机、水泵、油泵应投切正常。

6 电力变流设备的试验

6.1 一 般 规 定

6.1.1 电力变流设备的试验应在设备安装完毕后进行。

6.1.2 电力变流设备配套的变压器、电抗器、高压电器或低压电器、电缆及母线等电气设备的试验，应符合现行国家标准《电气装置安装工程 电气设备交接试验标准》GB 50150 的有关规定。

6.1.3 本规范中未作规定的试验项目，可按合同技术协议或产品技术文件的要求进行。

6.2 电力变流设备的试验

6.2.1 电力变流设备的试验项目应包括下列内容：

1 绝缘试验。

2 辅助装置的检验。

3 空载试验或轻载试验。

4 控制性能的检验。

5 保护系统的协调检验。

6 低压大电流试验、负载试验。

7 电流均衡度试验。

6.2.2 电力变流设备如进行负载试验，可不再进行低压大电流试验；电力变流设备当现场不具备负载试验条件时，应进行低压大电流试验。电力变流设备中如无并联连接的电力半导体器件，可不进行电流均衡度试验。

6.2.3 绝缘试验前，应将电力变流设备与外部电源网络和负载分开；对回路中的电子元器件、电容器、压敏电阻、非线性电阻、开关及断路器断口等，均应将其各极短接；对与绝缘试验无电气直接连接的回路或线圈，也应短接并可靠接地；对其本身技术条件不能承受试验的回路中其他器件应从电路中拆除，或采取其他防护措施。对采用水冷却方式的变流设备，其绝缘试验应在无水的情况下进行。

6.2.4 绝缘电阻的测量应符合下列要求：

1 绝缘电阻的测量，应按现行国家标准《电气装置安装工程 电气设备交接试验标准》GB 50150 的有关规定进行，对不同电压等级的设备或回路，应使用相应电压等级的兆欧表进行试验。

2 绝缘电阻值应符合产品技术文件要求，当制造厂无具体规定时，绝缘电阻值可不小于 1MΩ。

6.2.5 耐压试验应符合下列要求：

1 交流耐压试验值应符合产品技术文件要求，当制造厂无具体规定时，可取为该产品出厂试验电压值的 80%。

2 当不宜施加交流试验电压时，可施加与规定的交流试验电压峰值相等的直流试验电压。

3 耐压试验时，施加电压从零上升至试验电压值的时间不应小于 10s；或自该试验电压值的 50%开始，宜以每级为该试验电压值的 5%逐级增加至试验电压值。耐压试验的持续时间应为

1min，并应无击穿或闪络现象。

6.2.6 辅助装置的检验应符合下列要求：

1 辅助装置的绝缘试验应按本规范第6.2.3条～第6.2.5条的规定进行；其性能检验工作可进行模拟试验，也可在空载试验或轻载试验时同时进行。

2 将辅助装置接至额定电压，应工作正常；测得的有关参数、冷却风机的风量、泵的流量等，应符合设计及产品技术文件的要求。

6.2.7 空载试验或轻载试验应符合下列要求：

1 试验可用递升加压，逐步调整输入电压至额定值；调整输出电压达到额定值，对其设备输出端选用的负载，应能满足所验证的性能要求。

2 试验测得的变流设备的静态或动态输出特性以及控制、保护等性能，均应符合设计及产品技术文件的要求。

3 对于不间断电源设备、逆变应急电源设备，其空载试验或轻载试验应分别在有、无交流输入的情况下进行。

6.2.8 控制性能的检验应符合下列要求：

1 静态或动态控制特性检验，应检查变流设备能否在设计允许的供电电压变化范围内可靠工作。

2 各种控制特性的测试方法和要求，应符合产品技术文件的要求。

6.2.9 保护系统的协调检验应符合下列要求：

1 变流设备的保护系统的检验、调整及整定，可分别在空载试验或轻载试验、低压大电流和带负载工况下进行，也可采用外加电源模拟进行。

2 各类保护的检验、调整方法和整定值，应按设计或产品技术文件要求进行。若出厂时保护已按用户要求设定，现场可只进行核对性检查。

6.2.10 低压大电流试验应符合下列要求：

1　试验时，将变流设备的直流输出端直接或通过电抗器短路，交流输入端所施加的交流电压应加至能产生连续额定直流电流输出；变流设备的控制设备和辅助装置的工作电源，应单独用其额定电压供电。

2　在额定电流下，按产品技术文件规定的连续通电时间检查变流设备各部件和主回路各电气连接点的温升，不应超过产品技术文件的规定，且不应有局部过热现象。

6.2.11　负载试验应符合下列要求：

1　试验可使用等效负载或实际负载，试验条件不应低于额定条件。试验时，应调整变流设备的输入电压至额定值，再对可调节输出的变流设备作相应调节，应使其输出电压、负载电流等于额定值。

2　检查变流设备应运行正常，各部件和主回路各电气连接点的温升，不应超过产品技术文件的规定。

6.2.12　电流均衡度测量应符合下列要求：

1　电流均衡度的测定应以额定工况为准。

2　电流均衡度应按下式进行计算，并应符合产品技术文件要求：

$$K_{\mathrm{I}}=\frac{\sum I_{\mathrm{a}}}{n_{\mathrm{p}}\cdot(I_{\mathrm{a}})_{\mathrm{M}}} \tag{6.2.12}$$

式中：K_{I}——电流均衡度；

$\sum I_{\mathrm{a}}$——各并联器件所承载的平均电流值的总和(A)；

$(I_{\mathrm{a}})_{\mathrm{M}}$——各并联器件中，分担最大电流份额的器件承载的平均电流值(A)；

n_{p}——并联器件的数量。

7　工程交接验收

7.0.1　电力变流设备安装工程交接验收时，应按下列要求进行检查：

1　设备安装及接地应符合设计要求，柜体漆层应完好、清洁整齐，柜内防潮、防凝露设施应完好，柜体底部及电缆管口应封堵严密。

2　柜内所装电器元件应齐全完好、安装牢固、标识规范。

3　电力半导体器件、快速熔断器、散热器等元件安装应符合产品技术文件要求。

4　二次回路应接线正确、连接可靠、标志齐全清晰。

5　冷却系统安装应符合设计要求，液冷系统应无渗漏现象，风冷系统风道应畅通，空气过滤器应无堵塞。

6　设备操作及联动应试验正确，并应符合设计要求。

7　设备试验工况及需测试的参数，应符合合同技术协议或产品技术文件的要求。

8　备品备件、专用工具及辅料等应移交齐全。

7.0.2　交接验收时，应提供下列资料和文件：

1　制造厂提供的产品说明书、试验大纲、试验报告、合格证件及图纸等技术文件。

2　施工图纸及设计变更说明文件。

3　安装记录、质量验收记录。

4　调整试验记录。

5　根据合同提供的备品备件、专用工具及辅料等清单。

本规范用词说明

1　为便于在执行本规范条文时区别对待，对要求严格程度不同的用词说明如下：

1)表示很严格，非这样做不可的：

正面词采用“必须”，反面词采用“严禁”；

2）表示严格，在正常情况下均应这样做的：

正面词采用“应”，反面词采用“不应”或“不得”；

3）表示允许稍有选择，在条件许可时首先应这样做的：

正面词采用“宜”，反面词采用“不宜”；

4）表示有选择，在一定条件下可以这样做的，采用“可”。

2 条文中指明应按其他有关标准执行的写法为：“应符合……的规定”或“应按……执行”。

引用标准名录

《电气装置安装工程　母线装置施工及验收规范》GB 50149

《电气装置安装工程　电气设备交接试验标准》GB 50150

《电气装置安装工程　电缆线路施工及验收规范》GB 50168

《电气装置安装工程　盘、柜及二次回路接线施工及验收规范》GB 50171

《工业金属管道工程施工质量验收规范》GB 50184

《建筑工程施工与质量验收统一标准》GB 50300

《半导体变流器　基本要求的规定》GB/T 3859.1

中华人民共和国国家标准

电气装置安装工程
电力变流设备施工及验收规范

GB 50255—2014

条 文 说 明

修 订 说 明

《电气装置安装工程　电力变流设备施工及验收规范》GB 50255—2014，经住房和城乡建设部2014年1月29日以第320号公告批准发布。

本规范是在《电气装置安装工程　电力变流设备施工及验收规范》GB 50255—96的基础上修订而成，上一版的主编单位是电力工业部电力建设研究所（现中国电力科学研究院），参编单位是电力工业部水电第十二工程局、冶金工业部第三冶金建设公司，主要起草人员是姚耕、高达勇、陈玉满、马长瀛。本次修订的主要技术内容是：总则、术语、基本规定、电力变流设备的安装、冷却系统的安装、电力变流设备的试验、工程交接验收。

2009年7月28日在宜昌召开编制组成立暨第一次工作会议，会议讨论并通过了规范修订大纲、修订计划及起草分工。2010年9月在西安再次召开规范编写组工作会，对西安电力电子技术研究所进行了调研，同时对规范初稿做了进一步讨论修改。2011年4月1日将征求意见稿发全国各有关设计、制造、施工、监理、生产运行等企业征求意见。2011年8月编写组在广州对中国电器科学研究院有限公司、广州高澜节能技术股份有限公司的研发、制造、试验等部门进行了调研，了解当前变流设备的新技术、新工艺，与企业技术人员针对电力变流设备产品特性、安装注意事项以及安装后试验项目进行了广泛、深入的探讨和交流。同时邀请部分专家对送审稿初稿进行逐条讨论审核，提出修改意见。本规范的技术指标先进、合理，能够对电力变流设备的施工及验收起到指导和规范作用。

为了方便广大设计、生产、施工、科研、学校等单位有关人员在使用本规范时能正确理解和执行条文规定，《电气装置安装工程 电力变流设备施工及验收规范》编制组按章、节、条顺序编制了本规范的条文说明，对条文规定的目的、依据以及执行中需注意的有关事项进行了说明。但是，本条文说明不具备与规范正文同等的法律效力，仅供使用者作为理解和把握规范规定的参考。

1 总　　则

1.0.2 本条明确了本规范适用的范围。电力变流设备的应用范围十分广泛，其中应用于高压直流输电、柔性交流输电等电力系统中的电力变流设备因其应用环境、工作条件特殊，其安装、验收应符合其专用规程，本规范不适用。

1.0.3 电力变流设备配套的变压器、电抗器、高压电器或低压电器等设备的安装，应符合国家现行相关标准的有关规定；各行业电力变流设备的安装，尚应符合各自行业现行相关标准的有关规定。

2 术　　语

本规范的术语和定义依据《半导体变流器　一般要求和电网换相变流器　第1-1部分：基本要求规范》IEC 60146-1-1、《电工术语　电力半导体器件》GB/T 2900.32、《电工术语　低压电器》GB/T 2900.18等标准。

3 基本规定

3.0.3 本条规定了电力变流设备保管的基本要求。当现场不具备室内保管的条件时，如设备不开箱可采取室外保存，但应充分考虑自然条件和周围环境是否对设备造成损害；对温度、湿度等有较严格要求的设备和元件，应按规定妥善保管在合适的环境中。

3.0.4 不得使用淘汰及高耗能产品，新产品应经鉴定合格。

3.0.5 设备到货后开箱检查前，首先检查外包装。开箱检查时，强调检查铭牌，核实型号、规格符合设计要求，检查设备无损伤、无腐蚀、无受潮，清点附件、备件、专用工具的供应范围和数量符合合同要求。

各制造厂提供的技术文件没有统一规定，可按各厂家规定及合同协议要求。

3.0.6 电力变流设备施工应遵守国家现行有关安全技术标准的规定。由于施工单位的装备和施工环境各不相同，在施工前，应结合现场的具体情况，事先制定切实可行的安全技术措施。

3.0.7 为加强管理，实行文明施工，避免现场施工混乱，本条规定了在电力变流设备安装前后对建筑工程的一些具体要求，以提高工程质量，避免损失，协调好建筑工程与安装的关系，这对变流设备安装工作的顺利进行，确保安装质量和设备安全是很必要的。

3.0.8 电力变流设备安装使用的紧固件，根据现有条件和市场供应情况，应优先采用热浸镀锌产品，如制造厂配套供应有其他防锈制品，如不锈钢螺栓等，也可采用。

4 电力变流设备的安装

4.0.2 变流柜运行时振动较大，柜体与基础的连接及柜上的设备与各构件间的连接应牢固可靠，且应按设计要求采取防振措施。柜体与基础的连接一般宜采用螺栓连接；变流柜(控制柜)之间、柜上的设备与各构件间的连接方式较多，应符合设计要求。考虑到控制柜有移动或更换的可能，不宜采取焊接固定，宜用螺栓固定。

4.0.3、4.0.4 此2条是在综合考虑各行业、各类型变流设备的不同要求后制定的。变流柜和控制柜的柜体采用接地或对地绝缘安装是由工程设计选择的，其中绝缘安装主要在有色冶金等行业的大功率电解整流设备中采用，这是由于大功率电解直流系统的泄漏电流较大，若柜体采取接地法安装，当直流电压碰壳时将产生强大电弧可能危及人身或设备安全。

为保证人身安全和设备安全，变流柜和控制柜除设计采用绝缘安装外，其外露金属部分必须可靠接地，且应与主接地网直接连接，接地引线应符合热稳定的要求。因直接涉及人身安全和设备安全，应强制执行。因此，将第 4.0.4 条列为强制性条文。

4.0.5 本条作为变流柜、控制柜安装完毕的一般性检查项目，发现缺陷及早采取弥补或修正措施，以保证安装质量，保证设备安全可靠运行。

4.0.6 抽屉式的变流设备盘、柜的安装要求，是设备正常、安全、可靠运行的必要条件。规定安装要求是保证安装质量，便于维护或检修。

4.0.7 快速熔断器是电力变流设备过载或短路保护的重要电气元件。选择快速熔断器时，需考虑到快速熔断器的额定电压、恢复电压、I^2t 值、额定电流、最大分断电流、功耗等因素，其选择结果应既能可靠保护设备，又不可频繁熔断，增大维护工作量，或误熔断造成不必要的损失，故作出此要求。

4.0.8 目前，电力半导体器件趋于集成化、模块化，更换时尽可能选用与原器件的型号、规格相同的产品，如无法保证，则应满足本条款的相应要求，以使更换后仍能达到产品的技术要求和设计指标。

4.0.9 电力半导体器件的拆装是电力变流设备安装、维修的一项重要工作，能否按规定拆装，关系到器件的完好程度、散热效果和并联器件的均流效果。

目前，电力半导体器件类型十分繁杂，制造厂家众多，对器件拆装的具体方法和技术要求各有不同、差别较大，因此本条仅对器件的拆装提出原则性的要求。

4.0.10 本条为新增条文。母线安装的质量影响到电力变流设备的安全可靠运行和均流效果。

4.0.11 电力变流设备中的电缆敷设与配线，尤其是电力半导体器件的触发或驱动电路的脉冲连线，影响变流设备的安全可靠运行。

5 冷却系统的安装

5.0.2 本条对电力变流设备水冷却系统的安装进行了要求。

1 本款为新增条文。本款对水冷却系统管路、阀门及管件的材质与规格的选择，以及管路的连接方式和敷设提出要求，主要是为降低冷却系统运行时的电化腐蚀程度，提高冷却水质，同时保证对整流设备的冷却效果。

2 本款对管路的清洗要求做了修改，并增加了做好防尘、防异物措施的要求。

3 由于水冷却系统与变流设备的带电部位之间，以及带电部位相互之间存在电位差，本条为降低泄漏电流而采取的绝缘措施。

4 本款为新增条文，是对管路的安装提出相关要求。冷却管路的连接除确保管路畅通外，还应保证运行时在热胀冷缩过程中不致引起管接头及管支撑破坏。

5 冷却管路的连接正确可靠十分重要，如冷却系统的组合和数量分配对冷却效果起重要作用。检验冷却系统是否由于管路堵塞或弯曲等原因，使管路中水的阻力增大，流量减小，影响散热效果。

6 电力变流设备的试验

6.1 一 般 规 定

6.1.3 电力变流设备应用范围较广，各行业均有不同的试验要求或特殊试验项目，对这些情况可按合同技术协议或产品技术文件的要求进行。

6.2 电力变流设备的试验

6.2.1 电力变流设备的试验项目是参照《半导体变流器 一般要求和电网换相变流器 第1-1部分：基本要求规范》IEC 60146-1-1，以及现行国家标准《半导体变流器 基本要求的规定》GB/T 3859.1的规定，并结合现场交接试验的条件和特点而制定。考虑到原条文中“电压均衡度测量、稳定性能、噪声”等试验项目现场不便实施，不再作为交接试验项目。

考虑到某些电力变流设备如更方便进行负载试验，故将“负载试验”与“低压大电流试验”并列入第6款试验项目。

6.2.2 本条为新增条文，明确了“负载试验”与“低压大电流试验”两者至少完成其中一项，实施时可根据设备特点和现场条件综合考虑。

6.2.3 为使电力变流设备在绝缘试验时不致损坏其内容的各种器件、元件的极间绝缘，在绝缘试验前，应按本条规定要求做好有关安全措施。绝缘试验宜在制造厂技术人员现场指导下进行。

根据现行国家标准《半导体变流器 基本要求的规定》GB/T 3859.1的规定，本条明确了采用水冷却方式的变流设备的绝缘试验在无水的情况下进行。

6.2.4 因电力变流设备应用范围十分广泛，种类繁多，设备使用条件、环境差别较大，不同行业之间的相关要求各不相同，本条及第6.2.5条是参照国家标准《电气设备安装工程　电气设备交接试验标准》GB 50150，以及《半导体变流器　基本要求的规定》GB/T 3859.1和《半导体电力变流器　电气试验方法》GB/T 13422的有关规定，对条文内容进行修订。

6.2.6　电力变流设备配套的各种辅助装置，如冷却用的风机、泵、程序设备、接触器等，直接影响其性能好坏及回路的正确性，通过检验辅助装置以确保运行中的安全与可靠。

6.2.7　空载试验或轻载试验的目的是验证电力变流设备的电路各环节以及设备的冷却系统，能否与主电路一起协调地进行正常工作。为了满足验证上述性能，其负载电流一般可按2%～5%额定电流值进行。

对于小电流设备(≤5A)可不进行此项试验。

6.2.8　控制性能的检验可在相应于本规范第6.2.7条和第6.2.10条规定的两种负载条件下进行，但尽可能在实际负载条件下检查控制特性。对某些大功率电力变流设备的动态控制特性，按国家标准《半导体变流器　基本要求的规定》GB/T 3859.1要求不能在厂内进行时，可在现场安装后，建设单位协调制造厂与安装单位协同完成。

6.2.9　由于电力变流设备保护系统形式繁多，不可能提出一个通用的检验规则，其检验、调整及整定应按设计或产品技术文件要求进行。在负载工况下进行保护元器件的检验，应尽可能在不使设备部件受到超过其额定值的条件下进行。对其过压、过流的倍数和所施加的时间，必须事先有所限制和采取可靠的安全措施，以免损坏其主要设备和电子元器件。

6.2.10　低压大电流试验的目的是验证变流设备在额定电流下正常工作，现场进行此项试验应强调此试验是在设备额定输出电流、产品技术文件规定的连续通电时间内进行。

如果更方便实施，可采用负载试验代替本试验。

6.2.11 本条为新增条文。负载试验的目的是验证变流设备在规定的负载等级和负载类型下正常工作,各部位运行情况是否符合产品技术条件的规定。

本试验由订货单位协调设备制造厂与安装单位、运行单位等共同进行。

6.2.12 由于各产品要求的分散性较大,电流均衡度 K_I 的标准不易作统一标准规定,其 K_I 值主要按产品标准的要求来进行验收。

7 工程交接验收

7.0.1 本条明确规定了工程交接验收时应检查的具体项目,以利于更好控制安装质量。

中华人民共和国国家标准

电气装置安装工程
起重机电气装置施工及验收规范

Code for construction and acceptance of electric device of crane electrical equipment installation engineering

GB 50256—2014

主编部门：中 国 电 力 企 业 联 合 会

批准部门：中华人民共和国住房和城乡建设部

施行日期：2 0 1 5 年 8 月 1 日

13

中华人民共和国住房和城乡建设部公告

第645号

住房城乡建设部关于发布国家标准《电气装置安装工程　起重机电气装置施工及验收规范》的公告

现批准《电气装置安装工程　起重机电气装置施工及验收规范》为国家标准，编号为GB 50256-2014，自2015年8月1日起实施。其中，第3.0.9(2)、4.0.1(3)、6.0.4(1)、6.0.9条(款)为强制性条文，必须严格执行。原国家标准《电气装置安装工程　起重机电气装置施工及验收规范》GB 50256-96同时废止。

本规范由我部标准定额研究所组织中国计划出版社出版发行。

中华人民共和国住房和城乡建设部

2014年12月2日

前　　言

本规范是根据住房城乡建设部《关于印发〈2009年工程建设标准规范制订、修订计划〉的通知》（建标〔2009〕88号）的要求，由中国电力企业联合会、国核工程有限公司会同有关单位在原国家标准《电气装置安装工程　起重机电气装置施工及验收规范》GB 50256—96的基础上修订完成的。

本规范在修订过程中，编制组认真总结了原国家标准《电气装置安装工程　起重机电气装置施工及验收规范》GB 50256—96执行以来，对电气装置安装工程起重机电气装置施工及验收的新要求以及相关科研和现场实践经验，广泛征求了全国有关单位的意见，最后经审查定稿。

本规范共分7章，主要技术内容包括：总则，术语，基本规定，滑触线、滑接器及悬吊式软电缆的安装，配线，电气设备及保护装置，工程质量验收。

与原规范相比，本次修订的主要内容有：

1.增加了“术语”和“基本规定”两个章节；

2.将本规范的适用范围由额定电压0.5kV及以下新安装的各式起重机、电动葫芦的电气装置和3kV及以下滑线安装工程的施工及验收扩大到额定电压10kV及以下的各式起重机、电动葫芦的电气装置和滑触线安装工程的施工及质量验收。电压等级提高了，对安装各个环节施工技术、指标等要求的提高，在条文中都作了明确规定。

本规范中以黑体字标志的条文为强制性条文，必须严格执行。

本规范由住房城乡建设部负责管理和对强制性条文的解释，由中国电力企业联合会负责日常管理，由中国电力科学研究院负责具体技术内容的解释。在本规范执行过程中，请各单位结合工程实践，认真总结经验，如发现需要修改或补充之处，请将意见或建议寄送国核工程有限公司（地址：上海市闵行区田林路888弄2号楼，邮编：200233），以供今后修订时参考。

本规范主编单位、参编单位、主要起草人和主要审查人：

主编单位：中国电力企业联合会
国核工程有限公司

参编单位：中国葛洲坝集团机械船舶有限公司
中国三冶集团电气设备安装工程公司
三峡电力职业学院

主要起草人：邹颖男　荆　津　孙克彬　何志江　庞友谊
陈　康　田　晓

主要审查人：徐　军　周永利　王国民　王　敏　刘　军
白　永　刘玉杰　周　健　王　鉴　葛占雨
高鹏飞

1 总 则

1.0.1 为保证起重机电气装置的施工安装质量，促进施工安装技术的进步，确保设备安全运行，制定本规范。

1.0.2 本规范适用于建设工程中额定电压10kV及以下的各式起重机、电动葫芦的电气装置和滑触线安装工程的施工及验收。

1.0.3 起重机电气装置的施工及验收，除应符合本规范外，尚应符合国家现行有关标准的规定。

2 术 语

2.0.1 滑触线和滑接器 trolley line and slip connector

用于给移动设备供电的一种馈电装置，由滑触线—滑线导轨和滑接器—集电器两部分组成。

2.0.2 信号电缆 signal cable

用于额定电压交流500V或直流1000V及以下用来传输数字信号、模拟信号、音频信号或自动信号的装置的电缆。

2.0.3 线槽 raceway

专门为敷设、固定导线或电缆而设计的一种槽形沟道。

2.0.4 电阻器 resistor

用电阻材料制成、有一定结构形式、能在电路中起限制电流通过作用或将电能转变为热能等的电器，由电阻体、骨架和引出端三部分构成。

2.0.5 制动装置 brake

具有使运动部件(或运动机械)减速、停止或保持停止状态等功能的装置。

2.0.6 行程限位开关 limit switch

利用生产机械运动部件的碰撞使其触头动作实现接通或分断控制电路,达到一定的控制目的的控制电器。

2.0.7 夹轨器 rail clamp

将轨行式起重机锁定在轨道上用以防风、抗滑行、防倾覆的安全装置。

2.0.8 控制器 controller

在电气传动装置中,按一定逻辑关系分合触头,达到发布命令或与其他控制线路联锁、转换目的的一种装置,又称主令开关。

2.0.9 变频器 variable-frequency drive

一种运动控制系统中的功率变换器,利用电力半导体器件的通断作用将工频电源变换为另一频率电能的控制装置。

2.0.10 可编程序控制器(PLC) programmable logic controller

一种专门为在工业环境下应用而设计的数字运算操作的电子装置。它采用可以编制程序的存储器,用来在其内部存储执行逻辑运算、顺序运算、计时、计数和算术运算等操作的指令,并能通过数字式或模拟式的输入和输出,控制各种类型的机械或生产过程。

2.0.11 触摸屏 touch panel

一种可接收触摸等输入信号,具有人机交互功能的感应式液晶显示装置。当接触了显示器上的图形按钮时,显示器上的触觉反馈系统可根据预先编制的程式驱动各种连结装置,可取代机械式的按钮面板。

3 基本规定

3.0.1 起重机电气装置的安装应按已批准的设计及产品技术文件进行施工。

3.0.2 起重机电气设备的运输、保管应符合产品技术文件的要求。

3.0.3 采用的设备及器材应有合格证件。设备应有铭牌标志。设备及器材到达现场后，应做下列验收检查：

1 包装应完整，密封件密封应良好。

2 开箱检查清点，型号、规格应符合设计要求，附件、备件应齐全。

3 产品的技术文件应齐全。

4 外观检查应无损坏、变形和锈蚀。

3.0.4 安装施工应制订安全技术措施。

3.0.5 与起重机电气装置安装有关的建筑工程施工应符合下列规定：

1 与起重机电气装置安装有关的建（构）筑物的建筑工程质量，应符合现行国家标准《建筑工程施工质量验收统一标准》GB 50300的有关规定。当设备及设计有特殊要求时，尚应符合特殊要求。

2 设备安装前，建筑工程应具备下列条件：

1）起重机上部的顶棚防水应验收合格；

2）混凝土梁上预留的滑触线支架安装孔和悬吊式软电缆终端拉紧装置的预埋件、预留孔位置应正确，孔洞应无堵塞，预埋件应牢固；

3）滑触线安装前，相关建（构）筑物内装修装饰工作应完成。

3.0.6 起重机电气装置的构架、钢管、滑触线支架等非带电金属部分,均应涂防腐漆或镀锌。

3.0.7 设备安装用的紧固件,除地脚螺栓外,均应采用镀锌制品。

3.0.8 绝缘起重机应设有吊钩与滑轮、起升机构与小车架、小车架与大车三道绝缘。每道绝缘在常温状态下用1000V兆欧表测得的电阻值应大于或等于1MΩ。非工作状态下,小车架上的感应电压不应超过安全电压值(36V)。

3.0.9 起重机非带电金属部分的接地应符合下列规定:

1 装有接地滑接器时,滑接器与轨道或接地滑触线,应可靠接触。

2 司机室与起重机本体用螺栓连接时,必须进行电气跨接;其跨接点不应少于两处。

3 跨接宜采用多股软铜线,其截面面积不得小于16mm²,两端压接接线端子应采用镀锌螺栓固定,当采用圆钢或扁钢进行跨接时,圆钢直径不得小于12mm,扁钢截面的宽度和厚度不得小于40mm×4mm。

4 滑触线、滑接器及悬吊式软电缆的安装

4.0.1 滑触线的布置应符合设计要求;当设计无要求时,应符合下列规定:

1 滑触线距离地面的高度不得低于3.5m;在有汽车通过部分,滑触线距离地面的高度不得低于6m。

2 滑触线与设备和氧气管道的距离,不得小于1.5m;与易燃气体、液体管道的距离,不得小于3m;与一般管道的距离,不得小于1m。

3 裸露式滑触线在靠近走梯、过道等行人可触及的部分,必

须设有遮拦保护。

4.0.2 滑触线的支架及其绝缘子的安装应符合下列规定：

1 支架不得在建(构)筑物伸缩缝和轨道梁结合处安装。

2 支架安装应牢固，并应在同一水平面或垂直面上。

3 绝缘子、绝缘套管不得有裂纹、机械损伤等缺陷；表面应清洁；绝缘性能应符合现行国家标准《电气装置安装工程 电气设备交接试验标准》GB 50150 的有关规定；铁瓷胶合处应黏合牢固。

4 安装于室外或潮湿场所的滑触线绝缘子、绝缘套管，应采用户外式。

5 绝缘子两端的固定螺栓，宜采用高标号水泥砂浆灌注，并应能承受滑触线的拉力。

6 滑触线支架应可靠接地。

4.0.3 滑触线的安装应符合下列规定：

1 接触面应平直无锈蚀，导电应良好。

2 裸露式滑触线的安装应按设计要求执行。当设计无要求时，额定电压为 0.5kV 以下的滑触线，其相邻导电部分和导电部分与接地部分之间的净距不得小于 30mm，户内 3kV 滑触线，其相间和对地的净距不得小于 100mm；当不能满足要求时，滑触线应采取绝缘隔离措施。

3 起重机在终端位置时，滑接器与滑触线末端的距离不应小于 200mm；固定装设的型钢滑触线，其终端支架与滑触线末端的距离不应大于 800mm。

4 型钢滑触线所采用的材料，应进行平直处理，其中心偏差不宜大于长度的 1/1000，且不得大于 10mm。

5 滑触线安装后应平直；滑触线之间的距离应一致，其中心线应与起重机轨道的实际中心线保持平行；滑触线中心线与起重机轨道中心线之间的平行度、各相滑触线之间的平行度，不应大于长度的 1/1000，且不得大于 10mm。

6 型钢滑触线长度超过 50m 或跨越建(构)筑物伸缩缝时，

应装设伸缩补偿装置。

7 辅助导线宜沿滑触线敷设，且应与滑触线进行可靠的连接；其连接点之间的间距不应大于12m。

8 型钢滑触线在支架上应能伸缩，并宜在中间支架上固定。

9 型钢滑触线除接触面外，表面应涂以红色的油漆。

4.0.4 滑触线伸缩补偿装置的安装应符合下列规定：

1 伸缩补偿装置应安装在与建(构)筑物伸缩缝距离最近的支架上。

2 在伸缩补偿装置处，滑触线应留有10mm～20mm的间隙，间隙两侧的滑触线端头应加工圆滑，接触面应安装在同一水平面上，其两端间高差不应大于1mm。

3 伸缩补偿装置间隙的两侧，均应有滑触线支架，支架与间隙的距离，不宜大于150mm。

4 间隙两侧的滑触线应采用软导线跨接连接，跨越线应留有余量，其允许载流量不应小于滑触线的允许载流量。

4.0.5 滑触线的连接应符合下列规定：

1 连接后应有足够的机械强度，且应无明显变形。

2 接头处的接触面应平直光滑，其高差不应大于0.5mm，连接后高出部分应修整平直。

3 型钢滑触线焊接时，应附连接托板；用螺栓连接时，应加跨接软线。

4 轨道滑触线焊接时，焊条和焊缝应符合钢轨焊接工艺对材料和质量的要求，焊好后接触表面应平直光滑。

5 导线与滑触线连接时，滑触线接头处应镀锡或加焊有电镀层的接线板。

4.0.6 分段供电滑触线的安装应符合下列规定：

1 分段供电的滑触线，当各分段电源允许并联运行时，分段间隙应为20mm，3kV及以上滑触线，应符合设计要求。

2 分段供电不允许并联运行的滑触线间隙处，分段间隙应大于滑接器与滑触线接触长度40mm。间隙处应采用硬质绝缘材料的托板连接，托板与滑触线的接触面，应在同一水平面。

3 滑触线分段间隙的两侧电源相位应一致。

4.0.7 3kV及以上滑触线的安装除应符合本规范第4.0.1条～第4.0.6条的规定外，尚应符合下列规定：

1 高压绝缘子安装前应进行耐压试验，并应符合现行国家标准《电气装置安装工程　电气设备交接试验标准》GB 50150的有关规定。

2 滑触线固定装置的构件，铸铜长夹板、短夹板、托板、垫板、辅助连接板及接线板等，在安装前应按设计图制作完毕；当所采用的型钢、双沟铜线分段组装时，应按相编号，接缝应严密、平直。

4.0.8 软电缆的吊索和自由悬吊滑触线的安装应符合下列规定：

1 终端固定装置和拉紧装置的机械强度应符合设计要求，其最大拉力应大于滑触线或吊索的最大拉力。

2 当滑触线和吊索长度小于或等于25m时，终端拉紧装置的调节余量不应小于0.1m；当滑触线和吊索长度大于25m时，终端拉紧装置的调节余量不应小于0.2m。

3 滑触线或吊索拉紧时的弛度，应根据其材料规格和安装时的环境温度选定，滑触线间的弛度偏差，不应大于20mm。

4 滑触线与终端装置之间的绝缘应可靠。

4.0.9 悬吊式软电缆的安装应符合下列规定：

1 当采用型钢作软电缆滑道时，型钢应安装平直，滑道应平直光滑，机械强度应满足使用条件。

2 悬挂装置的电缆夹，应与软电缆可靠固定，电缆夹间的距离，不宜大于5m。

3 软电缆安装后，其悬挂装置沿滑道移动应灵活、无跳动，不得卡阻。软电缆的换向应灵活、无卡阻；软电缆与固定装置之间应无摩擦、互不干涉；软电缆的最低点与地面最高点之间的距离应大于100mm。

4 软电缆移动段的长度，应长于起重机移动距离15%～20%，并应加装牵引绳，牵引绳长度应短于软电缆移动段的长度，且长于起重机的移动距离。

5 软电缆移动部分的两端，应分别与起重机、钢索或型钢滑道牢固固定。

6 悬吊式软电缆的试验应符合现行国家标准《电气装置安装工程 电气设备交接试验标准》GB 50150的相关规定。

4.0.10 卷筒式软电缆的安装应符合下列规定：

1 起重机移动时，不应挤压软电缆。

2 安装后软电缆与卷筒应保持适当拉力，但卷筒不得自由转动。

3 卷筒的放缆和收缆速度，应与起重机移动速度一致；利用重砣调节卷筒时，电缆长度和重砣的行程应相适应。

4 起重机放缆到终端时，卷筒上应保留两圈以上的电缆。

5 卷筒的最大容缆量不应超过产品技术文件的规定。

6 在全行程中电缆线芯不应受拉力。

7 滑环及刷架应固定牢固；电刷接触压力应适当、接触良好；电刷与刷握间应能上下自由移动；刷握与滑环间隙应为2mm～4mm。

4.0.11 安全式滑触线的安装应符合下列规定：

1 安全式滑触线的安装，应按设计规定或根据不同结构形式的要求进行，当滑触线长度大于200m时，应加装伸缩装置。

2 安全式滑触线的连接应平直，支架夹安装应牢固，各支架夹之间的距离应小于3m。

3 安全式滑触线支架的安装，当设计无规定时，宜焊接在轨道下的垫板上；当固定在其他地方时，应做好接地连接，接地电阻应小于4Ω。

4 安全式滑触线的绝缘护套应完好，不应有裂纹及破损。

5 滑接器拉簧应完好灵活，耐磨石墨片应与滑触线可靠接触，滑动时不应跳弧，连接软电缆应符合载流量的要求。

6 安全式滑触线的安装，接头接触面两侧高低差应一致；滑触线的中心线与移动设备轨道中心线、各相滑触线之间应平行。

7 滑触线余留长度应大于200mm。

4.0.12 滑接器的安装应符合下列规定：

1 滑接器支架的固定应牢靠，绝缘子和绝缘衬垫不得有裂纹、破损等缺陷，导电部分对地的绝缘应良好，相间及对地的距离应符合本规范第4.0.3条的有关规定。

2 滑接器应沿滑触线全长可靠接触，应能自由无阻地滑动，在任何部位滑接器的中心线（宽面）不应超出滑触线的边缘。

3 滑接器与滑触线的接触部分，不应有尖锐的边棱；压紧弹簧的压力应符合产品技术文件的要求。

4 槽型滑接器与可调滑杆间，应移动灵活。

5 自由悬吊滑触线的轮型滑接器，安装后应高出滑触线中间托架，并不应小于10mm。

5 配 线

5.0.1 起重机上的配线应符合下列规定：

1 起重机上的配线除弱电系统外，均应采用额定电压不低于500V的铜芯软电缆。除应满足计算负荷外，软电缆截面面积不得小于1.0mm^2。

2 在易受机械损伤、热辐射或有润滑油滴落的部位，电线或电缆应装于钢管、线槽、保护罩内；在热辐射部位，电线或电缆应采取隔热保护措施。

3 电线或电缆穿过钢结构的孔洞处，应将孔洞的毛刺去掉，并应采取保护措施。

4 起重机上电缆的敷设应符合下列规定：

1)按电缆引出的先后顺序排列整齐，不宜交叉；强电与弱电的电缆应分开敷设，电缆两端应有标牌；

2)测速机、编码器或解算装置等弱电回路应采用屏蔽电缆进行连接，且屏蔽层不应中断，屏蔽层应可靠接地；

3)电缆应卡固，支持点距离不应大于1m；单芯动力电缆应采用非导磁材料卡固。

5 起重机上的配线应排列整齐，导线两端应牢固地压接相应的接线端子，并应标有明显的接线编号，不得使用开口接线端子。同一接线端子最多只应接两根同规格、同型号的导线。

6 起重机上配线的接线编号应符合下列规定：

1)接线编号管应与导线的线径匹配；

2)接线编号管应印字清晰，易于识别，排列整齐，采用相对编号法。

5.0.2 起重机上电线管、线槽的敷设应符合下列规定：

1 钢管、线槽应固定牢固。

2 露天起重机的钢管敷设，应使管口向下或有其他防水措施。

3 起重机所有的管口，应加装护口套。

4 线槽的安装，应符合电线或电缆敷设的要求，电线或电缆的进出口处，应采取保护措施。

6 电气设备及保护装置

6.0.1 起重机电气设备及保护装置安装前，应核对设备尺寸，设备安装部位、方向及管线位置，应符合设计和产品技术文件的要求。

6.0.2 配电屏、柜的安装应符合下列规定：

1 符合现行国家标准《电气装置安装工程　盘、柜及二次回路接线施工及验收规范》GB 50171 的有关规定。

2 不应焊接固定，紧固螺栓应有防松措施。

3 户外式起重机配电屏、柜的防雨装置，应安装正确、牢固。

4 盘柜组件安装应接触可靠。

6.0.3 电阻器的安装应符合下列规定：

1 电阻器安装在电阻柜内，电阻柜应具有散热功能；电阻器直接叠装不应超过四箱，当超过四箱时应采用支架固定，并应保持适当间距，当超过六箱时应另列一组。

2 电阻器的盖板或保护罩，应安装正确，并应固定可靠。

3 靠近电阻器等发热部位的连接导线应加套石棉套管或乙烯涂层玻璃丝管。

6.0.4 制动装置的安装应符合下列规定：

1 **制动装置的动作必须迅速、准确、可靠。**

2 当起重机的某一机构由两组在机械上互不联系的电动机驱动时，其制动器的动作时间应一致。

6.0.5 行程限位开关、撞杆、夹轨器的安装应符合下列规定：

1 起重机行程限位开关动作后，应能自动切断相关电源，并应使起重机各机构在下列位置停止：

1)吊钩、抓斗升到距离极限位置不小于 100mm 处；起重臂升降的极限角度符合产品规定；

2)起重机桥架和小车等，离行程末端不得小于 200mm 处；

3)一台起重机临近另一台起重机，相距不得小于 400mm 处；

4)变幅类型的起重机应安装最大、最小幅度防止臂架前倾、后倾的限制装置，幅度达到最大或最小极限处。

2 撞杆的装设及其尺寸的确定，应保证行程限位开关可靠动作，撞杆及撞杆支架在起重机工作时不应晃动。撞杆宽度应能满足机械（桥架及小车）横向窜动范围的要求，撞杆的长度应能满足机械(桥架及小车)最大制动距离的要求。

3 撞杆在调整定位后,应固定可靠。

6.0.6 控制器的安装应符合下列规定:

1 控制器的安装位置,应便于操作和维修。

2 操作手柄或手轮的安装高度,应便于操作与监视,操作方向宜与机构运行的方向一致,并应符合现行国家标准《人机界面标志标识的基本和安全规则 操作规则》GB 4205 的规定。

6.0.7 照明装置的安装应符合下列规定:

1 照明电源应为独立电源,起重机主断路器切断电源后,照明不应断电。

2 灯具配件应齐全,并应悬挂牢固,运行时灯具应无剧烈摆动。

3 照明回路应设置专用零线或隔离变压器,不得利用电线管或起重机本身的接地线作零线。

4 安全变压器或隔离变压器安装应牢固,绝缘应良好。

5 照明系统的电缆均应穿管敷设,中间不得有接头。

6.0.8 起重机应设有断电保护装置。当起重机的某一机构由两组在机械上互不联系的电动机驱动时,两台电动机应有同步运行和同时断电的保护装置。

6.0.9 起重荷载限制器的调试应符合下列规定:

1 起重荷载限制器综合误差,严禁大于8%。

2 当载荷达到额定起重量的90%时,必须发出提示性报警信号。

3 当载荷达到额定起重量的110%时,必须自动切断起升机构电动机的电源,并应发出禁止性报警信号。

6.0.10 起重机的金属结构及所有电气设备的外壳、管槽、电缆金属外皮,均应可靠接地。

7 工程质量验收

7.0.1 起重机进行试运转前，电气装置应具备下列条件：

1 电气装置安装应全部结束，并应经验收合格。

2 电气回路接线应正确，端子应固定牢固、接触良好、标志清楚。电气装置内应清洁无遗留物。

3 电气设备和线路的绝缘电阻值和交流耐压试验电压，应符合现行国家标准《电气装置安装工程 电气设备交接试验标准》GB 50150 的有关规定，并应符合下列规定：

1) 电气设备之间及其与起重机结构之间应有良好的绝缘性能，其主回路、二次回路及电气设备的相间绝缘电阻和对地绝缘电阻值不应小于 1.0MΩ，当有防爆要求时不应小于 1.5MΩ；

2) 主回路及电气设备的交流耐压试验，应符合现行国家标准《电气装置安装工程 电气设备交接试验标准》GB 50150的有关规定或产品技术文件要求；其中电动机的交流耐压试验应符合表 7.0.1-1 和表 7.0.1-2 的规定。

表 7.0.1-1 电动机定子绕组交流耐压试验电压

额定电压(kV)	3	6	10
试验电压(kV)	5	10	16

表 7.0.1-2 绕线式电动机转子绕组交流耐压试验电压

转子工况	试验电压(V)
不可逆的	$1.5U_k+750$
可逆的	$3.0U_k+750$

注：U_k为转子静止时，在定子绕组上施加额定电压，转子绕组开路时测得的电压。

4 电源的容量、电压、频率及断路器的型号、规格，应符合设计要求和相关设备的技术要求。

5 保护接地及接零应良好可靠。

6 电动机、控制器、接触器、制动器、继电器、继电保护装置、安全保护装置等，应检查和调试（试验）合格，相关保护定值应已按要求整定完毕。

7 继电保护和安全保护传动试验应完毕。相关保护动作应正确、可靠；声光信号装置应显示正确、清晰、可靠。

7.0.2 无负荷的试运应符合下列规定：

1 操纵机构、控制系统、联锁装置、继电保护及音响联系信号装置的动作应可靠、准确；馈电装置应工作正常；操纵机构操作的方向与起重机各机构的运行方向应符合设计要求。

2 起升高度限位、下降深度限位、大小车运行限位应动作可靠、准确。起升高度、下降深度、吊具极限位置及各工作位置行程应在规定范围内，扬程指示器读数应与实际幅度一致。

3 电源滑块（集电器）与滑触线应接触良好，接触压力应满足产品技术文件的要求。

4 起重机行走、吊、落控制器触头应接触良好，操作时无卡阻和虚接现象。

5 各安全保护装置和制动器的动作应准确、可靠。分别开动各机构的电动机，运转应正常，并应测取空载电流，各工作机构空载速度应在允许范围内。

6 各运行和起升机构沿全程应至少往返三次，能实现规定的功能和动作，车轮与轨道应接触良好，无异常震动、冲击、过热、噪声等现象。

7 采用软电缆供电的机构，其放缆和收缆的速度应与运行机构的速度一致。

8 起重机防止桥架扭斜的同步保护装置应灵敏可靠；两台以上电动机传动的运行机构和起升机构运转方向正确，启动和停止应同步。

9 当起重机采用变频控制系统和可编程序控制器(PLC)控制时,应符合下列要求:

1)检验 PLC 程序应符合工艺及设计要求;

2)触摸屏应具备实时显示起重机运行工况和故障信息的功能;

3)变频器的功能检验应符合工艺及设计要求。

7.0.3 当进行静负荷试运时,电气装置应符合下列规定:

1 逐级增加到额定负荷,分别做起吊试验时,电气装置均应正常。

2 当起吊 1.25 倍的额定负荷距地面高度为 100mm～200mm 时,悬空时间不得小于 10min,电气装置应无异常现象。

7.0.4 当进行动负荷试运时,电气装置应符合下列规定:

1 按操作规程进行控制,加速度、减速度应符合产品标准和技术文件的要求。

2 各机构的动负荷试运应在 1.1 倍额定载荷下分别进行。在整个试验过程中,电气装置均应工作正常,并应测取各电动机的运行电流。电气设备发热应在设备性能允许范围内。

3 采用变频控制的起重机重物高空停止的控制过程、重物升降的过程及制动时,防止溜钩控制应准确。

7.0.5 在验收时,应提交下列资料和文件:

1 设计变更证明文件、设备及材料代用单。

2 制造厂提供的产品合格证书、产品说明书、安装图纸等技术文件。

3 安装技术记录。

4 调整试验记录。

5 备品备件交接清单。

本规范用词说明

1 为便于在执行本规范条文时区别对待，对要求严格程度不同的用词说明如下：

1）表示很严格，非这样做不可的：

正面词采用“必须”，反面词采用“严禁”；

2）表示严格，在正常情况下均应这样做的：

正面词采用“应”，反面词采用“不应”或“不得”；

3）表示允许稍有选择，在条件许可时首先应这样做的：

正面词采用“宜”，反面词采用“不宜”；

4）表示有选择，在一定条件下可以这样做的，采用“可”。

2 条文中指明应按其他有关标准执行的写法为：“应符合……的规定”或“应按……执行”。

引用标准名录

《电气装置安装工程 电气设备交接试验标准》GB 50150

《电气装置安装工程 盘、柜及二次回路接线施工及验收规范》GB 50171

《建筑工程施工质量验收统一标准》GB 50300

《人机界面标志标识的基本和安全规则 操作规则》GB 4205

中华人民共和国国家标准

电气装置安装工程
起重机电气装置施工及验收规范

GB 50256—2014

条文说明

制订说明

本规范是根据住房城乡建设部《关于印发〈2009年工程建设标准规范制订、修订计划〉的通知》(建标〔2009〕88号)安排,由中国电力企业联合会负责,中国电力科学研究院和国核工程有限公司组织有关单位在原国家标准《电气装置安装工程 起重机电气装置施工及验收规范》GB 50256—96的基础上修订的。

本规范上一版的主编单位是电力工业部电力建设研究所(现中国电力科学研究院)、冶金部第三冶金建设公司电气安装工程公司等,主要起草人是赵洪维、程学丽、马长瀛。

为了方便广大电力、冶金、船舶、石油、化工等行业有关人员在使用本规范时能正确理解和执行条文规定,《电气装置安装工程 起重机电气装置施工及验收规范》编制组按章、节、条顺序编制了本规范的条文说明,对条文规定的目的、依据以及执行中需注意的有关事项进行了说明,还着重对强制性条文的强制性理由做了解释。但是,本条文说明不具备与规范正文同等的法律效力,仅供使用者作为理解和把握规范规定的参考。

3 基本规定

3.0.3 产品的技术文件应包括产品说明书、控制原理图、产品合格证件、产品装货清单、出入口报关单(若进口设备)等文件；

3.0.8 常温状态是指温度20℃～25℃,相对湿度小于或等于85%。

3.0.9 本条说明如下：

2 确保司机室与起重机本体有可靠的电气通路,以保证起重机操作人员的生命安全。

3 确保起重机接地的可靠性,以保证施工人员的生命安全。

4 滑触线、滑接器及悬吊式软电缆的安装

4.0.1 布置滑触线时,应考虑运行及维护的方便和安全。

3 遮拦保护是防止滑触线裸露引起触电。为了保证施工人员的生命安全,本款作为强制性条款,必须严格执行。

4.0.2 本条是滑触线支架、绝缘子安装的一般要求。

5 绝缘子两端固定螺栓用高标号水泥砂浆灌注是调研时多数单位提供的方案。

4.0.3 本条是滑触线安装的一般要求。

2 导电部分之间和对地的安全距离,考虑了起重机运行时的窜动及变动因素,为确保安全而规定。户内3kV滑触线对地距离不小于100mm,是要求绝缘子高度不小于100mm。

3 滑触线末端的两个数值是使起重机行走于极限位置时,滑接器不会脱离滑触线。

9　滑触线涂漆是为防腐和警示。

4.0.4　为使建(构)筑物伸缩缝沉降时所产生的位移能较小地影响滑触线，并使滑接器运行到伸缩补偿装置处能顺利通过，所以规定支持点距离间隙小于150mm。

4.0.5　本条为保证滑触线接头的强度及滑接器移动时尽量减少跳动而提出的要求。大型起重机有的以轻轨供电，所以规定了轨道滑触线焊接时应符合钢轨焊接工艺对材料和质量的要求；导线与滑触线的接头处，为保证接触良好，提出了应镀锡或加焊有电镀层的接线板的要求。

4.0.6　为保证分段供电及检修时的安全，提出了分段供电的要求；不允许并联运行时，分段间隙应大于滑接器与滑触线接触长度40mm的规定，是为了保持分段间隙不小于20mm。

4.0.7　3kV滑触线已有成熟的安装工艺，并在大型冶金工厂使用，所以这次提出了安装的规定和要求。

4.0.8　因自由悬吊滑触线与吊索有共同点，故综合提出一般要求；其温度和弛度的要求等均参照了标准图集《吊车移动电缆安装》89D364的规定。

4.0.9　由于软电缆可取代小车滑触线，电动葫芦使用软电缆也比较多，因此提出了这一规定。

4.0.10　本条为保证软电缆的安全运行，防止损坏所作的一般规定。

4.0.11　结构形式指单线式、三线式、四线式等，以及直型、弯型、环型滑触线。

4.0.12　为保证滑接器与滑触线可靠接触，规定了滑接器中心线不应超出滑触线边缘，本条第5款中高出10mm的要求，是为了防止起重机在运行时的振动导致滑接器碰撞中间托架。

5 配　　线

5.0.2 起重机上的钢管、线槽应固定牢固，防止运行时的振动造成移位损坏；规定了管口及线槽的进出口，应有保护措施，这是防止电线或电缆损坏所规定的。

6 电气设备及保护装置

6.0.1 本条是对电气设备安装前应做工作的一般规定，对设备等进行核对以防止实物与图纸不符。

6.0.2 本条是起重机上配电屏、柜安装的一般规定。户外式防雨装置应安装牢固。

6.0.3 本条是电阻器安装的一般规定，符合起重机设计规范的要求。

6.0.4 目前制动器种类较多，要求不一致，重点提出了制动器的几点要求；对两台电动机驱动时，提出了制动器的动作时间应一致。

1 制动装置动作是否迅速、准确、可靠，关系到起重机运行和施工人员的生命安全，故本款作为强制性条款，必须严格执行。

6.0.5 本条是行程限位开关、撞杆安装的一般要求。

6.0.8 本条是为保证起重机运行安全而规定的保护措施。

6.0.9 有的起重机装设有起重量限制器，为保证安全可靠，对起重量限制器的调试提出了必需的要求。该条作为强制条款，必须严格执行。

7 工程质量验收

7.0.1 为保证试车安全,本条明确规定了起重机运转前,其电气装置应具备的一些具体要求。在试车前都要进行全面的检查,以减少事故的发生和便于及时处理。

7.0.2 无负荷试运是起重机试运转应检查的项目之一。本条明确指出了无负荷试运转的具体试验项目和要求。

7.0.3 本条为静负荷试验的具体项目和要求,静负荷试运转应与机械试运转项目配合进行。

7.0.4 动负荷试运是检验起重机性能的一个重要环节,应与机械试运转项目配合进行。

7.0.5 施工单位在工程竣工进行交接时,应按本条规定内容提交资料和文件。这是新设备的原始档案资料和运行及检修的重要技术依据。其中随设备带来的备品备件、专用工具,除施工中需要更换使用的部分外,应移交给运行单位,便于运行维护检修。

中华人民共和国国家标准

电气装置安装工程
爆炸和火灾危险环境
电气装置施工及验收规范

Code for construction and acceptance of
electric equipment on fire and explosion hazard
electrical equipment installation engineering

GB 50257—2014

主编部门：中 国 电 力 企 业 联 合 会
批准部门：中华人民共和国住房和城乡建设部
施行日期：2 0 1 5 年 8 月 1 日

中华人民共和国住房和城乡建设部公告

第594号

住房城乡建设部关于发布国家标准《电气装置安装工程　爆炸和火灾危险环境电气装置施工及验收规范》的公告

现批准《电气装置安装工程　爆炸和火灾危险环境电气装置施工及验收规范》为国家标准，编号为GB 50257-2014，自2015年8月1日起实施。其中，第5.1.3、5.1.7、5.2.1、5.4.2(1)、7.1.1、7.2.2条(款)为强制性条文，必须严格执行。原国家标准《电气装置安装工程　爆炸和火灾危险环境电气装置施工及验收规范》GB 50257-96同时废止。

本规范由我部标准定额研究所组织中国计划出版社出版发行。

中华人民共和国住房和城乡建设部

2014年12月2日

前　言

本规范是根据住房城乡建设部《关于印发〈2009年工程建设标准规范制订、修订计划〉的通知》（建标〔2009〕88号）的要求，由中国电力企业联合会、国核工程有限公司会同有关单位在原国家标准《电气装置安装工程　爆炸和火灾危险环境电气装置施工及验收规范》GB 50257—96的基础上进行修订而成的。

本规范在修订过程中，编制组认真总结了原国家标准《电气装置安装工程　爆炸和火灾危险环境电气装置施工及验收规范》GB 50257—96执行以来，对电气装置安装工程爆炸和火灾危险环境电气装置施工及验收的新要求以及相关科研和现场实践经验，广泛征求了全国有关单位的意见，最后经审查定稿。

本规范共分8章和1个附录，主要技术内容包括：总则、术语、基本规定、防爆电气设备的安装、爆炸危险环境的电气线路、火灾危险环境的电气装置、接地、工程交接验收等。

与原规范相比较，本次修订增加了术语和基本规定两章，并对原规范中的部分章节的内容进行了调整和修改，删除了原规范中与目前技术发展不一致的条款。

本规范中以黑体字标志的条文为强制性条文，必须严格执行。

本规范由住房城乡建设部负责管理和对强制性条文的解释，由中国电力企业联合会负责日常管理，由国核工程有限公司负责具体技术内容的解释。本规范在执行过程中如有意见或建议，请寄送国核工程有限公司（地址：上海市闵行区田林路888弄2号楼，邮政编码：200233），以供今后修订时参考。

本规范主编单位、参编单位、主要起草人和主要审查人：

主 编 单 位：中国电力企业联合会

国核工程有限公司

参 编 单 位: 葛洲坝集团电力有限责任公司

山东送变电工程公司

天津电力建设公司

南阳防爆电器研究所

合隆防爆有限公司

主要起草人: 孙克彬 邹颖男 田 晓 葛占雨 高鹏飞

李 聪 荆 津 王 庚 张 刚 谢绍建

主要审查人: 徐 军 周永利 朱志强 王国民 王 敏

刘 军 白 永 刘玉杰 周 健 王 鉴

李道霖 何志江 覃建青

1 总　　则

1.0.1 为保证爆炸和火灾危险环境的电气装置的施工安装质量，促进施工安装技术的进步，确保爆炸和火灾危险环境中设备的安全运行，保证国家和人民生命财产的安全，制定本规范。

1.0.2 本规范适用于在生产、加工、处理、转运或贮存过程中出现或可能出现气体、蒸气、粉尘、纤维爆炸性混合物和火灾危险物质环境的电气装置安装工程的施工及验收。

1.0.3 本规范不适用于下列环境的电气装置安装工程的施工及验收：

1 矿井井下。

2 制造、使用、贮存火药、炸药、起爆药、引信及火工品生产等的环境。

3 利用电能进行生产并与生产工艺过程直接关联的电解、电镀等电气装置区域。

4 使用强氧化剂以及不用外来点火源就能自行起火的物质的环境。

5 水、陆、空交通运输工具及海上和陆地油井平台。

6 核电厂的核岛。

7 以加味天然气作燃料进行采暖、空调、烹饪、洗衣以及类似的管线系统。

8 医疗室内。

9 灾难性事故。

1.0.4 爆炸和火灾危险环境的电气装置的施工及验收，除应符合本规范外，尚应符合国家现行有关标准的规定。

2 术 语

2.0.1 爆炸性环境 explosive atmosphere

在大气条件下，可燃性物质以气体、蒸气、粉尘、薄雾、纤维或飞絮的形式与空气形成的混合物，被点燃后，能够保持燃烧自行传播的环境。

2.0.2 爆炸性粉尘环境 explosive dust atmosphere

在大气条件下，可燃性物质以粉尘、纤维或飞絮的形式与空气形成的混合物，被点燃后，能够保持燃烧自行传播的环境。

2.0.3 爆炸性气体环境 explosive gas atmosphere

在大气条件下，可燃性物质以气体或蒸气的形式与空气形成的混合物，被点燃后，能够保持燃烧自行传播的环境。

2.0.4 危险区域 hazardous area

爆炸混合物出现或预期可能出现的数量达到足以要求对电气设备的结构、安装和使用采取预防措施的区域。

2.0.5 0区 zone 0

连续出现或长期出现爆炸性气体混合物的环境。

2.0.6 1区 zone 1

正常运行时可能出现爆炸性气体混合物的环境。

2.0.7 2区 zone 2

正常运行时不太可能出现爆炸性气体混合物的环境，或即使出现，也仅是短时存在的爆炸性气体混合物的环境。

2.0.8 20区 zone 20

空气中可燃性粉尘云持续地或长期地或频繁地出现于爆炸性环境的区域。

2.0.9 21区 zone 21

正常运行时,空气中的可燃性粉尘云很可能偶尔出现于爆炸性环境的区域。

2.0.10 22区 zone 22

正常运行时,空气中的可燃性粉尘云一般不可能出现于爆炸性粉尘环境中的区域,即使出现,持续时间也是短暂的。

2.0.11 防爆型式 type of protection

为防止点燃周围爆炸性环境而对电气设备采取各种特定措施。

2.0.12 本质安全型"i" intrinsic safety "i"

一种防爆型式,将暴露于爆炸性气体环境中设备内部和互连导线内的电气能量限制到低于可能由火花或热效应引起点燃的程度。

2.0.13 本质安全电路 intrinsically-safe circuit

正常工作和规定的故障条件下,产生的任何电火花或任何热效应均不能点燃规定的爆炸性气体环境的电路。

2.0.14 本质安全电气设备 intrinsically-safe electrical apparatus

内部的所有电路都是本质安全电路的电气设备。

2.0.15 关联电气设备 associated electrical apparatus

装有本质安全电路和非本质安全电路,且结构使非本质安全电路不能对本质安全电路产生不利影响的电气设备。

2.0.16 正压外壳型"p" pressurization "p"

一种防爆型式,通过保持外壳内部或房间内保护气体的压力高于外部大气压力,以阻止外部爆炸性气体进入的型式。

2.0.17 油浸型"o" oil immersion "o"

一种防爆型式,将电气设备或电气设备部件浸在保护液中,使设备不能够点燃液面上或外壳外面的爆炸性气体。

2.0.18 "n"型电气设备 type of protection "n"

一种防爆型式,该防爆型式的电气设备,在正常运行时和本部分规定的一些异常条件下，不能点燃周围爆炸性气体。

2.0.19 隔爆外壳“d” flameproof enclosure “d”

电气设备的一种防爆型式，其外壳能够承受通过外壳任何接合面或结构间隙进入外壳内部的爆炸性混合物在内部爆炸而不损坏，并且不会引起外部由一种、多种气体或蒸气形成的爆炸性气体环境的点燃。

2.0.20 增安型“e” increased safety “e”

电气设备的一种防爆型式，即对电气设备采取一些附加措施，以提高其安全程度，防止在正常运行或规定的异常条件下产生危险温度、电弧和火花的可能性。

注：1 这种保护形式用“e”表示，附加的措施是那些符合本部分要求的措施。

2 增安型“e”的定义不包括在正常运行情况下产生火花或电弧的设备。

3 基本规定

3.0.1 爆炸和火灾危险环境的电气装置的安装，应按已批准的设计文件进行施工。

3.0.2 设备和器材的运输、保管，应符合产品技术文件的要求。

3.0.3 采用的设备和器材，应有合格证件。设备应有铭牌，防爆电气设备应有防爆标志。

3.0.4 设备和器材到达现场后，应进行验收检查，并应符合下列规定：

1 包装及密封应良好。

2 开箱检查清点，其型号、规格和防爆标志，应符合设计要求，附件、配件、备件应完好齐全。

3 产品的技术文件应齐全。

4 防爆电气设备的铭牌中，应标有国家检验单位颁发的“防爆合格证号”。

5 设备外观检查应无损伤、无腐蚀、无受潮。

3.0.5 施工安全技术措施，应符合本规范及产品的技术文件的要求。在扩建、改建工程中，应遵守生产厂安全生产(运行)规程中与施工有关的安全规定。对重要工序，应事先制订专项安全技术措施和施工作业指导书。

3.0.6 与爆炸和火灾危险环境电气装置安装工程有关的建筑工程施工，应符合下列规定：

1 建筑物、构筑物的工程质量，应符合现行国家标准《建筑工程施工质量验收统一标准》GB 50300 的有关规定。当设备或设计有特殊要求时，尚应符合其特殊要求。

2 设备安装前，建筑工程应具备下列条件：

1)基础、构架应符合设计要求，并验收合格；

2)室内地面基础应施工完毕，并在墙上标出地面标高；

3)预埋件、预留孔应符合设计要求，预埋的电气管路不得遗漏、堵塞，预埋件应牢固；

4)有可能损坏或严重污染电气装置的抹面及装饰工程应全部结束；

5)场地应清理干净；

6)门窗应安装完毕。

3 爆炸和火灾危险环境电气装置安装完毕，投入运行前，建筑安装工程应符合下列规定：

1)缺陷修补及装饰工程应结束；

2)二次灌浆和抹面工作应结束；

3)防爆通风系统和易爆物泄漏控制应符合设计要求并运行合格；

4)受电后无法进行的和影响运行安全的工程应施工完毕，并验收合格；

5)建筑照明应交付使用。

3.0.7 设备安装用的紧固件，除地脚螺栓外，铁制紧固件及支架应采用镀锌制品。

3.0.8 爆炸性气体环境、爆炸性粉尘环境和火灾危险环境的分区，应符合现行国家标准《爆炸危险环境电力装置设计规范》GB 50058 和《建筑设计防火规范》GB 50016 的有关规定。

3.0.9 防爆电气设备的类型、级别、组别、环境条件以及特殊标志等，应符合设计要求。

3.0.10 防爆电气设备应有"Ex"标志和标明防爆电气设备的类型、级别、组别标志的铭牌，并应在铭牌上标明防爆合格证号。

4 防爆电气设备的安装

4.1 一般规定

4.1.1 防爆电气设备的安装，应符合现行国家标准《爆炸性气体环境用电气设备　第15部分：危险场所电气安装（煤矿除外）》GB 3836.15 和《可燃性粉尘环境用电气设备》GB 12476 的有关规定。

4.1.2 防爆电气设备宜安装在金属制作的支架上，支架应牢固，有振动的电气设备的固定螺栓应有防松装置。

4.1.3 防爆电气设备接线盒内部接线紧固后，裸露带电部分之间及与金属外壳之间的电气间隙和爬电距离不应小于本规范附录 A 的规定。

4.1.4 防爆电气设备的进线口与电缆、导线引入连接后，应保持电缆引入装置的完整性和弹性密封圈的密封性，并应将压紧元件用工具拧紧，且进线口应保持密封。多余的进线口其弹性密封圈和金属垫片、封堵件等应齐全，且安装紧固，密封良好。

4.1.5 塑料透明件或其他部件，不得采用溶剂擦洗。

4.1.6 事故排风机的按钮，应单独安装在便于操作的位置，且应有醒目的特殊标志。

4.1.7 灯具的安装应符合下列规定：

1 灯具的种类、型号和功率，应符合设计和产品技术条件的要求，不得随意变更。

2 螺旋式灯泡应旋紧，接触应良好，不得松动。

3 灯具外罩应齐全，螺栓应紧固。

4.1.8 爆炸危险环境中电气设备的保护设置应符合设计要求。

4.2 隔爆型电气设备的安装

4.2.1 隔爆型电气设备在安装前，应进行下列检查：

1 设备的型号、规格应符合设计要求，铭牌及防爆标志应正确、清晰。

2 设备的外壳应无裂纹、损伤。

3 隔爆结构及间隙应符合要求。

4 接合面的紧固螺栓应齐全，弹簧垫圈等防松设施应齐全完好，弹簧垫圈应压平。

5 密封衬垫应齐全完好，应无老化变形，并应符合产品的技术要求。

6 透明件应光洁无损伤。

7 运动部件应无碰撞和摩擦。

8 接线板及绝缘件应无碎裂，接线盒盖应紧固，电气间隙及爬电距离应符合要求。

9 接地标志及接地螺钉应完好。

4.2.2 拆装隔爆型电气设备应符合下列规定：

1 保护隔爆面，不得损伤。

2 隔爆面上不应有砂眼、机械伤痕。

3 无电镀或磷化层的隔爆面，可使用非凝结性润滑脂或防锈油，不得刷漆。

4 组装时隔爆面上不得有锈蚀层。

5　隔爆接合面的紧固螺栓不得任意更换，弹簧垫圈应齐全。

6　螺纹隔爆结构，其螺纹的最少啮合扣数和最小啮合深度，应符合表4.2.2的规定。

表4.2.2　螺纹隔爆结构螺纹的最少啮合扣数和最小啮合深度

外壳净容积 V (cm^3)	螺纹最小啮合深度 (mm)	螺纹最少啮合扣数	
		ⅡA、ⅡB	ⅡC
$V \leqslant 100$	5.0	6	试验安全扣数的2倍，但至少为6扣
$100 < V \leqslant 2000$	9.0		
$V > 2000$	12.5		

4.2.3　隔爆型电机的轴与轴孔、风扇与端罩之间应间隙均匀、无摩擦，正常工作状态下不应产生碰擦。

4.2.4　正常运行时产生火花或电弧的隔爆型电气设备，其电气联锁装置应可靠；当电源接通时壳盖不应打开，壳盖打开后电源不应接通。用螺栓紧固的外壳应检查“断电后开盖”警告牌，并应完好。

4.2.5　隔爆型插销的检查和安装，应符合下列规定：

1　插头插入时，接地或接零触头应先接通；插头拔出时，主触头应先分断。

2　插头应在开关处于分断位置时插入或拔脱，开关应在插头插入后再闭合。

3　防止骤然拔脱的徐动装置应完好可靠，不得松脱。

4.3　增安型和“n”型电气设备的安装

4.3.1　增安型和“n”型电气设备在安装前，应进行下列检查：

1　设备的型号、规格应符合设计要求，铭牌及防爆标志应正确、清晰。

2　设备的外壳和透光部分，应无裂纹、损伤，防护等级应符合要求。

3 设备的紧固螺栓应有防松措施，应无松动和锈蚀，接线盒盖应紧固。

4 保护装置及附件应齐全、完好。

4.4 正压外壳型"p"电气设备的安装

4.4.1 正压外壳型"p"电气设备在安装前，应进行下列检查：

1 设备的型号、规格应符合设计要求，铭牌及防爆标志应正确、清晰。

2 设备的外壳和透光部分，应无裂纹、损伤。

3 设备的紧固螺栓应有防松措施，应无松动和锈蚀，接线盒盖应紧固。

4 保护装置及附件应齐全、完好。

5 密封衬垫应齐全、完好，应无老化变形，并应符合产品技术条件的要求。

4.4.2 进入通风、充气系统及电气设备内的空气或气体应清洁，不得含有爆炸性混合物及其他有害物质。

4.4.3 通风过程排出的气体不宜排入爆炸危险环境，当排入爆炸性气体环境 2 区时，应采取防止火花和炽热颗粒从电气设备及其通风系统吹出的措施。

4.4.4 通风、充气系统的电气联锁装置，应按先通风后供电、先停电后停风的程序正常动作。在电气设备通电启动前，外壳内的保护气体的体积不得小于产品技术条件规定的最小换气体积与 5 倍的相连管道容积之和。

4.4.5 运行中电气设备及通风、充气系统内的风压、气压值，应符合设计文件要求。

4.4.6 运行中的正压外壳型"p"电气设备内部的火花、电弧，不应从缝隙或出风口吹出。

4.4.7 通风管道应密封良好。

4.5 油浸型“o”电气设备的安装

4.5.1 油浸型“o”电气设备在安装前，应进行下列检查：

1 设备的型号、规格应符合设计要求，铭牌及防爆标志应正确、清晰。

2 电气设备的外壳，应无裂纹、损伤。

3 电气设备的油箱、油标不得有裂纹及渗油、漏油缺陷。油面应在油标线范围内。

4 排油孔、排气孔应通畅，不得有杂物。

4.5.2 油浸型“o”电气设备的安装，应垂直，其倾斜度不应大于5°。

4.5.3 油浸型“o”型电气设备的油面最高温升，不应超过表4.5.3的规定。

表4.5.3 油浸型“o”电气设备油面最高温升

温度组别	油面最高温升(℃)	温度组别	油面最高温升(℃)
T1、T2、T3、T4、T5	60	T6	40

4.6 本质安全型“i”电气设备的安装

4.6.1 本质安全型“i”电气设备在安装前，应进行下列检查：

1 设备的型号、规格应符合设计要求，铭牌及防爆标志应正确、清晰。

2 外壳应无裂纹、损伤。

3 本质安全型“i”电气设备、关联电气设备产品铭牌的内容应有防爆标志、防爆合格证号及有关电气参数；本质安全型“i”电气设备与关联电气设备的组合，应符合现行国家标准《爆炸性环境 第18部分：本质安全系统》GB 3836.18的有关规定。

4 电气设备所有零件、元器件及线路，应连接可靠、性能良好。

4.6.2 关联电气设备中的电源变压器，应符合下列规定：

1 变压器的铁芯和绕组间的屏蔽，应有且只能有一点可靠接地。

2 直接与外部供电系统连接的电源变压器其熔断器的额定电流应符合设计要求。

4.6.3 独立供电的本质安全型“i”电气设备的电池型号、规格，应符合其电气设备铭牌中的规定，不得改用其他型号、规格的电池。

4.6.4 本质安全型“i”电气设备与关联电气设备之间的连接导线或电缆的型号、规格和长度，以及要求的参数，应符合设计要求。

4.7 粉尘防爆电气设备的安装

4.7.1 粉尘防爆电气设备在安装前，应进行下列检查：

1 设备的防爆标志、外壳防护等级和温度组别，应与爆炸性粉尘环境相适应。

2 设备的型号、规格应符合设计要求，铭牌及防爆标志应正确、清晰。

3 设备的外壳应光滑、无裂纹、无损伤、无凹坑或沟槽，并应有足够的强度。

4 设备的紧固螺栓，应无松动、无锈蚀。

5 设备的外壳接合面应紧固严密，密封垫圈应完好，转动轴与轴孔间的防尘密封应严密，透明件应无裂损。

4.7.2 设备安装应牢固，接线应正确，接触应良好，通风孔道不得堵塞，电气间隙和爬电距离应符合设备的技术要求。

4.7.3 设备安装时，不得损伤外壳和进线装置的完整及密封性能。

4.7.4 防爆电气设备的级别和组别不应低于该爆炸性气体环境内爆炸性气体混合物的级别和组别，并应符合设计文件要求。安装在爆炸粉尘环境中的电气设备应采取措施防止热表面点可燃性粉尘层引起的火灾危险。Ⅲ类电气设备的最高表面温度应按国家现行有关标准的规定进行选择。电气设备结构应满足电气设备在规定的运行条件下不降低防爆性能的要求。

4.7.5 粉尘防爆电气设备安装后，应按产品技术要求进行保护装置的调整和试操作。

5　爆炸危险环境的电气线路

5.1　一般规定

5.1.1　电气线路的敷设方式、路径，应符合设计要求。当设计无明确要求时，应符合下列规定：

1　电气线路，应在爆炸危险性较小的环境或远离释放源的地方敷设，并应符合下列规定：

1）当可燃物质比空气重时，电气线路宜在较高处敷设或直接埋地；架空敷设时宜采用电缆桥架；电缆沟敷设时沟内应充砂，并宜设置排水措施。

2）电气线路宜在有爆炸危险的建筑物、构筑物的墙外敷设。

3）在爆炸粉尘环境，电缆应沿粉尘不宜堆积并且易于粉尘清除的位置敷设。

4）当电气线路沿输送可燃气体或易燃液体的管道栈桥敷设时，管道内的易燃物质比空气重时，电气线路应敷设在管道的上方；管道内的易燃物质比空气轻时，电气线路应敷设在管道的正下方的两侧。

2　敷设电气线路的沟道、电缆桥架或导管，所穿过的不同区域之间墙或楼板处的孔洞应采用非燃性材料严密堵塞。

3　在1区内电缆线路严禁有中间接头，在2区、20区、21区内不应有中间接头。

4　在架空、桥架敷设时电缆宜采用阻燃电缆。采用能防止机械损伤的桥架敷设时，塑料护套电缆可采用非铠装电缆。在不存在鼠、虫等损害的2区、22区电缆沟内敷设的电缆，可采用非铠装电缆。

5.1.2　敷设电气线路时宜避开可能受到机械损伤、振动、腐蚀以及可能受热的地方；当不能避开时，应采取预防措施。

5.1.3　爆炸危险环境内采用的低压电缆和绝缘导线，其额定电压必须高于线路的工作电压，且不得低于500V，绝缘导线必须敷设于钢管内。电气工作中性线绝缘层的额定电压，必须与相线电压相同，并必须在同一护套或钢管内敷设。

5.1.4　电气线路使用的接线盒、分线盒、活接头、隔离密封件等连接件的选型，应符合现行国家标准《爆炸危险环境电力装置设计规范》GB 50058的有关规定。

5.1.5　当电缆或导线的终端连接时，电缆内部的导线如果为绞线，其终端应采用定型端子或接线鼻子进行连接。铝芯绝缘导线或电缆的连接与封端应采用压接、熔接或钎焊，当与设备（照明灯具除外）连接时，应采用铜—铝过渡接头。

5.1.6　爆炸危险环境除本质安全电路外，采用的电缆或绝缘导线的型号规格及芯线最小截面应符合设计规定，爆炸性环境电缆配线的技术要求应符合表5.1.6的规定。

表5.1.6　爆炸性环境电缆配线的技术要求

爆炸危险区域	电缆明设或在沟内敷设时铜芯的最小截面(mm^2)			移动电缆
	电　力	照　明	控　制	
1区、20区、21区	2.5	2.5	1.0	重型
2区、22区	1.5	1.5	1.0	中型

5.1.7　架空线路严禁跨越爆炸性危险环境；架空线路与爆炸性危险环境的水平距离，不应小于杆塔高度的1.5倍。

5.2　爆炸危险环境内的电缆线路

5.2.1　电缆线路在爆炸危险环境内，必须在相应的防爆接线盒或分线盒内连接或分路。

5.2.2　电缆线路穿过不同危险区域或界面时，应采取下列隔离密封措施：

1　在两级区域交界处的电缆沟内，应采取充砂、填阻火堵料或加设防火隔墙。

2 电缆通过与相邻区域共用的隔墙、楼板、地面及易受机械损伤处，均应加以保护；留下的孔洞，应堵塞严密。

3 保护管两端的管口处，应将电缆周围用非燃性纤维堵塞严密，再填塞密封胶泥，密封胶泥填塞深度不得小于管子内径，且不得小于40mm。

5.2.3 防爆电气设备、接线盒的进线口，引入电缆后的密封应符合下列规定：

1 当电缆外护套穿过弹性密封圈或密封填料时，应被弹性密封圈挤紧或被密封填料封固。

2 外径大于或等于20mm的电缆，在隔离密封处组装防止电缆拔脱的组件时，应在电缆被拧紧或封固后，再拧紧固定电缆的螺栓。

3 电缆引入装置或设备进线口的密封，应符合下列规定：

1）装置内的弹性密封圈的一个孔，应密封一根电缆；

2）被密封的电缆断面，应近似圆形；

3）弹性密封圈及金属垫应与电缆的外径匹配，其密封圈内径与电缆外径允许差值为±1mm；

4）弹性密封圈压紧后，应将电缆沿圆周均匀挤紧。

4 有电缆头腔或密封盒的电气设备进线口，电缆引入后应浇灌固化的密封填料，填塞深度不应小于引入口径的1.5倍，且不得小于40mm。

5 电缆与电气设备连接时，应选用与电缆外径相适应的引入装置，当选用的电气设备的引入装置与电缆的外径不匹配时，应采用过渡接线方式，电缆与过渡线应在相应的防爆接线盒内连接。

5.2.4 电缆配线引入防爆电动机需挠性连接时，可采用挠性连接管，其与防爆电动机接线盒之间，应按防爆要求加以配合，不同的使用环境条件应采用不同材质的挠性连接管。

5.2.5 电缆采用金属密封环引入时，贯通引入装置的电缆表面应清洁干燥；涂有防腐层时，应清除干净后再敷设。

5.2.6 在室外和易进水的地方，与设备引入装置相连接的电缆保护管的管口，应严密封堵。

5.3 爆炸危险环境内的钢管配线

5.3.1 配线钢管应采用低压流体输送用镀锌焊接钢管。

5.3.2 钢管与钢管、钢管与电气设备、钢管与钢管附件之间的连接，应采用螺纹连接，不得采用套管焊接，并应符合下列规定：

1 螺纹加工应光滑、完整、无锈蚀，钢管与钢管、钢管与电气设备、钢管与钢管附件之间应采用跨线连接，并应保证良好的电气通路，不得在螺纹上缠麻或绝缘胶带及涂其他油漆。

2 在爆炸性气体环境1区或2区与隔爆型设备连接时，螺纹连接处应有锁紧螺母。

3 外露丝扣不应过长。

4 除本质安全电路外，电压为1000V及以下的钢管配线的技术要求应符合表5.3.2的规定。

表5.3.2 爆炸性环境内电压为1000V及以下的钢管配线技术要求

爆炸危险区域	钢管配线用绝缘导线铜芯的最小截面(mm^2)			管子连接要求
	电力	照明	控制	
1区、20区、21区	2.5	2.5	2.5	钢管螺纹旋合不应少于5扣
2区、22区	2.5	1.5	1.5	钢管螺纹旋合不应少于5扣

5.3.3 电气管路之间不得采用倒扣连接；当连接有困难时，应采用防爆活接头，其接合面应密贴。

5.3.4 在爆炸性环境1区、2区、20区、21区和22区的钢管配线，应做好隔离密封，并应符合下列规定：

1 电气设备无密封装置的进线口应装设隔离密封件。

2 在正常运行时，所有点燃源外壳的450mm范围内应做隔离密封。

3 管路通过与其他任何场所相邻的隔墙时，应在隔墙的任一侧装设横向式隔离密封件。

4 管路通过楼板或地面引入其他场所时，均应在楼板或地面的上方装设纵向式密封件。

5 管径为50mm及以上的管路在距引入的接线箱450mm以内及每距15m处应装设隔离密封件。

6 相邻的爆炸性环境之间以及爆炸性环境与相邻的其他危险环境或非危险环境之间应进行隔离密封。进行密封时，密封内部应用纤维作填充层的底层或隔层，填充层的有效厚度不应小于钢管的内径，且不得小于16mm。

7 易积结冷凝水的管路，应在其垂直段的下方装设排水式隔离密封件，排水口应置于下方。

8 供隔离密封用的连接部件，不应作为导线或分线用。

5.3.5 隔离密封的制作应符合下列规定：

1 隔离密封件的内壁，应无锈蚀、灰尘、油渍。

2 导线在密封件内不得有接头，且导线之间及与密封件壁之间的距离应均匀。

3 管路通过墙、楼板或地面时，密封件与墙面、楼板或地面的距离不应超过300mm，且此段管路中不得有接头，并应将孔洞堵塞严密。

4 密封件内应填充水凝性粉剂密封填料。

5 粉剂密封填料的包装应密封。密封填料的配制应符合产品的技术规定，浇灌时间不得超过其初凝时间，并应一次灌足。凝固后其表面应无龟裂。排水式隔离密封件填充后的表面应光滑，并可自行排水。

5.3.6 钢管配线应在下列各处装设防爆挠性连接管：

1 电机的进线口处。

2 钢管与电气设备直接连接有困难处。

3 管路通过建筑物的伸缩缝、沉降缝处。

5.3.7 防爆挠性连接管应无裂纹、孔洞、机械损伤、变形等缺陷，其安装时应符合下列规定：

1 在不同的使用环境下，应采用相应材质的挠性连接管。

2 弯曲半径不应小于管外径的5倍。

5.3.8 电气设备、接线盒和端子箱上多余的孔，应采用丝堵堵塞严密。当孔内垫有弹性密封圈时，弹性密封圈的外侧应设钢质封堵件，钢质封堵件应经压盘或螺母压紧。

5.3.9 钢管配线可采用无护套的绝缘单芯或多芯导线。当钢管中含有三根或多根导线时，导线包括绝缘层的总截面不宜超过钢管截面的40%。钢管应采用低压流体输送用镀锌焊接钢管。钢管连接点的螺纹部分应涂以铅油或磷化膏。在可能凝结冷凝水的地方，管线上应装设排除冷凝水的密封接头。

5.4 本质安全型“i”电气设备及其关联电气设备的线路

5.4.1 本质安全型“i”电气设备配线工程中的导线、钢管、电缆的型号、规格，以及配线方式、线路走向和标高、与其关联电气设备的连接线等，除应按设计要求施工外，尚应符合产品技术文件有关要求。

5.4.2 本质安全电路关联电路的施工，应符合下列规定：

1 本质安全电路与非本质安全电路不得共用同一电缆或钢管；本质安全电路或关联电路，严禁与其他电路共用同一条电缆或钢管。

2 两个及以上的本质安全电路，除电缆线芯分别屏蔽或采用屏蔽导线者外，不应共用同一条电缆或钢管。

3 配电盘内本质安全电路与关联电路或其他电路的端子之间的间距，不应小于50mm；当间距不满足要求时，应采用高于端子的绝缘隔板或接地的金属隔板隔离；本质安全电路、关联电路的端子排应采用绝缘的防护罩；本质安全电路、关联电路、其他电路的盘内配线，应分开束扎、固定。

4 所有需要隔离密封的地方，应按规定进行隔离密封。

5 本质安全电路的配线应用蓝色导线，接线端子排应带有蓝色的标志。

6 本质安全电路本身除设计有特殊规定外，不应接地。电缆屏蔽层,应在非爆炸危险环境进行一点接地。

7 本质安全电路与其关联电路采用非铠装和无屏蔽层的电缆时,应采用镀锌钢管加以保护。

5.4.3 在非爆炸危险环境中与爆炸危险环境有直接连接的本质安全电路及其关联电路的施工,应符合本规范第5.4.2条第2款~第7款的规定。

6 火灾危险环境的电气装置

6.1 一 般 规 定

6.1.1 根据火灾事故发生的可能性、后果以及危险程度,火灾危险环境包括以下环境:

1 具有闪点高于环境温度的可燃液体,在数量和配置上能引起火灾危险的环境。

2 具有悬浮状、堆积状的可燃粉尘或可燃纤维,虽不可能形成爆炸混合物,但在数量和配置上能引起火灾危险的环境。

3 具有固体状可燃物质,在数量和配置上能引起火灾危险的环境。

6.2 电气设备的安装

6.2.1 火灾危险环境所采用的电气设备类型,应符合设计的要求。

6.2.2 装有电气设备的箱、盒等,应采用金属制品;电气开关和正常运行时产生火花或外壳表面温度较高的电气设备,应远离可燃物质的存放地点,其最小距离不应小于3m。

6.2.3 在火灾危险环境内不宜使用电热器。当生产要求应使用电热器时,应将其安装在非燃材料的底板上,并应装设防护罩。

6.2.4 移动式和携带式照明灯具的玻璃罩,应采用金属网保护。

6.2.5 露天安装的变压器或配电装置的外廓距火灾危险环境建筑物的外墙,不宜小于10m。当小于10m时,应符合下列规定:

1 火灾危险环境建筑物靠变压器或配电装置一侧的墙,应为非燃烧性。

2 在高出变压器或配电装置高度3m的水平线以上或距变压器或配电装置外廓3m以外的墙壁上,可安装非燃烧的镶有铁丝玻璃的固定窗。

6.3 电 气 线 路

6.3.1 在火灾危险环境内的电力、照明线路的绝缘导线和电缆的额定电压,不应低于线路的额定电压,且不得低于500V。

6.3.2 1kV及以下的电气线路,可采用非铠装电缆或钢管配线;在火灾危险环境具有闪点高于环境温度的可燃液体,在数量和配置上能引起火灾危险的环境,或具有固体状可燃物质,在数量和配置上能引起火灾危险的环境内,可采用硬塑料管配线;在火灾危险环境具有固体状可燃物质,在数量和配置上能引起火灾危险的环境内,远离可燃物质时,可采用绝缘导线在针式或鼓型瓷绝缘子上敷设。沿未抹灰的木质吊顶和木质墙壁等处及木质闷顶内的电气线路,应穿钢管明敷,不得采用瓷夹、瓷瓶配线。

6.3.3 在火灾危险环境内,当采用铝芯绝缘导线和电缆时,应有可靠的连接和封端。

6.3.4 在火灾危险环境具有闪点高于环境温度的可燃液体,在数量和配置上能引起火灾危险的环境或具有悬浮状、堆积状的可燃粉尘或可燃纤维,虽不可能形成爆炸混合物,但在数量和配置上能引起火灾危险的环境内,电动起重机不应采用滑触线供电;在火灾危险环境具有固体状可燃物质,在数量和配置上能引起火灾危险的环境内,电动起重机可采用滑触线供电,但在滑触线下方,不应堆置可燃物质。

6.3.5 移动式和携带式电气设备的线路，应采用移动电缆或橡套软线。

6.3.6 在火灾危险环境内安装裸铜、裸铝母线时，应符合下列规定：

1 不需拆卸检修的母线连接宜采用熔焊。

2 螺栓连接应可靠，并应有防松装置。

3 在火灾危险环境具有闪点高于环境温度的可燃液体，在数量和配置上能引起火灾危险的环境和具有固体状可燃物质，在数量和配置上能引起火灾危险的环境内的母线宜装设金属网保护罩，其网孔直径不应大于12mm；在火灾危险环境22区内的母线应有IP5X型结构的外罩，并应符合现行国家标准《外壳防护等级(IP代码)》GB 4208的有关规定。

6.3.7 电缆引入电气设备或接线盒内，其进线口处应密封。

6.3.8 钢管与电气设备或接线盒的连接，应符合下列规定：

1 螺纹连接的进线口应啮合紧密；非螺纹连接的进线口，钢管引入后应装设锁紧螺母。

2 与电动机及有振动的电气设备连接时，应装设金属挠性连接管。

6.3.9 10kV及以下架空线路，不应跨越火灾危险环境；架空线路与火灾危险环境的水平距离，不应小于杆塔高度的1.5倍。

7 接　　地

7.1 保护接地

7.1.1 在爆炸危险环境的电气设备的金属外壳、金属构架、安装在已接地的金属结构上的设备、金属配线管及其配件、电缆保护管、电缆的金属护套等非带电的裸露金属部分，均应接地。

7.1.2 在爆炸性环境1区、20区、21区内所有的电气设备，以及爆炸性环境2区、22区内除照明灯具以外的其他电气设备，应增加专用的接地线；该专用接地线若与相线敷设在同一保护管内时，应具有与相线相同的绝缘水平。

7.1.3 在爆炸性环境2区、22区的照明灯具及爆炸性环境21区、22区内的所有电气设备，可利用有可靠电气连接的金属管线系统作为接地线，但不得利用输送爆炸危险物质的管道。

7.1.4 在爆炸危险环境中接地干线宜在不同方向与接地体相连，连接处不得少于两处。

7.1.5 爆炸危险环境中的接地干线通过与其他环境共用的隔墙或楼板时，应采用钢管保护，并应按本规范第5.2.2条的规定做好隔离密封。

7.1.6 电气设备及灯具的专用接地线，应单独与接地干线(网)相连，电气线路中的工作零线不得作为保护接地线用。

7.1.7 爆炸危险环境内的电气设备与接地线的连接，宜采用多股软绞线，其铜线最小截面积不得小于$4mm^2$，易受机械损伤的部位应装设保护管。

7.1.8 铠装电缆引入电气设备时，其接地线应与设备内接地螺栓连接；钢带及金属外壳应与设备外的接地螺栓连接。

7.1.9 爆炸危险环境内接地或接零用的螺栓应有防松装置；接地线紧固前，其接地端子及紧固件，均应涂电力复合脂。

7.1.10 火灾危险环境电缆夹层中的每一层电缆桥架明显接地点不应少于两处。

7.2 防静电接地

7.2.1 生产、贮存和装卸液化石油气、可燃气体、易燃液体的设备、贮罐、管道、机组和利用空气干燥、掺和、输送易产生静电的粉状、粒状的可燃固体物料的设备、管道，以及可燃粉尘的袋式集尘设备，其防静电接地的安装，除应符合国家现行有关防静电接地标准的规定外，尚应符合下列规定：

1 设备的接地装置与防止直接雷击的独立避雷针的接地装置应分开设置，与装设在建筑物上防止直接雷击的避雷针的接地装置可合并设置；防静电的接地装置、防感应雷和电气设备的接地装置可共同设置，其接地电阻值应符合防感应雷接地和电气设备接地的规定；只作防静电的接地装置，每一处接地体的接地电阻值应符合设计规定。

2 设备、机组、贮罐、管道等的防静电接地线，应单独与接地体或接地干线相连，除并列管道外不得互相串联接地。

3 防静电接地线的安装，应与设备、机组、贮罐等固定接地端子或螺栓连接，连接螺栓不应小于 M10，并应有防松装置和涂以电力复合脂。当采用焊接端子连接时，不得降低和损伤管道强度。

4 当金属法兰采用金属螺栓或卡子相紧固时，可不另装跨接线。在腐蚀环境安装前，应有两个及以上螺栓和卡子之间的接触面去锈和除油污，并应加装防松螺母。

5 当爆炸危险区内的非金属构架上平行安装的金属管道相互之间的净距离小于 100mm 时，宜每隔 20m 用金属线跨接；金属管道相互交叉的净距离小于 100mm 时，应采用金属线跨接。

6 容量为 $50m^3$ 及以上的贮罐，其接地点不应少于两处，且接地点的间距不应大于 30m，并应在罐体底部周围对称与接地体连接，接地体应连接成环形的闭合回路。

7 易燃或可燃液体的浮动式贮罐，在无防雷接地时，其罐顶与罐体之间应采用铜软线作不少于两处跨接，其截面不应小于 $25mm^2$，且其浮动式电气测量装置的电缆，应在引入贮罐处将铠装、金属外壳可靠地与罐体连接。

8 钢筋混凝土的贮罐或贮槽，沿其内壁敷设的防静电接地导体，应与引入的金属管道及电缆的铠装、金属外壳连接，并应引至罐、槽的外壁与接地体连接。

9 非金属的管道（非导电的）、设备等，其外壁上缠绕的金属丝网、金属带等，应紧贴其表面均匀地缠绕，并应可靠地接地。

10　可燃粉尘的袋式集尘设备，织入袋体的金属丝的接地端子应接地。

11　皮带传动的机组及其皮带的防静电接地刷、防护罩，均应接地。

7.2.2　引入爆炸危险环境的金属管道、配线的钢管、电缆的铠装及金属外壳，必须在危险区域的进口处接地。

8　工程交接验收

8.0.1　防爆电气设备在试运行中，尚应符合下列规定：

1　防爆电气设备外壳的温度不得超过规定值。

2　正压外壳型“p”电气设备的出风口，应无火花吹出。当降低风压、气压时，微压继电器应可靠动作。

3　防爆电气设备的保护装置及联锁装置，应动作正确、可靠。

8.0.2　工程竣工验收时，尚应进行下列检查：

1　防爆电气设备的铭牌中，应标明防爆合格证号。防爆合格证编号后带“U”或带“X”标记的设备应符合产品技术文件的要求。

2　防爆电气设备的类型、级别、组别，应符合设计要求，并应与危险区域的级别相适应。

3　防爆电气设备的外壳，应无裂纹、损伤，油漆应完好。接线盒盖应紧固，且固定螺栓及防松装置应齐全。

4　防爆油浸型“o”电气设备不得有渗油、漏油，其油面高度应符合要求。

5　正压外壳型“p”电气设备的通风、排气系统应通畅，连接应正确，进口、出口安装位置应符合要求。

6　电气设备多余的进线口应按规定做好密封。

7　电气线路中密封装置的安装应符合规定。

8 本质安全型“i”电气设备的配线工程，其线路走向、高程应符合设计要求。

9 电气装置的接地、防静电接线，应符合设计要求，接地应牢固、可靠。

8.0.3 在验收时，应提交下列文件和资料：

1 设计变更文件。

2 制造厂提供的产品使用说明书、试验记录、合格证件及安装图纸等技术文件。

3 有关设备的安装调试记录。

4 正压外壳型“p”电气设备的风压、气压等继电保护装置的调整记录、电气设备试运时外壳的最高温度记录和防静电接地的接地电阻值的测试记录等。

附录A 防爆电气设备裸露带电部分之间及与金属外壳之间的电气间隙和爬电距离

A.0.1 增安型电气设备不同电位的导电部件之间的最小电气间隙和爬电距离，应符合表A.0.1的规定。

表A.0.1 增安型电气设备不同电位的导电部件之间的最小电气间隙和爬电距离

电压 交流有效值或直流(V)	最小电气间隙 (mm)	最小爬电距离(mm) 材料级别		
		Ⅰ	Ⅱ	Ⅲa
10	1.6	1.6	1.6	1.6
12.5	1.6	1.6	1.6	1.6
20	1.6	1.6	1.6	1.6

续表 A.0.1

电压 交流有效值或直流(V)	最小电气间隙 (mm)	最小爬电距离(mm)		
		材料级别		
		Ⅰ	Ⅱ	Ⅲa
25	1.7	1.7	1.7	1.7
32	1.8	1.8	1.8	1.8
40	1.9	1.9	2.4	3.0
50	2.1	2.1	2.6	3.4
63	2.1	2.1	2.6	3.4
80	2.2	2.2	2.8	3.6
100	2.4	2.4	3.0	3.8
125	2.5	2.5	3.2	4.0
160	3.2	3.2	4.0	5.0
200	4.0	4.0	5.0	6.3
250	5.0	5.0	6.3	8.0
320	6.0	6.3	8.0	10.0
400	6.0	8.0	10.0	12.5
500	8.0	10.0	12.5	16
630	10	12	16	20
800	12	16	20	25
1000	14	20	25	32
1250	18	22	26	32
1600	20	23	27	32
2000	23	25	28	32
2500	29	32	36	40
3200	36	40	45	50
4000	44	50	56	63

续表 A.0.1

电压 交流有效值或直流(V)	最小电气间隙 (mm)	最小爬电距离(mm)		
		材料级别		
		Ⅰ	Ⅱ	Ⅲa
5000	50	63	71	80
6300	60	80	90	100
8000	80	100	110	125
10000	100	125	140	160

注:1 在确定爬电距离和电气间隙要求的值时,为了认可常用额定电压范围,表中的电压值可增加至表列数值的1.1倍。

2 对于电压大于63V且小于或等于250V的螺口灯头,Ⅰ级绝缘材料最小爬电距离和电气间隙可为3mm。

3 表中的Ⅰ、Ⅱ、Ⅲa为绝缘材料相比漏电起痕指数分级,应符合现行国家标准《爆炸性环境 第1部分:设备 通用要求》GB 3836.1的有关规定。

A.0.2 "n"型电气设备不同电位的导电部件之间的最小爬电距离、最小电气间隙和间隔,应符合表A.0.2的规定。

表 A.0.2 "n"型电气设备不同电位的导电部件之间的最小爬电距离、最小电气间隙和间隔

电压 交流有效值或直流 (V)	最小爬电距离(mm)				最小电气间隙和间隔(mm)		
	材料级别				在空气中	涂覆之下	浇封绝缘或固体绝缘
	Ⅰ	Ⅱ	Ⅲa	Ⅲb			
⩽10	1	1	1	1	0.4	0.3	0.2
⩽12.5	1.05	1.05	1.05	1.05	0.4	0.3	0.2
⩽16	1.1	1.1	1.1	1.1	0.8	0.3	0.2
⩽20	1.2	1.2	1.2	1.2	0.8	0.3	0.2
⩽25	1.25	1.25	1.25	1.25	0.8	0.3	0.2
⩽32	1.3	1.3	1.3	1.3	0.8	0.3	0.2
⩽40	1.4	1.6	1.8	1.8	0.8	0.6	0.3
⩽50	1.5	1.7	1.9	1.9	0.8	0.6	0.3
⩽63	1.6	1.8	2	2	0.8	0.6	0.3

续表 A.0.2

电压 交流有效值或直流 (V)	最小爬电距离(mm)				最小电气间隙和间隔(mm)		
	材料级别				在空气中	涂覆之下	浇封绝缘或固体绝缘
	Ⅰ	Ⅱ	Ⅲa	Ⅲb			
≤80	1.7	1.9	2.1	2.1	0.8	0.8	0.6
≤100	1.8	2	2.2	2.2	0.8	0.8	0.6
≤125	1.9	2.1	2.4	2.4	1	0.8	0.6
≤160	2	2.2	2.5	2.5	1.5	1.1	0.6
≤200	2.5	2.8	3.2	3.2	2	1.7	0.6
≤250	3.2	3.6	4	4	2.5	1.7	0.6
≤320	4	4.5	5	5	3	2.4	0.8
≤400	5	6.5	6.3	6.3	4	2.4	0.8
≤500	6.3	7.1	8	8	5	2.4	0.8
≤630	8	9	10	10	5.5	2.9	0.9
≤800	10	11	12.5	—	7	4	1.1
≤1000	11		13	—	8	5.8	1.7
≤1250	12		15	—	10	—	—
≤1600	13		17	—	12	—	—
≤2000	14		20	—	14	—	—
≤2500	18		25	—	18	—	—
≤3200	22		32	—	22	—	—
≤4000	28		40	—	28	—	—
≤5000	36		50	—	36	—	—
≤6300	45		63	—	45	—	—
≤8000	56		80	—	56	—	—
≤10000	71		100	—	70	—	—
≤11000	78		110		75		—
≤13800	98		138		97	—	—
≤15000	107		150		105	—	

注:1 对于 1000V 及以下的工作电压,实际工作电压可超过表中规定数值的10%。

2 爬电距离的数值源自现行国家标准《低压系统内设备的绝缘配合 第1部分:原理、要求和试验》GB/T 16935.1。800V 及以下的爬电距离以 3 级污染为基础,2000V 和 1000V 之间的值以 2 级污染为基础,其他数据用内插法或外推法得出。

A.0.3 本质安全电路与非本质安全电路裸露导体之间的电气间隙和爬电距离，不得小于表 A.0.3 的规定值。

表 A.0.3 本质安全电路与非本质安全电路裸露导体之间的电气间隙和爬电距离

电压峰值(V)	电气间隙(mm)		通过胶封化合物的间距(mm)		通过固体绝缘的间距(mm)		爬电距离(mm)		绝缘涂层下的爬电距离(mm)	
保护等级	i_a,i_b	i_c	i_a,i_b	i_c	i_a,i_b	i_c	i_a,i_b	i_c	i_a,i_b	i_c
10	1.5	0.4	0.5	0.2	0.5	0.2	1.5	1.0	0.5	0.3
30	2.0	0.8	0.7	0.2	0.5	0.2	2.0	1.3	0.7	0.3
60	3.0	0.8	1.0	0.3	0.5	0.3	3.0	1.9	1.0	0.6
90	4.0	0.8	1.3	0.3	0.7	0.3	4.0	2.1	1.3	0.6
190	5.0	1.5	1.7	0.6	0.8	0.6	8.0	2.5	2.6	1.1
375	6.0	2.5	2.0	0.6	1.0	0.6	10.0	4.0	3.3	1.7
550	7.0	4.0	2.4	0.8	1.2	0.8	15.0	6.3	5.0	2.4
750	8.0	5.0	2.7	0.9	1.4	0.9	18.0	10.0	6.0	2.9
1000	10.0	7.0	3.3	1.1	1.7	1.1	25.0	12.5	8.3	4.0
1300	14.0	8.0	4.6	1.7	2.3	1.7	36.0	13.0	12.0	5.8
1575	16.0	10.0	5.3	★	2.7	★	49.0	15.0	16.3	★
3300	★	18.0	9.0	★	4.5	★	★	32.0	★	★
4700	★	22.0	12.0	★	6.0	★	★	50.0	★	★
9500	★	45.0	20.0	★	10.0	★	★	100.0	★	★
15600	★	70.0	33.0	★	16.5	★	★	150.0	★	★

注：1 表中数值源自现行国家标准《爆炸性环境 第 4 部分：由本质安全型“i”保护的设备》GB 3836.4。

2 表中★表示目前没有提出所有电压的规定值。

本规范用词说明

1 为便于在执行本规范条文时区别对待，对要求严格程度不同的用词说明如下：

1）表示很严格，非这样做不可的：
正面词采用“必须”，反面词采用“严禁”；

2）表示严格，在正常情况下均应这样做的：
正面词采用“应”，反面词采用“不应”或“不得”；

3）表示允许稍有选择，在条件许可时首先应这样做的：
正面词采用“宜”，反面词采用“不宜”；

4）表示有选择，在一定条件下可以这样做的，采用“可”。

2 条文中指明应按其他有关标准执行的写法为：“应符合……的规定”或“应按……执行”。

引用标准名录

《建筑设计防火规范》GB 50016

《爆炸危险环境电力装置设计规范》GB 50058

《建筑工程施工质量验收统一标准》GB 50300

《爆炸性环境　第1部分：设备　通用要求》GB 3836.1

《爆炸性环境　第4部分：由本质安全型“i”保护的设备》GB 3836.4

《爆炸性气体环境用电气设备　第15部分：危险场所电气安装（煤矿除外）》GB 3836.15

《爆炸性环境　第18部分：本质安全系统》GB 3836.18

《外壳防护等级(IP 代码)》GB 4208

《可燃性粉尘环境用电气设备》GB 12476

《低压系统内设备的绝缘配合　第1部分:原理、要求和试验》GB/T 16935.1

中华人民共和国国家标准

电气装置安装工程
爆炸和火灾危险环境
电气装置施工及验收规范

GB 50257—2014

条 文 说 明

修 订 说 明

本规范是根据住房城乡建设部《关于印发〈2009年工程建设标准规范制订、修订计划〉的通知》(建标〔2009〕88号)安排,由中国电力企业联合会负责,中国电力科学研究院和国核工程有限公司组织有关单位在《电气装置安装工程 爆炸和火灾危险环境电气装置施工及验收规范》GB 50257—96的基础上修订的。

本规范上一版的主编单位是电力工业部电力建设研究院(现中国电力科学研究院),参编单位是化工部施工技术研究所、南阳防爆电气研究所等,主要起草人是曾等厚、胡仁、张煦、马长瀛。

为了方便广大电力、石油、化工等行业有关人员在使用本规范时能正确理解和执行条文规定,《电气装置安装工程 爆炸和火灾危险环境电气装置施工及验收规范》编制组按章、节、条顺序编制了本规范的条文说明,对条文规定的目的、依据以及执行中需注意的有关事项进行了说明,还着重对强制性条文的强制性理由做了解释。但是,本条文说明不具备与规范正文同等的法律效力,仅供使用者作为理解和把握规范规定的参考。

1 总　　则

1.0.3　本规范不适用的环境，是指不是由电气装置安装工程质量而引起，而是由于其他原因构成危险的环境。对于这些危险环境的电气装置的施工及验收，应按其各专用规程执行。

2 术　　语

2.0.5～2.0.7　根据爆炸性气体混合物出现的频繁程度和持续时间，爆炸性气体环境分为0区、1区、2区。

“持续”的意思是可燃性环境存在的总时间。通常包含释放的总持续时间，加上释放停止后可燃性环境扩散的时间。

出现的频率和持续时间的指标可从相关的具体行业或使用代码中获取。

2.0.8～2.0.10　根据爆炸性粉尘混合物出现的频繁程度和持续时间，爆炸性粉尘环境分为20区、21区、22区。

2.0.13　火灾危险环境根据火灾事故发生的可能性和后果，以及危险程度及物质状态的不同，分为20区、21区、22区。

2.0.18　关联电气设备可以是下列两者中的任何一个：

(1)使用在相适应的爆炸性气体环境中并且有现行国家标准《爆炸性环境　第1部分：设备　通用要求》GB 3836.1规定的另一个防爆型式的电气设备。

(2)非防爆电气设备，不能在爆炸性气体环境中使用的电气设备，例如记录仪，它本身不在爆炸性气体环境中，但它与处在爆炸性气体环境中的热电偶连接，这时只有记录仪的输入电路是本质安全的。

现行国家标准《爆炸性气体环境用电气设备　第8部分："n"型电气设备》GB 3836.8的要求是保证引起点燃的故障不太可能发生。规定的异常条件的示例是具有灯泡故障的灯具。

3 基 本 规 定

3.0.1 按设计文件进行施工是现场施工的基本要求。

3.0.3 爆炸和火灾危险环境采用的电气设备和器材，设计时根据其环境危险程度选用适合环境防爆要求的型号规格。所采用的设备和器材，应符合国家现行技术标准(包括国家标准和地方标准)。有接线板的防爆接线盒出厂时，根据产品标准的规定，也应有铭牌标志，故也应视为设备对待。

3.0.4 设备和器材到达现场后应及时验收，通过验收可及时发现问题、及时解决问题，为施工安装的顺利进行打下基础。

3.0.5 在爆炸和火灾危险环境进行电气装置的施工安装，尤其是扩建和改建工程中，安全技术措施是非常重要的，应事先制订并严格遵守。

3.0.6 国家现行的有关建筑工程的施工及验收规范中的一些规定不完全适合电气设备安装的要求，如建筑工程的允许误差以厘米计，而电气设备安装允许误差以毫米计。这些电气设备的特殊要求应在电气设计图中标出，但建筑工程中的其他质量标准，在电气设计图中不可能全部标出，则应符合国家现行的建筑工程的施工及验收规范的有关规定。

为了尽量减少现场施工时电气设备安装和建筑工程之间的交叉作业，做到文明施工，确保设备安装工作的顺利进行和设备的安全运行，规定了设备安装前及设备安装后投入运行前，建筑工程应具备的一些具体条件和应达到的要求。

3.0.8 本规范主要是针对爆炸和火灾危险环境中的电气设备的施工及验收，用于这类环境的电气设备有防爆电气设备，也还有大量的普通电气设备，而且防爆电气设备除了在外部结构、温升控制等方面有些特殊要求外，在许多地方跟普通电气设备是近似的，故爆炸和火灾危险环境的电气装置的安装，除应按本规范执行外，尚应符合现行国家标准电气装置安装工程系列中的“高压电器”“电力变压器、油浸电抗器、互感器”“母线装置”“旋转电机”“盘、柜及二次回路结线”“电缆线路”“接地装置”“电气照明”“配线工程”等施工及验收规范和现行国家标准《电气装置安装工程　电气设备交接试验标准》GB 50150 以及其他各专业标准规程的有关规定。

3.0.9 防爆电气设备的级别、组别与使用环境条件相符，才能保证安全，按新防爆电气设备产品标准的规定，对为保证安全，指明在规定条件下使用的电气设备和低冲击能量的电气设备在防爆合格证编号后加有特殊标志“X”，此外为指定环境条件而设计的产品在产品型号后缀有规定的符号，如户外环境用产品——W，湿热带环境用产品——TH，中等防腐环境用产品——FI 等标志，安装时需要注意。

铭牌应标明国家指定检验单位颁发的防爆合格证号。

3.0.10 按现行国家标准《爆炸性环境　第1部分：设备　通用要求》GB 3836.1 的规定，防爆电气产品获得防爆合格证后才可生产，防爆合格证号是设备的防爆性能经过国家指定的检验单位检验认可的证明。防爆电气设备的类型、级别、组别和外壳上“Ex”标志是防爆电气设备的重要特征，安装前需要首先查明。

4 防爆电气设备的安装

4.1 一般规定

4.1.2 支架的固定，可采用预埋、膨胀螺栓、尼龙塞、塑料塞以及焊接法，在具体工程施工安装时，可参照《防爆电气设备安装标准图集》的规定，但要求固定应牢固。为防止降低钢结构的强度，采用焊接法固定时，应施行点焊。

4.1.3 电气设备接线盒内部紧固后，若电气间隙和爬电距离过小，容易产生电弧和火花放电引起事故，电气间隙和爬电距离是确保安全、防止事故的有效措施之一，需进行检查。据某化工厂反映的多年电气事故统计数据，事故多半是发生在电气设备接线盒内的。附录A中所列数值，是按1993年的国家标准和国际标准规定的，增加了低电压时的数值，并废止了低等绝缘材料的应用，只限用前三种耐泄痕性能较好的材料。

4.1.4 为了安全，电缆或导线引入设备后，应连接可靠，并密封良好。根据生产和使用的方便，有些产品设有多个进线口，但为了保持防爆性能或防水防尘能力而将多余的进线口密封。

4.1.5 塑料制品种类很多，其中有些塑料不耐溶剂侵蚀，故推荐使用家用洗涤剂清洗。

4.1.6 爆炸危险环境装设事故排风机，及时通风降低爆炸性气体浓度，是防止爆炸的重要保证和主要措施。为在事故情况下便于及时开动排风机，要求在现场的排风机按钮要安装在便于操作的地方，并要醒目和方便操作。

4.1.7 因为灯具的种类、型号和功率的变动和互换可改变其发热状态，所以强调灯具要符合设计要求，不得随意变更。旋转光源灯泡时，应旋紧，不得松动，以防止产生火花和接触不良而引起过热现象。灯罩应按要求装好并将螺栓紧固,以往曾发生在更换灯泡后,不将灯罩重新装好的现象,故在此特别强调,应引起重视。

4.2 隔爆型电气设备的安装

4.2.1 制造厂检验合格的产品,到现场后进行了验收检查,一般情况下就无须进行拆卸检查,而只进行外观检查,本条列出了外观检查的内容和要求。

4.2.3 机械碰擦是爆炸事故的危险源,故安装时应特别引起重视。

4.2.4 制造标准中规定了正常运行时产生火花或电弧的设备要进行联锁或加警告牌,施工和验收时要检验其可靠性,并保留完好的警告牌交付生产和使用者。

4.2.5 为了防止插头插入或拔出时产生火花和电弧而引起爆炸事故,按照新的产品制造标准的要求,还需设有防止骤然拔脱的徐动装置,保证在使用过程中不能松脱。

4.3 增安型和“n”型电气设备的安装

4.3.1 增安型电气设备与“n”型电气设备有相同的外壳防护要求,外壳和透光部分要防止裂纹和损坏,防止进灰、进水,接线盒盖应紧固,设备的紧固螺栓应无松动和锈蚀。

4.4 正压外壳型“p”电气设备的安装

4.4.1 正压外壳型“p”电气设备有防护、减少漏气、防止火花吹出等要求,要密封良好。

4.4.2 进入正压外壳型“p”电气设备内的气体是防爆措施,气体来源不得取自爆炸性环境,为防止有腐蚀金属和降低绝缘性能、有损设备性能的气体进入设备和管道,规定进入通风、充气系统及电气设备内部的空气或气体不得含有有害物质。

4.4.3 为了避免因火花或炽热颗粒排入爆炸危险环境引起爆炸事故，特作出此规定。

4.4.4 正压外壳型“p”电气设备的通风充气系统的电气联锁装置是确保设备安全运行的技术措施，联锁装置的动作程序应正确。但设备通电前的置换风量因设备结构各异，故应按产品的技术条件或产品说明书的规定来确定，管道部分仍按5倍相连管道的容积计算风量。

4.4.5 电气设备及系统要维持产品技术条件中最低的所需压力值，是为了防止外部可燃气体进入，因产品的结构和所要求的最低压力值不尽相同，所以不作统一的硬性规定，而应以产品的技术文件为准。

4.4.6 运行中的正压外壳型“p”电气设备，如果内部的火花和电弧从缝隙或出风口吹出，就可能会引起爆炸事故，因此设备安装和施工完成后应进行检查。

4.4.7 现行的产品制造国家标准有此项要求，对管道的密封应经过认真检查，以保证整个通风系统的正压。

4.5 油浸型“o”电气设备的安装

4.5.1 油浸型电气设备外壳有密封和防护要求，外壳和油箱、油标有损坏和渗漏时，将使油位降低而失去防爆性能，排油孔便于更换废油，排气孔是使变压器油在火花或电弧作用下分解出的气体排出，防止内部过压而引起爆炸。

4.5.2 油浸型“o”电气设备对油面高度有要求，设备需垂直安装，当设备倾斜时，油标不能正确反映油位高度，有可能造成设备内部缺油情况，故要求安装时其倾斜度不得大于5°。

4.5.3 产品的制造标准已将油面最高允许温度组别改为6组，在环境温度为40℃时，T1～T5组设备油面最高允许温度为100℃，其油面温升定为60℃，T6组设备的油面温升限定为40℃，防止油面温度超过气体自燃点温度或变压器油的闪点。

4.6 本质安全型"i"电气设备的安装

4.6.1 本质安全型"i"电气设备(即原规范中的"安全火花型电气设备")安装前的检查项目及要求,在进行检查时,不但应对本质安全型"i"电气设备进行认真的检查,而且对与之关联的电气设备也应进行检查。

4.6.2 防止因电源变压器的缺陷破坏本质安全型"i"电气设备及其线路的防爆性能。

4.6.3 防止由于电池型号、规格的改变而改变了本质安全型"i"电气设备的能量供应,在事故情况下,产生的电火花和温度超过其额定值时可能引起爆炸事故。

4.6.4 由于电气线路的参数对本质安全型"i"电气设备的安全性能有影响,故提出了电气线路的参数应符合设计的规定,以限制线路的储能。

4.7 粉尘防爆电气设备的安装

4.7.1 本条列出了设备安装前的检查项目,主要是标志、防护等级、温度组别、产品的密封以及防止粉尘沉积等,检查设备是否与使用环境相适应。

4.7.2 本条是粉尘防爆电气设备安装时应注意的事项,尤其是有关通风孔道不得堵塞,以减少粉尘的聚集堆积。

4.7.3 粉尘防爆电气设备外壳及进线装置的完整及密封性能至关重要,粉尘可以吸附于壳壁、绕组及绝缘零件的表面,影响散热和降低绝缘电阻,增大电路故障,所以设备安装时不得损伤其密封性能。

4.7.4 许多可燃粉尘受热后能够引燃,故划分了组别和划定了外壳表面最高温度值。

4.7.5 粉尘防爆电气设备安装后,应按产品技术条件的要求做好保护装置的调整和试操作,发现问题及时处理,以保证设备的安全运行。

5 爆炸危险环境的电气线路

5.1 一 般 规 定

5.1.1 爆炸危险环境的电气线路的敷设方式和敷设路径，现行国家标准《爆炸危险环境电力装置设计规范》GB 50058 中有明确的规定，施工应按设计规定进行。但鉴于工程的具体情况，对那些既可由设计规定，亦可根据施工现场的具体条件决定的问题，可采取设计图纸有规定时按设计施工，若设计无明确规定时，可按本条规定执行的方法。本条的规定是根据现行国家标准《爆炸危险环境电力装置设计规范》GB 50058 有关条文的规定而作出的。

5.1.2 本条是为了防止电气线路因外界损伤而破坏绝缘，击穿打火而引起爆炸事故。

5.1.3 本条是为了避免因线路的绝缘不良产生电火花而引起爆炸事故，为保证人民生命财产安全而列为强制性条文。

5.1.4 现行国家标准《爆炸危险环境电力装置设计规范》GB 50058 对于不同的爆炸危险区所采用的电气设备和器材的选型都作出了具体的规定，施工安装时应按设计规定选用相应类型的连接件。

5.1.5 导线或电缆的连接应可靠。绕接是一种不可靠的连接，往往会由于受外界的影响而松动，连接处的接触不良，接触电阻增大，引起接头发热；铝芯电缆与设备连接应采用铜—铝过渡接头。

5.1.6 本规范表 5.1.6 中所列电缆和绝缘导线的最小截面，是从电缆和导线应满足其机械强度的角度而规定的最小截面。实际施工中，电缆和导线的截面大小，应根据设计规定进行选择。

5.1.7 因气体或蒸气爆炸性混合物易随风向扩散，所以为防止架空线路正常运行或事故情况下产生的电火花、电弧等引起爆炸事故的发生而作此规定。为保证人民生命财产安全,将本条列为强制性条文。

5.2 爆炸危险环境内的电缆线路

5.2.1 在爆炸危险环境内设置电缆中间接头,是事故的隐患。现行国家标准《爆炸危险环境电力装置设计规范》GB 50058 规定:"在1区内电缆线路严禁有中间接头,在2区内不应有中间接头";但在其条文说明中说明,"若将该接头置于符合相应区域等级的防爆类型的接头盒中时,则是符合要求的"。日本1985年版《最新工厂用电气设备防爆指南》第三篇第3.3.4条第6款规定:"电缆与电缆之间的连接,最好极力避免,但是不得已进行连接时可采用隔爆型或增安型防爆结构的连接箱来连接电缆"。苏联的《电气装置安装规范》1985年版第7.3.111条规定:"在任何级别的爆炸危险区内,禁止装设电缆盒和分线盒,无冒火花危险的电路例外"。根据以上所述,要求施工人员必须做到周密的安排,按电缆的长度,把电缆的中间接头安排在爆炸危险区域之外,并将敷设好的电缆切实加以保护,杜绝产生中间接头的可能性。为保证人民生命财产安全,将本条列为强制性条文。

5.2.2 电缆线路穿过不同危险区域或界面时,为了防止爆炸性混合物沿管路及其与建筑物的空隙流动和火花的传播而引起爆炸事故,应采取隔离密封措施。

5.2.3 本条根据现行国家标准《爆炸性环境 第1部分:设备通用要求》GB 3836.1 进行修订,是为了防止电气设备及接线盒内部产生爆炸时,由引入口的空隙而引起外部爆炸。

5.2.4 根据引入装置的现状及工矿企业运行经验,使用具有一定机械强度的挠性连接管及其附件即可满足要求。只要进线电缆、挠性软管和防爆电动机接线盒之间的配合符合防爆要求即可。所采用的挠性连接管类型应适合所使用的环境特征,如防腐蚀、防潮湿和环境温度对挠性管的特殊要求。

5.2.5 本条是为了使电缆与金属密封环之间的密封可靠，不致因电缆表面有脏物而影响密封效果。

5.2.6 本条是为了防止管内积水结冰或将水压入引入装置而损坏电缆和引入装置的绝缘。

5.3 爆炸危险环境内的钢管配线

5.3.1 以往采用黑铁管进行刷漆处理的施工方法，由于在施工现场受条件限制，处理很难达到完善，致使管壁锈蚀而影响管壁强度。为了提高钢管防腐能力和使用寿命，明确规定爆炸危险环境的钢管配线，应采用镀锌焊接钢管。

5.3.2 为了确保钢管与钢管、钢管与电气设备、钢管与钢管附件之间的连接牢固，密封性能及电气性能可靠，特提出施工中应注意的事项，钢管采用螺纹连接，按本条各项规定认真执行。

5.3.3 电气管路采用倒扣连接时，其外露的丝扣必然过长，不但破坏了管壁的防腐性能，而且降低了管壁的强度。

5.3.4 根据现行行业标准《爆炸危险环境的配线和电气设备的安装通用图》HG 21508 附录二中隔离密封技术要求的规定编号。隔离密封的目的是使爆炸性混合物或火焰隔离切断，以防止通过管路扩散到其他部分，提高管路的防爆效果。

5.3.5 本条是根据现行行业标准《爆炸危险环境的配线和电气设备的安装通用图》HG 21508 附录二中隔离密封操作方法要求修订的。因隔离密封装置不能在施工现场做不传爆性能试验，只有按照制造厂产品技术规定的要求进行施工，以达到隔离密封的效果。

5.3.6 为了避免在钢管直接连接时可能承受过大的额外应力和连接困难，规定在这些地方应采用挠性管连接。爆炸危险环境内的钢管配线需采用挠性连接管的地方，为满足防爆要求，应采用防爆型挠性连接管。

5.3.7 挠性连接管的类型应与危险环境区域相适应，材质应与使用的环境条件(防蚀、防湿、防高温)相适应,以达到其防爆要求。

5.3.8 本条是为防止电气设备或接线盒内在事故情况下产生的电气火花或高温,在其内部发生爆炸时,由多余的线孔引起钢管内部爆炸。

5.4 本质安全型“i”电气设备及其关联电气设备的线路

5.4.1 本质安全型“i”电气设备的线路中的本质安全电路、关联电路,设计人员在设计时对防止与其他电路发生混触,防止静电感应和电磁感应等,都作了认真、细致的考虑,所以配线工程中的钢管和电缆或导线的型号、规格、线路的走向及标高等,都要按设计要求施工;当本质安全型“i”电气设备对其外部连接线的长度有规定时,尚应符合产品的规定。主要是为防止由于配线工程施工不当而破坏了本质安全型“i”电气设备及其电气线路的防爆性能。

5.4.2 本条第1款~第3款主要是为了避免本质安全电路之间、本质安全电路与其关联电路之间、本质安全电路与其他电路之间发生混触而破坏本质安全电气设备和本质安全电路的防爆性能。本条第1款直接涉及本质安全电气设备和本质安全电路的安全运行,因此列为强制性条文。

4 为防止爆炸性混合物的流动或火花传递而引起爆炸事故,需按规定进行隔离密封。

5 为引起施工人员和生产维护人员注意,防止任意改变线路或将线路接错,需用颜色标明,以区别于其他电路。

6 根据本质安全电路的特殊要求,为了避免因屏蔽层中出现电流而影响本质安全电路的安全,屏蔽层只允许一点接地,应特别注意。

7 原规范规定“本质安全电路的保护管不应用镀锌钢管”,这种规定是依据当时的本质安全型“i”电气设备的电路点燃参数曲线中,有不适用于含镉、锌、镁、铝的点燃参数曲线。现在的本质安全型“i”电气设备产品及修订后的产品国家标准都已取消了上述不适用于含镉、锌、镁、铝的点燃参数曲线，故原规范的这一规定已无必要，而从管的防腐要求考虑，应采用镀锌钢管。

5.4.3 用本质安全电路配线连接危险环境的电气设备（多数为本质安全型）和非危险环境的电气设备（本质安全型"i"或关联电气设备）时，在非危险环境中就存在着本质安全电路及其关联电路，而这两种电路都是低电压、小电流，如不按危险环境的规定进行施工，同样能破坏本质安全型"i"电气设备及本质安全电路的防爆性能。

6 火灾危险环境的电气装置

6.2 电气设备的安装

6.2.1 施工时应检查所使用的电气设备是否符合设计规定。

6.2.2 电气开关、正常运行时有火花或外壳表面温度较高的电气设备，应远离可燃物质，主要是考虑到电气设备的表面高温、电弧及线路接触不良或断线引起的火花，将引燃周围的可燃物质，造成火灾事故。有的单位反映曾因电气设备事故造成木制箱子着火引起火灾，故规定装有电气设备的箱、盒等应采用金属制品。

6.2.3 电热器在使用时产生高温，容易引燃可燃物质，为避免造成火灾事故而作此规定。

6.2.4 移动式和携带式照明灯具，如果没有金属网保护，容易碰破玻璃罩而引起火灾事故。

6.2.5 本条主要考虑防止从上面落下物体时，引起短路或接地等事故。

6.3 电 气 线 路

6.3.1～6.3.6 施工安装时应认真遵照现行国家标准《爆炸危险

环境电力装置设计规范》GB 50058 第 4.3.8 条的有关规定执行。

6.3.7、6.3.8 主要是为了防止可燃物质或灰尘等其他有害物质侵入电气设备和接线盒内。

6.3.9 防止架空线路在事故情况下由于电火花或电弧的产生而引起火灾事故。

7 接 地

7.1 保护接地

7.1.1 根据现行国家标准《爆炸危险环境电力装置设计规范》GB 50058 的有关规定进行修订，按不同危险区域及不同的电气设备，对其接地线的设置，加以区别对待。特别注意，在爆炸危险环境内的所有电气设备的金属外壳，无论是否安装在已接地的金属结构上都应接地。为保证人民生命财产安全，将第 7.1.1 条列为强制性条文。

7.1.2～7.1.4 根据现行国家标准《爆炸危险环境电力装置设计规范》GB 50058 的有关规定进行修订，按不同危险区域及其不同的电气设备，对其接地线或接零线的设置，加以区别对待。特别注意，在爆炸危险环境内的所有电气设备的金属外壳，无论是否安装在已接地的金属结构上都应接地。

7.1.5～7.1.8 保证爆炸危险环境内电气设备接地的安全可靠。

7.1.9 防止因紧固不良产生火花或高温而引起爆炸事故。

7.2 防静电接地

7.2.1 在爆炸危险环境内，条文中所述的设备及管道易产生和集聚静电，当设计中有防静电接地要求时，应按设计规定进行可靠接地，以防止产生静电火花而引起爆炸事故。

7.2.2 本条是为了防止高电位引入爆炸危险环境产生电气火花引起爆炸事故而制定的。为保证人民生命财产安全,将本条列为强制性条文。

8 工程交接验收

8.0.1 在防爆电气设备试运中,除按相应的“施工及验收规范”中的检查项目进行检查外,要特别注意所列的几项检查和应保证的条件,以确保设备的安全运行,避免引发爆炸事故。

8.0.2 工程竣工验收时,除按相应的“施工及验收规范”中的检查项目进行检查外,还应按本条的有关各项进行检查,这些都是针对防爆电气设备的特殊性而提出的检查内容和要求,是防止爆炸事故发生的必要措施。

1 防爆电器设备的铭牌中应标明国家指定的检验单位颁发的防爆合格证号。

8.0.3 进行交接验收时,应同时移交所有的技术文件,这是设备的原始档案资料和运行及检修时的依据,移交的资料应正确齐全。爆炸和火灾危险环境用的电气设备,除了在外部结构上和个别特殊地方需满足防爆要求而与普通电气设备有较大差异外,其电气性能与普通电气设备基本一致,故在进行设备交接试验时,除按本规范中规定的几项特殊调整试验项目执行外,仍应按现行国家标准《电气装置安装工程　电气设备交接试验标准》GB 50150 进行调整试验,并应提交调整试验记录。

中华人民共和国国家标准

1000kV系统电气装置安装工程 电气设备交接试验标准

Standard for acceptance test of electric equipment of 1000kV system electric equipment installation engineering

GB/T 50832—2013

主编部门：中 国 电 力 企 业 联 合 会
批准部门：中华人民共和国住房和城乡建设部
施行日期：2 0 1 3 年 5 月 1 日

中华人民共和国住房和城乡建设部公告

第 1591 号

住房城乡建设部关于发布国家标准《1000kV 系统电气装置安装工程电气设备交接试验标准》的公告

现批准《1000kV 系统电气装置安装工程电气设备交接试验标准》为国家标准，编号为GB/T 50832-2013，自 2013 年 5 月 1 日起实施。

本标准由我部标准定额研究所组织中国计划出版社出版发行。

中华人民共和国住房和城乡建设部

2012 年 12 月 25 日

前　言

本标准是根据原建设部《关于印发〈2007年工程建设标准规范制订、修订计划（第二批）〉的通知》（建标〔2007〕126号）的要求，由国家电网公司会同有关单位编制而成。

本标准共分17章和1个附录，主要内容包括：总则，术语和符号，电力变压器，电抗器，电容式电压互感器，气体绝缘金属封闭电磁式电压互感器，套管式电流互感器，气体绝缘金属封闭开关设备，接地开关，套管，避雷器，悬式绝缘子、支柱绝缘子和复合绝缘子，绝缘油，SF_6气体，二次回路，架空电力线路和接地装置等。

本标准由住房和城乡建设部负责管理，由中国电力企业联合会负责日常管理，由国家电网公司负责具体技术内容的解释。本标准在执行过程中，请各单位结合工程实践，认真总结经验，注意积累资料，随时将意见和建议反馈给国家电网公司（地址：北京市西城区西长安街86号，邮政编码：100031），以供今后修订时参考。

本标准主编单位、参编单位、主要起草人和主要审查人：

主 编 单 位：国家电网公司

参 编 单 位：中国电力科学研究院

国网电力科学研究院

国家电网公司交流建设分公司

华北电力科学研究院有限责任公司

主要起草人：韩先才　伍志荣　王绍武　王晓琪　孙　岗

王保山　陈国强　吴士普　王晓宁　陈江波

王宁华　聂德鑫　吴义华　邓万婷　韩金华

胡晓岑　修　建　张国威　王培龙　李建建

主要审查人：凌　愍　付锡年　李启盛　王承玉　万　达
顾霓鸿　刘永东　胡惠然　崔景春　王梦云
刘兆林　连建华　阎　东　王莉英　杨凌辉
金　涛　邓　春

1 总　　则

1.0.1 为提高1000kV系统电气装置安装工程电气设备交接试验水平，确保电气设备正常投入运营，制定本标准。

1.0.2 本标准适用于1000kV电压等级交流电气装置工程电气设备交接试验。

1.0.3 交接试验的检测数据应综合分析和比较，应对照制造厂例行试验结果，并应比较同类设备检测数据，经全面分析后应给出判断结果。

1.0.4 对于1000kV充油电气设备，在真空注油和热油循环后应静置不小于168h，方可进行耐压试验。

1.0.5 在进行与温度和湿度有关的各种试验时，应同时测量被试品的温度和环境空气的温度与湿度。变压器油温测量应注意阳光照射对测量值的影响。在与制造厂例行试验数据比较时，可采取同类设备相互比较的方法。

1.0.6 进行绝缘试验时，应在良好天气、被试物及仪器周围温度不应低于5℃、空气相对湿度不宜高于80%的条件下进行。

1.0.7 对试验系统有特殊要求，且技术难度大、要求高，被列为特殊试验项目的，应按本规范附录A进行试验。

1.0.8 1000kV系统电气装置安装工程电气设备交接试验除应符合本规范外，尚应符合国家现行有关标准的规定。

2 术语和符号

2.1 术　　语

2.1.1 交接试验　　acceptance test

新的电气设备在现场安装后、调试期间所进行的检查和试验。某些设备的交接试验项目实际上在安装工程中已经开展，也属于交接试验范畴。

2.1.2 主体变压器 main transformer

当 1000kV 变压器采用变压器本体与调压补偿变压器分箱布置时，变压器的本体部分。

2.1.3 调压补偿变压器 voltage regulating and compensating transformer

与主体变压器分箱布置的变压器的调压补偿部分。补偿器的作用是在中性点调压过程中减小变压器第三绕组的电压波动。

2.1.4 主体变压器试验 test of main transformer

单独对主体变压器进行的试验。

2.1.5 调压补偿变压器试验 test of voltage regulating and compensating transformer

单独对调压补偿变压器进行的试验。

2.1.6 变压器整体试验 integral test of transformer

把主体变压器和调压补偿变压器全部连接完成后进行的试验。

2.1.7 电压抽头 voltage tap

是一个容易从套管外面接线，与法兰或其他紧固件绝缘并与电容式套管的一个外导电层相连的引线，用以在套管运行时提供一个电压源。

2.1.8 气体绝缘金属封闭电磁式电压互感器 gas-insulated metal-enclosed inductive voltage transformers

采用六氟化硫（SF_6）气体作为绝缘介质，用于气体绝缘金属封闭开关设备（GIS）中的电磁式电压互感器。

2.2 符 号

U_r——电气设备的额定电压；

I_r——电气设备的额定电流；

U_m——电气设备的最高工作电压；
$\tan\delta$——介质损耗因数。

3 电力变压器

3.0.1 1000kV 变压器交接试验应按主体变压器试验、调压补偿变压器试验和整体试验进行，并应包括下列试验内容：

1 主体变压器试验项目应包括下列内容：

1)密封试验；

2)绕组连同套管的直流电阻测量；

3)绕组电压比测量；

4)引出线的极性检查；

5)绕组连同套管的绝缘电阻、吸收比和极化指数的测量；

6)绕组连同套管的介质损耗因数 $\tan\delta$ 和电容量的测量；

7)铁心及夹件的绝缘电阻测量；

8)套管试验；

9)套管电流互感器的试验；

10)绝缘油试验；

11)油中溶解气体分析试验；

12)低电压空载试验；

13)绕组连同套管的外施工频耐压试验；

14)绕组连同套管的长时感应电压试验带局部放电测量；

15)绕组频率响应特性测量；

16)小电流下的短路阻抗测量。

2 调压补偿变压器试验项目应包括下列内容：

1)密封试验；

2)绕组连同套管的直流电阻测量；

3)绕组所有分接头的电压比测量；

4)变压器引出线的极性检查；

5)绕组连同套管的绝缘电阻、吸收比和极化指数测量；

6)绕组连同套管的介质损耗因数 tanδ 和电容量的测量；

7)铁心及夹件的绝缘电阻测量；

8)套管试验；

9)套管电流互感器的试验；

10)绝缘油性能试验；

11)油中溶解气体分析试验；

12)低电压空载试验；

13)绕组连同套管的外施工频耐压试验；

14)绕组连同套管的长时感应电压试验带局部放电测量；

15)绕组频率响应特性测量；

16)小电流下的短路阻抗测量。

3 整体试验项目应包括以下内容：

1)绕组所有分接头的电压比测量；

2)引出线的极性和联接组别检查；

3)额定电压下的冲击合闸试验；

4)声级测量。

3.0.2 密封试验，应在变压器油箱储油柜油面上施加 0.03MPa 静压力，持续 24h 后，不应有渗漏及损伤。

3.0.3 测量绕组连同套管的直流电阻应符合下列规定：

1 测量应在所有分接位置上进行，1000kV 绕组测试电流不宜大于 2.5A，500kV 绕组测试电流不宜大于 5A，110kV 绕组测试电流不宜大于 20A；当测量调压补偿变压器直流电阻时，非测量绕组应至少有一端与其他回路断开。

2 主体变压器、调压补偿变压器的直流电阻，各相测得值的相互差值应小于三相平均值的 2%。

3 主体变压器、调压补偿变压器的直流电阻应与同温下产品例行试验数值比较，相应变化不应大于2%。

4 无励磁调压变压器直流电阻应在分接开关锁定后测量。

5 测量温度应以油平均温度为准，不同温度下的电阻值应按下式换算：

$$R_2 = R_1 \times (T + t_2)/(T + t_1) \tag{3.0.3}$$

式中：R_1、R_2——分别为在温度 t_1、t_2 时的电阻值（Ω）；

T——电阻温度常数，铜导线取235；

t_1、t_2——不同的测量温度（℃）。

3.0.4 测量绕组电压比应符合下列规定：

1 各相应分接的电压比顺序应符合铭牌给出的电压比规律，应与铭牌数据相比无明显差别。调压补偿变压器电压比应与制造厂例行试验结果无明显差别。

2 额定分接电压比的允许偏差应为±0.5%，其他分接电压比的允许偏差应为±1%。

3.0.5 应检查引出线的极性与联接组别。引出线的极性应与变压器铭牌上的符号和油箱上的标记相符，三相联接组别应与变电站设计要求一致。

3.0.6 测量绕组连同套管的绝缘电阻、吸收比和极化指数应符合下列规定：

1 应使用5000V的兆欧表测量。

2 绝缘电阻值不宜低于例行试验值的70%。

3 测量温度应以油平均温度为准，测量时应在10℃～40℃温度下进行。当测量温度与例行试验时的温度不同时，可换算到相同温度的绝缘电阻值进行比较，吸收比和极化指数不应进行温度换算。测试温度不同时，绝缘电阻值应按下式换算：

$$R_2 = R_1 \times 1.5^{(t_1 - t_2)/10} \tag{3.0.6}$$

4 吸收比不应低于1.3或极化指数不低于1.5，且与制造厂例行试验值进行比较时，应无明显变化。

5 当绝缘电阻 R_{60s} 大于10000MΩ、吸收比及极化指数较低时，应根据绕组连同套管的介质损耗因数等数据进行综合判断。

3.0.7 测量绕组连同套管的介质损耗因数 $\tan\delta$ 和电容量应符合下列规定：

1 测量时非被试绕组应短路接地，被试绕组应短路接测试仪器，试验电压应为 10kV 交流电压。

2 绕组连同套管的介质损耗因数 $\tan\delta$ 值不应大于例行试验值的 130%，电容值与例行试验值相比应无明显变化。

3 测量温度应以油平均温度为准，应在 10℃～40℃温度下进行测量。当测量温度与例行试验时的温度不同时，可换算到相同温度的 $\tan\delta$ 值进行比较，应按下式换算：

$$\tan\delta_2 = \tan\delta_1 \times 1.3^{(t_2-t_1)/10} \tag{3.0.7}$$

式中：$\tan\delta_1$、$\tan\delta_2$——分别为温度 t_1、t_2时的介质损耗因数。

3.0.8 测量铁心及夹件的绝缘电阻应符合下列规定：

1 应使用 2500V 兆欧表进行测量，持续时间为 1min，应无异常。

2 测量铁心对油箱的绝缘电阻，绝缘电阻值与例行试验结果相比应无明显差异。

3 测量夹件对油箱的绝缘电阻，并测量铁心与夹件二者相互间的绝缘电阻，绝缘电阻值与例行试验结果相比应无明显差异。

3.0.9 套管试验应按本标准第 10 章的规定进行。

3.0.10 套管式电流互感器的试验应按本标准第 7 章的规定进行。

3.0.11 绝缘油试验应按本标准第 13 章的规定进行。

3.0.12 油中溶解气体分析应符合下列规定：

1 应在变压器注油前、静置 24h 后、外施交流耐压试验和局部放电试验 24h 后、冲击合闸后及额定电压运行 24h 及 168h 后各进行一次分析。

2 试验应按现行国家标准《变压器油中溶解气体分析和判断导则》GB/T 7252 的有关规定执行。

3 油中溶解气体含量应无乙炔，且总烃小于或等于 20μL/L，氢气小于或等于10μL/L。

4 各次测得的数据应无明显差别，当气体组分含量有增长趋势时，可结合相对产气速率综合分析判断，必要时应缩短色谱分析取样周期进行追踪分析。

3.0.13 低电压空载试验应符合下列规定：

1 应测量变压器在380V电压下的空载损耗和空载电流，低电压空载试验宜在直流电阻试验前进行。

2 380V电压下测量的空载损耗和空载电流与例行试验时在相同电压下的测试值相比应无明显变化。

3 三相间在380V电压下测量的空载损耗和空载电流应无明显差异。

3.0.14 绕组连同套管的外施工频耐压试验应符合下列规定：

1 变压器中性点及110kV绕组应进行外施交流耐压试验，并监测局部放电。

2 试验电压应为例行试验电压值的80%，外施耐压试验电压应符合表3.0.14的规定，耐压时间为1min。

表3.0.14 外施耐压试验电压(kV)

施压位置	例行试验电压值	交接试验电压值
中性点	140	112
110kV绕组	275	220

3 试验电压应尽可能接近正弦波形，试验电压值应为测量电压的峰值除以$\sqrt{2}$。

4 试验过程中变压器应无异常现象。

3.0.15 绕组连同套管的长时感应电压试验带局部放电测量应符合下列规定：

1 应对主体变压器、调压补偿变压器分别进行绕组连同套管的长时感应电压试验带局部放电测量，试验前应考虑剩磁的影响。

2 试验方法和判断方法应按现行国家标准《电力变压器　第

3 部分:绝缘水平、绝缘试验和外绝缘空气间隙》GB 1094.3 的有关规定执行。

3 进行局部放电试验时,施加电压应符合下列程序:

1) 进行主体变压器局部放电试验时,U_m 为 1100kV,对地电压值应为:

$$U_1 = 1.5U_m/\sqrt{3} \qquad (3.0.15\text{-}1)$$

$$U_2 = 1.3U_m/\sqrt{3} \qquad (3.0.15\text{-}2)$$

式中:U_1——激发电压;

U_2——测量电压。

2) 进行调压补偿变压器局部放电试验时,U_m 应为 126kV,对地电压值应为:

$$U_1 = 1.7U_m/\sqrt{3} \qquad (3.0.15\text{-}3)$$

$$U_2 = 1.5U_m/\sqrt{3} \qquad (3.0.15\text{-}4)$$

3) 在不大于 $U_2/3$ 的电压下接通电源。

4) 电压上升到预加电压 $1.1U_m/\sqrt{3}$,保持 5min。

5) 电压上升到 U_2,保持 5min。

6) 电压上升到 U_1,当试验电源频率等于或小于 2 倍额定频率时,试验持续时间应为 60s,当试验频率超过 2 倍额定频率时,试验持续时间应为 120×额定频率/试验频率(s),但不少于 15s。

7) 电压不间断地降低到 U_2,并至少保持 60min,进行局部放电测量。

8) 电压降低到 $1.1U_m/\sqrt{3}$,保持 5min。

9) 当电压降低到 $U_2/3$ 以下时,方可断开电源。

4 局部放电的观察和评估应符合现行国家标准《局部放电测量》GB/T 7354 的有关规定,并应满足下列要求:

1) 应在所有绕组的线路端子上进行测量。对自耦联接的一对绕组的较高电压和较低电压的线路端子应同时测量。

2)接到每个所用端子的测量通道，都应在该端子与地之间施加重复的脉冲波来校准；当局部放电测量过程中出现异常放电脉冲时，增加局部放电超声波监测，并进行综合判定。

3)在施加试验电压的前后，应测量所有测量通道上的背景噪声水平。

4)在电压上升到U_2及由U_2下降的过程中，应记录可能出现的局部放电起始电压和熄灭电压。应在$1.1U_m/\sqrt{3}$下测量局部放电视在电荷量。

5)在电压U_2的第一个阶段中应读取并记录一个读数。对该阶段不规定其视在电荷量值。

6)在电压U_1期间内应读取并记录一个读数。对该阶段不规定其视在电荷量值。

7)在电压U_2的第二个阶段的整个期间，应连续地观察局部放电水平，并每隔5min记录一次。

5 当满足下列要求时，应判定试验合格：

1)试验电压不产生突然下降。

2)在U_2的长时试验期间，主体变压器1000kV端子局部放电量的连续水平不应大于100pC，500kV端子的局部放电量的连续水平不应大于200pC，110kV端子的局部放电量的连续水平不应大于300pC；调压补偿变压器110kV端子局部放电量的连续水平不应大于300pC。

3)在U_2下，局部放电不呈现持续增加的趋势，偶然出现较高幅值的脉冲以及明显的外部电晕放电脉冲可以不计入。

4)在$1.1U_m/\sqrt{3}$下，视在电荷量的连续水平不应大于100pC。

3.0.16 绕组频率响应特性测量应符合下列规定：

1 应对变压器各绕组分别进行频率响应特性试验。

2　同一组变压器中各台变压器对应绕组的频率响应特性曲线应基本相同。

3.0.17　小电流下的短路阻抗测量应符合下列规定：

1　应测量变压器在5A电流下的短路阻抗。

2　变压器在5A电流下测量的短路阻抗与例行试验时在相同电流下的测试值相比应无明显变化。

3.0.18　额定电压下的冲击合闸试验应符合下列规定：

1　应在额定电压下对变压器进行冲击合闸试验，试验时变压器中性点应接地，分接位置应置于使用分接上。

2　第1次冲击合闸后的带电运行时间不应少于30min，而后每次合闸后的带电运行时间可逐次缩短，但不应少于5min。

3　冲击合闸时，应无异常声响等现象，保护装置不应动作。

4　冲击合闸时，可测量励磁涌流及衰减时间。

3.0.19　声级测量应符合下列规定：

1　变压器开启所有工作冷却装置情况下，距主体变压器基准声发射面2m处，距调压补偿变压器基准声发射面0.3m处的噪声值应符合要求。

2　测量方法和要求按现行国家标准《电力变压器　第10部分：声级测定》GB/T 1094.10的有关规定执行。

4　电　抗　器

4.0.1　电抗器的交接试验应按1000kV并联电抗器、1000kV并联电抗器配套用中性点电抗器分别进行，并应包含下列试验项目：

1　1000kV并联电抗器试验项目应包括下列内容：

1)密封试验；

2)绕组连同套管的直流电阻测量；

3)绕组连同套管的绝缘电阻、吸收比和极化指数测量；

4)绕组连同套管的介质损耗因数 tanδ 和电容量测量；

5)铁心和夹件的绝缘电阻测量；

6)套管试验；

7)套管式电流互感器的试验；

8)绝缘油试验；

9)油中溶解气体分析；

10)绕组连同套管的外施工频耐压试验；

11)额定电压下的冲击合闸试验；

12)声级测量；

13)油箱的振动测量；

14)油箱表面的温度分布及引线接头的温度测量。

2 1000kV 并联电抗器配套用中性点电抗器试验项目应包括下列内容：

1)密封试验；

2)绕组连同套管的直流电阻测量；

3)绕组连同套管的绝缘电阻、吸收比和极化指数测量；

4)绕组连同套管的介质损耗因数 tanδ 和电容量测量；

5)绕组连同套管的外施工频耐压试验；

6)铁心和夹件的绝缘电阻测量；

7)绝缘油的试验；

8)油中溶解气体分析；

9)套管试验；

10)套管式电流互感器的试验。

4.0.2 密封试验应在 1000kV 并联电抗器和配套用中性点电抗器储油柜油面上施加 0.03MPa 静压力，试验时间连续 24h，不应有渗漏和损伤。

4.0.3 测量绕组连同套管的直流电阻应符合下列规定：

1　各相绕组直流电阻相互间的差值不应大于三相平均值的2%。

2　实测值与例行试验值比较，换算到相同温度下的差值不应大于2%。

3　测量温度应以油平均温度为准。不同温度下的电阻值应按下式换算：

$$R_2 = R_1 \times (235 + t_2)/(235 + t_1) \quad (4.0.3)$$

4.0.4　测量绕组连同套管的绝缘电阻、吸收比和极化指数应符合下列规定：

1　应使用5000V兆欧表测量。

2　测量温度应以油平均温度为准，测量时应在油温10℃～40℃时进行，当测量温度与例行试验时的温度不同时，绝缘电阻值可按下式换算到相同温度下进行比较：

$$R_2 = R_1 \times 1.5^{(t_1 - t_2)/10} \quad (4.0.4)$$

绝缘电阻值不宜低于例行试验值的70%。

3　吸收比不应低于1.3或极化指数不应低于1.5，且与例行试验值相比应无明显差别。

4　当绝缘电阻R_{60s}大于10000MΩ、吸收比及极化指数较低时，应根据绕组连同套管的介质损耗正切值$\tan\delta$进行综合判断。

4.0.5　测量绕组连同套管的介质损耗因数$\tan\delta$和电容量应符合下列规定：

1　试验电压应为10kV交流电压。

2　绕组连同套管的介质损耗因数$\tan\delta$不应大于例行试验值的130%。

3　测量温度应以油平均温度为准，测量时应在油温10℃～40℃时进行。当测量温度与例行试验时的温度不同时，可按下式换算到相同温度下的$\tan\delta$值进行比较：

$$\tan\delta_2 = \tan\delta_1 \times 1.3^{(t_2 - t_1)/10} \quad (4.0.5)$$

4　绕组连同套管的电容值与例行试验值相比应无明显变化。

4.0.6 测量铁心和夹件的绝缘电阻应符合下列规定：

1 应使用2500V兆欧表进行测量，持续时间为1min，应无异常。

2 分别测量铁心对油箱、夹件对油箱、铁心和夹件间的绝缘电阻，测量值与例行试验值相比应无明显差别。

4.0.7 套管试验应按本标准第10章的规定进行。

4.0.8 套管式电流互感器试验应按本标准第7章的规定进行。

4.0.9 绝缘油性能试验应按本标准第13章的规定进行。

4.0.10 油中溶解气体分析应符合下列规定：

1 应在电抗器注油前、静置后24h、外施工频耐压试验后、冲击合闸后、额定电压运行24h后及168h后，各进行一次分析。

2 试验应按现行国家标准《变压器油中溶解气体分析和判断导则》GB/T 7252的有关规定执行。

3 油中溶解气体含量应无乙炔，且总烃小于或等于20μL/L，氢气小于或等于10μL/L。

4 各次测得的数据应无明显差别，当气体组分含量有增长趋势时，可结合相对产气速率综合分析判断，必要时应缩短色谱分析取样周期进行追踪分析。

4.0.11 绕组连同套管的外施工频耐压试验应符合下列规定：

1 试验电压按例行试验时中性点外施耐受电压值的80%进行，试验时间为1min。

2 外施工频耐压试验过程中，试验电压应无突然下降、无放电声等异常现象。

3 试验过程中应进行局部放电量监测，中性点电抗器不应进行局部放电量监测。

4.0.12 额定电压下的冲击合闸试验应符合下列规定：

1 冲击合闸试验应结合系统调试进行。

2 冲击合闸时，应无异常声响等现象，保护装置不应动作。

3 冲击合闸后24h应取油样进行油中溶解气体色谱分析，分析结果与冲击合闸前应无明显差别。

4.0.13 电抗器声级测量应符合下列规定：

1 测量方法和要求按现行国家标准《电力变压器 第10部分：声级测定》GB/T 1094.10的有关规定执行。

2 电抗器运行中，噪声值不应大于合同规定值。

3 当采用自然油循环自冷(ONAN)方式冷却时，测量点距基准发射面应为0.3m。

4 当采用自然油循环风冷(ONAF)方式冷却时，风扇投入运行时测量点距基准发射面应为2m。

5 当采用ONAF方式冷却且有隔音屏蔽时，基准发射面应将隔音室包括在内。

4.0.14 油箱的振动测量应符合下列规定：

1 测量方法和要求应按现行国家标准《电抗器》GB 10229的有关规定执行。

2 在额定工况下，油箱壁振动振幅双峰值不应大于100μm，且与出厂试验数据相比无明显变化。

4.0.15 油箱表面的温度分布及引线接头的温度测量应符合下列规定：

1 在运行中，使用红外测温仪进行油箱温度分布及引线接头温度测量。

2 电抗器油箱表面局部热点的温升不应超过80K。

3 引线接头不应有过热现象。

5 电容式电压互感器

5.0.1 1000kV电容式电压互感器的交接试验项目应包括下列

内容：

1 电容分压器低压端对地的绝缘电阻测量。

2 分压电容器的介质损耗因数 $\tan\delta$ 和电容量测量。

3 电容器分压的交流耐压试验。

4 分压电容器渗漏油检查。

5 电磁单元线圈部件的绕组直流电阻测量。

6 电磁单元各部件的绝缘电阻测量。

7 电磁单元各部件的连接检查。

8 电磁单元的密封性检查。

9 准确度(误差)测量。

10 阻尼器检查。

5.0.2 电容分压器低压端对地的绝缘电阻测量应符合下列规定：

1 应使用 2500V 兆欧表测量。

2 常温下的绝缘电阻不应低于 1000MΩ。

5.0.3 分压电容器的介质损耗因数 $\tan\delta$ 和电容量测量应符合下列规定：

1 应在 10kV 电压下测量每节分压电容器的 $\tan\delta$ 和电容量，中压臂电容应在额定电压下测量 $\tan\delta$ 和电容量，$\tan\delta$ 值不应大于 0.2％。

2 每节电容器的电容值及中压臂电容允许偏差应为额定值的－5％～＋10％。

3 当 $\tan\delta$ 值不符合要求时，可测量额定电压下的 $\tan\delta$ 值，若额定电压下的 $\tan\delta$ 满足上述要求，则可投运。

5.0.4 电容分压器的交流耐压试验应符合下列规定：

1 当怀疑绝缘有问题时，宜对电容分压器整体进行交流耐压试验。

2 交流试验电压应为例行试验施加电压值的 80％，时间 1min。

3 交流耐压试验前后应进行电容量和 $\tan\delta$ 测量，两次测量结果不应有明显变化。

5.0.5 分压电容器渗漏油检查应符合下列规定：

1 用目视观察法进行检查。

2 如果发现分压电容器有渗漏油痕迹，应停止使用并予以更换。

5.0.6 电磁单元线圈部件的绕组直流电阻测量应符合下列规定：

1 中间变压器各绕组、补偿电抗器及阻尼器的直流电阻均应进行测量，其中中间变压器一次绕组和补偿电抗器绕组直流电阻可一并测量。

2 绕组直流电阻值与换算到同一温度下的例行试验值比较，中间变压器及补偿电抗器绕组直流电阻偏差不宜大于10%，阻尼器直流电阻偏差不应大于15%。

5.0.7 电磁单元各部件的绝缘电阻测量应符合下列规定：

1 应使用2500V兆欧表。

2 中间变压器各二次绕组间及对地的绝缘电阻、中间变压器一次绕组和补偿电抗器绕组对地的绝缘电阻及阻尼器对地的绝缘电阻不应低于1000MΩ。

5.0.8 电磁单元各部件的连接应符合设计要求，并应与铭牌标志相符。

5.0.9 电磁单元的密封性检查应符合下列规定：

1 可用目视观察法进行检查。

2 发现渗漏油应及时进行处理。

5.0.10 准确度（误差）测量应符合下列规定：

1 关口计量用互感器应进行误差测量。

2 用于互感器误差测量的方法应符合现行国家计量检定规程《测量用电压互感器》JJG 314的有关规定，不应用变比测试仪测量变比的方法替代误差测量。

3 极性检查宜与误差试验同时进行，同时核对各接线端子标识是否正确。

4 准确度(误差)测量可以采用差值法,也可采用测量电压系数的方法。

5 试验应对每个二次绕组分别进行,除剩余绕组外,被检测绕组接入负荷应为25%～100%额定负荷,其他绕组负荷应为0～100%额定负荷,没有特殊规定时二次负荷的功率因数应为1。

6 当测量0.2级、0.5级绕组时,应分别在80%、100%和105%的额定电压下进行。

7 保护级绕组误差特性测量应分别在2%、5%和100%的额定电压下进行。

8 测量时的高压引线布置应与实际使用情况接近。

5.0.11 阻尼器的检查应符合下列规定:

1 阻尼器的励磁特性和检测方法可按制造厂的规定进行。

2 电容式电压互感器在投入前应检查阻尼器是否已接入规定的二次绕组端子。

6 气体绝缘金属封闭电磁式电压互感器

6.0.1 电磁式电压互感器交接试验项目应包括下列内容:

1 绕组的绝缘电阻测量。

2 交流耐压试验。

3 绝缘介质性能试验。

4 绕组的直流电阻测量。

5 接线组别和极性检查。

6 准确度(误差)测量。

7 电磁式电压互感器的励磁特性测量。

8 密封性能检查。

6.0.2 测量绕组的绝缘电阻应符合下列规定:

1 绝缘电阻测量应使用2500V兆欧表。

2 测量一次绕组对二次绕组及外壳、各二次绕组间及其对外壳的绝缘电阻，绝缘电阻值不应低于1000MΩ。

6.0.3 交流耐压试验应符合下列规定：

1 交流耐压试验应与GIS耐压试验同时进行，试验电压应为例行试验的80%，试验频率应满足制造厂要求。

2 二次绕组间及其对外壳的工频耐压试验电压应为3kV。

6.0.4 绝缘介质性能试验应符合本标准第8章的相关规定。

6.0.5 绕组直流电阻测量应符合下列规定：

1 一次绕组直流电阻值与换算到同一温度下的例行试验值比较，相差不宜大于10%。

2 二次绕组直流电阻值与换算到同一温度下的例行试验值比较，相差不宜大于15%。

6.0.6 检查互感器的接线组别和极性，应符合设计要求，并应与铭牌和标识相符。

6.0.7 准确度(误差)测量应满足下列规定：

1 关口计量用互感器应进行误差测量。

2 用于互感器误差测量的方法应符合现行国家计量检定规程《测量用电压互感器》JJG 314的有关规定，不应用变比测试仪测量变比的方法替代误差测量。

3 极性检查宜与误差试验同时进行，同时核对各接线端子标识是否正确。

4 准确度(误差)测量可以采用差值法，也可采用测量电压系数的方法。

5 试验应对每个二次绕组分别进行，除剩余绕组外，被检测绕组接入负荷应为25%～100%额定负荷，其他绕组负荷应为0～100%额定负荷，没有特殊规定时二次负荷的功率因数应为1。

6 当测量0.2级、0.5级绕组时，应分别在80%、100%和105%的额定电压下进行。

7 保护级绕组误差特性测量应分别在2%、5%和100%的额定电压下进行。

6.0.8 电磁式电压互感器的励磁特性测量应符合下列规定：

1 励磁特性曲线测量点为额定电压的20%、50%、80%、100%。

2 对于额定电压测量点，励磁电流不宜大于例行试验报告和型式试验报告的测量值的30%，同批次、同型号、同规格电压互感器此点的励磁电流不宜相差30%。

6.0.9 密封性能检查应符合本标准第8章的相关规定。

7 套管式电流互感器

7.0.1 电流互感器的交接试验项目应包括下列内容：

1 绕组的绝缘电阻测量。

2 绕组直流电阻测量。

3 二次绕组短时工频耐压试验。

4 准确度(误差)测量及极性检查。

5 励磁特性测量。

7.0.2 测量绕组的绝缘电阻应符合下列规定：

1 应使用2500V兆欧表。

2 二次绕组对地及绕组间的绝缘电阻应大于1000MΩ。

7.0.3 测量绕组的直流电阻应符合下列规定：

1 二次绕组的直流电阻测量值与换算到同一温度下的例行试验值比较，直流电阻相互间的差异不应大于10%。

2 同型号、同规格、同批次电流互感器二次绕组的直流电阻相互间的差异不宜大于10%。

7.0.4 应进行二次绕组短时工频耐压试验。电流互感器二次绕组之间及对地的工频耐受试验电压应为方均根值3kV，试验时间1min。

7.0.5 准确度(误差)测量及极性检查应符合下列规定:

1 用于GIS设备关口计量的互感器应进行误差测量。

2 用于互感器误差测量的方法应符合互感器检定规程。

3 极性检查可与误差测量同时进行,也可以采用直流法进行,同时核对各接线端子标识是否正确。

4 对于多变比绕组,可以仅测量其中一个变比的全量限误差,其他变比可以仅复核20%额定电流(I_r)点的误差。各绕组所有变比必须与铭牌参数相符。

5 误差测量以直接差值法为准,如果施加电流达不到规定值,可采用间接法检测,使用间接法的前提条件是用直接法测量20%I_r点的误差。

7.0.6 当继电保护对电流互感器的励磁特性有要求时,应进行励磁特性曲线测量。当电流互感器为多抽头时,可在使用的抽头或最小变比的抽头测量,测量值应符合产品技术条件要求。当励磁特性曲线测量时施加的电压高于峰值电压4.5kV时,应降低试验电源频率。

8 气体绝缘金属封闭开关设备

8.0.1 气体绝缘金属开关设备交接试验项目应包括下列内容:

1 检查与核实。

2 控制及辅助回路绝缘试验。

3 SF_6气体含水量测量。

4 SF_6气体密封性试验。

5 SF_6气体纯度检测。

6 主回路电阻测量。

7 SF_6气体密度继电器及压力表校验。

8 断路器试验。

9 隔离开关、接地开关试验。

10 设备内部各配套元件的试验。

11 主回路绝缘试验。

8.0.2 检查与核实应符合下列规定：

1 应检查气体绝缘金属封闭开关设备整体外观，包括油漆是否完好、有无锈蚀损伤、出线套管有无损伤等，所有安装应符合制造厂的图纸要求。

2 应检查各种充气、充油管路，阀门及各连接部件的密封是否良好；阀门的开闭位置是否正确；管道的绝缘法兰与绝缘支架是否良好。

3 应检查断路器、隔离开关及接地开关分、合闸指示器的指示是否正确，抄录动作计数器的数值。

4 应检查和记录各种压力表数值，检查油位计的指示值是否正确。

5 应检查汇控柜上各种信号指示、控制开关的位置是否正确。

6 应检查各类箱、门的关闭情况是否良好，内部有无渗水。

7 应检查隔离开关、接地开关连杆的螺丝是否紧固，检查波纹管螺丝位置是否符合制造厂的技术要求。

8 应检查所有接地是否可靠。

8.0.3 控制及辅助回路绝缘试验应符合下列规定：

1 控制回路和辅助回路应进行2kV、1min工频耐受试验，试验时电流互感器二次绕组应短路并与地绝缘。

2 试验前应先检查辅助和控制回路的接线是否与接线图相符，信号装置、加热器和照明能否正确动作。

8.0.4 SF_6气体含水量测量应在设备充气至额定压力120h后方可进行。有电弧气室含水量应小于150μL/L，无电弧气室含水量应小于250μL/L。

8.0.5 SF_6气体密封性试验应符合下列规定：

1 设备安装完毕，充入 SF_6 气体至额定压力 4h 后，采用局部包扎法对所有连接部位进行泄漏值的测量，测量设备灵敏度不应低于 $1\times10^{-2}Pa\cdot cm^3/s$。

2 包扎 24h 后应进行泄漏值的测量，每个气室年漏气率应小于 0.5%。

8.0.6 SF_6气体纯度检测应符合下列规定：

1 气体绝缘金属封闭开关设备所用 SF_6 气体均应为新气，且应按本标准第 14 章的规定进行验收后方可使用。

2 设备安装完毕，充入 SF_6 气体至额定压力 4h 后，从取样口抽取气体进行纯度检测，纯度应大于 97%。

8.0.7 主回路电阻测量应符合下列规定：

1 主回路的回路电阻测量应在现场安装后进行。

2 电阻测量应采用直流压降法，测量电流不应小于 300A。

3 所测电阻值应符合技术条件规定并与例行试验值相比无明显变化，且不应超过型式试验中温升试验时所测电阻值的 1.2 倍。

8.0.8 SF_6气体密度继电器及压力表均应进行校验，校验合格后方可使用。

8.0.9 断路器试验应满足下列规定：

1 气体绝缘金属封闭开关设备中的断路器交接试验应符合现行国家标准《1100kV 高压交流断路器技术规范》GB/Z 24838—2009 中第 12.2.1 条和《高压交流断路器》GB 1984—2003 中第 10.2.101 条的规定，所测的值应符合技术条件规定，并应和例行试验值对比。

2 应测量 SF_6 气体的分闸、合闸和重合闸的闭锁压力动作值和复位值，以及 SF_6 气体低压力报警值和报警解除值，所测值应符合产品技术条件。

3 应测量液压操动机构的分闸、合闸和重合闸的闭锁压力动作值和复位值，以及低压力报警值和报警解除值，安全阀的动作值和复位值。

4 应测量操作过程中的消耗。当各个储能装置处于泵装置的相应闭锁压力下时，切断油泵电源，分别进行分闸、合闸和“O—0.3s—CO”操作，测量压力损耗值并记录操作完成后的稳态压力值。

注：O表示一次开断操作，CO表示一次关合操作后立即进行开断操作，立即指无任何故意的时延。

5 应验证额定操作顺序。各个储压缸处于重合闸闭锁压力下，泵装置处于工作状态，进行额定操作顺序“O—0.3s—CO—180s—CO”操作，验证泵装置能否满足要求。

注：O表示一次开断操作，CO表示一次关合操作后立即进行开断操作，立即指无任何故意的时延。

6 时间参量测量应符合下列规定：

1)液压机构的操动试验应按照表8.0.9的要求进行，测量分闸、合闸和合-分时间及同期性，其值应符合技术条件的规定。当操作电源低于30％额定操作电压时，不应分、合闸；当操作电源大于65％额定操作电压时，应可靠分闸；当操作电源大于80％额定操作电压时，应可靠合闸。当带有脱扣线圈时，应对所有脱扣线圈进行试验并记录每一个的时间。

2)应测量控制和辅助触头的动作时间。当断路器进行分闸和合闸时，测量控制和辅助触头与主触头之间的动作配合时间，配合时间应符合技术条件要求。

3)应测量液压操动机构的储能时间和保压时间。应测量油泵零起打压至允许的最高压力的储能时间和从闭锁打压至合闸、分闸、重合闸解除闭锁所用的储能时间。将液压操动机构储能至额定压力，应记录24h内油泵的启动次数；测量并记录停泵24h后的压力降，应符合技术条件的规定。

7 液压油和氮气的检查应符合下列规定：

1)液压操作机构所用的液压油和氮气的质量应符合技术条

件的规定；

2）液压油的油位应符合技术条件要求，油的水分含量应在规定的范围内，以防止锈蚀；

3）储压缸中氮气的预充入压力应符合技术条件的规定，氮气的纯度应符合要求。

8 应测量机械行程特性。断路器液压机构的操动试验应按表8.0.9的要求进行，应按照制造厂在例行试验时相同的测量方法记录机械行程特性曲线，并应与出厂试验时测得的特性曲线一致。

表 8.0.9 液压机构的操动试验

操作顺序	操作线圈端钮电压	操作液压	操作次数
合、分	额定	额定	5
合、分	最高	最高	5
合、分	最低	最低	5
合—分	额定	额定	5
分—0.3s—合分	额定	额定	5

9 应校验防慢分、防跳跃和防非全相合闸功能。断路器应对防止失压后重新打压时发生慢分的功能是否可靠进行校验，同时应进行防跳跃和防非全相合闸功能的校验。

10 应测量分、合闸电阻值。断路器如果装有合闸电阻或分闸电阻，应测量并联电阻的阻值，其值应满足技术条件的规定，并测量并联电阻的接入时间。

11 应测量并联电容器的电容量和介质损耗因数。断路器如装有断口间的均压电容，应测量其电容量和介质损耗因数，并应满足技术条件的规定。

8.0.10 隔离开关、接地开关试验应符合下列规定：

1 隔离开关、接地开关时间特性试验应满足制造厂要求。

2 应进行机械操作试验。在额定电源电压、最低电源电压和最高电源电压下各进行5次合闸和分闸操作，并应对快速隔离开关和接地开关记录分、合闸时间和速度，确认辅助触头和主触头的动作配合、位置指示器的动作正确性。带有分、合闸电阻的隔离开关应测量电阻的接入时间。

3 应进行联锁检验。进行分、合闸操作，检查隔离开关和接地开关、隔离开关和断路器之间的联锁装置是否可靠；检查手动操动和电动操动之间的联锁。

8.0.11 设备内部的避雷器、电流互感器、套管等配套元件的试验应按本标准的有关规定进行，对无法分开的设备可不单独进行试验。

8.0.12 电流互感器试验应按本标准第7章的规定进行。

8.0.13 出线套管试验除外观检查外，气体绝缘套管试验与气体绝缘金属封闭开关设备一起进行，试验项目应满足本标准第10章套管现场试验的要求。

8.0.14 罐式避雷器试验除应满足GIS常规试验外，还应进行下列试验：

1 运行电压下的全电流和阻性电流测量。

2 计数器检查。

8.0.15 主回路绝缘试验应符合下列规定：

1 气体绝缘金属封闭开关设备安装完毕并通过其他交接试验后，应在充入额定气压的SF_6气体下，进行现场绝缘试验。对要求较高的充电电流元件、有限压元件，试验时可进行隔离。

2 气体绝缘金属封闭开关设备进出线应断开，并保持足够的绝缘距离。应断开罐式避雷器与主回路的连接。对电磁式电压互感器应与制造厂沟通，确定是否参加主回路绝缘试验。

3 气体绝缘金属封闭开关设备上所有电流互感器的二次绕组应短接并接地。

4 应将气体绝缘金属封闭开关设备被试段内的所有隔离开关合闸、接地开关分闸，应将非被试段内的接地开关合闸。

5 耐压试验前，应用不低于2500V兆欧表测量每相导体对地绝缘电阻。

6 交流耐压试验应满足下列规定：

1)试验程序可根据气体绝缘金属封闭开关设备状况和现场条件，由用户和制造厂商定。

2)试验电源可采用工频串联谐振装置和变频串联谐振装置，交流电压频率应在10Hz～300Hz范围内。

3)现场交流耐受电压值U_f应为例行试验电压的80％，时间为1min。

4)耐压试验前应先进行老练试验，老练试验加压程序为：从零电压升压至$U_m/\sqrt{3}$，持续10min，再升压至1.2 $U_m/\sqrt{3}$，持续5min，老练试验结束。老练试验结束后进行耐压试验，电压应升至U_f，持续1min。耐压试验结束后降至1.1 $U_m/\sqrt{3}$ ，直接进行局部放电测试。主回路老练、耐压试验加压程序应按图8.0.15进行。

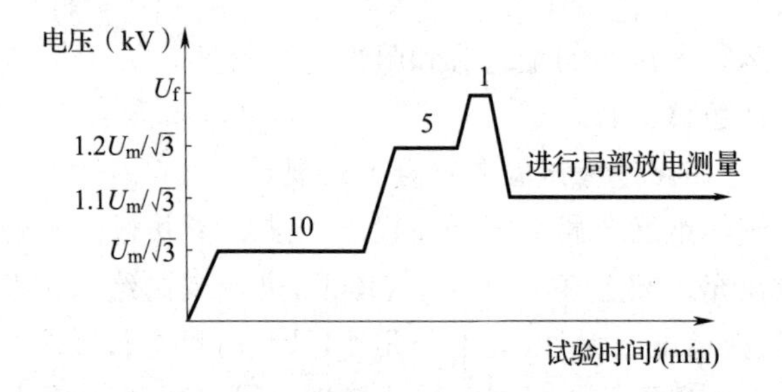

图8.0.15　主回路老练、耐压试验加压程序示意图

5)规定的试验电压应施加到每相导体和外壳之间，每次一相，其他的导体应与接地的外壳相连。

6)每个部件都至少加一次试验电压。在制订试验方案时，必须同时注意要尽可能减少固体绝缘的重复试验次数。

7)当怀疑断路器和隔离开关的断口在运输、安装过程中受损时，或者设备经历过解体，应做断口间的耐压试验。

8)如果气体绝缘金属封闭开关设备的每一部件均已按选定的试验程序耐受规定的试验电压而无击穿放电，则认为整个气体绝缘金属封闭开关设备通过试验。

9)在试验过程中如果发生击穿放电，应进行重复试验，如果设备还能经受规定的试验电压时，则认为是自恢复放电，耐压试验通过。如果重复耐压失败，则应解体设备，打开放电间隔，仔细检查损坏情况，采取必要的修复措施，再进行规定的耐压试验。

7 局部放电测试可在耐压试验后进行，也可在老练试验期间进行。为了提高局部放电测试的效果，需尽量减少电源和环境干扰，避免高压引线电晕的发生。局部放电试验宜采用以下几种方法：

1)特高频法(UHF)。应通过检测GIS内部局部放电产生的电磁波发现GIS内部的缺陷。频率范围应为300MHz～1000MHz。UHF电磁波信号由GIS内部传感器获得。

2)振动法。应通过放置在GIS外壳上的传感器接收放电产生的振动脉冲检测放电故障。测量频率应在10kHz～30kHz范围内。

3)声测法。通过放置在GIS外壳上的声传感器接收放电产生的超声波信号，测量频率应在20kHz～100kHz范围内。

9 接地开关

9.0.1 接地开关交接试验项目应包含下列内容：

1 外观检查。

2 控制及辅助回路的绝缘试验。

3 机械操作试验。

4 操动机构试验。

9.0.2 外观检查结果应符合技术条件要求。

9.0.3 控制及辅助回路的绝缘试验应符合下列规定：

1 耐压试验前，用 2000V 兆欧表测量，绝缘电阻值应大于 2MΩ。

2 控制及辅助回路应耐受 2000V 工频电压，时间 1min。耐压试验后的绝缘电阻值不应降低。

9.0.4 机械操作试验应符合下列规定：

1 试验应在主回路上无电压和无电流流过的情况下进行，应验证当其操动机构通电时接地开关能正确地分闸和合闸。

2 试验期间，不应进行调整，且应操作无误。在每次操作循环中，应到达合闸位置和分闸位置，应有规定的指示和信号。

3 试验后，接地开关的部件不应损坏。

4 机械操作试验应在装配完整的设备上进行。

9.0.5 操动机构试验应符合下列规定：

1 电动操动机构的电动机端子的电压应在其额定电压值的 85%～110%范围内，保证接地开关可靠地合闸和分闸。

2 当二次控制线圈和电磁闭锁装置线圈接线端子的电压在其额定电压值的 80%～110%范围内时，应保证接地刀闸可靠地合闸或分闸。

3 机械或电气闭锁装置应准确可靠。

10 套 管

10.0.1 1000kV 套管的交接试验应包括下列内容：

1 油浸式套管试验项目：

1)外观检查；

2)套管主绝缘的绝缘电阻测量；

3)主绝缘介质损耗因数 tanδ 和电容量测量；

4)末屏对地和电压抽头对地的绝缘电阻测量；

5)末屏对地的介质损耗因数 tanδ 测量；

6)电压抽头对地耐压试验。

2 SF_6气体绝缘套管试验项目：

1)外观检查；

2)套管主绝缘的绝缘电阻测量；

3)SF_6套管气体试验。

10.0.2 套管应无破损、裂纹、划痕、鼓包、渗漏油，压力和油位正常。

10.0.3 测量套管主绝缘的绝缘电阻应符合下列规定：

1 测量主绝缘的绝缘电阻应使用 5000V 或 2500V 兆欧表。

2 主绝缘的绝缘电阻值不应低于 10000MΩ。

3 测量时电压抽头应和测量末屏一并接地。

10.0.4 测量主绝缘介质损耗因数 tanδ 和电容量应符合下列规定：

1 套管安装后，在 10kV 下测量变压器、电抗器用套管主绝缘的介质损耗因数 tanδ 和电容量；测量时应采用"正接法"，电压抽头应与测量末屏短接。

2 油浸式套管的实测电容值与产品铭牌数值相比，其偏差应小于±5%，tanδ 值应无明显差别。

10.0.5 测量末屏对地和电压抽头对地的绝缘电阻应符合下列规定：

1 测量末屏对地的绝缘电阻应使用 2500V 兆欧表，其绝缘电阻值不应低于 1000MΩ，当低于该值时，应结合介质损耗因数 tanδ 综合判断。

2 测量电压抽头对地的绝缘电阻应使用 2500V 兆欧表，其绝缘电阻值不应低于 2000MΩ，当低于该值时，应结合介质损耗因数 tanδ 综合判断。

10.0.6 测量末屏对地的介质损耗因数 tanδ 应符合下列规定：

1 试验电压为 2kV，采用“反接法”，测量时电压抽头应处于屏蔽状态。

2 末屏对地介质损耗因数 tanδ 应与制造厂试验值无明显差异。

10.0.7 电压抽头对地耐压试验应符合下列规定：

1 电压抽头对地试验电压应为抽头额定工作电压的 2 倍，持续时间为 1min。

2 如果运行中电压抽头处于接地状态，不应进行该项目。

10.0.8 SF_6 套管气体试验应符合下列规定：

1 SF_6 水分含量在 20℃时的体积分数不应大于 250μL/L。

2 定性检漏无泄漏点，当有怀疑时进行定量检漏，年泄漏率应小于 0.5%。

11 避 雷 器

11.0.1 1000kV 避雷器交接试验项目应包含以下内容：

1 避雷器绝缘电阻测量。

2 底座绝缘电阻测量。

3 直流参考电压及 0.75 倍直流参考电压下的漏电流试验。

4 运行电压下的全电流和阻性电流测量。

5 避雷器用监测器检验。

11.0.2 避雷器绝缘电阻测量应符合下列规定：

1 绝缘电阻测量应在避雷器元件上进行。

2 绝缘电阻测量采用 5000V 兆欧表，测得的绝缘电阻不应小于 2500MΩ。

11.0.3 底座绝缘电阻测量应采用 2500V 及以上兆欧表，测得的绝缘电阻不应小于2000MΩ。

11.0.4 直流参考电压及0.75倍直流参考电压下漏电流测量应符合下列规定：

1 试验应在整只避雷器或避雷器元件上进行。

2 整只避雷器直流8mA参考电压值不应低于1114kV，但不应大于制造厂宣称的上限值，并记录直流4mA参考电压值；当试验在避雷器元件上进行时，整只避雷器直流参考电压应等于各元件之和。

3 0.75倍直流8mA参考电压下，避雷器或避雷器元件的漏电流不应大于200μA。

11.0.5 运行电压下的全电流和阻性电流值不应大于制造厂额定值。

11.0.6 避雷器监测器检查应符合下列规定：

1 放电计数器的动作应可靠。

2 避雷器监视电流表指示应良好。

12 悬式绝缘子、支柱绝缘子和复合绝缘子

12.0.1 悬式绝缘子交接试验应满足下列要求：

1 安装前应采用5000V兆欧表测量每片悬式绝缘子绝缘电阻，不应低于5000MΩ。

2 应进行交流耐压试验，试验电压值应为60kV。

12.0.2 支柱绝缘子交接试验应满足下列要求：

1 安装前在运输单元上应进行绝缘电阻测量。

2 绝缘电组测量应使用5000V兆欧表，测得绝缘电阻值不应小于5000MΩ。

12.0.3 复合绝缘子安装前应逐只进行外观检查，伞裙不应有裂纹或缺陷，端部金具与芯棒联结处的封胶不得有开裂移位，均压环表面应光滑，不应有凹凸等缺陷。

13 绝 缘 油

13.0.1 1000kV充油电气设备中绝缘油的试验项目及标准应满足表13.0.1的规定。

表13.0.1 1000kV充油电气设备中绝缘油的试验项目及标准

序号	试验项目	标准	说 明
1	外观	透明、无杂质或悬浮物	目测：将油样注入试管冷却至5℃，在光线充足的地方观察
2	凝点（℃）	符合技术条件	按现行国家标准《石油产品凝点测定法》GB/T 510的有关规定进行试验
3	闪点（闭口）（℃）	≥135	按现行国家标准《闪点的测定 宾斯基-马丁闭口杯法》GB/T 261的有关规定进行试验
4	界面张力（25℃）（mN/m）	≥35	按现行国家标准《石油产品油对水界面张力测定法（圆环法）》GB 6541的有关规定进行试验
5	酸值（mgKOH/g）	≤0.03	按现行国家标准《石油产品酸值测定法》GB 264或《变压器油、汽轮机油酸值测定法（BTB法）》GB/T 28552的有关规定进行试验
6	水溶性酸pH值	≥5.4	按现行国家标准《运行中变压器油水溶性酸测定法》GB/T 7598的有关规定进行试验

续表 13.0.1

序号	试验项目	标准	说　明
7	油中颗粒含量	5μm～100μm 的颗粒度≤1000/100mL，无 100μm 以上颗粒	按现行行业标准《油中颗粒数及尺寸分布测量方法（自动颗粒计数仪法）》SD 313 或《电力用油中颗粒污染度测量方法》DL/T 432 的有关规定试验
8	体积电阻率(90℃)（Ω·m）	$>6\times10^{10}$	按现行国家标准《液体绝缘材料　相对电容率、介质损耗因数和直流电阻率的测量》GB/T 5654 的有关规定进行试验
9	击穿电压（kV）	≥70	按国家现行标准《绝缘油击穿电压测定法》GB/T 507 或《电力系统油质试验方法　绝缘油介电强度测量法》DL/T 429.9 的有关规定进行试验
10	tanδ(90℃)（%）	注入设备前≤0.5，注入设备后≤0.7	按现行国家标准《液体绝缘材料　相对电容率、介质损耗因数和直流电阻率的测量》GB/T 5654 的有关规定进行试验
11	油中水分含量（mg/L）	≤8	按现行国家标准《运行中变压器油水分含量测定法（库仑法）》GB/T 7600 或《运行中变压器油、汽轮机油水分测定法（气相色谱法）》GB/T 7601 的有关规定进行试验
12	油中含气量(V/V)（%）	≤0.8	按现行行业标准《绝缘油中含气量测定方法　真空压差法》DL/T 423 或《绝缘油中含气量的测试方法（二氧化碳洗脱法）》DL/T 450 的有关规定进行试验

续表 13.0.1

序号	试验项目	标准	说　明
13	油中溶解气体分析	见本标准的有关章节	按国家现行标准《绝缘油中溶解气体组分含量的气相色谱测定法》GB/T 17623、《变压器油中溶解气体分析和判断导则》GB/T 7252 和《变压器油中溶解气体分析和判断导则》DL/T 722 的有关要求进行试验

13.0.2 电力变压器和电抗器的绝缘油应在注入设备前和注入设备后、热油循环结束静置后 24h 分别取油样进行试验，其结果均应满足本标准表 13.0.1 中第 7、9、10、11、12、13 项的要求。

14 SF_6气体

14.0.1 六氟化硫（SF_6）新气到货后，充入设备前应按现行国家标准《工业六氟化硫》GB/T 12022 的有关规定验收，对气瓶的抽检率应为十分之一。同一批相同出厂日期的气体应按现行国家标准《工业六氟化硫》GB/T 12022 的有关规定验收其中一个气样后，其他气样可只测定含水量和纯度。

14.0.2 六氟化硫（SF_6）新气的试验项目和要求应符合表 14.0.2 的规定：

表 14.0.2 六氟化硫（SF_6）新气的试验项目和要求

序号	项　目	要求	说　明
1	纯度（SF_6）（质量分数 m/m）（%）	≥99.9	按现行国家标准《工业六氟化硫》GB/T 12022 进行
2	毒性	生物试验无毒	按现行行业标准《六氟化硫气体毒性生物试验方法》DL/T 921 进行

续表 14.0.2

序号	项目		要求	说明
3	酸度(以 HF 计)的质量分数(%)		≤0.00002	按现行行业标准《六氟化硫气体酸度测定法》DL/T 916 进行
4	四氟化碳(质量分数 m/m)(%)		≤0.04	按现行行业标准《六氟化硫气体中空气、四氟化碳的气象色谱测定法》DL/T 920 进行
5	空气(质量分数 m/m)(%)		≤0.04	按现行行业标准《六氟化硫气体中可水解氟化物含量测定法》DL/T 918 进行
6	可水解氟化物(以 HF 计)(%)		≤0.0001	按现行行业标准《六氟化硫气体中可水解氟化物含量测定法》DL/T 918 进行
7	矿物油的质量分数(%)		≤0.0004	按现行行业标准《六氟化硫气体中矿物油含量测定法(红外光谱分析法)》DL/T 919 进行
8	水分	水的质量分数(%)	≤0.0005	按现行国家标准《工业六氟化硫》GB/T 12022 进行
		露点(℃)	≤−49	

15 二次回路

15.0.1 应对电气设备的操作、保护、测量、信号等回路中的操动机构的线圈、接触器、继电器、仪表等二次回路进行试验。

15.0.2 二次回路试验项目应包括下列内容:

1 绝缘电阻测量。

2 交流耐压试验。

15.0.3 测量绝缘电阻应满足下列要求:

1　小母线在断开所有其他并联支路时，绝缘电阻不应小于10MΩ。

2　二次回路的每一支路和断路器、隔离开关的操动机构的电源回路等均不应小于1MΩ。在比较潮湿的地方，可不小于0.5MΩ。

15.0.4　交流耐压试验应符合下列规定：

1　试验电压应为1000V。当回路绝缘电阻在10MΩ以上时，可采用2500V兆欧表代替，试验时间应持续1min，或符合产品技术规定。

2　回路中有电子元件设备的，试验时应将插件拔出或将其两端短接。

16　架空电力线路

16.0.1　架空电力线路的试验项目应包括下列内容：

1　绝缘子和线路的绝缘电阻测量。

2　线路的工频参数测量。

3　相位检查。

4　冲击合闸试验。

16.0.2　测量绝缘子和线路的绝缘电阻应满足下列要求：

1　绝缘子绝缘电阻的试验应按本标准第12章的规定进行。

2　测量并记录线路的绝缘电阻。

16.0.3　线路的工频参数测量可根据继电保护、过电压等专业的要求进行。

16.0.4　各相两侧相位应一致。

16.0.5　冲击合闸试验应满足下列要求：

1　应在额定电压下对空载线路进行冲击合闸试验。

2 冲击合闸试验应结合系统调试进行。

3 合闸过程中线路绝缘不应有损坏。

17 接地装置

17.0.1 接地装置的试验项目应包括以下内容：

1 变电站、开关站接地装置接地阻抗测量。

2 变电站、开关站接地引下线导通试验。

3 接触电压试验。

4 跨步电压试验。

5 线路杆塔接地体的接地阻抗测量。

17.0.2 变电站、开关站接地装置的接地阻抗测量应满足下列要求：

1 接地装置接地电阻测量应采用大电流法或异频法进行测量。

2 测得的接地装置接地电阻应满足设计要求。

17.0.3 变电站、开关站接地引下线导通试验应满足下列要求：

1 当采用接地导通测试仪逐级对设备引下线与地网主干线进行导通试验时，直流电阻值不应大于0.2Ω。

2 不应有开断、松脱现象，且必须符合设计要求。

17.0.4 接触电压试验可采用变频法测量再进行折算，结果不应超过设计值。

17.0.5 跨步电压试验可采用变频法测量再进行折算，结果不应超过设计值。

17.0.6 线路杆塔接地体的接地电阻测量应满足下列要求：

1 测量时应将杆塔的接地体与杆塔主体断开。

2 采用接地测试仪逐级对杆塔接地体进行测量。

3 杆塔接地体接地电阻应满足设计要求。

附录A　特殊试验项目表

表A　特殊试验项目表

序号	条款	内　　容
1	3.0.13	低电压空载试验
2	3.0.14	绕组连同套管的外施工频耐压试验
3	3.0.15	绕组连同套管的长时感应电压试验带局部放电测量
4	3.0.16	绕组频率响应特性试验
5	3.0.17	小电流下的短路阻抗测量
6	3.0.19	声级测量
7	4.0.11	绕组连同套管的外施工频耐压试验
8	4.0.13	电抗器声级测量
9	4.0.14	油箱的振动测量
10	4.0.15	油箱表面的温度分布及引线接头的温度测量
11	5.0.10	准确度(误差)测量
12	6.0.3	交流耐压试验
13	6.0.7	准确度(误差)测量
14	7.0.5	准确度(误差)测量及极性检查
15	7.0.6	励磁特性曲线测量
16	8.0.15	主回路绝缘试验
17	11.0.4	直流参考电压及75%直流参考电压下泄漏电流测量
18	11.0.5	运行电压下的全电流和阻性电流测量
19	16.0.3	线路的工频参数测量
20	17.0.2	变电站、开关站接地装置接地阻抗测量

本标准用词说明

1　为便于在执行本标准条文时区别对待，对要求严格程度不同的用词说明如下：

1)表示很严格，非这样做不可的：
正面词采用“必须”，反面词采用“严禁”；

2)表示严格，在正常情况下均应这样做的：
正面词采用“应”，反面词采用“不应”或“不得”；

3)表示允许稍有选择，在条件许可时首先应这样做的：
正面词采用“宜”，反面词采用“不宜”；

4)表示有选择，在一定条件下可以这样做的，采用“可”。

2　条文中指明应按其他有关标准执行的写法为：“应符合……的规定”或“应按……执行”。

引用标准名录

《闪点的测定　宾斯基-马丁闭口杯法》GB/T 261

《石油产品酸值测定法》GB 264

《绝缘油击穿电压测定法》GB/T 507

《石油产品凝点测定法》GB/T 510

《电力变压器　第3部分：绝缘水平、绝缘试验和外绝缘空气间隙》GB 1094.3

《电力变压器　第10部分：声级测定》GB/T 1094.10

《高压交流断路器》GB 1984

《液体绝缘材料　相对电容率、介质损耗因数和直流电阻率的测量》GB/T 5654

《石油产品油对水界面张力测定法(圆环法)》GB 6541

《变压器油中溶解气体分析和判断导则》GB/T 7252

《局部放电测量》GB/T 7354

《运行中变压器油水溶性酸测定法》GB/T 7598

《运行中变压器油水分含量测定法(库仑法)》GB/T 7600

《运行中变压器油、汽轮机油水分测定法(气相色谱法)》GB/T 7601

《电抗器》GB 10229

《工业六氟化硫》GB/T 12022

《绝缘油中溶解气体组分含量的气相色谱测定法》GB/T 17623

《1100kV 高压交流断路器技术规范》GB/Z 24838

《变压器油、汽轮机油酸值测定法(BTB 法)》GB/T 28552

《绝缘油中含气量测定方法　真空压差法》DL/T 423

《电力系统油质试验方法　绝缘油介电强度测量法》DL/T 429.9

《电力用油中颗粒污染度测量方法》DL/T 432

《绝缘油中含气量的测试方法(二氧化碳洗脱法)》DL/T 450

《变压器油中溶解气体分析和判断导则》DL/T 722

《六氟化硫气体酸度测定法》DL/T 916

《六氟化硫气体中可水解氟化物含量测定法》DL/T 918

《六氟化硫气体中矿物油含量测定法(红外光谱分析法)》DL/T 919

《六氟化硫气体中空气、四氟化碳的气象色谱测定法》DL/T 920

《六氟化硫气体毒性生物试验方法》DL/T 921

《测量用电压互感器》JJG 314

《油中颗粒数及尺寸分布测量方法(自动颗粒计数仪法)》SD 313

中华人民共和国国家标准

1000kV系统电气装置安装工程
电气设备交接试验标准

GB/T 50832—2013

条 文 说 明

制 订 说 明

《1000kV系统电气装置安装工程电气设备交接试验标准》GB/T 50832—2013，经住房和城乡建设部2012年12月25日以第1591号公告批准发布。

本标准编制中主要遵循如下原则：

1.坚持技术上的先进性、经济上的合理性、安全上的可靠性、实施上的可操作性原则；

2.认真贯彻执行国家的有关法律、法规和方针、政策，密切结合工程实际特点，为1000kV主设备的安全和正常运行创造条件；

3.注意与现行相关技术标准相协调；

4.积极、稳妥地采用新技术、新工艺、新设备、新方法；

5.注意标准的通用性和可操作性；

6.开展必要的现场调研和专题研究，为标准条文的制订奠定基础。

本标准在编制过程中充分总结了近年来我国500kV和750kV交流输变电工程、1000kV特高压试验基地及1000kV晋东南—南阳—荆门特高压交流试验示范工程、扩建工程主设备交接试验的实践经验，同时借鉴了大量在330kV、500kV、750kV输电线路工程勘测中积累的丰富和成熟经验。编制组对新技术在现场交接试验中的应用情况给予了特别关注。

为了广大设计、施工、科研、学校等单位有关人员在使用本标准时能正确理解和执行条文规定，《1000kV系统电气装置安装工程电气设备交接试验标准》编制组按章、节、条顺序编制了本标准的条文说明，对条文规定的目的、依据以及执行中需注意的有关事项进行了说明。但是，本条文说明不具备与标准正文同等的法律效力，仅供使用者作为理解和把握标准规定的参考。

1 总　　则

1.0.2　本条规定了本标准的适用范围。

(1)规定本标准适用于1000kV电压等级新安装的、按照国家相关出场试验标准试验合格的电气设备交接试验。

(2)其他电压等级的设备现场交接试验参照现行国家标准《电气装置安装工程　电气设备交接试验标准》GB 50150执行。

1.0.4　本条对充油设备的静止时间的规定是参照国内外的安装、试验的实践经验,并结合特高压充油设备技术条件而制定。

3 电力变压器

3.0.1　本条规定了电力变压器的试验项目,参照现行国家标准《电气装置安装工程　电气设备交接试验标准》GB 50150的要求并作出以下修改:

(1)根据1000kV交流特高压变压器的结构特点,将变压器的试验项目分为三部分:主体变压器的试验项目,调压补偿变压器的试验项目,整体试验项目。

(2)增加了密封试验,并作为第一个试验项目,主要考虑到变压器渗漏问题比较多,有必要增加此试验项目,将其放在第一个试验项目,可以利用变压器静置时间,先做密封试验,这样可以节约24h。

(3)增加了变压器压空载试验、低电流短路阻抗试验项目,主要考虑到380V电压下的空载试验数据和5A电流下的负载试验数据可以方便获得，为以后变压器预防性试验与现场检修提供参考数据。

(4)由于1000kV交流特高压变压器为中性点无励磁调压，因此试验项目中并未设置分接开关的检查项目。

3.0.2 本条参考现行国家标准《油浸式电力变压器技术参数和要求》GB/T 6451关于密封性的相关规定以及《晋东南—荆门1000千伏特高压变流试验示范工程晋东南变电站1000千伏变压器技术协议》、《晋东南—荆门1000千伏特高压变流试验示范工程荆门变电站1000千伏变压器技术协议》，规定了密封试验的具体参数。

3.0.3 本条规定了绕组连同套管的直流电阻测量的具体要求，参考现行国家标准《电气装置安装工程 电气设备交接试验标准》GB 50150—2006第7.0.3条的相关要求，并考虑了测试电流造成变压器铁心剩磁对后续变压器试验的影响，增加了对高压、中压、低压绕组测试电流的要求。

3.0.6 本条规定了绕组连同套管的绝缘电阻测量的要求，参照现行国家标准《电气装置安装工程 电气设备交接试验标准》GB 50150—2006第7.0.9条的相关规定，并综合考虑到大容量变压器绝缘电阻高，泄漏电流小，绝缘材料和变压器油极化缓慢等因素，增加了对吸收比和极化指数未达到1.3和1.5时的要求。

3.0.7 本条参照现行国家标准《电气装置安装工程 电气设备交接试验标准》GB 50150—2006第7.0.10条的相关要求规定了测量绕组连同套管的tanδ和电容值的试验方法。未对绕组连同套管的tanδ和电容值提出绝对值要求，而是采用相对值比较的方法。考虑到现场换算的方便，对于不同温度下tanδ的换算，未采用现行国家标准《电气装置安装工程 电气设备交接试验标准》GB 50150—2006第7.0.10条规定的温度换算系数，而是依据现行国家标准《油浸式电力变压器技术参数和要求》GB 6451—2008第11.3.9条规定的公式进行换算。

3.0.8 本条参照现行国家标准《电气装置安装工程 电气设备交

接试验标准》GB 50150—2006 第 7.0.6 条的相关要求规定了铁心及夹件的绝缘电阻的测量要求。

3.0.12 本条参照现行国家标准《电气装置安装工程 电气设备交接试验标准》GB 50150、《变压器油中溶解气体分析和判断导则》GB/T 7252 的有关要求规定了油中溶解气体分析的试验要求，并增加了额定电压运行 168h 后取样进行油中溶解气体分析的规定。

3.0.13 本条规定了变压器低电压下空载电流的测量要求。增加此试验项目，主要考虑到 380V 下的空载数据可以方便获得，为以后变压器现场检修提供参考数据。试验方法可参考现行行业标准《电力变压器试验导则》JB/T 501 的相关规定。

3.0.14 本条参照现行国家标准《电气装置安装工程 电气设备交接试验标准》GB 50150—2006 第 7.0.13 条，《电力变压器 第 3 部分：绝缘水平、绝缘试验和外绝缘空气间隙》GB 1094.3，《晋东南—荆门 1000 千伏特高压交流试验示范工程晋东南变电站 1000 千伏变压器技术协议》，《晋东南—荆门 1000 千伏特高压交流试验示范工程荆门变电站 1000 千伏变压器技术协议》的有关要求规定了绕组连同套管的外施工频耐压试验的试验要求，并增加了在开展外施工频耐压试验时监测局部放电的规定。工频耐压试验作为重复试验，根据现行国家标准《电力变压器 第 3 部分：绝缘水平、绝缘试验和外绝缘空气间隙》GB 1094.3 规定试验电压为出厂试验值的 80%。表 3.0.14 规定的试验电压，参照特高压变压器技术协议要求。

3.0.15 本条参照现行国家标准《电气装置安装工程 电气设备交接试验标准》GB 50150—2006 第 7.0.14 条，《电力变压器 第 3 部分：绝缘水平、绝缘试验和外绝缘空气间隙》GB 1094.3，《晋东南—荆门 1000 千伏特高压交流试验示范工程晋东南变电站 1000 千伏变压器技术协议》，《晋东南—荆门 1000 千伏特高压交流试验示范工程荆门变电站 1000 千伏变压器技术协议》的相关要求规定了绕组连同套管的长时感应电压试验带局部放电试验要求，并作出如下修改：

(1)考虑到现场局部放电试验的难度，对主体变压器与调压补偿变压器分别实施绕组连同套管的长时感应电压带局部放电试验，不必对变压器本体连同调压补偿变压器联合进行整体试验。

(2)对于主体变压器局部放电试验的升压方案，综合考虑试验方案的实施可行性，对绝缘考核等因素，确定预加电压 $U_1=1.5U_m/\sqrt{3}$，测量电压 $U_2=1.3U_m/\sqrt{3}$；对于调压补偿变压器局部放电试验的升压方案与例行试验时的方案相同，预加电压 $U_1=1.7U_m/\sqrt{3}$，测量电压 $U_2=1.5U_m/\sqrt{3}$。

(3)局部放电量的规定参照了技术协议要求与现行国家标准《电力变压器　第3部分：绝缘水平、绝缘试验和外绝缘空气间隙》GB 1094.3。

(4)现场带局部放电测量的绕组连同套管长时感应电压试验的目的是检查变压器运输、现场安装后的绝缘情况，因此对于特高压变压器局部放电试验激发时间并未参照技术协议规定，而是依据现行国家标准《电力变压器　第3部分：绝缘水平、绝缘试验和外绝缘空气间隙》GB 1094.3的规定。

3.0.16　本条规定了变压器绕组频率响应特性试验方法。变压器绕组变形试验应采用频率响应法进行测试，对各绕组分别进行测量。试验方法和判断依据应按现行行业标准《电力变压器绕组变形的频率响应法》DL/T 911执行。

3.0.17　本条规定了变压器低电流短路阻抗的测量要求。增加此试验项目，主要考虑到5A电流下的短路阻抗数据可以方便获得，为以后变压器现场检修提供参考数据。试验方法可参考现行行业标准《电力变压器试验导则》JB/T 501的相关规定。

3.0.18　本条规定了额定电压下的冲击合闸试验具体要求。对变压器冲击合闸主要考验变压器在冲击合闸时产生的励磁涌流是否会使变压器差动保护动作，并不是用冲击合闸来考核变压器绝缘性能。本条规定冲击合闸试验一般结合系统调试进行。

3.0.19 本条参照现行国家标准《电气装置安装工程 电气设备交接试验标准》GB 50150—2006 第7.0.17条、《电力变压器 第10部分:声级测定》GB/T 1094.10以及特高压变压器技术协议的相关要求规定了声级测量要求。

4 电 抗 器

本章中“电抗器”是指1000kV油浸式单相并联电抗器及配套的中性点接地电抗器。因电抗器多数试验项目或条款与第3章“变压器”的相同,为此以下仅对部分试验项目及条款加以说明。

4.0.1 电抗器交接试验项目按1000kV并联电抗器和1000kV并联电抗器配套用中性点电抗器分别列出。中性点接地电抗器运行中很少带全电压,因此现场交接试验中不要求对噪声、振动和油箱表面温度分布及引线接头温度进行测量。

对于1000kV并联电抗器,以下4项试验在系统调试时进行:

(1)额定电压下的冲击合闸试验。

(2)测量电抗器的噪声。

(3)测量油箱的振动。

(4)测量油箱表面的温度分布及引线接头的温度。

电抗器的振动、噪声、油箱表面温升的最大限值是基本要求,如果合同规定的比本标准要求的高,按合同执行。

4.0.11 现场交接试验中进行绕组连同套管的外施交流耐压试验,只能按电抗器绕组中性点端的绝缘水平进行外施交流耐压,属于绝缘检查试验,而不是对绝缘的考核性试验。按末端的绝缘水平在现场进行交流耐压试验的试验电压应为例行试验电压的80%。试验接线是将电抗器绕组的高压套管和中性点套管短接后施加交流试验电压，电抗器油箱接地。外施交流试验可采用工频试验变压器加压，也可采用串联谐振装置进行。

4.0.12 1000kV电抗器与线路直接连接，因此冲击合闸是在带线路条件下进行，符合现行国家标准《电气装置安装工程　电气设备交接试验标准》GB 50150的要求。

4.0.13 测量电抗器的噪声中，规定ONAN方式冷却的电抗器测量点距基准发射面应为0.3m，ONAF方式冷却的，风扇投入运行时测量点距基准发射面应为2m，风扇停止运行时测量点距基准发射面0.3m，这是参照现行国家标准《电力变压器　第10部分：声级测定》GB/T 1094.10的规定而制定的。1000kV并联电抗器为限制噪声在75dB(A)以下，可以增设隔音室，因此增加了带隔音室情况下的规定。

5　电容式电压互感器

5.0.3 本条规定了分压电容器介质损耗因数tanδ和电容量的测量要求。

1 1000kV电容式电压互感器(CVT)中压臂额定工作电压低于10kV，因此中压臂电容的tanδ和电容量测量电压以中压臂电容额定工作电压为准。

3 在10kV条件下测量耦合电容器的tanδ和电容量易于现场操作，但是电容器绝缘介质的电场强度远远小于工作场强，测量结果不能完全发现可能存在的缺陷。当10kV条件下检测结果有疑问时，应提高试验电压进一步查找问题。此外，根据以往现场试验，误差测量结果偏大时，有可能是耦合电容器中的个别电容单元出现了击穿事故，因此当误差检测结果超差较大时，应考虑耦合电容器进行额定电压的tanδ和电容量测量。

5.0.4 本条规定了开展电容分压器交流耐压试验的条件。

(1)受环境条件影响,现场进行 1000kV 柱式 CVT 电容分压器的工频耐压试验,只有在误差特性、tanδ 和电容量等试验发现问题时,才将耐压试验作为补充项目进行故障诊断用。局部放电试验在现场实施更加困难,因此不考虑。

(2)当施加额定电压下测量电容分压器 tanδ 和电容量检测结果仍然有疑问时,可以追加交流耐压试验,以便进一步核查问题所在。

5.0.6 本条规定了电磁单元线圈部件的绕组直流电阻的测量方法及要求。

1 电磁单元线圈元件较多,进行线圈部件各绕组的直流电阻测量的主要目的是检查设备在运输过程中出现连接松动现象。

2 由于是定性检查,直流电阻较大的绕组给出 10% 的偏差判别依据,直流电阻较小的绕组采用双臂电桥,测量值偏差取值 5%。

5.0.10 本条规定了准确度(误差)检测的具体要求。

(1)CVT 的主要功能之一是用于电能计量,原建设部制定的电气设备交接试验标准和国家技监局制定的电力互感器检定规程,都要求现场检测包括 CVT 在内的所有用于计量的计量器具,因此和其他电压等级一样,将 1000kV 柱式 CVT 误差特性检测纳入现场检测项目。

(2)试验示范工程采用的 1000kV 电压互感器均为柱式 CVT,这种结构的 CVT 误差特性受环境因素影响较大,包括设备安装高度、高压引线连接方式、周边物体等因素。西北 750kV 柱式 CVT 现场检测结果表明,高压引线的影响可导致 CVT 误差曲线偏移 0.3%。换句话说,由于 CVT 的结构特点,电压等级越高,柱式 CVT 误差特性例行试验数据和现场安装后的数据存在偏差的可能性越高。现场检测柱式 CVT,可以为调节柱式 CVT 误差特性曲线符合误差限值要求提供参考依据,试验时高压引线应尽量接近于实际使用。

(3)本标准中没有直接说明不应采用阻容分压器测量电压互感器误差的方法，主要考虑具备承担特高压试验示范工程能力的试验机构基本上了解这种方法测得的数据不稳定，复现性差，很难将测量系统的测量不确定度控制在0.05%以内。

6 气体绝缘金属封闭电磁式电压互感器

6.0.8 与电流互感器不同，同一电压等级、同型号、同规格的电压互感器没有那么多的变比、级次组合及负载的配置，其励磁曲线与例行试验检测结果及型式试验报告数据不应有较大分散性，否则就说明所使用的材料、工艺甚至设计和制造发生了较大变动，应重新进行型式试验来检验互感器的质量。如果励磁电流偏差太大，特别是成倍偏大，就要考虑是否有匝间绝缘损坏、铁心片间短路或者是铁心松动的可能。考虑到1000kV电磁式电压互感器现场施加电压的实际困难，励磁特性曲线测量点为额定电压的20%、50%、80%、100%。

7 套管式电流互感器

7.0.5 本条对准确度(误差)测量及极性检查作出规定。

(1)准确度检测主要针对用于电能计量的电流互感器基本误差检测。目前用于电能计量的电流互感器铁心材料多为微晶、超微晶，这种材料物理特性较脆弱，经过运输振动或系统投合冲击电流产生的电磁力作用有可能导致铁心材料的磁性能发生改变，影响电流互感器误差特性。包括500kVGIS变电站在内的现场检测发现了大量的类似问题，电流互感器出现严重超差现象，特别是GIS变电站电流互感器现场检测的上限（额定电流80%～120%范围）误差特性和例行试验数据有较大差异，有的0.2级电流互感器实测数据超出1%。

（2）变压器、电抗器套管电流互感器不用于关口计量，现场也无法进行误差试验，因此仅进行变比测量。

（3）电流互感器直接法测量和间接法测量差异较大，在条件具备的情况下，应以直接测量结果为准。用直接法现场检测电流互感器，需要将一次回路试验电流施加到额定电流的1.2倍（如额定一次电流为4kA的电流互感器，试验电流应施加到4.8kA），这对试验回路较大的1000kV试验回路而言，回路容量达到2000kV·A～4000kV·A左右，试验难度极大。由于试验回路主要消耗感性无功，如果试验回路对无功进行有效补偿，是可能将一次试验电流施加上去的。如果一次试验电流难以施加到规定值，可以采用间接法检测误差，但前提是要采用直接法在不低于额定电流20%的条件下，用直接法测量误差，以保证被检电流互感器量值的溯源性。

8 气体绝缘金属封闭开关设备

8.0.1 本条规定了气体绝缘金属封闭开关设备的试验项目。

（1）本标准中气体绝缘金属封闭开关设备交接试验项目是参照国家现行标准《电气装置安装工程 电气设备交接试验标准》GB 50150、《气体绝缘金属封闭开关设备现场交接试验规程》DL/T 618等的规定项目编制的。

（2）断口间并联电容器的电容量、tanδ等相关试验在现场不易进行，标准中未列出该项试验。

(3)气体绝缘金属封闭开关设备内各配套设备的试验包括罐式避雷器、套管、套管CT等设备的试验，各配套设备试验按各相关部分的规定进行试验。

8.0.5 气体密封性试验项目中只给出了定量测量的要求，每个气室年漏气率应小于0.5%。采用局部包扎法测量。

8.0.7 主回路电阻测量按现行国家标准《高压开关设备和控制设备标准的共用技术要求》GB/T 11022规定的直流压降法，采用适于现场使用的回路电阻测试仪测试。由于1000kV特高压气体绝缘金属封闭开关设备的额定电流较大，且每次导电回路电阻测量中常包括接地开关、隔离开关等多个部件，为准确进行测量，推荐测试电流不小于300A。主回路电阻值现场测试标准与出厂值相同。

8.0.15 本条对主回路绝缘试验作出规定。

(1)交流耐压试验。耐压试验主要是考虑气体绝缘金属封闭开关设备外壳是接地的金属外壳，内部如遗留杂物、安装工艺不良或运输中引起内部零件移位，就可能会改变原设计的电场分布而造成薄弱环节和隐患。交流电压对检查自由导电微粒等杂质比较敏感。交流耐压试验方式可分为工频交流电压、工频交流串联谐振电压、变频交流串联谐振电压，按产品技术条件规定的试验电压值的80%作为现场试验的耐压试验标准。

如果进行断口间的耐压试验，则将对气体绝缘金属封闭开关设备的部分部位进行多次重复加压，可能对气体绝缘金属封闭开关设备产生不利影响，因此本标准中未列出断口间耐压试验。

(2)局部放电测量。局部放电测量有助于检查GIS内部多种绝缘缺陷，因而它是安装后耐压试验很好的补充。由于环境干扰，此项工作比较困难，试验结果的判断需要一定的经验。建议凡有条件和可能的地方，应进行局部放电试验。现场局部放电试验按照现行行业标准《气体绝缘金属封闭开关设备技术条件》DL/T 617—2010中有关条款的规定进行，局部放电试验应在耐压试验后进行，也可以在交流耐压试验的同时进行。为提高局部放电测试的效果，需尽量减少电源和环境干扰，避免高压引线电晕的发生（如GIS高压引入套管的屏蔽和采用无电晕的大直径导线等）。

（3）老练试验。老练试验不能代替交流耐压试验，除非其试验电压值升到交流耐压试验的电压规定值。老练试验应在现场耐压试验前进行，老练试验通过逐次增加电压达到下述两个目的：将设备中可能存在的活动微粒迁移到低电场区域；通过放电烧掉细小的微粒或电极上的毛刺、附着的尘埃等。

11 避 雷 器

11.0.1 避雷器试验包括瓷外套避雷器和气体绝缘金属封闭开关设备用的罐式避雷器两部分，本章避雷器部分主要指瓷外套避雷器的交接试验，罐式避雷器交接试验项目在气体绝缘金属封闭开关设备部分以部件的试验给出。

11.0.4 直流参考电压及0.75倍直流参考电压下漏电流测量，技术条件中要求8mA下直流参考电压不小于1114kV，如现场对避雷器整体进行该项试验存在难度，可采用单节进行试验。

11.0.5 测量金属氧化物避雷器在运行电压下的持续电流能有效地检查金属氧化物避雷器的质量状况，并作为以后运行过程中测试结果的基准值，因此规定其阻性电流和全电流值应符合要求。

13 绝 缘 油

13.0.1 本条规定了绝缘油的试验项目及判断标准。

(1)闪点。新设备投运前应当测量绝缘油的闪点。变压器油的闪点降低表示油中有挥发性可燃物质产生，这些低分子碳氢化合物往往是由于电气设备存在局部故障后，造成过热使绝缘油在高温下裂解而产生的。测量油的闪点有类似于油色谱分析反映设备内部故障的功能，还可以及时发现是否混入了轻质馏分的油品。

(2)界面张力。绝缘油的界面张力是表示油与水所形成的表面张力。油水之间的界面张力是检查油中是否含有因老化而产生的可溶性杂质的一种有效方法。

(3)体积电阻率。体积电阻率是绝缘油的一个新的质量指标，测量油的体积电阻率可以用来判断变压器油的污染程度和裂化程度，油中的水分、杂质和酸性物质可以使油的体积电阻率降低。

(4)水溶性酸和酸值。变压器油中水溶性酸的增加，会加速变压器和电抗器等充油电气设备内部的纤维绝缘材料的老化，降低设备的绝缘强度，从而缩短设备的使用年限，水溶性酸用 pH 值表示。

(5) 油的 $\tan\delta$。油的 $\tan\delta$ 值对于判断变压器油的污染情况和裂化程度是很灵敏的，新变压器油中的极性杂质很少，$\tan\delta$ 值也很小，仅为 0.01%～0.1%。但当油中混有水分、杂质或者油氧化、老化后，油的 $\tan\delta$ 会增大。本标准规定测量油的 $\tan\delta$ 的温度为 90℃。

中华人民共和国国家标准

电气装置安装工程
串联电容器补偿装置施工及验收规范

Code for construction and acceptance of series capacitor installation electric equipment installation engineering

GB 51049—2014

主编部门：中 国 电 力 企 业 联 合 会
批准部门：中华人民共和国住房和城乡建设部
施行日期：2 0 1 5 年 8 月 1 日

中华人民共和国住房和城乡建设部公告

第642号

住房城乡建设部关于发布国家标准《电气装置安装工程　串联电容器补偿装置施工及验收规范》的公告

现批准《电气装置安装工程　串联电容器补偿装置施工及验收规范》为国家标准，编号为GB 51049-2014，自2015年8月1日起实施。其中，第3.0.11、4.4.5条为强制性条文，必须严格执行。

本规范由我部标准定额研究所组织中国计划出版社出版发行。

中华人民共和国住房和城乡建设部

2014年12月2日

前　言

本规范是根据住房城乡建设部《关于印发〈2012年工程建设标准规范制订修订计划〉的通知》(建标〔2012〕5号)的要求,由中国电力企业联合会和中国电力科学研究院会同有关单位共同编制而成。

本规范在编制过程中,编制组经广泛调查研究,认真总结实践经验,并广泛征求意见,多次讨论修改,最后经审查定稿。

本规范共分7章,主要技术内容包括:总则、术语、基本规定、串补平台、电气设备安装、可控串补相关设备的安装、工程交接验收。

本规范中以黑体字标志的条文为强制性条文,必须严格执行。

本规范由住房城乡建设部负责管理和对强制性条文的解释,由中国电力企业联合会负责日常管理,由中国电力科学研究院负责具体技术内容的解释。在本规范执行过程中,请各单位结合工程实践,认真总结经验,注意积累资料,如发现需要修改或补充之处,请将意见或建议寄送中国电力科学研究院(地址:北京市宣武区南滨河路33号,邮政编码:100055),以便今后修订时参考。

本规范主编单位、参编单位、主要起草人和主要审查人:

主编单位:中国电力企业联合会
中国电力科学研究院

参编单位:国网智能电网研究院
中国南方电网超高压输电公司
葛洲坝集团电力有限责任公司
黑龙江省送变电工程公司
广西送变电工程公司

江苏送变电公司
安徽送变电工程公司
北京送变电公司
河南送变电工程公司

主要起草人：董勤晓　刘之方　武英利　荆　津　秦　健
田　晓　戴朝波　吴若婷　刘世华　张　航
张　峙　徐　军　何　平　刘　军　时运瑞

主要审查人：王进弘　欧小波　陈　凯　何冠恒　庞亚东
张国玉　甄　刚　郑　立　马　勇　王广鹏
梁　琮

1 总 则

1.0.1 为保证串联电容器补偿装置安装工程的施工质量，促进安装技术进步，确保设备安全运行，制定本规范。

1.0.2 本规范适用于交流220kV～750kV电压等级的串联电容器补偿装置的施工及验收。

1.0.3 串联电容器补偿装置的施工及验收除应符合本规范规定外，尚应符合国家现行有关标准的规定。

2 术 语

2.0.1 串联电容器补偿装置(SC) series capacitor installation

串联在输电线路中，由电容器组及其保护、控制等设备组成的装置，简称串补装置或串补，可分为固定串联电容器补偿装置和晶闸管控制串联电容器补偿装置。

2.0.2 固定串联电容器补偿装置(FSC) fixed series capacitor installation

将电容器串接于输电线路中，并配有旁路开关、隔离开关、串补平台、支撑绝缘子、控制保护系统等辅助设备的装置，简称固定串补。

2.0.3 晶闸管控制串联电容器补偿装置(TCSC) thyristor controlled series capacitor installation

将并联有晶闸管阀及其电抗器的电容器串接于输电线路中，并配有旁路开关、隔离开关、串补平台、支撑绝缘子、控制保护系统等辅助设备的装置，简称可控串补。

2.0.4 串补平台 SC platform

对地保证足够绝缘水平的结构平台，用来支撑串补装置相关设备。

2.0.5 金属氧化物限压器(MOV) metal-oxide varistor

由电阻值与电压呈非线性关系的电阻组成的电容器过电压保护设备，简称限压器。

2.0.6 火花间隙(GAP) spark gap

在规定时间内承载被保护部分的负载电流或故障电流，以防止电容器过电压，或金属氧化物限压器过负荷的受控触发间隙或间隙系统。

2.0.7 阻尼装置 damping device

用来限制电容器组保护设备旁路操作时产生的电容器放电电流的幅值和频率，并使之快速衰减的设备。一般包括阻尼电抗器和阻尼电阻器等。

2.0.8 光纤柱 optical fiber column

用于串补平台上有关设备与地面的测量、控制、保护设备之间的通信，以及光能量传输的设备。

2.0.9 晶闸管阀 thyristor valve

晶闸管级的电气和机械联合体，配有连接、辅助部件和机械结构，可与晶闸管阀控电抗器串联。

2.0.10 晶闸管阀控电抗器 thyristor-controlled reactor

与晶闸管阀串联的电抗器，通过控制晶闸管阀的触发角使其等效感抗连续变化，实现晶闸管控制串联电容器补偿装置等效电容的连续调节，简称阀控电抗器。

2.0.11 离子交换器 ion exchange equipment

使用离子交换树脂进行离子交换处理，除去水中离子态杂质的水处理装置。

2.0.12 去离子水 deionized water

除去盐类及部分硅酸和二氧化碳等的纯水，又称深度脱盐水。

2.0.13 绝缘水管 insulation water pipe

用于给串补平台上晶闸管阀室中的晶闸管等元器件提供冷却水的通道，一般采用有机复合绝缘材料。

3 基本规定

3.0.1 串补装置各部件的安装应按已批准的设计图纸和产品技术文件进行。

3.0.2 设备及器材的运输、装卸及保管，应符合本规范和产品技术文件的要求。制造厂有特殊规定时，应按制造厂的规定执行。

3.0.3 设备及器材应有铭牌、安装使用说明书、出厂试验报告及合格证件等资料。

3.0.4 设备及器材到达现场后应及时进行检查，并应符合下列规定：

1 包装及密封良好。

2 开箱检查并清点，规格应符合设计要求，附件、备件应齐全。

3 产品技术文件齐全。

4 按本规范第4.1.1条的规定做外观检查。

3.0.5 施工前应编制施工方案。所编制的施工方案应符合本规范及产品技术文件的要求。

3.0.6 与串补装置安装有关的建筑工程应符合下列规定：

1 符合设计及设备的要求。

2 与设备安装有关的建筑工程质量，应符合现行国家标准《建筑工程施工质量验收统一标准》GB 50300的有关规定。

3 设备安装前，建筑工程应具备下列条件：

1）屋顶、楼板应施工完毕，不得渗漏；

2）室内地面、门窗、墙壁等应施工完毕，并应符合设计要求，对有特殊要求的设备，所有装饰工作应全部结束；

3）设备基础、沟道、预埋件、预埋管、预留孔（洞）应施工完毕，并应符合设计要求，沟道内应无积水、杂物；

4）对设备安装有影响的采暖通风、照明、给排水等应施工完毕，并应符合设计要求。

3.0.7 设备安装使用的紧固件应采用镀锌制品或不锈钢制品；户外用的紧固件和外露地脚螺栓应采用热浸镀锌制品。

3.0.8 绝缘子安装前应进行检查、配组。瓷件应无裂纹、破损，金属法兰应无锈蚀、无外伤或铸造砂眼。瓷件与金属法兰胶装部位应牢固密实，并涂以性能良好的防水胶。法兰结合面应平整，无外伤或铸造砂眼。瓷瓶垂直度应符合现行国家标准《标称电压高于1000V系统用户内和户外支柱绝缘子　第1部分：瓷或玻璃绝缘子的试验》GB/T 8287.1的要求。

3.0.9 串补装置中各高压电器设备及部件、控制保护系统等的交接试验应符合现行国家标准《电气装置安装工程　电气设备交接试验标准》GB 50150及产品技术文件的有关规定。

3.0.10 串补平台上母线的施工及验收应符合现行国家标准《电气装置安装工程　母线装置施工及验收规范》GB 50149的规定，以及设计、产品技术文件的有关规定。

3.0.11 设备吊装严禁在雨雪天气、六级及以上大风中进行。

4　串补平台

4.1　安装前检查

4.1.1 现场设备开箱检查应符合下列要求：

1 镀锌构件、附件外观检查应无损伤变形，镀锌层应完好，无锈蚀、无脱落，色泽一致。构件的外形尺寸、螺栓孔及位置、连接件位置等应符合设计要求。

2 斜拉复合绝缘子应胶装紧密，无脱胶、漏胶，与端部金具连接牢固，伞裙应无破损。

3 球节点的球窝、球头表面应无明显波纹，其局部凹凸不平不应大于1.5mm，应无锌瘤、锌渣及尖角毛刺。

4.1.2 基础定位轴线应符合下列要求：

1 单个平台基础轴线偏差不应大于5mm。

2 单个基础地脚螺栓间距偏差不应大于2mm，高度偏差不应大于2mm。

4.1.3 主梁连接螺栓为高强度螺栓时，应按现行国家标准《钢结构工程施工质量验收规范》GB 50205的规定进行高强度螺栓连接摩擦面的抗滑移系数试验和复验。

4.2 串补平台绝缘子的安装与调整

4.2.1 绝缘子底座安装应符合下列要求：

1 单相平台的下球节点安装高度应符合设计要求，相邻球节点水平偏差不应大于2mm，单相平台最大偏差不应大于5mm；轴线偏差不应大于5mm。

2 斜拉绝缘子底座的水平偏差不应大于20mm，轴线偏差不应大于10mm。

4.2.2 支柱绝缘子安装过程中应对瓷件采取保护措施。

4.2.3 安装好的支柱绝缘子弯曲矢量不应大于10mm。

4.2.4 安装好的支柱绝缘子垂直度偏差不应大于10mm。

4.2.5 各绝缘子顶部中心间距和对应的基础标称值偏差不应大于5mm。

4.2.6 调整后各绝缘子间水平高度偏差不应大于2mm。

4.3 串补平台的组装

4.3.1 安装主梁并接节点及主次梁并接节点时，高强度螺栓在初拧及终拧时应按照由螺栓群中央向外逐步拧紧的顺序进行。

4.3.2 应保持主梁连接呈直线，连接后检查主梁弯曲矢高不应大于 10mm，长度偏差不应大于 2mm。

4.3.3 次梁应按照产品安装图编号进行安装，安装同一平台的次梁，其间距误差不应大于 2mm。

4.3.4 主梁对接螺栓力矩值全部达到要求后方可进行次梁螺栓紧固。

4.3.5 主梁上相邻球节点球头间距偏差不应大于 2mm，累计间距偏差不应大于 10mm。

4.3.6 平台组装后检查平台对角线长度应满足产品技术文件的要求。

4.3.7 平台格栅应固定平整、牢固。

4.3.8 平台组装后，螺栓紧固力矩应符合制造厂技术文件的要求。制造厂未提供紧固力矩时，应符合现行国家标准《钢结构工程施工质量验收规范》GB 50205 的有关规定。

4.4 串补平台的吊装与调整

4.4.1 平台吊装方式及吊点的选择应考虑串补平台的受力均衡和变形量的控制。

4.4.2 应根据吊装重量、吊点和吊绳夹角选择索具，并应根据起吊高度、幅度和吊重选择起重机械。

4.4.3 吊装前应检查起重机操作性能，确认安全装置、刹车装置、报警装置的动作反应性能是否正常、可靠。各部分应运行平稳、无异音、无卡阻、操作灵活。

4.4.4 起吊过程应平稳，应设置缆风绳，起重过程中不应出现摆动现象。

4.4.5 球头与球窝必须完全接触后方可安装和调整斜拉绝缘子；在斜拉绝缘子安装和调整时，吊绳必须始终处于受力状态，缆风绳必须临时固定并设专人监护；调整完毕后方可松下缆风绳及吊绳。

4.4.6 斜拉绝缘子调整应成对进行。

4.4.7 调整完成后，阻尼弹簧伸长量应符合技术文件的规定，支柱绝缘子最大垂直偏差不应大于 20mm。

4.5 串补平台附件的安装

4.5.1 平台护栏安装时应采取保护措施，表面应光洁、无毛刺。

4.5.2 平台护栏门应固定牢固，自锁灵活。

5 电气设备安装

5.1 一 般 规 定

5.1.1 平台上的电气设备安装应在平台稳定后进行。

5.1.2 各绝缘子顶部中心间距和对应的安装基础标称值偏差不应大于 5mm。

5.1.3 调整后各绝缘子间水平高度误差不应超过 2mm。

5.1.4 平台上设备的吊装方式应符合产品技术文件要求。

5.1.5 设备铭牌宜位于易于观察的一侧。

5.2 电 容 器

5.2.1 电容器在运输和装卸过程中不得倒置、倾翻、碰撞和受到剧烈的震动。制造厂有特殊规定时，应按制造厂的规定装运。

5.2.2 电容器安装前应对其套管和外壳进行检查。套管接线端子应无弯曲、滑扣，外壳应无变形、锈蚀，不应有裂缝或渗油。

5.2.3 电容器安装前应测量每台电容器的电容量，电容量差值应符合技术条件的要求。

5.2.4 电容器组的安装应符合下列要求：

1 按照制造厂的产品安装要求对电容器进行配组。

2 电容器组接线应正确、连贯。端子连线应对称一致，不应利用电容器端子线夹作为连接线的续接金具。

3 电容器套管不应受额外应力，端子紧固力矩应满足技术要求。

4 每台电容器外壳均应与电容器支架一起可靠地连接到规定的等电位点。

5 电容器铭牌应面向通道一侧，并有顺序编号。

6 电容器组及其各桥臂或不平衡支路之间的电容量差值应符合技术条件的要求。

5.3 金属氧化物限压器

5.3.1 限压器安装前，应取下运输时用于保护限压器防爆膜的防护罩，防爆膜应完好无损。

5.3.2 限压器应按技术文件或铭牌标识进行编组安装；安装过程中防爆膜不应受损伤。

5.3.3 限压器就位时应统一喷口的朝向，且符合设计要求。

5.4 火花间隙

5.4.1 火花间隙应在制造厂技术人员指导下进行组装调整。

5.4.2 火花间隙外壳应焊接牢固、无变形、无损伤，防昆虫网体应完好。

5.4.3 火花间隙的安装与调整应符合产品技术文件的要求，并应符合下列规定：

1 间隙外壳应垂直，其重量应均匀地分配在所有支柱绝缘子上。

2 各部件和设备连线应规范、正确、牢固，所有螺栓紧固力矩均应符合产品技术文件要求。

3 各间隙的石墨电极或铜电极、屏蔽件，以及触发回路元器件应外观良好、无损伤。

4 各间隙距离测量值应符合设计及产品技术文件的要求。

5.5 阻尼装置

5.5.1 阻尼电阻器应按产品技术文件的要求进行上下叠装。

5.5.2 阻尼电抗器的安装应按照现行国家标准《电气装置安装工程 高压电器施工及验收规范》GB 50147 的有关规定执行。

5.6 光纤柱

5.6.1 光纤柱的安装应符合下列要求：

1 安装过程中应对光纤柱的绝缘子伞裙采取保护措施。

2 光纤柱应悬挂正确，弹簧调整稳固，受力匀称，柱体应无明显摆动现象。

3 光纤柱的光纤不应受外力，且弯曲半径应满足要求。

4 光纤柱的等电位连接导体应可靠连接。

5.6.2 光纤的连接应符合下列要求：

1 光纤柱的光纤转接箱内应清洁，端子固定牢固。

2 光纤柱的光纤连接应正确，且衰减值应满足现行国家标准《光纤总规范》GB/T 15972 的有关规定。

5.7 电流互感器、旁路开关及隔离开关

5.7.1 电流互感器、旁路开关及隔离开关的施工及验收应按照现行国家标准《电气装置安装工程 高压电器施工及验收规范》GB 50147的有关规定执行。

5.8 控制保护系统

5.8.1 平台测量箱、控制保护小室及其内设屏柜的安装及接线应

按照现行国家标准《电气装置安装工程　盘、柜及二次回路结线施工及验收规范》GB 50171 的有关规定执行。

5.8.2　平台上二次电缆应采取屏蔽保护措施，且应连接牢固、密封良好。

5.8.3　光纤的敷设应符合设计要求，其弯曲半径、拉伸力、接续及性能测试应符合现行国家标准《光纤总规范》GB/T 15972 的有关规定。

6　可控串补相关设备的安装

6.1　阀控电抗器

6.1.1　阀控电抗器的施工及验收应符合现行国家标准《电气装置安装工程　高压电器施工及验收规范》GB 50147 的规定及设计、产品技术文件的有关规定。

6.2　晶闸管阀室

6.2.1　阀室应连同运输加固附件整体吊装，安装完毕后应拆除加固件。

6.2.2　阀室高低压套管、通风窗等附件应在阀室吊装完成后进行安装。

6.2.3　阀室安装后应进行内部检查，且应符合下列规定：

1　晶闸管阀固定架应安装良好，各设备无移位。

2　阀体及辅助部分的电气连接应紧固，固定晶闸管阀组的弹簧受力应符合产品技术文件的要求。

6.3　分　压　器

6.3.1　分压器应垂直安装，其顶部的接线端子与高压引线连接应可靠且无额外应力。

6.3.2 专用电缆与分压器、数据采集箱内接线端子应连接正确、牢固。

6.3.3 电缆应采取屏蔽保护措施，且应与分压器底座、数据采集箱连接牢固可靠。

6.4 水冷系统

6.4.1 冷却设备安装应符合下列规定：

1 设备各单元组合体底座安装轴线应符合设计要求，底座与基础应固定牢固，接地可靠。

2 循环泵应在有介质的情况下进行试运转，试运转的介质或代用介质均应符合产品的技术规定。

3 离子交换器、过滤器、除氧装置、检测仪表的安装应符合产品的技术规定，氮气压力应符合产品的技术规定。

4 风冷设备支架垂直度不应大于支架高度的1.5‰，散热器安装的水平度偏差不应大于1mm/m。

5 风机的转向应正确，转速应符合产品的技术规定。

6.4.2 绝缘水管的安装应符合下列要求：

1 水管上下两端的等电位引线应可靠连接。

2 水管两端的连接端头与循环水管道的端头应可靠连接。

3 悬挂式水管下端防风偏装置拉力应符合产品技术文件的要求。

6.4.3 管道的安装应符合下列要求：

1 管道包装封盖应严密，安装过程中打开时应减少管道内部露空时间，应按照产品的技术规定清洗冷却管道内壁，确保内壁洁净。

2 管道支、吊架位置应正确，间距应符合设计要求，安装应平整、牢固。

3 水冷管道之间宜采用法兰连接；法兰连接应与管道同心且法兰间应保持平行，其偏差不应大于法兰外径的1.5‰，且不应大于 2mm,不应用法兰螺栓强行连接;管道安装后,管道、阀门不应承受额外应力。

4 管道法兰密封面应无损伤,密封圈应安装正确,连接严密、无渗漏。密封胶的使用应符合产品的技术规定。

5 穿墙及过楼板的管道应加套管进行保护,套管应露出墙面或地面,且露出长度大于 50mm,管道与套管间隙宜采用阻燃软质材料填塞。

6 管道安装后各支、吊架受力应均匀,无明显变形,应与管道接触紧密。

7 管道接地应可靠,管道法兰间应采用跨接线连接,截面积不应小于 $16mm^2$ 且应符合产品的技术规定。

6.4.4 注入冷却系统的水应为去离子水,其电导率应符合产品的技术规定。如果无技术规定,去离子水的电导率不应大于 0.2μs/cm。

6.4.5 运行环境温度低于 5℃时,应按设计要求采用防冻结冷却介质。

6.4.6 冷却系统的供电电源应符合设计要求,双电源应能实现自动切换,水泵及备用水泵应投切正常。

6.4.7 冷却设备、管道和阀体冷却水管安装完毕,外观检查合格后,应对冷却管路进行整体密封试验。试验压力及持续时间应符合产品的技术规定,管路系统应无渗漏。

7 工程交接验收

7.0.1 工程交接验收时应符合下列要求:

1 设备的型号、规格应符合设计要求。

2 设备外观检查应完好且无渗漏,安装方式应符合产品技术文件的要求。

3　设备安装应牢固、垂直、平整，且应符合设计及产品技术文件的要求。

4　限压器的排气通道应通畅。

5　冷却系统安装应符合设计要求，水冷系统应无渗漏。

6　电气连接应正确、可靠且接触良好，螺栓连接的导线应无松动，接线端子压接应牢固无开裂，焊接连接的导线应无脱焊、虚焊。

7　电缆、光纤防护应完好，屏柜、电缆管道应做好封堵。

8　平台及支架的防腐应完好、色泽一致，相位标识正确。

9　接地应符合现行国家标准《电气装置安装工程　接地装置施工及验收规范》GB 50169 的有关规定。

10　设备安装及全部电气试验应已合格，操作、联动信号应正确。

11　串补平台周围保护性围栏、网门、栏杆及爬梯等安全设施应齐全，且闭锁正确。

12　临时接地线或装置应已拆除，现场应已清理干净，周边环境应已恢复。

13　备品备件应移交完毕。

7.0.2　验收时应提交下列资料和文件：

1　电气设备安装记录验评资料、试验报告。

2　工程联系单、设计变更通知单。

3　设备清单、出厂合格证、试验记录、报告和说明书。

4　备品、备件、测试仪器及专用工具清单。

本规范用词说明

1　为便于在执行本规范条文时区别对待，对要求严格程度不同的用词说明如下：

1）表示很严格，非这样做不可的：

正面词采用“必须”，反面词采用“严禁”；

2）表示严格，在正常情况下均应这样做的：

正面词采用“应”，反面词采用“不应”或“不得”；

3）表示允许稍有选择，在条件许可时首先应这样做的：

正面词采用“宜”，反面词采用“不宜”；

4）表示有选择，在一定条件下可以这样做的，采用“可”。

2 条文中指明应按其他有关标准执行的写法为：“应符合……的规定”或“应按……执行”。

引用标准名录

《电气装置安装工程　高压电器施工及验收规范》GB 50147

《电气装置安装工程　母线装置施工及验收规范》GB 50149

《电气装置安装工程　电气设备交接试验标准》GB 50150

《电气装置安装工程　接地装置施工及验收规范》GB 50169

《电气装置安装工程　盘、柜及二次回路结线施工及验收规范》GB 50171

《钢结构工程施工质量验收规范》GB 50205

《建筑工程施工质量验收统一标准》GB 50300

《标称电压高于1000V系统用户内和户外支柱绝缘子　第1部分：瓷或玻璃绝缘子的试验》GB/T 8287.1

《光纤总规范》GB/T 15972

中华人民共和国国家标准

电气装置安装工程
串联电容器补偿装置施工及验收规范

GB 51049—2014

条 文 说 明

制订说明

《电气装置安装工程　串联电容器补偿装置施工及验收规范》GB 51049—2014，经住房城乡建设部2014年12月2日以第642号公告批准发布。

本规范制定过程中，编制组进行了充分的调查研究，总结了我国工程建设串联电容器补偿装置安装工程施工及验收的实践经验，同时参考了国外先进技术法规、技术标准。

为了广大设计、施工、科研、学校等单位有关人员在使用本规范时能正确理解和执行条文规定，《电气装置安装工程　串联电容器补偿装置施工及验收规范》编制组按章、节、条顺序编制了本规范的条文说明，对条文规定的目的、依据以及执行中需注意的有关事项进行了说明，还着重对强制性条文的强制性理由做了解释。但是，本条文说明不具备与规范正文同等的法律效力，仅供使用者作为理解和把握规范规定的参考。

1 总 则

1.0.2 本条明确了本规范适用的范围。串联电容器补偿装置的应用范围广泛，目前在交流 220kV 和 500kV 电压等级已经得到广泛应用，且结构、原理均类似。750kV 电压等级的串补装置虽然在我国还没有投运，但它属于超高压等级，所以也将其纳入了本规范的适用范围。

2 术 语

本规范的术语及其定义的主要依据是现行国家标准《电工术语 基本术语》GB/T 2900.1、《电工名词术语 避雷器》GB/T 2900.12、《电工术语 电力电容器》GB/T 2900.16、《电工术语 高压开关设备》GB/T 2900.20、《电力系统用串联电容器》GB/T 6115 等标准。

3 基本规定

3.0.1 按设计及产品技术文件进行施工是现场施工的基本要求。

3.0.2 由于串补相关设备的特殊性，运输和保管按制造厂产品技术文件进行是必要的。

3.0.3 设备、器材不得使用淘汰及高耗能的产品，新产品应经鉴定合格方可使用。

3.0.4 设备到货后开箱检查前，首先检查外包装。开箱检查时，强调检查铭牌，核实型号、规格是否符合设计要求，检查设备有无损伤、腐蚀、受潮，清点附件、备件、专用工具的供应范围和数量是否符合合同要求。

对各制造厂提供的技术文件没有统一规定，可按各厂家规定及合同协议要求执行。

3.0.5 串补装置施工应遵守国家现行有关安全技术标准的规定。由于施工单位的装备和施工环境各不相同，在施工前，应结合现场的具体情况，事先制定切实可行的施工方案。

3.0.6 为加强管理，文明施工，避免现场施工混乱，本条规定了与串补装置安装有关的建筑工程的一些具体要求，以提高工程质量，避免损失，协调好建筑工程与安装的关系，这对串补装置安装工作的顺利进行，确保安装质量和设备安全是很必要的。

3.0.7 设备安装使用的紧固件，根据现有条件和市场供应情况，应采用镀锌或者不锈钢制品；户外用的紧固件和外露地脚螺栓应采用热浸镀锌制品。

3.0.11 本条列为强制性条文，必须严格执行。由于设备吊装过程直接涉及人身、设备的安全，为确保安全，禁止在恶劣天气情况下的吊装作业。

4 串补平台

4.1 安装前检查

4.1.1 串补平台是用来支撑串补装置相关设备的钢结构平台，需要保证对地有足够绝缘强度和机械强度。因此对组成串补平台的各部件提出了现场开箱检查的具体要求。

4.3 串补平台的组装

4.3.1 现行国家标准《钢结构工程施工质量验收规范》GB 50205中规定了高强度螺栓的操作要求。

4.4 串补平台的吊装与调整

4.4.5 本条规定了安装和调整斜拉绝缘子时的施工顺序及注意事项，此施工过程涉及人身安全，必须严格执行，因此本条列为强制性条文。

5 电气设备安装

5.2 电 容 器

本节中“电容器”一词用于不强调电容器单元和与段结合在一起的电容器单元组的不同含义的场合。

5.2.2 本条对电容器安装前的外观检查作了规定。

5.2.3 本条规定了在电容器安装前测量其电容量，同时规定了成组安装的电容器的电容量差值应符合技术条件的要求。

5.2.4 本条规定了电容器组安装的要求。

5.3 金属氧化物限压器

5.3.1 限压器安装前应取下运输时用于保护限压器防爆膜的防护罩，同时检查防爆膜，确保防爆膜完好无损。

5.3.2 本条规定了限压器应严格按照技术文件进行编组安装，且安装过程中也要确保防爆膜不受损伤。因为防爆膜是限压器的最薄弱区，其好坏直接影响限压器的可靠性。

5.4 火花间隙

5.4.1 不同厂家提供的火花间隙并不相同，且火花间隙属于专用设备，因此应在制造厂技术人员指导下进行火花间隙的组装。

5.6 光纤柱

5.6.1 光纤柱在安装前需进行外观检查，在安装过程中注意保护绝缘子伞裙以及光纤，光纤的弯曲半径应满足要求，不能有折痕，因为弯曲半径过小会严重影响光纤的光传输性能。

5.8 控制保护系统

串补控制保护系统不仅包括二次设备，还包括在串补平台上的平台测量箱、控制保护小室及其内设屏柜等设备。

6 可控串补相关设备的安装

6.2 晶闸管阀室

6.2.1 本条规定了晶闸管阀室的吊装要求。为确保阀室的安装，要求阀室连同运输加固附件整体吊装，并在安装完毕后拆除加固件。

6.2.2 本条规定了阀室高低压套管、通风窗等附件的安装顺序，应在阀室吊装完成后安装。

6.2.3 本条规定了阀室安装后的内部检查项目。

6.3 分压器

6.3.3 本条规定了分压器二次输出电缆的保护措施。

6.4 水冷系统

6.4.4 本条规定了注入冷却系统的水应为去离子水，不能使用冷却系统的离子交换器处理自来水作为冷却系统的水。

7 工程交接验收

7.0.1 本条明确规定了组织工程交接验收前应具备的基本条件。
7.0.2 本条明确规定了工程交接验收时应提交的资料和文件。